普通高等教育"十一五"国家级规划教材

# 运筹学

（第四版）

徐玖平　胡知能　编著

教育部高等学校优秀青年教师教学科研奖励计划资助



科学出版社

北　京

## 内 容 简 介

本书系统地介绍运筹学中的主要内容，重点陈述应用最为广泛的线性规划、对偶理论、整数规划、非线性规划、动态规划、图与网络、决策分析、博弈论、库存论、排队论与模拟等定量分析的理论和方法.阅读本书只需微积分、线性代数与概率统计的一些基本知识.本书是教学改革项目"基于信息技术平台的运筹学立体化教材"的成果，配备有完整和立体化教学包，包括教师手册、多媒体课件、习题案例答案、补充习题及其答案、教学案例库、考试测评系统、在线支持等.

本书结构体系完整，理论与实际相结合，注重培养学生解决实际问题的能力.既可供高等院校运筹学与控制论专业的数学类本科生使用，也可以供基础相对较好，对运筹学要求较高的、系统全面掌握的非数学类专业本科生使用，以及部分本科未学过运筹学但目前又要求具备较全面运筹学知识的所有专业类的研究生作教材使用.

**图书在版编目（CIP）数据**

运筹学 / 徐玖平，胡知能编著. —4版. —北京：科学出版社，2018.9

普通高等教育"十一五"国家级规划教材

ISBN 978-7-03-058397-0

Ⅰ.①运…　Ⅱ.①徐…　②胡…　Ⅲ.①运筹学-高等学校-教材　Ⅳ.①O22

中国版本图书馆 CIP 数据核字（2018）第 171394 号

责任编辑：方小丽 / 责任校对：王萌萌　王　瑞

责任印制：张　伟 / 封面设计：蓝正设计

科学出版社 出版

北京东黄城根北街 16 号

邮政编码：100717

http://www.sciencep.com

北京九州迅驰传媒文化有限公司 印刷

科学出版社发行　各地新华书店经销

*

1999 年 6 月第 一 版　开本：720 × 1000　1/16

2004 年 7 月第 二 版　印张：26 3/4

2007 年 8 月第 三 版　字数：536 000

2018 年 9 月第 四 版　2023 年 4 月第十八次印刷

**定价：58.00 元**

（如有印装质量问题，我社负责调换）

# 前言

运筹学研究人类对各种资源的运用及筹划活动, 其目的在于了解和发现这种运用及筹划活动的基本规律, 以便发挥有限资源的最大效益, 达到总体、全体最优化的目标. 这里所说的“资源”是广义的, 既包括物质材料, 也包括人力配备; 既包括技术装备, 也包括社会结构. 自 20 世纪 50 年代以来, 运筹学的研究与实践得到了长足的发展, 在工程、管理、科研以及国民经济发展的其他诸多方面都发挥了巨大的作用. 随着计算机等信息技术的发展, 作为一门优化与决策的学科, 运筹学受到了前所未有的重视. 运筹学课程逐渐成为管理科学、应用数学、系统科学、信息技术、工程管理、交通运输等专业的基础课程之一. 为此, 在教育部高等学校优秀青年教师教学科研奖励计划的支持下, 我们在参考和借鉴国内外大量运筹学优秀教材、学习并融会诸多运筹学课程优秀教师的经验的基础上, 推出了“基于信息技术平台的运筹学立体化教材系列”. 从 2001 年起, 经过充分酝酿和编写, 实际讲授与修订, 这套运筹学教材陆续面世, 它们基本体现了我们对于如何建设 21 世纪运筹学教学体系的一些想法, 包含了我们在教学改革中所获得的一些经验和成果.

## 学科进展

运筹学是一门新兴的应用科学, 基于研究的不同对象与角度, 对其定义有不同的说法. 对于处理实际问题, 1976 年美国运筹学会定义“运筹学是研究用科学方法来决定在资源不充分的情况下如何最好地设计人 - 机系统, 并使之最好地运行的一门学科”. 对于强调数字解又注重数学方法的研究, 1978 年联邦德国的科学辞典上定义“运筹学是从事决策科学模型的数字解法的一门学科”. 对于生产、管理等实际中出现的一些带普遍性的运筹问题, 英国《运筹学》杂志认为“运筹学是运用科学方法 (特别是数学方法) 来解决那些在工业、商业、政府部门、国防部门中有关人力、机器、物资、金钱等大型系统的指挥和管理方面所出现的问题, 其目的是帮助管理者科学地决定其策略和行动". 从实践方面来看, 运筹学是为了满足社会的需要而发展的. 从教育教学的历史发展脉络来看, 运筹学能成为大多数专业学科的基础是逻辑与历史的辩证统一.

## 历史脉络

运筹学已渗透到服务、库存、搜索、人口、对抗、控制、时间表、资源分配、厂址定位、能源、设计、生产、可靠性、设备维修和更换、检验、决策、规划、管理、行政、组织、信息处理及回复、投资、交通、市场分析、区域规划、预测、教育、医疗卫生的各个方面. P. M. Morse 与 G. E. Kimball 将运筹学视为一种科学方法, 提供执行者处理有关他们管辖下运作事务的一些计量性的决策基础. 而 R. L. Ackoff 与 E. L. Arnoff 把运筹学看成将科学的方法、技术与工具应用于系统的作业上以使管辖下的作业问题获得最佳的解决. S. Beer 则认为运筹学是研究人、机器、材料与资金在其周围环境中发生的有关管理与控制的概率性承担意外风险问题, 其独特的技术是根据具体情况, 利用科学模式, 经由量测、比较以及对可能行为的预测而提出的一种管制策略. 然而就历史角度来看, 运筹学在不同的时期具有不同的时代特征, 一切所谓规范的模式均可以还原为事物的物理原形, 并展现其发源地的历史印记.

### 追溯源头

朴素的运筹思想在中国古代历史发展中源远流长. 早在公元前 6 世纪春秋时期, 著名的军事家孙武所著的《孙子兵法》就是当时军事运筹思想的集中体现. 公元前 4 世纪战国时期, 孙膑的"斗马术"是中国古代运筹思想的另一个著名例子, 其思想体现为不争一局的得失, 而务求全盘的胜利, 是争取全局最优的经典. 公元前 3 世纪楚汉相争中, 刘邦称誉张良"运筹帷幄之中, 决胜千里之外", 是对其运筹思想的高度评价. 北宋时期的沈括关于军事后勤问题的分析计算则是更具有现代意义的运筹范例.

除军事运筹思想的成功运用之外, 中国古代农业、运输、工程技术等方面也有大量的运筹典籍与应用典范. 北魏时期贾思勰《齐民要术》记载的古代劳动人民在生产中如何根据天时、地利和生产条件合理筹划农事的经验就体现了运筹要义, 例如, 播种时间和作物连作中的"谷田不可连作, 必须岁易"可视为现代运筹学中二阶段决策问题的雏形. 《管子》一书曾经提出的"高毋近阜而水用足, 下毋近水而沟防省"的城市选址的运筹思想, 在西汉首都长安市址的选择、水陆枢纽的设计及对宫殿、街道、市井等的统筹布局等方面得到充分体现. 公元前 54 年汉宣帝时, 对首都长安的粮食供应与存储问题的考虑充分体现了现代运筹学中早期研究的合理物流问题. 宋真宗大中祥符年间对失火宫廷进行重建的过程, 采用了一个取土、弃土、材料运输以及施工次序统筹安排的综合方案，展示了统筹方法. 宋仁宗庆历年间，黄河决口封堵过程接受了高超提出的分阶段作业方案，把该方案从经济、人力和效果各方面与旧方案进行比较，论证了分阶段作业优于一次作业. 明代著作《增广智囊补》记有颇具运筹思想的物资合理运输的物流问题.

1738 年 D. Bernoulli 提出了效用的概念，以此作为决策的准则. 1777 年 D. Buffon 发现了用随机投针试验来计算 $\pi$ 的方法，是随机模拟方法 (Monte-Carlo 法) 最古老的试验. 1896 年 V. Pareto 从数学角度给出了 Pareto 最优的概念，予以解决多目标优化问题.

独显魅力

运筹学作为一门独立学科，是从 20 世纪 30 年代逐渐发展形成的. 奠定和构成现代运筹学发展基础和雏形的早期先驱性工作，可追溯到 20 世纪初. 1909 年丹麦电话工程师 A. K. Erlang 开展了电话局中继线数目话务理论的研究，发表将概率论应用于电话话务理论的研究论文《概率论与电话会话》，开现代排队论研究之先河. 1915 年 F. W. Harris 对商业库存问题的研究是库存论模型早期的工作，H. C. Levinson 关于最优发货量的研究是对现代库存论和决策论发展的最初启示. 1916 年 F. W. Lanchester 关于战争中兵力部署的理论是现代军事运筹规范的战争模型. 1921 年 E. Borel 在 E. Zermelo (1912年) 用数学方法来研究博弈问题的基础上，引入了现代博弈论中最优策略的概念，对某些对策问题证明了最优策略的存在性. 1926 年 T. H. Boruvka 发现了拟阵与组合优化算法之间的关系. 1932 年 A. Ya. Shinchin 研究了机器维修问题，是可靠性数学理论最早的工作.

1935 年，英国皇家空军针对防御德国飞机的空袭研制了新雷达系统. 但是，由雷达送来的常常是相互矛盾的信息，需要加以协调和关联，以改进作战效能. 因此，英国在皇家空军中组织了一批科学家，成立了运筹小组，对新战术试验和战术效率评价进行研究，取得了满意的效果. 美国受到英国运筹学对作战指挥成功运用的启发，在自己的军队中也逐渐建立起各种运筹小组，美国人称这种工作为 “Operations Research”. 运筹学工作者在第二次世界大战中研究并解决了许多战争的课题，例如，通过适当配备护航舰队减少了船只受到潜艇攻击的损失；通过改进深水炸弹投放的深度，德国潜艇的死亡率提高；根据飞机出动架次做出维修安排，提高飞机的作战效率；等等. 他们的工作对反法西斯战争的胜利起到积极的作用，同时也为运筹学学科的发展做出了不可磨灭的历史贡献.

在第二次世界大战时期，L. V. Kantorovich 于 1939 年总结其研究工作而成的《生产组织与计划中的数学方法》是线性规划对工业生产问题的典型应用；J. von Neumann 与 O. Morgenstern 于 1944 年出版《博弈论与经济行为》一书，标志着系统化与公理化的博弈论分支的形成, 发展了近代的决策效用理论, 为决策分析中的效用函数奠定了公理基础.

强立学科

第二次世界大战结束后, 英国、美国和加拿大军队中运筹学工作者已超过 700 人. 他们中的一部分人不但在军事部门继续予以保留, 研究队伍进一步得到扩大和发展, 而且在政府和工业部门也开始推行运筹学方法, 筹建各类运筹小组. 另一部分人在英国民间组织的 "运筹学俱乐部" 中, 定期讨论如何将运筹学应用到民用工业, 并取得了可喜进展. 20 世纪 40 年代后期, 由于大规模的新兴工业的出现, 同行业间的竞争加剧, 迫切需要对大型工业复杂的生产结构和管理关系进行研究, 做出科学的分析和设计; 产品的更新换代的加速, 使得生产者必须密切注意市场情况和消费者的心理分析; 运算快速的计算机的出现, 使一些复杂的问题能得到及时解决而使运筹学具有现实意义. 1953 年 R. Bellman 阐述了动态规划的最优性原理; 同年, L. S. Shapley 研究了 Markov 决策过程的一种基本型, 成为该分支发源性的工作; 1953 年 J. Kiefer 首次提出优选的分数法与黄金分割法. 1954 年 D. R. Dantzig 等研究旅行推销商问题时提出了分解的思想, 进而发展成整数规划中的两大方法 —— 割平面法与分枝定界法; L. J. Savage 把效用理论与主观概率结合成整体来研究统计决策问题, 建立了严格的公理基础; 等等. 在这样的形势下, 运筹学得到了迅速发展.

在军用或民用的运筹学研究中, 得到了很多大学的支持, 签订了不少协作研究的合同. 大批专门从事研究的公司也逐渐成立, 如 RAND 公司就成立于 1949 年. 世界上第一份运筹学杂志于 1950 年出现, 第一个运筹学会 —— 美国运筹学会于 1952 年成立. 到 20 世纪 50 年代末期, 英、美两国几乎所有工业部门都建立了相应的运筹学组织, 从事运筹学的研究. 各国运筹学会从 50 年代起也先后成立, 1959 年由英、美、法三国运筹学会发起成立了国际运筹学会联合会 (International Federation of Operational Research Societies, IFORS), 进入 21 世纪, 已有 48 个国家或地区的运筹学组织成为其正式会员.

在中国, 现代运筹学的研究是从 20 世纪 50 年代后期开始的. 在钱学森、华罗庚、许国志等老一辈科学家的推动下, Operational Research 被引入中国, 正式译名为 "运筹学", 融合中国优秀的运筹学思想与成功范例, 使其研究与实践得到长足的发展. 运筹学中的 "打麦场的选址问题" 和 "中国邮递员问题" 就是在那个时期提出并研究解决的典型问题. 华罗庚先生在 1965 年起的 10 年中走出中国科学院研究所, 在全国推广 "优选法" 和 "统筹法", 这对中国现代运筹学的研究和应用起到了巨大的推动作用. 1980 年, 中国数学会运筹学分会在山东济南成立, 1982 年加入国际运筹学会联合会并创立《运筹学杂志》. 1991 年中国运筹学会作为具有法人资格的全国性学会正式成立, 1992 年以独立法人资格在当时的成都科学技术大学召开了第一届全国学术会议.

运筹学研究的快速发展使得全世界运筹学出版物的种类和数量每年都在以惊人的速度增加. 直接以运筹学或其分支命名的期刊全世界共有 40 多种; 另外, 与运筹学密切相关的期刊还有 40 多种. 若将那些与运筹学论题相关或包含运筹学个别论文的期刊都考虑在内, 那么总数将会达到几百种.

## 研究范式

早期的研究者清楚地看到, 从事运筹学工作的新颖之处在于, 找到合适的方法, 立即付之实用, 对正经受科学研究的运行系统现象做出合理安排, 本质上是一项复杂的系统工程. 运筹学强调研究过程的完整性, 从问题的形成开始, 到构造模型、提出解案、进行检验、建立控制, 再到付诸实施为止的所有环节构成了实现目标的系统流程. 因此, 它涉及的不仅是方法论, 且与社会、政治、经济、军事、科学、技术各领域都有密切的关系. 它是一个组织从上到下对质量和数量的贯彻, 其衡量标准就是在一定的资源约束条件下按时、按质、按量完成既定任务.

运筹学作为一门用来解决实际问题的学科, 在处理千差万别的各种实际问题中, 一般应该从确定目标、制订方案、建立模型、制订解法等方面来考虑. 虽然不大可能存在处理对象极为广泛的运筹学问题的统一途径, 但是在运筹学的发展过程中形成的某些抽象模型却可以得出一些算法和结论, 并用于实际之中. 其基本的、常用的数学模式有分配模式 (allocation)、竞赛模式 (competition)、等候模式 (queuing)、库存模式 (inventory) 以及生产模式 (production) 等. 运筹学的内容庞杂, 应用涉及面广, 它有许多分支学科, 一个大型复杂的运筹学问题不一定仅属于某一分支, 往往可以分解为许多分支问题. 从发展趋势来看, 这些分支不仅已发展成为一个独立学科包含的一些分支, 也有发展成为一些独立学科的趋向, 而又相互交错, 相互渗透. 因此, 运筹学首先对问题加以提炼并形成规范的模型, 然后利用数学与计算机寻找技术方法, 为解决实际问题提供科学的依据. 它是理论、技术和工程的集成.

### 集成理论

从理论基础来看, 运筹学是系统综合集成理论. 运筹学先驱者始终把他们的工作看作科学工作. 1941 年 P. M. S. Blackett 在他的备忘录中就强调他们的工作是 “作战的科学分析”, 必须创造适合于这种工作的条件, “所需气氛是一种第一流纯科学研究机构的气氛, 人员配备必须与此相称”. 基于运用筹划活动的不同类型, 描述各种活动的不同模型逐渐建立, 从而发展了各种理论, 形成了不同分支. 研究优化模型的规划论、研究排队模型的排队论以及研究对策模型的博弈论是运筹学最早的三个重要分支, 称为运筹学早期的三大支柱. 随着学科的发展, 现在分支更细、名目更多, 如线性规划、整数规划、组合优化、非线性规划、多目标规划、动态规划、不确定规划、博弈论、排队论、库存论、可靠论、决策论、搜索论、模拟论等基础学科分支; 计算运筹学、工程技术运筹学、管理运筹学、工业运筹学、农业运筹学、交通运输运筹学、军事运筹学等交叉和应用学科分支都已先后形成. 为解决实际运筹学问题, 通常需要对实际问题进行深刻把握, 分析事物本质提出概念模型, 解析运行机理建立物理模型, 利用数学工具抽象数学模型, 为奠定研究规范模型的理论基础形成系统综合集成理论.

集成技术

从实践方法来说, 运筹学是系统综合集成技术. 运筹学的发展过程已充分表现出多学科的交叉结合, 物理学家、化学家、数学家、经济学家、工程师等联合组织成研究队伍, 各自从不同学科的角度出发提出对实际问题的认识和见解, 促使解决大型复杂现实问题的新途径、新方法、新理论的技术路线更快地形成. 因此, 在运筹学的研究方法上显示出各学科研究方法的综合, 其中特别值得注意的是数学方法、统计方法、逻辑方法和模拟方法等. 应当指出, 数学方法, 或者说构造数学模型的方法, 是运筹学中最重要的方法, 它对运筹学的重要性决不亚于它对力学、理论物理所起的作用. 所以, 从强调方法论, 特别是数学方法论的观点而言, 可以把运筹学中反映数学研究内容的那部分, 看成运筹学与数学的交叉分支, 称为运筹数学, 犹如生物数学、经济数学、数学物理等作为生物学、经济学、物理学与数学的交叉而存在. 但是, 运筹学本身的独立学科性质是由它特定的研究对象所决定的, 也正像生物学、经济学、力学、物理学等作为数学以外的独立学科那样毋庸置疑. 为解决实际运筹学问题, 往往利用数学与计算机, 对求解提炼规范模型形成系统综合集成技术.

集成工程

从实现方式来讲, 运筹学是系统综合集成工程. 运筹学研究强调理论与实践的结合, 这在运筹学的创建时期就已经表现出来, 无论武器系统的有效使用问题, 还是生产组织问题或电信问题, 都是与当时的社会实践密切联系的. 它的研究范围遍及工农业生产、经济管理、科学技术、国防事业等各方面, 涉及生产布局、交通运输、能源开发、最优设计、经济决策、企业管理、城市建设、公用事业、农业规划、资源分配、军事对策等问题. 在各个历史阶段, 运筹学始终遵循理论与实践结合的基本方针. 因而, 在发展理论的同时, 也开展了大量的实践活动, 从而对社会进步起到了积极的推动作用. 在解决实际问题的同时, 运筹学逐渐形成了自己解决问题的独特实现方式: “大统筹, 广优选, 联运输, 精统计, 抓质量, 理数据, 建系统, 策发展, 利工具, 巧计算, 重实践, 明真理.”这就是针对实际运筹学问题实现方式, 从确定目标、制订方案、建立模型、制订解法等系统流程而形成的系统综合集成工程.

## 人才培养

运筹学与其他成熟学科相比不及它们成熟. 以规划论为例来说, 线性规划的理论和方法比较系统与完整, 以美国 D. R. Dantzig 的著作和苏联 H. B. Kahtopob 的著作为代表, 而非线性规划虽然近十几年有了较大的发展, 但求整体最优问题, 则还缺乏好的通用算法和理论, 更不用说有效解存在性的一般性充要条件. R. E. Gomory 在 1958 年、1963 年的工作被誉为线性整数规划的一个突破, 但实际求解时问题很多, 尚缺乏有效算法. 第二次世界大战后, 重点转向研究工业、商业和运输业等的生产组织与管理的问题, 发展了一些理论与方法, 如计划评审方法、系统分析和管理科学等. 从英、美两国的情况来看, 因为拥有一批数学水平较高的人员, 如提出博弈论的数学家 J. von Neumann 等, 所以发展得比较快.

### 普适教育

由于历史原因, 早期的运筹学专业工作者是从其他学科转过来的. 多数来自数学、工程、物理、行为和生命科学, 也有少数来自其他方面, 但他们有一定的代表性. 面临的情况复杂, 便形成了跨学科的小组, 其成员都是能够处理被指定问题的不同侧面的专家. 在解决实际问题时, 运筹学工作者迅速得到的“好”解, 比经过广泛研究才得到的“最优”解更有用. 实际应用部门宁可要善于利用现成知识和经验的运筹学工作者, 也不要那些对于扩大知识基础的创造性研究更加爱好和更有才能的人.

但是, 运筹学实际应用工作者可能比理论工作者更需要受宽广的运筹学基础教育, 他们应该能够阅读并利用几乎所有运筹学专业方面的成果. 对于技术性强的成果, 应该认识到能否从请教一个专家中得到益处, 能够把专家的意见变成可用的程序, 是一个运筹学实践者的基本素质. 由于运筹学模型的普适性, 对于会计师、统计学家、计算机科学家、行为科学家和许多工程师来说, 获得有关的运筹学的理论与方法是有用并吸引人的. 因此, 对非运筹学专业开设运筹学课程应该有两个目的: 一是提高学习者的基本素质与修养; 二是为他们提供解决实际问题的有效工具与技术. 非运筹学专业的运筹学工作者, 大多数在他们自己的学科方面得到过学位, 其学位是有别于运筹学专业学位的. 对于一个实业管理硕士, 有关运筹学的训练可能是一两门带有运筹学标记的课程, 加上统计学、模拟、会计学等辅助课程, 但这是远远不够的.

专业教育

近年来, 运筹学出现了专业化与实用化之间的两极分化, 使得运筹学人才培养受到影响且复杂化. 运筹学发展的广度和深度以及运筹学人才培养的性质, 说明了运筹学人才培养需要采取多方位的办法. 这种两极分化并不是运筹学独有的, 大多数应用科学均是如此. 对运筹学专业的人才培养来讲, 应该是理论与实践并重. 但是, 对一个运筹学专业的个人研究者来讲, 理论与实践相结合有些困难. 因此, 不少运筹学学术机构, 倾向于奖励创造性研究成果的发表. 这样, 一些专家的终生工作是向某一侧面不断深入, 如库存论、模拟或数学规划. 理论研究需要抽象思维、逻辑演绎、基础知识的专门的训练; 应用实践研究同样需要这些综合素质, 只是侧重点不同而已, 两者之间的水平孰高孰低难以断定.

不同正规教育水平的运筹学专业工作者之间的适当平衡, 对于运筹学的健康成长和发展是必要的. 培养运筹学专业博士太多或太少, 或者只在运筹学理论研究上做文章, 对运筹学专业的人才培养都是有害的. 因此, 运筹学专业人才培养的合适数量和性质应该根据职业目标而定. 对于理论物理学或基础数学等专业的博士生, 选修一些运筹学方面的课程, 培养自己的第二种本领, 是完全可以接受的. 原因是他们的天赋、聪明与智慧使他们在愿意参加与运筹学结合的工作的前提下, 定能在不同的专业学科中成为第一流的运筹学专业工作者. 对他们运筹学水平的评价也应该有双重意义: 一是在他们自己学科中应用运筹学达到什么样的水平; 二是在专业运筹学教育中达到的水准.

## 课程建设

进入 21 世纪, 科技进步与社会发展提出了培养信息社会高素质人才的要求, 高等教育改革不断深化, 运筹学教育面临着新的挑战和问题, 表现为在培养目标上对学生解决实际问题能力的强调和课时总体压缩及多样化的趋势. 这就要求教师, 一方面要摒弃过去那种只讲理论而轻视甚至忽视实践的教学模式, 把引导学生在理解运筹学的基本理论和方法的基础上大幅度提高其运用运筹学方法构建优化决策的能力作为教学的首要目标; 另一方面必须着力提高运筹学教学的效率, 以更加新颖、有效的教学手段实现教学目标. 迎接这些挑战, 意味着我们必须重新对运筹学原有的教学体系做全面的审视和思考, 根据 21 世纪的人才培养需要, 从教学目标、教学内容体系和教学手段三个方面对运筹学教学进行新的定位与改革是非常必要的.

基于此要求, 本套教材最大的特点是把教材作为实现教学目标、承载教学内容和融会教学手段的一个基本载体来看待, 构建出一个包括教学方案、教师手册、习题案例集、考试测评系统、多媒体教学课件、运筹学软件使用手册、在线教学支持等在内的内容丰富、结构严密、支持完备的教学体系. "掌握理论、强化应用、突出能力" 作为 "信息时代的运筹学课程" 的培养目标贯穿整个教学体系的建设过程之中.

**本套教材期望的学术目的**: 构筑运筹学系统知识体系; 提供运筹学实践技术方法; 介绍运筹学应用研究前沿; 创建运筹学新型教材套系.

**本套教材包含的教学内容**: 追溯运筹学的发展历程, 有助于学生全面地感悟运筹学的魅力; 窥视运筹学的未来趋势, 有助于学生更好地把握运筹学的发展; 构建运筹学的教材套系, 有助于学生有效地解读运筹学的精髓; 集成运筹学的技术方法, 有助于学生系统地提高运筹学的运用技能.

**本套教材推出的教学理念**: 教学合一, 厚基础; 学练合一, 强能力; 练想合一, 重实践; 想干合一, 精应用; 古今合一, 明真谛; 内外合一, 建方法.

**内容系统, 全面论述**

目前, 在各个层次的院校中, 相当多专业都开设了运筹学课程. 不同办学层次、专业背景、学校类型的人才培养目标不同, 学生素质及其知识结构也存在差异, 因而要求运筹学教师在教学内容的选择、难度深浅、教学侧重点等一系列问题上必须做到 "量身定做、因材施教". 有必要分析和归纳不同的人才培养目标, 分类设置不同的运筹学教学目标和要求, 构建出不同的教学内容和结构体系, 以立体化教材系列和支持体系来代替过去的单一教材.

解析问题, 构筑知识模块

我们力图通过对教学内容的模块化, 强调教师选用教学内容的自主性等个性化定制, 以便教师能够根据实际的教学问题来选择相近的教学方案和教学模块. 在各册教材的编写过程中, 我们以模块化思路组织课程内容, 通过加注星号的方式标注出选用内容, 并配以针对不同选择的多种教案、供选讲的习题案例以及繁简不同、可快速调整组合的多媒体教学课件, 构造出一个基本框架相对稳定的教学体系, 但具体教学内容和课时在很大程度上可依教师与教学目标需要进行个性化的调整, 从而提高教学效率, 加强教学针对性.

剖析对象, 构建教材体系

我们力图通过教材及支持体系的立体化, 构筑出既具弹性又特色鲜明的教学体系, 以便教师能够根据实际的教学对象来选择相近的教学方案和教材①. 本套教材分成六册: 《运筹学》、《运筹学 (I 类)》、《运筹学 (II 类)》、《运筹学 —— 数据 • 模型 • 决策》、《中级运筹学》和《高级运筹学》. 具体来说, 各册教材的具体特点和适用对象如下.

① 在各册教材中, 加注 * 号的章节表示较高要求, 在初次学习时可以选择学习.

《运筹学》厚基础、重系统全面, 适用于基础相对较好, 对运筹学要求较高的、系统全面掌握的非数学类专业本科生, 运筹学与控制论专业的数学类本科生, 以及部分本科未学过运筹学但目前又要求具备较全面运筹学知识的所有专业类的研究生.

《运筹学 (I 类)》厚基础、重硬性计算, 适用于理工科背景的管理类、工程类专业的本科生, 以及少数对运筹学要求较严格的专科生.

《运筹学 (II 类)》厚基础、重软性计算, 适用于文科背景的管理类专业的本科生, 理工科背景的管理类与工程类专业的专科生, 以及要求具备相对全面运筹学知识的工商管理硕士、公共管理硕士与工程硕士.

《运筹学 —— 数据・模型・决策》厚基础、重实践应用, 是教材系列中最突出培养目标的实践操作性、最强调运筹学作为解决实际问题的 "工具性" 的一种教材. 从这个意义上讲, 它非常适合那些希望 "最经济地" 掌握运筹学知识以尽快地使每一点所学都 "见到实效" 的学生. 我们推荐 MBA、MPA、工程硕士与在职研究生班的学员, 以及学时较少的经济管理类专业的本科生使用这种教材.

《中级运筹学》厚基础、重理论算法, 适合于需要在运筹学上知道得 "比一般人更多一点, 更深入一点" 的学生. 该教材侧重于讲述运筹学更高级、更复杂一些的理论、方法与应用, 适用于对数量方法有一定程度要求的研究生, 如应用数学、管理科学、系统科学、信息技术与工程类等专业的研究生, 或者学过其他前几册教材之一、对运筹学感兴趣并希望进一步深造的其他读者. 不过, 对于学过《运筹学 (II 类)》或《运筹学 —— 数据・模型・决策》的读者, 建议在阅读《中级运筹学》之前, 最好再翻阅一下《运筹学》或者《运筹学 (I 类)》.

《高级运筹学》厚基础、重前沿问题, 适合于需要应用运筹学的理论与方法对研究问题进行创造性研究的学生. 该教材以专题研究形式讲述运筹学的一般化理论、方法与应用, 并对运筹学研究的一些最新进展和最新应用进行讨论, 适用于对数量方法有一定程度要求的博士研究生. 建议读者在阅读《高级运筹学》之前, 先翻阅一下《中级运筹学》.

**强化应用, 突出能力**

运筹学真正的价值和魅力在于为解决各个领域中的优化与决策问题提供一套切实可行的解决办法. 我们认为, 运筹学教材应照顾到学科体系的完整性, 为学生打牢理论基础, 但在信息时代对学生动手解决实际问题的能力要求提高的背景下, 更应根据人才培养目标, 突出培养学生的实践能力.

立于理论, 还于实践应用

作为教材设计的一个基本原则, "强化应用, 突出能力" 的要求贯穿于整套教材的编写中. 在每册教材中, 我们通过精选的例题和案例来复原典型运筹问题的情景, 在讲解这些从实践中抽取并经过精心改造和设计的例题与案例的过程中, 逐步地建立起学生应该掌握的运筹学理论框架. 例题具有充分的代表性, 尽量做到算法有效而互不重复, 并基本覆盖各自的教学对象在实践中最常见的运筹学问题的各个类型, 从而为学生实际求解提供足够的启示和指导.

尽管计算过程仍然作为教学的一个基本而重要的内容, 但从实际应用角度出发, 我们更强调运用运筹学软件来解决计算问题. 本套教材讲解了 LINDO、LINGO、SAS、CPLEX、OPL、MATLAB 和 WinQSB 等常用软件的使用方法. 另外, 我们非常注意运筹学教材与其他课程的衔接问题, 对于涉及其他课程的一些概念, 予以简明的讲解, 使之不成为理解和实际运用的障碍.

始于学习, 终于能力提升

"能力提升" 就是要训练学生的思维能力, 尤其是用运筹学思维模式去认识问题的分析能力; 训练学生的操作能力, 尤其是用运筹学技术方法去解决问题的实践能力; 训练学生的创新能力, 尤其是用运筹学理论范式去研究问题的创造能力. 为此, 本套教材从编写体例、教师讲授和学生训练等众多方面, 尽力做到: 以案例剖析、问题探讨等方式训练学生的分析能力, 为得 "感性认识打基础、理性分析见真谛"; 以习题练习、模拟应用等模式训练学生的实践能力, 求得 "练习模拟可操作、解决问题有办法"; 以分析前沿、讨论专题等形式训练学生的创造能力, 谋得 "掌握前沿为理事、创新理论建方法".

为实现 "强化应用, 突出能力", 我们将 "厚基础、重算法、精应用" 的要求作为一个基本原则贯穿于整个套系教材的编写中. 为此, 力求做到: 在学生每完成一部分的学习后, 能够掌握分析和解决某方面问题的必需知识, 形成完整的运筹学思维框架; 能够掌握基本的运筹学工具, 具备解决现实问题的实践能力.

**易教好学, 支持完备**

运筹学源于实践, 其理论方法较多, 尤以定量分析居多, 实践应用要求较高. 这就导致运筹学课程教与学的不易. 为此, 我们以 "易教好学" 作为本套教材编写的目标之一, 同时以多类型的平台支撑作为该目标实现的手段与方式.

提供支撑, 便于教师易教

要达到 "易教好学" 的教学目标, 首先就要使教师得到更多的教学 "装备"、更多的教学支持和指导, 使他们从备课的重负中解脱出来, 把精力集中到现场教学的组织和控制上. 为此, 我们为每册教材准备了包括教学大纲、教学建议、教学难点和重点提示等在内的教师手册, 教材中所有习题和案例的详细解法, 作为对书中内容的补充与扩展的习题案例集, 可根据教师要求灵活定制的个性化的多媒体教学课件, 包含大型题库的考试测评系统, 以及随时更新、内容丰富的在线教学支持站点与运筹学教学论坛等.

建立平台, 有助学生好学

除了精心设计、可供自由选择的教材系列, 我们还特别注意了教学形式的互动性和多样化. 在教材编写体例上, 借鉴了国外优秀教材的编写规范, 同时吸收了国内教材简洁明了的优点, 力图做到内容的设置和阶梯难度符合学生的认知规律, 强调知识的传授与启发式教学的结合. 以实际问题来引发学生的学习兴趣, 以简明扼要的讲解来构建学生的知识与逻辑体系, 以活跃的思维想象与迂回的教学技巧帮助学生掌握教学难点, 以精选的习题来巩固学生的课堂认知, 以经典案例的讨论来激发学生的学习热情和主动性, 以参考文献的标注来引导学有余力的学生深入探索, 最终目的是要通过多样化的教学形式更加鲜明、生动、有效地实现教学的预设目标.

总之, 在这套教材中, 我们紧紧围绕信息时代人才培养目标的特殊性, 以信息技术为平台, 在运筹学教学上努力做出一些新的探讨和实践, 希望能够对 21 世纪运筹学教学的进步有所裨益. 当然, 事物总是在不断革新和进步中发展的, 本教材的不足之处也有待于广大读者和同行的指正. 我们真诚地期待您的批评和建议, 来信请发至 xujiuping@scu.edu.cn 或 huzn@scu.edu.cn.

徐玖平

2018 年 5 月

# 常用符号

以下是部分常用符号.

| | |
|---|---|
| $\boldsymbol{x}=(x_1,x_2,\cdots,x_n)$ | $n$ 维行向量 (或点) |
| $\boldsymbol{x}=(x_1,x_2,\cdots,x_n)^{\mathsf{T}}$ | $n$ 维列向量 (或点) |
| $x_i$ | $n$ 维向量 $\boldsymbol{x}$ 的第 $i$ 个分量 |
| $\boldsymbol{x}>\boldsymbol{y}$ | $\boldsymbol{x}$ 的每个分量都大于 $\boldsymbol{y}$ 的相应分量 |
| $\alpha,\alpha_i,\beta,\beta_i,\gamma,\gamma_i$ | 实数 |
| $[\alpha,\beta]/(\alpha,\beta)$ | 闭区间 $\alpha\leqslant\xi\leqslant\beta$/ 开区间 $\alpha<\xi<\beta$ |
| $S=\{x\|x$ 所满足的性质$\}$ | 满足某种性质的 $x$ 的全体 (集合) |
| $S=\{x^1,x^2,\cdots,x^n\}$ | 由 $x^1,x^2,\cdots,x^n$ 组成的有限集合 |
| $\varnothing$ | 空集 |
| $\Re/\Re^n$ | 1 维/$n$ 维欧几里得空间 |
| $x\in S\ (x\notin S)$ | $x$ 属于 (不属于) 集合 $S$ |
| $X\cup Y\ (X\cap Y,X\setminus Y)$ | $X$ 与 $Y$ 之并集 (交集、余集) |
| $X\subseteq\ (\subset)\ Y$ | $Y$ 包含 (完全包含) $X$ |
| $\\|\boldsymbol{x}\\|$ | $\boldsymbol{x}$ 的范数 |
| $\boldsymbol{x}^{\mathsf{T}}\boldsymbol{y}=x_1y_1+x_2y_2+\cdots+x_ny_n$ | 两个 $n$ 维列向量的内积 |
| $\boldsymbol{A}=[a_{ij}]_{m\times n}$ | $m\times n$ 矩阵 |
| $\boldsymbol{A}^{\mathsf{T}}$ | 矩阵 $\boldsymbol{A}$ 的转置 |
| $\boldsymbol{A}^{-1}$ | 满秩方阵 $\boldsymbol{A}$ 的逆矩阵 |
| $\|\boldsymbol{A}\|=\det\boldsymbol{A}$ | 方阵 $\boldsymbol{A}$ 的行列式 |
| $\mathrm{tr}\,\boldsymbol{A}$ | 方阵 $\boldsymbol{A}$ 的迹 |
| $f(\boldsymbol{x})$ | 向量 $\boldsymbol{x}$ 的函数 (或 $n$ 元函数) |
| $x\vee y/\max(x,y)$ | 数 $x,y$ 中最大者 |
| $x\wedge y/\min(x,y)$ | 数 $x,y$ 中最小者 |

| | |
|---|---|
| $\max\limits_{x\in X} f(x)$ $(\min\limits_{x\in X} f(x))$ | $f(x)$ 在 $R$ 上的最大 (最小) 者 |
| $\exists$ | 存在 |
| $\forall$ | 对任意的 |
| $\Rightarrow$ | 可推出 |
| $\dot{x}, \dfrac{\mathrm{d}x}{\mathrm{d}t}$ | $x$ 对时间 $t$ 的导数 |
| $x', x''$ | $x$ 的一阶 (二阶) 导数 |
| $x_t, x(t)$ | $x$ 是时间 $t$ 的函数 |
| $\partial_{\boldsymbol{x}} f, f_{\boldsymbol{x}}$ | $f(\boldsymbol{x})$ 对 $\boldsymbol{x}$ 的一阶偏导 |
| $<, >, \ll, \gg$ | 小于, 大于, 远小于, 远大于 |
| $\leqslant, \geqslant, \neq$ | 小于等于, 大于等于, 不等于 |
| $\preccurlyeq$ | 次于 (不优于) |
| $\prec$ | 严格地次于 (严格地不优于) |
| $\succcurlyeq$ | 优于 (不次于) |
| $\succ$ | 严格地优于 (严格地不次于) |
| $f^*$ | $f$ 的最优值或最优解 |
| $\lceil x \rceil$ | 不小于 $x$ 的最小整数 |
| $\lfloor x \rfloor$ | 不大于 $x$ 的最小整数 |
| $E[x], \mathrm{Var}(x), \mathrm{Cov}(x)$ | 随机变量 $x$ 的数学期望、方差和协方差 |
| $\neg$ | 非 |

# 目录

第 10 章

# 引言

运筹学、决策科学与管理科学 (management science, MS) 常常被当作同义词来使用, 国际上就常用 "OR/MS" 来指代这一学科. 不过, 运筹学更多地指一般方法论意义上的定量化决策方法, 而管理科学则通常偏向于指管理中特别是工商管理中的定量决策方法. 此外, 运筹学与工业工程 (industrial engineering) 也有非常密切的关系. 尽管工业工程更多地从工程的角度来研究问题, 但运筹技术依然是工业工程最基本、最重要的研究工具之一.

在学习这门课程前, 我们有必要先概要地介绍运筹学解决问题的思路, 以及在各个领域的应用情况.

## 研究思路

运筹学本身就是多学科交叉、结合的结果, 它善于从不同学科的研究方法中寻找解决复杂问题的新方法与新途径, 其研究方法实际上是各学科的研究方法的结合与集成, 特别倚重数学方法、统计方法、逻辑方法、模拟方法等. 它以整体最优为目标, 从系统的观点出发, 力图以整个系统最佳的方式来解决该系统各部门之间的利害冲突, 通过把一个实际问题转化为一个或一组真正能反映问题本质的数学模型, 求出问题的 "最优解", 为寻求最佳行动方案提供参考. 因此, 通常在解决实际问题时, 要求运筹学研究者与有关的技术人员、管理人员等一起工作并遵循一些基本的研究步骤, 见图 0.1. 对这些研究步骤, 文献 [1] 更为详细地讨论了运筹学的实际应用研究范式.

但是, 有的问题由于过于复杂, 无法形成一个可以利用现有手段解决的数学问题, 有的甚至无法形成数学问题, 这时就必须借助其他的科学方法, 如计算机模拟或实验手段来进行求解.

需要注意的是, 运用这些技术得到的求解结果只作为决策的参考, 不应不假思索地就接受这个结果, 而必须对其作出评价和分析, 以决定是否接受或者需作

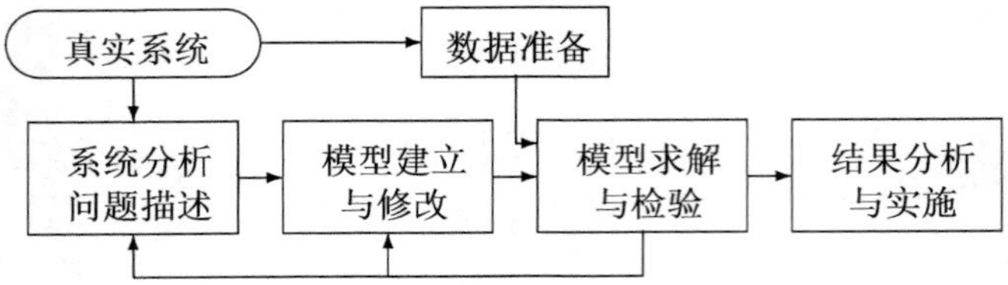


图 0.1 运筹学研究的基本步骤

进一步的研究. 也就是说, 从数学模型中求出的解不是问题的最终答案, 而仅仅是为实际问题的系统处理提供可以作为决策基础的信息.

这些运筹学问题的求解方法大致可以分为四类.

(1) 间接法 (或称解析法): 求解方法是, 先求最优的必要条件, 得到一组方程或不等式, 再求解这组方程或不等式. 一般用求导数的方法或求变分方法求出必要条件, 通过必要条件将问题简化, 因此把这种方法称为间接法. 间接法适用于目标函数及约束有明显的解析表达式的情形.

(2) 直接法: 指用直接搜索的方法, 经过若干次迭代, 搜索到最优点的方法, 适用于目标函数比较复杂或不能用变量函数表示因而无法用间接法求出必要条件的情形.

(3) 数值计算法: 指以解析法为基础的一种直接法, 通过梯度来描述求解的过程并以其为手段来进行求解, 其实质是解析法与数值计算技术结合的方法.

(4) 网络优化法: 指以图作为数学模型 (称为图模型) 搜索最优路径的方法.

对这四种方法, 这里只做一般性的了解和掌握, 以后的章节还将详细讲述. 运筹学往往涉及大量复杂的运算, 而实践中又往往要求在短时间内求出问题的解, 因此, 运筹学理论和应用的发展与计算机技术的发展息息相关, 求解运筹学问题的优化方法既是一种数学方法, 又是一种计算机算法.

## 应用领域

由于运筹学研究对象在客观世界中的普遍性, 加之运筹学研究本身所强调的理论与实践结合、研究过程完整的基本特点, 其应用范围不受行业、部门之限制, 广泛应用于工商企业、军事部门、民政事业等研究组织内的统筹协调问题. 下面按照不同的行业逐一举例作一简要说明.

1. 石油工业

石油工业作为大型企业集中的行业, 应用运筹学最为广泛. 石油企业往往借助于大量的运筹学模型软件来辅助其做出生产和经营管理决策: 是从中东、俄罗斯还是从委内瑞拉进口原油？一样的原油可以做成上万种产品，为了利润最大化，这些原油在目前的市场情形下应做成哪些产品？在公司遍布全球的哪个炼油厂进行加工？在哪个市场销售？是通过管道还是油轮运输？采用哪条路线？公司准备新建的工厂、加油站、码头等要放在什么地方？…… 为了解答这些问题，世界石油工业的各大企业里每天要运行各种含有数千个，有时是数万个约束条件的大型运筹学软件进行数以百万次的计算. 所不同的只是问题的规模与复杂程度的差异. 案例 B.4 就是该行业一个典型的运筹学问题.

2. 化学工业

运筹学在化学工业中的应用与石油工业极为相似，只不过由于化学工业企业的规模要小一些，其运筹学模型软件的规模要小一些，其要解决的问题通常也更集中在资源如何在各个产品和工序之间分配的问题上.

3. 采矿与冶金业

在采矿与冶金业中，运筹学要解决的问题比较多的是如何调度人力和机械进行生产，从而使得运作更协调、成本更经济、产品更符合市场需要. 除此之外，运筹学还被应用于大量其他的场合. 例如，在冶金业中的配料问题 (即如何确定各种矿砂的混合比例以生产出具备特定性能的冶金产品或获取最佳的产出效益) 和采矿业中的采能分配问题 (如案例 B.5 的问题: 采矿公司应如何规划开采计划，才能使得在每年可采的矿区数量受到限制的条件下尽量延长可开采的年限？如何规划才能够使得具有不同矿石品质的各采矿区开采出来的矿石达到特定的混合后品质要求并获得最佳的效益?).

4. 电力工业和煤气工业

常见的应用有基础设施的规划设计 (例如，综合考虑城镇、乡村的区域分布以及未来的发展，在哪里、设置多大发电量的电厂或多大存储量的煤气站才最经济?) 与供应网络的设计 (如电网和煤气管线应如何敷设？干线建在哪里？等等). 此外，对于这类半公共性的必需品供应而言，如何规划生产计划使得其既具有能够满足不断变化的需求的“安全”冗余产能又使得其成本最低也是一个需要统筹规划的问题 (案例 B.10 就是这样一个例子).

5. 制造工业

主要应用可归纳成两种: 资源分配问题 (多涉及如何调度加工能力、原材料和人力等资源的问题，如案例 B.2) 和混合配料问题 (实际上，这类问题要求解的是在各种条件限制下如何使成本最低、库存最合理、利润最大，案例 B.1 就是一个简单的例子). 随着企业竞争的加剧，根据市场的需求灵活地调度和使用企业可用资源，通过科学严密的计划与运筹，减少原料、半成品与产品库存，已经成为企业特别是制造企业获得竞争优势的关键之一. 事实上，当今最流行的制造业管理概念与方法, 如精良制作、敏捷制造、大规模定制等, 就其支撑性技术层面的企业资源计划 (enterprise resource planning, ERP) 与客户关系管理 (customer relationship management, CRM) 等管理信息系统而言, 运筹学方法可以说都是隐含其中并起着关键性作用的基础方法之一.

6. 运输工业

无论空运、水运、公路运输、铁路运输、管道运输还是厂内运输, 首先都要解决一个最佳路线的选择问题. 现实生活中, 最佳路线往往不一定是路程最短的路线, 而是时间、费用、运输品的性质等众多约束因素下的综合均衡指标最佳的路线. 这就为运筹学的应用提供了大量的空间. 此外, 人力与机械的配置和调度问题 (如飞行航班和飞行机组人员服务时间安排、航班晚点或取消时机组人员和飞机的重新调度、船舶航运计划、港口装卸设备的配置和船到港后的装卸计划等)、基础设施的建设问题 (如公路、铁路网的规划设计和分析, 航站的分布) 以及运输业务的拓展问题 (如市内公共汽车路线的选择和行车时刻的安排, 出租汽车的调度和停车场的设立等) 也大量应用到运筹学的知识. 案例 B.8 与案例 B.11 是运筹学在运输工业中常见的一些问题.

7. 金融与会计业

有价证券的选购往往用到大量的运筹学知识, 投资组合的组合选择理论和无套利分析方法就是运筹方法在金融领域应用的典型之一. 在会计业中, 通过建立运筹学的数学规划模型以及统计分析、决策分析、盈亏点分析与价值分析等方法, 可以提取到许多对会计非常有用的经济信息, 有利于人们对预算、贷款、成本分析、定价、投资、证券管理、现金管理等会计问题作出更加合理的判断.

8. 广告业

在一定限度的广告预算内, 广告主如何通过对广告媒介的选择来实现最佳的广告效果? 广告商如何通过竞争性定价、新产品开发、制订销售计划等方法来实现自己的利益最大化? 对这类涉及广告预算经费如何在各种广告渠道 (如商业电视、报纸广告等) 上进行分配的媒介调度问题, 通常需要采用运筹学中的规划方法来解决.

9. 公共管理领域

公共管理的实质是公平、有效地分配和使用公共资源. 因此, 需要大量使用运筹学方法, 如城市管理中各种公共服务设施的设立与分布问题 (如图书馆、学校、消防站、警察局、急救中心、垃圾站、污水处理厂应设立在什么地方, 多大规模, 才能够既经济又有效地为市民提供应有的服务?)、国民经济管理问题 (许多用于国民经济管理的宏观经济模型, 如最为广泛的 Leontief 模型等都可以看作一种特殊的数学规划模型) 等.

10. 军事领域

战争说到底是力量的较量. 如何通过合理的组织与规划把资源有效地转换为战争力量, 如何把已有的力量以最佳的方式在合适的时间、地点发挥出来并获得最大的作战效果等, 关系到战争成败的问题都需要通过运筹学来解答. 事实上, 军事领域是运筹学最早起源的地方. 经过第二次世界大战以来的发展到现在, 小到作战单位在人员和火器上的配置、阵地的选址等战术问题, 大到战备预案、多军种合成、武器研发、后勤保障和征兵培训等战略性问题, 无不需要用到运筹学方法来寻求最佳解决方案.

11. 农业

运筹学方法可以帮助人们决定什么地方种植什么、怎样轮种、怎样增产以及怎样投资. 欧美国家的农场就常常使用配料模型来获得最佳农业生产资料投入组合, 例如, 在采用混合饲料喂养家畜时确定各种饲料的投放比例, 混合施肥时根据作物的需要确定各类化肥的比例等 (见案例 B.6). 此外, 随着农业产业化的推进, 分布问题也常在这个领域中出现. 例如, 牛奶场应如何布局才能够及时、快速地将足量的奶产品送到城市订户手中就是一个典型的运筹学问题.

# 第1章 线性规划

运筹学的一个主要分支是数学规划 (mathematical programming). 它研究在一些给定的条件 (即约束条件) 下, 求所考察函数 (即目标函数) 在某种意义下的极值 (极小或极大) 问题. 本章主要介绍最基本的数学规划 —— 线性规划 (linear programming, LP) 问题, 参见文献 [2, 3].

## 1.1 基本问题

本节先介绍线性规划模型的基本形式, 然后给出规划问题的一些基本概念.

### 1.1.1 基本模型

**例 1.1 (产品组合问题)** 某公司现有三条生产线来生产两种新产品, 其主要数据如表 1.1 所示 (时间单位为小时, 利润单位为百元). 请问如何生产可以使公司每周利润最大?

表 1.1 产品组合问题的生产消耗参数表

| 生产线 | 生产每批产品所需时间 | | 每周可用时间 | 资源单位成本 |
|---|---|---|---|---|
| | 产品甲 | 产品乙 | | |
| 生产线一 | 1 | 0 | 4 小时 | 1 百元/小时 |
| 生产线二 | 0 | 2 | 12 小时 | 1 百元/小时 |
| 生产线三 | 3 | 2 | 18 小时 | 1 百元/小时 |
| 产品售价/百元 | 7 | 9 | | |

显然, 此问题是在生产线可利用时间受到限制的情形下来寻求每周利润最大化, 其决策方案是决定每周产品甲和产品乙各自的产量为多少才最佳.

1. 变量的确定

变量 $\boldsymbol{x} = (x_1, x_2, \cdots, x_n)^{\mathrm{T}}$ 是运筹学问题或系统中待确定的某些量, 在实际问题中常常把变量 $\boldsymbol{x}$ 称为决策变量. 在例 1.1 中, 就可以记 $x_1$ 为每周生产产品甲的产量; $x_2$ 为每周生产产品乙的产量.

2. 约束条件

求目标函数极值时的某些限制称为约束条件. 在例 1.1 中, 每周的产品生产要受到三条生产线的可用生产时间的约束, 全为"$\leqslant$"的不等式约束.

3. 目标函数

在例 1.1 中, 生产计划安排的"最优化"要有一定的标准或评价方法, 目标函数就是这种标准的数学描述, 这里的目标是要求每周的生产利润 (可记为 $z$, 以百元为计量单位) 为最大.

根据以上讨论, 例 1.1 的产品组合问题可抽象地归结为一个数学模型:

$$\max z = 3x_1 + 5x_2 \tag{1.1a}$$

$$\text{s.t.} \begin{cases} x_1 \leqslant 4, & (1.1\text{b}) \\ 2x_2 \leqslant 12, & (1.1\text{c}) \\ 3x_1 + 2x_2 \leqslant 18, & (1.1\text{d}) \\ x_1 \geqslant 0, x_2 \geqslant 0, & (1.1\text{e}) \end{cases}$$

其中, max 是最大化 (maximize) 的英文简称; s.t. 是受约束于 (subject to) 的英文简称; $\boldsymbol{x} = (x_1, x_2)^{\mathrm{T}} \in \Re^2$ 为 2 维向量.

在上面的数学模型中, 决策变量为可控的连续变量, 目标函数和约束条件都是线性的, 称为线性规划问题. 线性规划问题是最基本的数学规划问题, 其模型隐含了如下假定:

(1) 比例性假定. 意味着每种经营活动对目标函数的贡献是一个常数, 对资源的消耗也是一个常数.

(2) 可加性假定. 每个决策变量对目标函数和约束方程的影响是独立于其他变量的, 目标函数值是每个决策变量对目标函数贡献的总和.

(3) 连续性假定. 决策变量应取连续值.

(4) 确定性假定. 所有参数都是确定的参数, 不包含随机因素.

上述隐含的假定条件是很强的, 因此, 在使用线性规划时必须注意问题在什么程度上满足这些假定. 当不满足的程度较大时, 应考虑使用其他方法.

例如, 若线性规划问题中的一些变量限于只取整数值, 则称为整数规划. 若线性规划的约束条件带有模糊性, 则称为模糊线性规划. 若在数学规划问题的目标函数或 (和) 构成约束条件的函数中出现非线性函数, 则称为非线性规划. 而有一些运筹学问题很难写成一个以算式表达的数学问题, 有时即使写成, 由于引入的变量和约束条件过多, 求解也很困难. 对于这类问题, 总是设法用组合的方法去求解, 因此称为组合优化问题. 另外, 一些生产问题所涉及的一些输入信息随时间作微小变动时, 目标函数的值可能随之发生大的变化. 基于这种现象的问题称为参数规划. 有些问题所考虑的目标不止一个, 或者有些目标甚至相互排斥, 基于这类现象的问题为多目标规划. 当目标函数或约束条件中的系数是随机变 (向) 量时, 就为随机规划. 当然, 在建模过程中, 还有其他因素需要考虑, 参见 1.5 节.

继续考虑例 1.1, 表 1.2 给出线性规划原始问题与一般问题的对应关系.

表 1.2 线性规划的原始问题与一般问题

| 原始问题 | 一般问题 |
|---|---|
| 3 条生产线 | $m$ 类资源 |
| 2 种产品 | $n$ 类活动 |
| 产品 $j$ 的生产量 $x_j$ | 活动 $j$ 的水平 $x_j$ |
| 利润 $z$ | 活动的总度量 $z$ |

对于最大化利润的一般产品组合问题, 不妨设有 $m$ 类资源用于生产 $n$ 种不同产品, 各种资源的拥有量分别为 $b_i$ $(i=1,2,\cdots,m)$. 又生产单位第 $j$ 种产品 $(j=1,\ 2,\cdots,\ n)$ 时将消费第 $i$ 类资源 $a_{ij}$ 单位, 利润为 $c_j$ 元. 表 1.3 给出线性规划模型的所需数据.

表 1.3 线性规划模型的所需数据

| 资源 | 单位活动对资源的使用量 | | | | 资源可利用量 |
|---|---|---|---|---|---|
| | 1 | 2 | $\cdots$ | $n$ | |
| 1 | $a_{11}$ | $a_{12}$ | $\cdots$ | $a_{1n}$ | $b_1$ |
| 2 | $a_{21}$ | $a_{22}$ | $\cdots$ | $a_{2n}$ | $b_2$ |
| $\vdots$ | $\vdots$ | $\vdots$ | | $\vdots$ | $\vdots$ |
| $m$ | $a_{m1}$ | $a_{m2}$ | $\cdots$ | $a_{mn}$ | $b_m$ |
| 单位活动对 $z$ 的贡献 | $c_1$ | $c_2$ | $\cdots$ | $c_n$ | |

仍用 $x_j$ $(j=1,2,\cdots,n)$ 代表第 $j$ 种产品的生产数量, 则线性规划模型为

$$\max z = c_1x_1 + c_2x_2 + \cdots + c_nx_n$$
$$\text{s.t.}\ \begin{cases} a_{11}x_1 + a_{12}x_2 + \cdots + a_{1n}x_n \leqslant b_1, \\ a_{21}x_1 + a_{22}x_2 + \cdots + a_{2n}x_n \leqslant b_2, \\ \qquad\qquad\vdots \\ a_{m1}x_1 + a_{m2}x_2 + \cdots + a_{mn}x_n \leqslant b_m, \\ x_1 \geqslant 0, x_2 \geqslant 0, \cdots, x_n \geqslant 0, \end{cases} \tag{1.2}$$

其中, 目标函数可以为 min 的形式, 函数约束中 "$\leqslant$" 可以为 "$=$" 或 "$\geqslant$", 变量的非负性限制也可以取消.

以上模型的简写形式为

$$
\max z=\sum_{j=1}^{n} c_j x_j
$$

$$
\text{s.t.}\ \begin{cases}\sum\limits_{j=1}^{n} a_{ij}x_j \leqslant b_i & (i=1,2,\cdots,m),\\ x_j\geqslant 0 & (j=1,2,\cdots,n).\end{cases} \tag{1.3}
$$

用向量形式表达时, 上述模型可写为

$$
\max z=\boldsymbol{cx}
$$

$$
\text{s.t.}\ \begin{cases}\sum\limits_{j=1}^{n} \boldsymbol{p}_j x_j \leqslant \boldsymbol{b},\\ \boldsymbol{x}\geqslant \boldsymbol{0},\end{cases}
$$

其中, $\boldsymbol{c}=(c_1,c_2,\cdots,c_n)$, $\boldsymbol{x}=(x_1,x_2,\cdots,x_n)^{\mathsf{T}}$, $\boldsymbol{p}_j=(a_{1j},a_{2j},\cdots,a_{mj})^{\mathsf{T}}$, $\boldsymbol{b}=(b_1,b_2,\cdots,b_m)^{\mathsf{T}}$.

用矩阵式来表示可写成:

$$
\max z=\boldsymbol{cx}
$$

$$
\text{s.t.}\ \begin{cases}\boldsymbol{Ax}\leqslant \boldsymbol{b},\\ \boldsymbol{x}\geqslant \boldsymbol{0},\end{cases}
$$

其中, $\boldsymbol{A}=(a_{ij})_{m\times n}$ 称为约束方程组变量的系数矩阵 (或者简称约束变量的系数矩阵).

为求解方便, 需要把模型 (1.3) 变成标准形式, 即模型的目标函数为求极大值, 约束条件全为等式, 约束条件右端常数项为非负值, 变量取值为非负①.

$$
\max z=\sum_{j=1}^{n} c_j x_j \tag{1.4a}
$$

$$
\text{s.t.}\ \begin{cases}\sum\limits_{j=1}^{n} a_{ij}x_j = b_i & (i=1,2,\cdots,m),\\ x_j\geqslant 0 & (j=1,2,\cdots,n).\end{cases} \tag{1.4b}
$$

对非标准形式的线性规划问题, 可通过下列方法化为标准形式.

(1) 目标函数求极小值. 即 $\min z=\sum\limits_{j=1}^{n} c_j x_j$, 令 $z'=-z$ 即可.

① 有些书上规定是求极小值, 参见文献 [4], MATLAB 的优化算法就要求目标函数为此形式. LINDO 与 LINGO 中关于线性规划问题的结论是以这里的标准化形式进行计算的 (当然也可以为极小化的形式).

(2) 约束条件为不等式. 当 “$\leqslant$” 时, 如 $x_1 \leqslant 4$, 可令 $x_3 = 4 - x_1$ 或 $x_1 + x_3 = 4$, 则 $x_3 \geqslant 0$. 当 “$\geqslant$” 时, 如 $0.6x_1 + 0.4x_2 \geqslant 6$, 令 $x_4 = 0.6x_1 + 0.4x_2 - 6$, 则 $x_4 \geqslant 0$.

$x_3$ 和 $x_4$ 是新加入的变量, 取值均为非负, 加到原约束条件中去的目的是使不等式转化为等式. 其中, $x_3$ 称为松弛变量, $x_4$ 一般称为剩余变量, 其实质与 $x_3$ 相同, 故也有统称为松弛变量的. 松弛变量或剩余变量在目标函数中的系数均为 0.

(3) 变量 $x_j \leqslant 0$. 令 $x'_j = -x_j$ 即可.

(4) 取值无约束的变量. 令 $x_j = x'_j - x''_j$, 其中, $x'_j \geqslant 0, x''_j \geqslant 0$.

### 1.1.2 基本概念

下面的讨论是针对模型 (1.4) 进行的.

**定义 1.1 (可行解)** 满足约束条件 (1.4b) 的解 $\boldsymbol{x} = (x_1, x_2, \cdots, x_n)^{\mathrm{T}}$, 称为线性规划问题的可行解. 全部可行解的集合称为可行域.

**定义 1.2 (最优解)** 使目标函数 (1.4a) 达到最大值的可行解称为最优解, 对应的目标函数值称为最优值.

**定义 1.3 (基)** 设 $\boldsymbol{A}_{m\times n}$ $(n > m)$ 为约束方程组 (1.4b) 的系数矩阵, 其秩为 $m$. $\boldsymbol{B}_{m\times m}$ 是矩阵 $\boldsymbol{A}$ 中的满秩子矩阵, 则称 $\boldsymbol{B}$ 是线性规划问题的一个基 (基矩阵). 设

$$\boldsymbol{B} = (a_{ij})_{m\times m} = (\boldsymbol{p}_1, \boldsymbol{p}_2, \cdots, \boldsymbol{p}_m),$$

则称 $\boldsymbol{B}$ 中的每一个列向量 $\boldsymbol{p}_j$ $(j = 1, 2, \cdots, m)$ 为基向量. 与基向量 $\boldsymbol{p}_j$ 对应的变量 $x_j$ 称为基变量 (basic variables), 其他变量称为非基变量 (nonbasic variables).

**定义 1.4 (基解)** 在约束方程组 (1.4b) 中, 令非基变量 $x_{m+1}, x_{m+2}, \cdots, x_n$ 为 0, 则称由约束方程确定的唯一解 $\boldsymbol{x} = (x_1, x_2, \cdots, x_m, 0, \cdots, 0)^{\mathrm{T}}$ 为线性规划问题的基解.

基解中变量取非零值的个数不大于方程数 $m$, 且其总数不超过 $C_n^m$ 个.

**定义 1.5 (基可行解)** 满足约束条件 (1.4b) 的基解称为基可行解.

**定义 1.6 (可行基)** 对应于基可行解的基称为可行基.

**定义 1.7 (退化基可行解与非退化基可行解)** 称含零值基变量的基可行解为退化基可行解, 对应的基为退化可行基. 称基变量都不为 0 的基可行解为非退化基可行解, 对应的基为非退化可行基.

由此可知, 退化基可行解中的非零分量一定小于 $m$, 非退化基可行解中非零分量一定等于 $m$. 若有关线性规划问题的所有基可行解都是非退化基可行解, 则

该问题为非退化线性规划问题; 否则, 称为退化线性规划问题.

**例 1.2** 写出例 1.1 的标准形式, 以及其基、基变量、基解、基可行解和可行基.

**解** 显然, 标准形式为

$$\max z = 3x_1 + 5x_2 + 0x_3 + 0x_4 + 0x_5$$
$$\text{s.t.} \begin{cases} x_1 + x_3 = 4, \\ 2x_2 + x_4 = 12, \\ 3x_1 + 2x_2 + x_5 = 18, \\ x_j \geqslant 0 \quad (j = 1, 2, \cdots, 5). \end{cases}$$

由此, 可写出约束方程组的系数矩阵:

$$\boldsymbol{A} = \begin{bmatrix} 1 & 0 & 1 & 0 & 0 \\ 0 & 2 & 0 & 1 & 0 \\ 3 & 2 & 0 & 0 & 1 \end{bmatrix}.$$

矩阵 $\boldsymbol{A}$ 的秩不大于 3, 而

$$(\boldsymbol{p}_3, \boldsymbol{p}_4, \boldsymbol{p}_5) = \begin{bmatrix} 1 & 0 & 0 \\ 0 & 1 & 0 \\ 0 & 0 & 1 \end{bmatrix}$$

是一个 $3 \times 3$ 的满秩矩阵, 故 $(\boldsymbol{p}_3, \boldsymbol{p}_4, \boldsymbol{p}_5)$ 是一个基, 对应的变量 $x_3, x_4, x_5$ 是基变量, $x_1, x_2$ 是非基变量. 令 $x_1 = x_2 = 0$, 解得 $x_3 = 4$, $x_4 = 12$, $x_5 = 18$, 则 $\boldsymbol{x} = (0, 0, 4, 12, 18)^{\mathrm{T}}$ 是一个基解. 因该基解中所有变量取值为非负, 故又是基可行解, 对应的基 $(\boldsymbol{p}_3, \boldsymbol{p}_4, \boldsymbol{p}_5)$ 是一个可行基.

## 1.2 几何思路

本节先给出线性规划问题的图解法, 然后在此基础上给出线性规划问题的几何意义.

### 1.2.1 图解法

考虑例 1.1 的求解.

1. 约束条件

例 1.1 中只有两个变量 $x_1$ 和 $x_2$, 故以 $x_1$ 和 $x_2$ 为坐标轴作直角坐标系. 从图 1.1 中可知, 同时满足约束条件的点必然落在由两个坐标轴与上述三条直线所围成的多边形内及该多边形的边界上. 并可以看到这个多边形是凸的.

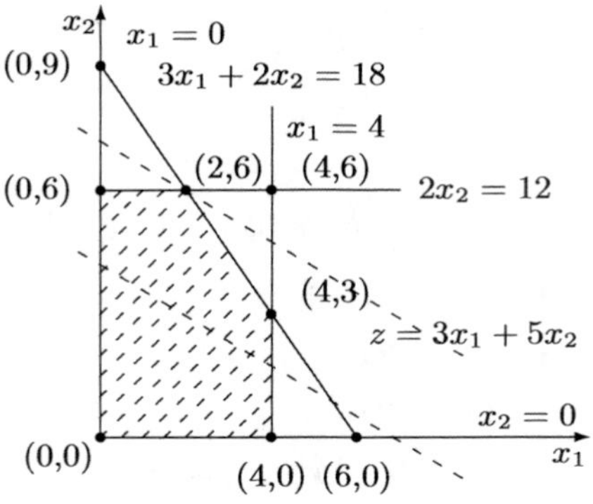


图 1.1　产品组合问题

2. 目标函数

目标函数是参量为 $z$, 斜率为 $-\dfrac{3}{5}$ 的一族平行的直线. 离 $(0,0)$ 点越远的直线, $z$ 的值越大. 但 $x_1, x_2$ 取值范围是限定 $z$ 有限.

3. 最优解

最优解必须满足约束条件要求, 并使目标函数达到最优值. 因此 $x_1, x_2$ 的取值范围只能从凸多边形内去寻找. 从图 1.1 可知目标函数直线与凸多边形的切点是点 $(2,6)$. 将其代入目标函数得 $z = 36$, 即该企业生产产品的最佳方案是: 生产 2 批产品甲, 6 批产品乙, 能获取利润 3600 元.

在例 1.1 中, 用图解法得到的问题的最优解是唯一的. 但在计算中, 解的情况还可能出现下列几种:

(1) 无穷多最优解. 若将例 1.1 中的目标函数改为 $\max z = 3x_1 + 2x_2$, 则该线性规划问题有无穷多最优解.

(2) 无界解. 若例 1.1 中的约束条件只剩下 (1.1b) 和 (1.1e), 其他条件 (1.1c) 与 (1.1d) 不再考虑, 则问题具有无界解.

(3) 无可行解. 若例 1.1 加上限制条件 $3x_1 + 5x_2 \geqslant 50$, 则问题无可行解.

无界解和无可行解统称为无最优解.

### 1.2.2　几何意义

**定义 1.8 (凸集)**　设 $K \subset \Re^n$ 是一点集, 若任意两点 $\boldsymbol{x}^{(1)} \in K$, $\boldsymbol{x}^{(2)} \in K$ 的连线上的一切点 $\lambda\boldsymbol{x}^{(1)} + (1-\lambda)\boldsymbol{x}^{(2)} \in K$ $(0 \leqslant \lambda \leqslant 1)$, 则称 $K$ 为凸集.

**定义 1.9 (凸组合)**　设 $\boldsymbol{x}^{(1)}, \boldsymbol{x}^{(2)}, \cdots, \boldsymbol{x}^{(k)}$ 是 $n$ 维 Euclidean 空间 $\Re^n$ 中

的 $k$ 个点. 若存在 $\lambda_1, \lambda_2, \cdots, \lambda_k$, 且 $0 \leqslant \lambda_i \leqslant 1\ (i=1,2,\cdots,k)$; $\sum\limits_{i=1}^{k} \lambda_i = 1$ 使

$$\boldsymbol{x} = \lambda_1 \boldsymbol{x}^{(1)} + \lambda_2 \boldsymbol{x}^{(2)} + \cdots + \lambda_k \boldsymbol{x}^{(k)},$$

则称 $\boldsymbol{x}$ 为 $\boldsymbol{x}^{(1)}, \boldsymbol{x}^{(2)}, \cdots, \boldsymbol{x}^{(k)}$ 的凸组合 (这里也是凸线性组合).

**定义 1.10 (顶点)** 设 $K$ 是凸集, $\boldsymbol{x} \in K$. 若 $\boldsymbol{x}$ 不能用不同的两点 $\boldsymbol{x}^{(1)} \in K$ 和 $\boldsymbol{x}^{(2)} \in K$ 的线性组合表示为

$$\boldsymbol{x} = \lambda \boldsymbol{x}^{(1)} + (1-\lambda) \boldsymbol{x}^{(2)} \quad (0 < \lambda < 1),$$

则称 $\boldsymbol{x}$ 为 $K$ 的一个顶点 (或极点).

图 1.1 中的 $(0,0),(0,6),(2,6),(4,3),(4,0)$ 与 $(0,9),(4,6),(6,0)$ 就是例 1.1 的 8 个顶点. 前 5 个顶点位于可行域边界上, 是可行解, 这 5 个点称为顶点可行解; 而后 3 个顶点位于可行域之外, 称为顶点非可行解.

由图解法可直观地理解以下结论 (证明过程参见文献 [1, 5]):

**引理 1.1** 若线性规划问题 (1.4) 存在可行域 $D$, 则其可行域是凸集.

**定理 1.1** 线性规划问题 (1.4) 的基可行解 $x$ 对应于可行域 $D$ 的顶点.

**引理 1.2** 若 $K$ 是一有界凸集, 则任何一点 $\boldsymbol{x} \in K$ 可表示为 $K$ 的顶点的凸组合.

**定理 1.2** 若可行域有界, 线性规划问题 (1.4) 的目标函数一定可以在其可行域的顶点上达到最优, 即一定存在一个基可行解是最优解.

对于目标函数可能在多个顶点处达到最大值的情形, 不妨设 $\widehat{\boldsymbol{x}}^{(1)}, \widehat{\boldsymbol{x}}^{(2)}, \cdots, \widehat{\boldsymbol{x}}^{(k)}$ 是目标函数达到最大值的顶点, 若 $\widehat{\boldsymbol{x}}$ 是这些顶点的凸组合, 即

$$\widehat{\boldsymbol{x}} = \sum_{i=1}^{k} \lambda_i \widehat{\boldsymbol{x}}^{(i)} \quad \left(\lambda_i \geqslant 0, \sum_{i=1}^{k} \lambda_i = 1\right).$$

设 $\boldsymbol{c}\widehat{\boldsymbol{x}}^{(i)} = z_0^*\ (i=1,2,\cdots,k)$, 于是

$$\boldsymbol{c}\widehat{\boldsymbol{x}} = \boldsymbol{c}\sum_{i=1}^{k} \lambda_i \widehat{\boldsymbol{x}}^{(i)} = \sum_{i=1}^{k} \lambda_i \boldsymbol{c}\widehat{\boldsymbol{x}}^{(i)} = \sum_{i=1}^{k} \lambda_i z_0^* = z_0^*,$$

即这些顶点的凸组合上也达到最大值, 线性规划问题 (1.4) 有无穷多最优解.

另外, 若可行域为无界, 则可能无最优解, 也可能有最优解, 若有也必定在某顶点上得到.

从以上分析可以看到, 虽然顶点数目是有限的 (对标准形式的线性规划, 其个数不大于 $C_n^m$ 个), 若采用 "枚举法" 找所有基可行解, 最终可能找到最优解, 但效率低下. 但当 $n, m$ 的数较大时, 就需要有效地找到最优解的方法 —— 单纯形法.

## 1.3 单纯形法

单纯形法首先是由 George Dantzig 于 1947 年提出来的.

### 1.3.1 几何语言

例 1.1 中顶点可行解是 (0,0), (0,6), (2,6), (4,3), (4,0); 顶点非可行解是 (0,9), (4,6), (6,0). 于是, 一个求解线性规划的直观方法就是按一种规则的方式, 从一个顶点向相邻的一个顶点转换, 直至找到一个最优解. 这是单纯形法及其变形的基本概念.

对应图解法的基本思想, 不加证明地给出一个最优检测条件, 参见文献 [2]. 即对于任意的至少有一个最优解的线性规划, 若一个顶点可行解没有更优的相邻顶点可行解 (以 $z$ 值来度量), 则这个顶点可行解一定是最优解.

例 1.1 点 (2,6) 处的$z_0 = 36$ 为最优值, 因为在点 (0,6) 处, 有 $z = 30$; 在点 (4,3) 处, 有 $z = 27$. 现求解例 1.1 的线性规划模型.

(1) 初始化: (0,0) 为原始顶点可行解, 由最优性检测知 (0,0) 不是最优的.

(2) 迭代 1: 因为 $x_2$ 的系数 5 大于 $x_1$ 的系数 3, 所以沿着 $x_2$ 轴移动增加 $z$ 之值; 在第一个新的约束边界 $2x_2 = 12$ 处停止; 从两个约束条件 $x_1 = 0$ 和 $2x_2 = 12$ 求得顶点可行解 (0,6). 由最优性检测知 (0,6) 不是最优的.

(3) 迭代 2: 现在只有向右移动, 在第一个新的约束边界处 $3x_1 + 2x_2 = 12$ 停下; 从约束条件 $2x_2 = 12$ 和 $3x_1 + 2x_2 = 18$ 求得顶点可行解 (2,6); 经最优性检测可知 (2,6) 是最优的.

上面的简单迭代给出单纯形法的基本求解过程: 在迭代开始时, 除非原点违背函数约束, 一般选择原点为初始点; 然后在迭代中只从相邻顶点可行解中选择较优顶点可行解, 以 $z$ 的增加速度最快方向移动来决定选择哪一个相邻顶点可行解, 并以最优性检测来决定是否继续进行迭代.

### 1.3.2 代数形式

继续考虑例 1.1, 其模型原形和标准形式如表 1.4 所示. 表 1.4 中松弛变量 $(x_3, x_4, x_5)$ 可作如下解释: 若一个松弛变量等于 0, 则目前之解位于对应函数约束 (限制性) 的边界上; 若一个松弛变量大于 0, 意味着解位于可行域之内; 若一个松弛变量小于 0, 意味着解位于可行域之外.

因此, 基解与基可行解有如下性质:

(1) 每一个变量是非基变量或基变量, 两者必居其一.

(2) 基变量个数等于方程个数, 为 $m$, 则非基变量个数为 $n$ $(= n + m - m)$.

(3) 非基变量被令为 0.

(4) 同时由方程组可以得到基变量之值.

表 1.4 产品组合问题原始模型的原形和标准形式

| 原形 | 标准形式 |
| --- | --- |
| $\max z = 3x_1 + 5x_2$ | $\max z = 3x_1 + 5x_2$ |
| s.t. $x_1 \leqslant 4$ | s.t. (1) $x_1 + x_3 = 4$ |
| $2x_2 \leqslant 12$ | (2) $2x_2 + x_4 = 12$ |
| $3x_1 + 2x_2 \leqslant 18$ | (3) $3x_1 + 2x_2 + x_5 = 18$ |
| 和 $x_1 \geqslant 0, x_2 \geqslant 0$ | 和 $x_j \geqslant 0\ (j = 1, 2, \cdots, 5)$ |

(5) 若基变量满足非负性约束, 则基解就是一个基可行解.

对应地, 两个基可行解相邻: 在基变量集合之中, 除了一个基变量, 其他基变量全是相同的, 只是数值可能不相同而已. 则从一个基可行解移向另外一个基可行解, 需将一个非基变量换成基变量, 把一个基变量换成非基变量, 同时调整基变量之值以满足方程组. 且基可行解的每次更新, 均能确保目标函数值有所改进, 直到获得最优解, 这就是线性规划问题单纯形法的基本思想. 例如, 在一对相邻的顶点可行解 $(0, 0)$ 与 $(0, 6)$ 中, 其相应基可行解是 $(0, 0, 4, 12, 18)$ 与 $(0, 6, 4, 0, 6)$, 在前一个解中的非基变量 $(x_1, x_2)$ 就变成后一个解中的 $(x_1, x_4)$, 这里 $x_2$ 就是换入变量, $x_4$ 是换出变量.

1.3.2.1 确定初始基可行解

例 1.1 可变为

$$
\begin{aligned}
&(0)\ z - 3x_1 - 5x_2 = 0,\\
&(1)\ x_1 + x_3 = 4,\\
&(2)\ 2x_2 + x_4 = 12,\\
&(3)\ 3x_1 + 2x_2 + x_5 = 18,\\
&\quad \text{和 } x_j \geqslant 0 \quad (j = 1, 2, \cdots, 5).
\end{aligned}
$$

则初始化时, 令 $x_1 = x_2 = 0$, 有

$$
\begin{aligned}
&(0)\ z - 3x_1 - 5x_2 = 0 && \Rightarrow z = 0,\\
&(1)\ x_1 + x_3 = 4 && \Rightarrow x_3 = 4,\\
&(2)\ 2x_2 + x_4 = 12 && \Rightarrow x_4 = 12,\\
&(3)\ 3x_1 + 2x_2 + x_5 = 18 && \Rightarrow x_5 = 18,
\end{aligned}
$$

则初始基可行解是 $(0, 0, 4, 12, 18)$.

因此, 当线性规划问题的约束条件全部为 "⩽" 时, 模型为

$$\max z=\sum_{j=1}^{n}c_jx_j$$
$$\text{s.t.}\ \begin{cases}\sum\limits_{j=1}^{n}a_{ij}x_j\leqslant b_i & (i=1,2,\cdots,m),\\ x_j\geqslant 0 & (j=1,2,\cdots,n).\end{cases}\tag{1.5}$$

首先给第 $i$ 个约束条件加上松弛变量 $x_{si}$ $(i=1,2,\cdots,m)$, 化为标准形式的线性规划问题:

$$\max z=\sum_{j=1}^{n}c_jx_j$$
$$\text{s.t.}\ \begin{cases}\sum\limits_{j=1}^{n}a_{ij}x_j+x_{si}=b_i & (i=1,2,\cdots,m),\\ x_j\geqslant 0 & (j=1,2,\cdots,n).\end{cases}\tag{1.6}$$

写成方程组的形式为

$$\begin{aligned}
&(0)\quad z-\sum_{j=1}^{n}c_jx_j=0,\\
&(1)\quad \sum_{j=1}^{n}a_{1j}x_j+x_{s1}=b_1,\\
&(2)\quad \sum_{j=1}^{n}a_{2j}x_j+x_{s2}=b_2,\\
&\qquad\vdots\\
&(m)\quad \sum_{j=1}^{n}a_{mj}x_j+x_{sm}=b_m,\\
&和\quad x_j\geqslant 0\quad (j=1,2,\cdots,n).
\end{aligned}$$

由于以上方程组中含有一个单位矩阵, 以这个单位矩阵作为基, 将 (1.6) 中每个等式移项得

$$\begin{cases}x_{s1}=b_1-a_{11}x_1-\cdots-a_{1n}x_n,\\ x_{s2}=b_2-a_{21}x_1-\cdots-a_{2n}x_n,\\ \qquad\vdots\\ x_{sm}=b_m-a_{m1}x_1-\cdots-a_{mn}x_n.\end{cases}\tag{1.7}$$

令 $x_1, x_2,\cdots, x_n$ 为 0, 解出变量值 $x_{si}=b_i$ $(i=1,2,\cdots,m)$, 因为 $b_i\geqslant 0$ $(i=1, 2,\cdots, m)$, 所以, $\boldsymbol{x}=(0,0,\cdots,0,b_1,b_2,\cdots,b_m)$ 是一个基可行解.

1.3.2.2 最优性检测和解的判别

由 Eq(0) 知增加 $x_1$ 或 $x_2$ 会增加 $z$ 值, 即此解不是最优解. 记 $x_1$ 和 $x_2$ 之前的系数为 $\sigma$, 则当所有 $\sigma_j \geqslant 0$ 时, 基可行解即为最优解, 当 $\sigma < 0$ 时, 需要进入迭代过程 —— 迭代 1. 由此, $\sigma_j$ 称为检验数.

1.3.2.3 基可行解的转换

具体做法是从原可行基中找一个列向量 (要保证线性独立), 得到一个新的可行基, 称为基变换. 为了换基, 先要确定换入变量, 再确定换出变量, 让它们相应的系数列向量进行对换, 就找到一个新的基可行解.

1. 换入变量的确定

在例 1.1 的迭代 1 中, 根据目标函数值增加的快慢, 首先选择非基变量 $x_2$ 换到基变量中 (称为换入变量).

对这些两个以上 $\sigma_j < 0$, 为使目标函数值增加得快, 从直观上一般选 $|\sigma_j| > 0$ 中的大者, 即

$$\max_j(|\sigma_j| > 0) = |\sigma_k|,$$

对应的 $x_k$ 为换入变量.

2. 换出变量的确定

在例 1.1 的迭代 1 中, 确定 $x_2$ 为换入变量, 则在可行域内尽量增加 $x_2$, 同时保持其他非基变量为 $0(x_1 = 0)$, 有

$$\begin{aligned}
&(1)\ x_1 + x_3 = 4, && x_3 = 4 \Rightarrow x_2 \text{ 无上界},\\
&(2)\ 2x_2 + x_4 = 12, && x_4 = 12 - 2x_2 \Rightarrow x_2 \leqslant \frac{12}{2} = 6 \leftarrow \min,\\
&(3)\ 3x_1 + 2x_2 + x_5 = 18, && x_5 = 18 - 2x_2 \Rightarrow x_2 \leqslant \frac{18}{2} = 9,
\end{aligned}$$

最小比值原则决定基变量 $x_4$ 最先到达 0, 变为非基变量, 故换出变量为 $x_4$.

这样, 新的基变量是 Eq(1) 的 $x_3$, Eq(2) 的 $x_2$, Eq(3) 的 $x_5$. 在 Eq(1)~(3) 用 Gauss 消元法 (基本代数运算: 一行乘以一个数, 或一行乘上一个数加到另外一行中去) 可解出新的基可行解, 同时在 Eq(0) 中消去基变量, 可得到目标函数的值, 即

$$\begin{aligned}
&(0)\ z - 3x_1 + \frac{5}{2}x_4 = 30 && \Rightarrow z = 30,\\
&(1)\ x_1 + x_3 = 4 && \Rightarrow x_3 = 4,\\
&(2)\ x_2 + \frac{1}{2}x_4 = 6 && \Rightarrow x_2 = 6,\\
&(3)\ 3x_1 - x_4 + x_5 = 6 && \Rightarrow x_5 = 6.
\end{aligned}$$

此时, $\boldsymbol{x} = (0, 6, 4, 0, 6), z = 30$. 最优检测 Eq(0): $z = 30 + 3x_1 - \frac{5}{2}x_4$ 表明增加 $x_1$ 会增加 $z$, 由此须进入迭代 2.

在一般情形下, 当确定 $x_k$ 为换入变量后, 由于其他的非基变量仍然为非基变量, 即 $x_j=0$ $(j=1,2,\cdots,n$ 且 $j\neq k)$, 则由约束方程组 (1.7) 有

$$\begin{aligned} x_{si}&=b_i-a_{i1}x_1-\cdots-a_{ik}x_k-\cdots-a_{in}x_n\geqslant 0\\ &\Rightarrow x_k\to\infty\quad(a_{ik}\leqslant 0,i=1,2,\cdots,m),\\ x_{si}&=b_i-a_{i1}x_1-\cdots-a_{ik}x_k-\cdots-a_{in}x_n\geqslant 0\\ &\Rightarrow x_k\leqslant\frac{b_i}{a_{ik}}\quad(a_{ik}>0,i=1,2,\cdots,m). \end{aligned}$$

因为所有的 $x_j\geqslant 0$, 所以若令

$$\theta=\min_i\left\{\frac{b_i}{a_{ik}}\middle|\, a_{ik}>0\quad(i=1,2,\cdots,m)\right\}=\frac{b_r}{a_{rk}},$$

则 $x_k$ 的增加不能超过 $\theta$, 此方程相应的变量 $x_r$ 为换出变量. 这时的 $\theta$ 值是按最小比值来确定的, 称为最小比值原则; 与此相应的 $a_{rk}$ 称为基元 (或主元素).

由前面分析可知, 在 (1.6) 的方程组等价形式中, 以这 $m$ 个新的基变量 (须注意基变量在哪些方程中) 为轴进行 Gauss 消元法, 则可得到一个新的基可行解.

3. 迭代 2

由 Eq(0) 知选择 $x_1$ 为换入变量. 保持非基变量 $x_4=0$, 有

$$\begin{array}{ll} x_3=4-x_1\geqslant 0 & \Rightarrow x_1\leqslant\frac{4}{1}=4,\\ x_2=6\geqslant 0 & \Rightarrow x_1\ \text{无上界限制},\\ x_5=6-3x_1\geqslant 0 & \Rightarrow x_1\leqslant\frac{6}{3}=2\leftarrow\min. \end{array}$$

于是 $x_1$ 代替 $x_5$ 成为一个基变量, 进行 Gauss 消元法有

$$\begin{aligned} &(0)\ z+\frac{3}{2}x_4+x_5=36,\\ &(1)\ x_3+\frac{1}{3}x_4-\frac{1}{3}x_5=2,\\ &(2)\ x_2+\frac{1}{2}x_4=6,\\ &(3)\ x_1-\frac{1}{3}x_4+\frac{1}{3}x_5=2. \end{aligned}$$

这时新的基可行解 $\boldsymbol{x}^*=(2,6,2,0,0)^{\mathrm{T}}, z=36$, 最优性检测 $z=36-\frac{3}{2}x_4-x_5$ 通过, 迭代停止. 所以最优解为 $\boldsymbol{x}^*=(2,6,2,0,0)^{\mathrm{T}}$, 最优值为 $z_0=36$.

表 1.5 给出单纯形法几何语言和代数形式的对比. 从中可以看到, 单纯形法的代数求解过程与图解法的求解过程完全一致.

表 1.5 单纯形法两种形式的对比

| 方法步骤 | 几何解释 | 代数解释 |
|---|---|---|
| 初始化 | (0,0) | (0,0,4,12,18) 非基变量 |
| 最优性检测 | 否, 从边界移动增加 $z$ | 增加 $x_1$ 或 $x_2$ 会增加 $z$ |
| 迭代 1. (1) | 沿 $x_2$ 轴移动 | 增加 $x_2$ 同时保持其他变量满足方程组 |
| (2) | 在第一个新约束条件处停下 $(2x_2=12)$ | 在第一个基变量为 0 时停下 $(x_4=0)$ |
| (3) | (0,6) 为新的基可行解 | 解出新的基可行解 (0,6,4,0,6) |
| 最优性检测 | 否, 向右移会增加 $z$ | 否, 增加非基变量 $x_1$ 会增加 $z$ |
| 迭代 2. (1) | 沿着直线向右移动 | 增加 $x_1$ |
| (2) | 在第一个新约束条件处停下 $(3x_1+2x_2=18)$ | 在第一个基变量到达 0 时停下 $x_5=0$ |
| (3) | 新的基可行解为 (2,6) | 解出新的基可行解 (2, 6, 2, 0, 0) |
| 最优性检测 | 最优 | 最优 |

1.3.2.4 单纯形法表格形式

综合以上分析, 可得例 1.1 线性规划问题代数形式的单纯形法表格 (表 1.6). 此例最优解为 $\boldsymbol{x}^*=(2,6,2,0,0)$, 最优值为 $z_0^*=36$.

表 1.6 单纯形法的表格形式

| 迭代 | BV. | Eq. | 系数 | | | | | | 右边 | 比值 |
|---|---|---|---|---|---|---|---|---|---|---|
| | | | $z$ | $x_1$ | $x_2$ | $x_3$ | $x_4$ | $x_5$ | | |
| 0: (0) $z-3x_1-5x_2=0$ | $z$ | (0) | 1 | −3 | −5 | 0 | 0 | 0 | 0 | |
| (1) $x_1+x_3=4$ | $x_3$ | (1) | 0 | 1 | 0 | 1 | 0 | 0 | 4 | |
| (2) $2x_2+x_4=12$ | $x_4$ | (2) | 0 | 0 | $\underset{\sim}{2}$ | 0 | 1 | 0 | 12 | $\frac{12}{2}$ |
| (3) $3x_1+2x_2+x_5=18$ | $x_5$ | (3) | 0 | 3 | 2 | 0 | 0 | 1 | 18 | $\frac{18}{2}$ |
| 1: | $z$ | (0) | 1 | −3 | 0 | 0 | $\frac{5}{2}$ | 0 | 30 | |
| | $x_3$ | (1) | 0 | 1 | 0 | 1 | 0 | 0 | 4 | 4 |
| | $x_2$ | (2) | 0 | 0 | 1 | 0 | $\frac{1}{2}$ | 0 | 6 | |
| | $x_5$ | (3) | 0 | $\underset{\sim}{3}$ | 0 | 0 | −1 | 1 | 6 | 2 |
| 2: | $z$ | (0) | 1 | 0 | 0 | 0 | $\frac{3}{2}$ | 1 | 36 | |
| | $x_3$ | (1) | 0 | 0 | 0 | 1 | $\frac{1}{3}$ | $-\frac{1}{3}$ | 2 | |
| | $x_2$ | (2) | 0 | 0 | 1 | 0 | $\frac{1}{2}$ | 0 | 6 | |
| | $x_1$ | (3) | 0 | 1 | 0 | 0 | $-\frac{1}{3}$ | $\frac{1}{3}$ | 2 | |

在实际求解过程中, 初始化表格中的几个方程没有必要写出. 这里给出的形

式仅用于解释代数形式和表格形式的对应关系. 另外, 系数二字也可以去掉.

根据以上讨论结果, 可得求解线性规划问题的单纯形法.

**算法 1.1 (单纯形法)** 其求解步骤如下.

步 0: 初始化. 引入松弛变量变 "$\leqslant$" 为 "=" 形式, 把原始决策变量作为非基变量并令其为 0, 松弛变量为初始基变量.

步 1: 换入变量的确定. 在 Eq(0) 中对所有负系数的变量进行检测, 选择有最小负系数的变量 (或选负系数绝对值最大的变量) 为换入变量.

步 2: 换出变量的确定. 应用最小比值原则选择换出变量: 在换入变量所在的列中考虑严格大于 0 的系数, 以此数除右边的相应系数, 应用最小比值原则选择具有最小比值的那一行, 此行对应的基变量为换出变量.

步 3: 变为恰当形式. 用 Gauss 消元法对行进行行运算, 使得基变量除其所在方程中的系数为 1 以外, 其他方程中系数均为 0, 并进行最优性检测, 决定是否返回步 1继续进行迭代.

## 1.4 深入讨论

本节先讨论线性规划问题的其他非标准形式的求解方法问题, 然后讨论线性规划问题解的各种情形, 最后总结单纯形法的本质为矩阵描述形式.

### 1.4.1 其他形式

1. 大 $M$ 法

当线性规划问题是其他非标准形式时, 先把问题变成标准形式的线性规划问题 (1.4). 此时因约束条件均为等式, 而系数矩阵中又不含单位矩阵, 则为获得一个明显的初始基可行解, 可采用添加人工变量的方法来构造一个单位基矩阵.

**例 1.3** 用单纯形法求解线性规划问题:

$$\min z = 0.4x_1 + 0.5x_2$$
$$\text{s.t.} \begin{cases} 0.3x_1 + 0.1x_2 \leqslant 2.7, \\ 0.5x_1 + 0.5x_2 = 6, \\ 0.6x_1 + 0.4x_2 \geqslant 6, \\ x_1 \geqslant 0, x_2 \geqslant 0. \end{cases}$$

**解** 先将此问题化成标准形式, 因为不存在明显的基变量, 所以, 人为地引入人工变量 $x_6$ 与 $x_4(x_6 \geqslant 0, x_4 \geqslant 0)$, 使得约束条件可表示为

$$\begin{aligned} 0.3x_1 + 0.1x_2 + x_3 \qquad\qquad &= 2.7, \\ 0.5x_1 + 0.5x_2 \qquad + x_4 \qquad &= 6, \end{aligned}$$

$$0.6x_1 + 0.4x_2 \qquad\qquad -x_5 + x_6 \ = 6,$$

这时就可很容易地确定一个初始的基可行解.

显然, 最优解中的人工变量取值必须为 0. 为此, 可令目标函数 (max 形式) 中人工变量的系数为任意大的一个负值, 用 "$-M$" 表示, 其中, "$M$" 为一个任意大的正常数 (可看成 $+\infty$, 在用单纯形法求解时, $M$ 可看作一个代数符号, 一起参加运算). 这种用添加 $M$ 来处理人工变量的方法就称为大 $M$ 法. 而剩余变量在目标函数中的系数为 0. 即目标函数为

$$\max -z + 0.4x_1 + 0.5x_2 + Mx_4 + Mx_6 = 0. \tag{1.8}$$

这时, 基变量为 $(x_3, x_4, x_6)$, 在单纯形法能应用最优性检测和发现换入变量之前, 须用 Gauss 消元法使得 (1.8) 中只包含非基变量, 即

$$\text{新行 } (0) = [-1, -1.1M + 0.4, -0.9M + 0.5, 0, 0, M, 0, -12M],$$

则用大 $M$ 法求解的过程见表 1.7, 其中迭代序号与方程序号被省略了. 其最优解为 $\boldsymbol{x}^* = (7.5, 4.5, 0, 0, 0.3, 0)$, 最优值为 $z_0^* = 5.25$.

2. 两阶段法

为了克服计算机不能处理 $M$ 的困难, 可以对添加人工变量后的线性规划问题分两个阶段来计算, 称为两阶段法.

阶段一: 用单纯形法求解 $\min z = \sum$ 人工变量, 即

$$\min z = x_4 + x_6$$
$$\text{s.t.} \begin{cases} 0.3x_1 + 0.1x_2 + x_3 = 2.7, \\ 0.5x_1 + 0.5x_2 + x_4 = 6, \\ 0.6x_1 + 0.4x_2 - x_5 + x_6 = 6, \\ x_j \geqslant 0 \quad (j = 1, 2, \cdots, 6). \end{cases}$$

上述模型可以理解为: 在 (1.8) 中两边同时除以 $M$, 则由 $M$ 任意大可知除人工变量以外的其他变量系数均为 0.

阶段二: 去掉人工变量, 把从第一阶段得到的解作为初始基可行解, 用单纯形法解原问题.

$$\min z = 0.4x_1 + 0.5x_2$$
$$\text{s.t.} \begin{cases} 0.3x_1 + 0.1x_2 + x_3 = 2.7, \\ 0.5x_1 + 0.5x_2 = 6, \\ 0.6x_1 + 0.4x_2 - x_5 = 6, \\ x_j \geqslant 0 \quad (j = 1, 2, \cdots, 5). \end{cases}$$

表 1.7 大 $M$ 法

| BV. | 系数 | | | | | | | 右边 |
|---|---|---|---|---|---|---|---|---|
| | $-z$ | $x_1$ | $x_2$ | $x_3$ | $x_4$ | $x_5$ | $x_6$ | |
| $-z$ | 1 | $\frac{2}{5}-\frac{11}{10}M$ | $\frac{1}{2}-\frac{9}{10}M$ | 0 | 0 | $M$ | 0 | $-12M$ |
| $x_3$ | 0 | 0.3 | 0.1 | 1 | 0 | 0 | 0 | 2.7 |
| $x_4$ | 0 | 0.5 | 0.5 | 0 | 1 | 0 | 0 | 6 |
| $x_6$ | 0 | 0.6 | 0.4 | 0 | 0 | $-1$ | 1 | 6 |
| $-z$ | 1 | 0 | $\frac{11}{30}-\frac{16}{30}M$ | $\frac{11}{3}M-\frac{4}{3}$ | 0 | $M$ | 0 | $-2.1M-3.6$ |
| $x_1$ | 0 | 1 | $\frac{1}{3}$ | $\frac{10}{3}$ | 0 | 0 | 0 | 9 |
| $x_4$ | 0 | 0 | $\frac{1}{3}$ | $-\frac{5}{3}$ | 1 | 0 | 0 | 1.5 |
| $x_6$ | 0 | 0 | 0.2 | $-2$ | 0 | $-1$ | 1 | 0.6 |
| $-z$ | 1 | 0 | 0 | $\frac{7}{3}-\frac{5}{3}M$ | 0 | $\frac{11}{6}-\frac{5}{3}M$ | $\frac{8}{3}M-\frac{11}{6}$ | $-\frac{1}{2}M-4.7$ |
| $x_1$ | 0 | 1 | 0 | $\frac{20}{3}$ | 0 | $\frac{5}{3}$ | $-\frac{5}{3}$ | 8 |
| $x_4$ | 0 | 0 | 0 | $\frac{5}{3}$ | 1 | $\frac{5}{3}$ | $-\frac{5}{3}$ | 0.5 |
| $x_2$ | 0 | 0 | 1 | $-10$ | 0 | $-5$ | 5 | 3 |
| $-z$ | 1 | 0 | 0 | 0.5 | $M-\frac{11}{10}$ | 0 | $M$ | $-5.25$ |
| $x_1$ | 0 | 1 | 0 | 5 | $-1$ | 0 | 0 | 7.5 |
| $x_5$ | 0 | 0 | 0 | 1 | $\frac{3}{5}$ | 1 | $-1$ | 0.3 |
| $x_2$ | 0 | 0 | 1 | $-5$ | 3 | 0 | 0 | 4.5 |

两阶段法中阶段一的目的是获得一个基可行解, 故大 $M$ 法和两阶段法迭代过程的本质是一样的. 在大 $M$ 法中, $x_4 \to 0$, $x_6 \to 0$ 等价于两阶段法的阶段一; $x_4 = 0$, $x_6 = 0$ 等价于两阶段法的阶段二. 两阶段法求解过程见表 1.8 和表 1.9.

### 1.4.2 解的判别

对应于图解法, 可以应用单纯形法讨论线性规划解的各种情形.

#### 1.4.2.1 退化现象

Beale 曾给出一个应用单纯形法出现退化现象的例子.

$$\min z = -\frac{3}{4}x_4 + 20x_5 - \frac{1}{2}x_6 + 6x_7$$

$$\text{s.t.} \begin{cases} x_1 + \frac{1}{4}x_4 - 8x_5 - x_6 + 9x_7 = 0, \\ x_2 + \frac{1}{2}x_4 - 12x_5 - \frac{1}{2}x_6 + 3x_7 = 0, \\ x_3 + x_6 = 1, \\ x_j \geqslant 0 \quad (j = 1, 2, \cdots, 7). \end{cases}$$

表 1.8 两阶段法之阶段一

| 迭代 | BV. | Eq. | 系数 | | | | | | | 右边 |
|---|---|---|---|---|---|---|---|---|---|---|
| | | | $-z$ | $x_1$ | $x_2$ | $x_3$ | $x_4$ | $x_5$ | $x_6$ | |
| 0: | $-z$ | (0) | 1 | −1.1 | −0.9 | 0 | 0 | 1 | 0 | −12 |
| | $x_3$ | (1) | 0 | 0.3 | 0.1 | 1 | 0 | 0 | 0 | 2.7 |
| | $x_4$ | (2) | 0 | 0.5 | 0.5 | 0 | 1 | 0 | 0 | 6 |
| | $x_6$ | (3) | 0 | 0.6 | 0.4 | 0 | 0 | −1 | 1 | 6 |
| 1: | $-z$ | (0) | 1 | 0 | $-\frac{16}{30}$ | $\frac{11}{3}$ | 0 | 1 | 0 | −2.1 |
| | $x_1$ | (1) | 0 | 1 | $\frac{1}{3}$ | $\frac{10}{3}$ | 0 | 0 | 0 | 9 |
| | $x_4$ | (2) | 0 | 0 | $\frac{1}{3}$ | $-\frac{5}{3}$ | 1 | 0 | 0 | 1.5 |
| | $x_6$ | (3) | 0 | 0 | 0.2 | −2 | 0 | −1 | 1 | 0.6 |
| 2: | $-z$ | (0) | 1 | 0 | 0 | $-\frac{5}{3}$ | 0 | $-\frac{5}{3}$ | $\frac{8}{3}$ | −0.5 |
| | $x_1$ | (1) | 0 | 1 | 0 | $\frac{20}{3}$ | 0 | $\frac{5}{3}$ | $-\frac{5}{3}$ | 8 |
| | $x_4$ | (2) | 0 | 0 | 0 | $\frac{5}{3}$ | 1 | $\frac{5}{3}$ | $-\frac{5}{3}$ | 0.5 |
| | $x_2$ | (3) | 0 | 0 | 1 | −10 | 0 | −5 | 5 | 3 |
| 3: | $-z$ | (0) | 1 | 0 | 0 | 0 | 1 | 0 | 1 | 0 |
| | $x_1$ | (1) | 0 | 1 | 0 | 0 | −4 | −5 | 5 | 6 |
| | $x_3$ | (2) | 0 | 0 | 0 | 1 | $\frac{3}{5}$ | 1 | −1 | 0.3 |
| | $x_2$ | (3) | 0 | 0 | 1 | 0 | 6 | 5 | −5 | 6 |

从一个初始基 (与基变量 $\boldsymbol{x}_B = (x_1, x_2, x_3)$ 相对应) 开始计算, 迭代规则是除当几个 $\theta$ 比值相等时, 就选下标最小的那一个以外, 其余的和前面完全相同. 则从表 1.10 中迭代可以看出, 迭代出现循环, 永远得不到最优解.

显然, 当出现退化现象时, 随着换出变量在一个新的基可行解中到达 0, 其他的一个或几个不是换出变量的也会到达 0, 即退化解中基变量至少有一个为 0. 若保持为 0 的基变量作为下一步迭代的换出变量, 则换入变量也必须为 0 (因为换出变量的非负性), 即 $z$ 值不变. 每迭代一步, $z$ 值不变, 出现循环现象. 在退化出现循环现象时, 可以采用改变换出变量法或摄动法来避免此现象.

**例 1.4** 求解线性规划问题:

$$\min z = 3x_1 + x_2$$
$$\text{s.t.} \begin{cases} x_1 + x_2 \geqslant 3, \\ 2x_1 + x_2 \leqslant 4, \\ x_1 + x_2 = 3, \\ x_1 \geqslant 0, x_2 \geqslant 0. \end{cases}$$

表 1.9 两阶段法之阶段二

| 迭代 | BV. | Eq. | 系数 | | | | | | | 右边 |
|---|---|---|---|---|---|---|---|---|---|---|
| | | | $-z$ | $x_1$ | $x_2$ | $x_3$ | $x_4$ | $x_5$ | $x_6$ | |
| 0: | $-z$ | (0) | 1 | 0 | 0 | 0 | 1 | 0 | 1 | 0 |
| | $x_1$ | (1) | 0 | 1 | 0 | 0 | $-4$ | $-5$ | 5 | 6 |
| | $x_3$ | (2) | 0 | 0 | 0 | 1 | $\frac{3}{5}$ | 1 | $-1$ | 0.3 |
| | $x_2$ | (3) | 0 | 0 | 1 | 0 | 6 | 5 | $-5$ | 6 |
| 1: 去掉 | $-z$ | (0) | 1 | 0 | 0 | 0 | | 0 | | 0 |
| $x_4$ 与 | $x_1$ | (1) | 0 | 1 | 0 | 0 | | $-5$ | | 6 |
| $x_6$ | $x_3$ | (2) | 0 | 0 | 0 | 1 | | 1 | | 0.3 |
| | $x_2$ | (3) | 0 | 0 | 1 | 0 | | 5 | | 6 |
| 2: 替代 | $-z$ | (0) | 1 | 0.4 | 0.5 | 0 | | 0 | | 0 |
| 目标 | $x_1$ | (1) | 0 | 1 | 0 | 0 | | $-5$ | | 6 |
| 函数 | $x_3$ | (2) | 0 | 0 | 0 | 1 | | 1 | | 0.3 |
| | $x_2$ | (3) | 0 | 0 | 1 | 0 | | 5 | | 6 |
| 3: 初始 | $-z$ | (0) | 1 | 0 | 0 | 0 | | $-0.5$ | | $-5.4$ |
| 化 | $x_1$ | (1) | 0 | 1 | 0 | 0 | | $-5$ | | 6 |
| | $x_3$ | (2) | 0 | 0 | 0 | 1 | | 1 | | 0.3 |
| | $x_2$ | (3) | 0 | 0 | 1 | 0 | | 5 | | 6 |
| 4: | $-z$ | (0) | 1 | 0 | 0 | 0.5 | | 0 | | $-5.25$ |
| | $x_1$ | (1) | 0 | 1 | 0 | 5 | | 0 | | 7.5 |
| | $x_5$ | (2) | 0 | 0 | 0 | 1 | | 1 | | 0.3 |
| | $x_2$ | (3) | 0 | 0 | 1 | $-5$ | | 0 | | 4.5 |

**解** 单纯形法解该线性规划问题如表 1.11 所示. 从求解过程中可以看出, 迭代 1 出现退化情形, 而在迭代 1′ 中改变换出变量后得到最优解.

摄动法的求解如表 1.12 所示. 在最终单纯形中, 令 $\varepsilon = 0$, 即可得最优解 $\boldsymbol{x}^* = (0,3,0,0,1,0)$, 最优值 $z_0^* = 3$.

1.4.2.2 无穷多最优解

对于单纯形表有多个最优解的检测方法如下:

(1) 最后一个单纯形表的行 (0) 里至少有一个非基变量的系数为 0, 结果增加任何一个这类变量的值不会改变 $z$ 值.

(2) 在每次类似迭代中, 选择一个 0 系数的非基变量作为换入变量即可得另一个最优解. 所有最优解的凸线性组合也为最优解, 从而问题有无穷多最优解.

在例 1.1 中, 若目标函数为 $z = 3x_1 + 2x_2$, 则从表 1.13 的迭代 2 和 3 中分别得到两个最优解 $(4,3,0,6,0)$ 和 $(2,6,2,0,0)$, 从而问题有无穷多最优解.

表 1.10 单纯形法的退化情形

| 迭代 | BV. | Eq. | 系数 | | | | | | | | 右边 |
|---|---|---|---|---|---|---|---|---|---|---|---|
| | | | $z$ | $x_1$ | $x_2$ | $x_3$ | $x_4$ | $x_5$ | $x_6$ | $x_7$ | |
| 0: | $-z$ | (0) | 1 | 0 | 0 | 0 | $-\frac{3}{4}$ | 20 | $-\frac{1}{2}$ | 6 | 0 |
| | $x_1$ | (1) | 0 | 1 | 0 | 0 | $\frac{1}{4}$ | $-8$ | $-1$ | 9 | 0 |
| | $x_2$ | (2) | 0 | 0 | 1 | 0 | $\frac{1}{2}$ | $-12$ | $-\frac{1}{2}$ | 3 | 0 |
| | $x_3$ | (3) | 0 | 0 | 0 | 1 | 0 | 0 | 1 | 0 | 1 |
| 1: | $-z$ | (0) | 1 | 3 | 0 | 0 | 0 | $-4$ | $-\frac{7}{2}$ | 33 | 0 |
| | $x_4$ | (1) | 0 | 4 | 0 | 0 | 1 | $-32$ | $-4$ | 36 | 0 |
| | $x_2$ | (2) | 0 | $-2$ | 1 | 0 | 0 | 4 | $\frac{3}{2}$ | $-15$ | 0 |
| | $x_3$ | (3) | 0 | 0 | 0 | 1 | 0 | 0 | 1 | 0 | 1 |
| 2: | $-z$ | (0) | 1 | 1 | 1 | 0 | 0 | 0 | $-2$ | 18 | 0 |
| | $x_4$ | (1) | 0 | $-12$ | 8 | 0 | 1 | 0 | 8 | $-84$ | 0 |
| | $x_5$ | (2) | 0 | $-\frac{1}{2}$ | $\frac{1}{4}$ | 0 | 0 | 1 | $\frac{3}{8}$ | $-\frac{15}{4}$ | 0 |
| | $x_3$ | (3) | 0 | 0 | 0 | 1 | 0 | 0 | 1 | 0 | 1 |
| 3: | $-z$ | (0) | 1 | $-2$ | 3 | 0 | $\frac{1}{4}$ | 0 | 0 | $-3$ | 0 |
| | $x_6$ | (1) | 0 | $-\frac{3}{2}$ | 1 | 0 | $\frac{1}{8}$ | 0 | 1 | $-\frac{21}{2}$ | 0 |
| | $x_5$ | (2) | 0 | $\frac{1}{16}$ | $-\frac{1}{8}$ | 0 | $-\frac{3}{64}$ | 1 | 0 | $\frac{3}{16}$ | 0 |
| | $x_3$ | (3) | 0 | $\frac{3}{2}$ | $-1$ | 1 | $-\frac{1}{8}$ | 0 | 0 | $\frac{21}{2}$ | 1 |
| 4: | $-z$ | (0) | 1 | $-1$ | 1 | 0 | $-\frac{1}{2}$ | 16 | 0 | 0 | 0 |
| | $x_6$ | (1) | 0 | 2 | $-6$ | 0 | $-\frac{5}{2}$ | 56 | 1 | 0 | 0 |
| | $x_7$ | (2) | 0 | $\frac{1}{3}$ | $-\frac{2}{3}$ | 0 | $-\frac{1}{4}$ | $\frac{16}{3}$ | 0 | 1 | 0 |
| | $x_3$ | (3) | 0 | $-2$ | 6 | 1 | $\frac{5}{2}$ | $-56$ | 0 | 0 | 1 |
| 5: | $-z$ | (0) | 1 | 0 | $-2$ | 0 | $-\frac{7}{4}$ | 44 | $\frac{1}{2}$ | 0 | 0 |
| | $x_1$ | (1) | 0 | 1 | $-3$ | 0 | $-\frac{5}{4}$ | 28 | $\frac{1}{2}$ | 0 | 0 |
| | $x_7$ | (2) | 0 | 0 | $\frac{1}{3}$ | 0 | $\frac{1}{6}$ | $-4$ | $-\frac{1}{6}$ | 1 | 0 |
| | $x_3$ | (3) | 0 | 0 | 0 | 1 | 0 | 0 | 1 | 0 | 1 |
| 6: | $-z$ | (0) | 1 | 0 | 0 | 0 | $-\frac{3}{4}$ | 20 | $-\frac{1}{2}$ | 6 | 0 |
| | $x_1$ | (1) | 0 | 1 | 0 | 0 | $\frac{1}{4}$ | $-8$ | $-1$ | 9 | 0 |
| | $x_2$ | (2) | 0 | 0 | 1 | 0 | $\frac{1}{2}$ | $-12$ | $-\frac{1}{2}$ | 3 | 0 |
| | $x_3$ | (3) | 0 | 0 | 0 | 1 | 0 | 0 | 1 | 0 | 1 |

表 1.11 退化情形下的单纯形法 —— 改变换出变量法

| 迭代 | BV. | Eq. | 系数 | | | | | | | 右边 |
|---|---|---|---|---|---|---|---|---|---|---|
| | | | $-z$ | $x_1$ | $x_2$ | $x_3$ | $x_4$ | $x_5$ | $x_6$ | |
| 0: | $-z$ | (0) | 1 | $3-2M$ | $1-2M$ | $M$ | 0 | 0 | 0 | $-6M$ |
| | $x_4$ | (1) | 0 | 1 | 1 | $-1$ | 1 | 0 | 0 | 3 |
| | $x_5$ | (2) | 0 | 2 | 1 | 0 | 0 | 1 | 0 | 4 |
| | $x_6$ | (3) | 0 | 1 | 1 | 0 | 0 | 0 | 1 | 3 |
| 1: | $-z$ | (0) | 1 | 2 | 0 | $1-M$ | $2M-1$ | 0 | 0 | $-3$ |
| | $x_2$ | (1) | 0 | 1 | 1 | $-1$ | 1 | 0 | 0 | 3 |
| | $x_5$ | (2) | 0 | 1 | 0 | 1 | $-1$ | 1 | 0 | 1 |
| | $x_6$ | (3) | 0 | 0 | 0 | 1 | $-1$ | 0 | 1 | 0 |
| 1′: | $-z$ | (0) | 1 | 2 | 0 | $M$ | 0 | 0 | $2M-1$ | $-3$ |
| | $x_4$ | (1) | 0 | 0 | 0 | $-1$ | 1 | 0 | $-1$ | 0 |
| | $x_5$ | (2) | 0 | 1 | 0 | 0 | 0 | 1 | $-1$ | 1 |
| | $x_2$ | (3) | 0 | 1 | 1 | 0 | 0 | 0 | 1 | 3 |

表 1.12 退化情形下的单纯形法 —— 摄动法

| 迭代 | BV. | Eq. | 系数 | | | | | | | 右边 |
|---|---|---|---|---|---|---|---|---|---|---|
| | | | $-z$ | $x_1$ | $x_2$ | $x_3$ | $x_4$ | $x_5$ | $x_6$ | |
| 0: | $-z$ | (0) | 1 | $3-2M$ | $1-2M$ | $M$ | 0 | 0 | 0 | $-6M$ |
| | $x_4$ | (1) | 0 | 1 | 1 | $-1$ | 1 | 0 | 0 | $3+\varepsilon$ |
| | $x_5$ | (2) | 0 | 2 | 1 | 0 | 0 | 1 | 0 | $4+2\varepsilon$ |
| | $x_6$ | (3) | 0 | 1 | 1 | 0 | 0 | 0 | 1 | $3+3\varepsilon$ |
| 1: | $-z$ | (0) | 1 | 2 | 0 | $1-M$ | $2M-1$ | 0 | 0 | $(2M-1)\varepsilon-3$ |
| | $x_2$ | (1) | 0 | 1 | 1 | $-1$ | 1 | 0 | 0 | 3 |
| | $x_5$ | (2) | 0 | 1 | 0 | 1 | $-1$ | 1 | 0 | $1+\varepsilon$ |
| | $x_6$ | (3) | 0 | 0 | 0 | 1 | $-1$ | 0 | 1 | $2\varepsilon$ |
| 2: | $-z$ | (0) | | 2 | 0 | 0 | $M$ | 0 | $M-1$ | $(4M-3)\varepsilon-3$ |
| | $x_2$ | (1) | 0 | 1 | 1 | 0 | 0 | 0 | 1 | 3 |
| | $x_5$ | (2) | 0 | 1 | 0 | 0 | 0 | 1 | $-1$ | $1-\varepsilon$ |
| | $x_3$ | (3) | 0 | 0 | 0 | 1 | $-1$ | 0 | 1 | $2\varepsilon$ |

#### 1.4.2.3 无界解

若此时迭代中无换出变量, 则表示可行域无界, 即这个换入变量的无限增加会使 $z$ 值无限增大.

在例 1.1 中, 若目标函数为 $z=3x_1+5x_2$, 则当无最后两个约束条件时, 从条件 $x_3=4-1x_1-0x_2>0$ 中可以看出 $x_2$ 的无限增加不会改变 $x_3$ 的值, 但会使 $z$ 值无限增大. 例 1.1 无最后两个约束条件时的初始单纯形表见表 1.14.

表 1.13 多重最优解的单纯形表

| 迭代 | BV. | Eq. | 系数 | | | | | | 右边 | 最优解 |
|---|---|---|---|---|---|---|---|---|---|---|
| | | | $z$ | $x_1$ | $x_2$ | $x_3$ | $x_4$ | $x_5$ | | |
| 0: | $z$ | (0) | 1 | $-3$ | $-2$ | 0 | 0 | 0 | 0 | 否 |
| | $x_3$ | (1) | 0 | 1 | 0 | 1 | 0 | 0 | 4 | |
| | $x_4$ | (2) | 0 | 0 | 2 | 0 | 1 | 0 | 12 | |
| | $x_5$ | (3) | 0 | 3 | 2 | 0 | 0 | 1 | 18 | |
| 1: | $z$ | (0) | 1 | 0 | $-2$ | 3 | 0 | 0 | 12 | 否 |
| | $x_1$ | (1) | 0 | 1 | 0 | 1 | 0 | 0 | 4 | |
| | $x_4$ | (2) | 0 | 0 | 2 | 0 | 1 | 0 | 12 | |
| | $x_5$ | (3) | 0 | 0 | 2 | $-3$ | 0 | 1 | 6 | |
| 2: | $z$ | (0) | 1 | 0 | 0 | 0 | 0 | 1 | 18 | 是 |
| | $x_1$ | (1) | 0 | 1 | 0 | 1 | 0 | 0 | 4 | |
| | $x_4$ | (2) | 0 | 0 | 0 | 3 | 1 | $-1$ | 6 | |
| | $x_2$ | (3) | 0 | 0 | 1 | $-\frac{3}{2}$ | 0 | $\frac{1}{2}$ | 3 | |
| 3: | $z$ | (0) | 1 | 0 | 0 | 0 | 0 | 1 | 18 | 是 |
| | $x_1$ | (1) | 0 | 1 | 0 | 0 | $-\frac{1}{3}$ | $\frac{1}{3}$ | 2 | |
| | $x_3$ | (2) | 0 | 0 | 0 | 1 | $\frac{1}{3}$ | $-\frac{1}{3}$ | 2 | |
| | $x_2$ | (3) | 0 | 0 | 1 | 0 | $\frac{1}{2}$ | 0 | 6 | |

表 1.14 无换出变量时的单纯形表

| BV. | Eq. | 系数 | | | | 右边 | 比值 |
|---|---|---|---|---|---|---|---|
| | | $z$ | $x_1$ | $x_2$ | $x_3$ | | |
| $z$ | (0) | 1 | $-3$ | $-5$ | 0 | 0 | |
| $x_3$ | (1) | 0 | 1 | 0 | 1 | 4 | 无 |

#### 1.4.2.4 无可行解

若线性规划问题无可行解, 则在单纯形表中, 用大 $M$ 法与两阶段法求解均会导致至少一个人工变量大于 0.

在例 1.3 中, 若把约束条件 $0.3x_1 + 0.1x_2 \leqslant 2.7$ 换为 $0.3x_1 + 0.1x_2 \leqslant 1.8$, 则用单纯形法求解后会有 $\boldsymbol{x} = (3.9, 0, 0, 0, 0.6)$, $z_0 = 0.6M + 5.7$.

综上所述, 在单纯形法的求解中:

首先, 应化线性规划问题为标准形式, 参见表 1.15, 表中 $x_{si}$ 为松弛变量 (或剩余变量), $x_{ai}$ 为人工变量.

然后, 选取或构造一个单位矩阵作为基, 求出初始基可行解, 列出初始单纯形表, 并用单纯形法进行迭代计算, 其计算步骤框图见图 1.2.

表 1.15　各类线性规划问题化为标准形式

| 线性规划模型 | | | 化为标准形式 |
|---|---|---|---|
| 变量 | | $x_j \geqslant L$ | 令 $x_j' = x_j - L$ |
| | | $x_j \leqslant 0$ | 令 $x_j' = -x_j$, 则 $x_j' \geqslant 0$ |
| | | $x_j$ 无限制 | 令 $x_j' = x_j' - x_j''$ $(x_j' \geqslant 0, x_j'' \geqslant 0)$ |
| 约束条件 | 右边 | $b_i \geqslant 0$ | 不变 |
| | | $b_i < 0$ | 约束条件两端乘 “$-1$” |
| | 形式 | $\sum a_{ij}x_j \leqslant b_i$ | $\sum a_{ij}x_j + x_{si} = b_i$ |
| | | $\sum a_{ij}x_j = b_i$ | $\sum a_{ij}x_j + x_{ai} = b_i$ |
| | | $\sum a_{ij}x_j \geqslant b_i$ | $\sum a_{ij}x_j - x_{si} + x_{ai} = b_i$ |
| 目标函数 | 极大 | $\max z = \sum c_jx_j$ | 不变 |
| | 极小 | $\min z = \sum c_jx_j$ | 令$z' = -z$ 化为求 $\max z'$ |
| | $x_s$ 和 $x_a$ 的系数 | 加松弛变量 $x_s$ 时 | $\max z = \sum c_jx_j + 0x_{si}$ |
| | | 加人工变量 $x_a$ 时 | $\max z = \sum c_jx_j - Mx_{ai}$ |

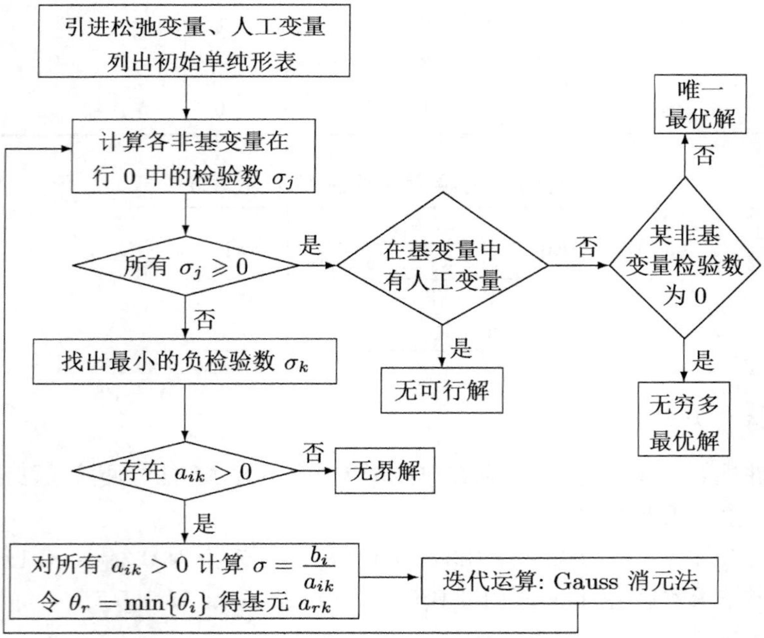


图 1.2　单纯形法计算步骤

### 1.4.3 矩阵方法

单纯形法中 Gauss 消元法的代数运算只作初等行变换的两种运算, 即某一行乘以一个常数, 或某一行乘以一个常数加到另一行中. 这种形式的迭代过程揭示了最后一个单纯形表格是怎样从初始的单纯形表格得来的. 即单纯形法代数形式用矩阵可以总结为表 1.16.

表 1.16 单纯形法代数形式的矩阵小结

| | |
|---|---|
| 初始单纯形表格 | |
| 行 0 | $\boldsymbol{t}=\begin{bmatrix}-3 & -5 & 0 & 0 & 0 & 0\end{bmatrix}=[-\boldsymbol{c}\quad \boldsymbol{0}\quad 0]$ |
| 行 1~$m$ | $\boldsymbol{T}=\begin{bmatrix}1 & 0 & 1 & 0 & 0 & 4\\ 0 & 2 & 0 & 1 & 0 & 12\\ 3 & 2 & 0 & 0 & 1 & 18\end{bmatrix}=\begin{bmatrix}\boldsymbol{A} & \boldsymbol{I} & \boldsymbol{b}\end{bmatrix}$ |
| 综合 | $\begin{bmatrix}\boldsymbol{t}\\ \boldsymbol{T}\end{bmatrix}=\begin{bmatrix}-\boldsymbol{c} & \boldsymbol{0} & 0\\ \boldsymbol{A} & \boldsymbol{I} & \boldsymbol{b}\end{bmatrix}$ |
| 最终单纯形表格 | |
| 行 0 | $\boldsymbol{t}^*=\begin{bmatrix}0 & 0 & 0 & \frac{3}{2} & 1 & 36\end{bmatrix}=[\boldsymbol{z}^*-\boldsymbol{c}\quad \boldsymbol{y}^*\quad z_0^*]$ |
| 行 1~$m$ | $\boldsymbol{T}^*=\begin{bmatrix}0 & 0 & 1 & \frac{1}{3} & -\frac{1}{3} & 2\\ 0 & 1 & 0 & \frac{1}{2} & 0 & 6\\ 1 & 0 & 0 & -\frac{1}{3} & \frac{1}{3} & 2\end{bmatrix}=\begin{bmatrix}\boldsymbol{A}^* & \boldsymbol{S}^* & \boldsymbol{b}^*\end{bmatrix}$ |
| 综合 | $\begin{bmatrix}\boldsymbol{t}^*\\ \boldsymbol{T}^*\end{bmatrix}=\begin{bmatrix}\boldsymbol{z}^*-\boldsymbol{c} & \boldsymbol{y}^* & z_0^*\\ \boldsymbol{A}^* & \boldsymbol{S}^* & \boldsymbol{b}^*\end{bmatrix}$ |

在表 1.16 中, $\boldsymbol{t}$ 代表初始单纯形表的行 0, $\boldsymbol{T}$ 代表初始单纯形表的其他行 $1\sim m$; $\boldsymbol{t}^*$ 代表最后一个单纯形表相应的行 0, $\boldsymbol{T}^*$ 代表最后一个单纯形表相应的其他行 $1\sim m$. 另外, $\boldsymbol{z}^*-\boldsymbol{c}=\boldsymbol{y}^*\boldsymbol{A}-\boldsymbol{c}$, $z_0^*=\boldsymbol{y}^*\boldsymbol{b}$.

**定理 1.3** 表 1.16 表明了单纯形法的以下两个基本性质:

(1) $\boldsymbol{T}^*=\boldsymbol{S}^*\boldsymbol{T}=\begin{bmatrix}\boldsymbol{S}^*\boldsymbol{A} & \boldsymbol{S}^* & \boldsymbol{S}^*\boldsymbol{b}\end{bmatrix}$.

(2) $\boldsymbol{t}^*=\boldsymbol{t}+\boldsymbol{y}^*\boldsymbol{T}=\begin{bmatrix}\boldsymbol{y}^*\boldsymbol{A}-\boldsymbol{c} & \boldsymbol{y}^* & \boldsymbol{y}^*\boldsymbol{b}\end{bmatrix}$.

**证明** (1) 由前面的讨论知道单纯形法的行运算 (涉及行 0 的除外) 等价于左乘一些矩阵, 假定为 $\boldsymbol{M}$, 即 $\boldsymbol{T}^*=\boldsymbol{M}\boldsymbol{T}$.

$$\begin{bmatrix}\boldsymbol{A}^* & \boldsymbol{S}^* & \boldsymbol{b}^*\end{bmatrix}=\boldsymbol{M}\begin{bmatrix}\boldsymbol{A} & \boldsymbol{I} & \boldsymbol{b}\end{bmatrix}=\begin{bmatrix}\boldsymbol{M}\boldsymbol{A} & \boldsymbol{M} & \boldsymbol{M}\boldsymbol{b}\end{bmatrix},$$

所以 $\boldsymbol{M}=\boldsymbol{S}^*$, 即结论成立.

(2) 类似地, 单纯形法的代数步骤意味着行 0 的运算是 $\boldsymbol{T}$ 的一些线性组合加

到 $\boldsymbol{t}$ 中, 等价于一些向量左乘 $\boldsymbol{T}$ 后加到 $\boldsymbol{t}$ 中, 记为 $\boldsymbol{v}$, 所以有 $\boldsymbol{t}^*=\boldsymbol{t}+\boldsymbol{vT}$.

$$\left[\boldsymbol{z}^*-\boldsymbol{c} \mid \boldsymbol{y}^* \mid z_0^*\right]=[-\boldsymbol{c} \mid \boldsymbol{0} \mid 0]+\boldsymbol{v}\left[\boldsymbol{A} \mid \boldsymbol{I} \mid \boldsymbol{b}\right]=\left[-\boldsymbol{c}+\boldsymbol{vA} \mid \boldsymbol{v} \mid \boldsymbol{vb}\right],$$

所以 $\boldsymbol{v}=\boldsymbol{y}^*$. **证毕**.

由 Gauss 消元法知道, 定理 1.3 中的两个性质在单纯形法的每次迭代中都成立. 例如, 从例 1.1 的迭代过程可以知道, 迭代 1 就是

$$\begin{aligned}
&\text{新行 } 0=\text{旧行 } 0+\left(\frac{5}{2}\right)(\text{旧行 } 2),\\
&\text{新行 } 1=\text{旧行 } 1+\quad(0)(\text{旧行 } 2),\\
&\text{新行 } 2=\qquad\qquad\left(\frac{1}{2}\right)(\text{旧行 } 2),\\
&\text{新行 } 3=\text{旧行 } 3+(-1)(\text{旧行 } 2).
\end{aligned}$$

暂时忽略行 0, 可以看出上述代数运算意味着一个矩阵左乘, 即

$$\text{新行 } 1\sim 3=\begin{bmatrix}1 & 0 & 0\\ 0 & \frac{1}{2} & 0\\ 0 & -1 & 1\end{bmatrix}\left[\begin{array}{cc:ccc:c}1 & 0 & 1 & 0 & 0 & 4\\ 0 & 2 & 0 & 1 & 0 & 12\\ 3 & 2 & 0 & 0 & 1 & 18\end{array}\right]=\left[\begin{array}{cc:ccc:c}1 & 0 & 1 & 0 & 0 & 4\\ 0 & 1 & 0 & \frac{1}{2} & 0 & 6\\ 3 & 0 & 0 & -1 & 1 & 6\end{array}\right].$$

注意, 第一个矩阵恰好是表 1.6 中迭代 1 中新单纯形表的行 1~3 中松弛变量的系数, 因为这些系数是从单位矩阵变来的. 新单纯形表给出了迭代的代数运算过程.

对于行 0 来说, 也有类似的结果成立, 即

$$\begin{aligned}
\text{新行 } 0&=[-3\quad -5\quad 0\quad 0\quad 0\quad 0]+\left[0\quad \frac{5}{2}\quad 0\right]\left[\begin{array}{cc:ccc:c}1 & 0 & 1 & 0 & 0 & 4\\ 0 & 2 & 0 & 1 & 0 & 12\\ 3 & 2 & 0 & 0 & 1 & 18\end{array}\right]\\
&=\left[\begin{array}{cc:ccc:c}-3 & 0 & 0 & \frac{5}{2} & 0 & 30\end{array}\right].
\end{aligned}$$

迭代 2 就是

$$\begin{aligned}
&\text{新行 } 0=\text{旧行 } 0+\qquad(1)(\text{旧行 } 3),\\
&\text{新行 } 1=\text{旧行 } 1+\left(-\frac{1}{3}\right)(\text{旧行 } 3),\\
&\text{新行 } 2=\text{旧行 } 2+\qquad(0)(\text{旧行 } 3),\\
&\text{新行 } 3=\qquad\qquad\quad\left(\frac{1}{3}\right)(\text{旧行 } 3).
\end{aligned}$$

同样暂时忽略行 0, 可以看出上述代数运算即是在迭代 1 的基础上作一个矩阵左乘的代数运算.

$$
\begin{aligned}
&\begin{bmatrix}1 & 0 & -\frac{1}{3}\\ 0 & 1 & 0\\ 0 & 0 & \frac{1}{3}\end{bmatrix}\begin{bmatrix}1 & 0 & 0\\ 0 & \frac{1}{2} & 0\\ 0 & -1 & 1\end{bmatrix}\left[\begin{array}{cc:ccc:c}1 & 0 & 1 & 0 & 0 & 4\\ 0 & 2 & 0 & 1 & 0 & 12\\ 3 & 2 & 0 & 0 & 1 & 18\end{array}\right]\\
&=\begin{bmatrix}1 & \frac{1}{3} & -\frac{1}{3}\\ 0 & \frac{1}{2} & 0\\ 0 & -\frac{1}{3} & \frac{1}{3}\end{bmatrix}\left[\begin{array}{cc:ccc:c}1 & 0 & 1 & 0 & 0 & 4\\ 0 & 2 & 0 & 1 & 0 & 12\\ 3 & 2 & 0 & 0 & 1 & 18\end{array}\right]\\
&=\left[\begin{array}{cc:ccc:c}0 & 0 & 1 & \frac{1}{3} & -\frac{1}{3} & 2\\ 0 & 1 & 0 & \frac{1}{2} & 0 & 6\\ 1 & 0 & 0 & -\frac{1}{3} & \frac{1}{3} & 2\end{array}\right].
\end{aligned}
$$

最后一个等号中的矩阵提示了迭代 2 是如何从原始的单纯形表得到的. 这个矩阵恰好也是迭代 2 中松弛变量在行 1~3 中的系数, 即

$$
\begin{aligned}
&\text{最终行 } 1=(1)\ \text{初始行 } 1+\left(\frac{1}{3}\right)\text{初始行 } 2+\left(-\frac{1}{3}\right)\text{初始行 } 3,\\
&\text{最终行 } 2=(0)\ \text{初始行 } 1+\left(\frac{1}{2}\right)\text{初始行 } 2+(0)\ \text{初始行 } 3,\\
&\text{最终行 } 3=(0)\ \text{初始行 } 1+\left(-\frac{1}{3}\right)\text{初始行 } 2+\left(\frac{1}{3}\right)\text{初始行 } 3.
\end{aligned}
$$

类似地, 对于行 0 来说有

$$
\begin{aligned}
\text{最终行 } 0&=\begin{bmatrix}-3 & -5 & 0 & 0 & 0 & 0\end{bmatrix}+\begin{bmatrix}0 & \frac{3}{2} & 1\end{bmatrix}\left[\begin{array}{cc:ccc:c}1 & 0 & 1 & 0 & 0 & 4\\ 0 & 2 & 0 & 1 & 0 & 12\\ 3 & 2 & 0 & 0 & 1 & 18\end{array}\right]\\
&=\begin{bmatrix}0 & 0 & 0 & \frac{3}{2} & 1 & 36\end{bmatrix}.
\end{aligned}
$$

上面的分析表明行 0 中松弛变量的系数扮演了重要的角色.

当把矩阵运算形式应用到线性规划问题的其他形式时, 关键是单位矩阵初始表格中的单位矩阵 $\boldsymbol{I}$, 此 $\boldsymbol{I}$ 最终变为 $\boldsymbol{S}^*$. 若在线性规划中必须引入人工变量作为初始基变量, 则就是形成 $\boldsymbol{I}$ 的所有初始基变量的列集合 (任何剩余变量的列是不相关的). 然后在最后一个单纯形表格中同样的列就是 $\boldsymbol{S}^*$ 和 $\boldsymbol{y}^*$.

**例 1.5** 考虑线性规划问题:

$$\min z = 2x_1 + 3x_2 + 2x_3$$
$$\text{s.t.} \begin{cases} x_1 + 4x_2 + 2x_3 \geqslant 8, \\ 3x_1 + 2x_2 + 2x_3 \geqslant 6, \\ x_1 \geqslant 0, x_2 \geqslant 0, x_3 \geqslant 0. \end{cases}$$

在大 $M$ 法中, $x_4, x_6$ 是剩余变量, $x_5, x_7$ 是人工变量, 初始单纯形表如表 1.17 所示.

表 1.17 大 $M$ 单纯形法的初始单纯形表

| BV. | Eq. | 系数 | | | | | | | | 右边 |
|---|---|---|---|---|---|---|---|---|---|---|
| | | $-z$ | $x_1$ | $x_2$ | $x_3$ | $x_4$ | $x_5$ | $x_6$ | $x_7$ | |
| $-z$ | (0) | 1 | $2-4M$ | $3-6M$ | $2-4M$ | $M$ | 0 | $M$ | 0 | $-14M$ |
| $x_5$ | (1) | 0 | 1 | 4 | 2 | $-1$ | 1 | 0 | 0 | 8 |
| $x_7$ | (2) | 0 | 3 | 2 | 2 | 0 | 0 | $-1$ | 1 | 6 |

应用单纯形法, 得到最后一个表格为表 1.18. 则

(1) 在上述表格的基础上, 用矩阵方法完成表格的其他空格.

(2) 当应用方程 $\boldsymbol{t}^* = \boldsymbol{t} + \boldsymbol{vT}$ 时, 另一个选择是采用初始化前的

$$\boldsymbol{t} = [2, 3, 2, 0, M, 0, M, 0],$$

试检验这种非标准形式的矩阵方法, 并以此推出类似的结论.

表 1.18 大 $M$ 单纯形法的最后一个单纯形表

| BV. | Eq. | 系数 | | | | | | | | 右边 |
|---|---|---|---|---|---|---|---|---|---|---|
| | | $-z$ | $x_1$ | $x_2$ | $x_3$ | $x_4$ | $x_5$ | $x_6$ | $x_7$ | |
| $-z$ | (0) | 1 | | | | | $M-0.5$ | | $M-0.5$ | |
| $x_2$ | (1) | 0 | | | | | 0.3 | | $-0.1$ | |
| $x_1$ | (2) | 0 | | | | | $-0.2$ | | 0.4 | |

**解** (1) 由矩阵方法, 有

$$-\boldsymbol{c} = (2-4M, 3-6M, 2-4M, M, M),$$

$$\boldsymbol{S}^* = \begin{bmatrix} \frac{3}{10} & -\frac{1}{10} \\ -\frac{2}{10} & \frac{4}{10} \end{bmatrix}, \quad \boldsymbol{y}^* = (M-0.5, M-0.5).$$

注意, 在上面的 $\boldsymbol{T}$ 中, 因为把人工变量 $x_5, x_7$ 放在一起, 所以填表时应注意变量系数的顺序. 则

$$\begin{aligned}\boldsymbol{t}^* &= \left[\boldsymbol{y}^*\boldsymbol{A}-\boldsymbol{c} \,\vdots\, \boldsymbol{y}^* \,\vdots\, \boldsymbol{y}^*\boldsymbol{b}\right] = \boldsymbol{t}+\boldsymbol{y}^*\boldsymbol{T} \\ &= (0,0,0,0.5,0.5,M-0.5,M-0.5,-7),\end{aligned}$$

$$\boldsymbol{T}^* = \boldsymbol{S}^*\boldsymbol{T} = \begin{bmatrix} 0 & 1 & \frac{2}{5} & -\frac{3}{10} & \frac{1}{10} & \frac{3}{10} & -\frac{1}{10} & \frac{9}{5} \\ 1 & 0 & \frac{2}{5} & \frac{1}{5} & -\frac{2}{5} & -\frac{1}{5} & \frac{2}{5} & \frac{4}{5} \end{bmatrix}.$$

(2) 因为 $(M-0.5, M-0.5) = (M, M) + \boldsymbol{v}\begin{bmatrix} 1 & 0 \\ 0 & 1 \end{bmatrix}$, 所以

$$\boldsymbol{v} = (-0.5, -0.5),$$

$$\boldsymbol{t}^* = \boldsymbol{t}+\boldsymbol{v}\boldsymbol{T} = \left(0,0,0,\frac{1}{2},\frac{1}{2},M-\frac{1}{2},M-\frac{1}{2},-7\right).$$

本节分析的单纯形法的矩阵方法应用范围相当广泛, 一个应用是文献 [1] 的改进单纯形法, 另一个应用就是第 2 章的影子价格分析和灵敏度分析.

## 1.5 建模讨论

这里对 1.1 节的线性规划模型进行更为深入的讨论, 参见文献 [3]. 显然, 所有规划模型考虑的因素和线性规划模型是类似的, 因此, 这里的建模讨论也适合于后续章节中其他规划模型的建立.

### 1.5.1 单一模型

本节介绍在常见情形下一般线性规划模型的建模思想.

#### 1.5.1.1 目标函数

一般来说, 在一组给定的约束条件下, 不同目标函数可能导致不同的最优解; 两个不同的目标函数有可能得到相同的运算结果; 其运算结果也有可能与目标函数无关, 问题的约束条件可能限定只有唯一解. 因此, 一般都假定在研究的问题中, 恰当规定目标函数对其具有极其重大的影响.

1. 单目标

在大多数实际数学规划模型中, 不是求最大利润, 就是求最低成本, 通常把求最大值的利润称为 “利润贡献额”, 把求最小值的成本称为 “可变成本”. 当求最低成本时, 列入目标函数中的成本通常只应是可变成本. 把管理费或设备投资费等固定成本包括在内, 通常是不正确的, 但是某些整数规划模型本身可以决定是否

应承担一定的固定成本. 建立模型时常见的错误是采用平均成本而未采用边际成本. 类似地, 当计算利润系数时, 正确的做法是从收入中减去可变成本. 因此, 采用"利润贡献额"可能比较适当.

通常, 求最低成本所涉及的是在最低成本条件下去配置生产能力, 以满足特定的已知需要量或其他类似条件, 即

$$\sum_j x_{ij} = D_i \quad (\text{对全部 } i), \tag{1.9}$$

其中, $x_{ij}$ 为按制法 $j$ 生产产品 $i$ 的数量; $D_i$ 为对产品 $i$ 的需要量.

若没有这样的约束条件, 那么, 得到的最低成本解往往表示为不必生产任何产品. 反之, 若建立的是求最大利润模型, 那就使得人们期望更大的利润. 若不将需要量 $D_i$ 定为常值, 就有可能让模型去确定每种产品的最优生产量. 于是, $D_i$ 就变成代表这些产品产量的变量 $d_i$. 约束条件 (1.9) 就变成

$$\sum_j x_{ij} - d_i = 0 \quad (\text{对全部 } i).$$

为使此模型能确定变量 $d_i$ 的最优值, 在目标函数中必须将这些变量加上适当的单位利润贡献系数 $p_i$. 于是, 该模型才能从比较不同的生产计划与其所付成本中估量利润, 从而确定出最优的作业标准. 显然, 这样的模型比只简单地求最低成本模型的作用要大些. 实际上, 一般地, 应该从求最低成本模型着手, 并在把它扩充成求最大利润模型之前, 使它作为一种规划工具.

在一个求最大利润的模型中, 单位利润贡献系数 $p_i$ 可能取决于变量 $d_i$ 的值. 这样, 目标函数中的 $p_i d_i$ 项就不再是线性的. 若能够把 $p_i$ 表示为 $d_i$ 的函数, 就建成一个非线性模型.

当模型所代表的作业活动超过一个时间周期时, 必须找到对照现在并能估计未来的利润或成本的某种方法. 最常用的方法是, 按照所考虑的利率对未来的货币进行折现. 于是, 就要把未来的目标系数适当降低. 相应的模型将在 1.5.2 节中的"周期模型"进行讨论.

2. 多目标或冲突目标

各种建立模型的方法和求解策略都能用于这类问题, 它们都涉及把这种模型简化成单目标模型的问题, 参见 7.6 节.

3. minimax 型或 maximin 型目标

例如, 在某些线性约束条件下, 其目标函数是

$$\min\Big(\max_i \sum_j a_{ij} x_j\Big). \tag{1.10}$$

引入变量 $z$ 表示(1.10) 中的 max 型目标, 则除了其他原始约束条件, 模型等价于

$$\begin{aligned}&\min\ z\\&\text{s.t.}\ \sum_j a_{ij}x_j - z \leqslant 0 \quad (\text{对全部 } i).\end{aligned}$$

因此, 在这些新约束中, 最小化 $z$ 会使得其最终下降到这些表达式的最大值. 一个应用例子是矛盾约束条件的处理.

maximin 型目标可类似地进行处理. 但是, 对 (3.6) 中的 maximax 型或 minimin 型目标来说, 不能类似地直接进行处理, 此时需要应用整数规划的建模方法.

4. 比率型目标

这类目标函数中的分子与分母均为线性函数, 而约束条件仍为线性约束, 此时模型即 4.3.2 节介绍的线性分式规划问题.

#### 1.5.1.2 约束条件

1. 生产能力约束条件

如某一生产工序中所用资源供应的限制 (如加工能力或劳力) 等.

2. 原材料可获量

如某项活动 (如产品的生产) 用原材料的供应受到限制.

3. 销售需要量和限额

如对能够销售的某种产品在数量上有一个限额, 很可能使该产品所生产的数量比其他约束条件所允许的数量少, 即

$$x \leqslant u, \tag{1.11}$$

其中, $x$ 为变量, 表示所生产产品的数量; $u$ 为销售的限额.

若有必要至少应制造一定数量的某种产品以满足某种需要量, 就可以采用最低销售限额, 即

$$x \geqslant l. \tag{1.12}$$

当必须精确地符合某个需要量时, 则 (1.11) 和 (1.12) 可用 "=" 来代替.

4. 材料平衡约束条件

材料平衡约束条件又称为连续性条件, 例如, 在配料问题中, 往往需要表示由 $x_j$ 变量所代表的投入某一生产过程的材料总量等于由 $y_k$ 变量所代表的产出的总量, 即

$$\sum_j x_j - \sum_k y_k = 0.$$

有时在这类约束条件中的某些系数不是 1, 而是某一个数值, 这时表示在特定过程中重量或体积的损失或获益.

5. 品质条件

配料问题中有些成分具有某些可测品质, 则要求配出的成品品质必须在一定限度之内, 如食品中营养物的含量、石油的辛烷值、材料的强度等.

6. 硬/软约束条件

一般地, 称不能违背的约束条件

$$\sum_j a_{ij}x_j \leqslant b_i \tag{1.13}$$

为硬约束条件. 而在实际建模中, 通常所需要的是在一定代价下可以违背的软约束条件. 这时, 只需将 (1.13) 改写成

$$\sum_j a_{ij}x_j - u_i \leqslant b_i,$$

并为最小化 (最大化) 问题赋予 $u_i$ 一个适当的正 (负) 价格系数 $c_i$ 即可. 为了防止这样的增加超过规定值, 尽可能地给这个 "盈余" 变量 $u_i$ 一个上界.

若 (1.13) 是 "$\geqslant$" 约束条件, 用一个 "松弛" 变量就能得到类似的结果. 若 (1.13) 是个等式约束条件, 则可以将它写成

$$\sum_j a_{ij}x_j + u_i - v_i = b_i \quad (u_i \geqslant 0, v_i \geqslant 0),$$

并在目标函数中给 $u_i$ 和 $v_i$ 适当的权系数, 使其能超过或不超过右边项系数 $b_i$.

另外一个替代处理方法是应用模糊集理论, 通过隶属函数来反映约束条件被违背的程度, 相应的模型称为模糊线性规划, 参见文献 [1]. 此时可以应用 minimax 型目标函数把这类规划问题转化为一般的线性规划问题.

7. 机会约束

这类约束就是文献 [1] 介绍的不确定约束环境. 即有时希望某些约束以一定的概率 $\beta$ 成立, 此时有

$$P\Big\{\sum_j a_jx_j \leqslant b\Big\} \geqslant \beta. \tag{1.14}$$

在一定满意度下, (1.14) 可以等价为

$$\sum_j a_jx_j \leqslant b', \tag{1.15}$$

其中, $b' > b$ 且使 (1.15) 能推出 (1.14).

8. 矛盾约束条件

有时问题包含若干个不能同时全部得到满足的约束条件，而目标尽可能接近地满足所有的约束条件. 例如，若希望均成立如下条件:

$$\sum_j a_{ij}x_j = b_i \quad (\text{对全部 } i).$$

因这些约束条件不可能都同时精确地成立，故以软约束代替，为

$$\sum_j a_{ij}x_j + u_i - v_i = b_i.$$

则使得这些条件尽可能都得到满足的处理方法有很多，典型的两个方法如下:

(1) 最小化这些约束条件的偏差之和，即 7.6.3 节介绍的目标规划模型.

(2) 最小化这些约束条件的最大偏差，即引入一个变量表示这些约束条件的最大偏差，为

$$z - u_i \geqslant 0, \quad z - v_i \geqslant 0 \qquad (\text{对全部 } i),$$

则目标函数为 $\min z$. 这类问题就是常说的瓶颈问题，其实质是 minimax 型目标函数方法的应用.

9. 多余约束条件

对于约束条件 (1.13) 来说，若在最优解中，$\sum_j a_{ij}x_j < b_i$，就称约束条件 (1.13) 为非紧约束条件 (影子价格为 0). 这种条件对最优解无影响，在模型中可以完全略去. 但在一个模型中，含有这种多余的约束条件，是有一定原因的. 其一，在解出模型之前，看不出哪些是多余的约束条件. 因此，模型中就要包括这样的约束条件，以防它是紧约束. 其二，若模型是随数据的改变而被定期地采用，那么，对尚未被采用的某些数据来说，该约束条件也许变成紧约束. 因此，保留这些约束条件，以避免将来重建模型. 其三，2.5 节中所讨论的信息依赖于这样一些约束条件，这些约束条件从不影响最优解的意义上来说，很可能是多余的.

因此，应该注意类似 (1.13) 的约束条件，即使 $\sum_j a_{ij}x_j = b_i$，也可能是非紧约束. 这时只需根据在最优解中约束条件的影子价格为 0 与否就能识别出这样的非紧约束条件. 影子价格将在 2.3 节中讨论. 对于 “$\geqslant$” 的约束条件来说，也有类似的结果. 最后应该指出，对于整数规划来说，不能认为只要 $\sum_j a_{ij}x_j$ 小于 (1.13) 中的 $b_i$，(1.13) 就是非紧约束. (1.13) 很可能是紧约束，因此不是多余的.

10. 简单界和广义上界

在 (1.11) 或 (1.12) 中，销售约束条件是特别简单的形式. 这样一些变量的简单界用改进单纯形法来处理更为有效. 因此，不用这种界作为通常的约束条件，而

只作为对相应变量的简单界. 广义上界是简单界的推广, 通常约束条件为

$$\sum_j x_j = b, \tag{1.16}$$

称变量 $x_j$ 的集合有一个广义上界 $b$. 识别广义上界约束条件, 对计算很有好处.

11. 非常约束条件

例如, 第 3 章整数规划问题中讨论的限制条件, 这时需要引入整数变量建立模型.

### 1.5.2 组合模型

这里介绍如何将较小的线性规划模型组成大型线性规划模型, 几乎所有大型模型都是用此方法构成的, 采用这样的大型模型作为决策工具更加有效.

**例 1.6 (多工厂模型)** 一家公司有 A 和 B 两个工厂. 每个工厂生产两种同样的产品, 一种是普通的, 另一种是精制的. 普通产品每件可盈利 10 元, 精制产品每件可盈利 15 元. 两厂采用相同的加工工艺 —— 研磨和抛光来生产这些产品. A 厂每周的研磨能力为 80 小时, 抛光能力为 60 小时. B 厂每周的研磨能力为 60 小时, 抛光能力为 75 小时. 两厂生产各类单位产品所需的研磨和抛光工时 (以小时计) 如表 1.19 所示. 另外, 每类每件产品都消耗 4 千克原材料, 该公司每周可获得原料 120 千克. 问应该如何制订生产计划?

表 1.19 多工厂模型生产数据

| 工厂 | A | | B | |
|---|---|---|---|---|
| 产品 | 普通 | 精制 | 普通 | 精制 |
| 研磨 | 4 | 2 | 5 | 3 |
| 抛光 | 2 | 5 | 5 | 6 |

**解** 先假定每周分配给 A 厂 75 千克原料, B 厂 45 千克原料. 设 $x_1$ 为 A 厂生产的普通产品产量; $x_2$ 为 A 厂生产的精制产品产量; $x_3$ 为 B 厂生产的普通产品产量; $x_4$ 为 B 厂生产的精制产品产量. 则最终的预先分配模型为

A 厂模型

$$\max z = 10x_1 + 15x_2$$

$$\text{s.t.} \begin{cases} 4x_1 + 4x_2 \leqslant 75 & \text{原料 A}, \\ 4x_1 + 2x_2 \leqslant 80 & \text{研磨 A}, \\ 2x_1 + 5x_2 \leqslant 60 & \text{抛光 A}, \\ x_1 \geqslant 0, x_2 \geqslant 0. \end{cases}$$

B 厂模型

$$\max z = 10x_3 + 15x_4$$

$$\text{s.t.} \begin{cases} 4x_3 + 4x_4 \leqslant 45 & \text{原料 B}, \\ 5x_3 + 3x_4 \leqslant 60 & \text{研磨 B}, \\ 5x_3 + 6x_4 \leqslant 75 & \text{抛光 B}, \\ x_3 \geqslant 0, x_4 \geqslant 0. \end{cases}$$

现在假设建立一个公司模型, 让模型去确定原材料的分配. 则模型为

$$
\max z = 10x_1 + 15x_2 + 10x_3 + 15x_4
$$

$$
\text{s.t.} \begin{cases} 4x_1 + 4x_2 + 4x_3 + 4x_4 \leqslant 120, \\ 4x_1 + 2x_2 \leqslant 80, \\ 2x_1 + 5x_2 \leqslant 60, \\ 5x_3 + 3x_4 \leqslant 60, \\ 5x_3 + 6x_4 \leqslant 75, \\ x_j \geqslant 0 \quad (j = 1, 2, \cdots, 4). \end{cases} \tag{1.17}
$$

求解预先分配模型, 可知 A 厂模型的最优解为: $x_1 = 11.25$, $x_2 = 7.5$, 利润为 225 元, 剩余 20 小时研磨工时. B 厂模型的最优解为: $x_3 = 0$, $x_4 = 11.25$, 利润为 168.75 元, 剩余 26.25 小时研磨工时和 7.5 小时抛光工时.

公司模型的最优解为: $x_1 = 9.17$, $x_2 = 8.33$, $x_3 = 0$, $x_4 = 12.5$, 总利润为 404.15 元; A 厂和 B 厂分别有 26.67 小时和 22.5 小时的剩余研磨工时. 把这个解与 A, B 两厂各自所得的解进行对比, 可得到若干有价值的论据.

(1) 总利润达 404.15 元, 大于 A, B 两厂各自获得的利润之和 393.75 元.

(2) 在总利润中, 虽然 A 厂只占 216.65 元 (以前是 225 元), 但 B 厂却占 187.5 元 (以前只有 168.75 元).

(3) 现在 A 厂消耗 70 千克原料, B 厂消耗 50 千克原料.

显然, 该公司模型对于 B 厂的生产比以前重视. 就是将 50 千克而不是过去的 45 千克原料分配给 B 厂, 同时将 A 厂的供应减少 5 千克. 若在建立公司模型之前已能决定按 70 : 50 的比例分配原料, 那就没有建立公司模型的必要.

这种讨论也适合于更巨大的、更实际的多工厂模型, 使得不但协助各厂制定本厂的决策而且解决工厂之间的分配问题. 在普通结构的多工厂模型中是一个非常简单的例子, 这种结构称为块角结构. 若分离公司模型中的系数并以图解形式表示这个问题, 就得到图 1.3.

| | | | | | |
|---|---|---|---|---|---|
| 10 | 15 | 10 | 15 | | |
| 4 | 4 | 4 | 4 | $\leqslant$ | 120 |
| 4 | 2 | | | $\leqslant$ | 80 |
| 2 | 5 | | | $\leqslant$ | 60 |
| | | 5 | 3 | $\leqslant$ | 60 |
| | | 5 | 6 | $\leqslant$ | 75 |

图 1.3 公司模型中系数的图解形式

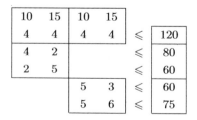

前两行称为公共行. 在公共行中, 总有一行是目标行. 两个对角排列的系数块称为子模型. 对于具有若干种待分配的资源和 $n$ 个工厂的更一般的问题来说, 就有如图 1.4 所示的一般块角结构.

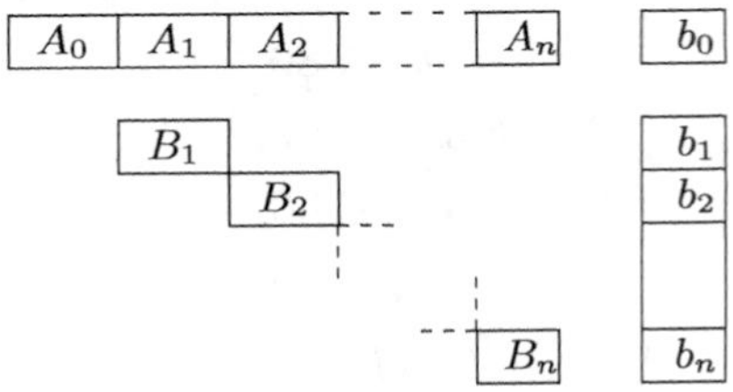


图 1.4 一般问题的块角结构

$A_0, A_1, \cdots, A_n, B_1, B_2, \cdots, B_n$ 等都是系数块. $b_0, b_1, \cdots, b_n$ 等都是由右边项构成的系数列. 块 $A_0$ 是可有可无的, 但是有时给出它是方便的. $A_0$, $A_1, \cdots$, $A_n$ 等代表公共行. 多工厂模型中的公共约束条件通常包括工厂要分配的紧缺资源 (如原料、加工定额、劳力等). 有时它们可以代表工厂之间的运输关系. 例如, 在某些情况下, 把半成品从一个工厂运送到另一个工厂是有利的. 假设只要求考虑从 A 厂到 B 厂的运输, 即有

$$x_1 - x_2 = 0, \tag{1.18}$$

其中, $x_1$ 为由 A 厂运往 B 厂的量; $x_2$ 为 B 厂从 A 厂收到的量.

除 (1.18) 外, $x_1$ 只在与 A 厂子模型有关的约束条件中出现, $x_2$ 只在与 B 厂子模型有关的约束条件中出现. 约束条件 (1.18) 给出一个公共行约束条件.

若一个块角结构问题没有公共行约束条件, 求这种问题的最优解就相当于求与目标函数相应部分的每一个子问题的最优解. 对例 1.6 来说, 若没有原料约束条件, 就能单独求解每一个工厂模型, 从而得到全公司的最优解, 实际上已经完全承认每个工厂都是独立核算单位. 然而, 一旦采用公共约束条件, 公共约束条件越多, 各个工厂之间的相互关系就必定越多.

如图 1.4 所示的块角结构不只是在多工厂模型中出现, 在配料问题的多产品模型中也很常见. 假定配料问题只是该公司制造的许多种产品 (包括各种品牌) 中的一种. 若不同的产品采用某些相同的配料和加工方法, 就有可能用一个组合模型来考虑它们的供应限额. 例如, 以 $B_1, B_2, \cdots, B_n$ 等代表每种产品单独的配料约束条件. 设 $x_{ij} = j$ 号产品中的 $i$ 号配料的配料量, 则若 $i$ 号配料是限量供应的, 就要加上一个公共约束条件:

$$\sum_j x_{ij} \leqslant i \text{ 号配料的可获量.}$$

如果在 $j$ 号产品配料中, $i$ 号配料花费 $a_{ij}$ 单位特定加工定额, 就有公共约束条件:

$$\sum_j a_{ij}x_{ij} \leqslant i \text{ 号配料可获的总加工量}$$

产生图 1.4 所示块角结构的另一途径是多周期模型. 假设在配料问题中, 不仅需要决定某个月怎样配料, 而且需要决定每个月怎样为以后的消耗和库存进行采购. 就有必要把当前采购、当前消耗和当前库存区分开来. 对每一种配料成分均有这样三种相应的变量. 下述关系式能把这些变量连接起来:

$$\begin{aligned}&\text{第 } t-1 \text{ 周期末的库存量} + \text{第 } t \text{ 周期的采购量}\\&\quad = \text{第 } t \text{ 周期的消耗量} + \text{第 } t \text{ 周期末的库存量}.\end{aligned} \tag{1.19}$$

将这些约束条件作为连接相邻时间周期的公共行, 就产生如图 1.4 所示的块角结构. 每个子问题 $B_i$ 由只含 "消耗" 变量的原配料约束条件构成.

对多周期模型来说, 若简单地把最后一个周期结束时出现在约束条件 (1.19) 中的库存量列为变量, 则最优解几乎总是判定库存量为 0. 因此, 一种较好的处理办法是对最后的库存量规定一个符合实际的常量. 或者以某种方式对最后库存量 "作价", 就是说在求模型最大值时, 使相应变量具有正 "利润", 在求模型最小值时, 使相应变量具有负 "成本". 实际上, 假如这样一种估价法被采纳, 那么, 为获得最优解就必须将生产用的最后库存卖掉. 虽然该机构不打算将最后库存也卖掉, 但是把最后库存量进行作价, 恰能把这些库存量保持在合理水平上.

**例 1.7 (多周期动态生产计划问题)**　考虑某厂配套生产产品问题. 今年头四个月收到的订单数量分别为 3000 件、4500 件、3500 件、5000 件产品. 该厂正常生产每月可生产产品 3000 件, 利用加班还可生产 1500 件. 正常生产成本为每件 5000 元, 加班生产还要追加 1500 元成本, 库存成本为每件每月 200 元. 问该厂如何组织生产才能使生产成本最低?

**解**　设 $x_i$ 为第 $i$ 月正常生产的产品数, $y_i$ 为第 $i$ 月加班生产的产品数, $z_i$ 为第 $i$ 月月初产品的库存数. 若令 $d_i$ 为第 $i$ 月的需求, 第一个月月初的库存为 0, 则模型的目标函数为

$$\min \sum_{i=1}^{4} (5000x_i + 6500y_i + 200z_i),$$

约束的一般形式为

$$x_i + y_i + z_i - z_{i+1} = d_i \quad (i = 1, 2, 3, 4).$$

模型的详细形式如下:

$$\min z = 5000(x_1+x_2+x_3+x_4)+6500(y_1+y_2+y_3+y_4) +200(z_2+z_3+z_4)$$

$$\text{s.t.}\begin{cases} x_1+y_1-z_2=3000,\\ x_2+y_2+z_2-z_3=4500,\\ x_3+y_3+z_3-z_4=3500,\\ x_4+y_4+z_4=5000,\\ 0\leqslant x_i\leqslant 3000 \quad (i=1,2,3,4),\\ 0\leqslant y_i\leqslant 1500 \quad (i=1,2,3,4),\\ z_i\geqslant 0 \quad (i=2,3,4).\end{cases}$$

## 思考题

1.1 用单纯形法求解下列线性规划问题.

(1) $\max z = 2x_1 - x_2 + x_3$

$$\text{s.t.}\begin{cases} 3x_1+x_2+x_3\leqslant 60,\\ x_1-x_2+2x_3\leqslant 10,\\ x_1+x_2-2x_3\leqslant 20,\\ x_1\geqslant 0, x_2\geqslant 0, x_3\geqslant 0.\end{cases}$$

(2) $\min z = -3x_1 + x_2 + x_3$

$$\text{s.t.}\begin{cases} x_1-2x_2+x_3\leqslant 11,\\ -4x_1+x_2+2x_3\geqslant 3,\\ -2x_1+x_3=1,\\ x_1\geqslant 0, x_2\geqslant 0, x_3\geqslant 0.\end{cases}$$

1.2 在标准线性规划问题 (1.4) 中, 设 $\boldsymbol{x}^0$ 是问题的最优解, 若目标函数中用 $\boldsymbol{c}^*$ 替换 $\boldsymbol{c}$ 后, 问题的最优解变为 $\boldsymbol{x}^*$, 求证 $(\boldsymbol{c}^*-\boldsymbol{c})(\boldsymbol{x}^*-\boldsymbol{x}^0)\geqslant 0$.

1.3 用图解法和单纯形法求解下列线性规划问题, 并判断问题是否退化.

(1) $\max z = x_1 + 2x_2$

$$\text{s.t.}\begin{cases} 2x_1+x_2\geqslant 4,\\ x_2\leqslant 4,\\ x_1\geqslant 0, x_2\geqslant 0.\end{cases}$$

(2) $\max z = 5x_1 + 3x_2$

$$\text{s.t.}\begin{cases} 4x_1+2x_2\leqslant 12,\\ 4x_1+x_2\leqslant 10,\\ x_1+x_2\leqslant 4,\\ x_1\geqslant 0, x_2\geqslant 0.\end{cases}$$

1.4 设有两个线性规划问题:

(1) $\max z = \boldsymbol{cx}$

$$\text{s.t.}\begin{cases} \boldsymbol{Ax}=\boldsymbol{b},\\ \boldsymbol{x}\geqslant \boldsymbol{0},\end{cases}$$

(2) $\max z = \mu\boldsymbol{cx}$

$$\text{s.t.}\begin{cases} \boldsymbol{Ax}=\lambda\boldsymbol{b},\\ \boldsymbol{x}\geqslant \boldsymbol{0},\end{cases}$$

其中, $\mu,\lambda$ 为正实数, 两个问题中的 $\boldsymbol{A},\boldsymbol{c},\boldsymbol{b}$ 相同. 现问若第一个问题有最优解, 第二个问题是否有最优解? 若有, 那么两个问题的最优解值之间有什么关系?

1.5 证明下面两个线性规划问题等价:

(1) $\max z = \boldsymbol{cx}$

$$\text{s.t.} \begin{cases} \boldsymbol{b}_1 \leqslant \boldsymbol{Ax} \leqslant \boldsymbol{b}_2, \\ \boldsymbol{x} \geqslant \boldsymbol{0}. \end{cases}$$

(2) $\max z = \boldsymbol{cx}$

$$\text{s.t.} \begin{cases} \boldsymbol{Ax} + \boldsymbol{x}_a = \boldsymbol{b}_2, \\ \boldsymbol{x}_a \leqslant \boldsymbol{b}_2 - \boldsymbol{b}_1, \\ \boldsymbol{x} \geqslant \boldsymbol{0}, \boldsymbol{x}_a \geqslant \boldsymbol{0}. \end{cases}$$

1.6 请为下面只有一个约束方程的线性规划问题设计一种简单的解法.

$$\max z = c_1x_1 + c_2x_2 + \cdots + c_nx_n$$

$$\text{s.t.} \begin{cases} a_1x_1 + a_2x_2 + \cdots + a_nx_n \leqslant b & (a_1 > 0, a_2 > 0, \cdots, a_n > 0; b > 0), \\ x_j \geqslant 0 & (j = 1, 2, \cdots, n). \end{cases}$$

1.7 已知一个求最大化的线性规划问题迭代到某一步的单纯形表如表 1.20 所示. 问 $a$, $b$, $c$, $d$ 满足什么条件时, 下列结论成立:

(1) 当前解为唯一不退化的最优解.

(2) 当前解为最优解, 但有多个最优解.

(3) 原问题的解为最优解, 但退化.

(4) 原问题有无界解.

表 1.20 某一步单纯形表

| $x_1$ | $x_2$ | $x_3$ | $x_4$ | $x_5$ | 右边 |
|---|---|---|---|---|---|
| $c$ | $d$ | 0 | 0 | 0 | $z^*$ |
| 3 | $-2$ | 1 | 0 | 0 | $b$ |
| $-1$ | $a$ | 0 | 1 | 0 | 2 |
| 3 | $-1$ | 0 | 0 | 1 | 3 |

1.8 已知某线性规划问题的初始单纯形表与用单纯形法迭代后得到的表 (表 1.21), 试求括号中未知数 $a \sim l$ 的值.

1.9 在一标准化的线性规划问题中, 已知目标函数的系数为 $(3, 5, 4, 0, 0, 0)$, 单纯形法迭代中间某两步的单纯形表见表 1.22, 试将表中空白处数字填上.

1.10 某厂生产甲、乙、丙三种产品, 都分别经 A, B 两道工序加工. A 工序在设备 $\text{A}_1$ 或 $\text{A}_2$ 上完成, B 工序在 $\text{B}_1, \text{B}_2, \text{B}_3$ 三种设备上完成. 已知产品甲可在 A, B 任何一种设备上加工; 产品乙可在任何规格的 A 设备上加工, 但完成 B 工序时, 只能在 $\text{B}_1$ 设备上加工; 产品丙只能在 $\text{A}_2$ 与 $\text{B}_2$ 设备上加工. 加工单位产品所需要工序时间及其他数据见表 1.23, 试构造一个使该厂获利最大的最优生产计划模型.

表 1.21 单纯形法初始表与最终表

| BV. | $z$ | $x_1$ | $x_2$ | $x_3$ | $x_4$ | $x_5$ | 右边 |
|---|---|---|---|---|---|---|---|
| $z$ | 1 | $(a)$ | 1 | $-2$ | 0 | 0 | |
| $x_4$ | 0 | $(b)$ | $(c)$ | $(d)$ | 1 | 0 | 6 |
| $x_5$ | 0 | $-1$ | 3 | $(e)$ | 0 | 1 | 1 |
| ⋮ | | | | ⋮ | | | ⋮ |
| $z$ | 1 | 0 | 7 | $(j)$ | $(k)$ | $(l)$ | |
| $x_1$ | 0 | $(g)$ | 2 | $-1$ | $\frac{1}{2}$ | 0 | $(f)$ |
| $x_5$ | 0 | $(h)$ | $(i)$ | 1 | $\frac{1}{2}$ | 1 | 4 |

表 1.22 迭代中某两步的单纯形表

| BV. | $z$ | $x_1$ | $x_2$ | $x_3$ | $x_4$ | $x_5$ | $x_6$ | 右边 |
|---|---|---|---|---|---|---|---|---|
| $z$ | 1 | $\frac{1}{3}$ | 0 | $-4$ | $\frac{5}{3}$ | 0 | 0 | |
| $x_2$ | 0 | $\frac{2}{3}$ | 1 | 0 | $\frac{1}{3}$ | 0 | 0 | $\frac{8}{3}$ |
| $x_5$ | 0 | $-\frac{4}{3}$ | 0 | 5 | $-\frac{2}{3}$ | 1 | 0 | $\frac{14}{3}$ |
| $x_6$ | 0 | $\frac{5}{3}$ | 0 | 4 | $-\frac{2}{3}$ | 0 | 1 | $\frac{29}{3}$ |
| ⋮ | | | | ⋮ | | | | ⋮ |
| $z$ | 1 | | | | | | | |
| $x_2$ | 0 | | | | $\frac{15}{41}$ | $\frac{8}{41}$ | $-\frac{10}{41}$ | |
| $x_3$ | 0 | | | | $-\frac{6}{41}$ | $\frac{5}{41}$ | $\frac{4}{41}$ | |
| $x_1$ | 0 | | | | $-\frac{2}{41}$ | $-\frac{12}{41}$ | $\frac{15}{41}$ | |

表 1.23 单位产品加工数据表

| 设备 | 产品/(小时/件) | | | 设备有效台时/小时 | 设备加工费/(元/小时) |
|---|---|---|---|---|---|
| | 甲 | 乙 | 丙 | | |
| $A_1$ | 5 | 10 | | 6 000 | 0.05 |
| $A_2$ | 7 | 9 | 12 | 10 000 | 0.03 |
| $B_1$ | 6 | 8 | | 4 000 | 0.06 |
| $B_2$ | 4 | | 11 | 7 000 | 0.11 |
| $B_3$ | 7 | | | 4 000 | 0.05 |
| 原料费/(元/件) | 0.25 | 0.35 | 0.50 | | |
| 售价/(元/件) | 1.25 | 2.00 | 2.80 | | |

1.11 一个农民需要决定如何在他的 20 亩 (1 亩 $\approx$ 666.7 平方米) 菜地和 30 亩小麦地中施用肥料, 农业技术员通过对土壤的分析已经建议每亩菜地最少需要施 6 千克氮、2 千克磷和 1.5 千克钾, 每亩小麦地最少需要施 8 千克氮、1 千克磷和 3 千克钾. 市场上有两种可用的肥料. 第一种是 40 千克一袋的 A 种复合肥料, 价格为每袋 60 元, 它含有 20% 的氮、5% 的磷和 20% 的钾. 第二种是 60 千克一袋的 B 种复合肥料, 价格为每袋 50 元, 它含有 10% 的氮、10% 的磷和 5% 的钾. 请帮助该农民构造一个在满足养分需求的前提下购买化肥成本最小的线性规划模型.

1.12 某公司需要对某产品决定未来 4 个月内每个月的最佳存储量, 在满足需求量的条件下使总费用最小. 已知各月对该产品的需求量和单位订货费用、单位存储费用, 如表 1.24 所示. 假定月初订货并入库, 月底销售, 并且 1 月初并无存货, 至 4 月末也不准备留存. 试建立相应的线性规划模型.

表 1.24 某产品存储问题的相关数据

| 月份 ($k$) | 1 | 2 | 3 | 4 |
|---|---|---|---|---|
| 需求量 ($d_k$) | 50 | 45 | 40 | 30 |
| 单位订货费用 ($c_k$) | 850 | 850 | 775 | 825 |
| 单位存储费用 ($p_k$) | 35 | 20 | 40 | 30 |

# 第 2 章

# 对偶理论

在线性规划早期发展中最重要的发现是对偶问题, 即每一个线性规划问题 (称为原始问题) 有一个与它对应的对偶线性规划问题 (称为对偶问题). 对偶理论就是研究线性规划中原始问题与对偶问题之间关系的理论.

## 2.1 对偶问题

对于一般产品组合问题的线性规划问题 (1.2), 现在从另一角度提出问题: 假定有另一公司欲将该公司所拥有的资源收买过来, 至少应付出多少代价, 才能使该公司愿意放弃生产活动, 出让资源? 显然, 前一公司放弃自己组织生产活动的条件是: 对同等数量资源出让的代价应不低于该公司自己组织生产活动时的利润. 设用 $y_i$ 代表收买该公司一单位 $i$ 种资源时付出的代价, 则总收买价为

$$w = b_1y_1 + b_2y_2 + \cdots + b_my_m.$$

该公司出让相当于生产一单位第 $j$ 种产品的资源消耗的价值应不低于第 $j$ 种产品的单位利润价值 $c_j$ 元, 因此又有

$$a_{1j}y_1 + a_{2j}y_2 + \cdots + a_{mj}y_m \geqslant c_j.$$

后一公司希望用最小代价把前一公司所有资源收买过来, 即有模型

$$\min w = b_1y_1 + b_2y_2 + \cdots + b_my_m$$
$$\text{s.t.} \begin{cases} a_{11}y_1 + a_{21}y_2 + \cdots + a_{m1}y_m \geqslant c_1, \\ a_{12}y_1 + a_{22}y_2 + \cdots + a_{m2}y_m \geqslant c_2, \\ \qquad\qquad\vdots \\ a_{1n}y_1 + a_{2n}y_2 + \cdots + a_{mn}y_m \geqslant c_n, \\ y_i \geqslant 0 \quad (i = 1, 2, \cdots, m). \end{cases} \tag{2.1}$$

问题 (2.1) 是从不同角度出发阐述问题 (1.2) 的. 若称问题 (1.2) 为线性规划原问题, 则问题 (2.1) 为它的对偶问题. 从上面的分析可知, 任一线性规划问题都存在另一与之伴随的线性规划问题, 它们从不同角度提出一个实际问题并进行描述, 组成一对互为对偶的线性规划问题.

若将上述线性规划的原问题化成标准形式并用矩阵向量表达, 则由 1.4.3 节单纯形法的矩阵方法知道, 在问题最优时有 $\boldsymbol{yA}-\boldsymbol{c}\geqslant\boldsymbol{0}$, $\boldsymbol{y}\geqslant\boldsymbol{0}$, 并且 $z=\boldsymbol{cx}=\boldsymbol{yb}$. 也可以得出对偶问题:

$$\min w=\boldsymbol{yb}$$
$$\text{s.t.}\ \begin{cases}\boldsymbol{yA}\geqslant\boldsymbol{c},\\ \boldsymbol{y}\geqslant\boldsymbol{0}.\end{cases}$$

因此, 在原问题中为求目标函数的极大值, 在对偶问题中变为求目标函数的极小值. 理由是对偶问题的可行解必须满足原问题最优化条件. 因此对原问题来说, 只有最优解才是其对偶问题的可行解, 即原问题的最优解是它的对偶问题可行解的目标函数值中最小的一个.

线性规划的原问题与对偶问题的关系可以用表 2.1 所示的表格形式来表示. 表 2.1 中右上角是原问题, 左下角部分旋转 90° 就是对偶问题.

表 2.1 线性规划原问题与对偶问题的比较

<table>
<tr><td colspan="3" rowspan="3"></td><td colspan="5">原问题 (求极大)</td></tr>
<tr><td>$c_1$</td><td>$c_2$</td><td>$\cdots$</td><td>$c_n$</td><td rowspan="2">右边</td></tr>
<tr><td>$x_1$</td><td>$x_2$</td><td>$\cdots$</td><td>$x_n$</td></tr>
<tr><td rowspan="5">对偶问题<br>(求极小)</td><td>$b_1$</td><td>$y_1$</td><td>$a_{11}$</td><td>$a_{12}$</td><td>$\cdots$</td><td>$a_{1n}$</td><td>$\leqslant b_1$</td></tr>
<tr><td>$b_2$</td><td>$y_2$</td><td>$a_{21}$</td><td>$a_{22}$</td><td>$\cdots$</td><td>$a_{2n}$</td><td>$\leqslant b_2$</td></tr>
<tr><td>$\vdots$</td><td>$\vdots$</td><td>$\vdots$</td><td>$\vdots$</td><td></td><td>$\vdots$</td><td>$\vdots$</td></tr>
<tr><td>$b_m$</td><td>$y_m$</td><td>$a_{m1}$</td><td>$a_{m2}$</td><td>$\cdots$</td><td>$a_{mn}$</td><td>$\leqslant b_m$</td></tr>
<tr><td colspan="2">右边</td><td>$\geqslant c_1$</td><td>$\geqslant c_2$</td><td>$\cdots$</td><td>$\geqslant c_n$</td><td></td></tr>
</table>

**例 2.1** 在例 1.1 产品组合问题的线性规划问题中, 根据表 2.1 所示的关系, 其对偶问题可写为

$$\min w=4y_1+12y_2+18y_3$$
$$\text{s.t.}\ \begin{cases}y_1+3y_3\geqslant 3,\\ 2y_2+2y_3\geqslant 5,\\ y_1\geqslant 0, y_2\geqslant 0, y_3\geqslant 0.\end{cases}$$

现求这个线性规划问题的对偶问题.

**解** 上述线性规划的对偶问题可以由以下步骤解出:

第一步: 将例 1.1 线性规划问题的对偶问题改写为

$$\max(-z') = -4y_1 - 12y_2 - 18y_3$$
$$\text{s.t.} \begin{cases} -y_1 \qquad -3y_3 \leqslant -3, \\ \qquad -2y_2 -2y_3 \leqslant -5, \\ y_1 \geqslant 0, y_2 \geqslant 0, y_3 \geqslant 0. \end{cases}$$

第二步: 按从原问题写出对偶问题的方法写出其对偶问题

$$\min z'' = -3x_1 - 5x_2$$
$$\text{s.t.} \begin{cases} -x_1 \qquad \geqslant -4, \\ \qquad -2x_2 \geqslant -12, \\ -3x_1 -2x_2 \geqslant -18, \\ x_1 \geqslant 0, x_2 \geqslant 0. \end{cases}$$

第三步: 将约束条件两端均乘上 $(-1)$, 又因 $\min z''$ 等价于求 $\max(-z'')$, 即

$$\max(-z'') = 3x_1 + 5x_2$$
$$\text{s.t.} \begin{cases} x_1 \qquad \leqslant 4, \\ \qquad 2x_2 \leqslant 12, \\ 3x_1 +2x_2 \leqslant 18, \\ x_1 \geqslant 0, x_2 \geqslant 0. \end{cases}$$

这就是例 1.1 公司线性规划中的原问题, 由此可见, 线性规划的对偶问题与原问题互为对偶, 线性规划的原问题与对偶问题地位具有对称关系.

对于其他形式的原问题, 可先把变量与约束条件等变成表 2.1 所要求的标准形式, 再按以上步骤就可写出其对偶问题. 事实上, 此时可依据表 2.2 中给出的对应关系, 直接从原 (对偶) 问题写出对偶 (原) 问题. 在写对偶问题时, 需要注意的是原问题是最大化形式还是最小化形式, 这对对偶问题的变量与限制条件的对应关系影响很大.

**例 2.2** 写出下列线性规划问题的对偶问题.

$$\min z = \sum_{i=1}^{m}\sum_{j=1}^{n} c_{ij}x_{ij}$$
$$\text{s.t.} \begin{cases} \sum\limits_{j=1}^{n} x_{ij} = a_i \quad (i = 1, 2, \cdots, m), & (2.2\text{a}) \\ \sum\limits_{i=1}^{m} x_{ij} = b_j \quad (j = 1, 2, \cdots, n), & (2.2\text{b}) \\ x_{ij} \geqslant 0 \qquad (i = 1, 2, \cdots, m; j = 1, 2, \cdots, n). \end{cases}$$

表 2.2 线性规划原问题与对偶问题的对应关系

| 原问题 (对偶问题) | 对偶问题 (原问题) |
| --- | --- |
| 目标函数 max | 目标函数 min |
| 变量 $\begin{cases} n\text{ 个} \\ \geqslant 0 \\ \leqslant 0 \\ \text{无约束} \end{cases}$ | $\left.\begin{matrix} n\text{ 个} \\ \geqslant \\ \leqslant \\ = \end{matrix}\right\}$ 约束条件 |
| 目标函数中变量的系数 | 约束条件右边 |
| 约束条件 $\begin{cases} m\text{ 个} \\ \leqslant \\ \geqslant \\ = \end{cases}$ | $\left.\begin{matrix} m\text{ 个} \\ \geqslant 0 \\ \leqslant 0 \\ \text{无约束} \end{matrix}\right\}$ 变量 |
| 约束条件右边 | 目标函数中变量的系数 |

**解** 设 (2.2a) 对应的对偶变量为 $u_i$, (2.2b) 对应的对偶变量为 $v_j$. 则由表 2.2 可直接写出对偶问题为

$$\max w = \sum_{i=1}^{m} a_i u_i + \sum_{j=1}^{n} b_j v_j$$

$$\text{s.t.} \begin{cases} u_i + v_j \leqslant c_{ij} & (i = 1, 2, \cdots, m; j = 1, 2, \cdots, n), \\ u_i, v_j \text{ 无约束} & (i = 1, 2, \cdots, m; j = 1, 2, \cdots, n). \end{cases}$$

## 2.2 基本性质

在下面的讨论中, 假定线性规划原问题为 (1.2), 相应的对偶问题为 (2.1).

对于一个最大化形式的原问题来说, 任意一个可行解都给出了最优解的下界. 当然, 最好的下界就是最优解, 可以通过优化求解的方法得到此下界. 但是, 在不预先优化的前提下, 可以有一个容易的方法给出最优解的上界吗? 对此, 对偶就可以给出一个最大化问题的上界. 一个上界可以度量目前可行解与最优解的间隙, 即绩效保证. 例如, 若问题 (1.1) 中目前解的值为 30, 若可以知道解的值不能超过 36, 则此解至少为最优解的 83.3%. 因此, 最大化问题的上界越小越好, 此上界应该尽可能地接近最优值, 这可以通过对偶问题来给出. 上述讨论都体现在以下结论中 (进一步讨论见 4.3.1 节, 证明过程参见文献 [1], 详细讨论参见文献 [6]):

**定理 2.1 (弱对偶性)** 若 $x_j$ $(j = 1, 2, \cdots, n)$ 是原问题的可行解, $y_i$ $(i = 1, 2, \cdots, m)$ 是其对偶问题的可行解, 则恒有

$$\sum_{j=1}^{n} c_j x_j \leqslant \sum_{i=1}^{m} b_i y_i.$$

**定理 2.2 (最优性)** 若 $x_j$ $(j=1, 2, \cdots, n)$ 是原问题的可行解, $y_i$ $(i=1, 2, \cdots, m)$ 是其对偶问题的可行解, 且有

$$\sum_{j=1}^{n} c_j x_j = \sum_{i=1}^{m} b_i y_i,$$

则 $x_j$ 是原问题的最优解, $y_i$ 是其对偶问题的最优解.

**定理 2.3 (无界性)** 若原问题 (对偶问题) 具有无界解, 则其对偶问题 (原问题) 无可行解.

但须注意这个性质的逆不成立. 因为当原问题 (对偶问题) 无可行解时, 其对偶问题 (原问题) 或无可行解或具有无界解.

**定理 2.4 (强对偶性)** 强对偶性也称为对偶定理. 若原问题有最优解, 则其对偶问题也一定具有最优解, 且目标函数值相同.

**定理 2.5 (互补松弛性)** 在线性规划问题的最优解中, 有以下结论成立:

(1) 若 $y_i > 0$, 则 $\sum\limits_{j=1}^{n} a_{ij} x_j = b_i$.

(2) 若 $\sum\limits_{j=1}^{n} a_{ij} x_j < b_i$, 则 $y_i = 0$.

将互补松弛性应用于其对偶问题时类似可得如下结论:

(1) 若 $x_j > 0$, 则 $\sum\limits_{i=1}^{m} a_{ij} y_i = c_j$;

(2) 若 $\sum\limits_{i=1}^{m} a_{ij} y_i > c_j$, 则 $x_j = 0$.

对互补松弛性一个直观性的解释是:

(1) 若 $y_i$ 在单纯形表行 0 中之值大于 0, 则该列所在的松弛变量为非基变量, 一定等于 0, 所以对应的约束条件为严格等式.

(2) 若某一约束条件为严格不等式, 则所在行的松驰变量大于 0, 一定是基变量, 所以对应的单纯形表行 0 中之值等于 0.

2.3 节对此性质的经济解释进行了详细说明.

**例 2.3** 已知线性规划问题:

$$\min w = 2x_1 + 3x_2 + 5x_3 + 2x_4 + 3x_5$$
$$\text{s.t.} \begin{cases} x_1 + x_2 + 2x_3 + x_4 + 3x_5 \geqslant 4, \\ 2x_1 - x_2 + 3x_3 + x_4 + x_5 \geqslant 3, \\ x_j \geqslant 0 \quad (j = 1, 2, \cdots, 5). \end{cases}$$

其对偶问题的最优解为 $y_1^* = \dfrac{4}{5}, y_2^* = \dfrac{3}{5}, z = 5$, 试找出原问题的最优解.

**解** 先写出其对偶问题:

$$\max z = 4y_1 + 3y_2$$
$$\text{s.t.} \begin{cases} y_1 + 2y_2 \leqslant 2, \\ y_1 - y_2 \leqslant 3, \\ 2y_1 + 3y_2 \leqslant 5, \\ y_1 + y_2 \leqslant 2, \\ 3y_1 + y_2 \leqslant 3, \\ y_1 \geqslant 0, y_2 \geqslant 0. \end{cases}$$

将 $y_1^*$, $y_2^*$ 的值代入约束条件, 得第 $2 \sim 4$ 个约束条件为严格不等式; 由互补松弛性得 $x_2^* = x_3^* = x_4^* = 0$. 因 $y_1, y_2 > 0$, 原问题的两个约束条件应取等式, 即

$$x_1^* + 3x_5^* = 4,$$
$$2x_1^* + x_5^* = 3,$$

求解后得到 $x_1^* = 1, x_5^* = 1$. 故原问题的最优解为 $\boldsymbol{x}^* = (1, 0, 0, 0, 1)^{\mathsf{T}}$, $w^* = 5$.

在线性规划问题单纯形法中, 每次迭代过程中行 0 给出原问题及其对偶问题的所有信息: 原问题中每一个基解在对偶问题中对应着一个互补基解, 且目标函数值相等. 给定原始基解后的单纯形表行 0 就表明了对偶问题的一个初始基解, 即对偶问题的互补对偶基解. 当原问题最优解给定时, 此时的单纯形表行 0 中同时给定互补最优对偶解 $(\boldsymbol{y}^*, \boldsymbol{z}^* - \boldsymbol{c}^*)$, 见表 2.3.

表 2.3 单纯形表行 0 中原问题与对偶问题的对应

| 迭代 | BV. | Eq. | 系数 | | | | | | | | | 右边 |
|---|---|---|---|---|---|---|---|---|---|---|---|---|
| | | | $z$ | $x_1$ | $x_2$ | $\cdots$ | $x_n$ | $x_{n+1}$ | $x_{n+2}$ | $\cdots$ | $x_{n+m}$ | |
| | $z$ | (0) | 1 | $z_1 - c_1$ | $z_2 - c_2$ | $\cdots$ | $z_n - c_n$ | $y_1$ | $y_2$ | $\cdots$ | $y_m$ | $w_0$ |

注意, 由于人工变量在单纯形法中只是暂时起着改变可行域的作用, 以较为方便地开始迭代, 此外无其他目的. 而这里暂时不讨论怎样应用单纯形法到对偶问题中, 所以没有必要把人工变量引入进来.

例 1.1 的单纯形法迭代中行 0 的系数和对应的对偶解见表 2.4.

表 2.5 给出了例 1.1 的对偶问题的最后一个单纯形表.

从表 2.4 与表 2.5 可以看出, 两个问题变量之间的对应关系如表 2.6 所示. 根据上述原始问题与对偶问题的性质可知, 在求解线性规划问题时, 只需求解其中一个问题, 就可从最优解的单纯形表中同时得到另一个问题的最优解.

当用人工变量来辅助单纯形法求解原问题时, 单纯形表中行 0 的对偶解释如下: 既然人工变量扮演着松弛变量的角色, 则此时行 0 中的系数就为对偶问题的

表 2.4 产品组合原问题迭代中行 0 的系数和对应的对偶解

| 迭代 | 原问题 | 对偶问题 | | | | | $w_0$ |
|---|---|---|---|---|---|---|---|
| | 行 0 | $y_1$ | $y_2$ | $y_3$ | $z_1-c_1$ | $z_2-c_2$ | |
| 0 | $(-3\quad -5\quad 0\quad 0\quad 0\quad 0)$ | 0 | 0 | 0 | $-3$ | $-5$ | 0 |
| 1 | $(-3\quad 0\quad 0\quad \frac{5}{2}\quad 0\quad 30)$ | 0 | $\frac{5}{2}$ | 0 | $-3$ | 0 | 30 |
| 2 | $(0\quad 0\quad 0\quad \frac{3}{2}\quad 1\quad 36)$ | 0 | $\frac{3}{2}$ | 1 | 0 | 0 | 36 |

表 2.5 产品组合对偶问题的最后一个单纯形表

| BV. | Eq. | 系数 | | | | | | 右边 |
|---|---|---|---|---|---|---|---|---|
| | | $w$ | $y_1$ | $y_2$ | $y_3$ | $z_1-c_1$ | $z_2-c_2$ | |
| $w$ | (0) | $-1$ | 2 | 0 | 0 | 2 | 6 | $-36$ |
| $y_3$ | (1) | 0 | $\frac{1}{3}$ | 0 | 1 | $-\frac{1}{3}$ | 0 | 1 |
| $y_2$ | (2) | 0 | $-\frac{1}{3}$ | 1 | 0 | $\frac{1}{3}$ | $-\frac{1}{2}$ | $\frac{3}{2}$ |

表 2.6 原问题与对偶问题变量之间的对应关系

| 原问题 | 对应的对偶问题 |
|---|---|
| 原始变量 $x_j$ | 剩余变量 $z_j-c_j\ (j=1,2,\cdots,n)$ |
| 松弛变量 $x_{n+j}$ | 原始变量 $y_i\ (i=1,2,\cdots,m)$ |
| 基变量 $m$ 个 | 非基变量 $m$ 个 |
| 非基变量 $n$ 个 | 基变量 $n$ 个 |

互补基解提供了对应的对偶变量之值. 因为此时是以一个更方便的含人工变量的问题来代替原问题, 则这个对偶问题实际上就是人工问题的对偶. 但是, 在人工变量变成非基变量之后, 就回到了实际工作中的对偶问题. 当应用大 $M$ 法时, 既然 $M$ 是起初加到行 0 的系数之中, 则目前对应对偶变量之值就是目前人工变量 (行 0 中) 的系数减去 $M$.

例如, 在例 1.3 中, 最后一个表格行 0 如表 2.7 所示.

表 2.7 应用大 $M$ 法时的对偶分析

| 迭代 | BV. | Eq. | 系数 | | | | | | | 右边 |
|---|---|---|---|---|---|---|---|---|---|---|
| | | | $z$ | $x_1$ | $x_2$ | $x_3$ | $x_4$ | $x_5$ | $x_6$ | |
| 3: | $-z$ | (0) | $-1$ | 0 | 0 | $\frac{1}{2}$ | $M-1.1$ | 0 | $M$ | $-5.25$ |

在人工变量 $x_4$ 与 $x_6$ 的系数减去 $M$ 后, 就得到相应列的对偶问题的最优解.

只是须注意到原问题形式为 $\max -z$, 其对偶为直接形式:

$$\min y_0 = 2.7y_1 + 6y_2 + 6y_3'$$
$$\text{s.t.} \begin{cases} 0.3y_1 + 0.5y_2 + 0.6y_3' \geqslant -0.4, \\ 0.1y_1 + 0.5y_2 + 0.4y_3' \geqslant -0.5, \\ y_1 \geqslant 0, y_2 \text{ 无限制}, y_3' \leqslant 0. \end{cases}$$

$(y_1, y_2, y_3') = (\frac{1}{2}, -1.1, 0)$, 即 $x_3, x_4$ 与 $x_6$ 之系数. 同平时一样, 两个函数限制剩余变量的系数从行 0 中 $x_1$ 与 $x_2$ 的系数读出来, 即 $z_1 - c_1 = 0$ 和 $z_2 - c_2 = 0$.

当应用两阶段法求解时,阶段二需要保留人工变量, 以从行 0 中平衡互补对偶解.

## 2.3 影子价格

从对偶问题的基本性质可以看出, 在单纯形法的每次迭代中有目标函数:

$$z = \sum_{j=1}^{n} c_j x_j = \sum_{i=1}^{m} b_i y_i, \tag{2.3}$$

其中, $b_i$ 是线性规划原问题约束条件的右边项, 它代表第 $i$ 种资源的可用量.

对偶变量 $y_i$ 的意义是在当前的基解中对一个单位的第 $i$ 种资源的估价 (或对目标函数的利润贡献). 这种估价不是资源的市场价格, 而是根据资源在生产中做出的贡献而作的估价, 为区别起见, 称为影子价格 (shadow price), 在 LINGO 与 CPLEX 中称为对偶价格 (max 型问题).

在目标函数中将 $z$ 对 $b_i$ 求偏导数得 $\dfrac{\partial z}{\partial b_i} = y_i$, 可知影子价格是一种边际价格, 这说明 $y_i$ 的值相当于在给定的生产条件下, $b_i$ 每增加一个单位时目标函数 $z$ 的增量. 因为资源的市场价格是已知数, 相对比较稳定, 而它的影子价格则有赖于资源的利用情况, 是未知数, 所以系统内部资源数量和价格的任何变化都会引起影子价格的变化. 从这种意义上讲, 影子价格是一种动态价格. 从另一个角度上讲, 资源的影子价格实际上又是一种机会成本.

**例 2.4** 继续考虑例 1.1, 模型 (1.1) 是将成本函数隐性地包含在模型中, 即目标函数直接使用计算好的销售利润. 现要求将成本函数显性地包含在模型中进行建模, 并分析两种情形下的影子价格有何异同.

**解** 本问题可用线性规划进行求解, 但是有两种建模方法.

在第一种模型中, 目标函数使用未经过处理的数据, 成本数据直接反映在模型中. 仍设产品甲与乙的生产水平为 $x_1$ 与 $x_2$; 三条生产线的实际利用时间分别

为 $x_3$, $x_4$, $x_5$ 小时, 则模型为

$$\max z = 7x_1 + 9x_2 - x_3 - x_4 - x_5$$
$$\text{s.t.} \begin{cases} x_1 = x_3, \\ 2x_2 = x_4, \\ 3x_1 + 2x_2 = x_5, \\ x_3 \leqslant 4, \\ x_4 \leqslant 12, \\ x_5 \leqslant 18, \\ x_j \geqslant 0 \quad (j = 1, 2, \cdots, 5). \end{cases}$$

解得最优解 $\boldsymbol{x} = (2, 6, 2, 12, 18)^{\mathsf{T}}$, $z = 36$, 对偶价格 $\boldsymbol{y} = (1, 2.5, 2, 0, 1.5, 1)$.

在第二种模型中, 即模型 (1.1), 成本数据不直接反映在模型中, 成本函数隐性地包含在模型中. 求解可得最优解 $\boldsymbol{x} = (2, 6)^{\mathsf{T}}$, $z = 36$, 对偶价格 $\boldsymbol{y} = (0, 1.5, 1)$.

可以看到, 建模的方法不同使得求得的对偶价格也不相同. 在第一个模型中, 前三个资源约束的对偶价格 1, 2.5 和 2 是真正意义上的影子价格. 第一个约束的对偶价格 1 表明该原料在系统内的真正价值是 100 元, 与其成本 100 元相等, 即每多增加 1 小时生产线一的可得时间时, 公司净收入增加值为 0 元. 类似地, 每多增加 1 小时生产线二的可得时间时, 公司净收入增加值为 150 元. 每多增加 1 小时生产线三的可得时间时, 公司净收入增加值为 100 元. 这三个对公司利润增加值的贡献恰好为后三个限制条件的对偶价格.

在第二种模型中, 三个资源约束的对偶价格为 0, 1.5, 1. 表明三条生产线每增加 1 单位可得时间时, 公司可分别增加 0 元、150 元、100 元的净利润. 这些值与第一个模型中的分析结果相同, 但并不是真正意义上的影子价格.

因此, 当 $c_j$ 表示单位利润时, $y_i$ 可以相应地称为影子利润; 而当 $c_j$ 表示单位产值时, $y_i$ 才称为影子价格. 在实际问题中, 一般采用隐性包含成本的方法建立模型. 由讨论可知, 若用影子价格指导经营, 则可按以下原则考虑企业的经营策略.

(1) 若某资源的影子价格大于 0, 表明该资源在系统内有获利能力, 应买入该资源.

(2) 若某资源的影子价格小于 0, 表明该资源在系统内无获利能力, 留在系统内使用不合算, 应卖出该资源.

(3) 若某资源的影子价格等于 0, 表明该资源在系统内处于平衡状态, 既不用买入, 也不用卖出.

下面从影子价格的含义上再来考察单纯形法的计算, 以此表明对偶问题的解释为原始问题的单纯形法提供了全部的经济解释.

1. 基变量的经济解释

在单纯形法的每一次迭代过程中, 对任意给定的基可行解 $(x_1, x_2, \cdots, x_n, x_{n+1}, \cdots, x_{n+m})$ 来说, 基变量在行 0 里的系数一直为 0, 即

$$\sigma_j = \boldsymbol{y}\boldsymbol{A}_j - c_j = \sum_{i=1}^{m} a_{ij}y_i - c_j = 0, \text{ 若 } x_j > 0 \quad (j = 1, 2, \cdots, n); \tag{2.4}$$

$$y_i = 0, \text{ 若 } x_{n+i} > 0 \quad (i = 1, 2, \cdots, m). \tag{2.5}$$

这两个式子就是定理 2.5 中的互补松弛性结论. (2.4) 表明无论何时活动水平 $j$ 处于一个正的水平, $x_j > 0$, 所消耗的资源的边际价值必须等于该活动的单位利润. (2.5) 表明若某种资源 $i$ 未被活动耗尽, $x_{n+i} > 0$, 该种资源的边际价值为 0 (即 $y_i = 0$). 从经济术语上讲, 这种资源是一种 "自由物品", 由供给和需求规律知, 这些过度供给的物品价格一定会回落到 0. 对对偶问题目标函数的解释来说, 这个事实表明资源配置的说法比最小化所消耗资源总的隐含价值的说法更为恰当一些.

2. 非基变量的经济解释

当原始决策变量 $x_j$ 是一个非基变量时, 则有: 若 $\sum\limits_{i=1}^{m} a_{ij}y_i - c_j < 0$, 则单纯形表行 0 的 $z_j - c_j < 0$, 表明用这些资源来生产这种产品更为有利可图. 若 $\sum\limits_{i=1}^{m} a_{ij}y_i - c_j > 0$, 则表明已经在其他地方以更为有利可图的方式使用这些资源, 没有必要在活动 $j$ 上使用这些资源.

类似地, 若松弛变量 $x_{n+i}$ 是一个非基变量, 则资源 $i$ 的使用量已经是 $b_i$, 这时必须用资源的边际术语 $y_i$ 并结合表 2.3 来解释这个非基变量. 在对偶问题的互补松弛性质中, 当 $\sum\limits_{j=1}^{n} a_{ij}x_j < b_i$ 时, 有 $y_i = 0$; 当 $y_i > 0$ 时, 有 $\sum\limits_{j=1}^{n} a_{ij}x_j = b_i$. 这表明生产过程中若某种资源 $b_i$ 未得到充分利用, 该种资源的影子价格为 0, 这就是前面已经表明的其边际价值为 0; 反过来, 当资源的影子价格不为 0 时, 表明该种资源在生产中已耗费完毕.

因此, 单纯形法就是在目前的基可行解中检验所有的非基变量, 看谁能在增加使用量的情形下, 提出一个更为有利可图的使用方式来增加目标函数的利润. 这样直到无法发现类似的非基变量, 最优解就得到了. 这就是单纯形法中各个检验数的经济意义.

一般地, 线性规划问题的求解是确定资源的最优分配方案, 对偶问题的求解是确定对资源的恰当估价, 这种估价直接涉及资源的最有效利用. 在公司内部, 可借助资源的影子价格确定一些内部结算价格, 以便控制有限资源的使用和考核下属企业经营的好坏. 从宏观调控层面看, 对于一些紧缺的资源, 可借助于价格机制

规定使用一单位这种资源时必须上交的利润额, 以控制一些经济效益低的公司自觉地节约使用紧缺资源, 使有限资源发挥更大的经济效益.

最后需要指出, 上述讨论针对的是最大化问题: "$\leqslant$" 型约束条件的影子价格是非负的; "$\geqslant$" 型约束条件的影子价格是非正的; "$=$" 型约束条件的影子价格可能为 0、正或负. 对于一个最小化问题, 影子价格是分析右边增加一个单位时目标函数的 "增加" 情况, 因此有: "$\leqslant$" 型约束条件的影子价格是非正的; "$\geqslant$" 型约束条件的影子价格是非负的; "$=$" 型约束条件的影子价格可能为 0、正或负.

## 2.4 对偶单纯形法

从线性规划原问题的求解过程来看, 也可以在满足最优性条件下, 经过每次迭代, 让原问题由非可行解往可行解靠近. 当原问题得到可行解时, 便得到最优解. 由此思路可得求解线性规划问题的对偶单纯形法.

### 2.4.1 常规情形

常规对偶单纯形法 (简称对偶单纯形法), 是将单纯形法应用于对偶问题的计算, 在保持对偶问题为可行解 (这时一般原问题为非可行解) 的基础上, 通过迭代, 减小目标函数, 当原问题也达到可行解时, 即右边的可行性条件被满足时, 就得到目标函数的最优值. 其优点是原问题的初始解不一定要是基可行解, 可从非基可行解开始迭代.

**算法 2.1 (对偶单纯形法)** 算法步骤如下:

步 0: 根据线性规划问题, 列出单纯形表, 检查检验数. 若检验数都为非负, 则转到步 1; 否则需要采取其他算法.

步 1: 检查 $\boldsymbol{b}$ 列的数字. 若都为非负, 则已得到最优解. 停止计算. 若 $\boldsymbol{b}$ 列的数字至少还有一个负分量, 而检验数保持非负, 则转到步 2.

步 2: 确定换出变量. 按 $\min\limits_i\{(\boldsymbol{Sb})_i|(\boldsymbol{Sb})_i<0\}=(\boldsymbol{Sb})_r$ 对应的基变量 $x_r$ 为换出变量.

步 3: 确定换入变量. 检查 $x_r$ 所在行的各系数 $a_{rj}$ $(j=1,2,\cdots,n)$. 若所有 $a_{rj}\geqslant 0$, 则原问题无可行解, 停止计算. 若存在 $a_{rj}<0$, 计算

$$\theta=\min_j\left\{\frac{z_j-c_j}{|a_{rj}|}\middle|a_{rj}<0\right\}=\frac{z_s-c_s}{|a_{rs}|},$$

称 $a_{rs}$ 为主元素, 对应的列的非基变量 $x_s$ 为换入变量. 以此保证所得到的对偶问题的解仍为可行解.

步 4: 以 $a_{rs}$ 为主元素, 用 Gauss 消元法在表中进行迭代运算, 得到新的计算表, 然后回到步 1 决定是否继续进行迭代.

**例 2.5** 用对偶单纯形法求解例 1.1 产品组合问题的对偶问题:

$$\min z = 4y_1 + 12y_2 + 18y_3$$
$$\text{s.t.} \begin{cases} y_1 + 3y_3 \geqslant 3, \\ 2y_2 + 2y_3 \geqslant 5, \\ y_1 \geqslant 0, y_2 \geqslant 0, y_3 \geqslant 0. \end{cases}$$

**解** 将问题改写为最大化形式, 在约束条件两端乘 "$-1$" 并加上松弛变量得

$$\max \ -z + 4y_1 + 12y_2 + 18y_3 = 0$$
$$\text{s.t.} \begin{cases} -y_1 - 3y_3 + y_4 = -3, \\ -2y_2 - 2y_3 + y_5 = -5, \\ y_j \geqslant 0 \quad (j = 1, 2, \cdots, 5). \end{cases}$$

用对偶单纯形法求解步骤进行计算, 其过程见表 2.8.

表 2.8 对偶单纯形法的求解步骤

| 迭代 | BV. | Eq. | 系数 | | | | | | 右边 |
|---|---|---|---|---|---|---|---|---|---|
| | | | $-z$ | $y_1$ | $y_2$ | $y_3$ | $y_4$ | $y_5$ | |
| 0: | $-z$ | (0) | 1 | 4 | 12 | 18 | 0 | 0 | 0 |
| | $y_4$ | (1) | 0 | $-1$ | 0 | $-3$ | 1 | 0 | $-3$ |
| | $y_5$ | (2) | 0 | 0 | $\underset{\sim}{-2}$ | $-2$ | 0 | 1 | $-5$ |
| 1: | $-z$ | (0) | 1 | 4 | 0 | 6 | 0 | 6 | $-30$ |
| | $y_4$ | (1) | 0 | $-1$ | 0 | $\underset{\sim}{-3}$ | 1 | 0 | $-3$ |
| | $y_2$ | (2) | 0 | 0 | 1 | 1 | 0 | $-\frac{1}{2}$ | $\frac{5}{2}$ |
| 2: | $-z$ | (0) | 1 | 2 | 0 | 0 | 2 | 6 | $-36$ |
| | $y_3$ | (1) | 0 | $\frac{1}{3}$ | 0 | 1 | $-\frac{1}{3}$ | 0 | 1 |
| | $y_2$ | (2) | 0 | $-\frac{1}{3}$ | 1 | 0 | $\frac{1}{3}$ | $-\frac{1}{2}$ | $\frac{3}{2}$ |

从表 2.8 中可以看出, 用对偶单纯形法求解线性规划问题时, 当约束条件为 "$\geqslant$" 时, 不必引进人工变量, 使计算简化. 但初始单纯形表中的对偶问题应是基可行解, 这点对多数线性规划问题来说很难实现. 因此对偶单纯形法一般不单独使用, 而主要应用于灵敏度分析及整数规划等有关问题中.

对偶单纯形法与单纯形法的对应关系可以归结为表 2.9.

### 2.4.2* 人工情形

应用对偶单纯形法求解线性规划问题, 当初始基的检验数不全为非负时, 就

表 2.9 对偶单纯形法与单纯形法的计算步骤对比

| | 单纯形法 | 对偶单纯形法 |
|---|---|---|
| 前提条件 | 所有 $b_i \geqslant 0$ | 所有 $\sigma_j \geqslant 0$ |
| 最优性检验 | 所有 $\sigma_j \geqslant 0$? | 所有 $b_i \geqslant 0$? |
| 换入、换出<br>变量的确定 | 先确定换入变量<br>后确定换出变量 | 先确定换出变量<br>后确定换入变量 |
| 原始基解的变化 | 可行 → 最优 | 非可行 → 可行 (最优) |

要在线性规划模型中引入一个人工变量 $x_0 \geqslant 0$ 和一个人工约束:

$$x_0 + x_{j_1} + x_{j_2} + \cdots + x_{j_t} = M, \tag{2.6}$$

其中, $x_{j_r}$ $(r = 1, 2, \cdots, t; t \leqslant n)$ 是一切负检验数对应的变量; $M$ 为 $+\infty$.

然后找出最小的负检验数对应的变量 $x_p$, 将 (2.6) 改写为

$$x_p = M - x_0 - \sum_{j_r \neq p} x_{j_r}, \tag{2.7}$$

将它依次代入目标函数和除 (2.6) 以外的各函数约束中, 就得到一个人工问题. 对其建立初始单纯形表, 此时必然有所有检验数 $\sigma_j \geqslant 0$ 成立. 则迭代步骤和原来的对偶单纯形法步骤一样, 只是原来迭代中的步 2 须作如下变动:

步 2′, 若右边 "解" 列存在 $b_i < 0$, 则转迭代的步 3, 否则停止迭代. 这时若除人工变量 $x_0$ 以外, 其他基变量取值均为有限, 则得到原问题的最优解, 否则原问题的解无界.

**例 2.6** 试用对偶单纯形法求解下述线性规划问题:

$$\max z = 3x_1 - 2x_2 + x_3$$
$$\text{s.t.} \begin{cases} x_1 + x_2 - x_3 \geqslant 4, \\ 2x_1 + 3x_2 + x_3 \leqslant 20, \\ 3x_1 + x_2 + x_3 \leqslant 28, \\ x_1 \geqslant 0, x_2 \geqslant 0, x_3 \geqslant 0. \end{cases}$$

**解** 把以上模型化为标准形并适当变换以获得明显的初始基, 得到

$$\max z = 3x_1 - 2x_2 + x_3$$
$$\text{s.t.} \begin{cases} -x_1 - x_2 + x_3 + x_4 = -4, \\ 2x_1 + 3x_2 + x_3 + x_5 = 20, \\ 3x_1 + x_2 + x_3 + x_6 = 28, \\ x_j \geqslant 0 \quad (j = 1, 2, \cdots, 6). \end{cases} \tag{2.8}$$

以 $x_4, x_5, x_6$ 为基变量, 并根据定理 1.3 中的公式来计算非基变量的检验数:

$$\begin{aligned}
\sigma_1 &= [0\times(-1)+0\times 2+0\times 3]-3=-3<0,\\
\sigma_2 &= [0\times(-1)+0\times 3+0\times 1]-(-2)=2>0,\\
\sigma_3 &= [0\times 1+0\times 1+0\times 1]-1=-1<0.
\end{aligned}$$

因 $\sigma_1, \sigma_3$ 为负, 故引入人工约束: $x_0+x_1+x_3=M$. 因最小检验数为 $\sigma_1=-3$, 故将此式改写为 $x_1=M-x_0-x_3$, 代入 (2.8) 中, 并添上人工约束, 得到新的人工问题:

$$\begin{aligned}
&\max z = -3x_0 - 2x_2 - 2x_3 + 3M\\
&\text{s.t.} \begin{cases}
x_0 - x_2 + 2x_3 + x_4 = M-4,\\
-2x_0 + 3x_2 - x_3 + x_5 = -2M+20,\\
-3x_0 + x_2 - 2x_3 + x_6 = -3M+28,\\
x_0 + x_2 + x_3 = M,\\
x_j \geqslant 0 \quad (j=0,1,\cdots,6),
\end{cases}
\end{aligned}$$

则初始单纯形表如表 2.10 所示, 所有检验数均为非负, 即可用对偶单纯形法进行迭代.

在首次确定换入变量时出现 $x_0$ 与 $x_3$ 相持, 由于 $x_0$ 是人工变量, 这里让 $x_0$ 首先为换入变量. 这样迭代一次即得到一个最优基解, 如表 2.10 所示.

由于表 2.10 迭代 1 中有一个非基变量 $x_3$ 的检验数为 0, 此问题有多重最优解. 此时让 $x_3$ 为换入变量, 再按原始单纯形法进行一次迭代, 可得另一个最优基解, 如表 2.10 迭代 2 所示.

这样, 原问题有两个最优解 $\widehat{\boldsymbol{x}}^{(1)}=\left(\frac{28}{3},0,0\right)^{\mathrm{T}}$, $\widehat{\boldsymbol{x}}^{(2)}=(8,0,4)^{\mathrm{T}}$, $z^*=28$, 故此时线性规划问题的最优解为 $\boldsymbol{x}^*=\lambda\widehat{\boldsymbol{x}}^{(1)}+(1-\lambda)\widehat{\boldsymbol{x}}^{(2)}$, 其中 $0\leqslant\lambda\leqslant 1$.

## 2.5 灵敏度分析

灵敏度分析是指系统或事物对因周围条件变化而显示出来的敏感程度的分析. 在以前讲的线性规划问题中, 都假定问题中的 $a_{ij}, b_i, c_j$ 是已知常数. 在实际应用过程中, 常常要解答以下问题: 当这些参数中的一个或几个发生变化时, 线性规划问题的最优解会有什么变化? 或者, 这些参数在一个多大范围内变化时, 线性规划问题的最优解不变? 而这就是灵敏度分析所要研究解决的问题.

单纯形法的迭代计算是从一组基向量变换为另一组基向量, 单纯形表中每次迭代得到的数字只随基向量的不同选择而改变. 因此, 可以把个别参数的变化直

表 2.10 人工对偶单纯形法的求解过程

| 迭代 | BV. | Eq. | $z$ | $x_0$ | $x_1$ | $x_2$ | $x_3$ | $x_4$ | $x_5$ | $x_6$ | 右边 |
|---|---|---|---|---|---|---|---|---|---|---|---|
| 0: | $z$ | (0) | 1 | 3 | 0 | 2 | 2 | 0 | 0 | 0 | $3M$ |
| | $x_4$ | (1) | 0 | 1 | 0 | $-1$ | 2 | 1 | 0 | 0 | $M-4$ |
| | $x_5$ | (2) | 0 | $-2$ | 0 | 3 | $-1$ | 0 | 1 | 0 | $-2M+20$ |
| | $x_6$ | (3) | 0 | $-3$ | 0 | 1 | $-2$ | 0 | 0 | 1 | $-3M+28$ |
| | $x_1$ | (4) | 0 | 1 | 1 | 0 | 1 | 0 | 0 | 0 | $M$ |
| 1: | $z$ | (0) | 1 | 0 | 0 | 3 | 0 | 0 | 0 | 1 | 28 |
| | $x_4$ | (1) | 0 | 0 | 0 | $-\frac{2}{3}$ | $\frac{4}{3}$ | 1 | 0 | $\frac{1}{3}$ | $\frac{16}{3}$ |
| | $x_5$ | (2) | 0 | 0 | 0 | $\frac{7}{3}$ | $\frac{1}{3}$ | 0 | 1 | $-\frac{2}{3}$ | $\frac{4}{3}$ |
| | $x_0$ | (3) | 0 | 1 | 0 | $-\frac{1}{3}$ | $\frac{2}{3}$ | 0 | 0 | $-\frac{1}{3}$ | $M-\frac{28}{3}$ |
| | $x_1$ | (4) | 0 | 0 | 1 | $\frac{1}{3}$ | $\frac{1}{3}$ | 0 | 0 | $\frac{1}{3}$ | $\frac{28}{3}$ |
| 2: | $z$ | (0) | 1 | 0 | 0 | 3 | 0 | 0 | 0 | 1 | 28 |
| | $x_4$ | (1) | 0 | 0 | 0 | $-10$ | 0 | 1 | $-4$ | 3 | 0 |
| | $x_3$ | (2) | 0 | 0 | 0 | 7 | 1 | 0 | 3 | $-2$ | 4 |
| | $x_0$ | (3) | 0 | 1 | 0 | $-5$ | 0 | 0 | $-2$ | 1 | $M-12$ |
| | $x_1$ | (4) | 0 | 0 | 1 | $-2$ | 0 | 0 | $-1$ | 1 | 8 |

接在最优解的单纯形表上反映出来, 直接对最优解的单纯形表进行灵敏度分析. 由第 1 章单纯形法的矩阵方法与表 2.11 得分析步骤如下:

(1) 将参数的改变计算反映到最终单纯形表上来, 具体计算方法是利用参数变化之前由单纯形法迭代后的最终表格中的 $\boldsymbol{y}^*$ 与 $\boldsymbol{S}^*$, 按矩阵方法的有关公式计算出由参数 $a_{ij}, b_i, c_j$ 的变化而引起的最终单纯表上有关数字的变化:

$$\overline{\boldsymbol{A}}^* = \boldsymbol{S}^*\overline{\boldsymbol{A}} = \boldsymbol{S}^*(\boldsymbol{A}+\Delta\boldsymbol{A}) = \boldsymbol{A}^* + \boldsymbol{S}^*\Delta\boldsymbol{A},$$

$$\overline{\boldsymbol{b}}^* = \boldsymbol{S}^*\overline{\boldsymbol{b}} = \boldsymbol{S}^*(\boldsymbol{b}+\Delta\boldsymbol{b}) = \boldsymbol{b}^* + \boldsymbol{S}^*\Delta\boldsymbol{b},$$

$$\overline{\boldsymbol{z}}^* - \overline{\boldsymbol{c}} = \boldsymbol{y}^*\overline{\boldsymbol{A}} - \overline{\boldsymbol{c}} = \boldsymbol{y}^*(\boldsymbol{A}+\Delta\boldsymbol{A}) - (\boldsymbol{c}+\Delta\boldsymbol{c}) = \boldsymbol{z}^* - \boldsymbol{c} + \boldsymbol{y}^*\Delta\boldsymbol{A} - \Delta\boldsymbol{c},$$

$$\overline{z}_0^* = \boldsymbol{y}^*\overline{\boldsymbol{b}} = \boldsymbol{y}^*(\boldsymbol{b}+\Delta\boldsymbol{b}) = \boldsymbol{y}^*\boldsymbol{b} + \boldsymbol{y}^*\Delta\boldsymbol{b}.$$

(2) 用 Gauss 消元法把单纯形表变成恰当的形式, 即基变量在所在方程中的系数为 1, 而在其他方程中的系数为 0, 并从中得到一个基解.

(3) 可行性检测. 检测表中右边所有的基变量是否仍为非负数.

(4) 最优性检测. 检测表中所有非基变量在行 0 中的系数是否仍为非负数.

(5) 只要这些检测有一个未通过, 就以此表作为初始单纯形表进行迭代.

表 2.11 灵敏度分析的单纯形法表

| Eq. | | 系数 | | | 右边 |
|---|---|---|---|---|---|
| | | $z$ | 原始变量 | 松弛变量 | |
| 新的初始表格 | (0) | 1 | $-\overline{\boldsymbol{c}}$ | $\boldsymbol{0}$ | 0 |
| | $(1,2,\cdots,m)$ | $\boldsymbol{0}$ | $\overline{\boldsymbol{A}}$ | $\boldsymbol{I}$ | $\overline{\boldsymbol{b}}$ |
| | ⇓ | ⇓ | ⇓ | ⇓ | |
| Eq. | | 系数 | | | 右边 |
| | | $z$ | 原始变量 | 松弛变量 | |
| 校正后的最终表格 | (0) | 1 | $\overline{\boldsymbol{z}}^*-\overline{\boldsymbol{c}}=\boldsymbol{y}^*\overline{\boldsymbol{A}}-\overline{\boldsymbol{c}}$ | $\boldsymbol{y}^*$ | $\overline{z}_0^*=\boldsymbol{y}^*\overline{\boldsymbol{b}}$ |
| | $(1,2,\cdots,m)$ | $\boldsymbol{0}$ | $\overline{\boldsymbol{A}}^*=\boldsymbol{S}^*\overline{\boldsymbol{A}}$ | $\boldsymbol{S}^*$ | $\overline{\boldsymbol{b}}^*=\boldsymbol{S}^*\overline{\boldsymbol{b}}$ |

### 2.5.1 右边系数

由第 1 章矩阵方法的公式可以看出, 右边系数 $b_i$ 的变化反映到最终单纯形表上只引起基变量列数字变化.

(1) 最终表中行 0 的右边为 $\overline{z}_0^*=\boldsymbol{y}^*\overline{\boldsymbol{b}}$;

(2) 最终表中行 $1\sim m$ 的右边为 $\overline{\boldsymbol{b}}^*=\boldsymbol{S}^*\overline{\boldsymbol{b}}$.

**例 2.7** 在产品组合问题的线性规划模型例 1.1 中, 若

$$\boldsymbol{b}=\begin{bmatrix}4\\12\\18\end{bmatrix}\to\overline{\boldsymbol{b}}=\begin{bmatrix}4\\24\\18\end{bmatrix},$$

试分析其最优解的变化情况.

**解** 应用矩阵方法的单纯形表最后一个表中内容可得变化如下:

$$\overline{z}_0^*=\boldsymbol{y}^*\overline{\boldsymbol{b}}=\left[0,\frac{3}{2},1\right]\begin{bmatrix}4\\24\\18\end{bmatrix}=54,$$

$$\overline{\boldsymbol{b}}^*=\boldsymbol{S}^*\overline{\boldsymbol{b}}=\begin{bmatrix}1&\frac{1}{3}&-\frac{1}{3}\\0&\frac{1}{2}&0\\0&-\frac{1}{3}&\frac{1}{3}\end{bmatrix}\begin{bmatrix}4\\24\\18\end{bmatrix}=\begin{bmatrix}6\\12\\-2\end{bmatrix},$$

于是 $\boldsymbol{x}_B=(x_3,x_2,x_1)^{\mathsf{T}}=(6,12,-2)^{\mathsf{T}}$.

等价地, 因为原模型中只有 $\boldsymbol{b}$ 发生变化, 即 $\Delta b_2=24-12=12$. 所以可以

先计算其增量, 然后将增量加到原始值中, 即

$$\Delta z_0^* = \boldsymbol{y}^* \Delta \overline{\boldsymbol{b}} = \boldsymbol{y}^* \begin{bmatrix} \Delta b_1 \\ \Delta b_2 \\ \Delta b_3 \end{bmatrix} = \boldsymbol{y}^* \begin{bmatrix} 0 \\ 12 \\ 0 \end{bmatrix},$$

$$\Delta \boldsymbol{b}^* = \boldsymbol{S}^* \Delta \overline{\boldsymbol{b}} = \boldsymbol{S}^* \begin{bmatrix} \Delta b_1 \\ \Delta b_2 \\ \Delta b_3 \end{bmatrix} = \boldsymbol{S}^* \begin{bmatrix} 0 \\ 12 \\ 0 \end{bmatrix}.$$

因此, 只需计算

$$\Delta z_0^* = \frac{3}{2} \times 12 = 18, \qquad 于是\ \overline{z}_0^* = 36 + 18 = 54;$$

$$\Delta b_1^* = \frac{1}{3} \times 12 = 4, \qquad 于是\ \overline{b}_1^* = 2 + 4 = 6;$$

$$\Delta b_2^* = \frac{1}{2} \times 12 = 6, \qquad 于是\ \overline{b}_2^* = 6 + 6 = 12;$$

$$\Delta b_3^* = -\frac{1}{3} \times 12 = -4, \quad 于是\ \overline{b}_3^* = 2 - 4 = -2.$$

则在表 1.6 中只有最后的一个单纯形表右边发生变化, 作为表 2.12 的初始单纯形表, 其可行性检测没有通过, 采用对偶单纯形法来进行求解. 只需一步迭代便可求得最优解 $\boldsymbol{x}^* = (0, 9, 4, 6, 0)$, 最优值为 $z_0^* = 45$.

表 2.12 对偶单纯形法迭代完成灵敏度分析

| 迭代 | BV. | Eq. | 系数 | | | | | | 右边 |
|---|---|---|---|---|---|---|---|---|---|
| | | | $z$ | $x_1$ | $x_2$ | $x_3$ | $x_4$ | $x_5$ | |
| 0: | $z$ | (0) | 1 | 0 | 0 | 0 | $\frac{3}{2}$ | 1 | 54 |
| | $x_3$ | (1) | 0 | 0 | 0 | 1 | $\frac{1}{3}$ | $-\frac{1}{3}$ | 6 |
| | $x_2$ | (2) | 0 | 0 | 1 | 0 | $\frac{1}{2}$ | 0 | 12 |
| | $x_1$ | (3) | 0 | 1 | 0 | 0 | $-\frac{1}{3}$ | $\frac{1}{3}$ | −2 |
| 1: | $z$ | (0) | 1 | $\frac{9}{2}$ | 0 | 0 | 0 | $\frac{5}{2}$ | 45 |
| | $x_3$ | (1) | 0 | 1 | 0 | 1 | 0 | 0 | 4 |
| | $x_2$ | (2) | 0 | $\frac{3}{2}$ | 1 | 0 | 0 | $\frac{1}{2}$ | 9 |
| | $x_4$ | (3) | 0 | −3 | 0 | 0 | 1 | −1 | 6 |

在这个例子中, 虽然分析表明在表 2.12 最后一个表中若基变量 $x_1, x_2, x_3$ 仍为可行解, 即此基仍为最优基时, 则对 $b_2$ 来说, 其增量 $\Delta b_2 = 12$ 显得太大. 但从

上面的增量分析可以知道 $b_2$ 最大增幅. 这只需注意到

$$\overline{b}_1^* = 2 + \frac{1}{3}\Delta b_2, \quad \overline{b}_2^* = 6 + \frac{1}{2}\Delta b_2, \quad \overline{b}_3^* = 2 - \frac{1}{3}\Delta b_2.$$

而这三个值恰为基变量 $x_1, x_2, x_3$ 的值, 要使此解仍然保持为可行解, 即仍然为最优解基, 只需这三个值仍然为非负即可. 由此有

$$\begin{aligned} &2 + \frac{1}{3}\Delta b_2 \geqslant 0 \Rightarrow \frac{1}{3}\Delta b_2 \geqslant -2 \Rightarrow \Delta b_2 \geqslant -6, \\ &6 + \frac{1}{2}\Delta b_2 \geqslant 0 \Rightarrow \frac{1}{2}\Delta b_2 \geqslant -6 \Rightarrow \Delta b_2 \geqslant -12, \\ &2 - \frac{1}{3}\Delta b_2 \geqslant 0 \Rightarrow 2 \geqslant \frac{1}{3}\Delta b_2 \quad \Rightarrow \Delta b_2 \leqslant 6, \end{aligned}$$

则此解基仍为最优解基只需 $6 \leqslant b_2 \leqslant 18$. 这就是线性规划问题中最优基保持不变, 右边之解仍然为可行解时参数变化范围的分析方法.

### 2.5.2 非基变量系数

非基变量 $x_j$ 所在列的系数 $-c_j, a_{1j}, a_{2j}, \cdots, a_{mj}$ 发生变化, 记为

$$c_j \to \overline{c}_j, \boldsymbol{A}_j \to \overline{\boldsymbol{A}}_j.$$

由对偶理论知道, 若对偶问题中的互补基解 $\boldsymbol{y}^*$ 仍然满足对偶问题中已变化的限制约束, 则原问题的原始最优解仍为最优解. 否则, 这个最优解就不是最优解. 这时, 要发现一个新的最优解, 只需应用矩阵方法来改变最后一个单纯形表.

$$\begin{aligned} &\text{行 0 中的 } x_j \text{ 系数为} \quad \overline{z}_j^* - \overline{c}_j = \boldsymbol{y}^*\overline{\boldsymbol{A}}_j - \overline{c}_j, \\ &\text{行 } 1 \sim m \text{ 中 } x_j \text{ 的系数为 } \overline{\boldsymbol{A}}_j^* = \boldsymbol{S}^*\overline{\boldsymbol{A}}_j. \end{aligned}$$

**例 2.8** 由表 2.12 可知, 例 2.7 中目前最优解里 $x_1$ 是非基变量, 现在考虑

$$c_1 = 3 \to \overline{c}_1 = 4, \boldsymbol{A}_1 = \begin{bmatrix} 1 \\ 0 \\ 3 \end{bmatrix} \to \overline{\boldsymbol{A}}_1 = \begin{bmatrix} 1 \\ 0 \\ 2 \end{bmatrix},$$

试分析其最优解的变化情况.

**解** $c_1$ 和 $a_{31}$ 的变化导致其对偶问题中一个限制条件的变化和目前单纯形表中行 0 松弛变量系数 $y^*$ 为 $y_1^* = 0, y_2^* = 0, y_3^* = \dfrac{5}{2}$, 代入限制条件 $y_1 + 2y_3 \geqslant 4$ 可知 $\boldsymbol{y}^*$ 仍然满足变化后的限制条件, 则目前原问题之解仍是最优的.

因为此解仍然是最优解, 所以无必要进行步 2 中在最后一个单纯形表里校正 $x_j$ 列, 下面的做法是为了解释之用, 即

$$\overline{z}_j^* - \overline{c}_j = \boldsymbol{y}^* \overline{\boldsymbol{A}}_j - \overline{c}_j = \left[0, 0, \frac{5}{2}\right] \begin{bmatrix} 1 \\ 0 \\ 2 \end{bmatrix} - 4 = 1,$$

$$\overline{\boldsymbol{A}}_j^* = \boldsymbol{S}^* \overline{\boldsymbol{A}}_j = \begin{bmatrix} 1 & 0 & 0 \\ 0 & 0 & \frac{1}{2} \\ 0 & 1 & -1 \end{bmatrix} \begin{bmatrix} 1 \\ 0 \\ 2 \end{bmatrix} = \begin{bmatrix} 1 \\ 1 \\ -2 \end{bmatrix}.$$

$z_j^* - \overline{c}_j \geqslant 0$ 的事实表明目前的解仍然是最优解. 既然 $z_j^* - \overline{c}_j$ 是对偶问题中校正后限制条件的剩余变量, 最优性检测就等同于上面已作的检测方法.

类似地, 可以分析最优解保持不变时 $c_j$ 的变化范围. 这时只需保证 $z_j^* - \overline{c}_j \geqslant 0$, 这里 $z_j^* = \boldsymbol{y}^* \boldsymbol{A}_j$ 是一个常数, 不受 $c_j$ 变化的影响, 所以最优解保持不变时 $c_j$ 的变化范围可由 $c_j \leqslant \boldsymbol{y}^* \boldsymbol{A}_j$ 计算出来.

例如, 在考虑例 2.7 中的系数 $c_1$ 变化时, 最优解保持不变时当且仅当

$$c_1 \leqslant \boldsymbol{y}^* \boldsymbol{A}_1 = \left[0, 0, \frac{5}{2}\right] [1, 0, 3]^{\mathrm{T}} = \frac{15}{2},$$

所以 $c_1 \leqslant \frac{15}{2}$ 是最优解保持不变时的变化范围.

另一个方法是注意到当 $c_1 = 3$ 时, 行 0 中 $x_1$ 的系数 $z_1^* - c_1 = \frac{9}{2}$, 于是 $z_1^* = 3 + \frac{9}{2} = \frac{15}{2}$, 则由 $z_1^* = \boldsymbol{y}^* \boldsymbol{A}_1$ 立即知道一样的变化范围.

对非基决策变量 $x_j$ 来说, $z_j^* - c_j$ 是活动 $j$ 值得进行 (从 0 开始增加到 $x_j$) 情形下的活动 $j$ 单位成本应该减少的最小量, 称为 $x_j$ 的缩减成本 (reduced cost). 若将 $c_j$ 解释为活动 $j$ 的单位利润 (所以减少同样的单位成本来增加 $c_j$), $z_j^* - c_j$ 就是保持目前最优解不变情形下 $c_j$ 的最大增加范围.

### 2.5.3 变量增加

假定新增加的变量 $x_j$ 一直在原始模型中存在, 只不过 $x_j$ 的所有系数一直等于 0, 则其在线性规划原问题单纯形法迭代的最后一个表格中仍然为 0, $x_j$ 就是目前基可行解的非基变量. 所以, 当改变这些零参数为新变量前的实际数据时, 就等价于一个非基变量前面的系数 $\boldsymbol{A} \to \overline{\boldsymbol{A}}$, $\boldsymbol{c} \to \overline{\boldsymbol{c}}$, 即可以采用 2.5.2 节的方法进行讨论. 特别地, 检验目前之解是否为最优仍然等同于检测互补基解中 $\boldsymbol{y}^*$ 是否满足新的对偶限制.

**例 2.9** 在例 1.1 中, 现考虑是否进行一种新产品的开发. 即新增加一个变

量 $x_{\text{new}}$ 后的线性规划模型变为

$$
\begin{aligned}
\max z =\ & 3x_1 + 5x_2 + 4x_{\text{new}} \\
\text{s.t.} & \begin{cases}
x_1 \qquad\quad +2x_{\text{new}} \leqslant 4, \\
\qquad 2x_2 + 3x_{\text{new}} \leqslant 12, \\
3x_1 + 2x_2 + x_{\text{new}} \leqslant 18, \\
x_1 \geqslant 0, x_2 \geqslant 0, x_{\text{new}} \geqslant 0,
\end{cases}
\end{aligned}
$$

请问是否开发新产品?

**解** 因为解 $\boldsymbol{x} = (2,6,2,0,0,0)$ 对应的 $(y_1, y_2, y_3, z_1 - c_1, z_2 - c_2) = (0, \frac{3}{2}, 1, 0, 0)$ 满足新的限制条件

$$2y_1 + 3y_2 + y_3 \geqslant 4,$$

所以对偶解仍然是可行的, 即原问题的解 $\boldsymbol{x} = (2,6,2,0,0,0)^{\mathrm{T}}$ 和 $x_{\text{new}} = 0$ 仍是最优的, 新产品不应该开发.

### 2.5.4 基变量系数

基变量 $x_j$ 的系数 $-c_j, a_{1j}, a_{2j}, \cdots, a_{mj}$ 发生变化, 仍可以记为

$$c_j \to \overline{c}_j, \boldsymbol{A}_j \to \overline{\boldsymbol{A}}_j.$$

因为除基变量 $x_j$ 所在行中的系数为 1 外, 其他所有行中 $x_j$ 的系数必须为 0. 所以, 一般来说有必要应用 Gauss 消元法来变化单纯形表为恰当形式. 而正是这一步有可能改变目前的基解之值, 使得其解可能既不可行, 又不最优, 所以可能有必要重新进行最优化. 结果灵敏度分析的所有步骤都是必要的.

在应用 Gauss 消元法之前, $x_j$ 列的改变和 2.5.2 节中的情形是类似的, 即

$$
\begin{aligned}
&\text{行 } 0 \text{ 中的 } x_j \text{ 系数为} \quad \overline{z}_j^* - \overline{c}_j = \boldsymbol{y}^* \overline{\boldsymbol{A}}_j - \overline{c}_j, \\
&\text{行 } 1 \sim m \text{ 中 } x_j \text{ 的系数为 } \overline{\boldsymbol{A}}_j^* = \boldsymbol{S}^* \overline{\boldsymbol{A}}_j.
\end{aligned}
$$

**例 2.10** 由表 2.12 可知, 例 2.7 中目前最优解里 $x_2$ 是基变量, 现在考虑

$$c_2 = 5 \to \overline{c}_2 = 3, \boldsymbol{A}_2 = \begin{bmatrix} 0 \\ 2 \\ 2 \end{bmatrix} \to \overline{\boldsymbol{A}}_2 = \begin{bmatrix} 0 \\ 3 \\ 4 \end{bmatrix},$$

试分析其最优解的变化情况.

**解** 由于只是 $x_2$ 所在列发生变化, 只需计算单纯形表中 $x_2$ 列的变化.

$$\overline{z}_2^* - \overline{c}_2 = \boldsymbol{y}^*\overline{\boldsymbol{A}}_2 - \overline{c}_2 = \left[0, 0, \frac{5}{2}\right]\begin{bmatrix}0\\3\\4\end{bmatrix} - 3 = 7,$$

$$\overline{\boldsymbol{A}}_2^* = \boldsymbol{S}^*\overline{\boldsymbol{A}}_2 = \begin{bmatrix}1 & 0 & 0\\0 & 0 & \frac{1}{2}\\0 & 1 & -1\end{bmatrix}\begin{bmatrix}0\\3\\4\end{bmatrix} = \begin{bmatrix}0\\2\\-1\end{bmatrix}.$$

也可以采取增量分析 $\Delta c_2 = -2, \Delta a_{22} = 1$ 的方法来得到同样结果. 灵敏度分析具体步骤见表 2.13, 新的最优解为 $\boldsymbol{x} = \left(4, \frac{3}{2}, 0, \frac{39}{2}, 0\right)^{\mathsf{T}}$.

表 2.13 基变量变化的灵敏度分析具体步骤

| | BV. | Eq. | 系数 | | | | | | 右边 |
|---|---|---|---|---|---|---|---|---|---|
| | | | $z$ | $x_1$ | $x_2$ | $x_3$ | $x_4$ | $x_5$ | |
| 校正后的最后一个表格 | $z$ | (0) | 1 | $\frac{9}{2}$ | 7 | 0 | 0 | $\frac{5}{2}$ | 45 |
| | $x_3$ | (1) | 0 | 1 | 0 | 1 | 0 | 0 | 4 |
| | $x_2$ | (2) | 0 | $\frac{3}{2}$ | 2 | 0 | 0 | $\frac{1}{2}$ | 9 |
| | $x_4$ | (3) | 0 | $-3$ | $-1$ | 0 | 1 | $-1$ | 6 |
| 变为恰当形式后的表格 | $z$ | (0) | 1 | $-\frac{3}{4}$ | 0 | 0 | 0 | $\frac{3}{4}$ | $\frac{27}{2}$ |
| | $x_3$ | (1) | 0 | 1 | 0 | 1 | 0 | 0 | 4 |
| | $x_2$ | (2) | 0 | $\frac{3}{4}$ | 1 | 0 | 0 | $\frac{1}{4}$ | $\frac{9}{2}$ |
| | $x_4$ | (3) | 0 | $-\frac{9}{4}$ | 0 | 0 | 1 | $-\frac{3}{4}$ | $\frac{21}{2}$ |
| 最优化后新的最后表格 | $z$ | (0) | 1 | 0 | 0 | $\frac{3}{4}$ | 0 | $\frac{3}{4}$ | $\frac{33}{2}$ |
| | $x_1$ | (1) | 0 | 1 | 0 | 1 | 0 | 0 | 4 |
| | $x_2$ | (2) | 0 | 0 | 1 | $-\frac{3}{4}$ | 0 | $\frac{1}{4}$ | $\frac{3}{2}$ |
| | $x_4$ | (3) | 0 | 0 | 0 | $\frac{9}{4}$ | 1 | $-\frac{3}{4}$ | $\frac{39}{2}$ |

这里的最优解保持不变情形下的分析要复杂一些, 因为涉及 Gauss 消元法. 例如, 在例 2.10 中, 此时 $c_2 = 3, a_{22} = 3, a_{23} = 4$. 则由表 2.13 出发, 在最优解保持不变情形下对基变量 $x_2$ 系数 $c_2$ 的变化范围的详细分析步骤如下:

(1) 既然 $x_2$ 是基变量, 则在 $c_2$ 变化之前, 自动地有 $z_2^* - c_2 = 0$.

(2) 现在系数 $c_2$ 的增量为 $\Delta c_2$, 于是 $c_2 = 3 + \Delta c_2$, 则在步骤 (1) 中系数变化为 $\overline{z}_2^* - c_2 = -\Delta c_2$.

(3) 现在变量 $x_2$ 所在列的行 0 中的系数不为 0, 必须应用 Gauss 消元法进

行行运算, 以此变为恰当形式, 即新的行 0 为

$$\left[1,0,0,\frac{3}{4}-\frac{3}{4}\Delta c_2,0,\frac{3}{4}+\frac{1}{4}\Delta c_2,\frac{33}{2}+\frac{3}{2}\Delta c_2\right].$$

(4) 应用新的行 0 计算保持非基变量系数 ($x_3$ 和 $x_5$) 为非负时 $\Delta c_2$ 的范围.

$$\frac{3}{4}-\frac{3}{4}\Delta c_2\geqslant 0\Rightarrow\frac{3}{4}\geqslant\frac{3}{4}\Delta c_2\quad\Rightarrow\Delta c_2\leqslant 1,$$
$$\frac{3}{4}+\frac{1}{4}\Delta c_2\geqslant 0\Rightarrow\frac{1}{4}\Delta c_2\geqslant-\frac{3}{4}\Rightarrow\Delta c_2\geqslant -3.$$

(5) 既然 $c_2=3+\Delta c_2$, 所以最优解保持不变时 $c_2$ 的变化范围是 $0\leqslant c_2\leqslant 4$.

### 2.5.5 约束条件增加

增加一个约束条件的分析可在原问题最优解基础上进行, 分以下两种情况:

(1) 若原问题的最优解满足新的约束条件, 该解仍为最优解.

(2) 若原问题的最优解不满足新的约束条件, 这时需要把此限制引入最后一个表格中最后一行, 引入必要的松弛变量或人工变量, 作必要的 Gauss 消元法将其变为恰当形式的单纯形表, 再用单纯形法或对偶单纯形法进行迭代即可.

在以上两种情形中, 无论加入什么类型的约束, 目标函数值都不会改善.

表 2.14 详细地分析了例 2.7 中加入一个新限制条件 $2x_1+3x_2\leqslant 24$ 后最优解的变化情形.

## 2.6* 参数线性规划

在实际问题中常常要研究参数在什么范围内变化时最优解不变, 当这些参数超出这个范围时, 最优解将怎样发生变化, 即参数线性规划. 因为参数线性规划和灵敏度分析在本质上是类似的, 所以又称为系统性灵敏度分析. 保持其他参数不变, 分析一个参数变化的影响称为局部灵敏度分析; 所有参数同时变化, 分析所有参数的影响称为全局灵敏度分析, 参见文献 [7].

### 2.6.1 变量系数

当线性规划问题中变量的系数 $c_j$ 发生变化时, 通常线性规划模型中目标函数 $z=\sum\limits_{j=1}^{n}c_jx_j$ 被替代为 $z(\theta)=\sum\limits_{j=1}^{n}(c_j+\alpha_j\theta)x_j$, 其中, $\alpha_j$ 为给定的常数, 表示系数变化的相对速度. 因为常数 $\alpha_j$ 可正可负, 所以可以只分析 $\theta$ 从 0 开始逐渐增加的情形.

系数 $c_j$ 系统性变化的参数线性规划过程如下:

(1) 用单纯形法求解 $\theta=0$ 时的线性规划问题.

表 2.14 加入一个新的限制条件后的最优解变化

| 迭代 | BV. | Eq. | 系数 | | | | | | | 右边 |
|---|---|---|---|---|---|---|---|---|---|---|
| | | | $z$ | $x_1$ | $x_2$ | $x_3$ | $x_4$ | $x_5$ | $x_6$ | |
| 加入新的 | $z$ | (0) | 1 | $\frac{9}{2}$ | 0 | 0 | 0 | $\frac{5}{2}$ | 0 | 45 |
| 限制条件 | $x_3$ | (1) | 0 | 1 | 0 | 1 | 0 | 0 | 0 | 4 |
| | $x_2$ | (2) | 0 | $\frac{3}{2}$ | 1 | 0 | 0 | $\frac{1}{2}$ | 0 | 9 |
| | $x_4$ | (3) | 0 | $-3$ | 0 | 0 | 1 | $-1$ | 0 | 6 |
| 新约束 | $x_6$ | (4) | 0 | 2 | 3 | 0 | 0 | 0 | 1 | 24 |
| Gauss 消元法 | $z$ | (0) | 1 | $\frac{9}{2}$ | 0 | 0 | 0 | $\frac{5}{2}$ | 0 | 45 |
| 变成恰当形式 | $x_3$ | (1) | 0 | 1 | 0 | 1 | 0 | 0 | 0 | 4 |
| | $x_2$ | (2) | 0 | $\frac{3}{2}$ | 1 | 0 | 0 | $\frac{1}{2}$ | 0 | 9 |
| | $x_4$ | (3) | 0 | $-3$ | 0 | 0 | 1 | $-1$ | 0 | 6 |
| 新约束 | $x_6$ | (4) | 0 | $-\frac{5}{2}$ | 0 | 0 | 0 | $-\frac{3}{2}$ | 1 | $-3$ |
| 迭代 | $z$ | (0) | 1 | $\frac{1}{3}$ | 0 | 0 | 0 | 0 | $\frac{5}{3}$ | 40 |
| | $x_3$ | (1) | 0 | 1 | 0 | 1 | 0 | 0 | 0 | 4 |
| | $x_2$ | (2) | 0 | $\frac{2}{3}$ | 1 | 0 | 0 | 0 | $\frac{1}{3}$ | 8 |
| | $x_4$ | (3) | 0 | $-\frac{4}{3}$ | 0 | 0 | 1 | 0 | $-\frac{2}{3}$ | 8 |
| 新约束 | $x_5$ | (4) | 0 | $-\frac{5}{3}$ | 0 | 0 | 0 | 1 | $-\frac{2}{3}$ | 2 |

(2) 类似灵敏度分析的过程把 $\Delta c_j = \alpha_j \theta$ 的变化引入 Eq(0) 中.

(3) 增加 $\theta$ 值直到 Eq(0) 中一个非基变量的系数变为负数时为止.

(4) 用这个变量作为下一步迭代过程中的换入变量, 并用单纯形法来发现新的最优解, 然后回到步骤 (3).

当 $\theta$ 值给定而不是连续变化时, 就是前面的灵敏度分析.

**例 2.11** 在例 1.1 中, 假定 $\alpha_1 = 2, \alpha_2 = -1$. 试就此对模型目标函数中的系数进行系统性的灵敏度分析.

**解** 由假设可知

$$z(\theta) = (3 + 2\theta)x_1 + (5 - \theta)x_2,$$

则因为 $\overline{\boldsymbol{A}} = \boldsymbol{A}$ 以及 $\overline{\boldsymbol{c}} = (3 + 2\theta, 5 - \theta, 0, 0, 0)$, 所以

$$\begin{aligned}\overline{\boldsymbol{z}}^* - \overline{\boldsymbol{c}} &= \boldsymbol{y}^*\overline{\boldsymbol{A}} - \overline{\boldsymbol{c}} = \boldsymbol{y}^*\boldsymbol{A} - \overline{\boldsymbol{c}} \\ &= (3, 5) - (3 + 2\theta, 5 - \theta) = (-2\theta, \theta).\end{aligned}$$

因为 $x_1, x_2$ 为基变量, 所以应用 Gauss 消元法把 Eq(0) 变成恰当形式. 这时就可将表 2.15 给出 $c_j$ 的参数线性规划过程应用到例 1.1 的情形.

表 2.15 参数 $c_j$ 系统性灵敏度分析过程

| 迭代 | BV. | Eq. | 系数 $z$ | $x_1$ | $x_2$ | $x_3$ | $x_4$ | $x_5$ | 右边 |
|---|---|---|---|---|---|---|---|---|---|
| $0\leqslant\theta\leqslant\frac{9}{7}$ | $z(\theta)$ | (0) | 1 | 0 | 0 | 0 | $\frac{9-7\theta}{6}$ | $\frac{3+2\theta}{3}$ | $36-2\theta$ |
| | $x_3$ | (1) | 0 | 0 | 0 | 1 | $\frac{1}{3}$ | $-\frac{1}{3}$ | 2 |
| | $x_2$ | (2) | 0 | 0 | 1 | 0 | $\frac{1}{2}$ | 0 | 6 |
| | $x_1$ | (3) | 0 | 1 | 0 | 0 | $-\frac{1}{3}$ | $\frac{1}{3}$ | 2 |
| $\frac{9}{7}\leqslant\theta\leqslant 5$ | $z(\theta)$ | (0) | 1 | 0 | 0 | $\frac{-9+7\theta}{2}$ | 0 | $\frac{5-\theta}{2}$ | $27+5\theta$ |
| | $x_4$ | (1) | 0 | 0 | 0 | 3 | 1 | $-1$ | 6 |
| | $x_2$ | (2) | 0 | 0 | 1 | $-\frac{3}{2}$ | 0 | $\frac{1}{2}$ | 3 |
| | $x_1$ | (3) | 0 | 1 | 0 | 1 | 0 | 0 | 4 |
| $5\leqslant\theta$ | $z(\theta)$ | (0) | 1 | 0 | $-5+\theta$ | $3+2\theta$ | 0 | 0 | $12+8\theta$ |
| | $x_4$ | (1) | 0 | 0 | 2 | 0 | 1 | 0 | 12 |
| | $x_5$ | (2) | 0 | 0 | 2 | $-3$ | 0 | 1 | 6 |
| | $x_1$ | (3) | 0 | 1 | 0 | 1 | 0 | 0 | 4 |

从表 2.15 可以看出, 参数线性规划问题最优解的目标函数值 $z_0^*(\theta)$ 是 $\theta$ 的一个函数, 随 $\theta$ 的增加而发生变化. $z_0^*(\theta)$ 一直都是 $\theta$ 的线性对应形式. 最优解 (随着 $\theta$ 增加而发生变化) 恰好在函数 $z_0^*(\theta)$ 的斜率改变处的 $\theta$ 值处得到.

### 2.6.2 右边系数

当线性规划问题中右边系数 $b_i$ 系统地变化时, 对原始问题的校正是 $b_i$ 被 $b_i+\alpha_i\theta$ $(i=1,2,\cdots,m)$ 所替代, 这里 $\alpha_i$ 是给定的输入变量. 这样问题变为

$$\max z(\theta)=\sum_{j=1}^{n}c_jx_j$$

$$\text{s.t.}\begin{cases}\displaystyle\sum_{j=1}^{n}a_{ij}x_j\leqslant b_i+\alpha_i\theta & (i=1,2,\cdots,m),\\ x_j\geqslant 0 & (j=1,2,\cdots,n).\end{cases}$$

类似地, $z^*(\theta)$ 是 $\theta$ 的线性对应形式, 随着 $\theta$ 增加, 最优解中 $z^*(\theta)$ 会改变斜率. 当然 $b_i$ 的变化可以用对偶方法变成前一种形式来求解, 反之亦然.

系数 $b_i$ 系统性变化的参数线性规划的分析步骤如下:

(1) 以 $\theta=0$ 求解原问题;

(2) 用矩阵方法将 $\Delta b_i=\alpha_i\theta$ 引入右边列中, 即

$$\text{最后的行 0 右边:}\qquad \overline{z}^*=\boldsymbol{y}^*\overline{\boldsymbol{b}},$$

$$\text{最后的行 } 1 \sim m \text{ 右边:} \quad \overline{\boldsymbol{b}}^* = \boldsymbol{S}^*\overline{\boldsymbol{b}}.$$

(3) 增加 $\theta$ 直到右边列中一个基变量为负数时停止;

(4) 用此变量作为对偶单纯形法迭代中的换出变量, 并求最优解, 回到步骤 (3).

**例 2.12** 为了和目标函数中的系数 $c_j$ 的系统性变化分析作一个对比, 继续考虑例 2.11 的系统性灵敏度分析.

**解** 由于 $\alpha_1 = 2, \alpha_2 = -1, \Delta c_1 = 2\theta, \Delta c_2 = -\theta$, 其对偶形式为

$$\begin{cases} y_1 + 3y_3 \geqslant 3 + 2\theta, \\ 2y_2 + 2y_3 \geqslant 5 - \theta, \end{cases}$$

等价于

$$\begin{cases} -y_1 - 3y_3 \leqslant -3 - 2\theta, \\ -2y_2 - 2y_3 \leqslant -5 + \theta. \end{cases}$$

所以

$$\overline{y}_0^* = \boldsymbol{y}^*\overline{\boldsymbol{b}} = [2, 6]\begin{bmatrix} -3 - 2\theta \\ -5 + \theta \end{bmatrix} = -36 + 2\theta,$$

$$\overline{\boldsymbol{b}}^* = \boldsymbol{S}^*\overline{\boldsymbol{b}} = \begin{bmatrix} -\dfrac{1}{3} & 0 \\ \dfrac{1}{3} & -\dfrac{1}{2} \end{bmatrix}\begin{bmatrix} -3 - 2\theta \\ -5 + \theta \end{bmatrix} = \begin{bmatrix} 1 + \dfrac{2\theta}{3} \\ \dfrac{3}{2} - \dfrac{7\theta}{6} \end{bmatrix}.$$

由此,表 2.16 给出了类似的迭代过程.

表 2.16 参数 $b_i$ 系统性灵敏度分析过程

| 迭代 | BV. | Eq. | 系数 | | | | | | 右边 |
|---|---|---|---|---|---|---|---|---|---|
| | | | $-z$ | $y_1$ | $y_2$ | $y_3$ | $y_4$ | $y_5$ | |
| $0 \leqslant \theta \leqslant \frac{9}{7}$ | $-z(\theta)$ | (0) | 1 | 2 | 0 | 0 | 2 | 6 | $-36 + 2\theta$ |
| | $y_3$ | (1) | 0 | $\frac{1}{3}$ | 0 | 1 | $-\frac{1}{3}$ | 0 | $\frac{3 + 2\theta}{3}$ |
| | $y_2$ | (2) | 0 | $-\frac{1}{3}$ | 1 | 0 | $\frac{1}{3}$ | $-\frac{1}{2}$ | $\frac{9 - 7\theta}{6}$ |
| $\frac{9}{7} \leqslant \theta \leqslant 5$ | $-z(\theta)$ | (0) | 1 | 0 | 6 | 0 | 4 | 3 | $-27 - 5\theta$ |
| | $y_3$ | (1) | 0 | 0 | 1 | 1 | 0 | $-\frac{1}{2}$ | $\frac{5 - \theta}{2}$ |
| | $y_1$ | (2) | 0 | 1 | $-3$ | 0 | $-1$ | $\frac{3}{2}$ | $\frac{7\theta - 9}{2}$ |
| $5 \leqslant \theta$ | $-z(\theta)$ | (0) | 1 | 0 | 12 | 6 | 4 | 0 | $-12 - 8\theta$ |
| | $y_5$ | (1) | 0 | 0 | $-2$ | $-2$ | 0 | 1 | $\theta - 5$ |
| | $y_1$ | (2) | 0 | 1 | 0 | 3 | $-1$ | 0 | $3 + 2\theta$ |

## 思考题

2.1 写出给定线性规划的对偶线性规划.

(1) $\min z = 3x_1 + 2x_2 - 3x_3 + 4x_4$

$$\text{s.t.} \begin{cases} x_1 - 2x_2 + 3x_3 + 4x_4 \leqslant 3, \\ x_2 + 3x_3 + 4x_4 \geqslant -5, \\ 2x_1 - 3x_2 - 7x_3 - 4x_4 = 2, \\ x_1 \geqslant 0, x_4 \leqslant 0, x_2, x_3 \text{ 无约束}. \end{cases}$$

(2) $\max z = 2x_1 + x_2 + 3x_3 + x_4$

$$\text{s.t.} \begin{cases} x_1 + x_2 + x_3 + x_4 \leqslant 5, \\ 2x_1 - x_2 + 3x_3 \leqslant -4, \\ x_1 - x_3 + x_4 \geqslant 1, \\ x_1, x_2 \geqslant 0, x_3, x_4 \text{ 无约束}. \end{cases}$$

(3) $\min z = \boldsymbol{cx} + \boldsymbol{dy}$

$$\text{s.t.} \begin{cases} \boldsymbol{Ax} + \boldsymbol{By} = \boldsymbol{a}, \\ \boldsymbol{Ex} + \boldsymbol{Fy} \geqslant \boldsymbol{b}, \\ \boldsymbol{x} \geqslant \boldsymbol{0}, \boldsymbol{y} \text{ 无约束}. \end{cases}$$

(4) $\max z = \boldsymbol{ua} + \boldsymbol{vb}$

$$\text{s.t.} \begin{cases} \boldsymbol{uA} + \boldsymbol{vE} \leqslant \boldsymbol{c}, \\ \boldsymbol{uB} + \boldsymbol{vF} = \boldsymbol{d}, \\ \boldsymbol{u} \text{ 无约束}, \boldsymbol{v} \geqslant \boldsymbol{0}. \end{cases}$$

2.2 判断下列说法是否正确, 并说明原因.

(1) 若线性规划的原问题存在可行解, 则其对偶问题也一定存在可行解.

(2) 若线性规划的对偶问题无可行解, 则原问题也一定无可行解.

(3) 在互为对偶的一对原问题与对偶问题中, 不管原问题是求极大或极小, 原问题可行解的目标函数值一定不超过其对偶问题可行解的目标函数值.

(4) 任何线性规划问题具有唯一的对偶问题.

2.3 原问题和对偶问题完全相同的线性规划问题称为自对偶问题. 设线性规划问题为 $\min\{\boldsymbol{cx}|\boldsymbol{Ax} \geqslant \boldsymbol{b}, \boldsymbol{x} \geqslant \boldsymbol{0}\}$. 当 $\boldsymbol{A}, \boldsymbol{b}, \boldsymbol{c}$ 满足何条件时该问题是自对偶问题? 证明自对偶线性规划问题要么无解, 要么有可行解, 且任何可行解都是最优解.

2.4 用对偶理论求解只有一个约束方程的线性规划问题:

$$\max z = c_1x_1 + c_2x_2 + \cdots + c_nx_n$$

$$\text{s.t.} \begin{cases} a_1x_1 + a_2x_2 + \cdots + a_nx_n \leqslant b, \\ x_j \geqslant 0 \quad (j = 1, 2, \cdots, n), \end{cases}$$

其中 $a_j > 0 (j = 1, 2, \cdots, n)$, $b > 0$. 并同思考题 1.6 对照.

2.5 已知线性规划问题:

$$\max z = x_1 + x_2$$

$$\text{s.t.} \begin{cases} -x_1 + x_2 + x_3 \leqslant 2, \\ -2x_1 + x_2 - x_3 \leqslant 1, \\ x_1 \geqslant 0, x_2 \geqslant 0, x_3 \geqslant 0, \end{cases}$$

试应用对偶理论证明上述线性规划问题具有无界解.

2.6 已知线性规划问题:

$$\max z = 2x_1 + 4x_2 + x_3 + x_4$$

$$\text{s.t.} \begin{cases} x_1 + 3x_2 + x_4 \leqslant 8, \\ 2x_1 + x_2 \leqslant 6, \\ x_2 + x_3 + x_4 \leqslant 6, \\ x_1 + x_2 + x_3 \leqslant 9, \\ x_j \geqslant 0 \quad (j = 1, 2, 3, 4), \end{cases}$$

其最优解为 $\boldsymbol{x}^* = (2, 2, 4, 0)^{\mathrm{T}}$. 试根据对偶理论, 直接求出对偶问题的最优解.

2.7 对如下线性规划问题 (称为有界变量线性规划, 参见文献 [1]):

$$\min z = \boldsymbol{cx}$$

$$\text{s.t.} \begin{cases} \boldsymbol{Ax} \geqslant \boldsymbol{b}, \\ \boldsymbol{l} \leqslant \boldsymbol{x} \leqslant \boldsymbol{u}. \end{cases}$$

已知 $\boldsymbol{x}^*$ 是其最优解, $\boldsymbol{A}_j$ 是矩阵 $\boldsymbol{A}$ 的第 $j$ 个列向量, $x_j, c_j, l_j, u_j$ 分别为 $\boldsymbol{x}$, $\boldsymbol{c}$, $\boldsymbol{l}$, $\boldsymbol{u}$ 的第 $j$ 个分量. 证明存在 $\boldsymbol{y}^*$, 对所有 $j$ 满足:

(1) 若 $\boldsymbol{y}^*\boldsymbol{A}_j < c_j$, 则 $x_j = l_j$.

(2) 若 $\boldsymbol{y}^*\boldsymbol{A}_j > c_j$, 则 $x_j = u_j$.

(3) 若 $\boldsymbol{y}^*\boldsymbol{A}_j = c_j$, 则 $l_j \leqslant x_j \leqslant u_j$.

2.8 已知线性规划问题 A 和 B 如下:

问题 A

$$\max z = \sum_{j=1}^{n} c_j x_j \quad \text{对偶变量}$$

$$\begin{cases} \sum\limits_{j=1}^{n} a_{1j}x_j \leqslant b_1, & y_1, \\ \sum\limits_{j=1}^{n} a_{2j}x_j \leqslant b_2, & y_2, \\ \sum\limits_{j=1}^{n} a_{3j}x_j \leqslant b_3, & y_3, \\ x_j \geqslant 0 \quad (j = 1, 2, \cdots, n), \end{cases}$$

问题 B

$$\max z = \sum_{j=1}^{n} c_j x_j \qquad \text{对偶变量}$$

$$\begin{cases} \sum\limits_{j=1}^{n} 5a_{1j}x_j \leqslant 5b_1, & \hat{y}_1, \\ \sum\limits_{j=1}^{n} \frac{1}{5}a_{2j}x_j \leqslant \frac{1}{5}b_2, & \hat{y}_2, \\ \sum\limits_{j=1}^{n} (a_{3j} + 3a_{1j})x_j \leqslant b_3 + 3b_1, & \hat{y}_3, \\ x_j \geqslant 0 \quad (j = 1, 2, \cdots, n), \end{cases}$$

试分别写出 $\hat{y}_i$ 同 $y_i$ $(i = 1, 2, 3)$ 之间的关系式.

2.9 已知线性规划问题:

$$\max z = (c_1 + t_1)x_1 + c_2x_2 + c_3x_3 + 0x_4 + 0x_5$$

$$\text{s.t.} \begin{cases} a_{11}x_1 + a_{12}x_2 + a_{13}x_3 + x_4 = b_1 + 3t_2, \\ a_{21}x_1 + a_{22}x_2 + a_{23}x_3 + x_5 = b_2 + t_2, \\ x_j \geqslant 0 \quad (j = 1, 2, \cdots, 5). \end{cases}$$

当 $t_1=t_2=0$ 时求解得最终单纯形表如表 2.17 所示.

(1) 确定 $a_{11},a_{12},a_{13},a_{21},a_{22},a_{23},c_1,c_2,c_3$ 和 $b_1,b_2$ 的值.

(2) 当 $t_2=0$ 时, $t_1$ 值在什么范围内变化, 上述最优解不变; 并就 $t_1$ 进行系统性的灵敏度分析.

(3) 当 $t_1=0$ 时, $t_2$ 值在什么范围内变化, 上述最优基不变; 并就 $t_2$ 进行系统性的灵敏度分析.

(4) $t_1$ 与 $t_2$ 值在什么范围内变化, 上述最优解不变; 并就 $t_1$, $t_2$ 进行系统性的灵敏度分析.

表 2.17　最终单纯形表

| $x_1$ | $x_2$ | $x_3$ | $x_4$ | $x_5$ | 右边 |
|---|---|---|---|---|---|
| 0 | 4 | 0 | 4 | 2 | $z_0^*$ |
| 0 | $\frac{1}{2}$ | 1 | $\frac{1}{2}$ | 0 | $\frac{5}{2}$ |
| 1 | $-\frac{1}{2}$ | 0 | $-\frac{1}{6}$ | $\frac{1}{3}$ | $\frac{5}{2}$ |

2.10 某厂生产 I, II, III 三种产品, 其所需劳动力、材料等数据见表 2.18. 要求:

(1) 确定获利最大的产品生产计划.

(2) 产品 I 的利润在什么范围内变动时, 上述最优计划不变.

(3) 若设计一种新产品 IV, 单件劳动力消耗为 8 单位, 材料消耗为 2 单位, 每件可获利 3 元, 问该种产品是否值得生产?

(4) 若劳动力数量不增, 材料不足时从市场购买. 问该厂是否购进原材料扩大生产, 如果可以购买, 则最多应购入多少?

表 2.18　产品生产消耗系数表

| | I | II | III | 可用量/单位 |
|---|---|---|---|---|
| 劳动力/单位 | 6 | 3 | 5 | 45 |
| 材料/单位 | 3 | 4 | 5 | 30 |
| 产品利润/(元/件) | 3 | 1 | 4 | |

---

说明: 在文献 [8–13] 中, 单纯形表是如表 2.19 所示的形式. 表 2.19 和表 1.6 在本质上是没有任何区别的. 表 1.6 行 0 中的数据是把目标函数的右边项左移后迭代而得到的, 这种形式可参见文献 [2]. 在本书中, 这种形式的一个好处就是和 LINDO 或 LINGO 软件中的运算形式完全相符.

而表 2.19 的最后一行是直接优化目标函数的右边项所得到的, 由于没有左移这一步, 表 2.19 的最后一行和表 1.6 行 0 中的数据是反号的. 表 2.19 的第

表 2.19 部分其他教材中的单纯形表

| | | | $x_1$ | $x_2$ | $x_3$ | $x_4$ | $x_5$ |
|---|---|---|---|---|---|---|---|
| 0 | $x_3$ | 2 | 0 | 0 | 1 | $\frac{1}{3}$ | $-\frac{1}{3}$ |
| 5 | $x_2$ | 6 | 0 | 1 | 0 | $\frac{1}{2}$ | 0 |
| 3 | $x_1$ | 2 | 1 | 0 | 0 | $-\frac{1}{3}$ | $\frac{1}{3}$ |
| $c_j - z_j$ | | | 0 | 0 | 0 | $-\frac{3}{2}$ | $-1$ |

一列的数据就是基变量在目标函数中的系数, 第三列的数据是表 1.6 的右边项行 $1 \sim m$ 中的数据. 在迭代过程中, 除了换入变量确定时所要求系数的正负性相反, 其他如换出变量等的确定没有什么区别. 而表 1.6 行 0 右边的数据 $z_0^*$ 可以根据公式 $\boldsymbol{y}^*\boldsymbol{b}$ 来计算, 也可在单纯形表每次迭代中进行叠加计算, 灵活性较大.

第 3 章

# 整数规划

若线性规划模型中某些变量要求为整数, 则问题变为线性整数规划. 类似地, 由第 4 章非线性规划模型的概念又有非线性整数规划. 两者统称为整数规划.

本章仅介绍线性整数规划的基本求解方法, 参见文献 [2, 3]. 非线性整数规划的求解思想与此类似. 其他更一般的理论陈述可参见文献 [1].

## 3.1 数学模型

整数变量有两类: ① 如汽车产量或人力数量等形式的离散变量; ② 0-1 形式的离散变量. 根据变量取值的限制形式, 整数规划可分为:

(1) 纯整数规划 (integer programming, IP): 所有决策变量取整数值.

(2) 混合整数规划 (mixed programming, MIP): 部分决策变量取整数值.

(3) 0-1 整数规划 (binary programming, BIP): 整数变量只能取 0 或 1, 0-1 整数规划又可分为 0-1 纯整数规划和 0-1 混合整数规划.

显然, 放松整数约束的整数规划就成为线性规划, 此线性规划问题称为整数规划的线性规划松弛问题. 这样, 任何一个整数规划可以看成是一个线性规划问题再加上整数约束构成的.

### 3.1.1 变量设置

对于是否执行某些决策等 “是 − 否” 或 “有 − 无” 问题, 可借助整数规划中的 0-1 整数变量. 由于它的特殊性质, 0-1 变量也称为决策变量、指标变量或逻辑变量, 一般表示为

$$x_j = \begin{cases} 1, & \text{若决策 } j \text{ 为是}, \\ 0, & \text{若决策 } j \text{ 为否}. \end{cases}$$

对于两个 0-1 决策变量 $x_1$ 与 $x_2$ 之间相互依赖的逻辑关系, 若假设其发生, 取值为 1, 则其基本形式为

(1) "或" 关系, "$\wedge$", 有: $x_1 \wedge x_2$ 等价于 $x_1 + x_2 \geqslant 1$.

(2) "与" 关系, ".", 有: $x_1.x_2$ 等价于 $x_1 = 1, x_2 = 1$.

(3) "非" 关系, "$\sim$", 有: $\sim x_1$ 等价于 $x_1 = 0$ 或 $1 - x_1 = 1$.

(4) "蕴含" 关系, "$\rightarrow$", 有: $x_1 \rightarrow x_2$ 等价于 $x_1 - x_2 \leqslant 0$.

(5) "当且仅当" 关系, "$\leftrightarrow$", 有: $x_1 \leftrightarrow x_2$ 等价于 $x_1 - x_2 = 0$.

**例 3.1 (选址决策问题)** 一家公司进行生产扩张, 打算在甲地、乙地或者两地建新工厂, 并且至多建一个仓库, 仓库的位置随工厂地点而定, 总资本可用量为 10 (单位: $10^6$ 元), 数据见表 3.1, 问一个最大化总净现值收益的决策是什么?

表 3.1 选址决策问题的数据表

| 决策序号 | 是或否 | 决策变量 | 净现值收益/$10^6$ 元 | 资本需求/$10^6$ 元 |
|---|---|---|---|---|
| 1 | 工厂在甲地 | $x_1$ | 9 | 6 |
| 2 | 工厂在乙地 | $x_2$ | 5 | 3 |
| 3 | 仓库在甲地 | $x_3$ | 6 | 5 |
| 4 | 仓库在乙地 | $x_4$ | 4 | 2 |

**解** 根据表 3.1 中变量设置, 数学模型为

$$\max z = \boldsymbol{cx} = 9x_1 + 5x_2 + 6x_3 + 4x_4$$

$$\text{s.t.} \begin{cases} 6x_1 + 3x_2 + 5x_3 + 2x_4 \leqslant 10, \\ x_3 + x_4 \leqslant 1, \\ -x_1 + x_3 \leqslant 0, \\ -x_2 + x_4 \leqslant 0, \\ x_j \text{ 是 0-1 变量 } (j = 1, 2, 3, 4), \end{cases} \tag{3.1}$$

其中最后一行的条件可换为 $x_j \leqslant 1, x_j \geqslant 0$, 且 $x_j$ 是整数 $(j = 1, 2, 3, 4)$.

有时, 变量的选择取值为连续变量的区间取值, 如 $x = 0$, 或 $a \leqslant x \leqslant b$, 或 $x = c$, 其中 $0 < a < b < c$. 若设 $\delta_1$ 与 $\delta_2$ 为 0-1 变量, $y_1$ 与 $y_2$ 为连续变量, 则 $x$ 的取值等价于

$$x = ay_1 + by_2 + c\delta_2, \quad \delta_1 + y_1 + y_2 + \delta_2 = 1.$$

特别地, 若 $x$ 为半连续变量, 即 $x = 0$ 或 $x \geqslant a$ $(a > 0)$, 令 $\delta$ 为 0-1 变量, $y_1$ 与 $y_2$ 为连续变量, 且设 $M$ 为 $x$ 的上界, 则有

$$x = ay_1 + My_2, \quad \delta + y_1 + y_2 = 1.$$

通过逻辑条件的设置, 可以把含 0-1 变量的多项式转化为线性表达式. 例如, 若模型中含有 $\delta_1\delta_2$ 项, 则可以通过如下步骤进行转换:

(1) 以 0-1 变量 $\delta_3$ 代替 $\delta_1\delta_2$.

(2) 应用逻辑条件 $\delta_3 = 1 \leftrightarrow \delta_1 = 1, \delta_2 = 1$, 产生附加约束为

$$-\delta_1 + \delta_3 \leqslant 0,\ -\delta_2 + \delta_3 \leqslant 0,\ \delta_1 + \delta_2 - \delta_3 \leqslant 1.$$

进一步地, 对模型中连续变量 $x$ 与 0-1 变量 $\delta$ 的乘积 $x\delta$ 也可进行线性化, 其转换步骤如下:

(1) 以连续变量 $y$ 代替 $x\delta$.

(2) 应用逻辑条件 $\delta = 0 \rightarrow y = 0$ 与 $\delta = 1 \rightarrow y = x$, 产生附加约束为

$$y - M\delta \leqslant 0, \quad -x + y \leqslant 0, \quad x - y + M\delta \leqslant M,$$

其中, $M$ 为 $x$ 与 $y$ 的上界.

### 3.1.2 特殊约束

在实际的管理中, 很多问题无法归结为线性规划的数学模型, 却可以通过设置逻辑变量建立起整数规划的数学模型.

1. 变量的状态选择

在这种情形下, $x = 0$ 表示一种状态, $x > 0$ 表示另一种状态, 则逻辑条件 $x > 0 \rightarrow \delta = 1$ 的约束条件为

$$x - M\delta \leqslant 0,$$

其中, $M$ 为 $x$ 的上界.

对逻辑条件 $x = 0 \rightarrow \delta = 0$ 或 $\delta = 1 \rightarrow x > 0$ 来说, 仅使用一个约束条件来表示完全不可能. 更为现实一点的方法是设 $m > 0$ 表示 $x$ 的一个不可行的下界, 则有约束条件为

$$x - m\delta \geqslant 0.$$

**例 3.2 (固定费用)** 用以表示含固定费用的函数: 用 $x_j$ 代表产品 $j$ 的生产数量, $k_j$ 是同产量无关的生产准备费用, 问题是使所有产品总生产费用为最小.

**解** 生产费用函数通常为

$$C_j(x_j) = \begin{cases} k_j + c_j x_j & (x_j > 0); \\ 0 & (x_j = 0). \end{cases}$$

为表达此式, 需设置一个逻辑变量 $\delta_j$, 当 $x_j = 0$ 时, $\delta_j = 0$; 当 $x_j > 0$ 时, $\delta_j = 1$. 为此, 引进约束条件 $x_j \leqslant M\delta_j$. 显然, 当 $x_j > 0$ 时, $\delta_j = 1$. 又因为目标

函数是 $\min z=\sum\limits_{j=1}^{n}C_j(x_j)$, 则在 $x_j=0$ 时, 一直有 $\delta_j=0$. 即模型为

$$\min z=\sum_{j=1}^{n}(c_jx_j+k_j\delta_j)$$
$$\text{s.t.}\quad\begin{cases}\text{其他原始限制条件},\\ x_j-M\delta_j\leqslant 0,\\ x_j\geqslant 0,\delta_j=0\text{ 或 }1.\end{cases}$$

在变量的状态选择中, 进一步地, 可以用 $f(x)$ 代替 $x$ 来产生其他状态选择, 如用 $\delta=1$ 表示 $\sum\limits_{j=1}^{n}a_jx_j\leqslant b$, 此时约束条件为

$$\sum_{j=1}^{n}a_jx_j+M\delta\leqslant M+b,\tag{3.2}$$

其中, $M$ 是 $f(x)=\sum\limits_{j=1}^{n}a_jx_j-b$ 的上界.

下面考虑相反逻辑条件的情形, 即考虑 $\sum\limits_{j=1}^{n}a_jx_j\leqslant b\rightarrow\delta=1$, 此逻辑条件等价于 $\delta=0\rightarrow\sum\limits_{j=1}^{n}a_jx_j>b$. 与 (3.2) 的推导类似, 需要把 $\sum\limits_{j=1}^{n}a_jx_j>b$ 表示为 $\sum\limits_{j=1}^{n}a_jx_j\geqslant b+\varepsilon$, 其中 $\varepsilon$ 为使等号不成立的一个非常小的数, 则有附加约束

$$\sum_{j=1}^{n}a_jx_j-(m-\varepsilon)\delta\geqslant b+\varepsilon,\tag{3.3}$$

其中, $m$ 是 $\sum\limits_{j=1}^{n}a_jx_j\leqslant b$ 的下界.

对如 “$\geqslant$” 形式成立与否的逻辑条件, 在两边同乘 $-1$ 后可以类似讨论, 对应于 (3.2) 与 (3.3) 的约束条件为

$$\sum_{j=1}^{n}a_jx_j+m\delta\geqslant m+b,\tag{3.4}$$

$$\sum_{j=1}^{n}a_jx_j-(M+\varepsilon)\delta\leqslant b-\varepsilon.\tag{3.5}$$

用 $\delta$ 来表示 “=” 的情形比较复杂. 此时, 可以用 $\delta=1$ 表示 “$\leqslant$” 与 “$\geqslant$” 同时成立, 即 (3.2) 与 (3.4). 若用 $\delta=0$ 来使得 “$\leqslant$” 或 “$\geqslant$” 不成立, 则可引入 $\delta'$ 与 $\delta''$ 分别替代 (3.3) 与 (3.5) 中的 $\delta$, 此时如下附加约束就表示所需条件:

$$\delta'+\delta''-\delta\leqslant 1.$$

**例 3.3** $x_1$ 与 $x_3$ 是不超过 1 的非负连续变量, 试用 0-1 变量 $\delta$ 表示约束:

$$2x_1 + 3x_2 \leqslant 1.$$

**解** 设 $M = 4\ (= 2+3-1)$ 表示 $2x_1+3x_2-1$ 的上界, 则 $\delta = 1 \to 2x_1+3x_2 \leqslant 1$ 的约束条件为

$$2x_1 + 3x_2 + 4\delta \leqslant 5.$$

设 $m = -1\ (= 0+0-1)$ 表示 $2x_1+3x_2-1$ 的下界, 取 $\varepsilon = 0.1$, 则 $2x_1+3x_2 \leqslant 1 \to \delta = 1$ 的约束条件为

$$2x_1 + 3x_2 + 1.1\delta \geqslant 1.1.$$

2. 变量的特殊有序集

变量的特殊有序集 (special ordered sets of variables, SOS) 包括两类:

(1) SOS1. (连续或整数) 变量集合中仅有一个变量是非零的.

(2) SOS2. 变量集合中至多有两个变量是非零的, 并且这两个变量在集合中给定序时是相邻的.

假定 $(x_1, x_2, \cdots, x_n)$ 在 SOS1 中, 若 $x_i$ 是连续变量, 则可引入 0-1 变量 $\delta_1$, $\delta_2, \cdots$, $\delta_n$ 表示 $x_i$ 发生 $(\delta_i = 1)$ 与否 $(\delta_i = 0)$, 即

$$x_i - M_i\delta_i \leqslant 0,\ x_i - m_i\delta_i \geqslant 0 \quad (i = 1, 2, \cdots, n),$$

其中, $M_i$ 与 $m_i$ 分别为 $x_i$ 的上下界.

此时, 附加约束为

$$\delta_1 + \delta_2 + \cdots + \delta_n = 1.$$

显然, 若 $(x_1, x_2, \cdots, x_n)$ 是 0-1 变量, 则只需要将 $x_i$ 看作 $\delta_i$, 并只需要此式成立.

SOS2 主要用于进一步限定如定义 1.9 所示的权重变量. 假定 $(\lambda_1, \lambda_2, \cdots, \lambda_n)$ 在 SOS2 中, 引入 0-1 变量 $\delta_1, \delta_2, \cdots, \delta_n$, 则产生附加约束为

$$\begin{aligned}
\lambda_1 - \delta_1 &\leqslant 0, \\
\lambda_2 - \delta_1 - \delta_2 &\leqslant 0, \\
\lambda_3 - \delta_2 - \delta_3 &\leqslant 0, \\
&\vdots \\
\lambda_{n-1} - \delta_{n-2} - \delta_{n-1} &\leqslant 0,
\end{aligned}$$

$$\lambda_n - \delta_{n-1} \leqslant 0,$$

$$\delta_1 + \delta_2 + \cdots + \delta_{n-1} = 1.$$

SOS 的一个应用是案例 B.1 中限制混合物中配料的种数; 其他应用情形如希望限制某种产品的产量; 离散生产能力的扩大, 即常常可能在某一价格下违背某一约束条件; 工厂等设施的设点选择; 非线性函数离散化等.

### 3.1.3 建模举例

整数规划在实践中广泛应用, 如第 6 章介绍的分配问题、旅行推销商问题与布点问题, 以及 5.6.1 节介绍的背包问题都是整数规划问题. 这里给出在线性规划模型的附加条件建模中的一些应用举例.

1. 选择约束

设 $R_i$ 为第 $i$ $(i = 1, 2, \cdots, N)$ 类约束条件, 记 $\delta_i = 1 \rightarrow R_i$, 则对至少有一类约束发生的情形, 即 $R_1 \vee R_2 \vee \cdots \vee R_N$ 表示有附加约束为

$$\delta_1 + \delta_2 + \cdots + \delta_N \geqslant 1.$$

进一步地, $(R_1, R_2, \cdots, R_N)$ 中至少有 $k$ 类约束成立会产生附加约束为

$$\delta_1 + \delta_2 + \cdots + \delta_N \geqslant k.$$

类似地, 至多有 $k$ 类约束成立会产生附加约束为 $\delta_1 + \delta_2 + \cdots + \delta_N \leqslant k$.

作为这种条件的一种应用就是利用整数规划给出非凸域的限制条件, 这种域可能产生于所研究的问题或代表以曲线为界的非凸域之逐段线性逼近. 当然, 这种方法也可处理可行域不相连的情况.

2. maximax 型目标函数

例如, 在线性约束条件下, 目标函数是

$$\max\left(\max_i\left(\sum_j a_{ij}x_j\right)\right). \tag{3.6}$$

此时, 引入一辅助变量 $z$, 则除其他原始线性约束条件以外, 模型可等价为

$$\begin{aligned}&\max\ z\\&\ \text{s.t.}\ \sum_j a_{1j}x_j - z = 0\ \text{或}\ \sum_j a_{2j}x_j - z = 0\ \text{或}\ \cdots\end{aligned}$$

3. 分段线性化

这种方法经常用于经济规模问题, 例如, 在商业销售中经常会遇到根据购买数量打折扣的情况就是这种情形, 见图 3.1.

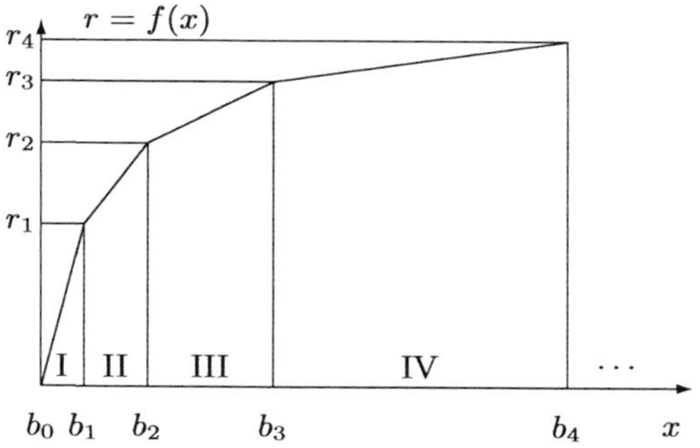


图 3.1 函数的分段线性关系

单位边际利润为

$$\frac{r_1}{b_1} > \frac{r_2 - r_1}{b_2 - b_1} > \frac{r_3 - r_2}{b_3 - b_2} > \cdots$$

引入连续变量 $\lambda_i \geqslant 0$ $(i = 0, 1, \cdots, n)$ 表示区域 I, II, $\cdots$ 中线段端点的权重, 则 $x$ 和 $f(x)$ 可表示为

$$x = \sum_{i=0}^{n} b_i \lambda_i, \quad f(x) = \sum_{i=0}^{n} r_i \lambda_i, \quad \sum_{i=0}^{n} \lambda_i = 1,$$

其中, 变量集 $(\lambda_0, \lambda_1, \cdots, \lambda_n)$ 是 SOS2.

4. 连续相关决策

例如, 考虑一个多周期的设施问题, 设 $\gamma_t$ 表示如下决策: $\gamma_t = 0$ 表示设施永远关闭, $\gamma_t = 1$ 表示设施 (在本周期内) 临时关闭, $\gamma_t = 2$ 表示设施 (在本周期内) 使用, 则逻辑条件

$$\gamma_t = 0 \to (\gamma_{t+1} = 0).(\gamma_{t+2} = 0).\cdots.(\gamma_n = 0)$$

会产生如下约束条件:

$$\begin{gathered}
-2\gamma_1 + \gamma_2 \leqslant 0, \\
-2\gamma_2 + \gamma_3 \leqslant 0, \\
\vdots \\
-2\gamma_{n-1} + \gamma_n \leqslant 0.
\end{gathered}$$

在此情形下, 与通常取 0-1 变量不同, 可以看到决策变量 $\gamma_t$ 有三个取值. 这种情形的一个应用是案例 B.5.

## 3.2 模型求解

在介绍求解方法之前, 先指出与整数规划求解相关的两个问题, 参见文献 [3]:

(1) IP 问题没有 LP 问题那么明显的经济含义, 因此一个可行的变通方法是在模型中把所有的整数变量都固定在最优水平上, 然后仅考虑连续变量的边际效应. 这样做的一个根本原因是整数变量通常都表示主要的运作决策, 在决定这些基本决策后, 则在相应的基本运作模式下来考虑经济的边际效应也许会让决策者更感兴趣. 一个应用就是案例 B.10 中对电费的不同比率的讨论.

(2) 有时, 为了建立一个使最优解比较稳定的 IP 模型, 可以在含整数变量的约束条件中加入一个松弛变量, 然后在目标函数中增加一个惩罚函数. 这样做的好处是: ① 最优的目标函数值可以变为右边系数的连续函数; ② 当右边系数变化时, 最优解不会发生突变, 即最优解是右边系数的半连续函数.

### 3.2.1 分枝定界法

MIP 问题与 BIP 问题的分枝定界法稍有不同.

#### 3.2.1.1 MIP 问题

考虑问题:

$$\max z = \sum_{j=1}^{n} c_j x_j$$

$$\text{s.t.} \begin{cases} \sum\limits_{j=1}^{n} a_{ij} x_j \leqslant b_i & (i = 1, 2, \cdots, m), \\ x_j \geqslant 0 & (j = 1, 2, \cdots, n), \\ x_j \text{ 是整数} & (j = 1, 2, \cdots, I; I \leqslant n), \end{cases}$$

其中, $I = n$ 时, MIP 问题就是 IP 问题.

对目标为最大化的整数规划问题来说, 显然有如下结论: 若求解一个整数规划的线性规划松弛问题 (即去掉整数约束的线性规划问题) 时得到一个整数解, 这个解一定也是整数规划的最优解, 只是这种巧合的概率很小; 若得到的解不是一个整数解, 则线性规划松弛问题的解值是整数规划目标函数值的一个上界; 若找到一个整数解, 则该整数解是最优整数解的一个下界.

若能找到一种方法, 不断降低上界, 提高下界, 最后使得下界等于上界, 就可以搜索到最优整数解, 分枝定界法就是按这一原理设计的. 其迭代步骤如下.

1. 初始化

求给定整数规划问题的线性规划松弛问题, 若解是整数解, 则其为整数规划的最优解. 否则, 作为该问题最优整数解的初始上界, 初始下界设为 $-\infty$.

2. 分枝与分枝树

在任何一个问题或子问题中, 从不满足整数要求的变量里面选择一个进行处理的过程称为分枝. 分枝通过加入一对互斥的约束将一个 (子) 问题分解为两个受到进一步约束的子问题, 强迫不为整数的变量进一步逼近整数值, 以此分枝去掉两个整数之间的非整数域, 缩小搜索的区域.

子问题若不满足整数要求则继续向下分枝, 分枝可以形成一个分枝树.

3. 定界与剪枝

通过不断分枝和求解各个子问题, 不断修正其上下界的过程称为定界. 上界由还没有求解过的子问题中最大目标函数值确定, 下界由已经得到的最好整数解确定. 求解一个子问题会出现以下结果:

(1) 得到一个非整数解时, 并且当该子问题目标函数值大于剪枝值时, 才继续向下分枝. 否则, 该子问题被剪枝, 记为 $F(1)$.

(2) 子问题无可行解, 此时无需继续向下分枝, 该子问题被剪枝, 记为 $F(2)$.

(3) 得到一个整数解, 则不必继续向下分枝, 该子问题被剪枝, 记为 $F(3)$. 若该整数解是目前得到的最好整数解, 则将其值作为新的下界.

4. 搜索迭代

每完成一次分枝过程即完成一次搜索. 在搜索过程中, 当修改下界后, 要检查所有还未求解过的子问题并剪去目标函数值小于新下界的子问题. 若此时没有找到整数解, 则该问题没有整数解; 否则, 搜索过程中已得到的最好整数解是该问题的最优解.

**例 3.4** 求下述整数规划问题的最优解:

$$\max z = 3x_1 + 2x_2$$
$$\text{s.t.} \begin{cases} 2x_1 + 3x_2 \leqslant 14, \\ x_1 + 0.5x_2 \leqslant 4.5, \\ x_1 \geqslant 0, x_2 \geqslant 0, \text{ 且均取整数值}. \end{cases}$$

**解** 此例的松弛问题是一个线性规划问题, 记作 $L_0$.

$$L_0: \quad \max z = 3x_1 + 2x_2$$
$$\text{s.t.} \begin{cases} 2x_1 + 3x_2 \leqslant 14, \\ x_1 + 0.5x_2 \leqslant 4.5, \\ x_1 \geqslant 0, x_2 \geqslant 0. \end{cases}$$

其最优解为 $(3.25, 2.5)$, 不是原问题的可行解, 因此转第二步.

$x_1 = 3.25$, $x_2 = 2.5$ 均不是整数, 则需要进行分枝. 可任选一个, 设以 $x_2$ 进行分枝. 在 $L_0$ 中分别加上约束 $x_2 \leqslant 2$ 和 $x_2 \geqslant 3$ 分成两个子问题 $L_1$ 和 $L_2$.

$$L_1: \max z = 3x_1 + 2x_2 \qquad L_2: \max z = 3x_1 + 2x_2$$

$$\text{s.t.} \begin{cases} 2x_1 + 3x_2 \leqslant 14, \\ x_1 + 0.5x_2 \leqslant 4.5, \\ x_2 \leqslant 2, \\ x_1 \geqslant 0, x_2 \geqslant 0. \end{cases} \qquad \text{s.t.} \begin{cases} 2x_1 + 3x_2 \leqslant 14, \\ x_1 + 0.5x_2 \leqslant 4.5, \\ x_2 \geqslant 3, \\ x_1 \geqslant 0. \end{cases}$$

$L_1$ 的最优解为 $(3.5, 2)$, $z = 14.5$; $L_2$ 的最优解为 $(2.5, 3)$, $z = 13.5$. 由于两个子问题的最优解仍非原问题的可行解, 选取边界值较大的子问题 $L_1$ 继续分枝. 在 $L_1$ 中分别加上约束 $x_1 \leqslant 3$ 和 $x_1 \geqslant 4$ 得 $L_{11}$ 和 $L_{12}$.

$$L_{11}: \max z = 3x_1 + 2x_2 \qquad L_{12}: \max z = 3x_1 + 2x_2$$

$$\text{s.t.} \begin{cases} 2x_1 + 3x_2 \leqslant 14, \\ x_1 + 0.5x_2 \leqslant 4.5, \\ x_2 \leqslant 2, \\ x_1 \leqslant 3, \\ x_1 \geqslant 0, x_2 \geqslant 0. \end{cases} \qquad \text{s.t.} \begin{cases} 2x_1 + 3x_2 \leqslant 14, \\ x_1 + 0.5x_2 \leqslant 4.5, \\ x_2 \leqslant 2, \\ x_1 \geqslant 4, \\ x_2 \geqslant 0. \end{cases}$$

$L_{11}$ 的最优解为 $(3, 2), z = 13$; $L_{12}$ 的最优解为 $(4, 1)$, $z = 14$. 两个最优解均属原问题的可行解, 保留可行解中较大的一个 $z = 14$.

由于 $L_2$ 分枝的边界值小于可行解值 $z = 14$, 应剪去. 子问题 $L_{12}$ 的最优解 $x_1 = 4$, $x_2 = 1$, $z = 14$ 为最优解. 其计算过程见图 3.2.

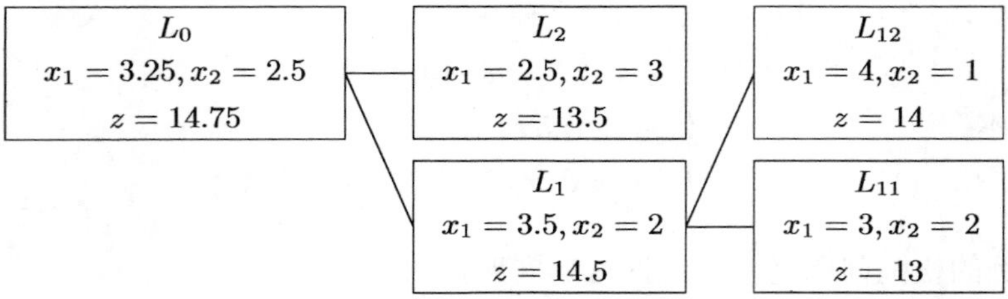


图 3.2 MIP 问题的分枝定界法

3.2.1.2 BIP 问题

在用分枝定界法解 BIP 问题时, 除了子问题中的 0-1 变量被固定为 0 或 1, 其他过程完全类似于 MIP 问题的求解方法.

**例 3.5** 考虑用分枝定界法求解原始模型例 3.1.

**解** 求解原问题的松弛问题 (只放宽模型 (3.1) 中的条件 (5), 但是 $0 \leqslant x_j \leqslant 1$), 有 $\boldsymbol{x}=\left(\frac{5}{6},1,0,1\right)^{\mathrm{T}}$, $z=16\frac{1}{2}$, 上界为 16. 则初始化 $z^*=-\infty$ 后进入迭代.

迭代 1: 对变量 $x_1$ 进行分枝, 有子问题 $L_1$ 与 $L_2$.

$L_1: x_1=0$ 时

$$\max\ z=5x_2+6x_3+4x_4$$

$$\text{s.t.}\ \begin{cases}(1)\ 3x_2+5x_3+2x_4\leqslant 10,\\(2)\ x_3+x_4\leqslant 1,\\(3)\ x_3\leqslant 0,\\(4)\ -x_2+x_4\leqslant 0,\\(5)\ x_j\ \text{是 0-1 变量}\ (j=2,3,4).\end{cases}$$

$L_2: x_1=1$ 时

$$\max z=9+5x_2+6x_3+4x_4$$

$$\text{s.t.}\ \begin{cases}(1)\ 3x_2+5x_3+2x_4\leqslant 4,\\(2)\ x_3+x_4\leqslant 1,\\(3)\ x_3\leqslant 1,\\(4)\ -x_2+x_4\leqslant 0,\\(5)\ x_j\ \text{是 0-1 变量}\ (j=2,3,4).\end{cases}$$

定界: 子问题 $L_1$ 的松弛问题中, $\boldsymbol{x}=(0,1,0,1)^{\mathrm{T}}$, $z=9$, 上界为 9. 子问题 $L_2$ 的松弛问题中, $\boldsymbol{x}=\left(1,\frac{4}{5},0,\frac{4}{5}\right)^{\mathrm{T}}$, $z=16\frac{1}{2}$, 上界为 16.

剪枝: 由 $\boldsymbol{x}=(0,1,0,1)^{\mathrm{T}}$ 是整数解知 $z^*=9$, 剪去子问题 $L_1$.

迭代 2: 固定 $x_1=1$ 后, 对变量 $x_2$ 进行分枝有子问题 $L_3$ 与 $L_4$.

$L_3: x_1=1, x_2=0$

$$\max z=9+6x_3+4x_4$$

$$\text{s.t.}\ \begin{cases}(1)\ 5x_3+2x_4\leqslant 4,\\(2)\ x_3+x_4\leqslant 1,\\(3)\ x_3\leqslant 1,\\(4)\ x_4\leqslant 0,\\(5)\ x_j\ \text{是 0-1 变量}\ (j=3,4).\end{cases}$$

$L_4: x_1=1, x_2=1$

$$\max z=14+6x_3+4x_4$$

$$\text{s.t.}\ \begin{cases}(1)\ 5x_3+2x_4\leqslant 1,\\(2)\ x_3+x_4\leqslant 1,\\(3)\ x_3\leqslant 1,\\(4)\ x_4\leqslant 1,\\(5)\ x_j\ \text{是 0-1 变量}\ (j=3,4).\end{cases}$$

子问题 $L_3$ 的松弛问题: $\boldsymbol{x}=\left(1,0,\frac{4}{5},0\right)^{\mathrm{T}}$, $z=13\frac{4}{5}$, 上界为 13. 子问题 $L_4$ 的松弛问题: $\boldsymbol{x}=\left(1,1,0,\frac{1}{2}\right)^{\mathrm{T}}$, $z=16$, 上界为 16.

迭代 3: $L_4$ 上界大于 $L_3$ 上界, 下一个节点是 $(x_1,x_2)=(1,1)$, 继续分枝.

$L_5:\ x_1=x_2=1, x_3=0$

$$\max z=14+4x_4$$

$$\text{s.t.}\ \begin{cases}(1)\ 2x_4\leqslant 1,\\(2),(4)\ x_4\leqslant 1\ (\text{两次}),\\(5)\ x_j\ \text{是 0-1 变量}\ (j=4).\end{cases}$$

$L_6:\ x_1=x_2=x_3=1$

$$\max z=20+4x_4$$

$$\text{s.t.}\ \begin{cases}(1)\ 2x_4\leqslant -4,\\(2)\ x_4\leqslant 0,\\(4)\ x_4\leqslant 1,\\(5)\ x_j\ \text{是 0-1 变量}\ (j=4).\end{cases}$$

子问题 $L_5$ 的松弛问题: $\boldsymbol{x}=\left(1,1,0,\frac{1}{2}\right)^{\mathsf{T}}, z=16$, 上界为 16. 子问题 $L_6$ 的松弛问题: 无可行解. 子问题 $L_6$ 因松弛问题无可行解而被剪枝, 子问题 $L_5$ 的松弛问题表明下一个节点就是 $(1,1,0)$ 和子问题 $L_3$ 的 $(1,0)$, 进入迭代 4.

迭代 4: 节点是 $(1,0)$ 或 $(1,1,0)$, 考虑 $x_4$, 但最后一个节点是最近产生的, 所以选择出来作下次分枝, $x_4=0$ 产生一个单一解, 而不是子问题.

$$x_4=0: \boldsymbol{x}=(1,1,0,0)^{\mathsf{T}}, \text{是可行的, 并且 } z=14;$$
$$x_4=1: \boldsymbol{x}=(1,1,0,1)^{\mathsf{T}}, \text{不可行.}$$

因为 $14>13$, 新最优值 $z^*=14$. 用此解来判断剩余子问题, 子问题 $L_3$ 被剪枝. 即 BIP 问题最优解 $\boldsymbol{x}^*=(1,1,0,0)^{\mathsf{T}}$; 最优值 $z^*=14$, 求解过程见图 3.3.

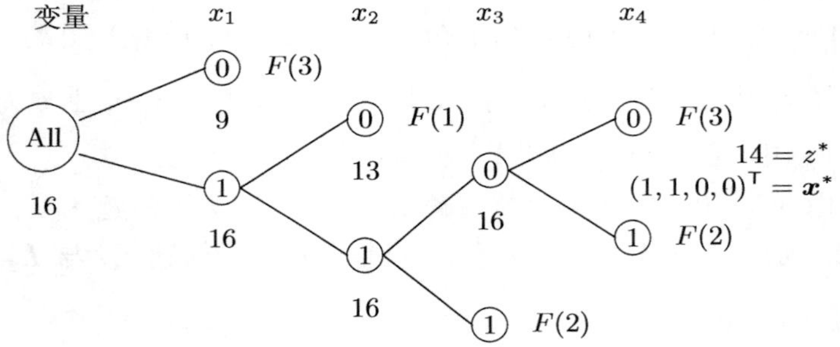


图 3.3　BIP 问题的分枝定界法

### 3.2.2　割平面法

下面以一个例子来简单地介绍一下 Gomory 割平面法, 参见文献 [1].

**例 3.6**　求解整数规划问题:

$$\max z=3x_1+2x_2$$
$$\text{s.t.}\begin{cases}2x_1+3x_2\leqslant 14,\\4x_1+2x_2\leqslant 18,\\x_1\geqslant 0, x_2\geqslant 0, \text{ 且为整数.}\end{cases}$$

**解**　首先, 将原问题的数学模型标准化: 将不等式转化为等式约束, 将整数规划中所有非整数系数全部转化为整数, 以便于构造切割平面. 从而有

$$\max z=3x_1+2x_2$$
$$\text{s.t.}\begin{cases}2x_1+3x_2+x_3=14,\\2x_1+x_2+x_4=9,\\x_1\geqslant 0, x_2\geqslant 0, \text{ 且为整数.}\end{cases}$$

利用单纯形法求解, 得到最优单纯形表, 见表 3.2.

表 3.2 最优单纯形表

| BV. | Eq. | 系数 | | | | 右边 |
|---|---|---|---|---|---|---|
| | | $x_1$ | $x_2$ | $x_3$ | $x_4$ | |
| $z$ | (0) | 0 | 0 | $\frac{1}{4}$ | $\frac{5}{4}$ | $\frac{59}{4}$ |
| $x_2$ | (1) | 0 | 1 | $\frac{1}{2}$ | $-\frac{1}{2}$ | $\frac{5}{2}$ |
| $x_1$ | (2) | 1 | 0 | $-\frac{1}{4}$ | $\frac{3}{4}$ | $\frac{13}{4}$ |

显然最优解不为整数解. 根据表 3.2, 可以写出非整数解所涉及的约束方程. 例如, 对变量 $x_2$ 有

$$x_2+\frac{1}{2}x_3-\frac{1}{2}x_4=\frac{5}{2},$$

将该方程中所有变量的系数及右端常数项均改写成 "整数与非负真分数之和" 的形式, 即

$$(1+0)x_2+\left(0+\frac{1}{2}\right)x_3+\left(-1+\frac{1}{2}\right)x_4=2+\frac{1}{2}.$$

因为所有变量都要求是整数, 所以 $1x_2+0x_3+(-1)x_4$ 是整数. 即

$$0x_2+\frac{1}{2}x_3+\frac{1}{2}x_4=\frac{1}{2}, \text{ 或者 } \frac{3}{2}, \text{ 或者 } \frac{5}{2},$$

于是, 有

$$\frac{1}{2}x_3+\frac{1}{2}x_4\geqslant\frac{1}{2}, \tag{3.7}$$

或者 $x_3+x_4\geqslant 1$, 这就是考虑整数约束的一个 Gomory 割平面约束方程. 若用基变量来表示割平面约束方程, 则有 $2x_1+2x_2\leqslant 11$.

在 (3.7) 中引入松弛变量 $x_5$, 可得

$$-\frac{1}{2}x_3-\frac{1}{2}x_4+x_5=-\frac{1}{2}. \tag{3.8}$$

将 (3.8) 增添到问题的约束条件中, 得到新的整数规划问题:

$$\max\ z=3x_1+2x_2$$
$$\text{s.t.}\ \begin{cases}2x_1+3x_2+x_3=14,\\ 2x_1+x_2+x_4=9,\\ -\frac{1}{2}x_3-\frac{1}{2}x_4+x_5=-\frac{1}{2},\\ x_i\geqslant 0,\ \text{且为整数}\quad (i=1,2,\cdots,5).\end{cases}$$

表 3.3 第一次新增割平面的单纯形表

| BV. | Eq. | 系数 | | | | | 右边 |
|---|---|---|---|---|---|---|---|
| | | $x_1$ | $x_2$ | $x_3$ | $x_4$ | $x_5$ | |
| $z$ | (0) | 0 | 0 | $\frac{1}{4}$ | $\frac{5}{4}$ | 0 | $\frac{59}{4}$ |
| $x_2$ | (1) | 0 | 1 | $\frac{1}{2}$ | $-\frac{1}{2}$ | 0 | $\frac{5}{2}$ |
| $x_1$ | (2) | 1 | 0 | $-\frac{1}{4}$ | $\frac{3}{4}$ | 0 | $\frac{13}{4}$ |
| $x_5$ | (3) | 0 | 0 | $-\frac{1}{2}$ | $-\frac{1}{2}$ | 1 | $-\frac{1}{2}$ |
| $z$ | (0) | 0 | 0 | 0 | 1 | $\frac{1}{2}$ | $\frac{58}{4}$ |
| $x_2$ | (1) | 0 | 1 | 0 | $-1$ | 1 | 2 |
| $x_1$ | (2) | 1 | 0 | 0 | 1 | $-\frac{1}{2}$ | $\frac{7}{2}$ |
| $x_3$ | (3) | 0 | 0 | 1 | 1 | $-2$ | 1 |

该问题的求解可以在表 3.2 中加入 (3.8), 然后运用对偶单纯形法求出最优解, 见表 3.3.

最优解仍不满足整数约束条件, 因而需进行第二次切割. 对变量 $x_1$ 有

$$x_1 + x_4 - \frac{1}{2}x_5 = \frac{7}{2}.$$

类似可得一个新的割平面方程, 对这个割平面引入松弛变量 $x_6$ 后有

$$-\frac{1}{2}x_5 + x_6 = -\frac{1}{2}. \tag{3.9}$$

将 (3.9) 增添到前一个问题的约束条件中, 得到又一个新的整数规划问题. 对它的求解可以在表 3.3 中加入 (3.9), 然后运用对偶单纯形法求出最优解. 具体计算过程见表 3.4.

由此得最优解为 $x_1^* = 4$, $x_2^* = 1$, 最优值 $z^* = 14$. 该最优解符合整数条件, 因此也是原整数规划问题的最优解.

## 3.3* 约束规划

在 SAS 与 CPLEX 中, 有一类称为约束规划 (constraint programming, 又称限制规划、约束程序设计, 简记为 CP) 的方法, 主要包括约束逻辑规划 (constraint logic programming, CLP) 与并行约束规划 (concurrent constraint programming, CCP). CP 主要使用减域 (domain reduction) 算法和约束传播 (constraint propagation) 算法, 有效地解决了包含逻辑性很强的组合优化问题.

### 3.3.1 基本框架

约束规划主要应用于这样一些问题: 在资源受到相应约束的情况下, 如何做

表 3.4 第二次新增割平面的单纯形表

| BV. | Eq. | 系数 | | | | | | 右边 |
|---|---|---|---|---|---|---|---|---|
| | | $x_1$ | $x_2$ | $x_3$ | $x_4$ | $x_5$ | $x_6$ | |
| $z$ | (0) | 0 | 0 | 0 | 1 | $\frac{1}{2}$ | 0 | $\frac{58}{4}$ |
| $x_2$ | (1) | 0 | 1 | 0 | $-1$ | 1 | 0 | 2 |
| $x_1$ | (2) | 1 | 0 | 0 | 1 | $-\frac{1}{2}$ | 0 | $\frac{7}{2}$ |
| $x_5$ | (3) | 0 | 0 | 1 | 1 | $-2$ | 0 | 1 |
| $x_6$ | (4) | 0 | 0 | 0 | 0 | $-\frac{1}{2}$ | 1 | $-\frac{1}{2}$ |
| $z$ | (0) | 0 | 0 | 0 | 1 | 0 | 1 | 14 |
| $x_2$ | (1) | 0 | 1 | 0 | $-1$ | 0 | 2 | 1 |
| $x_1$ | (2) | 1 | 0 | 0 | 1 | 0 | $-1$ | 4 |
| $x_3$ | (3) | 0 | 0 | 1 | 1 | 0 | $-4$ | 3 |
| $x_5$ | (4) | 0 | 0 | 0 | 0 | 1 | $-2$ | 1 |

出最佳的决策. 通常, 线性规划等主要解决长期性的计划问题, 约束规划则解决短期性的排期问题. 优化问题和技术可以被映射到相应的变量与约束条件. 许多实际运筹问题受益于约束规划和数学规划的混合使用, 参见文献 [3]. 例如, 对于机组或船员调度问题, 约束规划可以生成许多可行的配对, 而数学规划可以选择最佳的组合.

**例 3.7** 现有数学算式 SEND + MORE = MONEY, 每个字母代表一位 $0 \sim 9$ 的数字, 首位不能为 0, 每个字母所代表的数字不同. 请问各个字母所代表的数字是多少?

例 3.7 的求解基本思想是将问题以约束的形式说明性地表达出来, 然后由系统自动地进行问题求解, 这就是约束程序设计的基本思想. 约束程序是关于约束的计算系统, 它的输入是一组约束条件和需要求解的若干问题, 输出问题的解决方案. CP 通过在表示上引入约束谓词, 在推理上引入约束传播和约束满足, 从而提高知识应用系统的表示与推理性能. 实践已经证明 95% 以上的实际约束问题都是有限论域上的约束满足问题 (constraint satisfaction problem, CSP), 因而 CSP 建模技术和相关的求解方法已经成为 CP 中的核心技术. 相关定义如下:

(1) 约束: 一个或多个对象之间的关系的表达式, 用以表示这些变量所必须满足的问题.

(2) 约束语言: 用来描述对象以及对象之间关系的语言, 它包括定义对象的语句, 描述对象之间约束的语句和其他的控制语句.

(3) 约束程序: 由定义一组对象的语句和描述它们之间约束的语句集合组成.

(4) 约束满足系统: 使用各种问题求解方法和约束满足技术来找出约束程序

的解, 即找到使约束程序中描述的约束得到满足的对象的赋值.

CP 的目标有: 所做的描述是否有解; 找到一个解或者所有解; 找到一个最优解. CP 求解方法主要是 CSP 的求解, 就是找到所有变量的一个或多个赋值, 使所有约束都得到满足. 而 CSP 的求解算法是搜索, 如回溯法 (完全算法)、局部搜索算法 (不完全算法)、人工智能和运筹学相结合的方法等. 回溯法是在当前部分赋值向量的基础上, 运用逻辑推理给一些尚未赋值变量赋值, 或者用启发式信息来选择一个新的分枝变量形成两个子问题. 局部搜索算法始终是在一个全局赋值向量的基础之上对目标函数进行改进或者跳出局部极值点, 但是在操作中启发式信息较少, 大量地采用了随机选择.

**定义 3.1 (约束满足问题, CSP)** CSP 定义由多种描述形式, 一种具有代表性的定义是将 CSP 以一个三元组 $\langle X, D, C\rangle$ 来表示, 其中:

(1) 变量集合 $X=\{X_1, X_2, \cdots, X_n\}$ 为一个含有 $n$ 个变元的有限集合.

(2) 变量的取值集合 (域集合) $D=\{D_1, D_2, \cdots, D_n\}$; 每一个变元 $X_i$ 的取值都有一个与之对应的域 $D_i$.

(3) 约束关系集合 $C=\{C_1, C_2, \cdots, C_m\}$, 为一个有关变量约束的有限集合, 其中 $C_i(X_{i1}, X_{i2}, \cdots, X_{ik})$. 任取 $p\in\{1,2,\cdots,k\}$, 称 $X_{ip}$ 是约束 $C_i$ 的相关变量, $C_i$ 是 $X_{ip}$ 的相关约束, $C_i$ 表示相关变量之间的关系.

若找到赋值 $X_1=x_1$, $X_2=x_2, \cdots$, $X_n=x_n$, 使得 $C$ 中所有约束都成立, 则赋值集合 $\{x_1, x_2, \cdots, x_n\}$ 就是 CSP 的一个解.

CSP 框架为 Preprocess, Happy, Atomic, Split, Proceed by Cases (产生一个递归调用来求解新构造的 CSP), Constraint Propagation. 其基本流程如下:

```
Solve:
  VAR continue: BOOLEAN;
  continue:= TRUE;
  WHILE continue AND  NOT Happy DO
    Preprocess;
    Constraint Propagation;
    IF  NOT Happy
    THEN
      IF Atomic
      THEN
         continue:= FALSE
      ELSE
         Split;
         Proceed by  Cases
      END
```

```
  END
END
```

1. Preprocess

通常在 Split 之后执行. 例如, 每个约束变量在每一个约束条件中最多出现一次. 例如, 对

$$ax^7 + bx^5y + cy^{10} = 0,$$

添加一个辅助变量 $z$, 可将其变换为两个等式:

$$ax^7 + z + cy^{10} = 0, \quad bx^5y = z.$$

2. Happy

原始 CSP 所要达到的目标: 一个解决方法、多个解决方法、最优解等.

3. Atomic

单一集合定义, Split 之前需要先检查是否可以进行分解.

4. Split

若约束传播执行后, 没有达到原始的目标, 也就是说 Happy 失败, 并且当前的 CSP 不是原子, 可以将此 CSP 等价分解为两个或者更多 CSP 的组合. 分解方法有分解域与分解约束条件.

(1) 枚举型: $x \in D \Rightarrow x \in \{a\} \mid x \in D - \{a\}$.

(2) 标记: $x \in \{a_1, a_2, \cdots, a_k\} \Rightarrow x \in \{a_1\} \mid \cdots \mid x \in \{a_k\}$.

(3) 二分: $x \in [a, b] \Rightarrow x \in \left[a, \dfrac{a+b}{2}\right] \Big| \left[\dfrac{a+b}{2}, a\right]$.

(4) 析取约束: $C_1 \vee C_2 \Rightarrow C_1 \mid C_2$.

(5) 复合形式: $|p(\overline{x})| = a \Rightarrow p(\overline{x}) = a \mid p(\overline{x}) = -a$.

5. Proceed by Cases

通过 Split 将 CSP 分解为两个或者更多的新 CSP 后, 用 Proceed by Cases 处理. 目的是遍历搜索树, 更新相关变量. 关键是搜索技术, 主要有回溯法与分支界限法, 见图 3.4.

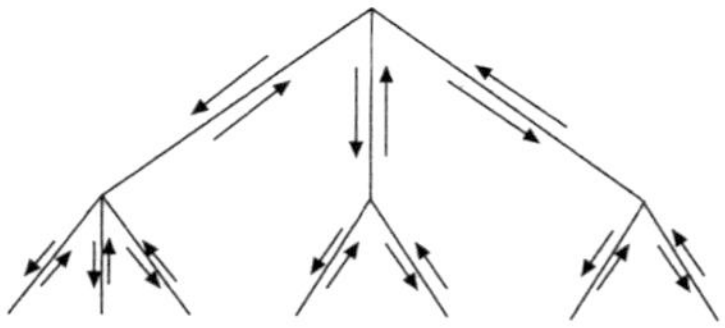

(a) 回溯法

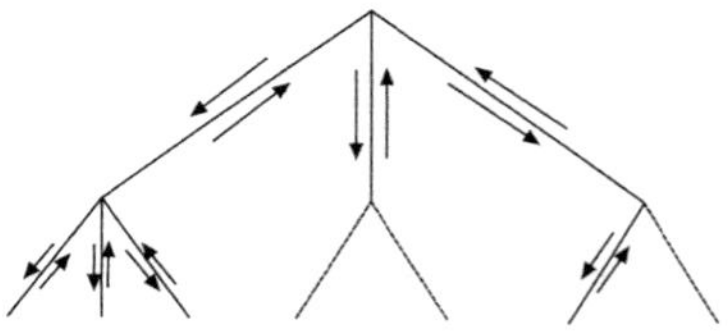

(b) 分支界限法

图 3.4 搜索技术

6. Constraint Propagation

用一个简单的等价 CSP 替换给定的 CSP. 而“简单”取决于具体应用, 通常是在保持等价变换的前提下, 重复进行来缩小域和约束条件. 目的是简化 CSP, 减少搜索空间.

(1) 整数域上的线性不等式. $\langle x<y; x\in[l_x..h_x], y\in[l_y..h_y]\rangle \Rightarrow \langle x<y; x\in[l_x..\min(h_x,h_y-1)], y\in[\max(l_y,l_x+1)..h_y]\rangle$. 这可缩小 $x$, $y$ 的取值区间, 可以重复执行; 保证两个式子等价. 例如, 对

$$\langle x<y, y<z; x\in[50..200], y\in[0..100], z\in[0..100]\rangle,$$

有

$$\begin{aligned} &x<y\ \langle x<y, y<z; x\in[50..99], y\in[51..100], z\in[0..100]\rangle,\\ &y<z\ \langle x<y, y<z; x\in[50..99], y\in[51..99], z\in[52..100]\rangle,\\ &x<y\ \langle x<y, y<z; x\in[50..98], y\in[51..99], z\in[52..100]\rangle. \end{aligned}$$

(2) 线性不等式. 规则 1: $\langle x<y, y<z; \mathcal{DE}\rangle \Rightarrow \langle x<y, y<z, x<z; \mathcal{DE}\rangle$; 规则 2: $\langle x<y, y<x; \mathcal{DE}\rangle \Rightarrow \langle x<y, y<x, \perp; \mathcal{DE}\rangle$, 其中 $\perp$ 是 false constraint (错误约束). 例如, 对

$$\langle x<y, y<z, z<x; \mathcal{DE}\rangle,$$

用规则 1: $\langle x<y, y<z, x<z, z<x; \mathcal{DE}\rangle$. 用规则 2: $\langle x<y, y<z, x<z, z<x, \perp; \mathcal{DE}\rangle$.

(3) 析取子句. resolution rule (添加约束): $\langle C_1\cup\{L\}, C_2\cup\{\overline{L}\}; \mathcal{DE}\rangle \Rightarrow \langle C_1\cup\{L\}, C_2\cup\{\overline{L}\}, C_1\cup C_2; \mathcal{DE}\rangle$. 例如, 对

$$\langle x\vee y, \neg x\vee y\vee z, \neg x\vee\neg z; \mathcal{DE}\rangle,$$

前两个句子: $\langle x\vee y, \neg x\vee y\vee z, \neg x\vee z, y\vee z; \mathcal{DE}\rangle$. 后两个句子: $\langle x\vee y, \neg x\vee y\vee z, \neg x\vee\neg z; y\vee z, \neg x\vee y; \mathcal{DE}\rangle$.

### 3.3.2 基本算法

局部一致性条件是 CSP 中满足变量或约束子集一致性的性质. 它们可以用来减少搜索空间, 并使问题更容易解决. 局部一致性条件包括节点一致性、弧一致性和路径一致性, 每个局部一致性条件都可以通过改变问题而不改变其解决方案来执行. 这种转换称为约束传播. 约束传播通过减少变量域、加强约束或创建新的变量来起作用. 这导致了搜索空间的减少, 使得一些算法更容易解决这个问

题. 约束传播也可以作为一个不可满足性检查, 一般不完整, 但在某些特定的情况下是完整的.

在二元约束情形下的弧一致性条件是最常用的局部一致性概念.

**定义 3.2 (弧一致性)** 若对 $x_i$ 论域中的每一个值 $a$, 都存在 $x_j$ 论域中的一个值 $b$, 使得 $(a,b)$ 满足 $x_i$ 与 $x_j$ 的二元约束关系, 则称 $x_i$ 与 $x_j$ 是弧一致的.

例如, $\langle x<y, y<z, x<z; x\in[0..5], y\in[1..7], z\in[3..8]\rangle$ 就是弧一致的, 而 $\langle x<y, y<z, x<z; x\in[0..5], y\in[0..7], z\in[3..8]\rangle$ 就不是弧一致的.

一般地, 局部一致的 CSP 不一定是一致的. 例如, $\langle x\neq y, y\neq z, z\neq x; x\in[1..2], y\in[1..2], z\in[1..2]\rangle$, 这个 CSP 就是弧一致的, 但不是一致的. 也就是说, 存在赋值分别满足任一个约束, 但不存在赋值同时满足所有约束.

对例 3.7, 有

$$\begin{aligned}1000S+100E+10N+D\\+1000M+100O+10R+E\\=10\,000M+1000O+100N+10E+Y,\end{aligned}$$

其中, $S,M\in[1..9]$, 其他 $\in[0..9]$.

由 $x\neq y$, $D=\{S,E,N,D,M,O,R,Y\}$ 有

$$\begin{aligned}&D+E=10C_1+Y,\\&C_1+N+R=10C_2+E,\\&C_2+E+O=10C_3+N,\\&C_3+S+M=10C_4+O,\\&C_4=M.\end{aligned}$$

Preprocess (等价变换):

$$9000M+900O+90N+Y-(91E+D+1000S+10R)=0,$$

其中, $S,M\in[1..9]$, 其他 $\in[0..9]$.

Happy: 找到所有解.

Atomic: 没有一个域中的元素是多于一个的.

Constraint Propagation (线性等式):

$$S=9,\qquad E\in[0..9], N\in[0..9], D\in[0..9],$$

$$M=1, O\in[0..1],\quad R\in[0..9], Y\in[0..9],$$
$$900O+90N+Y-(91E+D+10R)=0.$$

对 $M=1$, $M\neq O$:

$$O=0,$$
$$90N+Y-(91E+D+10R)=0.$$

对 $M=1$, $O=0$, $S=9$, $X_i\neq X_j$:

$$S=9,\quad E\in[2..8], N\in[2..8], D\in[2..8],$$
$$M=1, O=0,\qquad R\in[2..8], Y\in[2..8],$$
$$90N+Y-(91E+D+10R)=0.$$

Constraint Propagation:

$$\begin{aligned}
&E<N: && E\in[2..7], N\in[3..8],\\
&E=2\ (\text{代入后无解}): && E\in[3..7], N\in[3..8],\\
&E<N: && E\in[3..7], N\in[4..8],\\
&E=3\ (\text{代入后无解}): && E\in[4..7], N\in[4..8],\\
&E<N: && E\in[4..7], N\in[5..8].
\end{aligned}$$

因此, 由约束传播简化后有 $S=9$, $E\in[4..7]$, $N\in[5..8]$, $D\in[2..8]$, $M=1$, $O=0$, $R\in[2..8]$, $Y\in[2..8]$.

Proceed by Cases: 搜索算法 (回溯算法) 见图 3.4. CP 求解最基本的方法是基于树的回溯算法 (backtarcking, BT). 回溯算法可以看作搜索树的深度优先遍历, 而搜索树是在搜寻过程中生成的. 基本过程是不断地 “扩展” 一个部分解. 若在某一步无法继续扩展这个部分解, 即刻回溯到一个更短的部分解并继续扩展, 直至寻找到一个完全解 (原问题可满足) 或是证明问题无解. 基本思想是反复地为变量选择一个与当前部分解一致的值增量地把部分解扩展到完全解, 见图 3.5.

在回溯算法中, 顺序地实例化每个变量, 当与某条约束相关的所有变量都已经被实例化时, 就立即检查该约束的一致性. 若当前部分解违反了任何约束, 就回溯到最近的仍有可选值的实例化变量. 然后用其论域中的其他值来实例化这个变量. 重复这个过程, 若最终每一个变量都被实例化了, 则找到问题的一个解; 若最终没有变量可以回溯, 则说明这个 CSP 无解. 显然, 无论什么时候部分解违反了

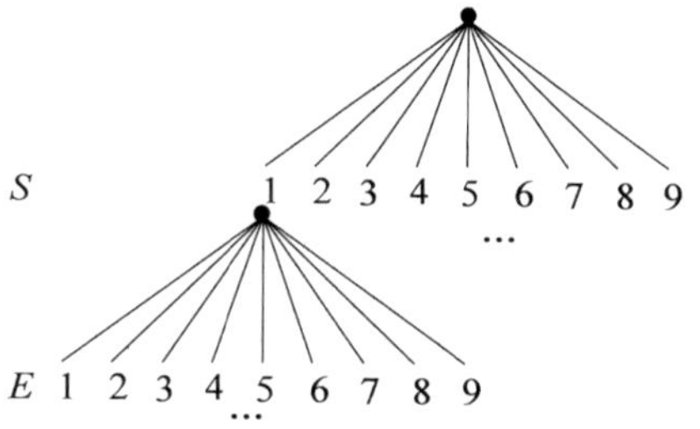


图 3.5 回溯算法

约束, 回溯算法能从所有变量论域的 Cartesian 积中删去子空间. 由于这种标准回溯算法的低效, 人们在它的基础上提出了各种各样的改进方法, 这些方法基本上从缩小搜索空间和寻求更好的搜索路径出发. 提高效率的重要技术是在执行回溯搜索的时候通过每个节点的传播约束, 保持局部一致的水平.

### 3.3.3 建模方式

约束程序设计应用的关键在于问题建模, 而不是像过程性语言那样需要用户把许多精力用于解决问题的具体方法的编程. 例如, 对例 3.7, 在 SAS 中有简单实现形式, 见附录 A.4 节.

CSP 建模是指将应用问题的参数用变量表示, 问题中各个对象之间的相互关系用约束来表达, 并将这种从应用问题中抽象出来的 "高级约束" 翻译为 CP 的约束求解器所支持的 "低级的" 基本约束. 建模要点包括确定变量、域和约束. 建模的一个原则是这些要点的选择应使得约束条件比较容易进行描述.

CP 是一个特别实用的优化工具, 虽然在最优解方面不是那么令人满意, 但是大规模问题下的短时间内得到质量较好的可行解才是能够将运筹学模型落到企业中的关键点. 一些建模小技巧如下:

(1) 尽量引入中间变量保存表达式的值, 且保持 1 对 1 的关系, 这样有助于约束传播, 能大幅度提高模型求解效率.

(2) 建模时尽量使用全局约束 (global constraint). 全局约束有更有助于约束传递和域收敛.

**例 3.8** 试给出排课问题的约束满足模型.

**解** 首先, 确定变量:

班级集合 $C=\{c_1,c_2,\cdots,c_o\}$;

教师集合 $G=\{g_1,g_2,\cdots,g_m\}$;

课程集合 $L=\{l_1,l_2,\cdots,l_n\}$;

教室集合 $R=\{r_1,r_2,\cdots,r_p\}$;

时间集合 $T=\{t_1,t_2,\cdots,t_q\}$;

教学任务集合 $P=\{p_1,p_2,\cdots,p_n\}$; 每个教学任务是一个元素 $p$, 也称为课元, 它自身的基本信息包括教师代号、所教课程代号、所教实体、上课人数等.

其次, 确定约束条件:

(1) 硬约束, 指不可违反的条件, 包括两个等级: 必须的和禁止的.

$C_0$, 每一个课元必须有一个可用的教室;

$C_1$, 一个教室不能同时上两门或两门以上的课;

$C_2$, 一个班级不能同时上两门或两门以上的课;

$C_3$, 一个教师不能同时上两门或两门以上的课;

$C_4$, 限选课不能与该学院下的必选课同时上;

$C_5$, 任选课不能与限选课和必选课同时上.

(2) 软约束, 指在满足硬约束的基本条件的基础上, 提取更多要求的约束条件. 软约束包含 5 个等级: 比较优先的、优先的、一般的、不优先的、比较不优先的.

$C_6$, 对于每个课元排课时间点的安排, 是否连排, 如果不连排所间隔的天数;

$C_7$, 上课形式 (所有周、单周、双周、所有周 + 单周、所有周 + 双周);

$C_8$, 不同周次可以排在同一个教室的课程;

$C_9$, 每门课所要求的教室属性 (在理论课中教室又分为普通教室和多媒体教室, 其他课符合课程类型);

$C_{10}$, 一个教师在同一校区可以排在同一天的课程, 一个教师不可以排在同一天的课程;

$C_{11}$, 在同一校区可以排在同一上午或下午的课程;

$C_{12}$, 不能同一时间上课的课程 (属其他教师) 等.

再次，确定域 (参与排课的数据):

班级信息 $C=\{c_1,c_2,\cdots,c_o\}$;

教师信息 $G=\{g_1,g_2,\cdots,g_m\}$;

课程信息 $L=\{l_1,l_2,\cdots,l_n\}$;

教室信息 $R=\{r_1,r_2,\cdots,r_p\}$;

教学任务信息 $P=\{p_1,p_2,\cdots,p_n\}$ (包括教师代号、所教课程代号、上课班级、上课人数等);

课程所适合并要求的教室信息 $\mathrm{Req}_1=\{\{p_1,\mathrm{req}_{11}\},\{p_2,\mathrm{req}_{12}\},\cdots,\{p_n,\mathrm{req}_{1n}\}\}$;

课程所要求的约束条件信息 $\mathrm{Req}_2=\{\{p_1,\mathrm{req}_{21}\},\{p_2,\mathrm{req}_{22}\},\cdots,\{p_n,\mathrm{req}_{2n}\}\}$;

教师所要求的约束条件信息 $\text{Req}_3=\{\{p_1,\text{req}_{31}\},\{p_2,\text{req}_{32}\},\cdots,\{p_n,\text{req}_{3n}\}\}$;

NP 为每周所有的时间点 (42 个).

该约束模型用 $n$ 个整形变量 $t_i$ 表示课程 $i$ 被安排的时间点, 因此有 $\forall i\in\{1,2,\cdots,n\}$, $\text{domain}(t_i)=\{1,2,\cdots,\text{NP}\}$.

最后, 硬约束模型表示如下:

$C_0$: 课程 $i$ 需要合适的教室 $r_i$, $\forall j\in\{1,2,\cdots,\text{NP}\}$ is Exist $(t_i=j, i\in L\cup r_i\in\{p_i,\text{req}_{1i}\})$;

$C_1$: 教室 $r_k$ 可以安排的 $n$ 门课程, $\text{alldifferent}(t_{i,r_k}\mid r_k\in R, i\in\{1,2,\cdots,n\})$;

$C_2$: 班级 $c_k$ 要上的 $n$ 门课程, $\text{alldifferent}(t_{i,c_k}\mid c_k\in C, i\in\{1,2,\cdots,n\})$;

$C_3$: 教师 $g_k$ 要上的 $n$ 门课程, $\text{alldifferent}(t_{i,g_k}\mid g_k\in G, i\in\{1,2,\cdots,n\})$;

$C_4$: 限选课 $i$ 与该学院下的必选课 $j$, $\forall i,j,t_i\neq t_j$;

$C_5$: 任选课 $i$ 与限选课 $j$ 和必选课 $g$, $\forall i,j,g,t_i\neq t_j,t_i\neq t_g$;

注: 以上课程表示都在同周上.

$C_6$: 课程 $i$ 当天两次课连排, 则 $\text{Equ}(\text{cur}_{i1},\text{cur}_{i2},1)$, 若课程 $i$ 两次不连排, 间隔天数为 $x$, 则 $\text{Equ}(d_{i1},\text{day}_{i2},x)$;

$C_7$: 课程 $i$ 上课形式可以为所有周时, 为单/双周时, 或为单/双周 + 所有周时, 其实综合起来就是所有周上课不冲突, 即 $\text{alldifferent}(t_{\text{all}})$; 单周课和所有周课不冲突, 即 $\text{alldifferent}(t_{\text{noteven}})$; 双周课和所有周课不冲突, 即 $\text{alldifferent}(t_{\text{notodd}})$;

$C_8$: 课程 $i$ 与课程 $k$ 不同周上, 但可以安排在同一教室 $r_l$, 则 $t_l=t_k$, 且 $r_l\in\{p_i,\text{req}_{li}\}\cap\{p_k,\text{req}_{lk}\}$;

$C_9$: 课程 $i$ 所要求的教室属性 $\text{req}_1$, 则 $r_i=\{p_i,\text{req}_{1i}\}$;

$C_{10}$: 设教师 $g_k$, 如果在同一校区可以排在同一天的课程有 $i,j,m$, 则 $\text{day}_i=\text{day}_j=\text{day}_m$, 如果不可以排在同一天的课程有 $i,j$, 则 $\text{day}_i\neq\text{day}_j$;

$C_{11}$: 设教师 $g_k$, 如果在同一校区可以排在同一上午或下午的课程有 $i,j$, 则 $\text{day}_i=\text{day}_j\cup\text{cur}_i$, $\text{cur}_j<2$ 或 $\text{day}_i=\text{day}_j\cup\text{cur}_i$, $\text{cur}_j>2$;

$C_{12}$: 课程 $i$ 与课程 $j$ 不能同一时间上课 (属其他教师), 则 $t_i\neq t_j$.

## 思考题

3.1 试利用 0-1 变量分别表示下列情形.

(1) 变量 $x$ 只能取值 $0,3,5,7$ 中的一个.

(2) 产品 A 或产品 B (或两者均) 生产时, 则产品 C, D 与 E 至少生产一种.

(3) 若 $x_1\leqslant 2$, 则 $x_2\geqslant 1$, 否则 $x_2\leqslant 4$.

(4) 如图 3.6 所示的非凸域 $0ABCDEFG$ 的限制条件, 其中 $A, B, \cdots, G$ 的坐标分别为 $(0,3)$, $(1,3)$, $(2,2)$, $(4,4)$, $(3,1)$, $(5,1)$, $(5,0)$.

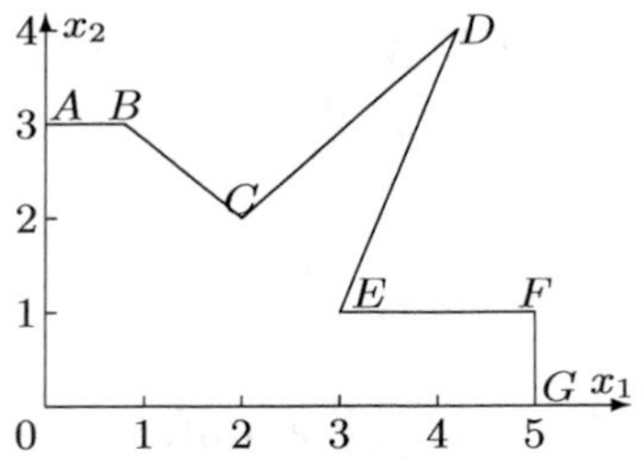

图 3.6 非凸域

3.2 某钻井队要从以下 10 个可供选择的井位中确定 5 个钻井探油, 目的是使总的钻探费用最小. 若 10 个井位代号为 $S_1$, $S_2, \cdots$, $S_{10}$, 相应的钻探费用为 $c_1$, $c_2, \cdots$, $c_{10}$, 并且井位的选择上要满足下列条件:

(1) 或选择 $S_1$ 和 $S_7$, 或选择钻探 $S_8$.

(2) 选择 $S_3$ 或 $S_4$ 就不能选 $S_5$, 或反过来也一样.

(3) 在 $S_2, S_6, S_9, S_{10}$ 中最多只能选两个.

试建立这个问题的数学模型.

3.3 某汽车厂生产微型轿车、中级轿车和高级轿车. 每种轿车需要的资源和销售利润见表 3.5, 其中钢材单位为吨, 人工单位为小时, 利润单位为万元. 为达到经济规模, 每种汽车月产量必须达到一定数量时才可进行生产, 具体为: 微型轿车 1500 辆, 中级轿车 1200 辆, 高级轿车 1000 辆, 请构造一个能使该厂利润最大的整数规划模型.

3.4 某公司有资金 400 万元, 可向 A, B, C 三个项目投资, 已知各项目不同投资的相应效益值 (单位: 万元) 如表 3.6 所示. 问如分配资金可使总效益最大?

表 3.5 资源和销售利润

| | 微型轿车 | 中级轿车 | 高级轿车 | 资源量 |
|---|---|---|---|---|
| 钢材 | 1.5 | 2 | 2.5 | 6000 |
| 人工 | 30 | 40 | 50 | 55000 |
| 利润 | 2 | 3 | 4 | |

表 3.6 效益值

| 项目\投资 | 0 | 1 | 2 | 3 | 4 |
|---|---|---|---|---|---|
| A | 0 | 41 | 48 | 60 | 66 |
| B | 0 | 42 | 50 | 60 | 66 |
| C | 0 | 64 | 68 | 78 | 76 |

3.5 某公司主要生产和销售复印机, 影响复印机销售量的主要因素之一是公司能否提供快捷的维修服务. 历年统计表明, 若维修服务机构的距离在 200 千米之内, 销售量将会明显提高, 表 3.7 是某地区四个主要城市在不同服务条件下一年销售

复印机数量 (单位: 台) 的预测. 每台复印机的销售利润为 1 万元, 在每个城市设立一个服务机构每年的平均费用为 80 万元, 各个城市之间距离 (单位: 千米) 见表 3.8.

表 3.7 销售复印机数量

| 服务机构距离 | A | B | C | D |
|---|---|---|---|---|
| 200 千米之内 | 1000 | 800 | 600 | 500 |
| 200 千米之外 | 700 | 600 | 400 | 300 |

表 3.8 城市之间距离

| 城市 | A | B | C | D |
|---|---|---|---|---|
| A | 0 | 130 | 200 | 350 |
| B | 130 | 0 | 330 | 480 |
| C | 200 | 330 | 0 | 150 |
| D | 350 | 480 | 150 | 0 |

请构造能使该公司年利润最大的整数规划模型.

3.6 为解决污水对河流的污染问题, 某市计划修建污水处理站. 备选的站址有三个, 其投资等技术经济参数见表 3.9, 表中的投资已折算到年. 按环保部门要求, 每年要从污水中清除 8 万吨污染物 I 和 6 万吨污染物 II. 请构造一个整数规划模型, 在满足环保要求的前提下使投资和运行费用最少.

表 3.9 技术经济参数

| | 投资/万元 | 处理能力/(万吨/年) | 污水处理成本/(元/万吨) | 污水处理指标/(吨/万吨) | |
|---|---|---|---|---|---|
| | | | | 污染物 I | 污染物 II |
| 站址 1 | 400 | 800 | 200 | 80 | 60 |
| 站址 2 | 300 | 500 | 300 | 50 | 40 |
| 站址 3 | 250 | 400 | 400 | 40 | 50 |

3.7 一名学生要从 4 个系中挑选 10 门选修课程. 他必须从每个系中至少选 1 门课, 目的是把 10 门课分到 4 个系中, 使得在 4 个领域中的“知识”最多. 由于对课程内容的理解力和课程内容的重复, 他认为若在某一个系所选的课程超过一定数目, 知识就不能显著增加. 为此采用 100 分来衡量学习能力, 并以此来在每个系选修课程的依据. 经过详细调查分析得到表 3.10. 试确定这名学生选修课程的最优方案.

表 3.10 选修课程的学习能力衡量

| 系 | 1 | 2 | 3 | 4 | 5 | 6 | 7 | 8 | 9 | 10 |
|---|---|---|---|---|---|---|---|---|---|---|
| I | 25 | 50 | 60 | 80 | 100 | 100 | 100 | 100 | 100 | 100 |
| II | 20 | 70 | 90 | 100 | 100 | 100 | 100 | 100 | 100 | 100 |
| III | 40 | 60 | 80 | 100 | 100 | 100 | 100 | 100 | 100 | 100 |
| IV | 10 | 20 | 30 | 40 | 50 | 60 | 70 | 80 | 90 | 100 |

# 第 4 章

# 非线性规划

若线性规划中目标函数或约束条件出现非线性情形, 则问题变为非线性规划. 这里介绍非线性规划的一些基本求解算法, 一般性理论介绍参见文献 [1, 6].

## 4.1 问题描述

**例 4.1** 在一定假设下, Markowitz 投资组合模型常被用于确定证券投资组合, 以获得收益和风险之间的最优平衡. 考虑一个投资组合问题 (表 4.1): 在期望回报至少要达到 18% 的前提下, 怎样的投资组合使风险最小?

表 4.1 股票数据

| 股票 | 期望回报 | 风险 (标准差) | 投资组合 | 交叉风险 (协方差) |
|---|---|---|---|---|
| 1 | 21% | 25% | 1 与 2 | 0.040 |
| 2 | 30% | 45% | 1 与 3 | −0.005 |
| 3 | 8% | 5% | 2 与 3 | −0.010 |

**解** 令 $x_j$ $(j=1,2,3)$ 为投资于股票 $j$ 的投资比率, 则模型为

$$\max z = 0.25x_1^2 + 0.45x_2^2 + 0.05x_3^2 + 2(0.04)x_1x_2 + 2(-0.005)x_1x_3 + 2(-0.01)x_2x_3$$

$$\text{s.t.} \begin{cases} 0.21x_1 + 0.3x_2 + 0.08x_3 \geqslant 0.18, \\ x_1 + x_2 + x_3 = 1, \\ x_1 \geqslant 0, x_2 \geqslant 0, x_3 \geqslant 0. \end{cases}$$

进一步地, 可推广非线性规划的一般模型为

$$\min_{\boldsymbol{x}\in X} f(\boldsymbol{x}), \tag{4.1}$$

其中, $X \subseteq \Re^n$, $X$ 称为可行域.

当 $X = \Re^n$ 时, 非线性规划 (4.1) 为无约束问题; 当 $X \subset \Re^n$ 时, (4.1) 为有约束问题. 可行域中的点 $\boldsymbol{x} = (x_1, x_2, \cdots, x_n)^{\mathrm{T}}$ 称为可行点, 或者说点 $\boldsymbol{x}$ 对模型 (4.1) 是可行的. $f(\boldsymbol{x})$ 称为目标函数, 使 $f(\boldsymbol{x})$ 在 $X$ 上取到最小值的点 $\boldsymbol{x}^*$ 称为最优解, 对应的目标函数值称为最优值.

由于问题 $\max\limits_{\boldsymbol{x}\in X} f(\boldsymbol{x})$ 可以转化为等价的模型 $\min\limits_{\boldsymbol{x}\in X}[-f(\boldsymbol{x})]$, 以下仅考虑极小化问题. 为统一起见, 称标准的非线性规划为

$$\begin{aligned} &\min\ f(\boldsymbol{x}) \\ &\text{s.t.} \begin{cases} g_i(\boldsymbol{x}) \leqslant 0 & (i = 1, 2, \cdots, m), \\ h_j(\boldsymbol{x}) = 0 & (j = 1, 2, \cdots, l), \end{cases} \end{aligned} \tag{4.2}$$

其中, $f(\boldsymbol{x}), g_i(\boldsymbol{x}), h_j(\boldsymbol{x})$ 都是定义在 $\Re^n$ 上的实值函数; $g_i(\boldsymbol{x})$ $(i = 1, 2, \cdots, m)$ 及 $h_j(\boldsymbol{x})$ $(j = 1, 2, \cdots, l)$ 称为约束函数, 称 $g_i(\boldsymbol{x}) \leqslant 0$ 为不等式约束, $h_j(\boldsymbol{x}) = 0$ 为等式约束.

记 $\boldsymbol{g}(\boldsymbol{x}) = (g_1(x), g_2(x), \cdots, g_m(x))^{\mathrm{T}}$, $\boldsymbol{h}(\boldsymbol{x}) = (h_1(x), h_2(x), \cdots, h_l(x))^{\mathrm{T}}$, 则模型可简写为

$$\begin{aligned} &\min\ \boldsymbol{f}(\boldsymbol{x}) \\ &\text{s.t.} \begin{cases} \boldsymbol{g}(\boldsymbol{x}) \leqslant \boldsymbol{0}, \\ \boldsymbol{h}(\boldsymbol{x}) = \boldsymbol{0}. \end{cases} \end{aligned}$$

当一个非线性规划问题只有一个或两个决策变量时, 全局最优解及局部最优解具有直观的几何意义. 图 4.1 给出 $n = 1$ 时的直观图示, $x_1, x_2, x_3$ 是局部最优解, 而且 $x_2$ 还是全局最优解, $x_1$ 是严格局部最优解, 而 $x_3$ 不是严格局部最优解. 在非线性规划中, 局部最优解不一定是全局最优解, 而全局最优解一定为局部最优解. 因此, 找出使得局部最优解成为全局最优解的条件非常关键.

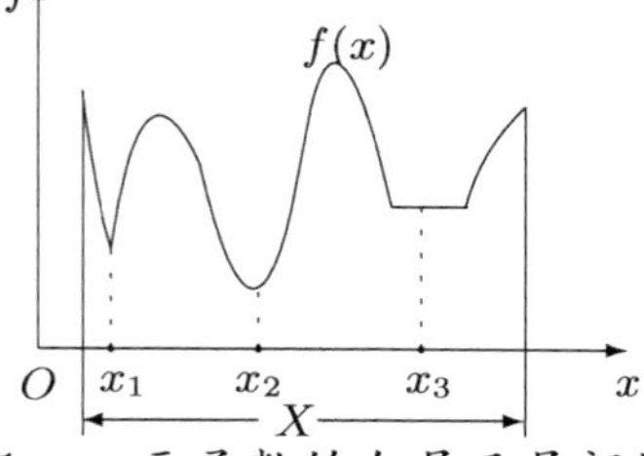


图 4.1 一元函数的全局及局部最优解

## 4.2 图解法

当一个非线性规划模型中只含有两个决策变量时, 也有图解法可以利用.

**例 4.2** 考虑用图解法求解如下非线性规划问题:

(1) $\max f_1(\boldsymbol{x}) = 3x_1 + 5x_2$

$$\text{s.t.} \begin{cases} x_1 \leqslant 4, \\ 9x_1^2 + 5x_2^2 \leqslant 216, \\ x_1 \geqslant 0, x_2 \geqslant 0. \end{cases}$$

(2) $\max f_2(\boldsymbol{x}) = 54x_1 - 9x_1^2 + 78x_2 - 13x_2^2$

$$\text{s.t.} \begin{cases} x_1 \leqslant 4, \\ 2x_2 \leqslant 12, \\ 3x_1 + 2x_2 \leqslant 18, \\ x_1 \geqslant 0, x_2 \geqslant 0. \end{cases}$$

**解** (1) 可行域 $X_1$ 如图 4.2(a) 中阴影区域所示. 点 $(x_1, x_2)^{\mathrm{T}} = (2, 6)^{\mathrm{T}}$ 为最优解, 且最优解落在可行域的边界上 (但它不是可行域 $X_1$ 的顶点或极点).

(2) 可行域 $X_2$ 如图 4.2(b) 中阴影区域所示. 点 $(x_1, x_2)^{\mathrm{T}} = (3, 3)^{\mathrm{T}}$ 为最优解, 落在可行域内部.

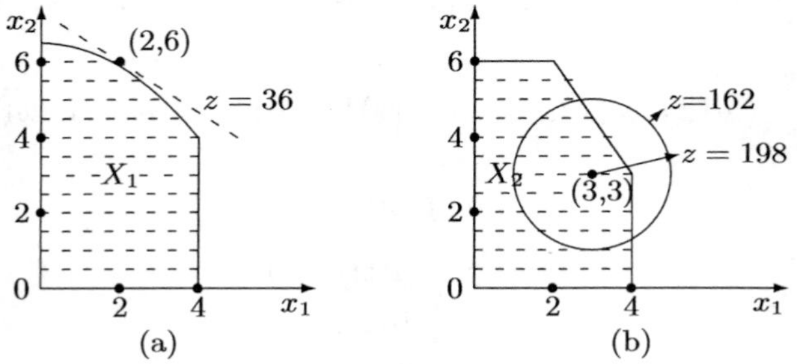


图 4.2 二元函数的全局最优解

在例 4.2 中, (1) 之模型称为二次约束规划, (2) 之模型称为二次规划, 这是 LINGO, CPLEX 或 OPL 等软件中的基本非线性规划问题, 参见 4.3.3 节. 以上求解表明了非线性规划的求解不像线性规划那样, 最优解在顶点处达到, 从而有普适性的算法, 因此对特定问题, 需要特殊的算法进行求解.

## 4.3 特殊规划

这里介绍几类非线性规划问题, 其中二次规划等是 CPLEX, LINGO 与 SAS 等软件求解非线性规划问题的基本算法, 参见文献 [1].

### 4.3.1 凸规划

在非线性规划 (4.2) 中, 若可行域 $X$ 是凸集, 目标函数 $f(\boldsymbol{x})$ 是定义在 $X$ 上的凸函数, 则非线性规划称为非线性凸规划 (简称凸规划).

**定理 4.1** 对于非线性规划 (4.2), 若 $g_i(\boldsymbol{x})$ $(i = 1, 2, \cdots, m)$ 是 $\Re^n$ 上的凸函数, 各 $h_j(\boldsymbol{x})$ $(j = 1, 2, \cdots, l)$ 是线性函数, 并且 $f(\boldsymbol{x})$ 是 $X$ 上的凸函数, 则非线性规划是凸规划.

前面已经指出，函数的局部极小值并不一定是它的最小值，前者只反映了函数的局部性质．然而，对于定义在凸集上的凸函数来说，它的任一极小值就是其最小值，且它的极小点形成一个凸集．

**定理 4.2** 设 $X \subseteq \Re^n$ 为非空凸集，$f : X \to \Re^1$．考虑问题：$\min\limits_{\boldsymbol{x} \in X} f(\boldsymbol{x})$，设 $\overline{\boldsymbol{x}}$ 是一局部最优解，则

(1) 若 $f$ 是凸函数，则 $\overline{\boldsymbol{x}}$ 为全局最优解，且函数 $f$ 的极小点集是一个凸集．

(2) 若 $f$ 是严格凸函数，则 $\overline{\boldsymbol{x}}$ 为唯一的全局最优解．

**定理 4.3** 设 $f : \Re^n \to \Re^1$ 为可微凸函数，$X \subseteq \Re^n$ 为非空凸集．考虑凸规划问题：$\min\limits_{\boldsymbol{x} \in X} f(\boldsymbol{x})$，则

(1) $\overline{\boldsymbol{x}} \in X$ 是最优解的充要条件是对 $\forall\ \boldsymbol{x} \in X$，有 $\nabla f(\overline{\boldsymbol{x}})^{\mathsf{T}}(\boldsymbol{x} - \overline{\boldsymbol{x}}) \geqslant 0$．

(2) 若 $X$ 为开集，则 $\overline{\boldsymbol{x}} \in X$ 是最优解的充要条件是 $\nabla f(\overline{\boldsymbol{x}}) = 0$．

由定理 4.3 结论 (1) 可知，若某点 $\overline{\boldsymbol{x}} \in X$ 是最优解，则对 $\forall \boldsymbol{x} \in X$，向量 $\boldsymbol{x} - \overline{\boldsymbol{x}}$ 与函数 $f$ 在点 $\overline{\boldsymbol{x}}$ 处的梯度向量 $\nabla f(\overline{\boldsymbol{x}})$ 所成的角度小于等于 90° (图 4.3)．

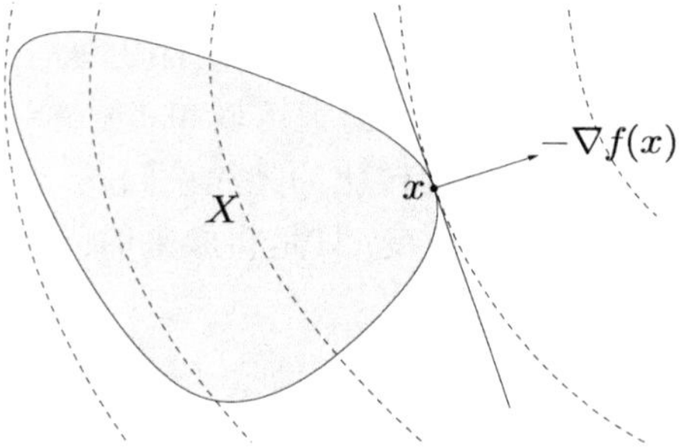


图 4.3 凸函数在最优解处的几何意义

在 2.2 节中提到了对偶性，这里再来补充一些相关知识，即 Lagrangian 对偶①．这套理论不仅适用于凸优化问题，而且对于所有有约束的优化问题都适用，是优化理论中的一个重要部分．

1. 原始问题

对于非线性规划 (4.2)，Lagrangian 对偶的中心思想是在目标函数中考虑上约束条件，即引入 Lagrangian 乘子 $(\boldsymbol{\lambda}, \boldsymbol{\nu})$，得到增广目标函数 —— Lagrangian 函数：

$$L(\boldsymbol{x}, \boldsymbol{\lambda}, \boldsymbol{\nu}) = f(\boldsymbol{x}) + \sum_{i=1}^{m} \lambda_i g_i(\boldsymbol{x}) + \sum_{j=1}^{l} \nu_j h_j(\boldsymbol{x}). \tag{4.3}$$

① 张驰原．支持向量机：Duality．`http://blog.pluskid.org/?p=702`．

Lagrangian 函数通过一些系数将约束条件和目标函数结合在一起. 现在针对 $\boldsymbol{\lambda}$ 和 $\boldsymbol{\nu}$ 最大化 Lagrangian 函数, 令

$$z(\boldsymbol{x}) = \max_{\boldsymbol{\lambda} \geqslant \mathbf{0}, \boldsymbol{\nu}} L(\boldsymbol{x}, \boldsymbol{\lambda}, \boldsymbol{\nu}),$$

其中, $\boldsymbol{\lambda} \geqslant \mathbf{0}$ 可以理解为向量 $\boldsymbol{\lambda}$ 的每一个元素都非负即可.

函数 $z(\boldsymbol{x})$ 对于满足原始问题约束条件的那些 $\boldsymbol{x}$ 来说, 其值等于 $f(\boldsymbol{x})$. 这很容易验证, 因为满足约束条件的 $\boldsymbol{x}$ 会使得 $h_i(\boldsymbol{x}) = 0$, 因此最后一项消掉了; 而 $g_i(\boldsymbol{x}) \leqslant 0$, 并且要求 $\boldsymbol{\lambda} \geqslant \mathbf{0}$, 因此 $\lambda_i g_i(\boldsymbol{x}) \leqslant 0$, 最大值只能在它们都取 0 的时候得到, 此时就只剩下 $f(\boldsymbol{x})$. 因此, 对于满足约束条件的那些 $\boldsymbol{x}$ 来说, $f(\boldsymbol{x}) = z(\boldsymbol{x})$. 这样, 原始的有约束优化问题其实等价于无约束优化问题:

$$\min_{\boldsymbol{x}} z(\boldsymbol{x}).$$

对于两个问题的等价性, 还可以这样理解: 因为如果原始问题有最优值, 那么肯定是在满足约束条件的某个 $\boldsymbol{x}^*$ 处取得, 而对于所有满足约束条件的 $\boldsymbol{x}$, $z(\boldsymbol{x})$ 和 $f(\boldsymbol{x})$ 都相等. 至于那些不满足约束条件的 $\boldsymbol{x}$, 原始问题是无法取到的, 否则极值问题无解. 很容易验证对于这些不满足约束条件的 $\boldsymbol{x}$ 有 $z(\boldsymbol{x}) = \infty$, 这也和原始问题是一致的, 因为求最小值得到无穷大可以和 "无解" 看作相容的.

至此, 已经成功地将有约束问题转化为无约束问题. 不过, 这其实只是一个形式上的重写, 并没有什么本质上的改变, 只是将原来的问题通过 Lagrangian 函数写作如下形式:

$$\min_{\boldsymbol{x}} f(\boldsymbol{x}) = \min_{\boldsymbol{x}} \max_{\boldsymbol{\lambda} \geqslant \mathbf{0}, \boldsymbol{\nu}} L(\boldsymbol{x}, \boldsymbol{\lambda}, \boldsymbol{\nu}). \tag{4.4}$$

这个问题 (或者说原始的有约束的形式) 称作原始问题.

2. 对偶问题

自然地, 与原始问题相对应地还有一个对偶问题, 其形式非常类似, 只是将 min 和 max 交换了一下:

$$\max_{\boldsymbol{\lambda} \geqslant \mathbf{0}, \boldsymbol{\nu}} \min_{\boldsymbol{x}} L(\boldsymbol{x}, \boldsymbol{\lambda}, \boldsymbol{\nu}). \tag{4.5}$$

交换之后的对偶问题 (4.5) 和原来的原始问题 (4.4) 并不相等. 和刚才的 $z(\boldsymbol{x})$ 类似, 也用一个记号来表示这个内层的函数, 记

$$d(\boldsymbol{\lambda}, \boldsymbol{\nu}) = \min_{\boldsymbol{x}} L(\boldsymbol{x}, \boldsymbol{\lambda}, \boldsymbol{\nu}), \tag{4.6}$$

并称 $d(\boldsymbol{\lambda}, \boldsymbol{\nu})$ 为 Lagrange 对偶函数 (不要和 Lagrangian 函数 (4.3) 混淆了). $d$ 有一个很好的性质就是它是原始问题的一个下界. 换句话说, 如果原始问题的

最小值记为 $p^*$, 那么对于所有的 $\boldsymbol{\lambda} \geqslant \mathbf{0}$ 和 $\boldsymbol{\nu}$, 有

$$d(\boldsymbol{\lambda}, \boldsymbol{\nu}) \leqslant p^*.$$

因为对于极值点 (实际上包括所有满足约束条件的点) $\boldsymbol{x}^*$, $\boldsymbol{\lambda} \geqslant \mathbf{0}$, 总是有

$$\sum_{i=1}^{m} \lambda_i g_i(\boldsymbol{x}^*) + \sum_{j=1}^{l} \nu_j h_j(\boldsymbol{x}^*) \leqslant 0,$$

因此

$$L(\boldsymbol{x}^*, \boldsymbol{\lambda}, \boldsymbol{\nu}) = f(\boldsymbol{x}^*) + \sum_{i=1}^{m} \lambda_i g_i(\boldsymbol{x}^*) + \sum_{j=1}^{l} \nu_j h_j(\boldsymbol{x}^*) \leqslant f(\boldsymbol{x}^*).$$

于是

$$d(\boldsymbol{\lambda}, \boldsymbol{\nu}) = \min_{\boldsymbol{x}} L(\boldsymbol{x}, \boldsymbol{\lambda}, \boldsymbol{\nu}) = L(\boldsymbol{x}^*, \boldsymbol{\lambda}, \boldsymbol{\nu}) \leqslant f(\boldsymbol{x}^*) = p^*. \tag{4.7}$$

这样一来就确定了 $d$ 的下界性质, 于是

$$d^* = \max_{\boldsymbol{\lambda} \geqslant \mathbf{0}, \boldsymbol{\nu}} d(\boldsymbol{\lambda}, \boldsymbol{\nu})$$

实际上就是最大的下界. 这是很自然的, 因为得到下界之后, 自然地就希望得到最好的下界, 也就是最大的那一个 —— 因为它离要逼近的值最近. 由 (4.7) 有

$$d^* \leqslant p^*.$$

这个性质称作弱对偶性, 对于所有优化问题都成立, 其中 $p^* - d^*$ 称作对偶间隙. 由于对偶函数 (4.6) 是关于 $(\boldsymbol{\lambda}, \boldsymbol{\mu})$ 仿射函数的逐点下确界, 所以不管原始问题 (4.2) 是不是凸的, 其对偶函数 (4.6) 一定是凹的, 即对偶问题 (4.5) 总是一个凸优化问题 —— 其极值唯一 (若存在). 一般软件包都可以求解凸优化问题, 这样, 对于那些难以求解的原始问题 (甚至可以是 NP 问题), 可以通过找出其对偶问题, 并通过优化这个对偶问题来得到原始问题的一个下界估计. 或者说甚至都不用去优化这个对偶问题, 而是 (通过某些方法, 如随机) 选取一些 $\boldsymbol{\lambda} \geqslant \mathbf{0}$ 和 $\boldsymbol{\nu}$, 代入 $d(\boldsymbol{\lambda}, \boldsymbol{\nu})$ 中, 也会得到一些下界 (只不过不一定是最大的那个下界而已). 当然要选 $\boldsymbol{\lambda}$ 和 $\boldsymbol{\nu}$ 也并不是总是 "随机选" 那么容易. 根据具体问题, 有时选出来的 $\boldsymbol{\lambda}$ 和 $\boldsymbol{\nu}$ 代入 $d$ 会得到 $-\infty$, 这虽然是一个完全合法的下界, 然而却并没有带来任何有用的信息.

既然有弱对偶性, 显然就会有强对偶性. 所谓强对偶性, 就是

$$d^* = p^*.$$

这是一个很好的性质, 在强对偶性成立的情况下, 可以通过求解对偶问题来优化原始问题. 当然并不是所有的问题都能满足强对偶性, 这里简单提一下强对偶性成立的条件 —— Slater 条件和 KKT 条件.

3. Slater 条件

Slater 条件是指存在严格满足约束条件的点 $\boldsymbol{x}$, 这里的"严格"是指 $g_i(\boldsymbol{x}) \leqslant 0$ 中的"小于或等于号"要严格取到"小于号", 即存在 $\boldsymbol{x}$ 满足

$$g_i(\boldsymbol{x}) < 0 \quad (i = 1, 2, \cdots, m),$$
$$h_i(\boldsymbol{x}) = 0 \quad (j = 1, 2, \cdots, l),$$

且有: 如果原始问题是凸的并且满足 Slater 条件, 则强对偶性成立. 需要注意的是, 这里只是指出了强对偶性成立的一种情况, 但并不是唯一情况. 例如, 对于某些非凸优化问题, 强对偶性也成立.

4. KKT 条件

回到对偶性, 下面来看看强对偶性成立时候的一些性质. 假设 $\boldsymbol{x}^*$ 和 $(\boldsymbol{\lambda}^*, \boldsymbol{\nu}^*)$ 分别是原始问题和对偶问题的极值点, 相应的极值为 $p^*$ 和 $d^*$, 首先 $p^* = d^*$, 此时可以得到

$$\begin{aligned} f(\boldsymbol{x}^*) = d(\boldsymbol{\lambda}^*, \boldsymbol{\nu}^*) &= \min_{\boldsymbol{x}} \left( f(\boldsymbol{x}) + \sum_{i=1}^{m} \lambda_i^* g_i(\boldsymbol{x}) + \sum_{j=1}^{l} \nu_j^* h_j(\boldsymbol{x}) \right) \\ &\leqslant f(\boldsymbol{x}^*) + \sum_{i=1}^{m} \lambda_i^* g_i(\boldsymbol{x}^*) + \sum_{j=1}^{l} \nu_j^* h_j(\boldsymbol{x}^*) \leqslant f(\boldsymbol{x}^*). \end{aligned} \tag{4.8}$$

由于 (4.8) 两边是相等的, 所以这一系列的式子里的不等号全部都可以换成等号. 根据第一个不等号可以得到 $\boldsymbol{x}^*$ 是 $L(\boldsymbol{x}, \boldsymbol{\lambda}^*, \boldsymbol{\nu}^*)$ 的一个极值点, 由此可以知道 $L(\boldsymbol{x}, \boldsymbol{\lambda}^*, \boldsymbol{\nu}^*)$ 在 $\boldsymbol{x}^*$ 处的梯度应该等于 $\mathbf{0}$, 即

$$\nabla f(\boldsymbol{x}^*) + \sum_{i=1}^{m} \lambda_i^* \nabla g_i(\boldsymbol{x}^*) + \sum_{j=1}^{l} \nu_j^* \nabla h_j(\boldsymbol{x}^*) = \mathbf{0}.$$

此外, 由第二个不等式, 又显然 $\lambda_i^* g_i(\boldsymbol{x}^*)$ 都是非正的, 可以得到

$$\lambda_i^* g_i(\boldsymbol{x}^*) = 0 \quad (i = 1, 2, \cdots, m),$$

这个条件称为互补松弛性. 显然, 如果 $\lambda_i^* > 0$, 那么必定有 $g_i(\boldsymbol{x}^*) = 0$; 反过来, 如果 $g_i(\boldsymbol{x}^*) < 0$ 那么可以得到 $\lambda_i^* = 0$. 再将其他一些显而易见的条件写到一起, 就是 KKT (Karush-Kuhn-Tucker) 条件:

$$g_i(\boldsymbol{x}^*) \leqslant 0 \qquad (i = 1, 2, \cdots, m), \tag{4.9a}$$
$$h_j(\boldsymbol{x}^*) = 0 \qquad (j = 1, 2, \cdots, l), \tag{4.9b}$$

$$\lambda_i^* \geqslant 0 \qquad (i=1,2,\cdots,m), \tag{4.9c}$$

$$\lambda_i^* g_i(\boldsymbol{x}^*) = 0 \quad (i=1,2,\cdots,m), \tag{4.9d}$$

$$\nabla f(\boldsymbol{x}^*) + \sum_{i=1}^{m} \lambda_i^* \nabla g_i(\boldsymbol{x}^*) + \sum_{j=1}^{l} \nu_j^* \nabla h_j(\boldsymbol{x}^*) = 0 \qquad . \tag{4.9e}$$

任何满足强对偶性 (不一定要求是通过 Slater 条件得到, 也不一定要求是凸优化问题) 的问题都满足 KKT 条件 (4.9), 即这是强对偶性的一个必要条件. 不过, 当原始问题是凸优化问题的时候 (当然还要求相应函数是可微的, 否则 KKT 条件的 (4.9e) 就没有意义), KKT 条件就是充要条件. 即如果原始问题是一个凸优化问题, 且存在 $\widetilde{\boldsymbol{x}}$ 和 $(\widetilde{\boldsymbol{\lambda}}, \widetilde{\boldsymbol{\nu}})$ 满足 KKT 条件, 那么它们分别是原始问题和对偶问题的极值点并且强对偶性成立. 其证明也比较简单.

首先若原始问题是凸优化问题, 则 $d(\boldsymbol{\lambda},\boldsymbol{\nu}) = \min\limits_{\boldsymbol{x}} L(\boldsymbol{x},\boldsymbol{\lambda},\boldsymbol{\nu})$ 的求解对每一组固定的 $(\boldsymbol{\lambda},\boldsymbol{\nu})$ 来说也是一个凸优化问题. 由 KKT 条件的 (4.9e) 知道 $\widetilde{\boldsymbol{x}}$ 是 $\min\limits_{\boldsymbol{x}} L(\boldsymbol{x},\widetilde{\boldsymbol{\lambda}},\widetilde{\boldsymbol{\nu}})$ 的极值点 (如果不是凸优化问题, 则不一定能推出来), 即

$$\begin{aligned} d(\widetilde{\boldsymbol{\lambda}},\widetilde{\boldsymbol{\nu}}) &= \min_{\boldsymbol{x}} L(\boldsymbol{x},\widetilde{\boldsymbol{\lambda}},\widetilde{\boldsymbol{\nu}}) = L(\widetilde{\boldsymbol{x}},\widetilde{\boldsymbol{\lambda}},\widetilde{\boldsymbol{\nu}}) \\ &= f(\widetilde{\boldsymbol{x}}) + \sum_{i=1}^{m} \widetilde{\lambda}_i^* g_i(\widetilde{\boldsymbol{x}}) + \sum_{j=1}^{l} \widetilde{\nu}_j^* h_j(\widetilde{\boldsymbol{x}}) = f(\widetilde{\boldsymbol{x}}). \end{aligned}$$

KKT 条件的(4.9e) 是根据 (4.9b) 和 (4.9d) 得到的. 由于 $d$ 是 $f$ 的下界, 这样一来, 就证明了对偶间隙为 0, 即强对偶性成立.

对 KKT 条件的理解还有另一种思路. 为此, 先引入几个辅助概念.

(1) $\leqslant 0$ 不等式约束: 可行点 $\boldsymbol{x}$ 处的可行下降方向 $\boldsymbol{p}$ 与该点处目标函数的负梯度方向的夹角为钝角, 与该点起作用约束函数的梯度方向的夹角也为钝角.

(2) $\geqslant 0$ 不等式约束: 可行点 $\boldsymbol{x}$ 处的可行下降方向 $\boldsymbol{p}$ 与该点处目标函数的负梯度方向的夹角为锐角, 与该点起作用约束函数的梯度方向的夹角也为锐角.

(3) 等式约束: 可行点 $\boldsymbol{x}$ 处的可行下降方向 $\boldsymbol{p}$ 与该点处目标函数的负梯度方向的夹角为直角, 与该点处的约束函数的梯度方向向量的内积为 0.

由 KKT 条件的 (4.9d) 可知, 当不等式约束 $g_i(\boldsymbol{x}) \leqslant 0$ 在 $\boldsymbol{x}^*$ 处为不起作用约束时, $\lambda_i^*$ 必为 0. 这样, (4.9e) 其实就是可行点 $\boldsymbol{x}^*$ 处的目标函数梯度方向, 与该点处不等式约束的起作用约束函数的梯度方向, 以及等式约束函数的梯度方向的线性组合.

假设存在可行下降方向 $\boldsymbol{p}$, (4.9e) 两边同乘以 $\boldsymbol{p}$, 则可得到

$$\nabla f(\boldsymbol{x}^*)\cdot\boldsymbol{p} - \sum_{i=1}^{m} \lambda_i \nabla g_i(\boldsymbol{x}^*)\cdot\boldsymbol{p} - \sum_{j=1}^{l} \nu_j \nabla h_j(\boldsymbol{x}^*)\cdot\boldsymbol{p} = 0.$$

由上面的辅助概念 (1) 可知, $\nabla f(\boldsymbol{x}^*)\cdot \boldsymbol{p}<0$, $\nabla g_i(\boldsymbol{x}^*)\cdot \boldsymbol{p}>0$.

由上面的辅助概念 (3) 可知, $\nu_j \nabla h_j(\boldsymbol{x}^*)\cdot \boldsymbol{p}=0$.

由此可知, 等式不成立, 即假设不成立, $\boldsymbol{p}$ 不存在, 此时点 $\boldsymbol{x}^*$ 为局部最优解.

通常称 $f(\boldsymbol{x}^*)-\sum\limits_{i=1}^{m}\lambda_i g_i(\boldsymbol{x}^*)-\sum\limits_{j=1}^{l}\nu_j h_j(\boldsymbol{x}^*)$ 为非线性规划 (4.2) 的广义 Lagrangian 函数. 当该非线性规划问题只包含等式约束时, 此 KKT 条件便具有以下形式:

$$\nabla f(\boldsymbol{x}^*)-\sum_{j=1}^{l}\nu_j h_j(\boldsymbol{x}^*)=\boldsymbol{0},$$

此即为狭义 Lagrangian 函数关于 $\boldsymbol{x}^*$ 求导形式.

此外, KKT 条件还可以从几何意义方面进行理解, 参见文献 [6].

总体来说, 一个优化问题, 通过求出它的对偶问题, 在只有弱对偶性成立的情况下, 至少可以得到原始问题的一个下界. 而如果强对偶性成立, 则可以直接求解对偶问题来解决原始问题. 有时, 有可能对偶问题比原始问题更容易求解, 或者对偶问题有一些优良的结构. 此外, 还有一些情况会同时求解对偶和原始问题, 例如, 在迭代求解的过程中, 通过判断对偶间隙的大小, 可以得出一个有效的迭代停止条件.

**例 4.3** 求解非线性规划:

$$\min\ f(x_1,x_2)=-x_1-2x_2+\frac{1}{2}x_1^2+\frac{1}{2}x_2^2$$
$$\text{s.t.}\ \begin{cases} g_1(x_1,x_2)=2x_1+3x_2\leqslant 6,\\ g_2(x_1,x_2)=x_1+4x_2\leqslant 5,\\ x_1,x_2\geqslant 0.\end{cases}$$

**解** 令 $L(\boldsymbol{x},\boldsymbol{\lambda})=f(\boldsymbol{x})+\sum\limits_{i=1}^{2}\lambda_i g_i(\boldsymbol{x})$, 由 KKT 条件有:

① 若$x_1>0$, 则 $\dfrac{\partial L}{\partial x_1}=(-1+x_1)+2\lambda_1+\lambda_2=0$.

若 $x_2>0$, 则 $\dfrac{\partial L}{\partial x_2}=(-2+x_2)+3\lambda_1+4\lambda_2=0$.

② 若 $x_1=0$, 则 $\dfrac{\partial L}{\partial x_1}=(-1+x_1)+2\lambda_1+\lambda_2>0$.

若 $x_2=0$, 则 $\dfrac{\partial L}{\partial x_2}=(-2+x_2)+3\lambda_1+4\lambda_2>0$.

③ 若 $\lambda_1>0$, 则 $g_1(x_1,x_2)=2x_1+3x_2=6$.

若 $\lambda_2>0$, 则 $g_2(x_1,x_2)=x_1+4x_2=5$.

④ 若 $\lambda_1=0$, 则 $g_1(x_1,x_2)=2x_1+3x_2<6$.

若 $\lambda_2=0$, 则 $g_2(x_1,x_2)=x_1+4x_2<5$.

⑤ $x_1, x_2 \geqslant 0$.

⑥ $\lambda_1, \lambda_2 \geqslant 0$.

(1) 求出驻点.

若 $\lambda_1 = 0$, $\lambda_2 = 0$, 则由 ① 得 $x_1 = 1$, $x_2 = 2$, 这与 ④ 矛盾, 舍去;

若 $\lambda_1 > 0$, $\lambda_2 > 0$, 则由 ③ 得 $x_1 = \frac{9}{5}$, $x_2 = \frac{4}{5}$, 代入 ① 得 $\lambda_1 = \frac{22}{25}$, $\lambda_2 = -\frac{24}{25} < 0$, 矛盾, 舍去;

若 $\lambda_1 = 0$, $\lambda_2 > 0$, 则由 ③, ① 得 $x_1 = \frac{13}{17}$, $x_2 = \frac{18}{17}$, $\lambda_1 = 0$, $\lambda_2 = \frac{4}{17}$, 用 ④ 校验正确, 得驻点 $\boldsymbol{x}^* = (\frac{13}{17}, \frac{18}{17})^\mathsf{T}$;

若 $\lambda_1 > 0$, $\lambda_2 = 0$, 则由 ③, ① 得 $x_1 = \frac{9}{13}$, $x_2 = \frac{20}{13}$, $\lambda_1 = \frac{2}{13}$, $\lambda_2 = 0$, 用 ④ 校验不正确, 舍去.

(2) 验证规划的凸性.

因为 $f(\boldsymbol{x})$ 的 Hessian 矩阵

$$\boldsymbol{H} = \begin{bmatrix} 1 & 0 \\ 0 & 1 \end{bmatrix}$$

正定, 所以 $f(\boldsymbol{x})$ 为凸函数.

又因为 $g_1(x_1, x_2)$, $g_2(x_1, x_2)$ 均为线性函数, 故 $g_1$, $g_2$ 均为凸函数. 所以原规划为凸规划, 从而 $\boldsymbol{x}^* = \left(\frac{13}{17}, \frac{18}{17}\right)^\mathsf{T}$ 为最小值, 此时 $f^* = -\frac{1173}{578}$.

### 4.3.2 分式规划

在数学规划问题中, 若目标函数为分式函数, 且约束条件中的函数是线性的, 则称为线性分式规划, 简称分式规划. 分式规划通常可表示为如下形式:

$$\begin{aligned} &\min \ \frac{\boldsymbol{p}^\mathsf{T}\boldsymbol{x} + \alpha}{\boldsymbol{q}^\mathsf{T}\boldsymbol{x} + \beta} \\ &\text{s.t.} \begin{cases} \boldsymbol{A}\boldsymbol{x} \leqslant \boldsymbol{b}, \\ \boldsymbol{x} \geqslant \boldsymbol{0}, \end{cases} \end{aligned} \tag{4.10}$$

其中, $\alpha, \beta$ 为常数; $\boldsymbol{p}, \boldsymbol{q}$ 为 $n$ 维列向量; $\boldsymbol{b}$ 为 $m$ 维列向量; $\boldsymbol{A}$ 为 $m \times n$ 阶矩阵.

这一类问题有类似于线性规划问题的极好的性质.

(1) 若分式规划问题存在最优解, 则最优解可在可行域顶点上达到.

(2) 任一局部极小值即全局极小值.

下面, 简要介绍由 Charnes 和 Cooper 于 1962 年提出的用单纯形法求解分式规划问题 (4.10) 的方法.

设集合 $S=\{\boldsymbol{x}\in\Re^n \mid \boldsymbol{A}\boldsymbol{x}\leqslant\boldsymbol{b},\boldsymbol{x}\geqslant\boldsymbol{0}\}$ 是有界闭集, 且对 $\forall\boldsymbol{x}\in S$, 有 $\boldsymbol{q}^{\mathsf T}\boldsymbol{x}+\beta>0$. 引入新变量 $z$, 令 $z=\dfrac{1}{\boldsymbol{q}^{\mathsf T}\boldsymbol{x}+\beta}$, $\boldsymbol{y}=z\boldsymbol{x}$, 则以上模型可转化为线性规划模型:

$$
\begin{aligned}
\min\quad & \boldsymbol{p}^{\mathsf T}\boldsymbol{y}+\alpha z\\
\text{s.t.}\quad & \begin{cases}\boldsymbol{A}\boldsymbol{y}-\boldsymbol{b}z\leqslant 0,\\ \boldsymbol{q}^{\mathsf T}\boldsymbol{y}+\beta z=1,\\ \boldsymbol{y}\geqslant\boldsymbol{0},z\geqslant 0.\end{cases}
\end{aligned}
\tag{4.11}
$$

至此, 可用单纯形法来求解此规划, 并最终得到原分式规划的最优解.

**例 4.4** 求解下列分式规划:

$$
\begin{aligned}
\min\quad & \frac{-2x_1+x_2+2}{x_1+3x_2+4}\\
\text{s.t.}\quad & \begin{cases}-x_1+x_2\leqslant 4,\\ 2x_1+x_2\leqslant 14,\\ x_2\leqslant 6,\\ x_1\geqslant 0,x_2\geqslant 0.\end{cases}
\end{aligned}
$$

**解** 令 $z=\dfrac{1}{x_1+3x_2+4}$, $\boldsymbol{y}=z\boldsymbol{x}$, 则原分式规划问题可转化为如下等价的线性规划模型:

$$
\begin{aligned}
\min\quad & -2y_1+y_2+2z\\
\text{s.t.}\quad & \begin{cases}-y_1+y_2-4z\leqslant 0,\\ 2y_1+y_2-14z\leqslant 0,\\ y_2-6z\leqslant 0,\\ y_1+3y_2+4z=1,\\ y_1\geqslant 0,y_2\geqslant 0,z\geqslant 0.\end{cases}
\end{aligned}
$$

用单纯形法求得, $y_1=\dfrac{7}{11}$, $y_2=0$, $z=\dfrac{1}{11}$ 是以上线性规划模型的最优解, 故原分式规划的最优解为 $x_1=\dfrac{y_1}{z}=7$, $x_2=\dfrac{y_2}{z}=0$.

### 4.3.3 二次规划

考虑如下的二次规划:

$$
\begin{aligned}
\min\quad & \boldsymbol{c}^{\mathsf T}\boldsymbol{x}+\frac{1}{2}\boldsymbol{x}^{\mathsf T}\boldsymbol{H}\boldsymbol{x}\\
\text{s.t.}\quad & \begin{cases}\boldsymbol{A}\boldsymbol{x}\leqslant\boldsymbol{b},\\ \boldsymbol{x}\geqslant\boldsymbol{0},\end{cases}
\end{aligned}
\tag{4.12}
$$

其中, $\boldsymbol{c}=(c_1,c_2,\cdots,c_n)^{\mathsf{T}}$; $\boldsymbol{b}=(b_1,b_2,\cdots,b_m)^{\mathsf{T}}$; $\boldsymbol{A}$ 为 $m\times n$ 阶矩阵; $\boldsymbol{H}$ 为 $n\times n$ 阶对称矩阵, 记 $\boldsymbol{H}=(h_{ij})_{n\times n}$, 对 $\forall i,j\in\{1,2,\cdots,n\}$, $h_{ij}=h_{ji}$.

故目标函数 $f(\boldsymbol{x})$ 为

$$f(\boldsymbol{x})=\boldsymbol{c}^{\mathsf{T}}\boldsymbol{x}+\frac{1}{2}\boldsymbol{x}^{\mathsf{T}}\boldsymbol{H}\boldsymbol{x}=\sum_{j=1}^{n}c_jx_j+\frac{1}{2}\sum_{i=1}^{n}\sum_{j=1}^{n}h_{ij}x_ix_j.$$

在 (4.12) 中, 约束条件其他形式还有 $\boldsymbol{Ax}\geqslant(=)\,\boldsymbol{b}$ 与变量有界形式 $\boldsymbol{l}\leqslant\boldsymbol{x}\leqslant\boldsymbol{u}$ 等. 若增加一类约束条件 $\boldsymbol{a}_i^{\mathsf{T}}\boldsymbol{x}+\boldsymbol{x}\boldsymbol{Q}_i\boldsymbol{x}\leqslant\boldsymbol{r}_i\ (i=1,2,\cdots,q)$, 即 CPLEX 中所谓的二次约束规划问题.

二次规划的解法很多, 一类算法的思路源自线性规划, 这是因为常把二次规划看成是由线性规划到非线性规划的过渡, 参见文献 [1].

二次规划之所以引起注意, 不单是因为在实际中常出现这种模型, 还因为它是解一般 NP 问题的有力工具. 由 Taylor 级数展开理论可知, 一个平滑函数在给定点的邻域内可由一个二次函数来近似. 利用这一原理, 在求解一般 NP 问题的投影 Lagrange 方法中, 二次规划常作为子问题, 此时也称为序列二次规划法 (sequential quadratic programming method, SQPM), 或基于二次规划的 Lagrange 方法.

显然, 在应用 3.2 节介绍的分枝定界法解决混合整数二次规划 (mixed-integer quadratic programs, MIQP) 问题和混合整数二次约束规划 (mixed-integer quadratically constrained programs, MIQCP) 问题后, 结合应用 SQPM 可解决一般的混合整数规划问题. 因此, 这些算法已成为 CPLEX 等软件解决混合整数规划问题的核心技术.

## 4.4 一般规划

根据是否含有约束条件, 一般的非线性规划问题又可以分为无约束问题与有约束问题.

### 4.4.1 无约束问题

无约束问题的求解方法大体上可以概括为两大类: ① 间接法 (解析法), 适用于目标函数有简单明确的数学表达式情形; ② 直接法 (搜索法), 适用于目标函数复杂或无明确的数学表达式情形.

#### 4.4.1.1 单变量函数

单变量函数求极值的方法有对分法、0.618 法、Fibonacci 法等, 它们都是区间消去法. 区间消去法的基本原理是逐步缩小搜索区间, 直至极值点存在的区间达到允许的误差范围, 见图 4.4.

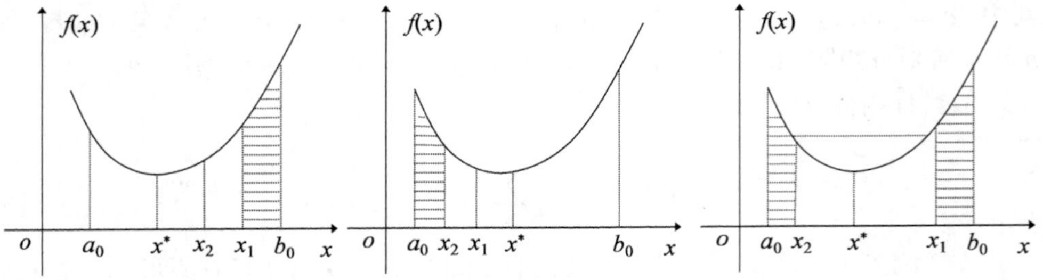


(a) $x_1, x_2$ 在 $x^*$ 的右侧　(b) $x_1, x_2$ 在 $x^*$ 的左侧　(c) $x_1, x_2$ 在 $x^*$ 的两侧

图 4.4　单变量函数消去法的基本原理

设要寻求 $f(x)$ 的极小值点为 $x^*$, 起始搜索区间为 $[a_0, b_0]$. 对任意的 $x_1, x_2 \in [a_0, b_0]$, 且 $x_2 < x_1$, 计算 $f(x_1)$ 和 $f(x_2)$, 并且比较结果:

(1) $x_1$, $x_2$ 均在 $x^*$的右侧, $f(x_2) < f(x_1)$, 去掉 $[x_1, b_0]$, 此时 $x^* \in [a_0, x_1]$.

(2) $x_1$, $x_2$ 均在 $x^*$ 的左侧, $f(x_2) > f(x_1)$, 去掉 $[a_0, x_2]$, 此时 $x^* \in [x_2, b_0]$.

(3) $x_1$, $x_2$ 均在 $x^*$ 的两侧, $f(x_2) = f(x_1)$: ① 去掉 $[x_1, b_0]$, 此时 $x^* \in [a_0, x_1]$; ② 去掉 $[a_0, x_2]$, 此时 $x^* \in [x_2, b_0]$.

显然, 若单变量函数是凸函数, 则局部极值点也是全局极值点.

#### 4.4.1.2　多变量函数

多元函数无约束的极小化方法有一阶梯度法 (最速下降或上升法): 选择负梯度方向为搜索方向. 设求 $f(\boldsymbol{x}) = f(x_1, x_2, \cdots, x_n)$ 的极值点, 其基本原理是:

(1) 从起点 $\boldsymbol{x}^{(0)}$ 出发, 沿某个有利方向 $\boldsymbol{p}^{(0)}$ 进行一维搜索, 求得 $f(\boldsymbol{x})$ 在 $\boldsymbol{p}^{(0)}$ 方向近似极小点 $\boldsymbol{x}^{(1)}$.

(2) 从点 $\boldsymbol{x}^{(1)}$ 出发, 沿某个新有利方向 $\boldsymbol{p}^{(1)}$ 进行一维搜索, 求得 $f(\boldsymbol{x})$ 在 $\boldsymbol{p}^{(1)}$ 方向近似极小点 $\boldsymbol{x}^{(2)}$.

(3) 从点 $\boldsymbol{x}^{(2)}$ 出发, 照此进行下去, 直至满足给定的精度 $\varepsilon$:

$$|f(\boldsymbol{x}^{(k)}) - f(\boldsymbol{x}^{(k-1)})| < \varepsilon.$$

根据上述基本原理, 设求 $f(\boldsymbol{x}) = f(x_1, x_2)$ 的极值点, 则算法步骤如下.

第一步: 从给定起点 $\boldsymbol{x}^{(0)}$ 出发.

(1) 计算该点梯度:

$$\boldsymbol{\delta}^{(0)} = \nabla f(\boldsymbol{x}^{(0)}) = \begin{bmatrix} \delta_1^{(0)} \\ \delta_2^{(0)} \end{bmatrix}.$$

(2) 计算该梯度的单位方向:

$$e^{(0)} = \frac{\delta^{(0)}}{||\delta^{(0)}||}.$$

(3) 以 $e^{(0)}$ 的反方向 $p^{(0)} = -e^{(0)}$ 为一维搜索方向, 以此方向上寻找最优步长 $h^{(0)}$ 使得

$$q(h^{(0)}) = f(x^{(0)} + h^{(0)} \cdot p^{(0)}) = \min_h f(x^{(0)} + h \cdot p^{(0)}) \quad (h > 0).$$

(4) 求得新点 $x^{(1)} = x^{(0)} + h^{(0)} p^{(0)}$.

第二步: 从点 $x^{(1)}$ 出发, 照此进行下去, 直至满足给定的精度 $\varepsilon$:

$$|f(x^{(k+1)}) - f(x^{(k)})| < \varepsilon.$$

**例 4.5** 求 $s = f(x) = x_1^2 + x_2^2 - x_1x_2 - 10x_1 - 4x_2 + 60$ 的极小值点, $\varepsilon = 0.1$.

**解** 第一步: 从起点 $x^{(0)} = (0, 0)^{\mathsf{T}}$ 出发.

(1) 计算该点梯度:

$$\delta^{(0)} = \nabla f(x^{(0)}) = \begin{bmatrix} \delta_1^{(0)} \\ \delta_2^{(0)} \end{bmatrix} = \begin{bmatrix} 2x_1 - x_2 - 10 \\ 2x_2 - x_1 - 4 \end{bmatrix} = \begin{bmatrix} -10 \\ -4 \end{bmatrix}.$$

(2) 计算该梯度的单位方向:

$$e^{(0)} = \frac{\delta^{(0)}}{||\delta^{(0)}||} = \begin{bmatrix} -0.93 \\ -0.37 \end{bmatrix}.$$

(3) 以 $e^{(0)}$ 的反方向 $p^{(0)} = -e^{(0)}$ 为一维搜索方向, 在此方向上寻找最优步长 $h^{(0)}$ 使得

$$\begin{aligned} q(h^{(0)}) &= f(x^{(0)} + h^{(0)} \cdot p^{(0)}) = \min_h f(x^{(0)} + h \cdot p^{(0)}) \\ &= \min_h f(0.93h, 0.37h) = 0.6577h^2 - 10.78h + 60. \end{aligned}$$

令 $\dfrac{\mathrm{d}q(h)}{\mathrm{d}h} = 0$, 得 $h^{(0)} = 8.1952$.

(4) 求得新点:

$$x^{(1)} = x^{(0)} + h^{(0)} p^{(0)} = \begin{bmatrix} 7.63 \\ 3.05 \end{bmatrix}.$$

表 4.2 多变量无约束极值问题求解

| $k$ | $x_1^{(0)}$ | $x_2^{(0)}$ | $g_1^{(k)}$ | $g_2^{(k)}$ | $\|\|\boldsymbol{g}^{(k)}\|\|$ | $e_1$ | $e_2$ | $h^{(k)}$ | $f(\boldsymbol{x}^{(k)})$ | $f(\boldsymbol{x}^{(k+1)})-f(\boldsymbol{x}^{(k)})$ |
|---|---|---|---|---|---|---|---|---|---|---|
| 0 | 0 | 0 | −10 | −4 | 10.77 | −0.93 | −0.37 | 8.22 | 60 | |
| 1 | 7.63 | 3.05 | 2.21 | −5.53 | 5.59 | 0.37 | −0.93 | 2.21 | 15.74 | 44.26 |
| 2 | 6.81 | 5.11 | −1.49 | −0.60 | 1.60 | −0.93 | −0.37 | 1.22 | 9.15 | 6.59 |
| 3 | 7.95 | 5.56 | 0.33 | −0.82 | 0.89 | 0.37 | −0.93 | 0.33 | 8.17 | 0.98 |
| 4 | 7.82 | 5.87 | −0.22 | −0.09 | 0.24 | −0.93 | −0.37 | 0.18 | 8.03 | 0.14 |
| 5 | 7.99 | 5.93 | 0.05 | −0.12 | 0 .13 | 0. 37 | −0.928 | 0.05 | 8.0037 | 0.026 |

第二步: 从点 $\boldsymbol{x}^{(1)}$ 出发, 照此进行下去, 直至满足给定的精度 $\varepsilon=0.1$:

$$|f(\boldsymbol{x}^{(k+1)})-f(\boldsymbol{x}^{(k)})|<0.1.$$

最后得极小值点为: $\boldsymbol{x}^*\approx(8,6)^{\mathsf{T}}$, $f(\boldsymbol{x}^*)\approx 8$. 相应的计算结果见表 4.2.

一阶梯度法越接近极值点, 步长越小, 目标值改进越小. 因此, 在远离极点时, 收敛速度较快; 在极点附近, 收敛速度不快. 而共轭梯度法以选择共轭方向为搜索方向, 在极值点附近可以加快收敛速度, 详细讨论参见文献 [1].

### 4.4.2 有约束问题

有约束问题的求解思路大致可以分为三类: ① 将有约束问题转化为无约束问题之后再求解, 如罚函数法. ② 构造合适的迭代格式求解, 在迭代过程中, 不仅要使目标函数值有所下降, 而且要使迭代点都在可行域内, 如可行方向法、投影梯度法、复合形法等. ③ 利用一系列简单函数的解点近似原约束问题的最优解.

#### 4.4.2.1 等式约束问题

若非线性规划 (4.2) 仅有 $l$ 个等式约束, 则可以用 Lagrangian 乘子法求解.

**例 4.6** 求解非线性规划:

$$\begin{aligned}\min f(\boldsymbol{x}) &= 4x_1^2+5x_2^2\\ \text{s.t. } & 2x_1+3x_2-6=0.\end{aligned}$$

**解** 构造 Lagrangian 函数:

$$L(\boldsymbol{x},\nu)=f(\boldsymbol{x})+\boldsymbol{\nu}h(\boldsymbol{x})=4x_1^2+5x_2^2+\nu(2x_1+3x_2-6).$$

令

$$\begin{cases}\dfrac{\partial L}{\partial x_1}=8x_1+2\nu=0,\\ \dfrac{\partial L}{\partial x_2}=10x_2+3\nu=0,\\ \dfrac{\partial L}{\partial \nu}=2x_1+3x_2-6,\end{cases}$$

解得驻点为 $\boldsymbol{x}^* = \left(\frac{15}{14}, \frac{9}{7}\right)^{\mathrm{T}}$, $\nu = -\frac{30}{7}$. 又 $f(\boldsymbol{x})$ 的 Hessian 矩阵

$$\boldsymbol{H} = \begin{bmatrix} 8 & 0 \\ 0 & 10 \end{bmatrix}$$

正定, 因此 $\boldsymbol{x}^*$ 为所求极小点, $f^* = \frac{90}{7}$.

在上述结果中, 其中 Lagrangian 乘子 $\nu_j$ 的经济意义是影子价格, 表示单位资源的目标增量. 对非线性规划 (4.2), 若仅有等式约束且右边取值为 $b_j$ $(j = 1, 2, \cdots, l)$, 则 Lagrangian 函数为

$$L(\boldsymbol{x}, \boldsymbol{\nu}) = f(\boldsymbol{x}) + \sum_{j=1}^{l} \nu_j (h_j(\boldsymbol{x}) - b_j).$$

可以证明

$$\nu_j = \frac{\partial f / \partial x_i}{\partial h_j / \partial x_i},$$

由此可知 $\nu_j$ 是约束式 $h_j$ 每变化一个单位所引起目标 $f$ 值的变化率.

(1) 若目标 $f$ 为效用函数极大化, $b_j$ 为预算约束, 则 $\nu_j^*$ 表示增加一个单位预算收入, 可使最大效用增加的值.

(2) 若目标 $f$ 为费用函数极小化, $b_j$ 为产出水平, 则 $\nu_j^*$ 表示降低一个单位产出, 可使最大费用增加的值 —— 影子费用.

对于非线性规划 (4.2) 仅有 $l$ 个等式约束, 还可以采用罚函数 (代价函数) 法求解. 其基本思路是构造罚函数:

$$R(\boldsymbol{x}, p_j) = f(\boldsymbol{x}) + \sum_{j=1}^{l} p_j [h_j(\boldsymbol{x})]^2,$$

其中, $p_j$ 为罚因子.

(1) 当等式约束不满足时, $p_j$ 越大, 则 $R$ 值越大, 此时罚项是一种惩罚.

(2) 当等式约束满足时, 不论 $p_j$ 多大 (一般取 $\infty$), $R(\boldsymbol{x}, p_j) = f(\boldsymbol{x})$, 此时罚项无效.

$R(\boldsymbol{x}, p_j)$ 有极值的必要条件为

$$\frac{\partial R}{\partial x_i} = 0 \quad (i = 1, 2, \cdots, n),$$

求出的解就是 $f(\boldsymbol{x})$ 的驻点.

对例 4.6, 构造罚函数:

$$R(\boldsymbol{x}, p) = f(\boldsymbol{x}) + ph^2 = 4x_1^2 + 5x_2^2 + p[2x_1 + 3x_2 - 6]^2.$$

令

$$\begin{cases} \dfrac{\partial R}{x_1} = 8x_1 + 4p(2x_1 + 3x_2 - 6) = 0, \\ \dfrac{\partial R}{\partial x_2} = 10x_2 + 6p(2x_1 + 3x_2 - 6) = 0, \end{cases}$$

得

$$\begin{cases} x_1 = \dfrac{5}{6}x_2 \to \dfrac{15}{14} & (令\ p \to \infty), \\ x_2 = \dfrac{9}{7 + \dfrac{5}{2p}} \to \dfrac{9}{7} & (令\ p \to \infty). \end{cases}$$

于是得驻点 $\boldsymbol{x}^* = \left(\frac{15}{14}, \frac{9}{7}\right)$. 又 $R(\boldsymbol{x}, p)$ 的 Hessian 矩阵

$$\boldsymbol{H} = \begin{bmatrix} 8(1+p) & 12p \\ 12p & 2(5+9p) \end{bmatrix},$$

当 $p$ 充分大时, 为正定矩阵. 因此, $\boldsymbol{x}^*$ 为所求极小点, $f^* = \frac{90}{7}$.

4.4.2.2 不等式约束问题

对于非线性规划 (4.2) 含有 $m$ 个不等式约束, 可以引入松弛变量, 将不等式约束化为等式约束.

**例 4.7** 求解非线性规划:

$$\min f(\boldsymbol{x}) = 4x_1^2 - 2x_1x_2 + 2x_2^2 - 6x_1$$

$$\text{s.t.} \begin{cases} g_1(\boldsymbol{x}) = 3x_1 + 4x_2 - 6 \leqslant 0, \\ g_2(\boldsymbol{x}) = -x_1 + 4x_2 - 2 \leqslant 0. \end{cases}$$

**解** 引入松弛变量 $x_3$, $x_4$ 将不等式约束化为等式约束, 得

$$\begin{cases} g_1(\boldsymbol{x}) = 3x_1 + 4x_2 + x_3^2 - 6 = 0, \\ g_2(\boldsymbol{x}) = -x_1 + 4x_2 + x_3^2 - 2 = 0. \end{cases}$$

构造 Lagrangian 函数:

$$\begin{aligned} L(\boldsymbol{x}, \lambda_k) &= f(\boldsymbol{x}) + \boldsymbol{\lambda} g(\boldsymbol{x}) \\ &= (4x_1^2 - 2x_1x_2 + 2x_2^2 - 6x_1) + \lambda_1(3x_1 + 4x_2 + x_3^2 - 6) \\ &\quad + \lambda_2(-x_1 + 4x_2 + x_3^2 - 2). \end{aligned}$$

令

$$\begin{cases} \dfrac{\partial L}{\partial x_i} = 0 & (i = 1, 2, 3), \\ \dfrac{\partial L}{\partial \lambda_j} = 0 & (j = 1, 2), \end{cases}$$

解得驻点为 $\boldsymbol{x}^* = (1.459, 0.4054, 1.3557)^{\mathrm{T}}$, 又 $f(\boldsymbol{x})$ 的 Hessian 矩阵

$$\boldsymbol{H} = \begin{bmatrix} 8 & -2 \\ -2 & 4 \end{bmatrix}$$

正定, 因此 $\boldsymbol{x}^*$ 为所求极小点, $f^* = -5.3513$.

对于非线性规划 (4.2) 含有 $m$ 个不等式约束, 若采用罚函数法将有约束问题转化为无约束问题, 依罚项形式不同有外点法与内点法.

1. 外点法

从可行解域外部逐渐逼近极值点, 初始点可任选. 此法适用于含等式和不等式约束的非凸问题, 即构造罚函数:

$$T(\boldsymbol{x}, M_k) = f(\boldsymbol{x}) + M_k \sum_{i=1}^{m} [\max(0, g_i(\boldsymbol{x}))]^2,$$

其中, $0 < M_1 < M_2 < \cdots < M_k < \cdots$, $\lim\limits_{k\to\infty} M_k = +\infty$.

对 $T$ 求无约束条件极值, 最优解 $\boldsymbol{x}_k^* = \boldsymbol{x}_k^*(M_k) \to \boldsymbol{x}^*$ $(M_k \to \infty, k \to \infty)$.

**例 4.8** 求解非线性规划:

$$\begin{aligned} &\min\ f(\boldsymbol{x}) = x_1 + x_2 \\ &\text{s.t.} \begin{cases} g_1(\boldsymbol{x}) = -x_1^2 + x_2 \geqslant 0, \\ g_2(\boldsymbol{x}) = x_1 \geqslant 0. \end{cases} \end{aligned}$$

**解** 构造罚函数:

$$\begin{aligned} T(\boldsymbol{x}, M) &= f(\boldsymbol{x}) + M([\min(0, g_1(X))]^2 + [\min(0, g_2(X))]^2) \\ &= x_1 + x_2 + M([\min(0, -x_1^2 + x_2)]^2 + [\min(0, x_1)]^2) \end{aligned}$$

对不满足约束的点有 $-x_1^2 + x_2 < 0$, $x_1 < 0$. 令

$$\begin{cases} \dfrac{\partial L}{\partial x_1} = 1 + 2M[\min(0, -x_1^2 + x_2) + \min(0, x_1)] \\ \qquad = 1 + 2M(-2x_1)(-x_1^2 + x_2) + 2Mx_1 = 0, \\ \dfrac{\partial L}{\partial x_2} = 1 + 2M[\min(0, -x_1^2 + x_2)] = 1 + 2M(-x_1^2 + x_2) = 0, \end{cases}$$

解得 $x_1 = -\dfrac{1}{2(M+1)}$, $x_2 = \dfrac{1}{4(M+1)^2} - \dfrac{1}{2M}$, 则最优解 $\boldsymbol{x}^* = (0, 0)^{\mathrm{T}}$, $f^* = 0$.

2. 内点法

迭代过程始终在可行域内进行 (域外函数性质复杂或无定义).

构造罚函数:

$$U(\boldsymbol{x},r_k)=f(\boldsymbol{x})-r_k\sum_{i=1}^{m}\frac{1}{g_i(\boldsymbol{x})},$$

或

$$U(\boldsymbol{x},r_k)=f(\boldsymbol{x})-r_k\sum_{i=1}^{m}\log(-g_i(\boldsymbol{x})),$$

其中, $r_1>r_2>\cdots>r_k>\cdots>0$, 且 $\lim\limits_{k\to\infty}=0$.

对 $U$ 求无约束条件极值, 最优解 $\boldsymbol{x}_k^*=\boldsymbol{x}_k^*(r_k)\to\boldsymbol{x}^*\ (r_k\to 0,k\to\infty)$.

对例 4.8, 构造罚函数:

$$\begin{aligned}U(\boldsymbol{x},r)&=f(\boldsymbol{x})-r[\log g_1(\boldsymbol{x})+\log g_2(\boldsymbol{x})]\\&=x_1+x_2-r[\log(-x_1^2+x_2)+\log(x_1)].\end{aligned}$$

令

$$\begin{cases}\dfrac{\partial U}{\partial x_1}=1-r\dfrac{-2x_1}{-x_1^2+x_2}-r\dfrac{1}{x_1}=0,\\\dfrac{\partial U}{\partial x_2}=1-r\dfrac{1}{-x_1^2+x_2}=0,\end{cases}$$

解得 $x_1=\dfrac{\sqrt{1+8r}-1}{4}$, $x_2=\dfrac{3r}{2}-\dfrac{\sqrt{1+8r}-1}{8}$, 则最优解为 $\boldsymbol{x}^*=(0,0)^{\mathrm{T}}$, $f^*=0$.

## 思考题

4.1 求解如下分式规划问题:

$$\max f(\boldsymbol{x})=\frac{10x_1+20x_2+10}{3x_1+4x_2+20}$$
$$\text{s.t.}\begin{cases}x_1+3x_2\leqslant 50,\\3x_1+2x_2\leqslant 80,\\x_1\geqslant 0,x_2\geqslant 0.\end{cases}$$

4.2 求解如下非线性规划问题:

$$\max f(\boldsymbol{x})=0.3x_1^2+0.4x_2^2+0.6x_1x_2-2x_1-2.4x_2+100$$
$$\text{s.t.}\begin{cases}2x_1+x_2\geqslant 4,\\x_1\geqslant 0,x_2\geqslant 0.\end{cases}$$

# 第 5 章

# 动态规划

动态规划是研究决策过程最优化的一种理论和方法, 是解决多阶段决策过程最优化的一种数学方法, 参见文献 [1, 14–17].

根据多阶段决策过程的时间参量是离散的还是连续的, 动态规划过程可分为离散决策过程和连续决策过程. 根据决策过程的演变是确定性的还是随机性的, 可分为确定性、随机性的决策过程. 这样组合起来就有离散确定性、离散随机性、连续确定性、连续随机性四种决策过程模型. 此外有些决策过程的阶段数是固定的, 称为定期的决策过程. 有些决策过程的阶段数是不固定的或可以有无限多阶段数, 分别称为不定期或无期的决策过程.

## 5.1 基本概念

**例 5.1 (旅行者的最短路线问题)** 各城市间的交通线及距离如图 5.1 所示, 某旅行者要从 $A$ 地到 $E$ 地, 中间准备停留三次; 每次都有两三个城市可供选择, 选择哪个城市以花费最少为原则. 问应选择什么路线, 可使总距离最短?

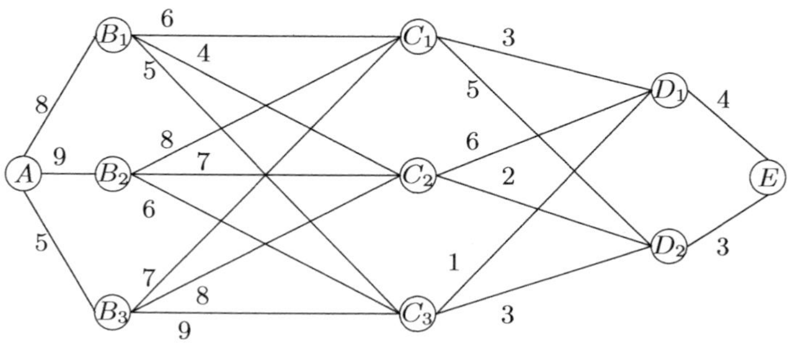


图 5.1 旅行者问题的交通线及距离

解此问题之前, 先来了解一些基本概念.

**定义 5.1 (阶段)** 阶段 (stage) 是指一个问题需要做出决策的步数. 通常用 $k$ 来表示问题包含的阶段数, 称为阶段变量.

$k$ 的编号方法有两种: 顺序编号法, 即初始阶段编号逐渐增大; 逆序编号法, 令最后一个阶段编号为 1, 往前推时编号逐渐增大.

**定义 5.2 (状态)** 状态 (state)是动态规划问题各阶段信息的传递点和结合点, 各阶段的状态通常用状态变量 $s_k$ 来描述.

状态既反映前面各阶段决策的结局, 又是本阶段做出决策的出发点和依据. 第 $k$ 阶段的状态变量 $s_k$ 应包含该阶段之前决策过程的全部信息, 做到从该阶段后做出的决策同这之前的状态和决策相互独立.

在例 5.1 中, 旅行者每个阶段所处位置只需用一个状态变量来描述, 但有些问题中各阶段的状态则要用多个变量或向量的形式描述. 向量中所含变量的个数称为动态规划问题的维数, 动态规划问题计算工作量随维数的增大呈指数倍增长的维数障碍 (或维数灾难) 限制了其实际应用.

**定义 5.3 (决策)** 决策 (decision) 是指某阶段初从给定的状态出发, 决策者面临若干种不同方案时做出的选择. 决策变量 $u_k(s_k)$ 表示第 $k$ 阶段状态为 $s_k$ 时对方案的选择.

决策变量的取值要受到一定范围的限制, 用 $D_k(s_k)$ 表示第 $k$ 阶段状态为 $s_k$ 时决策允许的取值范围, 称为允许决策集合, 即 $u_k(s_k) \in D_k(s_k)$.

**定义 5.4 (策略和子策略)** 称各阶段决策组成的序列总体为一个策略 (policy). 从某阶段开始到过程最终的决策序列为子过程策略或子策略 (subpolicy).

含 $n$ 个阶段的动态规划问题的策略可写为 $\{u_1(s_1), u_2(s_2), \cdots, u_n(s_n)\}$. 从 $k$ 阶段起的子策略可写为 $\{u_k(s_k), u_{k+1}(s_{k+1}), \cdots, u_n(s_n)\}$.

**定义 5.5 (状态转移律)** 从 $s_k$ 的某一状态值出发, 当决策变量 $u_k(s_k)$ 的取值确定后, 下一阶段状态变量 $s_{k+1}$ 的取值随之确定, 此转移规律称为状态转移律.

显然, 下一阶段状态 $s_{k+1}$ 的取值是上一阶段决策变量 $u_k(s_k)$ 的函数, 记为 $s_{k+1} = T(s_k, u_k(s_k))$ 或 $s_{k+1} = T(s_k, u_k)$, 状态转移律也称为状态转移方程.

**定义 5.6 (指标函数)** 指标函数有阶段的指标函数和过程的指标函数之分. 阶段的指标函数是指对应某一阶段状态和从该状态出发的一个阶段的决策的某种效益度量, 用 $v_k(s_k, u_k)$ 表示. 过程的指标函数是指从状态 $s_k(k = 1, 2, \cdots, n)$ 出发至过程最终, 当采取某种子策略时, 按预定标准得到的效益值.

指标函数之值既与 $s_k$ 的状态值有关, 又与 $s_k$ 以后所选取的策略有关, 它是两者的函数值, 记作

$$V_{k,n}(s_k, u_k, s_{k+1}, u_{k+1}, \cdots, s_n).$$

过程的指标函数是它所包含的各阶段指标函数的函数, 按问题的性质, 它可以是各阶段指标函数的和、积或其他函数形式. 当 $s_k$ 的值确定后, 指标函数的值就只同 $k$ 阶段起的子策略有关.

最优指标函数是指对某一确定状态选取最优策略后得到的指标函数值, 是对应某一最优子策略的某种效益度量 (这个度量值可以是产量、成本、距离等). 对应于从状态 $s_k$ 出发的最优子策略的效益值记作 $f_k(s_k)$, 于是有

$$f_k(s_k) = \mathrm{opt}V_{k,n},$$

其中, opt 代表最优化, 根据具体含义可以是求最大 (max) 或求最小 (min).

## 5.2 求解思想

例 5.1 是一个多阶段决策问题. 由于所选路线不同, 会有若干个不同策略. 为求出最短路线, 一种简单的方法是穷举法. 从 $A$ 至 $E$ 共有 $C_3^1 \cdot C_3^1 \cdot C_2^1 \cdot C_1^1 = 18$ 条不同路径, 每条路径要做 3 次加法, 要求出最短路线需要作 54 次加法运算, 17 次比较运算. 当问题的段数很多, 各段的状态也很多时, 这种方法的计算量会大大增加, 甚至使得求优成为不可能.

下面结合例 5.1 旅行者的最短路线问题来介绍动态规划的基本思想. 注意本方法是从过程的最后一段开始, 用逆序递推方法求解, 逐步求出各段各点到终点 $E$ 的最短路线, 最后求得 $A$ 点到 $E$ 点的最短路线. 用 $d(s_k, u_k)$ 表示由状态 $s_k$ 点出发, 采用决策 $u_k$ 到达下一状态 $s_{k+1}$ 点时的两点距离.

第 1 步, 从 $k=4$ 开始, 状态变量 $s_4$ 取两种状态 $D_1$, $D_2$, 到 $E$ 点的路长分别为 4, 3, 即 $f_4(D_1)=4, f_4(D_2)=3$.

第 2 步, $k=3$, 状态变量 $s_3$ 取三个值 $C_1$, $C_2$, $C_3$, 是经过一个中途点到达终点 $E$ 的两级决策问题, 从城市 $C_1$ 到 $E$ 有两条路线, 取其中最短的, 即

$$f_3(C_1) = \min\left\{\begin{array}{l} d(C_1, D_1) + f_4(D_1) \\ d(C_1, D_2) + f_4(D_2) \end{array}\right\} = \min\left\{\begin{array}{l} 3+4 \\ 5+3 \end{array}\right\} = 7,$$

则由城市 $C_1$ 到终点 $E$ 最短距离为 7, 路径为 $C_1 \to D_1 \to E$, 相应决策为 $u_3^*(C_1) = D_1$.

$$f_3(C_2) = \min\left\{\begin{array}{l} d(C_2, D_1) + f_4(D_1) \\ d(C_2, D_2) + f_4(D_2) \end{array}\right\} = \min\left\{\begin{array}{l} 6+4 \\ 2+3 \end{array}\right\} = 5,$$

则由城市 $C_2$ 到终点 $E$ 最短距离为 5, 路径为 $C_2 \to D_2 \to E$, 相应决策为 $u_3^*(C_2) = D_2$.

$$f_3(C_3) = \min\left\{\begin{array}{l} d(C_3, D_1) + f_4(D_1) \\ d(C_3, D_2) + f_4(D_2) \end{array}\right\} = \min\left\{\begin{array}{l} 1+4 \\ 3+3 \end{array}\right\} = 5,$$

则由城市 $C_3$ 到终点 $E$ 最短距离为 5, 路径为 $C_3 \to D_1 \to E$, 相应决策为 $u_3^*(C_3) = D_1$.

第 3 步, $k=2$, 是具有三个初始状态 $B_1$, $B_2$, $B_3$, 要经过两个中途点才能到达终点的三级决策问题. 由于第 3 段各点 $C_1$, $C_2$, $C_3$ 到终点 $E$ 的最短距离 $f_3(C_1)$, $f_3(C_2)$, $f_3(C_3)$ 已知, 所以若求城市 $B_1$ 到 $E$ 的最短距离, 只需以此为基础, 分别加上城市 $B_1$ 与 $C_1$, $C_2$, $C_3$ 的一段距离, 取其短者即可.

$$f_2(B_1) = \min\left\{\begin{array}{l} d(B_1, C_1) + f_3(C_1) \\ d(B_1, C_2) + f_3(C_2) \\ d(B_1, C_3) + f_3(C_3) \end{array}\right\} = \min\left\{\begin{array}{l} 6+7 \\ 4+5 \\ 5+5 \end{array}\right\} = 9,$$

则从城市 $B_1$ 到终点 $E$ 最短距离为 9, 路径为 $B_1 \to C_2 \to D_2 \to E$, 相应决策为 $u_2^*(B_1) = C_2$.

同理有

$$f_2(B_2) = \min\left\{\begin{array}{l} d(B_2, C_1) + f_3(C_1) \\ d(B_2, C_2) + f_3(C_2) \\ d(B_2, C_3) + f_3(C_3) \end{array}\right\} = \min\left\{\begin{array}{l} 8+7 \\ 7+5 \\ 6+5 \end{array}\right\} = 11, \quad u_2^*(B_2) = C_3;$$

$$f_2(B_3) = \min\left\{\begin{array}{l} d(B_3, C_1) + f_3(C_1) \\ d(B_3, C_2) + f_3(C_2) \\ d(B_3, C_3) + f_3(C_3) \end{array}\right\} = \min\left\{\begin{array}{l} 7+7 \\ 8+5 \\ 9+5 \end{array}\right\} = 13, \quad u_2^*(B_3) = C_2.$$

第 4 步, $k=1$, 只有一个状态点 $A$, 则

$$f_1(A) = \min\left\{\begin{array}{l} d(A, B_1) + f_2(B_1) \\ d(A, B_2) + f_2(B_2) \\ d(A, B_3) + f_2(B_3) \end{array}\right\} = \min\left\{\begin{array}{l} 8+9 \\ 9+11 \\ 5+13 \end{array}\right\} = 17,$$

则从城市 $A$ 到城市 $E$ 的最短距离为 17, 决策为 $u_1^*(A) = B_1$.

再按计算顺序反推可得最优决策序列 $\{u_k\}$, 即 $u_1^*(A) = B_1$, $u_2^*(B_1) = C_2$, $u_3^*(C_2) = D_2$, $u_4^*(D_2) = E$, 最优路线为 $A \to B_1 \to C_2 \to D_2 \to E$.

在求解例 5.1 中各阶段, 都利用了第 $k$ 段和第 $k+1$ 段的如下关系:

$$f_k(s_k) = \min_{u_k}\{d_k(s_k, u_k) + f_{k+1}(s_{k+1})\}, \tag{5.1a}$$

$$f_5(s_5) = 0 \quad (k = 4, 3, 2, 1). \tag{5.1b}$$

递推关系 (5.1) 称为动态规划的基本方程, (5.1b) 称为边界条件.

表 5.1 动态规划的递推关系

| $u_k$ \ $s_k$ | $f_k(s_k,u_k)=d_k(s_k,u_k)+f_{k+1}(s_{k+1})$ | $f_k^*(s_k)$ | $u_k^*$ |
|---|---|---|---|
| | | | |
| | | | |

表 5.2 动态规划求解的表格形式

a. 当 $k=4$ 时

| $s_4$ | $f_4^*(s_4)$ | $u_4^*$ |
|---|---|---|
| $D_1$ | 4 | $E$ |
| $D_2$ | 3 | $E$ |

b. 当 $k=3$ 时

| $u_3$ \ $s_3$ | $f_3(s_3,u_3)=d_3(s_3,u_3)+f_4^*(s_4)$ | | $f_3^*(s_3)$ | $u_3^*$ |
|---|---|---|---|---|
| | $D_1$ | $D_2$ | | |
| $C_1$ | $3+4$ | $5+3$ | 7 | $D_1$ |
| $C_2$ | $6+4$ | $2+3$ | 5 | $D_2$ |
| $C_3$ | $1+4$ | $3+3$ | 5 | $D_1$ |

c. 当 $k=2$ 时

| $u_2$ \ $s_2$ | $f_2(s_2,u_2)=d_2(s_2,u_2)+f_3^*(s_3)$ | | | $f_2^*(s_2)$ | $u_2^*$ |
|---|---|---|---|---|---|
| | $C_1$ | $C_2$ | $C_3$ | | |
| $B_1$ | $6+7$ | $4+5$ | $5+5$ | 9 | $C_2$ |
| $B_2$ | $8+7$ | $7+5$ | $6+5$ | 11 | $C_3$ |
| $B_3$ | $7+7$ | $8+5$ | $9+5$ | 13 | $C_2$ |

d. 当 $k=1$ 时

| $u_1$ \ $s_1$ | $f_1(s_1,u_1)=d_1(s_1,u_1)+f_2^*(s_2)$ | | | $f_1^*(s_1)$ | $u_1^*$ |
|---|---|---|---|---|---|
| | $B_1$ | $B_2$ | $B_3$ | | |
| $A$ | $8+9$ | $9+11$ | $5+13$ | 17 | $B_1$ |

对于这类离散型的动态规划问题, 还可以采用表格法进行计算. 首先, 把动态规划的递推关系写成表格形式 (表 5.1). 而表 5.2 详细地给出了求解过程.

图 5.2 直观地表示出最短路线的计算过程, 每个节点上方括号内的数, 表示该点到终点 $E$ 的最短距离, 连接各点到 $E$ 点的虚线表示最短路径, 这种在图上直接计算的方法称为标号法. 整个计算只进行了 18 次加法运算, 11 次比较运算, 比穷举法计算量小. 而且随着问题段数的增加和复杂程度的提高, 计算量将呈指数规律减少. 另外, 计算结果不仅得到从 $A$ 到 $E$ 的最短路线, 而且可以得到整簇的最优决策, 是很有意义的.

现在可将动态规划方法的基本思想总结如下:

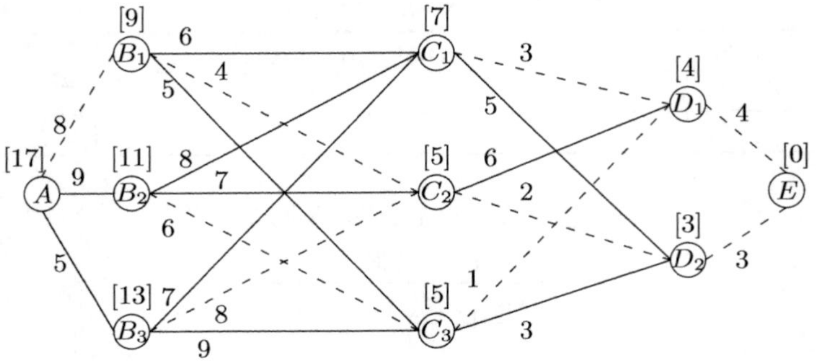


图 5.2 旅行者问题的最短路线

(1) 将多阶段决策过程划分阶段, 恰当地选取状态变量、决策变量, 定义最优指标函数, 从而把问题化成一簇同类型的子问题, 然后逐个求解.

(2) 求解时从边界条件开始, 逆过程方向行进, 逐段递推寻优. 在每一个子问题求解时, 都要使用它前面已求出的子问题的最优结果, 最后一个子问题的最优解, 就是整个问题的最优解.

## 5.3 基本方程

20 世纪 50 年代 Richard Bellman 提出求解动态规划的最优性原理, 反映决策过程最优化的本质, 使动态规划得以成功地应用于众多的领域, 不仅可用来求解许多动态最优化问题, 而且可用来求解某些静态最优化问题.

**定理 5.1 (最优性定理)** 对阶段数为 $n$ 的多阶段决策过程, 设其阶段编号为 $k=1,2,\cdots,n$. 则允许策略 $p_{1,n}^*=(u_1^*,u_2^*,\cdots,u_n^*)$ 是最优策略的充要条件是对任意 $k$ $(1<k<n)$ 级, 当初始状态变量为 $s_1\in S_1$ 时, 收益函数为

$$V_{1,n}(s_1,p_{1,n}^*)=\underset{p_{1,k-1}\in D_{1,k-1}(s_1)}{\text{opt}}\{V_{1,k-1}(s_1,p_{1,k-1})+\underset{p_{k,n}\in D_{k,n}(\tilde{s}_k)}{\text{opt}}V_{k,n}(\tilde{s}_k,p_{k,n})\},\tag{5.2}$$

其中, $p_{1,n}=(p_{0,k-1},p_{k,n})$; $\tilde{s}_k=T_{k-1}(s_{k-1},u_{k-1})$, 它是由给定的初始状态 $s_1$ 和子策略 $p_{1,k-1}$ 所确定的 $k$ 段状态.

**推论 5.1 (最优性原理)** 若允许策略 $p_{1,n}^*$ 是最优策略, 则对任意的 $k, 1<k<n$, 它的子策略 $p_{k,n}^*$ 对于以 $s_k^*=T_{k-1}(s_{k-1}^*,u_{k-1}^*)$ 为起点的 $k$ 到 $n$ 子过程来说, 必是最优策略. 简言之, 一个最优策略的子策略总是最优的 (注意: $k$ 段状态 $s_k^*$ 是由 $s_1$ 和 $p_{1,k-1}^*$ 所确定的).

此推论仅仅是最优策略的必要条件. 而定理 5.1 是动态规划的理论基础, 是策略最优的充分必要条件. 根据定理 5.1 写出的计算动态规划问题的递推关系式称为动态规划的基本方程.

当 $V_{k,n}=\sum\limits_{i=k}^{n}v_i(s_i,u_i)$ 时, 有

$$f_k(s_k)=\underset{u_k\in D_k(s_k)}{\mathrm{opt}}\{v_k(s_k,u_k)+f_{k+1}(s_{k+1})\}. \tag{5.3}$$

当 $V_{k,n}=\prod\limits_{i=k}^{n}v_i(s_i,u_i)$ 时, 有

$$f_k(s_k)=\underset{u_k\in D_k(s_k)}{\mathrm{opt}}\{v_k(s_k,u_k)\cdot f_{k+1}(s_{k+1})\}. \tag{5.4}$$

作为动态规划的数学模型除基本方程外还包括边界条件. 边界条件是指 (5.3) 与 (5.4) 中当 $k=n$ 时 $f_{n+1}(s_{n+1})$ 的值, 即问题从后一个阶段向前逆推时需要确定的条件. 边界条件 $f_{n+1}(s_{n+1})$ 的值要根据问题的条件来决定, 一般当指标函数值是各阶段指标函数值的和时, 取 $f_{n+1}(s_{n+1})=0$; 当指标函数值是各阶段指标函数值的乘积时, 取 $f_{n+1}(s_{n+1})=1$.

建立动态规划模型的一般步骤如下.

1. 划分阶段

分析题意, 识别问题的多阶段特性, 按时间或空间的先后顺序适当地划分为满足递推关系的若干阶段, 对非时序的静态问题要人为地赋予"时段"概念.

2. 正确选择状态变量

正确选择状态变量 $s_k$ 是构造动态规划模型的最关键一步. 状态变量首先应描述研究过程的演变特征, 其次应包含到达这个状态前的足够信息, 并具有无后效性, 即到达这个状态前的过程的决策将不影响到该状态以后的决策. 状态变量还应具有可知性, 即规定的状态变量之值可通过直接或间接的方法测知. 状态变量可以是离散的, 也可以是连续的.

建模时, 一般从与决策有关的条件中, 或者从问题的约束条件中去寻找状态变量, 通常选择随递推过程累计的量或按某种规律变化的量作为状态变量.

3. 确定决策变量与允许决策集合

决策变量 $u_k$ 是对过程进行控制的手段, 复杂的问题中决策变量也可以是多维的向量, 它的取值可能离散, 也可能连续. 每阶段允许的决策集合 $D_k(s_k)$ 相当于线性规划问题中的约束条件.

4. 正确写出状态转移方程

5. 正确写出指标函数

指标函数 $V_{k,n}$ 的关系应满足下面三个性质:

(1) 指标函数是定义在全过程和所有后部子过程上的数量函数.

(2) 指标函数要具有可分离性, 并满足递推关系, 即

$$V_{k,n}(s_k, u_k, \cdots, s_{n+1}) = \phi_k[s_k, u_k, V_{k+1,n}(u_{k+1}, \cdots, s_{n+1})].$$

指标函数是衡量决策过程效益高低的指标, 是一个定义在全过程或从 $k$ 到 $n$ 阶段的子过程上的数量函数, 必须具有递推性.

(3) 函数 $\phi_k(s_k, u_k, V_{k+1,n})$ 对于变量 $V_{k+1,n}$ 要严格单调.

## 5.4 基本解法

阶段数固定的动态规划基本解法有逆序解法与顺序解法. 逆序解法是从问题的最后一个阶段开始, 逆多阶段决策的实际过程反向寻优. 顺序解法是从问题的最初阶段开始, 同多阶段决策的实际过程顺序寻优. 一般地说, 当初始状态给定时, 用逆序解法比较方便; 当终止状态给定时, 用顺序解法比较方便.

### 5.4.1 逆序解法

考察如图 5.3 所示的 $n$ 阶段决策过程. 其中取状态变量为 $s_1, s_2, \cdots, s_{n+1}$; 决策变量为 $u_1, u_2, \cdots, u_n$, 在第 $k$ 阶段, 决策 $u_k$ 使状态 $s_k$ (输入) 转移为状态 $s_{k+1}$ (输出), 设状态转移方程为

$$s_{k+1} = T_k(s_k, u_k) \quad (k = 1, 2, \cdots, n).$$

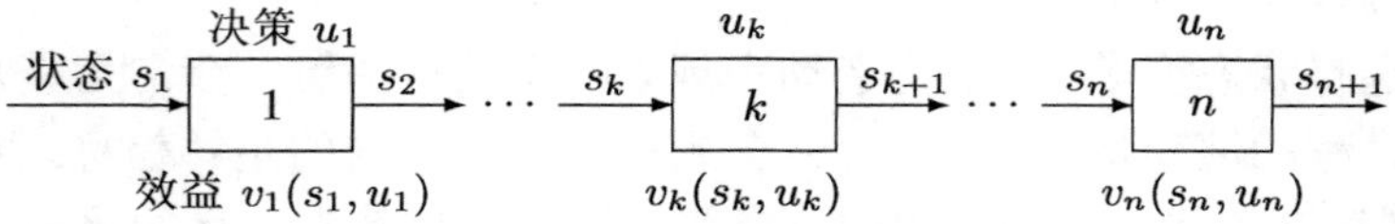


图 5.3 一个 $n$ 阶段决策过程

假定过程的总效益 (指标函数) 与各阶段效益 (阶段指标函数) 的关系为

$$V_{1,n} = v_1(s_1, u_1) * v_2(s_2, u_2) * \cdots * v_n(s_n, u_n),$$

其中, 记号 $*$ 可都表示为 “+” 或者都表示 “×”. 为使 $V_{1,n}$ 达到最优化, 即求 $\mathrm{opt}V_{1,n}$, 为简单起见, 不妨此处就求 $\max V_{1,n}$.

设已知初始状态为 $s_1$, 并假定最优值函数 $f_k(s_k)$ 表示第 $k$ 阶段的初始状态为 $s_k$, 从 $k$ 阶段到 $n$ 阶段所得到的最大效益.

从第 $n$ 阶段开始, 则有

$$f_n(s_n) = \max_{u_n \in D_n(s_n)} v_n(s_n, u_n),$$

其中, $D_n(s_n)$ 为由状态 $s_n$ 所确定的第 $n$ 阶段的允许决策集合. 解此一维极值问题, 就得到最优解 $u_n = u_n(s_n)$ 和最优值 $f_n(s_n)$. 要注意的是, 若 $D_n(s_n)$ 只有一个决策, 则 $u_n \in D_n(s_n)$ 就应写成 $u_n = u_n(s_n)$.

在第 $n-1$ 阶段, 有

$$f_{n-1}(s_{n-1}) = \max_{u_{n-1}\in D_{n-1}(s_{n-1})}[v_{n-1}(s_{n-1},u_{n-1}) * f_n(s_n)],$$

其中, $s_n = T_{n-1}(s_{n-1},u_{n-1})$, 解此一维极值问题, 得到最优解 $u_{n-1} = u_{n-1}(s_{n-1})$ 和最优值 $f_{n-1}(s_{n-1})$.

在第 $k$ 阶段, 有

$$f_k(s_k) = \max_{u_k\in D_k(s_k)}[v_k(s_k, u_k) * f_{k+1}(s_{k+1})],$$

其中, $s_{k+1} = T_k(s_k, u_k)$, 解得最优解 $u_k = u_k(s_k)$ 和最优值 $f_k(s_k)$.

如此类推, 直到第一阶段, 有

$$f_1(s_1) = \max_{u_1\in D_1(s_1)}[v_1(s_1, u_1) * f_2(s_2)],$$

其中, $s_2 = T_1(s_1, u_1)$, 解得最优解 $u_1 = u_1(s_1)$ 和最优值 $f_1(s_1)$.

由于初始状态 $s_1$ 已知, 故 $u_1 = u_1(s_1)$ 和 $f_1(s_1)$ 是确定的, $s_2 = T_1(s_1, u_1)$ 从而也就可确定. 于是 $u_2 = u_2(s_2)$ 和 $f_2(s_2)$ 也就可确定, 这样, 按照上述递推过程相反的顺序推算下去, 就可逐步确定出每阶段的决策及效益.

**例 5.2** 用逆序解法求如下问题:

$$\max z = x_1 \cdot x_2^2 \cdot x_3$$
$$\text{s.t.} \begin{cases} x_1 + x_2 + x_3 = c & (c > 0), \\ x_i \geqslant 0 & (i = 1, 2, 3). \end{cases}$$

**解** 按问题的变量个数划分阶段, 把它看作一个三阶段决策问题, 设状态变量为 $s_1$, $s_2$, $s_3$, $s_4$, 并记 $s_1 = c$; 取问题中的变量为决策变量 $x_1, x_2, x_3$; 各阶段指标函数按乘积方式结合. 令最优值函数 $f_k(s_k)$ 表示第 $k$ 阶段的初始状态为 $s_k$, 从 $k$ 阶段到 3 阶段所得到的最大值.

设 $s_3 = x_3$, $s_3 + x_2 = s_2$, $s_2 + x_1 = s_1 = c$, 则有 $s_3 = x_3$, $0 \leqslant x_2 \leqslant s_2$, $0 \leqslant x_1 \leqslant s_1 = c$. 于是用逆序解法, 从后向前依次有

$$f_3(s_3) = \max_{x_3=s_3}(x_3) = s_3 \text{ 及最优解 } x_3^* = s_3,$$

$$f_2(s_2) = \max_{0\leqslant x_2\leqslant s_2}[x_2^2 \cdot f_3(s_3)] = \max_{0\leqslant x_2\leqslant s_2}[x_2^2(s_2 - x_2)].$$

由微分法易知, 此一维极值问题中, 最优解为 $x_2^* = \frac{2}{3}s_2$, 此时 $f_2(s_2) = \frac{4}{27}s_2^3$.

像前面一样, 由

$$f_1(s_1) = \max_{0 \leqslant x_1 \leqslant s_1} [x_1 \cdot f_2(s_2)] = \max_{0 \leqslant x_1 \leqslant s_1} \left[x_1 \cdot \frac{4}{27}(s_1 - x_1)^3\right],$$

易知 $x_1^* = \frac{1}{4}s_1$, 故 $f_1(s_1) = \frac{1}{64}s_1^4$.

由于已知 $s_1 = c$, 按计算的顺序反推计算, 可得各阶段的最优决策和最优值, 即 $x_1^* = \frac{1}{4}c$, $f_1(c) = \frac{1}{64}c^4$; $x_2^* = \frac{2}{3}s_2 = \frac{1}{2}c$, $f_2(s_2) = \frac{1}{16}c^3$; $x_3^* = \frac{1}{4}c$, $f_3(s_3) = \frac{1}{4}c$. 因此得到目标函数的最大值为 $f_1(c) = \frac{1}{64}c^4$.

### 5.4.2* 顺序解法

已知终止状态用顺序解法与已知初始状态用逆序解法在本质上没有区别. 设已知终止状态 $s_{n+1}$, 并假定最优值函数 $f_k(s)$ 表示第 $k$ 阶段末的结束状态为 $s$, 从 1 阶段到 $k$ 阶段所得到的最大收益. 这时只要把图的箭头倒转过来即可, 把输出 $s_{k+1}$ 看作输入, 把输入 $s_k$ 看作输出, 这样便得到顺序解法. 但应注意, 这里是在上述状态变量和决策变量的记法不变的情况下考虑的. 因而这时的状态变换是上面状态变换的逆变换, 记为 $s_k = T_k^*(s_{k+1}, u_k)$, 从运算而言, 即是由 $s_{k+1}$ 和 $u_k$ 去确定 $s_k$ 的.

从第一阶段开始, 有

$$f_1(s_2) = \max_{u_1 \in D_1(s_1)} v_1(s_1, u_1),$$

其中, $s_1 = T_1^*(s_2, u_1)$. 解得最优解 $u_1 = u_1(s_2)$ 和最优值 $f_1(s_2)$. 若 $D_1(s_1)$ 只有一个决策, 则 $u_1 \in D_1(s_1)$ 就写成 $u_1 = u_1(s_2)$.

在第二阶段, 有

$$f_2(s_3) = \max_{u_2 \in D_2(s_2)} [v_2(s_2, u_2) * f_1(s_2)],$$

其中, $s_2 = T_2^*(s_3, u_2)$, 解得最优解 $u_2 = u_2(s_3)$ 和最优值 $f_2(s_3)$.

如此类推, 直到第 $n$ 阶段, 有

$$f_n(s_{n+1}) = \max_{u_n \in D_n(s_n)} [v_n(s_n, u_n) * f_{n-1}(s_n)],$$

其中, $s_n = T_n^*(s_{n+1}, u_n)$, 解得最优解 $u_n = u_n(s_{n+1})$ 和最优值 $f_n(s_{n+1})$.

由于终止状态 $s_{n+1}$ 是已知的, $u_n = u_n(s_{n+1})$ 和 $f_n(s_{n+1})$ 是确定的. 再按计算过程的相反顺序推算上去, 就可逐步确定出每阶段的决策及效益.

应指出的是, 若将状态变量的记法改为 $s_0, s_1, \cdots, s_n$, 决策变量记法不变, 则按顺序解法, 此时的最优值函数为 $f_k(s_k)$. 因而, 这个符号与逆序解法的符号一样, 但含义是不同的, 这里的 $s_k$ 是表示 $k$ 阶段末的结束状态.

**例 5.3** 用顺序解法解例 5.2.

**解** 设 $s_4 = c$, 令最优值函数 $f_k(s_{k+1})$ 表示第 $k$ 阶段末的结束状态为 $s_{k+1}$, 从 1 阶段到 $k$ 阶段的最大值. 设 $s_2 = x_1$, $s_2 + x_2 = s_3$, $s_3 + x_3 = s_4 = c$, 则有 $x_1 = s_2$, $0 \leqslant x_2 \leqslant s_3$, $0 \leqslant x_3 \leqslant s_4$.

于是用顺序解法, 从前向后依次有

$$f_1(s_2) = \max_{x_1 = s_2}(x_1) = s_2,$$

及最优解 $x_1^* = s_2$.

$$f_2(s_3) = \max_{0 \leqslant x_2 \leqslant s_3}[x_2^2 \cdot f_1(s_2)] = \max_{0 \leqslant x_2 \leqslant s_3}[x_2^2(s_3 - x_2)] = \frac{4}{27}s_3^3,$$

及最优解 $x_2^* = \dfrac{2}{3}s_3$.

$$f_3(s_4) = \max_{0 \leqslant x_3 \leqslant s_4}[x_3 \cdot f_2(s_3)] = \max_{0 \leqslant x_3 \leqslant s_4}\left[x_3 \cdot \frac{4}{27}(s_4 - x_3)^3\right] = \frac{1}{64}s_4^4,$$

及最优解 $x_3^* = \dfrac{1}{4}s_4$.

由于已知 $s_4 = c$, 易得到最优解为 $x_1^* = \dfrac{1}{4}c, x_2^* = \dfrac{1}{2}c, x_3^* = \dfrac{1}{4}c$, 相应的最大值为 $\max z = \dfrac{1}{64}c^4$.

现在再考虑已知初始状态 $s_1 = c$, 将例 5.2 用顺序解法进行求解.

因这时的状态转移函数为 $s_k = s_{k+1} + x_k$ $(k = 1, 2, 3)$, 为保证决策变量非负, 必须有 $s_{k+1} \leqslant s_k \leqslant c$. 因此, 设 $x_1 + s_2 = s_1 = c, x_2 + s_3 = s_2, x_3 + s_4 = s_3$, 则有 $x_1 = s_1 - s_2 = c - s_2$, $0 \leqslant x_2 \leqslant s_2 - s_3 \leqslant c - s_3$, $0 \leqslant x_3 \leqslant s_3 - s_4 \leqslant c - s_4$. 于是用顺序解法, 从前向后依次有

$$f_1(s_2) = \max_{x_1 = c - s_2}(x_1) = c - s_2 \text{ 及最优解 } x_1^* = c - s_2,$$

$$\begin{aligned} f_2(s_3) &= \max_{0 \leqslant x_2 \leqslant c - s_3}[x_2^2 f_1(s_2)] = \max_{0 \leqslant x_2 \leqslant c - s_3}[x_2^2(c - s_3 - x_2)] \\ &= \frac{4}{27}(c - s_3)^3 \text{ 及最优解 } x_2^* = \frac{2}{3}(c - s_3), \end{aligned}$$

$$f_3(s_4) = \max_{0 \leqslant x_3 \leqslant c - s_4}[x_3 f_2(s_3)] = \max_{0 \leqslant x_3 \leqslant c - s_4}\left[x_3 \cdot \frac{4}{27}(c - s_4 - x_3)^3\right]$$

$$= \frac{1}{64}(c - s_4)^4 \text{ 及最优解 } x_3^* = \frac{1}{4}(c - s_4).$$

由于终止状态 $s_4$ 不知道, 须再对 $s_4$ 求一次极值, 即

$$\max_{0 \leqslant s_4 \leqslant c} f_3(s_4) = \max_{0 \leqslant s_4 \leqslant c} \frac{1}{64}(c - s_4)^4.$$

当 $s_4 = 0$ 时, $f_3(s_4)$ 达到最大值, 然后按计算顺序反推算得到最优解为 $x_1^* = \frac{1}{4}c$, $x_2^* = \frac{1}{2}c$, $x_3^* = \frac{1}{4}c$; 最优值为 $\max z = f_3(0) = \frac{1}{64}c^4$.

注意: 若记状态变量为 $s_0, s_1, s_2, s_3$, 取 $s_0 = c$; 决策变量记法不变; 令最优值函数 $f_k(s_k)$ 表示第 $k$ 阶段的结束状态为 $s_k$, 从 1 阶段到 $k$ 阶段的最大值, 则按顺序解法, 从前向后依次为

$$f_1(s_1) = \max_{x_1 = c - s_1}(x_1), f_2(s_2) = \max_{0 \leqslant x_2 \leqslant c - s_2}[x_2^2 f_1(s_1)], f_3(s_3) = \max_{0 \leqslant x_2 \leqslant c - s_3}[x_3 f_2(s_2)].$$

**例 5.4** 用动态规划方法解下面问题:

$$\max F = 4x_1^2 - x_2^2 + 2x_3^2 + 12$$
$$\text{s.t.} \begin{cases} 3x_1 + 2x_2 + x_3 \leqslant 9, \\ x_i \geqslant 0 \quad (i = 1, 2, 3). \end{cases}$$

**解** 按问题中变量的个数分为三个阶段, 设状态变量为 $s_0, s_1, s_2, s_3$, 并记 $s_3 \leqslant 9$; 取 $x_1$, $x_2$, $x_3$ 为各阶段的决策变量; 各阶段指标函数按加法方式结合, 令最优值函数 $f_k(s_k)$ 表示第 $k$ 阶段的结束状态为 $s_k$, 从 1 阶段至 $k$ 阶段的最大值.

设 $3x_1 = s_1, s_1 + 2x_2 = s_2, s_2 + x_3 = s_3 \leqslant 9$, 则有 $x_1 = \frac{s_1}{3}$, $0 \leqslant x_2 \leqslant \frac{s_2}{2}$, $0 \leqslant x_3 \leqslant s_3$. 于是用顺推方法, 从前向后依次有

$$f_1(s_1) = \max_{x_1 = \frac{s_1}{3}}(4x_1^2) = \frac{4}{9}s_1^2 \text{ 及最优解 } x_1^* = \frac{s_1}{3}.$$

$$f_2(s_2) = \max_{0 \leqslant x_2 \leqslant \frac{s_2}{2}}[-x_2^2 + f_1(s_1)] = \max_{0 \leqslant x_2 \leqslant \frac{s_2}{2}}\left[-x_2^2 + \frac{4}{9}(s_2 - 2x_2)^2\right],$$

得到 $f_2(s_2) = \frac{4}{9}s_2^2$ 及相应的最优解 $x_2^* = 0$.

$$f_3(s_3) = \max_{0 \leqslant x_3 \leqslant s_3}[2x_3^2 + 12 + f_2(s_2)] = \max_{0 \leqslant x_3 \leqslant s_3}\left[2x_3^2 + 12 + \frac{4}{9}(s_3 - x_3)^2\right],$$

得 $f_3(s_3) = 2s_3^2 + 12$ 及相应的最优解 $x_3^* = s_3$.

由于 $s_3$ 不知道, 须再对 $s_3$ 求一次极值, 即

$$\max_{0 \leqslant s_3 \leqslant 9} f_3(s_3) = \max_{0 \leqslant s_3 \leqslant 9}(2s_3^2 + 12).$$

显然, 当 $s_3=9$ 时, $f_3(s_3)$ 才能达到最大值, 所以 $f_3(9)=2\times 9^2+12=174$ 为最大值. 再按计算的顺序反推算可求得最优解为 $x_1^*=0$, $x_2^*=0$, $x_3^*=9$; 最大值为 $\max F=f_3(9)=174$.

在实际问题中, 函数序列 $f_k(s_k)$ 往往不能表示为解析形式; 再者状态变量 $s_k$ 和决策变量 $u_k$ 即使是离散的, 其集合也很大. 这样, 求 $f_k(s_k)$ 和最优策略的数值解的计算量就很大, 一般要用计算机来解决.

### 5.4.3* 一般解法

同线性规划的解法相比较而言, 动态规划的解法采用以"时间"换取"空间"的策略. 把依次决定各个变量的取值看成是一个多阶段的决策过程, 因而模型中含多少个变量, 求解就分为多少个阶段. 约束条件的右端项表明可分配的资源数, 用状态变量表示, 而约束条件的个数则是状态变量的维数.

**例 5.5** 用动态规划方法求解例 1.1 产品组合问题的线性规划模型.

**解** 为用动态规划方法求解, 先要将这个问题转化为动态规划的模型.

把确定 $x_1$, $x_2$ 的值看作分两个阶段的决策, 用 $k$ 表示阶段数. 状态变量为 $k$ 阶段初各约束条件右端项剩余值, 分别用 $s_{1k}$, $s_{2k}$, $s_{3k}$ 来表示. $x_1$, $x_2$ 分别为两个阶段的决策变量. 状态转移方程为

$$\begin{cases} s_{12}=s_{11}\quad -x_1=4-x_1, \\ s_{22}=s_{21}\qquad\quad\ =12, \\ s_{32}=s_{31}\ -3x_1=18-3x_1. \end{cases}$$

指标函数为

$$V_{k,2}=c_kx_k+V_{k+1,2},$$

其中, $c_k$ 是 $x_k$ 在目标函数中的系数.

因而动态规划的递推方程可表示为

$$f_k(s_{1k},s_{2k},s_{3k})=\max_{x_k\in D_k(s_{ik})}\{c_kx_k+f_{k+1}(s_{1,k+1},s_{2,k+1},s_{3,k+1})\}.$$

当 $k=2$ 时, 有

$$f_2(s_{12},s_{22},s_{32})=\max_{0\leqslant x_2\leqslant \min(\frac{s_{22}}{2},\frac{s_{32}}{2})}\{5x_2+f_3(s_{13},s_{23},s_{33})\}.$$

因为有 $f_3(s_{13},s_{23},s_{33})=0$, 故有

$$f_2(s_{12},s_{22},s_{32})=\max_{0\leqslant x_2\leqslant \min(\frac{s_{22}}{2},\frac{s_{32}}{2})}\{5x_2\}=\min\frac{5}{2}(s_{22},s_{32}),$$

因此有 $x_2^* = \min\left(\frac{s_{22}}{2}, \frac{s_{32}}{2}\right)$.

当 $k=1$ 时, 有

$$f_1(s_{11}, s_{21}, s_{31}) = \max_{0\leqslant x_1\leqslant \min(s_{11}, \frac{s_{31}}{3})} \{3x_1 + f_2(s_{11}-x_1, s_{21}, s_{31}-3x_1)\}$$

$$= \max_{0\leqslant x_1\leqslant 4} \left\{3x_1 + \min\left[\frac{5}{2}(s_{21}, s_{31}-3x_1)\right]\right\}.$$

因为

$$\min\left[\frac{5}{2}(s_{21}, s_{31}-3x_1)\right] = \min\left[\frac{5}{2}(12, 18-3x_1)\right]$$

$$= \min\left[30, \frac{90-15x_1}{2}\right] = \begin{cases} 30, & x_1 \leqslant 2, \\ \dfrac{90-15x_1}{2}, & x_1 \geqslant 2, \end{cases}$$

所以

$$f_1(s_{11}, s_{21}, s_{31}) = \max_{0\leqslant x_1\leqslant 4} \left\{\begin{array}{ll} 3x_1+30, & x_1\leqslant 2 \\ 3x_1 + \dfrac{90-15x_1}{2}, & x_1 \geqslant 2 \end{array}\right\}$$

$$= \max_{0\leqslant x_1\leqslant 4} \left\{\begin{array}{ll} 3x_1+30, & x_1\leqslant 2 \\ 45 - \frac{9}{2}x_1, & x_1 \geqslant 2 \end{array}\right\} = 36.$$

因此, 有 $x_1^* = 2$.

利用状态转移方程可得

$$x_2^* = \min\left(\frac{s_{22}}{2}, \frac{s_{32}}{2}\right) = \min\left(\frac{s_{21}}{2}, \frac{s_{31}-3x_1}{2}\right) = \min\left(6, \frac{18-6}{2}\right) = 6.$$

最优解为 $x_1^* = 2$, $x_2^* = 6$, $z^* = 3\times 2 + 5\times 6 = 36$.

上面的几个问题是动态规划里比较简单的例子, 提出了动态规划的基本概念. 它可以把一个 $n$ 维最优化问题, 变换为 $n$ 个一维最优化问题, 一个一个地求解, 这是经典极值优化方法所做不到的. 几乎超越所有现存的计算方法, 特别是经典最优化方法, 能够确定绝对 (全局) 极大或极小, 而不是相对 (局部) 的极值. 因而可以不再需要关心局部极大和极小问题. 这就是动态规划能够得到广泛应用与发展的原因所在.

动态规划在结构上与运筹学的其他方法是有些不同的, 这在于它把问题划分成若干子问题或若干决策阶段. 问题是用从一个阶段到下一个阶段的递推关系描述的, 一个阶段通常是指一个时期, 但也不一定非表示时间不可. 整个系统的状况是由一个或多个状态变量来描述的. 在解决前面对后面有影响的一系列决策问题时, 动态规划方法是非常有用的. 即使在前面已做出错误的, 即非优的决策, 动态规划仍能保证在以后的阶段中做出正确的决策.

## 5.5 迭代算法

前面讨论的多阶段决策问题可以确定出阶段的数目, 称为固定阶段的多阶段决策问题. 本节要讨论的是阶段数不固定的有限阶段决策过程及其求解方法.

考虑如下的最短路问题. 假设有 $n$ 个点: $1,2,\cdots,n$, 任意两点 $i$ 与 $j$ 之间的距离 (或行程时间、运费等) 为 $c_{ij}$, 其中 $c_{ij}=0$ 表示 $i$ 与 $j$ 为同一点, $c_{ij}=\infty$ 表示两点间不能直接到达 (注意, 这里的距离可以为负数). 由一点直接到另一点算作一步. 要求在不限定步数的条件下, 找出点 1 到点 $n$ 的最短路.

类似上述不限定数的有限阶段决策问题可以称为阶段数不固定的有限阶段决策过程. 在解此问题时可以不考虑回路, 因为含有回路的路线一定不是最短路.

设 $f(i)$ 表示由点 $i$ 到点 $n$ 的最短距离, 则由 Bellman 最优性原理, 得

$$\begin{cases} f(i)=\min\limits_{1\leqslant j\leqslant n}\{c_{ij}+f(j)\} \quad (i=1,2,\cdots,n-1), \\ f(n)=0. \end{cases}$$

这就是上述问题的动态规划函数的基本方程. 它是关于最优值函数的函数方程, 而不是递推关系式. 这给求解带来一定的困难, 下面介绍两种逐次逼近方法.

### 5.5.1 函数迭代法

函数迭代法的基本思想是构造一个函数序列 $\{f_k(i)\}$ 来逼近最优值函数 $f(i)$. 首先令 $k=1$, 有

$$\begin{cases} f_1(i)=c_{in} \quad (i=1,2,\cdots,n-1), \\ f_1(n)=0. \end{cases}$$

然后构造

$$\begin{cases} f_{k+1}(i)=\min\limits_{1\leqslant j\leqslant n}\{c_{ij}+f_k(j)\} \quad (i=1,2,\cdots,n-1), \\ f_{k+1}(n)=0. \end{cases}$$

当 $f_{k+1}(i)=f_k(i)$, $i=1,2,\cdots,n$ 时, 就取

$$f(i)=f_k(i) \quad (i=1,2,\cdots,n).$$

否则令 $k=k+1$ 再按上式迭代计算.

$f_k(i)$ 的意义十分直观, 表示由 $i$ 点出发, 至多走 $k$ 步 (即经过 $k-1$ 个点) 到达点 $n$ 的最短路线的长度. 因为不考虑回路, 所以算法的迭代次数一定不超过 $k-1$.

**例 5.6** 设点 1, 2, 3, 4 之间的距离为

$$C=(c_{ij})_{4\times 4}=\begin{bmatrix}0&5&6&\infty\\5&0&7&8\\6&7&0&4\\\infty&8&4&0\end{bmatrix},$$

试用函数迭代法求各点到点 4 的最短路线及相应的最短距离.

**解** 对点 1, 2, 3 到点 4 的最短距离计算过程如下:

当 $k=1$ 时, $f_1(i)=c_{i4}$, $i=1,2,3$, 即 $f_1(1)=\infty$, $f_1(2)=8$, $f_1(3)=4$ ($f_k(4)\equiv 0$, $\forall k$, 不必计算).

当 $k=2$ 时, $f_2(i)=\min\limits_{1\leqslant j\leqslant n}\{c_{ij}+f_1(j)\}$, 故

$$\begin{aligned}f_2(1)&=\min\{0+\infty,5+8,6+4,\infty+0\}=10\neq f_1(1),\\f_2(2)&=\min\{5+\infty,0+8,7+4,8+0\}=8=f_1(2),\\f_2(3)&=\min\{6+\infty,7+8,0+4,4+0\}=4=f_1(3).\end{aligned}$$

当 $k=3$ 时, $f_3(i)=\min\limits_{1\leqslant j\leqslant n}\{c_{ij}+f_2(j)\}$, 故

$$\begin{aligned}f_3(1)&=\min\{0+10,5+8,6+4,\infty+0\}=10=f_2(1),\\f_3(2)&=\min\{5+10,0+8,7+4,8+0\}=8=f_2(2),\\f_3(3)&=\min\{6+10,7+8,0+4,4+0\}=4=f_2(3).\end{aligned}$$

因此, $f_2(i)$ 就是点 $i$ 到点 4 的最短距离. 点 1 到点 4 的最短距离为

$$f_2(1)=\min_{1\leqslant j\leqslant n}\{c_{ij}+f_1(j)\}=c_{13}+f_1(3),$$

最短路线为 $1\to 3\to 4$. 类似可得点 2, 3 到点 4 的最短距离分别为 8, 4, 最短路线分别为 $2\to 4$, $3\to 4$.

### 5.5.2 策略迭代法

策略迭代法的思想是先选取一个初始策略, 然后调整得到新的策略, 当策略不再发生改变的时候就得到最优策略. 具体计算过程如下:

首先, 任意选择一个初始策略 $u_1(i)$, $i=1,2,\cdots,n-1$, 令 $k=1$.

然后, 计算函数值:

$$\begin{cases}f_k(i)=c_{i,u_k(i)}+f_k(u_k(i))\quad(i=1,2,\cdots,n-1),\\f_k(n)=0.\end{cases}$$

并确定新策略 $u_{k+1}(i)$, 新策略满足

$$f_{k+1}(u_{k+1}(i)) = \min_{j}\{c_{ij} + f_k(j)\}.$$

最后, 如果对 $\forall i$, $u_{k+1}(i) = u_k(i)$, 则 $u_k(i)$ 为最优策略, 否则令 $k = k + 1$, 再按上式迭代计算.

策略迭代法每次迭代包括求值和改善策略两步, 要比函数迭代法复杂, 计算量也大. 但是策略迭代法所需的迭代次数往往少于函数迭代法, 特别是当初始策略选取较好时.

**例 5.7** 用策略迭代法求解例 5.6.

**解** 设初始策略为 $u_1 = \{u_1(i)\} = \{3, 4, 2, 4\}$.

计算在策略 $u_1$ 下的由点 $i$ 到点 4 的路程 $f_1(i)$, $i = 1, 2, 3$ ($f_k(4) \equiv 0, \forall k$, 不必计算).

$$\begin{aligned}
f_1(2) &= c_{14} + f_1(4) = 8 + 0 = 8, \\
f_1(3) &= c_{12} + f_1(2) = 7 + 8 = 15, \\
f_1(1) &= c_{13} + f_1(3) = 6 + 15 = 21.
\end{aligned}$$

计算指标函数值 $f_2(i)$ 并确定新的策略 $u_2$, 有

$$\begin{aligned}
f_2(1) = {} & \min_{j}\{c_{1j} + f_1(j)\} = \min\{0 + 21, 5 + 8, 6 + 15, \infty + 0\} = 13, \\
& u_2(1) = 2 \neq u_1(1); \\
f_2(2) = {} & \min_{j}\{c_{2j} + f_1(j)\} = \min\{5 + 21, 0 + 8, 7 + 15, 8 + 0\} = 8, \\
& u_2(2) = 4 = u_1(2); \\
f_2(3) = {} & \min_{j}\{c_{3j} + f_1(j)\} = \min\{6 + 21, 7 + 8, 0 + 15, 4 + 0\} = 4, \\
& u_2(3) = 4 \neq u_1(3).
\end{aligned}$$

计算指标函数值 $f_3(i)$ 并确定新的策略 $u_3$, 有

$$\begin{aligned}
f_3(1) = {} & \min_{j}\{c_{1j} + f_2(j)\} = \min\{0 + 13, 5 + 8, 6 + 4, \infty + 0\} = 10, \\
& u_3(1) = 3 \neq u_2(1); \\
f_3(2) = {} & \min_{j}\{c_{2j} + f_2(j)\} = \min\{5 + 13, 0 + 8, 7 + 4, 8 + 0\} = 8, \\
& u_3(2) = 4 = u_2(2); \\
f_3(3) = {} & \min_{j}\{c_{3j} + f_2(j)\} = \min\{6 + 13, 7 + 8, 0 + 4, 4 + 0\} = 4, \\
& u_3(3) = 4 = u_2(3).
\end{aligned}$$

计算指标函数值 $f_4(i)$ 并确定新的策略 $u_4$, 有

$$
\begin{aligned}
f_4(1) &= \min_j\{c_{1j}+f_3(j)\} = \min\{0+10, 5+8, 6+4, \infty+0\} = 10,\\
&\quad u_4(1) = 3 = u_3(1);\\
f_4(2) &= \min_j\{c_{2j}+f_3(j)\} = \min\{5+10, 0+8, 7+4, 8+0\} = 8,\\
&\quad u_4(2) = 4 = u_3(2);\\
f_4(3) &= \min_j\{c_{3j}+f_3(j)\} = \min\{6+10, 7+8, 0+4, 4+0\} = 4,\\
&\quad u_4(3) = 4 = u_3(3).
\end{aligned}
$$

因此, $u_3 = [3,4,4,4]^{\mathrm{T}}$ 为最优策略, 从点 1, 2, 3 到点 4 的最短距离分别为 10, 8, 4, 最短路线分别为 $1\to3\to4$, $2\to4$, $3\to4$.

## 5.6 应用举例

动态规划的方法, 在工程技术、企业管理、工农业生产及军事等部门中都有广泛的应用. 下面通过典型举例来说明动态规划的一些必要的建模技巧.

### 5.6.1 背包问题

背包问题是指由于背负的重量有限等, 旅行者如何选择放在背包中的用品. 只有一个约束的背包问题称为一维背包问题. 若有两个或三个约束称为二维或三维背包问题. 例如, 若旅行者不仅考虑物品的重量限制, 还要考虑它们的体积限制就形成一个二维背包问题. 类似的问题还有工厂里的下料问题、运输中的货物装载问题等. 另外, 背包问题还可用于投资选择问题. 可以说, 背包问题适用于一切以若干种用途争用一种资源为特征的问题.

首先考虑一维背包问题, 旅行者给每种物品指定一个重要性系数, 其目标是在小于一定重量的前提下, 使所携带的物品的重要性系数之和最大. 设 $x_i$ 为第 $i$ $(1,2,\cdots,n)$ 种物品的装入件数, 则问题的数学模型为

$$
\begin{aligned}
&\max f = \sum_{i=1}^{n} u_i(x_i)\\
&\text{s.t.}\ \begin{cases}\displaystyle\sum_{i=1}^{n} w_i x_i \leqslant a,\\ x_i \geqslant 0 \text{ 且为整数} \quad (i=1,2,\cdots,n),\end{cases}
\end{aligned}
$$

其中, $a$ (千克) 为可携带物品重量; $w_i$ (千克) 为第 $i$ 种物品重量.

显然, 它是一个整数规划问题. 若 $x_i$ 只取 0 或 1, 又称为 0-1 背包问题.

设按可装入物品种类的 $n$ 划分为 $n$ 个阶段. 状态变量 $w$ 表示用于装入第 1 种物品至第 $k$ 种物品的总重量. 决策变量 $x_k$ 表示装入第 $k$ 种物品的件数. 则状

态转移方程为

$$\tilde{w} = w - x_k w_k,$$

允许决策集合为

$$D_k(w) = \left\{ x_k \middle| 0 \leqslant x_k \leqslant \left[ \frac{w}{w_k} \right] \right\}.$$

最优值函数 $f_k(w)$ 是当总重量不超过 $w$, 背包中可以装入第 $1 \sim k$ 种物品的最大使用价值, 即

$$f_k(w) = \max_{\substack{\sum_{i=1}^{k} w_i x_i \leqslant w, \\ x_i \geqslant 0, \text{ 且为整数 } (i=1,2,\cdots,k)}} \sum_{i=1}^{k} u_i(x_i).$$

因而可写出动态规划的顺序递推关系为

$$f_1(w) = \max_{x_1=0,1,\cdots,[\frac{w}{w_1}]} u_1(x_1),$$

$$f_k(w) = \max_{x_k=0,1,\cdots,[\frac{w}{w_k}]} \{u_k(x_k) + f_{k-1}(w - w_k x_k)\} \quad (2 \leqslant k \leqslant n).$$

逐步计算 $f_1(w), f_2(w), \cdots, f_n(w)$ 及相应决策函数 $x_1(w), x_2(w), \cdots, x_n(w)$, 得出 $f_n(a)$ 为所求最大价值, 其相应最优策略由反推运算得出.

**例 5.8** 一名登山队员做登山准备, 他需要携带的物品有食品、氧气、冰镐、绳索、帐篷、照相机和通信设备. 每种物品的重要性系数和重量见表 5.3, 假定登山队员可携带的最大重量为 25 千克.

表 5.3 登山物资表

| 序号 | 1 | 2 | 3 | 4 | 5 | 6 | 7 |
|---|---|---|---|---|---|---|---|
| 物品 | 食品 | 氧气 | 冰镐 | 绳索 | 帐篷 | 照相机 | 通信设备 |
| 重量/千克 | 5 | 5 | 2 | 6 | 12 | 2 | 4 |
| 重要性系数 | 20 | 15 | 18 | 14 | 8 | 4 | 10 |

若令 $x_i = \begin{cases} 1, & \text{表示登山队员携带物品 } i \\ 0, & \text{表示登山队员不携带物品 } i \end{cases}$, 则问题可写为

$$\max z = 20x_1 + 15x_2 + 18x_3 + 14x_4 + 8x_5 + 4x_6 + 10x_7$$

$$\text{s.t.} \begin{cases} 5x_1 + 5x_2 + 2x_3 + 6x_4 + 12x_5 + 2x_6 + 4x_7 \leqslant 25, \\ x_i = 1 \text{ 或 } 0 \quad (i = 1, 2, \cdots, 7). \end{cases}$$

此问题可以用分枝定界法求解. 但由问题的特殊结构可以找到比较简单有效的启发性算法. 例如, 可以比较每种物品的重要性系数和重量的比值, 比值大的物

品首先选取, 直到重量超不定期限制时为止. 在例子中, 各物品的比值为 4, 3, 9, 2.33, 0.67, 2, 2.5. 按从大到小选取, 只有帐篷落选, 也即除 $x_5$ 为 0 外, 其他变量都取 1, 需要携带的物品总重量为 24 千克, 已是最优解.

现在考虑 "二维背包问题", 增加背包体积的限制为 $b$, 并假设第 $i$ 种物品每件的体积为 $v_i$ 立方米, 问应如何装法使得总价值最大? 仍用以上的记号, 可得它的数学模型为

$$\max f = \sum_{i=1}^{n} u_i(x_i)$$

$$\text{s.t.} \begin{cases} \sum_{i=1}^{n} w_i x_i \leqslant a, \\ \sum_{i=1}^{n} v_i x_i \leqslant b, \\ x_i \geqslant 0 \text{ 且为整数} \quad (i = 1, 2, \cdots, n). \end{cases}$$

用动态规划方法来解时, 状态变量是两个 (重量和体积的限制), 决策变量是一个 (物品的件数). 设最优值函数 $f_k(w, v)$ 表示当总重量不超过 $w$ 千克, 总体积不超过 $v$ 立方米时, 背包中装入第 1 ~ 第 $k$ 种物品的最大使用价值. 故

$$f_k(w, v) = \max_{\substack{\sum_{i=1}^{k} w_i x_i \leqslant w, \sum_{i=1}^{k} v_i x_i \leqslant v, \\ x_i \geqslant 0 \text{ 且为整数 } (i=1,2,\cdots,k)}} \sum_{i=1}^{k} u_i(x_i).$$

因而可写出顺序递推关系式为

$$f_k(w, v) = \max_{0 \leqslant x_k \min([\frac{w}{w_k}],[\frac{v}{v_k}])} \{u_k(x_k) + f_{k-1}(w - w_k x_k, v - v_k x_k)\},$$

$$f_0(w, v) = 0.$$

最后算出 $f_n(a, b)$ 即为所求的最大价值.

### 5.6.2* 排序问题

本节仅讨论同顺序流水作业的任务安排, 更多讨论可参见文献 [18, 19]. 问题可陈述为: 设有 $m$ 种加工用的机器: $M_1, M_2, \cdots, M_m$, 同顺序流水作业是指其加工顺序是相同的, 不妨为 $M_1 \to M_2 \to \cdots \to M_m$, 即先通过 $M_1$ 加工, 然后依次为 $M_2$, 等等. 现有 $n$ 个任务, 其加工顺序一样, 设为 $J_1$, $J_2, \cdots$, $J_n$. 已知矩阵 $\boldsymbol{T} = (t_{ij})_{m \times n}$, 其中 $t_{ij}$ 为任务 $J_j$ 每加工一单元所需 $M_i$ 机器的时数. 求所用时间最短的任务加工顺序.

下面仅讨论 $m = 2$ 的情形. 令

$$S_0 = \{J_1, J_2, \cdots, J_n\}, \quad N = \{1, 2, \cdots, n\}.$$

若 $n$ 个任务的加工顺序不同, 从第一个任务在机器 $M_1$ 上加工开始, 到最后一个任务在机器 $M_2$ 上加工完毕为止, 所需时间也不同. 直观上, 可知最佳安排是使得机器 $M_2$ 的空闲时间达到最少, 而对机器 $M_1$ 不存在空闲等任务问题. 当然, $M_2$ 也存在任务等机器的状况, 即 $M_1$ 加工完毕, 而 $M_2$ 还在加工前面一个任务.

设 $S$ 是任务的集合, 若机器 $M_1$ 开始加工 $S$ 中的任务时, $M_2$ 机器还在加工其他任务, $t$ 时刻后才可利用, 在此条件下, 加工 $S$ 任务所需的最短时间设为 $T(S,t)$, 则有

$$T(S,t)=\min_{J_i\in S}\{t_{1i}+T(S\backslash\{J_i\};t_{2i}+\max\{t-t_{1i},0\})\},$$

其中, $t_{2i}+\max\{t-t_{1i},0\}$ 的意义可从图 5.4 中看出.

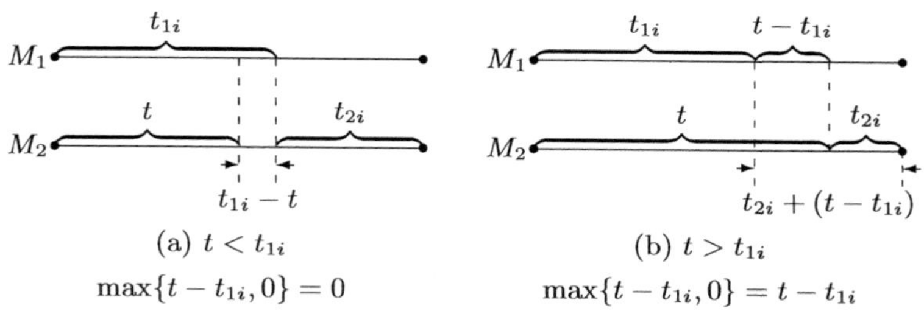


图 5.4 $t_{2i}+\max\{t-t_{1i},0\}$ 的意义

设最佳的方案是 $J_i$ 在前, $J_j$ 在后, 则

$$\begin{aligned}
T(S,t)&=t_{1i}+T(S\backslash\{J_i\};t_{2i}+\max\{t-t_{1i},0\})\\
&=t_{1i}+t_{1j}+T(S\backslash\{J_i,J_j\};t_{2j}+\max\{t_{2i}+\max\{t-t_{1i},0\}-t_{1j},0\})\\
&=t_{1i}+t_{1j}+T(S\backslash\{J_i,J_j\};T_{ij}),\\
T_{ij}&=t_{2j}+\max\{t_{2i}+\max\{t-t_{1i},0\}-t_{1j},0\}\\
&=t_{2i}+t_{2j}-t_{1j}+\max\{\max\{t-t_{1i},0\},t_{1j}-t_{2i}\}\\
&=t_{2i}+t_{2j}-t_{1j}+\max\{t-t_{1i},t_{1j}-t_{2i},0\}\\
&=t_{2i}+t_{2j}-t_{1i}-t_{1j}+\max\{t,t_{1i},t_{1i}+t_{1j}-t_{2i}\}\\
&=\begin{cases}
t+t_{2i}+t_{2j}-t_{1i}-t_{1j} & (\max=t),\\
t_{2i}+t_{2j}-t_{1j} & (\max=t_{1i}),\\
t_{2j} & (\max=t_{1i}+t_{1j}-t_{2i}).
\end{cases}
\end{aligned}$$

若最优次序 $J_i \to J_j$ 的加工顺序互换, 则

$$\overline{T}(S,t) = t_{1i} + t_{1j} + T(S\backslash\{J_i, J_j\}; T_{ji}),$$

其中, $T_{ji} = t_{2i} + t_{2j} - t_{1i} - t_{1j} + \max\{t, t_{1j}, t_{1i} + t_{1j} - t_{2j}\}$. 若

$$\max\{t, t_{1i} + t_{1j} - t_{2i}, t_{1i}\} \leqslant \max\{t, t_{1i} + t_{1j} - t_{2j}, t_{1j}\},$$

则 $T(S,t) \leqslant \overline{T}(S,t)$. 此时, 只需条件

$$t_{1i} + t_{1j} + \max\{-t_{2i}, -t_{1j}\} \leqslant t_{1i} + t_{1j} + \max\{-t_{2j}, -t_{1i}\}$$

成立, 此即 Johnson 公式:

$$\min\{t_{2j}, t_{1i}\} \leqslant \min\{t_{2i}, t_{1j}\}.$$

当 Johnson 公式成立时, 任务 $J_i$ 安排在任务 $J_j$ 之前加工. 意思是在 $M_1$ 上加工时间短的任务优先, 而在 $M_2$ 上加工时间短的任务应排在后面. 故将 $t_{11}$, $t_{12}, \cdots$, $t_{1n}$, $t_{21}$, $t_{22}, \cdots$, $t_{2n}$ 按从小到大的顺序排列. 若最小的是 $t_{1k}$, 则 $J_k$ 排在第一个, 若 $t_{2k}$ 为最小, 则 $J_k$ 排在最后一个. 并从序列中排除 $t_{1k}$ 和 $t_{2k}$, 然后再依次观察余下的序数中的最小数且至 $n$ 个任务都排完.

**例 5.9** 某印刷厂有 6 项加工任务 $J_1$, $J_2, \cdots$, $J_6$, 在印刷车间各需时间 3, 12, 5, 2, 8, 11 单位; 在装订车间需 7, 10, 9, 6, 4, 1 单位. 试求最佳加工顺序.

**解** 即

$$\boldsymbol{T} = \begin{bmatrix} 3 & 12 & 5 & 2 & 8 & 11 \\ 7 & 10 & 9 & 6 & 4 & 1 \end{bmatrix}_{2\times 6},$$

将矩阵 $\boldsymbol{T}$ 的元素从小到大按次序排列, 有

$$\begin{array}{ccccccccccccccccccccccc} 1 & < & 2 & < & 3 & < & 4 & < & 5 & < & 6 & < & 7 & < & 8 & < & 9 & < & 10 & < & 11 & < & 12. \\ \updownarrow & & \updownarrow & & \updownarrow & & \updownarrow & & \updownarrow & & \updownarrow & & \updownarrow & & \updownarrow & & \updownarrow & & \updownarrow & & \updownarrow & & \updownarrow \\ t_{26} & & t_{14} & & t_{11} & & t_{25} & & t_{13} & & t_{24} & & t_{21} & & t_{15} & & t_{23} & & t_{22} & & t_{16} & & t_{12} \end{array}$$

此序列中最小元素为 $t_{26}$, 故 $J_6$ 是最后加工, 从序列中删去 $t_{16}$, $t_{26}$ 剩下序列中求最小元素, 依次类推.

按上面所述算法得最佳加工顺序为 $J_4 \to J_1 \to J_3 \to J_2 \to J_5 \to J_6$, 加工总时间为 43 单位.

## 思考题

5.1 一艘货轮在 $A$ 港装货后驶往 $F$ 港, 中途需靠港加油、加淡水三次, 从 $A$ 港到 $F$ 港全部可能的航运路线及两港之间距离如图 5.5 所示, $F$ 港有 3 个码头 $F_1$, $F_2$, $F_3$. 试求最合理停靠的码头及航线, 使总距离最短.

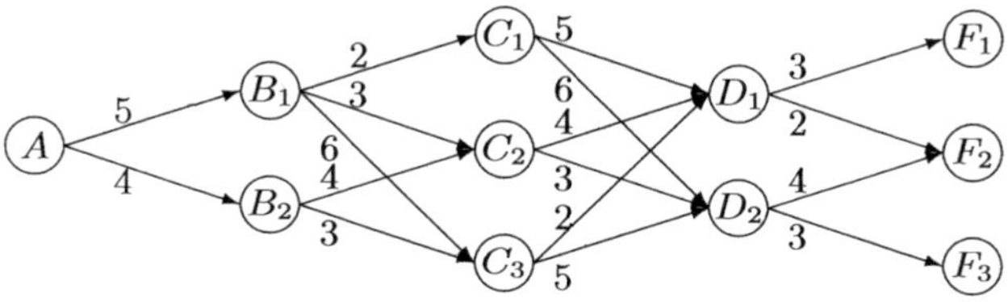

图 5.5 航运路线及距离

5.2 用动态规划的方法求解下述问题.

(1) $\max z = 10x_1 + 22x_2 + 17x_3$

$$\text{s.t.} \begin{cases} 2x_1 + 4x_2 + 3x_3 \leqslant 20, \\ x_1 \geqslant 0, x_2 \geqslant 0, x_3 \geqslant 0. \end{cases}$$

(2) $\max z = 7x_1^2 + 6x_1 + 5x_2^2$

$$\text{s.t.} \begin{cases} x_1 + 2x_2 \leqslant 10, \\ x_1 - 3x_2 \leqslant 9, \\ x_1 \geqslant 0, x_2 \geqslant 0. \end{cases}$$

5.3 某科研项目由三个小组用不同手段分别研究, 它们失败的概率各为 0.40, 0.60, 0.80. 为了减少三个小组都失败的可能性, 现决定给三个小组中增派两名高级科学家. 科学家到各小组后, 各小组科研项目失败概率如表 5.4 所示. 问如何分派才使三个小组都失败的概率 (即科研项目最终失败的概率) 最小?

表 5.4 科研项目失败概率

| 科学家数/名 | 小组 1 | 小组 2 | 小组 3 |
|---|---|---|---|
| 0 | 0.40 | 0.60 | 0.80 |
| 1 | 0.20 | 0.40 | 0.50 |
| 2 | 0.15 | 0.20 | 0.30 |

5.4 某企业需要在近五周内采购一批原料, 而估计在未来五周内原料价格有波动, 单价为 500 时的概率为 0.3, 单价为 600 时的概率为 0.3, 单价为 700 时的概率为 0.4. 试求在哪一周以什么价格购入可使其采购价格的数学期望值最小, 并求出期望值.

# 第 6 章

# 图与网络

本章介绍的图与网络又可称为组合规划, 是讨论在有限集中选择一些子集使目标函数达到最优的问题. 图论 (theory of graph, 或 graph theory) 是一门新的数学分支, 是建立和处理离散的数学模型的一个重要工具. 20 世纪 50 年代以来, 网络理论和网络计划方法等研究成果的推广, 使得图论在工程设计和管理中得到广泛的应用, 成为对各种系统进行分析、研究、管理的重要工具.

图论起源于 Königsberg 七桥问题: Königsberg 城位于 Pregel 河畔, 河中有两个小岛, 河两岸和河中两岛通过七座桥彼此相连. 若游人从两岸 $A, B$ 或两个小岛 $C, D$ 中任一个地方出发, 是否能找到一条路线做到每座桥恰通过一次而最后返回原地? 1736 年, Euler 用图 (图 6.1) 来抽象表示此问题, 其中, $A$, $B$, $C$, $D$ 分别用四个点来表示, 而陆地之间有桥相连者则用连接两个点的连线来表示. 这样, 问题就变成: “试从图中的任一点出发, 通过每条边一次, 最后返回到该点, 这样的路径是否存在?”

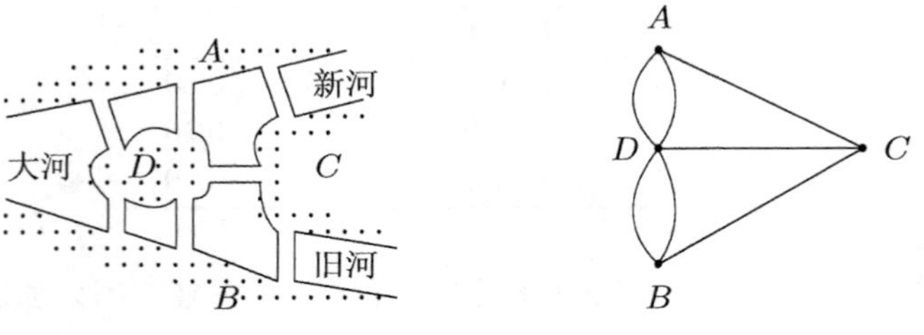


图 6.1　Königsberg 七桥问题

关于 Königsberg 七桥问题的回答是否定的. 直观上不难发现, 为了要回到原来的地方, 要求与每一个顶点相关联的边的数目, 均应为偶数, 从而可得从一条边进入, 而从另一条边出去, 一进一出才行. Euler 找到一般的图存在这样一条回路的充要条件, 即定理 6.8.

## 6.1　基本概念

在生产和日常生活中, 经常碰到各种各样的图, 如公路或铁路交通图、管网图、通信联络图等. 运筹学中研究的图就是上述各类图的抽象概括, 表明一些研究对象及这些对象之间的相互联系.

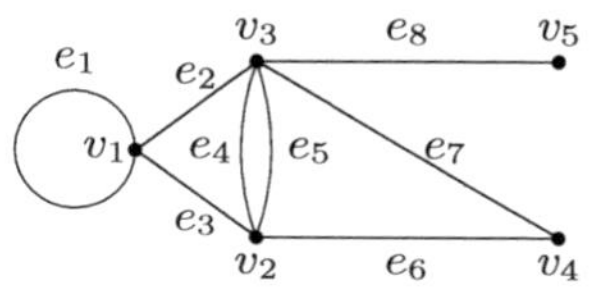


图 6.2　图的基本概念

若用点表示研究的对象, 用边表示对象之间的联系, 则图 $G$ 定义为点和边的集合, 记作 $G=\{V,E\}$, 其中, $V$ 是点的集合, $E$ 是边的集合. 注意, 这里的图只关心图中有多少个点以及哪些点之间的线相连, 有别于几何学中的图. 若给图中的点和边赋以具体的含义与权数, 如距离、费用、容量等, 则称为网络图, 记作 $N=\{V,E,W\}$. 一般地, 图中的点 (又称为顶点或节点) 用 $v$ 表示, 边用 $e$ 表示. 每条边可用它所连接的点表示, 如记作 $e_1=[v_1,v_1]$, $e_3=[v_1,v_2]$, 或 $e_3=[v_2,v_1]$ (图 6.2). 事实上, 边也可记作 $e_{ij}=[v_i,v_j]$.

**定义 6.1 (端点、关联边、相邻)**　若有边 $e$ 可表示为 $e=[v_i,v_j]$, 称 $v_i$ 和 $v_j$ 是边 $e$ 的端点, 反之, 称边 $e$ 为点 $v_i$ 或 $v_j$ 的关联边. 若两个端点与同一条边关联, 称点 $v_i$ 和 $v_j$ 相邻; 若边 $e_i$ 和 $e_j$ 具有公共的端点, 称边 $e_i$ 和 $e_j$ 相邻.

**定义 6.2 (环、多重边、简单图、多重图)**　若边 $e$ 的两个端点相重, 称该边为环 (自回路). 若两个点之间边多于一条, 称为具有多重边. 无环、无多重边的图称为简单图. 含有多重边的图称为多重图.

如图 6.2 中, 边 $e_1$ 为环, $e_4$ 和 $e_5$ 为多重边.

**定义 6.3 (次、奇点、偶点、孤立点)**　与某一个点 $v_i$ 相关联的边的数目称为点 $v_i$ 的次 (也称度), 记作 $d(v_i)$. 次为奇数的点称作奇点, 次为偶数的点称作偶点, 次为 0 的点称作孤立点.

如图 6.2 中, $d(v_1)=4, d(v_3)=5, d(v_5)=1$.

**定义 6.4 (链、路、圈、回路、连通图)**　称图 $G$ 中交替序列 $\mu=\{v_0,\ e_1,\ v_1,\cdots,\ e_k,\ v_k\}$ 为一条途径. 若各边 $e_1,\ e_2,\cdots,\ e_k$ 互不相同, 且任意 $v_{i,t-1}$ 和 $v_{it}$ $(2\leqslant t\leqslant k)$ 均相邻, 则称 $\mu$ 为链. 若链中所有顶点 $v_0,\ v_1,\cdots,\ v_k$ 也不相同, 称此链为路. 对起点与终点相重合的链称作圈, 起点与终点重合的路称作回路. 在图 $G$ 中, 若每一对顶点之间至少存在一条链, 称此图为连通图, 否则称该图不连通.

在图 6.2 中, $\mu_1=\{v_5,e_8,v_3,e_2,v_1,e_3,v_2,e_4,v_3,e_7,v_4\}$ 和 $\mu_2=\{v_5,\ e_8,\ v_3,\ e_7,\ v_4\}$ 均是一条链. 但 $\mu_2$ 可称作路, $\mu_1$ 中因顶点 $v_3$ 重复出现, 不能称作路.

**定义 6.5 (完全图、偶图)**　一个简单图中若任意两点之间均有边相连, 称这样的图为完全图. 若图的顶点能分成两个互不相交的非空集合 $V_1$ ($m$ 个) 和 $V_2$ ($n$ 个), 使在同一集合中任意两个顶点均不相邻, 称这样的图为偶图 $G_{m,n}$ (也称为二部图). 若偶图的顶点集合 $V_1, V_2$ 之间的每一对不同顶点都有一条边相连, 称这样的图为完全偶图.

**定义 6.6 (子图、部分图)** 对于图 $G_1 = \{V_1, E_1\}$ 和图 $G_2 = \{V_2, E_2\}$, 若有 $V_1 \subseteq V_2$ 和 $E_1 \subseteq E_2$, 称 $G_1$ 是 $G_2$ 的一个子图. 若有 $V_1 = V_2, E_1 \subset E_2$, 则称 $G_1$ 是 $G_2$ 的一个部分图.

图 6.3(a) 是图 6.2 的一个子图, 图 6.3(b) 是图 6.2 的部分图. 注意, 部分图也是子图, 但子图不一定是部分图.

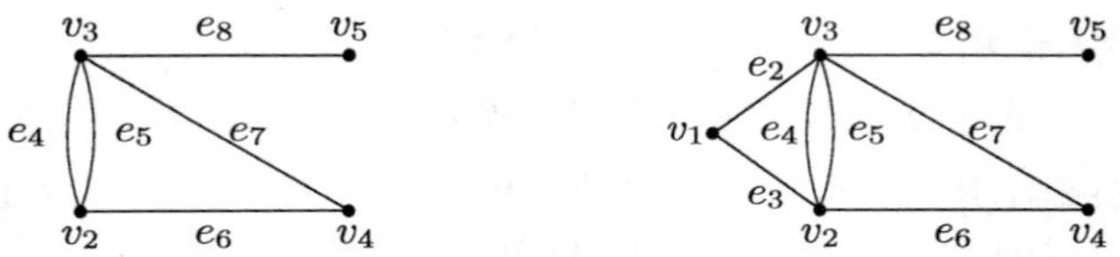

(a) 子图 (b) 部分图

图 6.3 子图与部分图

**定义 6.7 (有向图、无向图、混合图)** 在图 $G$ 中, 对任意的边 $(v_i, v_j)$ 属于 $E$, 若边 $(v_i, v_j)$ 的端点无序, 则称此边为无向边, 此时称图 $G$ 为无向图. 若边 $(v_i, v_j)$ 的端点有序, 即表示以 $v_i$ 为始点, $v_j$ 为终点的有向边, 则称图 $G$ 为有向图. 若在图中一些边是有向边, 另一些边是无向边, 则称图 $G$ 是混合图.

**定义 6.8 (基础图)** 对于给定的有向图 $G$, 略去 $G$ 中每条边的方向便得到一个无向图 $G'$, 称 $G'$ 是 $G$ 的基础图.

**定义 6.9 (强连通、弱连通)** 在简单有向图 $G$ 中, 若任何两个节点之间都是可达的, 则称 $G$ 是强连通的; 若任何两个节点间至少从一个节点可达另一个节点, 则称 $G$ 是单向连通的; 若有向图 $G$ 不是单向连通的, 但其基础图是连通的, 则称 $G$ 是弱连通的.

从上面定义可知, 若图 $G$ 是强连通的, 则它必是单向连通的, 但反之未必真; 若图 $G$ 是单向连通的, 则它必是弱连通的, 反之不真.

**定义 6.10 (前向弧与后向弧)** 设 $\mu$ 是网络 $N$ 中的一条从 $v_s$ 到 $v_t$ 的链, 则链 $\mu$ 上与链的方向一致的弧称为前向弧, 记这些弧为 $\mu^+$; 链 $\mu$ 上与链的方向相反的弧称为后向弧, 记这些弧为 $\mu^-$.

**定义 6.11 (赋权图)** 图 $G$ 称为赋权图, 若每条边 $e$ 被指定一个非负数 $w(e)$, $w(e)$ 称为 $e$ 的权.

## 6.2 最小生成树

树图 (简称树) 是无圈的连通图, 记作 $T(V, E)$. 铁路专用线、管理组织机构、学科分类和一般决策过程往往都可以用树图来表示.

**定义 6.12** 若无向图是连通的, 且不包含圈, 则称该图为树. 若有向图中任何一个顶点都可由某一顶点 $v_1$ 到达, 则称 $v_1$ 为图 $G$ 中的根. 若有向图 $G$ 有根, 且其基础图是树, 则称 $G$ 是有向树.

关于树有如下性质, 参见文献 [20].

**性质 6.1** 设 $G$ 是有限的无向图, 若顶点的次 $d(v) \geqslant 2, \forall v \in V$, 则图 $G$ 必有圈.

**性质 6.2** 任何树中必存在次为 1 的点.

**性质 6.3** 设 $G$ 是连通图, 且边数小于顶点数, 则图 $G$ 中至少有一个顶点的次为 1.

**定义 6.13** 称次为 1 的点为悬挂点, 与其关联的边称为悬挂边.

若从树图中拿掉悬挂点及其关联的悬挂边, 余下的点和边构成的图仍连通且无圈, 则还是一个树图.

**性质 6.4** 设 $G$ 是具有 $n$ 个顶点的无向连通图, 则 $G$ 是树的充分必要条件是: $G$ 有 $(n-1)$ 条边.

**定义 6.14** 若 $G'$ 是包含 $G$ 的全部顶点的子图, 它又是树, 则称 $G'$ 是生成树或支撑树.

关于生成树有如下定理.

**定理 6.1** 若无向图 $G$ 是有限的、连通的, 则在 $G$ 中存在生成树.

**定义 6.15** 在一个赋权图中, 称具有最小权和的生成树为最优生成树或最小生成树.

将最小生成树写成数学规划模型需要一定的技巧, 文献 [21] 中的 LINGO 程序就是以此建立的. 设 $d_{ij}$ 是两点 $i$ 与 $j$ 之间的距离, $x_{ij}=0$ 或 1 (1 表示连接, 0 表示不连接), 并假设顶点 1 是生成树的根, 则数学模型为

$$\min \sum_{\substack{i\neq j,\\ (i,j)\in G}} d_{ij}x_{ij}$$

$$\text{s.t.} \begin{cases} \sum\limits_{i\in V} x_{1i} \geqslant 1 & (i\neq 1), & (6.1\text{a})\\ \sum\limits_{j\in V} x_{ji} = 1 & (i\neq 1, j\neq i), & (6.1\text{b})\\ l_j \geqslant l_i + x_{ij} - (n-2)(1-x_{ij}) + (n-3)x_{ji} & (i,j\neq 1, j\neq i), & (6.1\text{c})\\ l_i \leqslant n-1-(n-2)x_{1i} & (i\neq 1), & (6.1\text{d})\\ l_i \geqslant 0 & (i\in V), & (6.1\text{e})\\ x_{ij}\ \text{0-1 变量}, & & \end{cases}$$

其中, (6.1a) 表示根至少有一条边连接到其他节点; (6.1b) 表示除根以外, 每个节点只有一条边进入; 借助于辅助决策变量 $l_i$, 其表示节点的水平, (6.1c) 约束表示无圈; (6.1d) 与 (6.1e) 表示 $l_i$ 的取值限制, 事实上, 若 $j$ 与 $i$ 相连, $l_j = l_i + 1$, 因此 $l_i$ 取值为 $0, 1, 2, \cdots, n-1$.

Kruskal 在 1956 年给出求最小生成树的避圈法, 适用于求边稠密的网络的最小生成树; Prim 在 1957 年提出边割法, 适合于求边稀疏的网络的最小生成树.

**算法 6.1 (边割法)** 其步骤是:

步 0: 从图中任选一点 $v_i$, 令 $V = \{v_i\}$, 图中其余点均包含在 $\overline{V}$ 中.

步 1: 从 $V$ 与 $\overline{V}$ 的连线中找出一条最小边, 若有两条边相等, 任选一条即可, 则这条边一定包含在最小树内. 不妨设最小边为 $[v_i, v_j]$, 将 $[v_i, v_j]$ 标记为虚线 (表示最小树内的边).

步 2: 令 $V \cup v_j \Rightarrow V, \overline{V} \backslash v_j \Rightarrow \overline{V}$.

步 3: 重复步 1, 步 2, 直至图中所有点均包含在 $V$ 中.

在 WinQSB 软件的网络流模块中, 最小树的生成就采用上面的边割法.

而另一种从给定图中产生最小树的方法称为 "破圈法". 方法是: 从网络图 $N$ 中任取一回路, 去掉这个回路中权数大的一条边, 得一子网络图 $N_1$. 在 $N_1$ 中再任取一回路, 再去掉回路中权数最大的一条边, 得 $N_2$. 如此继续下去, 到剩下的子图中不再含回路为止, 该子图就是 $N$ 的最小树.

**例 6.1 (公园问题)** 公园路径系统如图 6.4 所示, $S$ 为入口, $T$ 为出口, $A$, $B, \cdots, E$ 为 5 个景点. 现安装电话线以连接各景点, 则最小安装线路是什么?

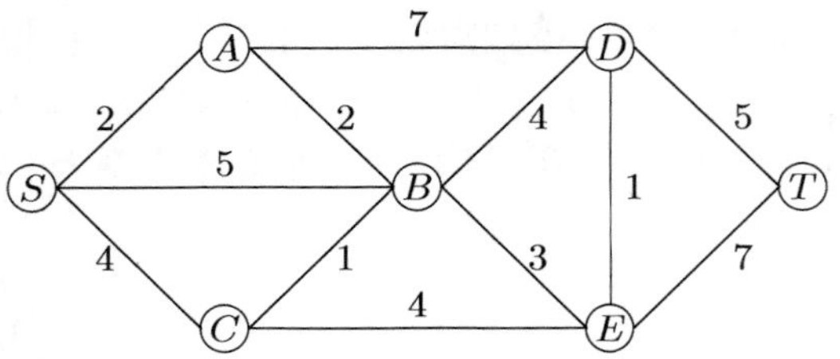


图 6.4 公园问题的路径系统

**解** 显然, 此问题是一个最小树的生成问题.

任选点 $S$ 开始, 离点 $S$ 最近未连通是点 $A$, 连通点 $SA$, 见图 6.5(a) 中虚线.

离点 $S$ 或点 $A$ 最近未连通是点 $B$ (和点 $A$ 连通), 连通 $AB$, 见图 6.5(b) 中虚线.

离点 $S$, $A$ 或点 $B$ 最近未连通是点 $C$ (和点 $B$ 连通), 连通 $BC$, 见图 6.5(c) 中虚线.

离点 $S$, $A$, $B$ 或点 $C$ 最近未连通是点 $E$ (和点 $B$ 连通), 连通 $BE$, 见图 6.5(d) 中虚线.

离点 $S$, $A$, $B$, $C$ 或点 $E$ 最近未连通是点 $D$ (和点 $E$ 连通), 连通 $ED$, 见图 6.5(e) 中虚线.

未连通只有点 $T$ (和点 $D$ 最近连通), 连通 $DT$, 见图 6.5(f) 中虚线.

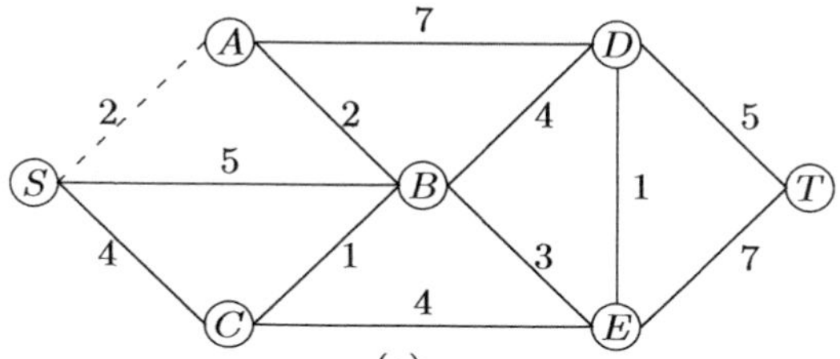


(a)

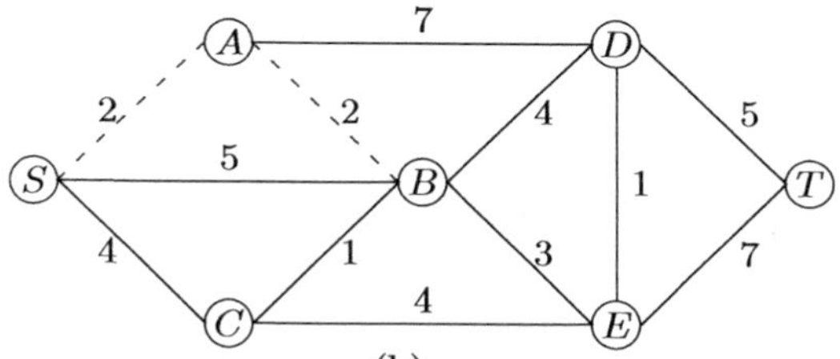


(b)

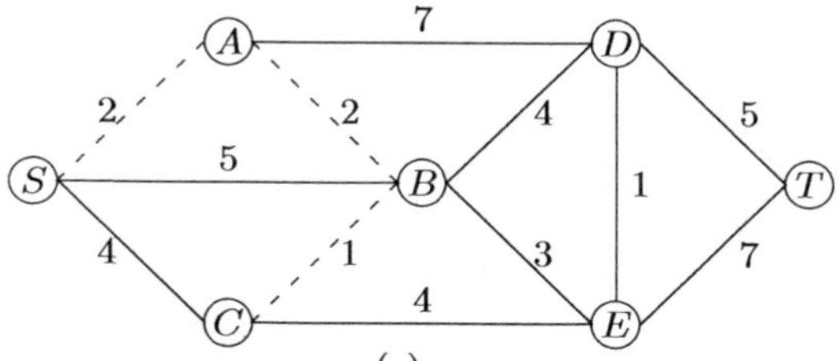


(c)

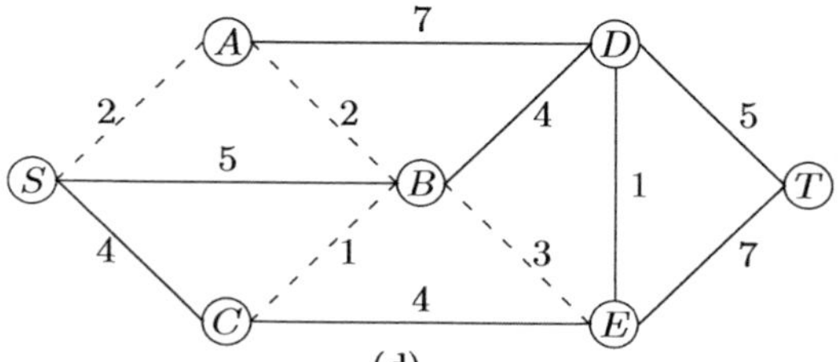


(d)

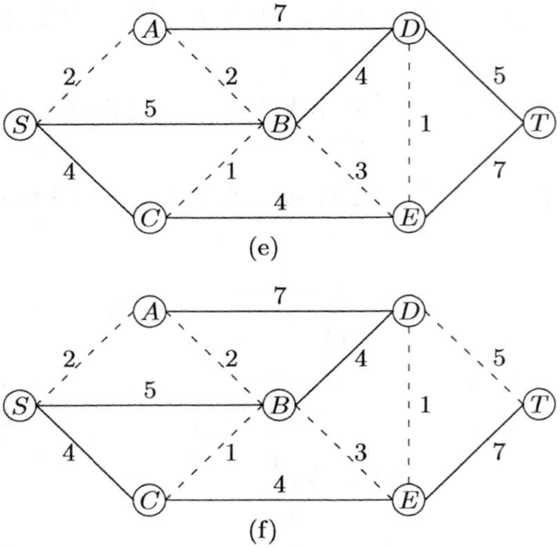


图 6.5 公园各景观间的最小电话安装线路

## 6.3 最小费用流

**定义 6.16 (网络流)** 一般是指在下面条件下流过一个网络的某种流在各边上的流量的集合.

(1) 网络有一个始点 $v_s$ 和一个终点 $v_t$.

(2) 流过网络的流量具有一定的方向, 各弧的方向就是流量通过的方向.

(3) 对每一弧 $(v_i, v_j) \in E$, 都赋予一个容量 $u(v_i, v_j) = u_{ij} \geqslant 0$, 表示容许通过该弧的最大流量.

凡是符合上述规定的网络都可称为容量网络 (简称网络), 一般用有向网络 $N = (V, E, W)$ 加以描述.

在一个网络 $N = (V, E, W)$ 中, 设以 $x_{ij} = x(v_i, v_j)$ 表示通过弧 $(v_i, v_j) \in E$ 的流量, 则集合 $x = \{x_{ij} | (v_i, v_j) \in E\}$ 就称为该网络的一个流.

**定义 6.17 (可行流)** 称满足下述条件的流为一个可行流:

(1) 弧流量限制条件: $0 \leqslant x_{ij} \leqslant u_{ij}, (v_i, v_j) \in E$.

(2) 中间点平衡条件: $\sum\limits_j x_{ij} - \sum\limits_j x_{ji} = 0 \quad (i \neq s, t)$.

设以 $f = f(x)$ 表示可行流 $x$ 从 $v_s$ 到 $v_t$ 的流量, 则有

$$\sum_j x_{ij} - \sum_j x_{ji} = \begin{cases} f & (i = s), \\ -f & (i = t). \end{cases}$$

这意味着可行流 $x$ 的流量 $f(x)$ 等于始点的净流出量, 也等于终点的净流入

量 (负的净流出量).

可行流恒存在, 如 $x = \{x_{ij} = 0|(v_i, v_j) \in E\}$ 是一个可行流, 称为零流, 其流量为 0.

**定义 6.18 (最大流)** 在一网络中, 流量最大的可行流称为最大流, 记为 $x^*$, 其流量记为 $f^* = f(x^*)$.

### 6.3.1 数学模型

在网络 $N = \{V, E, W\}$ 中, 对每个节点 $v_i$ 的净流量为 $b_i$. 若 $b_i > 0$, 则称 $v_i$ 为发点 (源), $b_i$ 的值为该点的供给量; 若 $b_i < 0$, 则称 $v_i$ 为收点 (汇), $-b_i$ 的值为该点的需求量; 若 $b_i = 0$, 则称 $v_i$ 为一个 (纯) 转运点. 对于每条弧 $e_{ij}$ 单位流量通过时所需的费用, 给定实数 $c_{ij}$, 称为费用系数, 这里假定费用的增长与流量呈线性关系. 再给定正数 $u_{ij}$ 表示弧 $e_{ij}$ 上流量的上界限制, 称为容量.

最小费用流问题就是在网络中考虑在费用、容量因素情形下最佳的流量配置, 其基本的模型有两大类.

(1) 网络中求流量分配使总流量达到一定的要求, 而总费用最低. 即求 $N$ 的一个可行流 $x$, 使得流量 $f(x) = v$ (这里 $v$ 即为发点的流量), 且总费用最小. 特别地, 当要求 $f$ 为最大流时, 此问题为最小费用最大流问题.

若用决策变量 $x_{ij}$ 表示通过弧 $(i, j)$ 的流量, $c_{ij}$ 表示通过弧 $(i, j)$ 的单位费用, $u_{ij}$ 表示通过弧 $(i, j)$ 的容量, 则最小费用流模型为一个线性规划模型:

$$
\begin{aligned}
&\min z = \sum_{(i,j)\in E} c_{ij}x_{ij} \\
&\text{s.t.} \begin{cases} \sum\limits_j x_{ij} - \sum\limits_j x_{ji} = b_i & (i, j = 1, 2, \cdots, n), \\ 0 \leqslant x_{ij} \leqslant u_{ij} & (i, j = 1, 2, \cdots, n). \end{cases}
\end{aligned} \tag{6.2}
$$

在一些具体应用中, $x_{ij}$ 可能有下界要求 $L_{ij}(\geqslant 0)$, 这时作替换 $x'_{ij} = x_{ij} - L_{ij}$ 即可.

显然, 模型 (6.2) 约束条件中 $\sum\limits_j x_{ij}$ 表示从 $v_i$ 流出的流量, $\sum\limits_j x_{ji}$ 表示流入 $v_i$ 的流量, 因此这一组约束正好刻划各节点的供需要求. 这种最小费用流模型问题有可行解的一个必要条件是 $\sum\limits_{i=1}^n b_i = 0$, 由此为不失一般性, 总可以假定供求是平衡的, 即 $\sum\limits_{i=1}^n b_i = 0$. 而对于供大于求, 即 $\sum\limits_{i=1}^n b_i > 0$ 的情形, 可以添设一个虚节点, 它吸收全部过剩的供给量, 然后再从各发点至虚节点添弧, 在这些弧上的费用系数取为 0, 就转化为供求平衡的最小费用流问题.

**例 6.2** 考虑如图 6.6 所示的运输问题, $A, B$ 是某公司的两个工厂, $C$ 是一个批发中心, $D, E$ 是两个零售商, 试求最小费用的运输方案. 其中, 图中 "[ ]" 的数字表示节点的流量, 箭线上的数字表示费用系数, 而相应"< >"中的数字表示流量的限制.

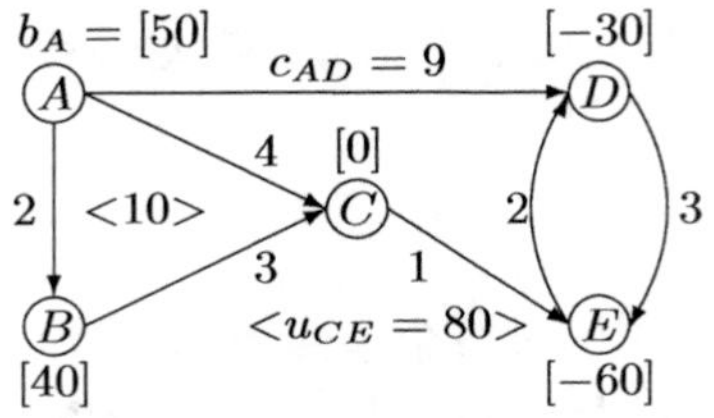


图 6.6 最小费用流问题

**解** 显然, 问题是在图中限制条件下求运输费用最小, 设 $x_{ij}(i,j = A, B, \cdots, E)$ 为各个节点间的运输量, 则其线性规划模型是

$$
\min z = 2x_{AB} + 4x_{AC} + 9x_{AD} + 3x_{BC} + x_{CE} + 3x_{DE} + 2x_{ED}
$$

$$
\text{s.t.} \begin{cases}
x_{AB} + x_{AC} + x_{AD} = 50, \\
-x_{AB} + x_{BC} = 40, \\
-x_{AC} - x_{BC} + x_{CE} = 0, \\
-x_{AD} + x_{DE} - x_{ED} = -30, \\
-x_{CE} - x_{DE} + x_{ED} = -60, \\
x_{AB} \leqslant 10, x_{CE} \leqslant 80; x_{ij} \geqslant 0 \quad (i,j = A, B, \cdots, E).
\end{cases}
$$

(2) 另一类最小费用流问题是在预算费用 $C$ 给定的情况下, 求流量分配, 使从 $v_s \to v_t$ 能够输送的总流量达到最大. 类似以上记号可得其线性规划模型:

$$
\max f
$$

$$
\text{s.t.} \begin{cases}
\sum\limits_{(i,j)\in E} c_{ij}x_{ij} \leqslant C \\
\sum\limits_j x_{ij} - \sum\limits_j x_{ji} = \begin{cases} f & (i = v_s), \\ 0 & (i \neq v_s, v_t), \\ -f & (i = v_t), \end{cases} \\
0 \leqslant x_{ij} \leqslant u_{ij} \quad (i,j = 1, 2, \cdots, n).
\end{cases}
$$

在以上所讨论的最小费用流问题中, 网络上流动的是同一种物资, 因此也可称为单品种网络流问题. 这类问题的一个推广是多品种最小费用流问题. 令 $x_{ij}^k$ 为第 $k$ 种货物从地点 $i$ 运往收点 $j$ 的流量, $c_{ij}^k$ 为第 $k$ 种货物从 $i$ 点到 $j$ 点的单位费用, $u_{ij}$ 为弧 $(i,j)$ 的容量, $a_i^k$ 为第 $k$ 种货物在 $i$ 点的供给量, $b_j^k$ 为第 $k$ 种货

物在 $j$ 点的需求量. 则在假定供需平衡的情形下, 这类问题的数学模型为

$$
\begin{aligned}
&\min \sum_{k=1}^{r} \sum_{(i,j)\in E} c_{ij}^k x_{ij}^k \\
&\text{s.t.} \begin{cases}
\sum_j x_{ij}^k = a_i^k & (\text{对所有 } i,k), \\
\sum_i x_{ij}^k = b_j^k & (\text{对所有 } j,k), \\
\sum_k x_{ij}^k \leqslant u_{ij} & (\text{对所有 } i,j), \\
x_{ij}^k \geqslant 0 & (\text{对所有 } i,j,k), \\
\sum_i a_i^k = \sum_j b_j^k & (\text{对所有 } k),
\end{cases}
\end{aligned}
$$

其中, $i=1,2,\cdots,m$, $m$ 为发点数; $j=1,2,\cdots,n$, $n$ 为收点数; $k=1,2,\cdots,r$, $r$ 为不同货物品种数.

对于很多包括中间转运点的多品种流问题来说, 这些转运点既非供应方又非需求方, 此时在这些点要求流量达到平衡. 其线性规划的一般形式为

$$
\begin{aligned}
&\min \sum_{k=1}^{r} \sum_{(i,j)\in E} c_{ij}^k x_{ij}^k \\
&\text{s.t.} \begin{cases}
\sum_j x_{ij}^k - \sum_j x_{ji}^k = a_i^k & (\text{顶点 } i \text{ 是货物 } k \text{ 的发点}), \\
\sum_j x_{ij}^k - \sum_j x_{ji}^k = 0 & (\text{顶点 } i \text{ 是中间转运点}), \\
\sum_j x_{ij}^k - \sum_j x_{ji}^k = -b_i^k & (\text{顶点 } i \text{ 是货物 } k \text{ 的收点}), \\
\sum_k x_{ij}^k \leqslant u_{ij} & (\text{对 } (i,j)\in E), \\
x_{ij}^k \geqslant 0 & (\text{对所有 } k \text{ 和 } (i,j)\in E),
\end{cases}
\end{aligned}
$$

其中, $E$ 为网络的弧集.

在上面所讨论的网络问题中, 对于每条弧来说, 流入的流量总是等于流出的流量. 然而在现实问题中也会碰到另一种情况, 即这两者并不相等. 这种情形一般地可表示为 $x'_{ij}=\alpha_{ij}x_{ij}$, 其中 $\alpha_{ij}$ 的为非负实数, 称为弧 $e_{ij}$ 的增益系数.

若 $\alpha_{ij}>1$, 则流过 $e_{ij}$ 后流动对象会增加; 反之, $\alpha_{ij}<1$, 则会减少. 若所有弧的增益系数均为 1, 那就是上面所讨论的普通网络, 否则就称为有增益网络 (network with gains), 参见文献 [4]. 有增益网络经常出现在如下问题中:

(1) 带有利率的财政网络问题. 由于支付或赢得利息, 在某些弧上增益系数不等于 1.

(2) 物质有损耗的传输问题.

(3) 网络上的流动对象会改变的问题.

不难想见，这种有增益的最小费用流可以写成与普通最小费用流相仿的线性规划问题. 事实上, 设在弧 $e_{ij}$ 上 从节点 $v_i$ 流出的流量为 $x_{ij}$, 则流入节点 $v_j$ 的流量应为 $\alpha_{ij}x_{ij}$.

由此可知, 上面所讨论的一般最小费用流问题都能化为普通网络情形中的最小费用流问题, 因此这里专门介绍在普通网络情形中最小费用流问题的计算方法.

当然, 在上述模型的目标函数中, 在要求费用最小的同时, 还可要求网络的流量达到最大, 称这类问题为双目标的最小费用最大流问题. 这类模型和前面第一种情形下的最小费用最大流模型不同, 在那里, 模型要求先求得网络的流量达到最大, 然后在此前提下再求费用最小, 而这里的模型是直接把这两个要求作为目标函数来处理. 对这类问题的分析涉及多目标的处理技巧, 参见 7.6 节.

### 6.3.2 网络单纯形法

由前面分析可知最小费用流模型是一个线性规划模型, 可以用单纯形法求解, 并得到对偶变量的值及其经济解释. 也可以利用第 1 章的单纯形法思想, 类似可得另一种计算方法 —— 网络单纯形法 (network simplex method).

#### 6.3.2.1 上界技巧

在应用网络单纯形法时, 要注意到最小费用流问题具有一些特殊性质.

(1) 整数解性质: 对于最小费用流问题, 若 $b_i$ 与 $u_{ij}$ 是整数值, 则在每一个基可行解 (包括最优的) 中所有的基变量都是整数值.

(2) 在所有最小费用流问题中, 弧约束中所有变量前系数为 $+1$ 或 $-1$, 若把变量的上界约束类似于非负约束进行处理, 则最小费用流问题的函数限制条件有一个是多余的, 原因在于所有节点的变量之和为 $\sum b_i = 0$, 所以 $(n-1)$ 个约束提供总数为 $(n-1)$ 个的基变量.

因此, 在计算最小费用流问题的网络单纯形法中, 一个到达上界的非基变量 $x_{ij}$ 所在弧 $(i \to j)$ 的调整和原始单纯形法中的上界技巧相符.

1. 弧的流量调整

首先, 换入变量是从 0 开始增加的, 而换出变量是第一个到达它的上界 $(u_{ij})$ 或者下界 (0) 的变量, 所以一个非基变量当 $x_{ij} = u_{ij}$ 时需用 $x_{ij} = u_{ij} - y_{ij}$ 来替代, 则 $y_{ij} = 0$.

2. 弧的方向调整

现在, 无论何时 $y_{ij}$ ($\leqslant u_{ij}$, 且为一个大于 0 的正值) 变为一个基变量后, 可以认为是从点 $j$ 到点 $i$ 的流通过弧 $i \to j$. 所以, 当 $x_{ij} = u_{ij}$ 时, 以 $x_{ij} = u_{ij} - y_{ij}$ 代替, 同时以反向弧 $j \to i$ 来代替 $i \to j$.

3. 弧的容量与单位费用调整

这个新弧的容量也为 $u_{ij}$; 单位流量的费用成本是 $-c_{ij}$, 这是因为每减少一个单位流量, 可以减少成本 $c_{ij}$.

4. 弧上节点的流量调整

为了反映 $x_{ij}=u_{ij}$ 的流量通过被去掉的弧, 就在从点 $i$ 到点 $j$ 的弧上作流量调整: $b_i-u_{ij},b_j+u_{ij}$.

类似地, 若 $y_{ij}=u_{ij}$ 被 $y_{ij}=u_{ij}-x_{ij}$ 替换, 即 $x_{ij}$ 作为新的非基变量, 就作一次与上面相反的替换过程, 以弧 $(i\to j)$ 替换弧 $(j\to i)$, 其他过程类似.

当然, 在最小费用流问题中寻求初始基可行解时, 若弧无容量限制或初始基可行解中弧的流量没有达到其容量上界, 就不必用此技术来调整而直接得到初始基可行解.

6.3.2.2 可行生成树

在最小费用流问题中, 当网络图有 $n$ 个节点时, 每一个基可行解有 $(n-1)$ 个基变量, 其中每一个基变量 $x_{ij}$ 代表通过弧 $i\to j$ 的流量, 这 $(n-1)$ 个弧就称为基弧. 类似地, 对应于非基变量 $x_{ij}=0$ 或 $y_{ij}=0$ 称为非基弧. 基弧具有一个关键特性: 它们从来不形成无向弧, 这个性质排除结论为另一对可行解的组合, 以此来违背基可行解的基本特性. 然而, 任意 $(n-1)$ 个弧集 (包含无向弧) 组成一棵生成树, 所以任何 $(n-1)$ 个基弧的完备集形成一棵生成树.

一个基可行解可由 "解" 生成树得到, 一个生成树解 (spanning tree solution) 可以由下面过程得到:

(1) 对于不在生成树中的弧 (非基弧), 令相应变量 ($x_{ij}$ 或 $y_{ij}$) 等于 0.

(2) 对于在生成树中的弧 (基弧), 解由节点限制提供的线性方程组中对应的变量 ($x_{ij}$ 或 $y_{ij}$) 来得到.

所以, 网络单纯形法事实上是从目前之解更有效地求解新的基可行解, 而不是解这个方程. 注意, 此求解过程没有考虑非负性和弧容量限制, 所以一个可行生成树就是从节点限制出发并满足其他所有的限制条件 ($0\leqslant x_{ij}\leqslant u_{ij}$ 或 $0\leqslant y_{ij}\leqslant u_{ij}$) 的生成树.

由此, 网络单纯形法的基本理论是: 一个基解是一个生成树解, 反之亦然; 一个基可行解是一个可行生成树解, 反之亦然.

这样, 可以进行网络单纯形法的初始化. 此网络图有 5 个节点, 故每个基可行解有 $5-1=4$ 个基变量. 这 4 个基变量所对应的 4 条基弧组成一棵生成树. 如图 6.7 已经找到了一棵树.

由定义知, 此生成树是一棵可行生成树, 于是就得到一个基可行解. 现在就由此出发, 在弧上 "{ }" 给出的数字表示 $x_{ij}$ 的流量, 即从节点限制出发的生成树满足其他所有的限制条件, 参见图 6.7.

6.3.2.3 算法迭代

迭代 1: 考虑非基弧 $AB$, $ED$, $DE$. 分别考虑添加这三条弧到网络中, 此时网络中就会分别产生环. 若增加所添加弧的流量, 则根据节点的净流量限制可知网络流的费用会发生变化, 见表 6.1.

表 6.1 迭代 1 中计算换入变量

| 非基弧 | 产生环 | $\Delta z$ (当 $\theta=1$ 时) |
|---|---|---|
| $A\to B$ | $AB\to BC\to AC$ | $2+3-4=1$ |
| $E\to D$ | $ED\to AD\to AC\to CE$ | $2-9+4+1=-2\leftarrow \min$ |
| $D\to E$ | $DE\to CE\to AC\to AD$ | $3-1-4+9=7$ |

因此, $x_{ED}$ 为换入变量. 现考虑 $\theta$ 可以增加多少 (注: 增加的考虑上界条件, 减少的考虑下界条件).

$$x_{ED}=\theta\leqslant+\infty,\qquad x_{AD}=30-\theta\geqslant 0\quad(\Rightarrow \theta\leqslant 30)$$

$$x_{AC}=20+\theta\leqslant+\infty,\qquad x_{CE}=60+\theta\leqslant 80\quad(\Rightarrow \theta\leqslant 20)$$

所以 $\theta=\min\{30,20\}=20$, 对应的 $CE$ 弧应变为非基弧.

由于换出变量 $x_{CE}$ 在上界处得到, 所以需要用上界技巧进行流量调整. 将 $x_{CE}=80$ 用 $x_{CE}=80-y_{CE}$ 代替, $y_{CE}=0$ 为新的非基变量. 此时费用为 $-1$, 容量仍为 80.

对节点的净流量进行调整: $b_E=-60+80=20$, $b_C=0-80=-80$. 则可以得到新的可行生成树, 见图 6.8.

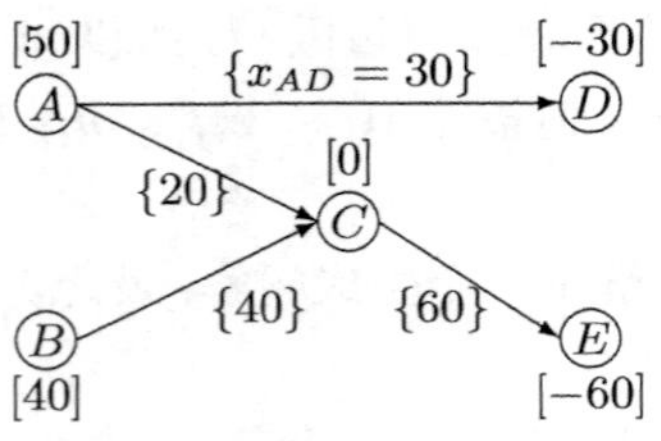


图 6.7 初始可行生成树及其解

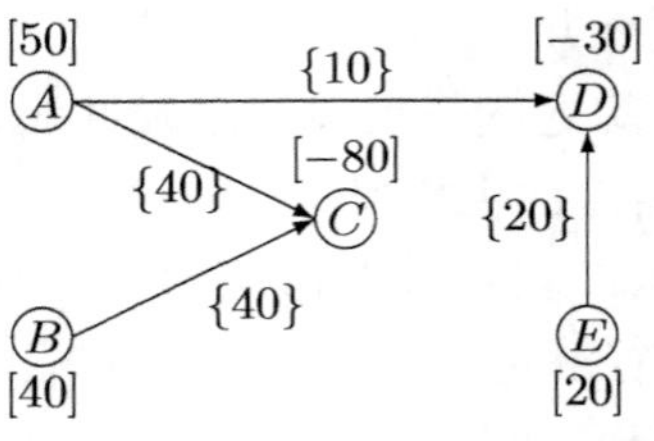


图 6.8 第一个基可解

总结上述迭代 1 的讨论, 可得求解最小费用流问题的网络单纯形法.

**算法 6.2 (网络单纯形法)** 其步骤为

步 0: 初始化. 寻找一可行生成树, 并添加非基弧产生环来进行最优性检测. 如果环上流量增加会使 $z$ 值下降, 则进行步 1.

步 1: 换入变量的确定. 以使 $z$ 值下降最快的非基弧对应的变量为换入变量, 增加非基弧的流量.

步 2: 换出变量的确定. 选择最小的流量增加值对应的变量为换出变量, 相应的基弧变为非基弧.

步 3: 流量调整. 调整网络图中的流量后, 并进行最优性检测. 若检测通过, 则得最优解; 否则返回步 1 继续进行迭代.

迭代 2: 从图 6.8 出发, 再考虑非基弧 $AB$, $CE$, $DE$, 计算换入变量见表 6.2. 从表中可知, 已达到最优解.

表 6.2 迭代 2 中计算换入变量

| 非基弧 | 产生环 | $\Delta z$ (当 $\theta=1$ 时) |
|---|---|---|
| $A\to B$ | $AB\to BC\to AC$ | $2+3-4=1$ |
| $C\to E$ | $CE\to AC\to AD\to ED$ | $-1-4+9-2=2$ |
| $D\to E$ | $DE\to ED$ | $3+2=5$ |

此时根据网络图中所有弧的原有方向, 可以画出最优的流量图. 和原始图相比较可知, 除顶点 $C$ 和 $E$ 之间的方向外全都相同, 这意味着 $y_{CE}=0$, 弧 $E\to C$ 是一个非基弧, $x_{CE}=u_{CE}-y_{CE}=80-y_{CE}$, 则在实际上弧 $C\to E$, 且 $x_{CE}=80$, 所以有图 6.9.

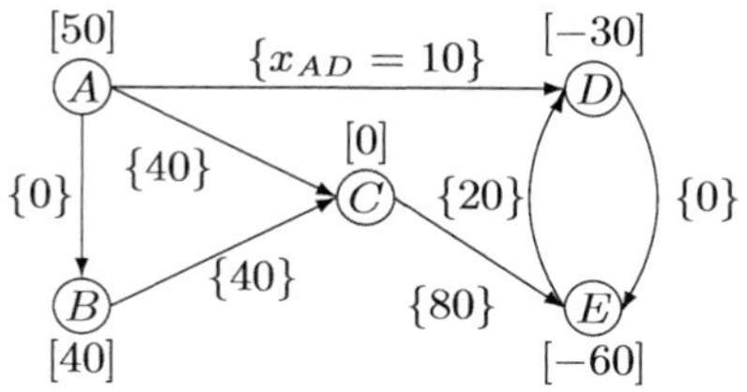


图 6.9 最优的流量形式

除网络单纯形法外, 最小费用流问题的求解还有其他的特殊解法, 例如 D. Fulkerson 提出的 Out-of-Kilter 算法等, 参见文献 [4, 22]. 对实际问题求解来说, 如 SAS 与 CPLEX 等软件, 网络单纯形法具有很快的求解速度, 是最基本的核心算法. 因此, 最小费用流问题在网络分析中占据了核心地位, 基于此, 6.11 节将介绍如何把其他常见网络问题转化为最小费用流问题的基本思路.

## 6.4 最短路问题

最短路问题 (shortest path problem) 是在已知一网络上各弧的长度的基础上, 求出从图上给定的节点 $v_s$ 到节点 $v_t$ 的最短通路.

### 6.4.1 数学模型

设给定一个有 $m$ 个节点、$n$ 条弧的网络 $N(V,E,W)$, 每条弧 $(i,j)$ 的长度为 $c_{ij}$. 最短路问题就是要对给定的两个节点 (设为 $v_1$ 和 $v_m$), 找出从 $v_1$ 到 $v_m$ 的总长度最短的路. 注意, 一般地说, 一条链上各弧的方向并不一定都与链的方向相同, 它们既可以是链上的前向弧, 也可以是后向弧. 但在最短路等类问题中, 要求各弧都是前向弧, 前面已经说过, 这时用术语路 (path) 来代替链. 因此路上各弧的方向均与路的方向相同. 由此, 其数学模型为整数规划问题.

$$
\begin{aligned}
&\min \sum_{(i,j)\in E} c_{ij}x_{ij}\\
&\text{s.t.} \begin{cases} \displaystyle\sum_{(i,j)\in E} x_{ij} - \sum_{(k,i)\in E} x_{ki} = \begin{cases} 1 & (i=1), \\ 0 & (i=2,3,\cdots,m-1), \\ -1 & (i=m), \end{cases} \\ x_{ij} = 0 \text{ 或 } 1, (i,j)\in E. \end{cases}
\end{aligned}
$$

在此模型中, 系数矩阵的元素为 $+1$ 或 $-1$, 而右端向量也像系数矩阵的列向量一样, 除一个 $+1$ 和一个 $-1$ 外都是 0. 因此, 约束方程组的基解中各变量 $x_{ij}$ 的 0-1 值只能是 $\pm1$ 或 0, 这表明变量的限制可以改为非负限制, 从而简化计算.

### 6.4.2 Dijkstra 算法

在 $c_{ij} \geqslant 0$ 的条件下, 最短路问题有一个简单而有效的算法, 即 Dijkstra 算法, 它能给出某个节点 (设为 $v_1$) 到其他所有节点的最短路 (若存在最短路).

Dijkstra 算法也是一种标号法, 节点的标号为 $l(i) = (l_1(i), l_2(i))$, 其中, $l_2(i)$ 表示从 $v_1$ 到 $v_i$ 的某一条路的长, 也就是从 $v_1$ 到 $v_i$ 的最短路长的一个上界. $l_1(i)$ 表示该路上 $v_i$ 的前趋点的下标.

算法把节点集 $V$ 分成 $S$ 和 $\overline{S} = V\backslash S$ 两部分, $S$ 为已经找到最短路的节点的集合, 开始时 $S = \{v_1\}, l(1) = (1,0)$, 对 $i>1$, $l(i) = (1,\infty)$, 以后每迭代一次都修改 $\overline{S}$ 一次中点的标号, 使 $l_2$ 值不断减少, 同时至少使一点 $l_2$ 的值达到最短路长, 从而可将它归入 $S$, 算法中 $(S,\overline{S})$ 仍表示一端在 $S$, 另一端在 $\overline{S}$ 的弧集.

**例 6.3** 继续考虑例 6.1, 现求如何能使观光旅游车从入口 $S$ 到出口 $T$ 所经过的距离最短.

**解** 应用最短路径法求解公园问题图 6.4 中从入口 $S$ 到出口 $T$ 的最短路径时, 可得结果如表 6.3 所示.

表 6.3 标号法求解最短路问题

| 迭代 | 和未标号点连通的已标号点 | 最近未标号点 | 总距离 | 第 $n$ 个最近点 | 最小距离 | 最后连通 |
|---|---|---|---|---|---|---|
| 1 | $S$ | $A$ | 2 | $A$ | 2 | $SA$ |
| 2,3 | $S$ | $C$ | 4 | $C$ | 4 | $SC$ |
| | $A$ | $B$ | $2+2=4$ | $B$ | 4 | $AB$ |
| 4 | $A$ | $D$ | $2+7=9$ | | | |
| | $B$ | $E$ | $4+3=7$ | $E$ | 7 | $BE$ |
| | $C$ | $E$ | $4+4=8$ | | | |
| 5 | $A$ | $D$ | $2+7=9$ | | | |
| | $B$ | $D$ | $4+4=8$ | $D$ | 8 | $BD$ |
| | $E$ | $D$ | $7+1=8$ | $D$ | 8 | $ED$ |
| 6 | $D$ | $T$ | $8+5=13$ | $T$ | 13 | $DT$ |
| | $E$ | $T$ | $7+7=14$ | | | |

由表 6.3 逆推可知, 最短路径为 $T\to D\to E\to B\to A\to S$ 或 $T\to D\to B\to A\to S$. 所以, 从入口到出口的最短路径为 $S\to A\to B\to E\to D\to T$ 或 $S\to A\to B\to D\to T$.

上面的标号算法简单地作些修改就可用来求最长路径问题, 即只需把第 $n$ 个最近点改为最远点就行了. 注意, 能找出最长路径的唯一网络类型是无圈有向网络. 在这种网络中, 节点被编上号, 箭头指向节点的编号大于箭尾节点的编号. 一个例子就是 6.10 节讨论的网络计划问题.

### 6.4.3 Floyd 算法

在某些问题中, 要求网络上任意两点间的最短路, 当然可以用 Dijkstra 算法依次改变起点的办法, 但是比较烦琐. 这里介绍的 Floyd 算法可直接求出网络中任意两点间的最短路. 虽然它比 Dijkstra 算法要复杂一些, 但因为适用于求任何网络的最短路, 所以往往用于含负权的网络. 本节仅介绍含非负权的情形, 含负权的情形可参见文献 [1].

Floyd 算法又称为距离矩阵幂乘法, 是通过定义一个网络权矩阵后进行类似于矩阵计算来求两点之间最短路的一种算法. 网络的权矩阵有时又称为网络的距离矩阵 (网络的直接距离矩阵), 参见文献 [20].

当不需要计算出路径时, Floyd 算法有更为简单的迭代步骤. 为了便于讨论, 下面把从一点直达另一点称为走一步, 并且把原地踏步 (即从 $v_i$ 到 $v_i$) 也视为走一步. 这样, 若记 $\boldsymbol{D}_k=(d_{ij}^{(k)})_{n\times n}$, 则当 $k=1$ 时, 令

$$d_{ir}^{(1)}=w_{ir},$$

即 $\boldsymbol{D}_1$ 可以表示网络中任意两点间走一步直接到达的最短距离.

再令

$$d_{ij}^{(2)} = \min\{d_{ir}^{(1)} + d_{rj}^{(1)}\},$$

则 $\boldsymbol{D}_2$ 给出了网络中任意两点间走两步直接到达的最短距离.

类似地, 可以推广到一般情形下, 令

$$\boldsymbol{D}_k = (d_{ij}^{(k)})_{n\times n} \quad (k = 2, 3, \cdots, p), \tag{6.3}$$

其中, $d_{ij}^{(k)} = \min\limits_{1\leqslant s\leqslant n}[d_{is}^{(k-1)} + d_{sj}^{(k-1)}] \quad (i, j = 1, 2, \cdots, n)$.

$\boldsymbol{D}_k$ 中各元素 $d_{ij}^{(k)}$ 就是 $v_i$ 到 $v_j$ 间走 $2^{k-1}$ 步的最短路长, 而 $\boldsymbol{D}_p$ 即给出了各点到各点的最短距离. 此时, 若 $w_{ij} \geqslant 0$ $(i, j = 1, 2, \cdots, n)$, 则关于 $p$ 值有以下估计:

$$2^{p-1} \leqslant n - 1 \leqslant 2^p \quad 或 \quad p - 1 \leqslant \frac{\lg(n-1)}{\lg 2} \leqslant p. \tag{6.4}$$

又若计算中出现 $\boldsymbol{D}_k = \boldsymbol{D}_{k-1}$ $(k = 2, 3, \cdots)$, 则也可结束计算, 而 $\boldsymbol{D}_k$ 即给出各点间的最短距离.

**例 6.4** 某地 7 个村庄之间的现有交通道路如图 6.10 所示, 边旁数字为各村庄之间道路的长度. 试求各村庄之间的最短距离.

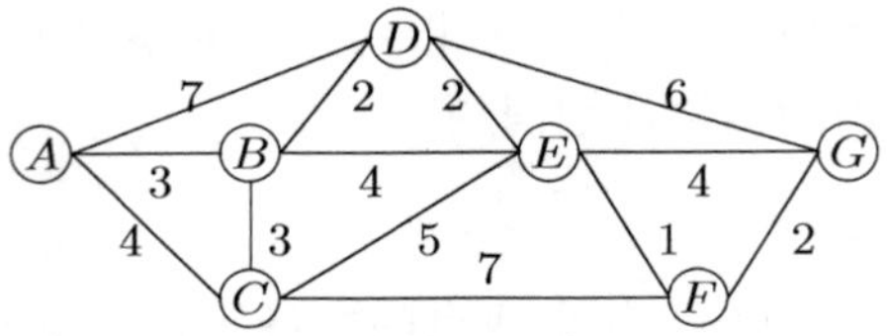


图 6.10 村庄间的道路交通图

**解** 先按 (6.4) 估算 $p$ 值, 得 $p \geqslant 2.6$, 故一般应计算到 $\boldsymbol{D}_3$.

写出网络权矩阵:

$$\boldsymbol{D}_1 = \begin{bmatrix} 0 & 3 & 4 & 7 & \infty & \infty & \infty \\ 3 & 0 & 3 & 2 & 4 & \infty & \infty \\ 4 & 3 & 0 & \infty & 5 & 7 & \infty \\ 7 & 2 & \infty & 0 & 2 & \infty & 6 \\ \infty & 4 & 5 & 2 & 0 & 1 & 4 \\ \infty & \infty & 7 & \infty & 1 & 0 & 2 \\ \infty & \infty & \infty & 6 & 4 & 2 & 0 \end{bmatrix},$$

这是一个对称矩阵.

再按公式 (6.3) 依次计算有

$$\boldsymbol{D}_2=\begin{bmatrix}0&3&4&5&7&11&13\\3&0&3&2&4&5&8\\4&3&0&5&5&6&9\\5&2&5&0&2&3&6\\7&4&5&2&0&1&3\\11&5&6&3&1&0&2\\13&8&9&6&3&2&0\end{bmatrix},\quad \boldsymbol{D}_3=\begin{bmatrix}0&3&4&5&7&8&10\\3&0&3&2&4&5&7\\4&3&0&5&5&6&8\\5&2&5&0&2&3&5\\7&4&5&2&0&1&3\\8&5&6&3&1&0&2\\10&7&8&5&3&2&0\end{bmatrix},$$

$\boldsymbol{D}_3$ 即给出了各村庄间的最短距离.

### 6.4.4 布点问题

布点问题是典型的整数规划问题, 可分为离散型或连续型, 单设施或多设施, 社会服务型或经营型, 等等. 不同类型的布点问题对布点的指标和要求都会有影响, 例如, 经营型的服务设施 (如工业企业的仓库设置) 主要考虑一次性投资和经常使用费; 而社会服务型则常常考虑服务效率、设施利用率等. 在社会服务型设施中还可以分成两大类: 一类是普通型的设施, 如邮局、学校等布点问题; 另一类是紧急服务型的设施, 如急救中心、消防站等.

#### 6.4.4.1 单服务设施

设有网络 $N=(V,E,W,Q)$, 其中, $W$ 为边的权值, 一般表示距离、边长, $W=\{w_{ij}\}((v_i,v_j)\in E)$; $Q$ 为顶点上的权重, $Q=\{q_i\}$; $v_i\in V$. 并设 $\boldsymbol{D}=(d_{ij})_{n\times n}$ 为一网络 $N$ 中各点间的最短距离矩阵.

(1) 1- 中心问题. 1- 中心问题一般应用于有些公共服务设施的选址, 要求距网络中最远的被服务点距离尽可能性小. 令

$$d(V,i)=\max_{1\leqslant j\leqslant n}\{d_{ij}\}\quad(i=1,2,\cdots,n),$$

其中, $d_{ij}$ 为顶点 $v_i$ 与 $v_j$ 之间的最短矩离.

若 $\min\limits_{1\leqslant i\leqslant n}\{d(V,i)\}=d(v_k)$, 则称点 $v_k$ 为该网络的中心.

(2) 1- 重心问题. 设 $q_i$ 为点 $v_i$ 的权重 $(i=1,2,\cdots,n)$, 令

$$h(v_j)=\sum_{i=1}^{n}q_id_{ij}\quad(j=1,2,\cdots,n),$$

若 $\min\limits_{1\leqslant j\leqslant n}\{h(v_j)\}=h(v_r)$, 则称点 $v_r$ 为该网络的重心.

**例 6.5** 继续考虑例 6.4, 现假设要在某一村庄修建医疗点和小学, 试问:

(1) 医疗点应建在何村, 能使各村都离它较近?

(2) 已知各村的小学生人数分别为 40, 25, 45, 30, 20, 35, 50. 则小学应建在何村, 能使各村小学生走的总路程最短?

**解** 第 (1) 个问题是一个中心问题. 根据例 6.4 中求得的最短距离矩阵, 按中心的求解公式进行求解, 如表 6.4 所示. 从表 6.4 中可以看出, 中心为 $D$, 即医疗点应建在 $D$ 村.

表 6.4 村庄的中心

| 村庄 | $\boldsymbol{D}=(d_{ij})$ | | | | | | | $d(v_i)=\max_j\{d_{ij}\}$ |
|---|---|---|---|---|---|---|---|---|
| | $A$ | $B$ | $C$ | $D$ | $E$ | $F$ | $G$ | |
| $A$ | 0 | 3 | 4 | 5 | 7 | 8 | 10 | 10 |
| $B$ | 3 | 0 | 3 | 2 | 4 | 5 | 7 | 7 |
| $C$ | 4 | 3 | 0 | 5 | 5 | 6 | 8 | 8 |
| $D$ | 5 | 2 | 5 | 0 | 2 | 3 | 5 | 5 ← min |
| $E$ | 7 | 4 | 5 | 2 | 0 | 1 | 3 | 7 |
| $F$ | 8 | 5 | 6 | 3 | 1 | 0 | 2 | 8 |
| $G$ | 10 | 7 | 8 | 5 | 3 | 2 | 0 | 10 |

第 (2) 个问题是一个重心问题. 村庄的小学生人数为权重 $q_i$. 按重心的求解公式可得表 6.5, 因 $h(v_5)$ 最小, 故 $E$ 为重心, 即小学应建在 $E$ 村.

表 6.5 村庄的重心

| 村庄 | $q_id_{ij}$ | | | | | | |
|---|---|---|---|---|---|---|---|
| | $A$ | $B$ | $C$ | $D$ | $E$ | $F$ | $G$ |
| $A$ | 0 | 120 | 160 | 200 | 280 | 320 | 400 |
| $B$ | 75 | 0 | 75 | 50 | 100 | 125 | 175 |
| $C$ | 180 | 135 | 0 | 225 | 225 | 270 | 360 |
| $D$ | 150 | 60 | 150 | 0 | 60 | 90 | 150 |
| $E$ | 140 | 80 | 100 | 40 | 0 | 20 | 60 |
| $F$ | 280 | 175 | 210 | 105 | 35 | 0 | 70 |
| $G$ | 500 | 350 | 400 | 250 | 150 | 100 | 0 |
| $h(v_j)$ | 1325 | 920 | 1095 | 870 | 850 | 925 | 1215 |

6.4.4.2 一般布点

一般布点问题主要考虑经营型, 参见文献 [22].

1. 无容量设施布点问题

设变量

$$x_{ij}=\begin{cases}1 & (\text{若位于 } i \text{ 设施, 向点 } j \text{ 提供服务}),\\ 0 & (\text{否则}),\end{cases}$$

$$y_i=\begin{cases}1 & (\text{若设施置于位置 } i),\\ 0 & (\text{否则}),\end{cases}$$

则其基本模型为

$$\min z=\left(\sum c_{ij}x_{ij}+\sum f_iy_i\right)$$
$$\text{s.t.}\ \begin{cases}\sum\limits_{(i,j)\in E} x_{ij}=1 & (j\in S),\\ y_i-x_{ij}\geqslant 0 & (i\in F, j\in S),\end{cases}$$

其中, $S$ 为全体服务对象的集合; $F$ 为设施可能布点的位置的集合; $c_{ij}$ 为位于 $i$ 点的设施向 $j$ 点顾客提供服务的费用; $f_i$ 为在 $i$ 点建立设施所需的固定费用.

在以上模型中, 各个点对之间设施的单位运营费用可以各不相同, 并且服务的需求量也不相同, 模型通过系数 $c_{ij}$ 统一协调.

一般服务设施的布点问题, 可以看作在二部图 $G_{m,n}$ 上求 $n$ 条边的集合问题 (对集问题), 每一条边表示服务设施与用户的服务关系. 因此, 与这些边有关的参数: 各条边的权值以及与边关联的项点的权值, 分别对应服务费用 $\sum c_{ij}x_{ij}$ 及设施设置费用 $\sum f_iy_i$. 满足和值取最小的边集即问题的解.

2. 设施数有限的布点问题

现进一步假定, 在一般布点问题中增加设施数的限制, 即增加约束 $\sum\limits_i y_i\leqslant P$.

3. $P$- 重心问题

有 $P$ 个设施, 需设置于一个公共服务的网络, 要求从最近设施到每一用户的权重距离的总值为最小.

$$\min z=\sum_i q_id(V,i)$$
$$\text{s.t.}\ |V|=P,$$

其中, $V$ 为网络的顶点集; $d(V,i)=\min\limits_{v\in V}d(v,i)$ 表示距离.

显然, 若 $P=1$, 则 $P$- 重心问题为 1- 重心问题.

**例 6.6 (消防站的布点问题)** 设某一城市共有 6 个区, 每个区都可以建消防站. 现希望设置的消防站最少, 但必须满足在城市任何地区发生火警时, 消防车要在 15 分钟内赶到现场, 各区之间消防车行驶的时间见表 6.6. 请制订一个最节省消防站数目的计划.

表 6.6 消防车在各区间的行驶时间 (单位: 分钟)

| 地区 | 地区 1 | 地区 2 | 地区 3 | 地区 4 | 地区 5 | 地区 6 |
|---|---|---|---|---|---|---|
| 地区 1 | 0 | 10 | 16 | 28 | 27 | 20 |
| 地区 2 | 10 | 0 | 24 | 32 | 17 | 10 |
| 地区 3 | 16 | 24 | 0 | 12 | 27 | 21 |
| 地区 4 | 28 | 32 | 12 | 0 | 15 | 25 |
| 地区 5 | 27 | 17 | 27 | 15 | 0 | 14 |
| 地区 6 | 20 | 10 | 21 | 25 | 14 | 0 |

**解** 令 $x_i = 1$ 表示在地区 $i$ 设消防站, 否则 $x_i = 0$. 根据题意, 在满足各地区的消防需求下寻求可建消防站数最小. 目标函数为

$$\min z = x_1 + x_2 + x_3 + x_4 + x_5 + x_6.$$

本问题的约束方程是要保证每个地区至少有一个消防站能在 15 分钟内到达该地区的任一地点. 从表 6.6 可以确定哪些地区的消防站在规定的行程内. 例如, 对地区 1, 除本地区外, 只有地区 2 在规定的行程内, 也即在地区 1, 2 之间必须设一个消防站. 所以, 地区 1 的约束可写为

$$x_1 + x_2 \geqslant 1.$$

类似地, 可以写出每一个地区的约束. 至此, 可以建立整数规划模型:

$$\min z = x_1 + x_2 + x_3 + x_4 + x_5 + x_6$$
$$\text{s.t.} \begin{cases} x_1 + x_2 \geqslant 1, \\ x_1 + x_2 + x_6 \geqslant 1, \\ x_3 + x_4 \geqslant 1, \\ x_3 + x_4 + x_5 \geqslant 1, \\ x_4 + x_5 + x_6 \geqslant 1, \\ x_2 + x_5 + x_6 \geqslant 1, \\ x_i = 0 \text{ 或 } 1 \quad (i = 1, 2, \cdots, 6). \end{cases}$$

此问题的最优解为 $x_2 = x_4 = 1$, 其余为 0; 最优值为 $z = 2$, 即只需要在地区 2 和 4 设消防站.

## 6.5 最大流问题

最大流问题 (maximum flow problem) 是在一个给定网络上求流量最大的可行流, 即给一个网络 $N$ 的每条弧规定一个流量的上界, 再求从节点 $v_s$ 到节点

$v_t$ 的最大流. 求解最大流问题的方法很多, 可以把它转化为最小费用流问题求解; 也可以用 Ford-Fulkerson 方法 —— 增广链法、Edmonds-Karp 方法和 MPM (Malhotra, Pramodh-Kumar, & Maheshwari) 方法, 参见文献 [4, 23].

### 6.5.1 数学模型

根据上面的定义可知, 对一网络 $N(V,E,W)$ 来说, 这里 $V$ 是节点集, $E$ 是弧集, $|V|=m, |E|=n$. 已知在弧 $(i,j)$ 上流量的容量 为 $u_{ij}((i,j)\in E)$. 最大流问题就是要求从节点 $v_1$ 到节点 $v_m$ 的最大流量. 让 $x_{ij}$ 表示弧 $(i,j)$ 上的流量, 则数学模型为一个线性规划模型:

$$
\begin{aligned}
&\max f\\
&\text{s.t.}\ \begin{cases}
\sum\limits_j x_{ij}-\sum\limits_k x_{ki}=\begin{cases} f & (i=1),\\ 0 & (i=2,3,\cdots,m-1),\\ -f & (i=m),\end{cases}\\
0\leqslant x_{ij}\leqslant u_{ij}\quad (i,j)\in E.
\end{cases}
\end{aligned}
$$

### 6.5.2 增广链法

首先介绍一些基本概念与算法所需的定理, 参见文献 [1].

**定义 6.19 (截集)** 在一个网络 $N=(V,E,W)$ 中, 若把点集 $V$ 剖分成不相交的两个非空集合 $S$ 和 $\overline{S}$, 使始点 $v_s\in S$, 终点 $v_t\in\overline{S}$, 且 $S$ 中各点不需经由 $\overline{S}$ 中的点而均连通, $\overline{S}$ 中各点也不需经由 $S$ 中的点而均连通, 则把始点在 $S$ 中而终点在 $\overline{S}$ 中的一切弧所构成的集合, 称为一个分离 $v_s$ 和 $v_t$ 的截集, 记为 $(S,\overline{S})$. 截集有时也称为 $N$ 的一个割集 (简称为割).

截集 $(S,\overline{S})\subset E$, 为弧集 $E$ 的一个特殊子集. 图 6.11 表示出了一个截集 $(S,\overline{S})=\{a_1,a_3\}$. 注意, $a_2\overline{\in}(S,\overline{S})$, 这是因为 $a_2$ 的终点在 $S$ 中, 始点在 $\overline{S}$ 中, 不符合截集定义中对弧的要求. 若把截集 $(S,\overline{S})$ 中的弧全部去掉, 则网络中就不存在从 $v_s$ 到 $v_t$ 的路, 但仍可能存在从 $v_s$ 到 $v_t$ 的链, 这是截集的一个特点.

**定义 6.20 (截量)** 在网络 $N$ 中, 把一个截集 $(S,\overline{S})$ 中所有弧的容量之和称为该截集的容量 (或割集容量), 简称截量, 记为 $u(S,\overline{S})$, 则有

$$u(S,\overline{S})=\sum_{(v_i,v_j)\in(S,\overline{S})}u_{ij}.$$

**定义 6.21 (最小截集)** 在网络 $N$ 中, 截量最小的截集称为最小截集 (或称为最小割集), 记为 $(S^*,\overline{S}^*)$, 其截量 $u(S^*,\overline{S}^*)$ 称为最小截量, 或称为最小割集容量 (简称最小割).

例如, 图 6.12 的所有不同的截集及其截量如表 6.7 所示, 其中图中弧旁数字为 $u_{ij}(x_{ij})$. 由此可见, 一个很简单的网络也可有较多不同的截集. 显然, 最小截量为 11, 最小截集为 $(S^*,\overline{S}^*)=\{(1,3),(4,t)\}$.

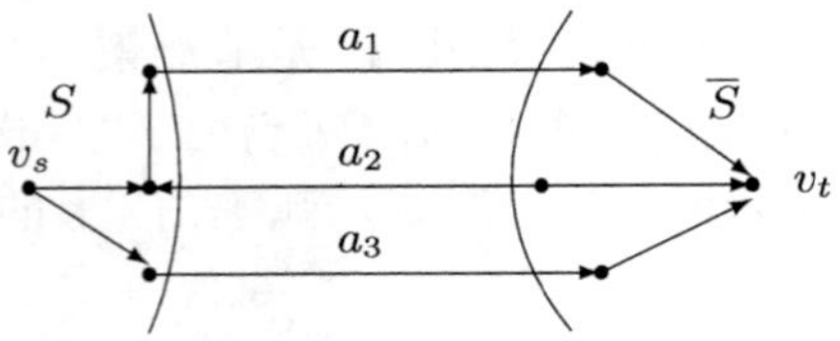


图 6.11 截集示意图

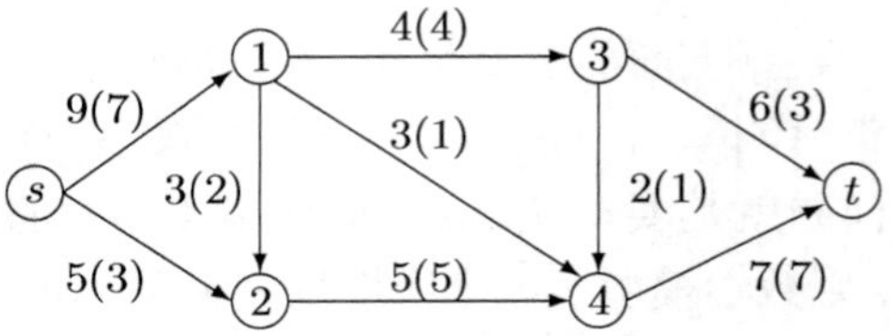


图 6.12 截集与截量

表 6.7 截集及其截量

| $S=\{v_i\}$ | $\overline{S}=\{v_j\}$ | 截集 $(S,\overline{S})=\{(v_i,v_j)\}$ | 截量 $u(S,\overline{S})$ |
|---|---|---|---|
| $s$ | $1,2,3,4,t$ | $(s,1),(s,2)$ | 14 |
| $s,1$ | $2,3,4,t$ | $(s,2),(1,2),(1,3),(1,4)$ | 15 |
| $s,2$ | $1,3,4,t$ | $(s,1),(2,4)$ | 14 |
| $s,1,2$ | $3,4,t$ | $(1,3),(1,4),(2,4)$ | 12 |
| $s,1,3$ | $2,4,t$ | $(s,2),(1,2),(1,4),(3,4),(3,t)$ | 19 |
| $s,2,4$ | $1,3,t$ | $(s,1),(4,t)$ | 16 |
| $s,1,2,3$ | $4,t$ | $(1,4),(2,4),(3,4),(3,t)$ | 16 |
| $s,1,2,4$ | $3,t$ | $(1,3),(4,t)$ | 11 |
| $s,1,2,3,4$ | $t$ | $(3,t),(4,t)$ | 13 |

**引理 6.1** 设 $(S,\overline{S})$ 是容量网络 $N$ 中任意一个截集, $f=\{f_{ij}\}$ 是 $N$ 上的任意一个流, 则流值

$$v(f)=\sum_{(v_i,v_j)\in(S,\overline{S})} f_{ij}-\sum_{(v_j,v_i)\in(\overline{S},S)} f_{ji}.$$

**定理 6.2 (流量 – 截量定理)** 在网络 $N$ 中, 设 $x=\{x(u,v)|u\in V,v\in V\}$ 是任一可行流, $(S,\overline{S})$ 是任一截集, 则 $f(x)\leqslant u(S,\overline{S})$.

定理 6.2 表明: 网络的任一可行流的流量恒不超过任一截集的截量. 因此, 网络的最大流量也不会超过最小截量, 即有

**定理 6.3 (最大流量 – 最小截量定理)** 在网络 $N$ 中, 从 $v_s$ 到 $v_t$ 的最大流的流量等于分离 $v_s$ 和 $v_t$ 的最小截集的截量. 即, 若设 $x^*$ 为一最大流, $(S^*,\overline{S}^*)$ 为一最小截集, 则有 $f(x^*)=u(S^*,\overline{S}^*)$.

**定义 6.22 (剩余容量)** 在有向网络 $N$ 中, 对任一条弧来说, 此弧上的容量减去流量后的容量就为这条弧的剩余容量.

例如, 在有向弧 $(i) \xrightarrow{u(f)} (j)$ 中, $u$ 是弧的容量, $f$ 是流量. 则此弧可表示成 $(i) \xrightarrow{u-f \quad f} (j)$, 箭尾处的 $u-f$ 就是此弧的剩余容量, 箭头处的 $f$ 就是此弧的流量. 当此弧变成无向弧时, 仍在箭头处标记流量为 $f$, 箭尾处标记剩余容量为 $u-f$, 则无向弧为 $(i) \overset{u-f \quad f}{\text{———}} (j)$, 此时剩余容量是一个相对概念.

**定义 6.23 (增广链)** 设 $x=\{x_{ij}\}$ 是一可行流, $\mu$ 是从 $v_s$ 到 $v_t$ 的一条链. 若 $\mu$ 上各弧的剩余容量都是严格为正的, 则称 $\mu$ 为一条关于可行流 $x$ 的增广链, 记为 $\mu(x)$. 增广链上所有弧的剩余容量的最小值就是增广链的剩余容量.

**定理 6.4 (最大流的充要条件)** 设 $x^*=\{x^*_{ij}\}$ 是网络 $N=(V,E,W)$ 的一个可行流, 则 $x^*$ 为最大流的充要条件是: 网络 $N$ 中不存在增广链 $\mu(x^*)$.

因此在网络的无向图中, 当求出增广链的剩余容量后, 此增广链上可以增加流量就为此增广链的剩余容量. 这种经过流量调整后的网络称为剩余网络, 它表明网络各弧上还可以继续增加的流量上限是各弧上的剩余容量.

可以指出, 沿着增广链 $\mu(x)$ 去调整链上各弧的流量, 可以使网络的流量 $f(x)$ 增大, 即得到一个比 $x$ 的流量更大的可行流. 而求网络最大流的方法正是基于这种增广链, 故称为增广链调整法.

(1) 初始化: 把网络有向图变成无向图.

(2) 迭代: 在剩余网络中从发点到收点寻找一条增广链. 若没有增广链存在, 则算法停止, 这时就得到网络的最大流. 否则, 就在这条链的所有弧上调整流量和剩余容量, 即

① 在此链上寻找所有弧的最小剩余容量来作为此增广链的剩余容量 $u^*$.

② 使此链所有弧上增加流量 $u^*$, 并使此链上所有弧的剩余容量减少 $u^*$.

**例 6.7** 继续考虑例 6.1, 为了保护园区的野生生态环境, 现规定每条线路上观光旅游车的数量是有限制的, 见图 6.13, 其中弧上的数字为通行车辆容量. 则如何在不违背每条路线上观光旅游车数目限制下寻求最大车辆通行?

**解** 初始化: 有向图变无向图, 各弧的 (剩余) 容量为原始网络图中的容量, 并标记在原始弧箭线起始处, 而在原始弧箭头标记流量为 0, 见图 6.14.

迭代 1: 任选一条增广链 $S\to B\to E\to T$, 这条链中的最小剩余容量是 $\min\{7,5,6\}=5$, 在这条增广链上加上流量 5, 则剩余网络见图 6.15(a).

迭代 2: 类似地, 在增广链 $S\to A\to D\to T$ 上增加流量 3, 见图 6.15(b).

迭代 3: 类似地, 在增广链 $S\to A\to B\to D\to T$ 上增加流量 1, 见图 6.15(c).

迭代 4: 类似地, 在增广链 $S\to B\to D\to T$ 上增加流量 2, 见图 6.15(c).

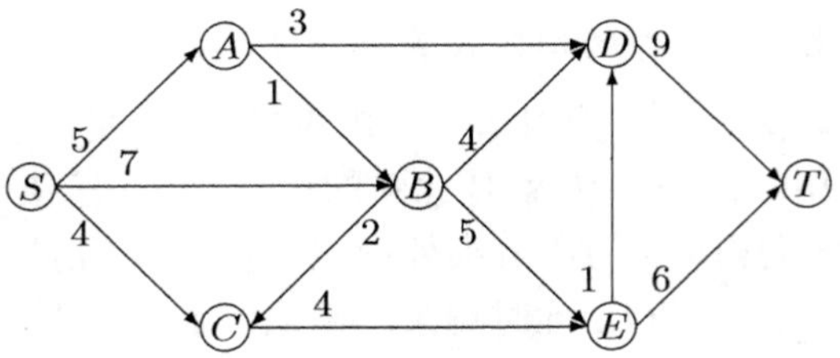


图 6.13 公园最大流问题

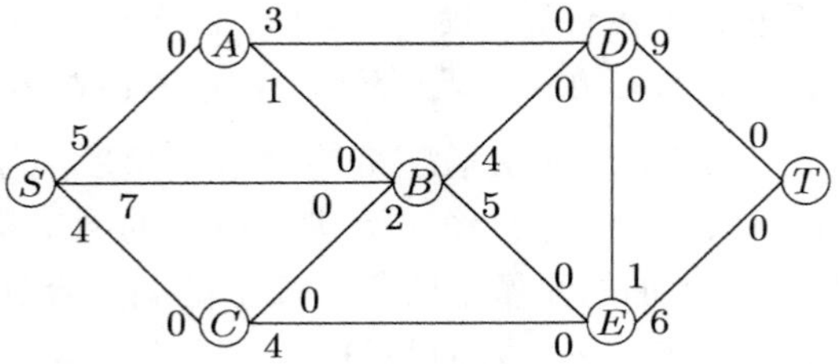


图 6.14 公园最大流问题的初始化剩余网络

迭代 5: 类似地, 在增广链 $S \to C \to E \to D \to T$ 上增加流量 1, 见图 6.15(d).

迭代 6: 类似地, 在增广链 $S \to C \to E \to T$ 上增加流量 1, 见图 6.15(d).

迭代 7: 类似地, 在增广链 $S \to C \to E \to B \to D \to T$ 上增加流量 1, 见图 6.15(e).

现在网络图中没有任何增广链, 所以得到最优解, 无向图变为有向图. 依原始网络图各弧的方向, 把各弧箭头处的数字标记为流量即可, 见图 6.16.

## 6.6 运输问题

运输问题 (transportation problem) 就是在运费和供求量给定的条件下考虑某些运输方案以使总的运费最小. 若在运输问题中允许的若干收发量平衡的 (纯) 转运点存在, 则称为转运问题 (transshipment problem).

### 6.6.1 数学模型

运输问题可以叙述为: 有某种物资需要调运, 已知有 $m$ 个地方 (简称产地) 可以供应该种物资, 有 $n$ 个地方 (简称销地) 需要该种物资, 又知这 $m$ 个产地的可供量 (简称产量) 为 $a_i$ $(i = 1, 2, \cdots, m)$, $n$ 个销地的需求量 (简称销量) 为 $b_j$

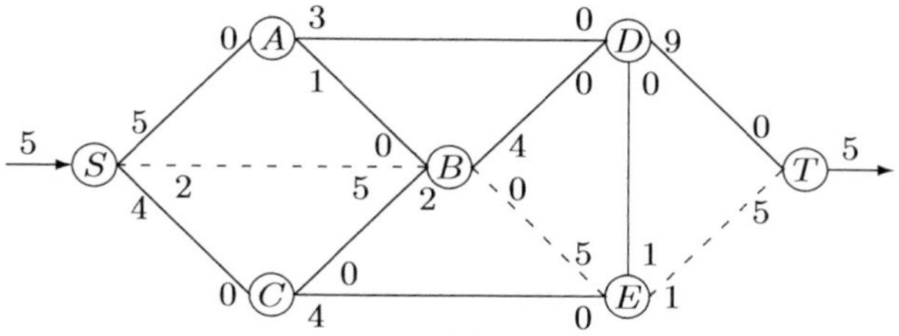


(a) 迭代 1

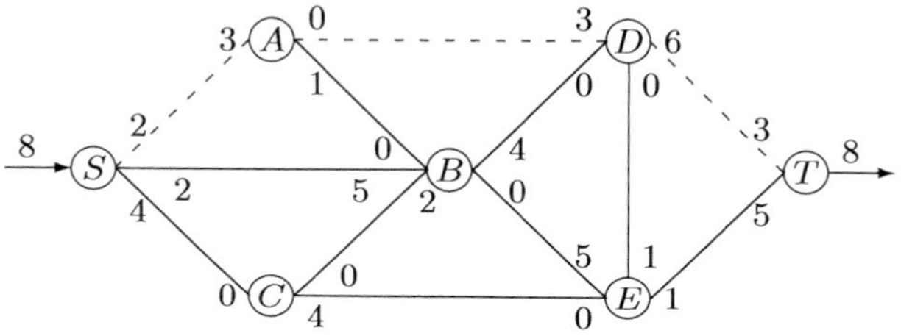


(b) 迭代 2

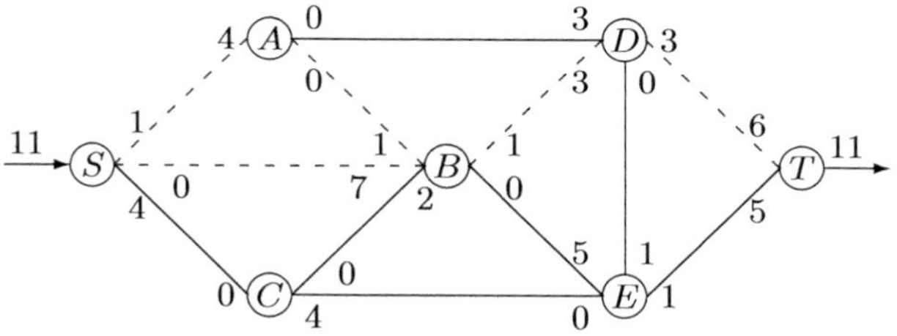


(c) 迭代 3, 4

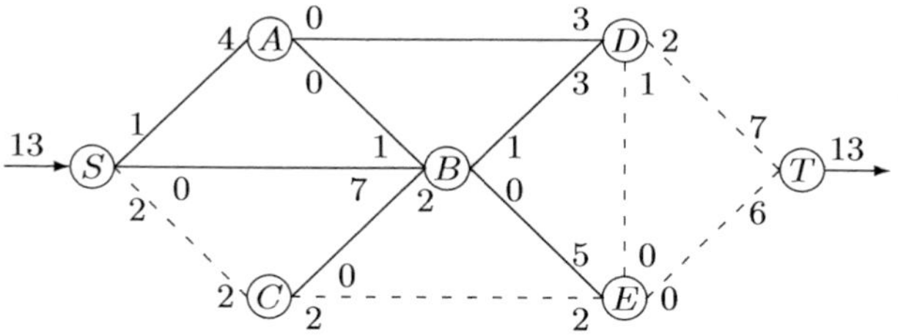


(d) 迭代 5, 6

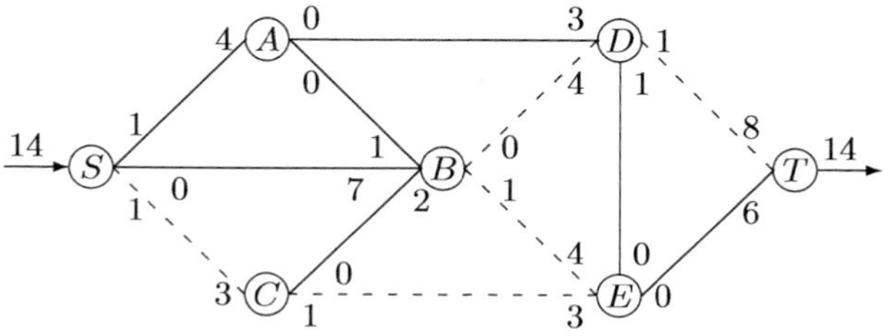


(e) 迭代 7

图 6.15 公园最大流问题之迭代

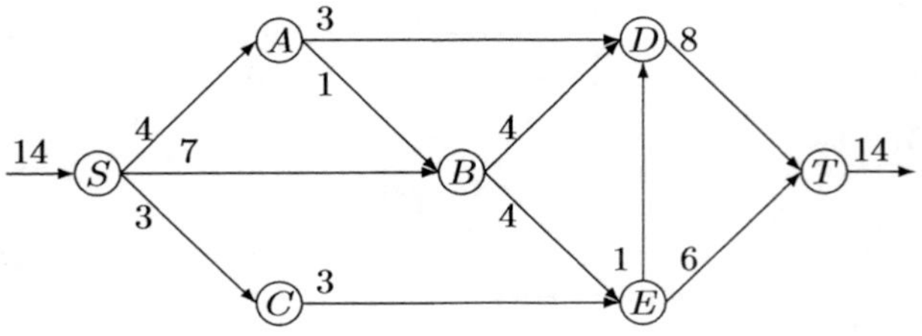


图 6.16 公园最大流问题之最优解

$(j=1,2,\cdots,n)$. 从第 $i$ 个产地到第 $j$ 个销地的单位物资运价为 $c_{ij}$. 在以上条件下求总的运输方案, 其目的是使总的运费支出最小.

若用 $x_{ij}$ 代表从第 $i$ 个产地调运给第 $j$ 个销地的物资的单位数量, 则运输问题的数学模型为一个线性规划模型:

$$\min z=\sum_{i=1}^{m}\sum_{j=1}^{n}c_{ij}x_{ij}$$

$$\text{s.t.}\quad\begin{cases}\sum\limits_{j=1}^{n}x_{ij}\leqslant a_i & (i=1,2,\cdots,m), & (6.5\text{a})\\ \sum\limits_{i=1}^{m}x_{ij}\geqslant b_j & (j=1,2,\cdots,n), & (6.5\text{b})\\ x_{ij}\geqslant 0 & (i=1,2,\cdots,m;j=1,2,\cdots,n).\end{cases}$$

运输问题是线性规划问题, 当然可以用单纯形法求解. 也可用类似例 6.2 化为最小费用流求解的方法, 下面介绍更简便的求解方法 —— 表上作业法.

在应用表上作业法求解时, 模型的相容性要求产销平衡, 即对产销平衡的运输问题有

$$\sum_{i=1}^{m}a_i=\sum_{j=1}^{n}b_j$$

此时 (6.5) 中的 “$\leqslant$” 均可以写为 “$=$”.

对于一般的转运问题, 为能使用表上作业法求解, 可以将节点分成纯发点、纯收点以及既可发又可收的转运点三类. 将纯发点与转运点皆作为发点, 其发量为净供给量加上一个足够大的正数 $M$ (如 $M=\{\sum a_i,\sum b_j\}$). 并将纯收点与转运点皆作为收点, 其收量为净需求量加上 $M$. 再规定各转运点到其自身的费用系数为 0. 然后就可求解等价的运输问题, 从而得到转运问题的解.

### 6.6.2 表上作业法

因为求解原理与单纯形法相同, 所以表上作业法又称为运输单纯形法 (transportation simplex method), 参见文献 [2].

**例 6.8** 三个工厂 $B_1, B_2, B_3$, 它们需要同一种原料, 数量分别是 72 吨、102 吨、41 吨. 另外有三座仓库 $A_1, A_2, A_3$ 可以供应上述原料, 分别为 56 吨、82 吨、77 吨. 由于工厂和仓库位置不同, 单位运价 $c_{ij}$ 也就不相同, 具体数据如表 6.8 所示. 问应如何安排运输方案, 才能使总运费最小?

表 6.8 表上作业法的运输问题

| | $B_1$ | $B_2$ | $B_3$ | 产量 |
|---|---|---|---|---|
| $A_1$ | 4 | 8 | 8 | 56 |
| $A_2$ | 16 | 24 | 16 | 82 |
| $A_3$ | 8 | 16 | 24 | 77 |
| 销量 | 72 | 102 | 41 | 215 |

下面以例 6.8 为例详细讨论表上作业法的求解步骤.

6.6.2.1 产销平衡表

首先, 列出产销平衡表, 见表 6.9.

表 6.9 产销平衡及运价表

| | $B_1$ | $B_2$ | $B_3$ | 产量 |
|---|---|---|---|---|
| $A_1$ | 4 $x_{11}$ | 8 $x_{12}$ | 8 $x_{13}$ | 56 |
| $A_2$ | 16 $x_{21}$ | 24 $x_{22}$ | 16 $x_{23}$ | 82 |
| $A_3$ | 8 $x_{31}$ | 16 $x_{32}$ | 24 $x_{33}$ | 77 |
| 销量 | 72 | 102 | 41 | 215 |

6.6.2.2 初始调运方案

求运输问题初始基可行解的方法有左上角法 (又称西北角法或阶梯法)、最小元素法、最大差额法 (又称 Vogel 近似法, Vogel's approximation method, VAM) 和 Russell 近似法等. 在此介绍最小元素法, 即采用"优先安排单位运价小的发点与收点之间的运输业务"的规则来得到初始基可行解.

由运输问题数学模型可知解中基变量个数一般为 $(m+n-1)$ 个, 即可直接在产销平衡表中填数表示基变量, 画"✗"表示非基变量. 本例中有 $m \times n = 9$ 个变量, 基变量个数应为 $m+n-1=5$, 所以表中填数字格应为 5 个.

表 6.9 中单位运价最小的格子为 $c_{11}=4$, 就先让产地 $A_1$ 满足销地 $B_1$ 的需求, 令 $x_{11}=\min\{56,72\}=56$, 则 $x_{12},x_{13}$ 必为 0. 在表中 $x_{11}$ 处填 56, $x_{12}$, $x_{13}$ 处画 "✗", 此时 $B_1$ 地的需求量变为 $72-56=16$.

然后在尚未填数也未打 "✗" 的格子中再找单位运价最小的, 这里是 $c_{31}=8$, 即让产地 $A_3$ 满足销地 $B_1$ 的需求, 令 $x_{31}=\min\{16,77\}=16$, 则 $x_{21}$ 为 0, 在表 6.10 中 $x_{31}$ 处填 16, $x_{21}$ 处画 "✗".

重复以上步骤, 在剩余格子中找到 $c_{23}=c_{32}=16$, 可任选一个, 如 $c_{23}$, 令 $x_{23}=\min\{82,41\}=41$, 此时 $x_{33}$ 为 0. 在表 6.10 中 $x_{23}$ 处填 41, $x_{33}$ 处画 "✗".

由于数字格表示基变量, 现在只填三个数字, 所以余下的两个格不能再画 "✗", 一律填数字. 检查产量与销量的剩余情况 $x_{22}=\min\{41,102\}=41$, 应在 $x_{22}$ 处填 41, 在 $x_{32}$ 处填 61. 上述过程完成即为初始调运方案表, 见表 6.10.

表 6.10 初始调运方案表

| | $B_1$ | $B_2$ | $B_3$ | 产量 |
|---|---|---|---|---|
| $A_1$ | 4<br>56 | 8<br>✗ | 8<br>✗ | 56 |
| $A_2$ | 16<br>✗ | 24<br>41 | 16<br>41 | 82 |
| $A_3$ | 8<br>16 | 16<br>61 | 24<br>✗ | 77 |
| 销量 | 72 | 102 | 41 | 215 |

检查全表, 产销已平衡, 得到初始调运方案 $\{x_{ij}\}$ 为 $x_{11}=56$, $x_{22}=41$, $x_{23}=41$, $x_{31}=16$, $x_{32}=61$, 其余 $x_{ij}=0$.

可以证明, 用最小元素法得到的初始调运方案一定是运输问题的基可行解.

由上述过程可见, 使用最小元素法求初始可行解, 关键要注意基变量个数必须保持 $(m+n-1)$ 个, 如遇到退化情况, 即数字格不为 0 的数不足 $(m+n-1)$ 个, 必须用填 0 方法补足, 而不能画 "✗".

另外, VAM 法对于得到一个更好的初始方案表来说也是比较有效的, 其原因是它在求一个可行解的过程中注意到包含在运输表中的成本信息. 它通过建立 "罚数" 来达到此目的, "罚数" 表示对一方格不进行分配的可能的成本罚款, 参见文献 [24].

(1) 给定一个平衡的运输表格, 按如下方式确定每行和每列的罚数:

① 将每行中最小成本方格 $c_{ij}$ 与次最小成本方格差值的绝对值, 作为本行的罚数.

② 将每列中最小成本方格与次最小成本方格之差的绝对值, 作为本列罚数.

(2) 确定具有最大罚数的行或列. 在有结 (罚数相同) 的情形下, 任取其中一个破结.

(3) 将可能的最大单位数 (总是保证边缘平衡条件不被违反) 分配给由步骤 (2) 选定的行 (或列) 中具有最小成本 $c_{ij}$ 的方格. 将相应的行或列的供应量和需求量减去这个量, 并划掉已被完全满足的行或列 (可能的话划掉两者).

(4) 重复步骤 (1) $\sim$ (3) 直到分配完所有单位数量.

上面的算法还可以进行各种各样的细化, 尤其是步骤 (2) 中的附加破结规则. 例如, 最大罚数出现结的时候, 可以选择有关的具有最小 $c_{ij}$ 值的行或列来破结.

6.6.2.3 最优解的判定

在表上作业法中, 计算检验数的方法有: 运价变换法、位势法和闭回路法等. 这里用较为简便易行的位势法来判定当前基可行解是否为最优解, 这和前面的单纯形法思想是相一致的.

首先, 将表 6.10 增加一行与一列, 见表 6.11. 最右边一列用于填写 $u_i$ $(i=1,2,\cdots,m)$ 的值, 最下边一行用于填写 $v_j$ $(j=1,2,\cdots,n)$ 的值. $u_i$, $v_j$ 分别称为产地 $A_i$ 与销地 $B_j$ 的位势.

表 6.11 位势法判定最优解

| | $B_1$ | $B_2$ | $B_3$ | 产量 | $u_i$ |
|---|---|---|---|---|---|
| $A_1$ | 4<br>$\underset{\sim}{56}$ | 8<br>$-4$ | 8<br>4 | 56 | 0 |
| $A_2$ | 16<br>0 | 24<br>$\underset{\sim}{41}$ | 16<br>$\underset{\sim}{41}$ | 82 | 12 |
| $A_3$ | 8<br>$\underset{\sim}{16}$ | 16<br>$\underset{\sim}{61}$ | 24<br>16 | 77 | 4 |
| 销量 | 72 | 102 | 41 | 215 | |
| $v_j$ | 4 | 12 | 4 | | |

$u_i, v_j$ 满足位势方程组 $u_i+v_j=c_{ij}$ ($c_{ij}$ 为基变量所在格的运费). 由于变量 $u_i$ 与 $v_j$ 共 $(m+n)$ 个, 而基变量的个数为 $(m+n-1)$ 个, 则位势方程组中含 $(m+n-1)$ 个方程, 未知数比方程个数多 1. 若令 $u_1=0$, 则在表 6.11 中, 容易根据方程组求出其余位势的值, 计算结果见最后一行和最后一列.

令 $\lambda_{ij}=c_{ij}-(u_i+v_j)$ ($c_{ij}$ 为非基变量所在空格处的运费), 称 $\lambda_{ij}$ 为空格检验数. 填入表 6.11 中每个空格的右下角处. 可以证明这里的 $\lambda_{ij}$ 就是单纯形法中的检验数, 所用判定最优解的原则也与单纯形法中的判定定理相同. 因

$\lambda_{12}=-4<0$, 所以当前解不是最优解, 需进行方案的调整, 即求出一个新的基可行解. 对于多重最优解情形, 即对任一空方格 (非基变量), $\lambda_{ij}=0$, 此时可以通过对这个方格进行再分配得到多重最优解. 对于退化情形, 可以轻微摄动 $A_i$ 值 (每个发点的可供量), 即将每行增加一个非常小的量 (如 $\delta$). 为使边缘平衡, 必须将其中一列增加 $m\delta$ (即行数乘以 $\delta$). 然后求解摄动问题, 结束时, 通过置 $\delta$ 为 0 使解成为原问题的解.

#### 6.6.2.4 基可行解的转换

这里, 基可行解的转换使用闭回路法. 在调运方案表 6.11 的基础上, 从 $x_{12}$ 所在空格出发找一条闭回路. 闭回路的确定方法为: 以空格为起点, 用水平或垂直线向前画, 遇到数字格可以转 90° 后继续前进, 直到回到起始空格. 可以证明任一空格 (非基变量) 一定存在唯一的闭回路. 以 $x_{12}$ 为起点的闭回路为 $x_{12}\to x_{32}\to x_{31}\to x_{11}\to x_{12}$. 在闭回路上作运量调整, 称 $x_{12}$ 为第 1 个顶点, $x_{32}$, $x_{31}$, $x_{11}$ 分别为第 2, 3, 4 个顶点, 令调整量 $\theta=\min\{\text{偶顶点运量}\}=\min\{61,56\}=56$. 作变换: 奇顶点运量 $+\theta$, 偶顶点运量 $-\theta$. 易知这样调整不影响产销平衡性, 可以证明经闭回路法调整得到的新方案仍是基可行解. $x_{12}$ 相当于单纯形法中的换入变量, 则 $x_{12}=56, x_{32}=5, x_{31}=72, x_{11}=0$, $x_{11}$ 就是换出变量. 此时新调运方案见表 6.12.

表 6.12 新的调运方案表

| | $B_1$ | $B_2$ | $B_3$ | 产量 | $u_i$ |
|---|---|---|---|---|---|
| $A_1$ | 4<br>4 | 8<br>$\underset{\sim}{56}$ | 8<br>8 | 56 | 0 |
| $A_2$ | 16<br>0 | 24<br>$\underset{\sim}{41}$ | 16<br>$\underset{\sim}{41}$ | 82 | 16 |
| $A_3$ | 8<br>$\underset{\sim}{72}$ | 16<br>5 | 24<br>16 | 77 | 8 |
| 销量 | 72 | 102 | 41 | 215 | |
| $v_j$ | 0 | 8 | 0 | | |

重新计算 $u_i$, $v_j$ 及检验数 $\lambda_{ij}$, 如表 6.12 所示. 由于全部 $\lambda_{ij}\geqslant 0$, 已得最优解. 注意, 用闭回路法调整时, 若闭回路中最小运量格有两个或两个以上, 只能选一个画 "✗", 其余填 0, 以保持基变量个数不变.

在以上讨论的基础上, 可总结表上作业法求解运输问题的解题步骤如下:

(1) 列制产销平衡表.

(2) 在表上用最小元素法求出初始调运方案 (即初始基可行解), 在产销平衡

表上给出 $(m+n-1)$ 数字格.

(3) 用位势法计算空格 (即非基变量) 的检验数 $\lambda_{ij}$. 若所有 $\lambda_{ij} \geqslant 0$, 则上述调运方案即最优方案; 若有 $\lambda_{ij} < 0$, 取最小负检验数对应的变量作为换入变量, 转步骤 (4).

(4) 用闭回路法进行方案调整 (即基可行解的转换), 确定换出变量, 并由此可得新的调运方案.

(5) 重复步骤 (3), (4), 直到求得最优方案.

### 6.6.3 其他问题

1. 产销不平衡的运输问题

对于产销不平衡的运输问题来说, 要先化为产销平衡问题, 然后才能运用表上作业法求解.

当产大于销时, 只要增加一个假想的销地 $j=n+1$ (实际上是库存), 该销地总需求量为 $\left(\sum\limits_{i=1}^{m} a_i - \sum\limits_{j=1}^{n} b_j\right)$, 而在单位运价表中从各产地到假想销地的单位运价为 $c'_{i,n+1}=0\ (i=1,2,\cdots,m)$, 就转化成一个产销平衡的运输问题.

类似地, 当销大于产时, 可以在产销平衡表中增加一个假想的产地 $i=m+1$, 该地产量为 $\left(\sum\limits_{j=1}^{n} b_j - \sum\limits_{i=1}^{m} a_i\right)$, 在单位运价表上令从该假想产地到各销地的运价 $c'_{m+1,j}=0\ (j=1,2,\cdots,n)$, 同样可以转化成一个产销平衡的运输问题.

**例 6.9** 设有三个化肥厂供应四个地区的农用化肥. 各化肥厂年产量、各地区年需要量及从各化肥厂到各地区运送单位化肥的运价见表 6.13, 其中运价单位为: 万元/万吨, 产销量单位为: 万吨. 试求出总运费最节省的化肥调拨方案.

表 6.13 产销不平衡的运输问题

| 产地\销地 | I | II | III | IV | 产量 |
|---|---|---|---|---|---|
| A | 16 | 13 | 22 | 17 | 50 |
| B | 14 | 13 | 19 | 15 | 60 |
| C | 19 | 20 | 23 | — | 50 |
| 最低需求 | 30 | 70 | 0 | 10 | |
| 最高需求 | 50 | 70 | 30 | 不限 | |

**解** 这是一个产销不平衡运输问题, 总产量为 160 万吨, 四个地区最低需求为 110 万吨, 最高需求为无限. 根据现有产量, 地区 IV 每年最多能分配到 60万吨, 这样最高需求为 210 万吨, 大于产量. 为了求得平衡, 在产销平衡表中增加一个假想的化肥厂 D, 其年产量为 50 万吨. 由于各地区需求量包括两部分, 如地区 I, 其中, 30 万吨是最低需求, 故不能由化肥厂 D 供给, 令相应运价为 $M$ (任意大的

正数), 而另一部分 20 万吨满足与否均可, 因此可以由化肥厂 D 供给, 令相应运价为 0. 类似地, 对需求分两种情况的地区, 实际上可按照两个地区看待. 由此可得产销平衡及运价表, 见表 6.14.

表 6.14 不平衡运输问题的产销平衡及运价表

| 产地\销地 | I′ | I″ | II | III | IV′ | IV″ | 产量 |
|---|---|---|---|---|---|---|---|
| A | 16 | 16 | 13 | 22 | 17 | 17 | 50 |
| B | 14 | 14 | 13 | 19 | 15 | 15 | 60 |
| C | 19 | 19 | 20 | 23 | $M$ | $M$ | 50 |
| D | $M$ | 0 | $M$ | 0 | $M$ | 0 | 50 |
| 销量 | 30 | 20 | 70 | 30 | 10 | 50 | |

再根据表上作业法计算得最优方案, 见表 6.15.

表 6.15 不平衡运输问题的最优方案

| 产地\销地 | I′ | I″ | II | III | IV′ | IV″ | 产量 |
|---|---|---|---|---|---|---|---|
| A | | | 50 | | | | 50 |
| B | | | 20 | | 10 | 30 | 60 |
| C | 30 | 20 | 0 | | | | 50 |
| D | | | | 30 | | 20 | 50 |
| 销量 | 30 | 20 | 70 | 30 | 10 | 50 | |

2. 有存储费用的运输问题

下面介绍一类有存储费用的运输问题.

**例 6.10** 对于如表 6.16 所示的运输问题, 若一个产地有一个单位物资没运出就发生存储费用. 假设三个产地 A, B, C 的单位物资存储费分别是 4, 4, 3; 又假设产地 B 的物资最多运出 35 个单位, 产地 C 的物资至少运出 28 个单位. 试用最小元素法求初始方案, 位势法调整得最优方案的总费用.

表 6.16 有存储费用的产销不平衡运输问题

| 产地\销地 | A | B | C | 产量 |
|---|---|---|---|---|
| A | 1 | 2 | 2 | 20 |
| B | 1 | 4 | 5 | 40 |
| C | 2 | 3 | 3 | 30 |
| 销量 | 30 | 20 | 20 | |

**解** 这是一个有存储费用的产销不平衡问题, 可得产销平衡及运价表 (表 6.17), 其中销地 D, E, F 即产地 A, B, C.

表 6.17 产销平衡表与单位运价表

| 产地\销地 | A | B | C | D | E | F | 产量 |
|---|---|---|---|---|---|---|---|
| A | 1 | 2 | 2 | 4 | $M$ | $M$ | 20 |
| B | 1 | 4 | 5 | $M$ | 4 | $M$ | 40 |
| C | 2 | 3 | 3 | $M$ | $M$ | 3 | 30 |
| 销量 | 30 | 20 | 20 | 13 | 5 | 2 | |

在表 6.17 中, 若某个产地的物资没有运出, 则会有只发生在本地的存储费用. 为产地 C 选择 2 个单位的初始存储的原因是其单位存储费用最小. 原则上应为产地 A 与 B 选择 0 与 18 个单位的组合, 原因在于产地 B 运往每个销地的单位运价都要大于产地 A 的相应运价. 但该法要迭代两次才能得到最优解. 而此时只需要迭代一次就可得如表 6.18 所示的最优方案表, 总费用为 216.

表 6.18 最优运输方案表

| 产地\销地 | A | B | C | D | E | F | 产量 |
|---|---|---|---|---|---|---|---|
| A | 8 | | 12 | 0 | | | 20 |
| B | 22 | | | | 18 | | 40 |
| C | | 20 | 8 | | | 2 | 30 |
| 销量 | 30 | 20 | 20 | 13 | 5 | 2 | |

显然, 为上述问题建立线性规划模型求解更方便一些.

## 6.7 分配问题

本节仅介绍几类简单的分配问题, 对于最大最小权匹配等问题和更一般性的理论, 可参见文献 [1].

### 6.7.1 最大匹配

**例 6.11** 考虑有 $n$ 个工人, $m$ 项工作的工作分配问题. 每个人工作能力不同, 各能胜任某几项工作. 假设每项工作只需一人做, 每人只做一项工作, 问怎样分配才能使尽可能多的工作有人做, 更多的人有工作?

**定义 6.24 (匹配与最大匹配)** 在二部图 $G=(X,Y,E)$ 中, $M$ 是边集 $E$ 的子集, 若 $M$ 中的任意两条边都没有公共端点, 则称 $M$ 为图 $G$ 的一个匹配 (也称对集). $M$ 中任一条边的端点 $v$ 称为 (关于 $M$ 的) 饱和点, $G$ 中其他顶点称为非饱和点. 若不存在另一匹配, 使得 $|M_1|>|M|$ ($|M|$ 表示集合 $M$ 中边的个数), 则称 $M$ 为最大匹配.

例 6.11 可以用图的语言进行描述, 如图 6.17(a) 所示. 其中, $x_1,x_2,\cdots,x_n$ 表

示工人, $y_1, y_2, \cdots, y_m$ 表示工作, 边 $(x_i, y_j)$ 表示第 $x_i$ 个人能胜任第 $y_j$ 项工作, 用点集 $X$ 表示 $\{x_1, x_2, \cdots, x_n\}$, 点集 $Y$ 表示 $\{y_1, y_2, \cdots, y_m\}$, 得到一个二部图 $G=(X, Y, E)$. 问题是在图 $G$ 中找一个边集 $E$ 的子集, 使得集中任何两条边没有公共端点, 最好的方案就是要使此边集的边数尽可能多, 即最大匹配.

若设

$$x_{ij}=\begin{cases}1 & (\text{若边 } (i,j) \text{ 属于匹配}),\\ 0 & (\text{否则}),\end{cases}$$

则最大匹配问题的整数规划模型为

$$\begin{aligned}&\max \sum_{(i,j)\in E} w_{ij}x_{ij}\\ &\text{s.t.} \begin{cases}\displaystyle\sum_{(i,j)\in E} x_{ij} \leqslant 1 & (\forall i \in V).\\ x_{ij} \text{ 为 0-1 变量} & (\forall (i,j) \in E).\end{cases}\end{aligned}$$

事实上, 模型中可以去掉整数限制, 简化为线性规划问题, 参见文献 [20].

最大匹配问题可以化为类似于多发点多收点最大流问题进行求解. 方法是在二部图中增加两个新点 $v_s, v_t$ 分别作为发点、收点, 并用有向弧把它们与原二部图中顶点相连, 令全部弧上的容量均为 1. 那么当这个网络的流达到最大时, 若 $(x_i, y_j)$ 上的流量为 1, 就让 $x_i$ 做 $y_j$ 工作, 这样的方案就是最大匹配的方案. 其最大流算法图示见图 6.17(b).

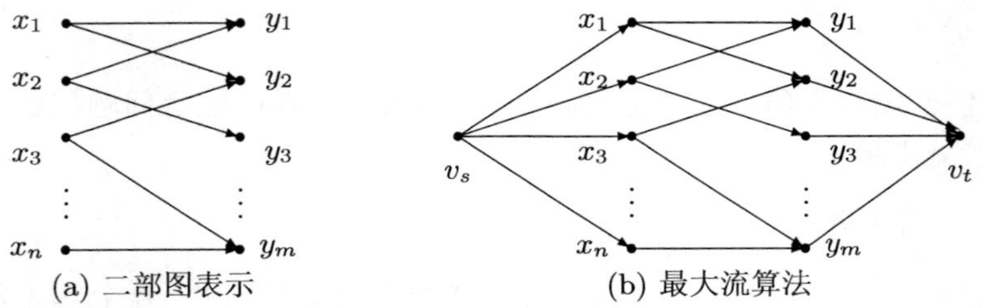


图 6.17 最大匹配问题

### 6.7.2 最优匹配

前面讨论工作的最大匹配问题. 在实际中还常遇到这样的问题: 若每个工人在完成各项工作时效率不同, 要求在工作分配的同时考虑总效率最高的问题. 这就是最优匹配问题, 又称为指派问题或分配问题 (assignment problem).

**例 6.12** 现有 4 个工人、4 台不同的机床, 由于工人 (以 $x_i$ 表示) 对各种机床 (以 $y_j$ 表示) 的操作技术水平不同, 每个工人在各台机床上完成给定任务所需

工时也不相同, 即效率矩阵为

$$\boldsymbol{W}=(w_{ij})_{n\times n}=\begin{bmatrix}14&11&13&17\\9&7&2&9\\4&9&10&15\\15&10&5&13\end{bmatrix},$$

试问哪个工人操作哪台机器可使总工时最少?

这个问题也可以用二部图表示, 其一般提法是: 二部图 $G=(X,Y,E)$, $|X|=|Y|=n$, $E$ 中每条边 $(x_i,y_j)$ 有权 $w_{ij}\geqslant 0$, 若能找到一个最大匹配 $M$, $|M|=n$, 满足 $S=\sum\limits_{(x_i,y_j)\in E}w_{ij}$ 最小, 则称 $M$ 为 $G$ 的一个最优匹配.

6.7.2.1 数学模型

对于有 $n$ 个工人和 $n$ 项工作的分配问题, 设 $x_{ij}=1$ 或 0 分别表示第 $i$ 人做/不做第 $j$ 项工作, 则其数学模型为

$$\begin{aligned}&\min\ \sum_{i=1}^{n}\sum_{j=1}^{n}c_{ij}x_{ij}\\&\text{s.t.}\ \begin{cases}\sum\limits_{j=1}^{n}x_{ij}=1 & (i=1,2,\cdots,n),\\\sum\limits_{i=1}^{n}x_{ij}=1 & (j=1,2,\cdots,n),\\x_{ij}=0\ \text{或}\ 1 & (i,j=1,2,\cdots,n).\end{cases}\end{aligned}$$

分配问题是 0-1 规划问题, 也是运输问题的特例, 可以用整数规划、最小费用流或运输问题算法求解, 但更有效的方法是匈牙利法 (参见文献 [1]).

6.7.2.2 匈牙利法

**定理 6.5** 如果从分配问题效率矩阵 $\boldsymbol{W}=(w_{ij})$ 的每一行元素中分别减去 (或加上) 上一个常数 $u_i$ (称为该行的位势), 从每一列分别减去 (或加上) 一个常数 $v_j$ (称为该列的位势), 得到一个新效率矩阵 $\boldsymbol{B}=(b_{ij})$, 若其中 $b_{ij}=w_{ij}-u_i-v_j$, 则两者的最优解等价.

**定理 6.6** 若矩阵 $\boldsymbol{W}$ 的元素可分成 0 与非 0 两部分, 则覆盖 0 元素的最少直线数等于位于不同行不同列的 0 元素的最大个数.

则匈牙利法的基本思想是: 由定理 6.5 的方法不断变换效率矩阵 $\boldsymbol{W}$, 使其产生尽可能多的 0 元, 并且始终保持所有元素非负, 直到能从变换后的矩阵中找出 $n$ 个位于不同行、不同列的 0 元, 这些 0 元对应的 $x_{ij}=1$, 其余 $x_{ij}=0$ 的方案为最优解. 其详细求解步骤 (标号法) 如下:

(1) 初始变换获得 0 元.

从效率矩阵 $\boldsymbol{W}$ 的每行减去该行的最小元素 (即行位势 $u_i$); 然后从所得矩阵的每列减去该列的最小元素 (即列位势 $v_j$), 令经这两步骤所得的矩阵为 $\boldsymbol{B}$.

(2) 在 $\boldsymbol{B}$ 中寻找位于不同行、不同列的 0 元.

① 检查 $(b_{ij})$ 的每行、每列, 从中找出未加标记的 0 元最少的一排 (即行、列的统称), 在该排用 $*$ 标出一个 0 元, 若该排有多个 0 元则任意地标一个即可;

② 把刚得到的 $0^*$ 所在行、列中的其余 0 元划去, 用 $\not{0}$ 表示;

③ 凡是 $0^*$, $\not{0}$ 就成为加了标记的 0 元, 返 ①.

这样逐次进行下去, 直到 $(b_{ij})$ 中所有 0 元都加上标记. 这样得到的 $0^*$ 元一定位于不同行、不同列, 如果个数就等于 $n$, 则已符合最优性条件, 运算结束; 否则转 (3).

(3) 找出能覆盖矩阵中所有 0 元的最少直线集合.

① 对没有 $0^*$ 的行打 $\surd$;

② 对已打 $\surd$ 的行中所有 $\not{0}$ 元素所在的列打 $\surd$;

③ 再对打有 $\surd$ 的列中所有 $0^*$ 元素所在的行打 $\surd$;

④ 重复 ②, ③ 直到得不出新的打 $\surd$ 的行、列;

⑤ 这样, 没有打 $\surd$ 的行和打 $\surd$ 的列就是能覆盖所有 0 元的最少直线集合.

(4) 修改矩阵 $\boldsymbol{B}$.

① 在未被直线覆盖的所有元素中, 找出最小元素;

② 所有打 $\surd$ 的行都减去此最小元素, 然后所有打 $\surd$ 的列都加上此最小元素. 令这个新矩阵为 $\boldsymbol{B}$, 返回 (2).

6.7.2.3 算法举例

下面应用匈牙利法来解决例 6.12 的分配问题.

(1) 作矩阵 $\boldsymbol{B}_1$.

$$
\begin{array}{c}
\qquad\qquad\qquad\qquad\quad \surd \qquad\qquad \\
\boldsymbol{B}_1 = \left[\begin{array}{cccc}
3 & 0^* & 2 & \not{0} \\
7 & 5 & 0^* & 1 \\
0^* & 5 & 6 & 5 \\
10 & 5 & \not{0} & 2
\end{array}\right]
\begin{array}{c} \\ \surd \\ \\ \surd \end{array} .
\end{array}
$$

(2) 在 $\boldsymbol{B}_1$ 中寻找位于不同行、不同列的 0 元.

(3) 找出能覆盖矩阵中所有 0 元的最少直线集合.

(4) 修改矩阵 $\boldsymbol{B}_1$, 有

$$\boldsymbol{B}_2=\begin{bmatrix}3 & 0^* & 3 & \not{0}\\ 6 & 4 & \not{0} & 0^*\\ 0^* & 5 & 7 & 5\\ 9 & 4 & 0^* & 1\end{bmatrix}.$$

在 $\boldsymbol{B}_1$ 中寻找位于不同行、不同列的 0 元后, 易知不同行、不同列的 0 元个数 (加 $*$ 号者) 等于 4, 即已求得最优方案为: 工人 $x_1$, $x_2$, $x_3$, $x_4$ 分别操作机床 $y_2$, $y_4$, $y_1$ 与 $y_3$. 这时完成任务所需总工时最少, 为 29 小时.

注意: 对于工人数与工作数不相等的不平衡最优分配问题, 在应用匈牙利法求解时, 要先引入虚工人或虚任务化为平衡问题. 例如, 当工作数小于工人数时, 增添一项虚任务, 并在效率矩阵中增添一列 0, 变成工人数和工作数相等. 当某人不能胜任某项工作时, 在效率矩阵中的相应元素应标记为充分大的正数 $M$.

类似地, 可设计求最大利润的最优匹配算法, 即求 $\max z=\sum\limits_i\sum\limits_j c_{ij}x_{ij}$. 这时可以令 $b_{ij}=M-c_{ij}$, 其中, $M=\max\{c_{ij}\}$ 是足够大的一个常数. 此时系数矩阵可变换为 $\boldsymbol{B}=(b_{ij})$, 其中, $b_{ij}\geqslant 0$, 符合匈牙利法的条件. 而求目标函数经过变换后, $\min z'=\sum\limits_i\sum\limits_j b_{ij}x_{ij}$ 所得最优解就是原问题的最优解.

## 6.8* 旅行推销商问题

首先给出一个和问题相关的 Hamilton 回路的基本内容, 参见文献 [25].

**定义 6.25 (Hamilton 回路)** 设 $v_1, v_2, \cdots, v_n$ 是图 $G$ 中的 $n$ 个顶点, 若有一条从某一顶点 $v_1$ 出发, 经过各节点一次且仅一次, 最后返回出发点 $v_1$ 的回路, 则称此回路为 Hamilton 回路.

**定理 6.7** 设简单图 $G$ 的顶点数为 $n$ $(n>3)$, 若 $G$ 中任意一对顶点 $v_i, v_j$, 恒有 $d(v_i)+d(v_j)\geqslant n$, 则存在一条 Hamilton 回路.

特别地, 当求 Hamilton 回路中总距离最短时, 就是著名的旅行推销商问题: 它是求一个访问 $n$ 个城市的旅行路线, 每个城市必须被访问到, 而且只能访问一次, 并使旅行距离最小.

旅行推销商问题的一个简单应用就是选择车辆路线问题, 即使用和组织不同规格的车辆将货物运送给客户的问题.

### 6.8.1 数学模型

对于有 $n$ 个城市的旅行推销商问题, 假定 $d_{ij}$ 表示从城市 $i$ 到城市 $j$ 的距离. 定义 0-1 整数变量 $x_{ij}=1$ 表示推销商从城市 $i$ 旅行到城市 $j$, 否则 $x_{ij}=0$.

则旅行推销商的数学模型可表示为一个整数规划问题.

$$\min z=\sum_{i=1}^{n}\sum_{j=1}^{n}d_{ij}x_{ij}\quad(i\neq j)$$

$$\text{s.t.}\quad\begin{cases}\sum\limits_{i=1}^{n}x_{ij}=1 & (i\neq j;j=1,2,\cdots,n),\\ \sum\limits_{j=1}^{n}x_{ij}=1 & (i\neq j;i=1,2,\cdots,n),\\ u_i-u_j+nx_{ij}\leqslant n-1 & (i\neq j;i=2,3,\cdots,n;j=2,3,\cdots,n),\\ x_{ij}=0\text{ 或 }1,u_i\geqslant 0,\end{cases}$$

其中, 辅助变量 $u_i\ (i=2,3,\cdots,n)$ 可以是连续变化的, 这些变量在最优解中取普通的整数值 (从而在约束条件中, 可以限定这些变量为整数). 事实上, 在最优解中, $u_i=$ 访问城市的顺序数.

该模型的第一个约束是保证每个城市必须访问到, 第二个约束表示旅行者必须离开每个城市. 若模型只有这两个约束, 则是一个标准的分配问题. 但其解会存在子回路, 因此最后的约束是为了防止子回路出现的约束.

这个模型的规模为: $n(n+1)$ 个 $x_{ij}$ 变量, $n$ 个 $u_i$ 变量, $(n+1)$ 个第一类约束, $(n+1)$ 个第二类约束, $n(n-1)$ 个第三类约束. 可以看出, 为避免子回路而附加的第三类约束条件大大增加了实际问题约束条件的个数. 例如, 对于一个含有 100 个城市的问题, 其模型的约束条件的个数就有 10 000 个以上. 对此, 文献 [3] 给出了详细讨论.

### 6.8.2 求解算法

下面介绍的分枝定界法可以解非对称型的旅行推销商问题, 参见文献 [22, 25]. 即 $d_{ij}$ 不一定等于 $d_{ji}$. 但对称型为其特例, 所以算法仍然有效. WinQSB 网络流模块中的旅行推销商算法也包括了分枝定界法.

**例 6.13** 求下列旅行推销商问题的解:

$$\boldsymbol{D}=\begin{bmatrix}\infty & 5 & 3 & 4 & 6\\ 5 & \infty & 2 & 10 & 9\\ 3 & 2 & \infty & 8 & 7\\ 4 & 10 & 8 & \infty & 1\\ 6 & 9 & 7 & 1 & \infty\end{bmatrix}\begin{matrix}v_1\\ v_2\\ v_3\\ v_4\\ v_5.\end{matrix}$$

$$\begin{matrix}v_1 & v_2 & v_3 & v_4 & v_5\end{matrix}$$

**解** 为了便于理解算法的思想, 不妨将 $\boldsymbol{D}$ 看作旅费矩阵. 则在每行抽取最小元

素, 并令矩阵 $\boldsymbol{D}$ 每行的所有元素减去该行的最小元素后可得

$$\boldsymbol{D}_1=\begin{bmatrix}\infty & 2 & 0 & 1 & 3\\ 3 & \infty & 0 & 8 & 7\\ 1 & 0 & \infty & 6 & 5\\ 3 & 9 & 7 & \infty & 0\\ 5 & 8 & 6 & 0 & \infty\end{bmatrix}\begin{matrix}3\\2\\2\\1\\1.\end{matrix}$$

再用 $\boldsymbol{D}_1$ 第一列的所有元素减去该列的最小元素得

$$\boldsymbol{D}_2=\begin{matrix}\begin{bmatrix}\infty & 2 & 0 & 1 & 3\\ 2 & \infty & 0 & 8 & 7\\ 0 & 0 & \infty & 6 & 5\\ 2 & 9 & 7 & \infty & 0\\ 4 & 8 & 6 & 0 & \infty\end{bmatrix}10.\\ \begin{matrix}1 & \phantom{8} & \phantom{6} & \phantom{0} & \phantom{\infty}\end{matrix}\end{matrix}$$

$\boldsymbol{D}_2$ 矩阵右下角为 $10=3+2+2+1+1+1$ 的结果.

上面结论的重要性在于以 $\boldsymbol{D}$ 为旅费矩阵的旅行推销商问题的解和以 $\boldsymbol{D}_2$ 为旅费矩阵的解是一样的. 用每行的最小元素去减该行的所有元素, 相当于从该行所对应的城市到其他城市的旅费一律降价, 降的价是相同的. 用每列的最小元素去减该列的所有元素, 可看作到该列所对应城市的所有旅费一律降价, 而且所降的价是相同的. 推销商进入每个城市一次且仅一次, 而且从该城市出去一次, 也仅有一次. 最佳的路径依然是降价后的最佳路径. 这就证明了上面的结论, 反正进出都一次.

下面讨论 $\boldsymbol{D}_2$ 为旅费矩阵的问题的解, $\boldsymbol{D}_2$ 的特点是每行每列都有 0 元, 且至少一个. 例如, 从 $v_1$ 出发必然选择 $v_3$ 作为下一站, 因为 $d_{13}=0$. 在 $\boldsymbol{D}_2$ 矩阵中划去 $d_{13}$ 元素所在的行和列, 并将 $d_{31}$ 改为 $\infty$; 这样做是为了避免出现 $v_1\to v_3\to v_1$ 的现象, 这不符合问题的要求. 消去第 1 行及第 3 列的原因在于每点进出仅一次.

$$\boldsymbol{D}_3=\begin{matrix}v_2\\v_3\\v_4\\v_5\\ \end{matrix}\begin{matrix}\begin{bmatrix}2 & \infty & 8 & 7\\ \infty & 0 & 6 & 5\\ 2 & 9 & \infty & 0\\ 4 & 8 & 0 & \infty\end{bmatrix}10.\\ \begin{matrix}v_1 & v_2 & v_4 & v_5\end{matrix}\end{matrix}$$

在 $\boldsymbol{D}_3$ 矩阵中第一行无 0 元出现, 用最小元素去减该行所有元素得

$$\begin{array}{c} v_2 \\ v_3 \\ v_4 \\ v_5 \end{array}\begin{bmatrix} 0 & \infty & 6 & 5 \\ \infty & 0 & 6 & 5 \\ 2 & 9 & \infty & 0 \\ 4 & 8 & 0 & \infty \end{bmatrix} 12 = 10 + 2.$$
$$\quad v_1 \ \ v_2 \ \ v_4 \ \ v_5$$

$v_3$ 的下一站必然是选 $v_2$, 因 $d_{32} = 0$, 将 $d_{32}$ 所在的行和列去掉, $d_{23}$ 改为 $\infty$. 同时 $d_{21}$ 也改为 $\infty$, $d_{23}$ 改为 $\infty$ 是避免 $v_3 \to v_2 \to v_3$, 但 $d_{21}$ 改为 $\infty$ 是为了避免 $v_1 \to v_3 \to v_2 \to v_1$, 这也不符合旅行推销商问题的要求, 得

$$\boldsymbol{D}_4 = \begin{array}{c} v_2 \\ v_4 \\ v_5 \end{array}\begin{bmatrix} \infty & 6 & 5 \\ 2 & \infty & 0 \\ 4 & 0 & \infty \end{bmatrix}.$$
$$\quad v_1 \ \ v_4 \ \ v_5$$

同样用 $\boldsymbol{D}_4$ 的第 1 行最小元素 5 减第 1 行, 用第 1 列的最小元素 2 去减第 1 列得

$$\boldsymbol{D}_5 = \begin{array}{c} v_2 \\ v_4 \\ v_5 \end{array}\begin{bmatrix} \infty & 1 & 0 \\ 0 & \infty & 0 \\ 2 & 0 & \infty \end{bmatrix} 19 = 12 + 5 + 2.$$
$$\quad v_1 \ \ v_4 \ \ v_5$$

$v_2$ 的下一站自然选 $v_5$. 依上述办法得

$$\boldsymbol{D}_6 = \begin{array}{c} v_4 \\ v_5 \end{array}\begin{bmatrix} 0 & \infty \\ \infty & 0 \end{bmatrix} 19.$$
$$\quad v_1 \ \ v_4$$

故得一条路径 $v_1 \to v_3 \to v_2 \to v_5 \to v_4 \to v_1$, 相应的旅费为 19.

## 6.9* 中国邮递员问题

先介绍有关的定义和定理内容, 参见文献 [1, 22].

**定义 6.26 (Euler 圈与 Euler 链)** 对于连通的无向图 $G$, 若存在一简单圈, 它通过 $G$ 的所有边, 则该圈称为 $G$ 的 Euler 圈 (或 Euler 回路).

若存在一条链, 经过图中各条边, 一次且仅一次, 则称这条链是 Euler 链.

**定理 6.8** 连通无向图 $G$ 存在一条图 $G$ 的 Euler 圈的充要条件是所有顶点的次都是偶数.

由 Euler 链的含义可知, 图 $G$ 若含有 Euler 链, 必有始端与终端. 显然, 在 Euler 链的两端, 其顶点的次必为奇数.

### 6.9.1 赋权无向图情形

中国邮递员问题可叙述为: 设邮递员从邮局出发, 遍历他所管辖的每一条街道, 将信件送到后返回邮局, 要求所走的路径最短. 用图论的语言可将中国邮递员问题描述如下: 在网络 $N=(V,E,W)$ 中, 求一条封闭的链 (圈), 经过网络的各条边至少一次, 使圈中各条边的权数总和最小, 即

$$\min \sum_{(i,j)\in\Phi_E} w(i,j),$$

其中, $\Phi_E$ 为经过网络各条边至少一次的圈.

注意, 前面所讲的 Hamilton 回路问题, 不同于 Euler 回路问题, 它是求对顶点的遍历. 而由中国数学家管梅谷首先提出而得名的中国邮递员问题是 Euler 回路的应用与扩展, 由于引入了权的指标, 丰富了问题的内涵.

中国邮递员问题最初提出的解法为图解方法, 无向网络的邮递员问题只需讨论非 Euler 图情况, 对于 Euler 图, 由解的唯一性可知只需要应用 Euler 图寻迹的算法 (如 Fleury 算法等) 求出巡回路径, 即所要求的最优邮递路线, 邮递员要返回邮局, 必需将图转变成 Euler 图. 为此需要通过添加重复边消除奇次顶点, 与奇次顶点关联的边应增加奇数条, 与偶次顶点关联的边应增加偶数条 (含 0 条). 问题归结为在赋权网络 $N$ 中求解重复边总权数最小的方案, 以实现最佳的 Euler 巡回路线.

在此思想下, 文献 [22] 由此给出奇偶点图上作业法 (简称为奇偶点法 ) 进行求解的算法步骤.

(1) 任给一个初始方案, 使网络各顶点皆为偶次, 网络变为赋权 Euler 图.

(2) 检查各圈是否满足圈中"重复边总权数小于非重复边总权数"的最优解条件, 若条件已满足则现行方案为最优解. 否则转步骤 (3).

(3) 调整重复边并保持网络仍为赋权 Euler 图. 返回步骤 (2).

在以上算法中, 当网络规模比较大时, 圈的检查易于遗漏, 并且重复边的调整亦无规律可循, 最小权对集法有效地解决了这个问题, 参见文献 [1, 22].

### 6.9.2 赋权有向图情形

对于赋权有向图上的邮递员问题, 在一定条件下可以给出一个整数规划模型. 为此, 先要给出一些定义, 参见文献 [20].

**定义 6.27 (有向邮路)** 把通过网络 $N=(V,E,W)$ 的每条弧至少一次的有向闭回路称为 $N$ 的有向邮路, 最小的邮路称为 $N$ 的最优有向邮路.

**定义 6.28 (强连通)** 假设连通的有向网络 $N$ 中存在有向邮路 $C$, 则 $C$ 中包含 $N$ 的所有顶点, 而对于 $N$ 的任何两个顶点 $v_i$ 和 $v_j$, $C$ 上的 $(v_i, v_j)$ 和 $(v_j, v_i)$ 分别为 $N$ 中的有向 $(v_i, v_j)$ 路和 $(v_j, v_i)$ 路, 则 $N$ 是强连通的.

**定理 6.9** 连通的有向网络 $N$ 存在有向邮路的必要条件是 $N$ 为强连通的.

对于赋权的强连通有向网络 $N = (V, E, W)$, 用 $f_{ij}$ 表示弧 $(v_i, v_j)$ 上添加弧的条数, 对一切 $v_i \in V$, 记 $\sigma_i = d^-(v_i) - d^+(v_i)$, 则赋权有向网络 $N$ 的邮递员问题的数学模型为一个整数规划模型.

$$
\begin{aligned}
\min \quad & \sum_{(v_i,v_j)\in E} w_{ij} f_{ij} \\
\text{s.t.} \quad & \begin{cases} \displaystyle\sum_{(v_i,v_j)\in E} f_{ij} - \sum_{(v_j,v_i)\in E} f_{ji} = \sigma_i & (\text{对一切 } v_i \in V), \\ f_{ij} \geqslant 0 \text{ 为整数} & (\text{对一切 } (v_i, v_j) \in E). \end{cases}
\end{aligned}
$$

## 6.10 网络计划

计划评审方法 (program evaluation and review technique, PERT) 和关键路线法 (critical path method , CPM) 是网络分析的一个组成部分, 广泛应用于系统分析和计划的目标管理. PERT 最早应用于美国海军北极星导弹的研制系统, 使北极星导弹的研制缩短了一年半时间. CPM 是与 PERT 十分相似但又独立发展的另一种技术, 它主要研究大型工程的费用与工期的相互关系. CPM 主要应用于以往在类似工程中已取得一定经验的承包工程, PERT 更多地应用于研究与开发项目, 但现在这两种方法的区别越来越小, 特别是当 PERT 中的时间估计采用最可能性的数值后就没有多少差别, 参见文献 [2].

根据 PERT 和 CPM 的基本原理与计划的表达形式, 它们又可称为网络计划或网络方法. 若按照网络计划的主要特点, 则可称为统筹方法, 参见文献 [26].

根据绘图符号的不同, 网络图分为双代号 (又称工序箭号) 网络图与单代号 (又称工序节点) 网络图. 下面介绍单代号的 PERT 网络图, 参见文献 [27, 28].

### 6.10.1 确定型网络图

本节介绍单代号网络图, 即工序节点网络图, 其特点是以节点表示工序, 节点的编号就是工序的代号, 箭号单纯表示工序的顺序关系, 参见文献 [27, 29, 30]. WinQSB 的 PERT-CPM 模块就使用单代号的标记方式.

#### 6.10.1.1 概念引入

**定义 6.29 (工序)** 工序是指任何消耗时间或资源的行动. 若一道工序的完工节点同时为另一道工序的开工节点, 则这两道工序称为相邻工序, 且前者称为后者的紧前工序, 后者称为前者的紧后工序.

工序有时又称为作业、活动、工作等, 如新产品设计中的初步设计、技术设计、工装制造等. 根据需要, 工序可以划分得粗略一些, 也可以划分得详细一些.

在单代号网络图中, 通常用一个圆圈或方框表示一项工序 (工作), 工序代号、工序名称和完成工序所需要的时间都写在圆圈或方框内, 箭号只表示工序之间的顺序关系, 见图 6.18. 在工序标记中, ES 表示一项工序的最早开始时间, EF 表示一项工序的最早结束时间, LS 表示一项工序的最迟开始时间, LF 表示一项工序的最迟结束时间. 值得注意的是, 对于表示拥有紧前工序的节点来说, 它的每一个紧前工序都各有一条箭线指向它.

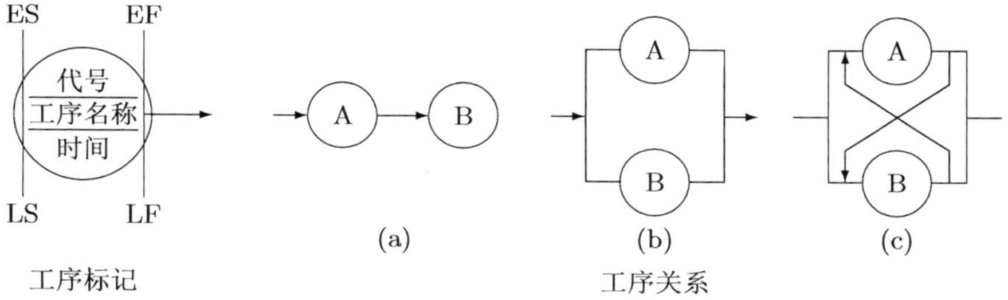


图 6.18 工序标记与工序关系

在图 6.18 的工序关系中, (a) ~ (c) 表示了工序之间的三种常见关联形式:

(1) 串行依赖关系. 两工序间只存在单向依赖关系的一种作用方式, 其动态特征表现为工序 A 与 B 的串行.

(2) 并行独立关系. 两工序间无信息交互、完全独立的作用方式, 其动态特征表现为可以同时进行 A 与 B.

(3) 交互耦合关系. 两工序间存在信息交互, A 与 B 的信息联系是双向的, 即 A 需要 B 的信息, 同时 B 也需要 A 的信息, 其动态特征表现为经过 A 与 B 间信息的多次迭代和反复, 才能完成相关任务.

CPM/PERT 技术能直接处理前两种情形, 交互耦合关系的工序只能通过集成为一个工序的方式间接处理.

**例 6.14** 试画出如表 6.19 所示的建筑工程网络图, 并求解以下问题:

(1) 若没有延误工期, 完成此项目总共需要多少时间?

(2) 各个工序最迟什么时候必须开始, 以及到什么时候必须完成, 才能赶上工程的完工时期?

(3) 若没有延误, 每一个单项工序最早什么时候可以开始, 最早什么时候可以完成?

(4) 为了不耽误工程的完工时期, 任何延误都必须加以避免的关键“瓶颈”工

表 6.19 建筑工程网络的工序一览表

| 工序 | 工序说明 | 紧前工序 | 工序时间/周 | 工序 | 工序说明 | 紧前工序 | 工序时间/周 |
|---|---|---|---|---|---|---|---|
| A | 挖掘 | — | 2 | H | 外部上漆 | E, G | 9 |
| B | 打地基 | A | 4 | I | 电路铺设 | C | 7 |
| C | 承重墙施工 | B | 10 | J | 竖墙板 | F, I | 8 |
| D | 封顶 | C | 6 | K | 铺地板 | J | 4 |
| E | 安装外部管道 | C | 4 | L | 内部上漆 | J | 5 |
| F | 安装内部管道 | E | 5 | M | 安装外部设备 | H | 2 |
| G | 外墙施工 | D | 7 | N | 安装内部设备 | K, L | 6 |

序是什么?

(5) 在不影响项目完工时间的基础上, 其他的工序能够承受多长时间的推迟?

在例 6.14 中, 每项工序只有一个估计值, 称这种网络图为确定型网络图. 在这种工程网络图中, 由于有具备工时定额和劳动定额的任务, 工序的工时可以用这些定额资料确定.

6.10.1.2 绘制过程

单代号网络图的绘制比较简单, 其绘制步骤如下:

(1) 列出工序一览表. 根据计划所确定的工序项目和顺序关系, 列出工序一览表 (表 6.19), 作为绘制网络图的逻辑依据.

(2) 绘制网络图. 首先绘制表中没有紧前工序的工序节点. 然后按工序顺序, 检查各项工序, 若该工序的紧前工序已经全部在图上绘出, 则可以在图上绘出该工序的节点, 并用箭号与其紧前工序相连接.

(3) 重复上述步骤, 直至绘出所有的工序节点.

根据以上步骤可以绘制例 6.14 的网络图 (图 6.19). 图中 S 表示工程开始, T 表示工程结束, 称为虚工序, 它仅仅表示有关工序之间的逻辑关系 (衔接、依存或制约等关系), 不消耗资源与时间. 在具体实施计划时，虚工序并不出现.

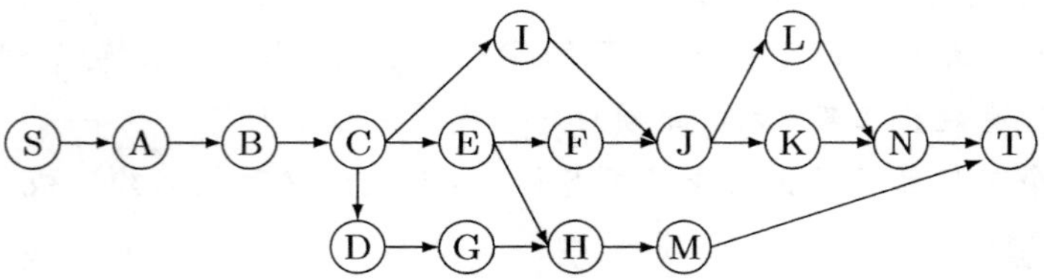


图 6.19 建筑工程网络图

从上面的绘制过程可以看出, 单代号网络的主要特点如下:

(1) 单代号网络并不限定只有一个开工节点和一个完工节点, 而允许有多个开工节点和完工节点. 工程的开工时间以最早开工的源节点为准, 而工程竣工的时间则取决于最迟完工的终节点.

(2) 各项活动并不一定按从小到大的要求进行编号, 网络中允许逆序号存在, 并不影响算法过程的执行.

以上这些特点对于处理大规模工程的网络问题有其方便之处, 尤其是在将大量数据输入计算机时, 单代号网络的这些特点可使输入过程简化, 避免或减少人为差错, 从而有利于提高网络处理的质量.

在执行过程中, 还要根据具体情况进行系统控制和必要的调整, 而使用电子计算机进行网络计划执行情况的检查、修改、计算既迅速又方便. 所以, 完整的网络计划技术是一个管理系统, 即最优的计划、精确的情报信息再加上系统管理, 才是网络计划技术的全部精髓.

当然, 在例 6.14 的网络图中, 也可以用箭线 (也称为弧) 来表示工序. 每一项工序都是用一条箭线来表示的, 节点用来区分一项工序 (一条离开该节点的箭线) 和它的紧前工序 (一条指向该节点的箭线). 因此, 这些箭线的先后次序就代表了工序之间的先后关系, 这种方法称为双代号网络图.

#### 6.10.1.3 时间参数

**定义 6.30 (路线)** 路线 (路径) 是指在网络图中, 从最初 (开工) 工序到最终 (完工) 工序连贯组成的一条路. 路线的长度是指完成该路线上的各项工序持续时间的长度之和. 其中, 各项工序累计时间最长的那条路线, 决定完成网络图上所有工序需要的最短时间, 称为关键路线 (关键路径); 总的持续时间短于关键路线却长于其他诸路线的路线称为次关键路线; 其余路线称为非关键路线.

在例 6.14 中, 最长的路线是 A $\to$ B $\to$ C $\to$ E $\to$ F $\to$ J $\to$ L $\to$ N, 为唯一的一条关键路线. 这条路线上所有工序的工期之和即该工程的工期, 为 44 周.

在实际问题中, 直接寻找最长的关键路线是不大可能的, 也是不必要的. 另外, 例中其他各个问题的求解也涉及网络图的时间参数计算. 为此, 下面介绍各种时间参数 (更多的时间参数计算可参见文献 [1]) 的数学模型.

1. 工序的最早开始和最早结束时间

从图 6.19 中可以看到, 任何一项工序都必须在其紧前工序结束后才能开始. 紧前工序最早结束时间即该工序的最早可能开始时间, 简称为工序最早开始时间. 因此, 工序最早结束时间 (工序最早可能结束时间的简称) 等于工序最早开始时间加上该工序的工序时间.

设 $D_i$ 为工序 $i$ 的持续时间, $\mathrm{ES}_i$ 为工序 $i$ 的最早开始时间, $\mathrm{EF}_i$ 为工序 $i$ 的

最早结束时间. 为了便于计算, 一般假设工程开始时间为 0, 进行顺推计算, 则有

$$\mathrm{ES}_0 = 0, \qquad \mathrm{EF}_0 = D_0,$$

$$\mathrm{ES}_i = \max_{\forall h}(\mathrm{EF}_h) \ \ (h < i; 1 \leqslant i \leqslant n), \qquad \mathrm{EF}_i = \mathrm{ES}_i + D_i.$$

2. 工序的最迟开始和最迟结束时间

在不影响工程最早结束时间的条件下, 工序最迟必须结束的时间, 简称为工序最迟结束时间, 用 $\mathrm{LF}_i$ 表示. 因此, 在不影响工程最早结束时间的条件下, 工序最迟必须开始的时间, 简称为工序最迟开始时间 ($\mathrm{LS}_i$), 它等于工序最迟结束时间减去工序的工序时间.

在工序最早结束时间的基础上, 进行逆推计算有

$$\mathrm{LF}_n = \mathrm{EF}_n, \qquad \mathrm{LS}_n = \mathrm{LF}_n - D_n,$$

$$\mathrm{LF}_i = \min_{\forall j}(\mathrm{LS}_j) \ \ (i < j; 1 \leqslant i \leqslant n-1), \qquad \mathrm{LS}_i = \mathrm{LF}_i - D_i.$$

3. 工序总时差

对于工序 N, 在不影响工程最早结束时间的条件下, 表示完工必然性的 LF 为 44 周, 而完工可能性的 EF 也为 44 周, 结果该工序可以推迟其开工时间的最大幅度为 0, 称此幅度为工序总时差 (也可称为机动时间, 记为 $R$), 即 $R = \mathrm{LF} - \mathrm{EF}$. 显然, 也有 $R = \mathrm{LS} - \mathrm{ES}$.

单代号网络图时间参数的计算有分析计算法、图上计算法、矩阵解法与表上计算法等, 这些计算过程在 WinQSB 中已能很好地实现了. 图 6.20 显示了本节各个时间参数计算公式.

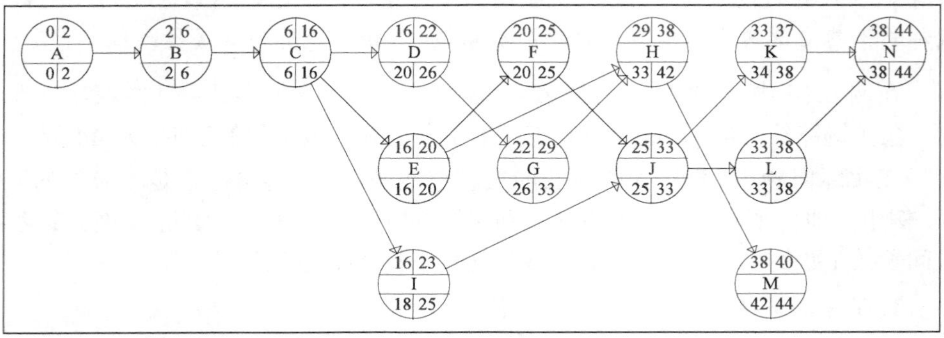


图 6.20 确定型网络的关键路线

在图 6.20 中, 对于 (1, 1) 格的工序 A 来说, 圆圈中第一行数据分别为工序最早开始时间和最早结束时间, 第三行的数据分别为工序的最迟开始时间和最迟结束时间.

从图 6.20 还可以看出, 总时差为 0 的工序, 开始和结束的时间没有一点机动的余地. 由这些工序所组成的路线就是 PERT 网络图中的关键路线, 这些工序就是关键工序. 一条关键路线具有以下性质:

(1) 一个工程网络至少有一条关键路线.

(2) 所有机动时间为 0 的工序一定会在一条关键路线上, 而不可能有任何机动时间大于 0 的工序 (非关键工序) 位于一条关键路线上.

注意, 对于工序节点 (单代号) 网络图, 其工序顺序关系的逻辑表达, 都是按照某一项或某几项工序全部结束之后, 其紧后工序才能相继开始. 但在实际计划中, 往往会遇到某一项或某几项工序进行到一定程度时, 已为紧后工序创造了必要的工作条件, 为缩短计划工期, 应力求使这些工序平行或搭接进行. 这种技术称为搭接网络计划技术, 参见文献 [1].

### 6.10.2 概率型网络图

**例 6.15** 继续考虑例 6.14. 由于在实际的操作中具有许多不确定性因素, 建筑工程项目中每项工序的完工时间不再是确定的, 而是具有某种概率分布的随机变量. 现得到了对每项工序工期精确估计的不确定性, 各工序的最快可能完成工时 (乐观时间) $t_a$、最可能完成工时 (最可能时间) $t_m$、最慢可能完成工时 (悲观时间) $t_b$ 值 (单位: 周), 见表 6.20 的第 2,3,4 列. 请问项目在 47 周内完成的可能性有多大?

表 6.20 概率型网络图的时间参数

| 工序 | $t_a$ | $t_m$ | $t_b$ | 工序 | $t_a$ | $t_m$ | $t_b$ |
|---|---|---|---|---|---|---|---|
| A | 1 | 2 | 3 | H | 5 | 8 | 17 |
| B | 2 | 3.5 | 8 | I | 3 | 7.5 | 9 |
| C | 6 | 9 | 18 | J | 3 | 9 | 9 |
| D | 4 | 5.5 | 10 | K | 4 | 4 | 4 |
| E | 1 | 4.5 | 5 | L | 1 | 5.5 | 7 |
| F | 4 | 4 | 10 | M | 1 | 2 | 3 |
| G | 5 | 6.5 | 11 | N | 5 | 5.5 | 9 |

在例 6.15 中, 每项工序有三种特定情况下的工时 —— 最快可能完成工时、最可能完成工时、最慢可能完成工时, 称这种网络图为概率型 (非确定型) 网络图. 在开发性、试制性或没有经验的工程项目中, 通常假定每项工序所需的时间是一个 $\beta$ 分布, 是一个单峰曲线. 一般可以让决策者给出三个估计:

(1) 乐观的估计, 用 $t_a$ 来表示, 这是对该项活动至少需要多少时间能够完成所作的估计, 是在一切都进行得十分顺利时所产生的结果.

(2) 可能性最大的估计, 用 $t_m$ 来表示, 这是指在正常情况下大致所需的时间.

(3) 保守的估计, 用 $t_b$ 来表示, 是对该项活动至多需用多少时间可完成的估计, 是在事情进行得很不顺利时的结果, 但一般并不把极不可能发生的灾难性因素考虑在内.

$t_a$ 与 $t_b$ 不是该项活动所需时间的下界与上界, 而只是这两个界限的估计值, 实际所花去的时间有可能落在这个范围之外.

完工时间的期望 $\bar{t}$ 和方差 $\sigma^2$, 可近似地表示为

$$\bar{t} = \frac{t_a + 4t_m + t_b}{6}, \quad \sigma^2 = \left(\frac{t_b - t_a}{6}\right)^2.$$

概率型网络图与确定型网络图在工时确定后, 对其他时间参数的计算基本相同, 没有原则性的区别. 当然, 对于概率型工程网络图的其他时间参数的计算还需添加以下假设条件:

(1) 各项工序的时间分布是相互随机独立的.

(2) 以期望值确定的关键路线一直比其他任何路线所需时间都要长.

(3) 工程时间的概率分布是一个正态分布.

所以, 对于概率型网络图, 当求出每道工序的平均期望工时 $\bar{t}$ 和方差 $\sigma^2$ 后, 就可以同确定型网络图一样, 用公式计算有关时间参数及总完工期 $T_z$. 总完工期是关键路线上各道工序的平均工时之和 $T_z = \sum t_e$, 其方差是关键路线上所有工序的方差之和 $\sum \sigma^2$. 当工序足够多, 每一工序的工时对整个任务的总完工期影响不大时, 由中心极限定理可知, 总完工期服从以 $T_z$ 为均值, 以 $\sum \sigma^2$ 为方差的正态分布.

为达到严格控制工期, 确保任务在计划期内完成的目的, 可以计算在某一给定期限 $T_s$ 前完工的概率. 可以指定多个完工期 $T_s$, 直到求得足够可能性保证的计划完工期 $T_s^*$, 作为总工期.

$$P(T \leqslant T_s) = \int_{-\infty}^{T_s} N\left(T_z, \sqrt{\sum \sigma^2}\right) \mathrm{d}t = \Phi\left\{\frac{T_s - T_z}{\sqrt{\sum \sigma^2}}\right\}, \tag{6.6}$$

其中, $N(T_z, \sqrt{\sum \sigma^2})$ 是以 $T_z$ 为均值, $\sqrt{\sum \sigma^2}$ 为均方差的正态分布. $N(0,1)$ 是以 0 为均值, 1 为均方差的标准正态分布.

类似地, 可以求得任务中某一工序 $i$ 在指定日期 $T_s(i)$ 内完成的概率, 只须把 (6.6) 中 $T_z$ 换为工序 $i$ 的最早结束时间 $\mathrm{EF}_i$, 而 $\sum \sigma^2$ 的含义变为工序的最长的先行工序路线所需时间的方差即可, 即

$$P(T \leqslant T_s) = \Phi\left(\frac{T_s(i) - t_E(i)}{\sqrt{\sum \sigma^2}}\right).$$

在例 6.15 中, 时间参数计算结果见表 6.21.

表 6.21 概率型网络图的时间参数

| 工序 | $t_e$ | ES | EF | LS | LF | $R$ | $\sigma$ | 工序 | $t_e$ | ES | EF | LS | LF | $R$ | $\sigma$ |
|---|---|---|---|---|---|---|---|---|---|---|---|---|---|---|---|
| A | 2 | 0 | 2 | 0 | 2 | 0 | 0.3333 | H | 9 | 29 | 38 | 33 | 42 | 4 | 2 |
| B | 4 | 2 | 6 | 2 | 6 | 0 | 1 | I | 7 | 16 | 23 | 18 | 25 | 2 | 1 |
| C | 10 | 6 | 16 | 6 | 16 | 0 | 2 | J | 8 | 25 | 33 | 25 | 33 | 0 | 1 |
| D | 6 | 16 | 22 | 20 | 26 | 4 | 1 | K | 4 | 33 | 37 | 34 | 38 | 1 | 0 |
| E | 4 | 16 | 20 | 16 | 20 | 0 | 0.6667 | L | 5 | 33 | 38 | 33 | 38 | 0 | 1 |
| F | 5 | 20 | 25 | 20 | 25 | 0 | 1 | M | 2 | 38 | 40 | 42 | 44 | 4 | 0.3333 |
| G | 7 | 22 | 29 | 26 | 33 | 4 | 1 | N | 6 | 38 | 44 | 38 | 44 | 0 | 0.6667 |

在关键路线上, 有

$$\sqrt{\sum \sigma^2} = \sqrt{0.3333^2 + 1^2 + 2^2 + 0.6667^2 + 1^2 + 1^2 + 1^2 + 0.6667^2} = 3.$$

因此, 可以计算在 47 周内完工的概率为

$$P(T \leqslant 47) = \int_{-\infty}^{\frac{47-44}{3}} N(0,1)\,\mathrm{d}t = 84.1385\%.$$

注意: 在计算出每一工序按期完工概率后, 具有较小概率的工序应特别注意, 这类工序均应加快工序进度. 另外, 还应注意那些从始点到终点完工日期与总完工期相近的次关键路线, 计算它们按总完工期完工的概率, 实施计划时要对其中完工概率较小的一些路线从严控制进度.

在概率型统筹方法中, 采取化概率型为确定型的做法, 把平均完工时间是最大值的路线作为关键路线, 这只能在这条路线的平均完工时间远大于其他各条路线的平均完工时间, 或这条路线的平均完工时间和标准差均大于其他各条路线的平均完工时间和标准差的情况下才是可取的. 否则, 还是以在指定天数内完工的概率取最小值的路线作为关键路线较为确切.

对于概率型网络图时间参数的手工计算来说, 在把工序时间化成确定时间后, 其计算过程和确定型网络图的计算完全一样. 而其软件实现既可以由 LINGO 来完成, 也可以由 WinQSB 的 PERT-CPM 模块来完成.

### 6.10.3 网络图的优化

通过画出 PERT-CPM 网络图并计算时间参数, 已得到一个初步的网络计划, 而网络计划技术的核心在于综合评价它的技术经济指标, 从工期、成本、资源等方面对这个初步方案作进一步的改善和调整, 以求得最佳效果, 这一过程就是网络计划的优化. 但是目前还没有一个能全面反映这些指标的综合数学模型,

并可作为评价最优计划方案的依据. 因此, 只能根据不同的既定条件, 按照某一希望实现的指标, 来衡量是否属于最优的计划方案. 所以, 面对不同的优化目标, 就有各种各样的优化理论和方法.

6.10.3.1 时间优化

时间优化的基本思路是采取技术措施, 缩短关键工序的工序时间; 或采取组织措施, 充分利用非关键工序的总时差, 合理调配技术力量及人力、财力、物力等资源, 缩短非关键工序的工序时间, 参见文献 [27, 31–33].

当计算工期短于规定工期时, 意味着所有工序都具有正时差, 进行网络计划优化时, 这些机动时间可以用来增加某些工序的持续时间, 从而减少单位时间物资需要的数量. 当计算工期大于规定工期时, 出现负时差, 这时, 就必须缩短组成关键路线的各个工序的时间. 此外, 还可以采取改变网络逻辑关系的方法缩短计划工期.

下面给出 PERT 网络时间参数的线性规划模型.

为建模方便, 对任何网络图, 可以通过添加虚工序的方法让网络图只有一个开工工序和完工工序. 此处标记工程开工工序为 1, 完工工序为 $n$, 不妨均为虚工序. 记 $P_i$ 为工序 $i$ 的紧前工序集合, 设 $x_i$ 为工序 $i$ $(1 \leqslant i \leqslant n)$ 的最早开始时间, $y_i$ 为工序 $i$ 被赶工的时间, 则对于任何紧相邻的两项工序 $i$ 与 $j$ $(2 \leqslant j \leqslant n)$, 有

$$x_j + y_i - x_i \geqslant t_i \quad (i \in P_j),$$

其中, $t_i$ 为工序 $i$ 的持续时间.

因此, 可将工序流程图的时间分析归结为下列线性规划模型:

$$\begin{aligned}
&\min z = T \\
&\text{s.t.} \begin{cases}
x_j + y_i - x_i \geqslant t_i & (2 \leqslant j \leqslant n, i \in P_j), \\
y_i \leqslant C_i & (1 \leqslant i \leqslant n), \\
x_1 = 0, x_n \leqslant T, \\
x_i \geqslant 0, y_i \geqslant 0 & (1 \leqslant i \leqslant n),
\end{cases}
\end{aligned}$$

其中, $C_i$ 为工序 $i$ 所允许的最大赶工时间; $T$ 为工程要求的完工时间.

在模型中, 显然 $C_1 = 0$, $C_n = 0$.

若是为了求关键路线, 则另一种比较简便的方法是把约束条件中工序之间的关系约束变成含有总时差的等式约束条件, 在求得总时差为 0 的工序的基础之上, 可依次连接从工程开始至工程结束之间的这些关键工序直接得到关键路线.

6.10.3.2 资源优化

一项任务的可用资源, 一般情况下总是有限的, 因此, 时间计划必须考虑资源问题. 其具体的要求和做法是:

(1) 优先安排关键工序所需要的资源.

(2) 利用非关键工序总时差, 错开各工序开始时间, 拉平资源需要量高峰.

(3) 在确实受到资源限制或者在考虑综合经济效益的条件下, 也可以适当地推迟工程完工时间.

**例 6.16** 在图 6.21 所示的网络图 (单位: 天) 中, 已计算出关键路线为 A → D → E → G, 总工期为 11 天. ◯ 中的为工序代号, 上方标注的数字为工序工时, 下方标注的数字为工序每天所需人力数 (假设所有工序都需要同一种专业工人). 试对此人力资源分配进行优化.

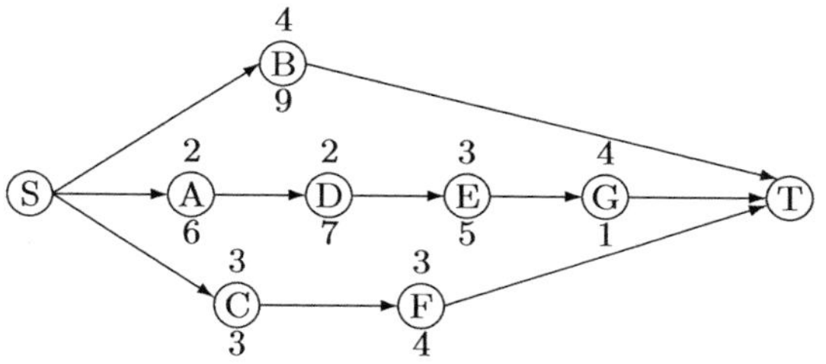


图 6.21 人力资源的网络计划图

**解** 首先, 写出带日程的工程进度表, 如表 6.22 所示.

表 6.22 工程进度表 (单位: 天)

| 工序 | $t$ | $R$ | 工程进度 | | | | | | | | | | |
|---|---|---|---|---|---|---|---|---|---|---|---|---|---|
| | | | 1 | 2 | 3 | 4 | 5 | 6 | 7 | 8 | 9 | 10 | 11 |
| A | 2 | 0 | 6 | 6 | | | | | | | | | |
| B | 4 | 7 | 9 | 9 | 9 | 9 | — | — | — | — | — | — | — |
| D | 2 | 0 | | | 7 | 7 | | | | | | | |
| C | 3 | 5 | 3 | 3 | 3 | — | — | — | — | — | | | |
| E | 3 | 0 | | | | | 5 | 5 | 5 | | | | |
| F | 3 | 5 | | | | 4 | 4 | 4 | — | — | — | — | — |
| G | 4 | 0 | | | | | | | | 1 | 1 | 1 | 1 |

注: — 表示时差

再按资源日需求量所划分的时间段逐步从始点向终点进行调整. 第一个时间段为 [1, 2], 需求量为 18 人/日, 在调整时要对本时间段内各工序按总时差的递增顺序排队编号. 例如, 工序 A, 总时差 0, 编为 1#; 工序 C, 总时差 5, 编为 2#; 工序 B, 总时差 7, 编为 3#. 号小者优先满足资源需求量, 当累计和超过 10 人时, 未得到人力安排的工序应移入下一时间段. 本例中工序 A 与 C 人力需求量累加为 9 人/日, 而工序 B 需 9 人/日, 所以, 应把 B 移出 [1,2] 时间段后开工, 见表 6.23.

表 6.23 调整后的工程进度表(单位: 天)

| 工序 | $t$ | $R$ | 工程进度 | | | | | | | | | | |
|---|---|---|---|---|---|---|---|---|---|---|---|---|---|
| | | | 1 | 2 | 3 | 4 | 5 | 6 | 7 | 8 | 9 | 10 | 11 |
| A | 2 | 0 | 6 | 6 | | | | | | | | | |
| B | 4 | 7 | — | — | — | — | — | — | — | 9 | 9 | 9 | 9 |
| C | 3 | 5 | 3 | 3 | 3 | — | — | — | — | — | | | |
| D | 2 | 0 | | | 7 | 7 | | | | | | | |
| E | 3 | 0 | | | | | 5 | 5 | 5 | | | | |
| F | 3 | 5 | | | | — | 4 | 4 | 4 | — | — | — | — |
| G | 4 | 0 | | | | | | | | 1 | 1 | 1 | 1 |

接着调整 [3,4] 时间段. 在编号时要注意, 若已进行中的非关键工序不允许中断, 则编号要优先考虑, 把它们按照新的总时差与最早开始时间之和的递增顺序排列. 否则同于第一段的编号规则. 工序 C 为已进行中的工序, 假设不允许中断. 而 D 为关键工序, B 还有时差 5 天, 则编号顺序为工序 C, 总时差 5, 编为 1#; 工序 D, 总时差 0, 编为 2#; 工序 B, 总时差 5, 编为 3#. 工序 C 与 D 累加人力需求量为 10 人/日, 所以, 工序 B 要移出 [3,4] 时间段.

以后各时间段类似处理, 经过几次调整, 可得表 6.23. 此时人力需求量已满足不超过 10 人/日的限制. 总工期未受影响. 必要时总工期可能会延迟.

这种方法也可用于多种资源分配问题. 但需要说明的是, 编号及调整规则只是一种原则, 调整结果常常是较好方案, 不一定是工期最短方案. 由于求精确解时很繁难, 网络优化中多采用这类近似算法.

下面给出一个关于时间 - 资源优化分析的线性规划模型分析, 参见文献 [28]. 为此, 首先引入以下记号:

$s$ 为第 $s$ 种资源 $(s=1,2,\cdots,m)$; $T$ 为期望的工程周期;

$d$ 为工程的第 $d$ 个日历日 $(d=1,\ 2,\cdots,\ T)$;

$j$ 为第 $j$ 个工序 $(j=1,2,\cdots,n)$; $p$ 为第 $j$ 个工序的第 $p$ 个紧前工序 ($p\in P_j$, $P_j$ 为第 $j$ 个工序的全部紧前工序的集合);

$x_{jd}=1$, 当第 $j$ 个工序在第 $d$ 日上出现时, 否则 $x_{jd}=0$;

$a_{sd}$ 为第 $s$ 种资源在第 $d$ 日上的供应量; $c_{sj}$ 为第 $j$ 个工序关于第 $s$ 种资源

的需用量; $t_j$ 为第 $j$ 个工序的延续天数, 即该工序的活动时间为一常数.

根据上述记号, 则有下列各个约束条件:

$$\sum_{d=1}^{T} x_{jd} = t_j \quad (j = 1, 2, \cdots, n), \tag{6.7}$$

$$\sum_{j=1}^{n} c_{sj} x_{jd} \leqslant a_{sd} \quad (d = 1, 2, \cdots, T; s = 1, 2, \cdots, m), \tag{6.8}$$

$$t_p x_{jd} \leqslant \sum_{i=1}^{d-1} x_{pi} \quad (p \in P_j, d = 2, 3, \cdots, T; j = 1, 2, \cdots, n, \text{不含起始工序}), \tag{6.9}$$

$$t_j x_{jd} - t_j x_{j(d+1)} + \sum_{i=d+2}^{T} x_{ji} \leqslant t_j \quad (j = 1, 2, \cdots, n; d = 1, 2, \cdots, T), \tag{6.10}$$

其中, $x_{jd}$ 为 0-1 变量.

(6.7) 表明, 所有工序都应在工程周期的某一段期间内实现, 并且在各自的延续天数内能完成.

(6.8) 表明, 每天所需各种资源都不能超过它们的供应量.

(6.9) 表明, 除起始工序外, 其他任一工序在紧前工序完工前都将不能开工.

(6.10) 表明, 对于任一个 $d$ $(d \geqslant 1)$, 若 $x_{jd} = 1$, 则 $x_{j(d+1)}, x_{j(d+2)}, \cdots, x_{jT}$ 均为 0 是允许的; 若 $x_{jd} = 1$, 则 $x_{j(d+1)} = 1$ 是允许的; 若 $x_{jd} = 1$, $x_{j(d+1)} = 0$, 则 $x_{j(d+2)}, x_{j(d+3)}, \cdots, x_{jT}$ 不全为 0 是不允许的. 这就是说, 各工序都必须连续地加工, 不允许中间停工.

目标函数为

$$z = \min \sum_{d=1}^{T} \sum_{j=1}^{n} d^{\alpha} x_{jd}, \tag{6.11}$$

其中, $\alpha$ 表示罚系数, 为大于 1 的整数.

(6.11) 表示工序在 $T$ 日内的密集程度, 为从工程开始到 $T$ 日各项工序排入进度的累计日数. 这里的目标函数采取 "罚函数" 的形式, 使周期长度与目标值之间呈递增倍数关系, 从而能有效地促使工程周期缩短. 当满足约束条件而达到同样的工程周期长度时, 能使各项工序的进度尽量趋于最晚时间开始, 以利于资源的安排和利用. 因此, 为了简化计算, 可以在模型的约束条件中加上限制条件:

$$x_{jd} = 0, \quad 1 \leqslant d < t_E(j).$$

另一种求时间 − 资源优化问题的方法是把资源约束条件下的最优进度问题, 转化为一种特殊的网络, 即分配网络, 简称 A-网络法, 参见文献 [28].

6.10.3.3 费用优化

**例 6.17** 继续考虑例 6.15. 若公司能提前完成工程, 有可能得到奖励. 为此, 表 6.24 给出了建筑工程中每项工序的时间 – 成本平衡的数据. 现在的问题是:

(1) 若要额外用资金来加速工程进度, 怎样才能以最低成本在 40 周内完工?

(2) 若要把工程完成时间下降到 40 周之内, 则对一些工序进行应急处理最节省的途径是什么?

表 6.24 建筑工程项目中每项工序的时间 – 成本平衡数据

| 工序 | 时间/周 | | 成本/万元 | | 每周的应急 | 工序 | 时间/周 | | 成本/万元 | | 每周的应急 |
|---|---|---|---|---|---|---|---|---|---|---|---|
| | 正常 | 应急 | 正常 | 应急 | 成本/万元 | | 正常 | 应急 | 正常 | 应急 | 成本/万元 |
| A | 2 | 1 | 18 | 28 | 10 | H | 9 | 6 | 20 | 38 | 6 |
| B | 4 | 2 | 32 | 42 | 5 | I | 7 | 5 | 21 | 27 | 3 |
| C | 10 | 7 | 62 | 86 | 8 | J | 8 | 6 | 43 | 49 | 3 |
| D | 6 | 4 | 26 | 34 | 4 | K | 4 | 3 | 16 | 20 | 4 |
| E | 4 | 3 | 41 | 57 | 16 | L | 5 | 3 | 25 | 35 | 5 |
| F | 5 | 3 | 18 | 26 | 4 | M | 2 | 1 | 10 | 20 | 10 |
| G | 7 | 4 | 90 | 102 | 4 | N | 6 | 3 | 33 | 51 | 6 |

在进行费用优化时, 需要两个前提: 工序时间的确定性和时间与成本同等重要. 在采取各种技术组织措施之后, 工程项目的不同完工时间所对应的工序总费用和工程项目所需要的总费用不同, 使得工程费用最低的工程完工时间称为最低成本日程. 具体地, 为完成一项工程, 所需费用可分为直接费用与间接费用两大类. 直接费用与工序所需工时的关系, 常假定为直线关系, 见图 6.22. 工序 $i$ 的正常工时为 $D_i$, 所需费用为 $c_{D_i}$; 应急工时为 $d_i$, 所需费用为 $c_{d_i}$. 工序 $i$ 从正常工时每缩短一个单位时间所需增加的费用称为成本斜率, 即 $-s_i = \dfrac{c_{D_i} - c_{d_i}}{D_i - d_i}$.

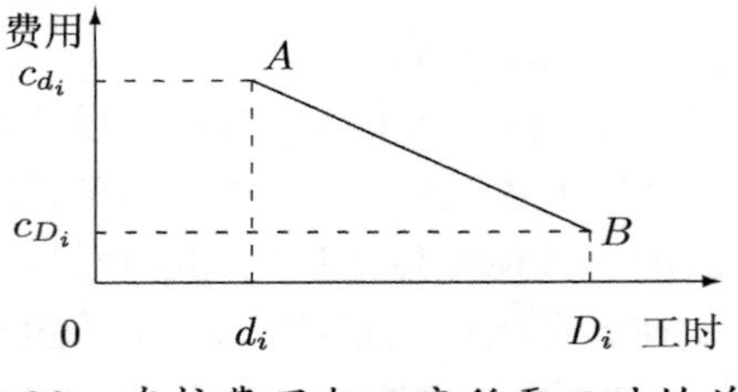


图 6.22 直接费用与工序所需工时的关系

考虑费用优化的方法是 “最小直接费用的关键工序调整法”, 其基本思路是:

(1) 从关键工序中选出缩短工时所需直接费用最小的工序, 并确定该工序能够缩短的天数, 其为以下三个值中的最小值: ① 工期要求尚需缩短的时间; ② 该工序最多可缩短的时间; ③ 到出现新的关键路线时可缩短的时间.

(2) 计算并累计由缩短工时所增加的费用.

(3) 通过工序的新工时来重新计算网络计划的关键路线及关键工序.

不断重复上述三个步骤, 直到工期不能再缩短或满足要求.

在确定工序缩短时间的第 ③ 步中, 方法是比较该工序所有并行工序 (非后续工序和非前行工序) 的时差即可. 在网络计划调整的第 (3) 步中, 方法是让该工序所有后续工序的时间参数 (ES, EF, LS, LF) 均减去要求缩短的时间量; 所有并行工序的可能性时间参数 (ES 与 EF) 均不变, 而必要性时间参数 (LS 与 LF) 均减去要求缩短的时间量; 其他工序的时间参数不做调整.

在本例中, 关键工序有 A, B, C, E, F, J, L, N 等工序. 因工序 J 的直接成本最小, 故最先予以考虑. 此时, 该工序可缩短 2 周, 工期要求缩短 4 周, 而该工序的并行工序 D, G, H, M 的时差均满足要求, 故可以缩短 2 周, 并且不会出现新的关键工序, 其时间参数调整如图 6.23 所示.

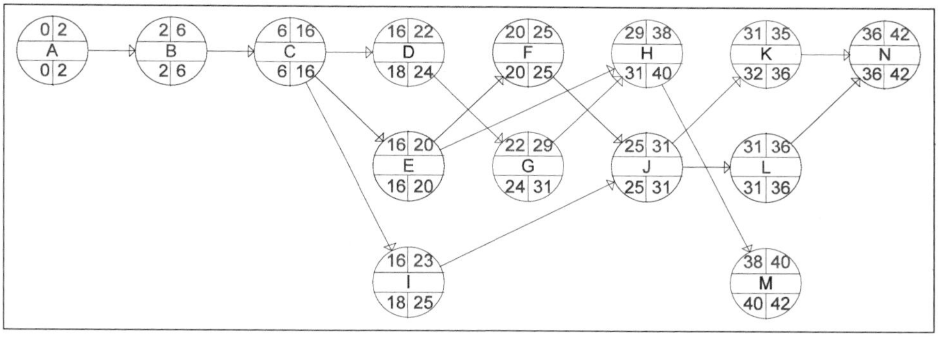


图 6.23 工序 J 应急后的关键路线

此时因工序 F 的直接成本最小, 故予以考虑. 该工序可缩短 2 周, 工期要求缩短 2 周, 而该工序的并行工序 D, G, H, I, M 的时差均满足要求, 故可以缩短 2 周, 并且恰好出现新的关键工序, 其时间参数调整如图 6.24 所示.

根据 6.10.3.1 节的记号, 单代号 PERT/CPM 费用优化的线性规划模型为

$$\min z = \sum s_i y_i \tag{6.12}$$

$$\text{s.t.} \begin{cases} x_j + y_i - x_i \geqslant t_i & (2 \leqslant j \leqslant n, i \in P_j), \\ y_i \leqslant C_i & (1 \leqslant i \leqslant n), \\ x_1 = 0, x_n \leqslant T, \\ x_i \geqslant 0, y_i \geqslant 0 & (1 \leqslant i \leqslant n), \end{cases} \tag{6.13}$$

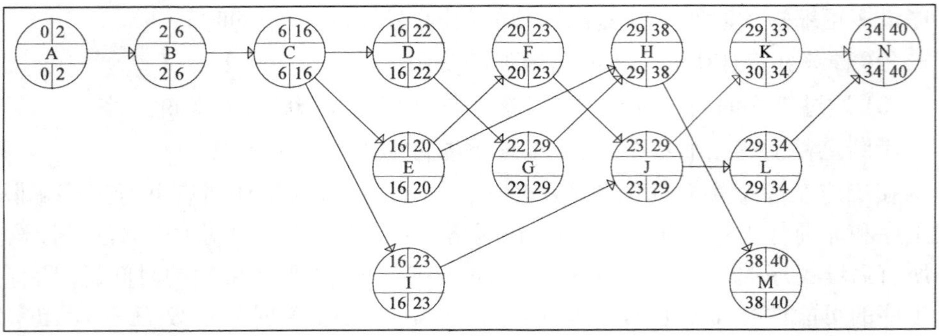


图 6.24 工序 F 应急后的关键路线

其中, $-s_i$ 为如图 6.22 所示的工序 $i$ 的成本斜率; $C_i$ 为工序 $i$ 所允许的最大赶工时间; $T$ 为工程要求的完工时间.

下面再给出在不同要求下的时间 – 费用线性规划模型.

(1) 当要求总工期有最小值以及相应于这一最小工期有最小费用时, 可分两步进行. 首先, 以 (6.13) 作为约束条件, 目标函数为 $\min T$. 若 $x_1 \neq 0$, 目标函数为 $\min T = x_n - x_1$, 条件 $x_n \leqslant T$ 相应地为 $x_n - x_1 \leqslant T$ 即可. 然后, 在已求得最短工期 $T = x_n$ 的基础上, 仍用 (6.13) 作为约束条件, 目标函数为 $\min f = \sum\limits_{i=1}^{n} s_i y_i + e x_n$ 即可. 其中, $e$ 为单位时间内的间接费用. 若 $x_1 \neq 0$, 整个工期内相应的间接费用应为 $e(x_n - x_1)$, 目标函数为 $\min f = \sum\limits_{i=1}^{n} s_i y_i + e(x_n - x_1)$. 为讨论方便, 一般规定 $x_1 = 0$.

(2) 当要求总的费用有最小值以及相应于这一最小费用有最短工期时, 可分两步进行. 首先, 约束条件仍为 (6.13), 此时 $x_n \leqslant M$ (正常完工期). 目标函数为 $\min f = \sum\limits_{i=1}^{n} s_i y_i + e x_n$, 所求最小费用为 $f^*$. 然后, 把 $\sum\limits_{i=1}^{n} s_i y_i + e x_n \leqslant f^*$ 和 (6.13) 作为约束条件, 目标函数为 $\min T$.

(3) 当要求在一定的工程费用 $C$ 以内完工, 而相应的总工期最小时, 可把 $f = \sum\limits_{i=1}^{n} s_i y_i + e x_n \leqslant C$ 与 (6.13) 作为约束条件, 并求 $\min T$.

(4) 当要求在指定日期 $T$ 以内完工, 而相应的总费用最小时, 可将 (6.13) 作为约束条件, 目标函数 $\min f = \sum\limits_{i=1}^{n} s_i y_i + e x_n$ 即所求最小费用.

## 6.11* 一般化模型

对于本章中陈述的网络问题而言, 实际上许多网络流问题均可转化为最小费用流问题, 或者是这类问题的特殊情形.

1. 最短路问题

事实上, 只要把费用系数 $c_{ij}$ 取为弧 $e_{ij}$ 的长度. 令 $b_s=1, b_t=-1$, 其余的 $b_j=0$, 即把单位货物从 $v_s$ 流到 $v_t$, 而其余节点皆为转运点. 各弧上的流量上界 $u_{ij}$ 可取为 1, 或者更简单地取为 $u_{ij}=+\infty$, 从而取消上界限制. 这样给定各参数值后求解最小费用流问题, 求出的流程路线必定是最短路.

2. 最大流问题

令费用系数 $c_{ij}=0$, 中间节点 $b_j=0$, 再添加一条从 $v_t$ 到 $v_s$ 的虚弧 $e_{ts}$. 这条虚弧上的流量没有上界限制: $u_{ts}=+\infty$, 而设其费用系数 $c_{ts}=-1$. 求得该最小费用流问题的最优解后, 在虚弧上流过的流量就是从 $v_s$ 到 $v_t$ 的最大流流量, 而在网络原来部分的流量分配就给出了该最大流的一个实现方式.

事实上, 由于 $c_{ts}=-1$, 在虚弧上的流出量越大, 目标函数值就越小. 由于 $b_j=0$, 各节点 $v_s$ 的流量就要在原来的网络上以零费用流回节点 $v_t$, 也就是说只要不超过各弧的流通能力, 从 $v_s$ 到 $v_t$ 的流量越大, 则求得的目标函数值就越小, 这就是可以将最大流问题转化为最小费用流问题的理由.

3. 运输问题

令点集 $A$ 表示全部产地 $A=\{A_i\}$, 点集 $B$ 表示全部销地 $B=\{B_j\}$, 边 $(A_i, B_j)$ 表示货物可由 $A_i$ 点运往 $B_j$ 点, 则运输问题可用一个二部图表示. $(A_i, B_j)$ 边上可以有两个权 $(u_{ij}, c_{ij})$, 其中, $u_{ij}$ 为适当选取的容量限制, $c_{ij}$ 为单位运费. 增加一个总发点 $v_s$ 和一个总收点 $v_t$, 并加连 $(m+n)$ 条有向边, 其边上的容量分别为 $a_1, a_2, \cdots, a_m$ 和 $b_1, b_2, \cdots, b_n$, 其费用均为 0. 此时, 运输问题就化为在新的有向网络中求从点 $v_s$ 到点 $v_t$ 总流量一定的最小费用流问题.

而对于一般的转运问题, 就是要求在运输问题中允许的若干收发量平衡的 (纯) 转运点存在而已.

4. 分配问题

如前所述, 分配问题是运输问题的一个特例, 当这类问题化为最小费用流问题求解时, 其中收点与发点的个数相同, 每个节点的收量或发量均为 1, 而且各弧上的流量只能为 0 或 1.

5. 网络计划

若节点 $v_1$ 和 $v_n$ 分别表示整个工程的起始时刻和终止时刻, 在前后各道工序紧密衔接的情况下, 最短完工时间就是从 $v_1$ 到 $v_n$ 的最长路的长度, 而最长路上的工序就是整个工程的关键工序. 例如, 可取 $b_1=1$, $b_n=-1$, $b_i=0\ (i=2,3,\cdots,n-1)$; $c_{ij}=-$(弧 $e_{ij}$ 的长度) $(i,j=1,2,\cdots,n)$; $u_{ij}=+\infty\ (i,j=1,2,\cdots,n)$. 则最长路问题可转化为最小费用流问题来解决.

PERT 问题虽然带有随机因素, 但在求解时花费时间最多的一步还是相当于计算一个 CPM 问题.

## 思考题

6.1 求图 6.25 中最小树的生成.

6.2 求图 6.25 中点 $A$ 到点 $H$ 的最短路, 以及所有顶点之间的最短距离.

6.3 网络最小费用流问题如图 6.26所示, 其中, [ ] 中数字为节点净流量.

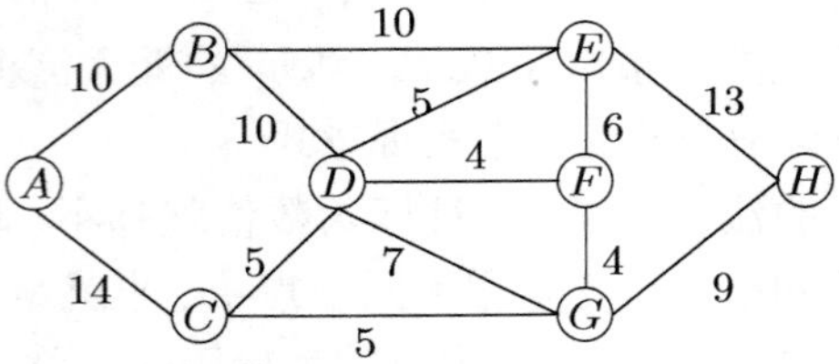


图 6.25 无向网络图

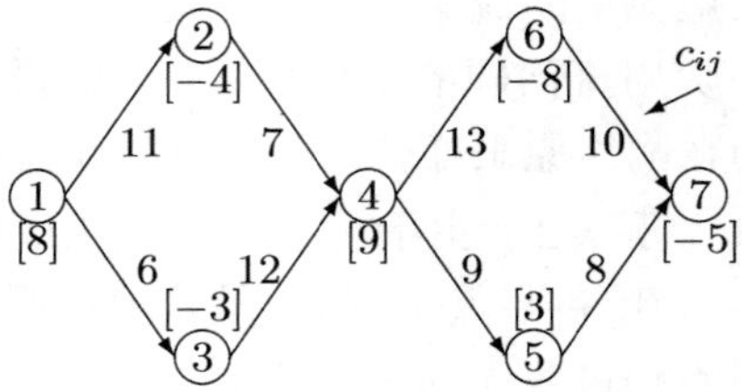


图 6.26 最小费用流问题

(1) 给出一个初始的基可行解.

(2) 求出最优解以及最小费用.

(3) 从节点 4 到节点 5 单位流量的费用 $c_{45} = 9$ 在什么范围内变化, 最优解保持不变 (费用可以为负值)?

6.4 求图 6.27 所示网络中从 $v_s$ 到 $v_t$ 的最大流, 图中各弧旁括弧中数字为 $(u_{ij}, f_{ij})$, 其中, $u_{ij}$ 为容量, $f_{ij}$ 为已有流量.

(1) 建立此问题的线性规划模型.

(2) 用增广链法求出最大流.

(3) 求最小割集, 并验证最大流最小割集定理.

6.5 求图 6.28 所示从 $v_s$ 到 $v_t$ 的最小费用最大流. 图中各弧旁括弧内的数字为 $(u_{ij}, c_{ij})$, 其中, $u_{ij}$ 为容量, $c_{ij}$ 为单位流量费用.

6.6 某城市有 8 个区, 救护车从一个区开到另一个区所需要的时间见表 6.25. 该市只有两辆救护车, 且希望救护车所在的位置能使尽可能多的人口位于救护车 2 分钟内可到达的范围内. 请构造一个整数规划模型来解决这一问题.

6.7 在运输问题中, 若把一个常数 $k > 0$, 加到运价表中某一行或一列的所有元素上, 运输问题的最优解仍保持不变, 这种增加对目标函数值影响如何?

6.8 判别下列方案表 (表 6.26 与表 6.27) 是否是表上作业法求解的初始方案.

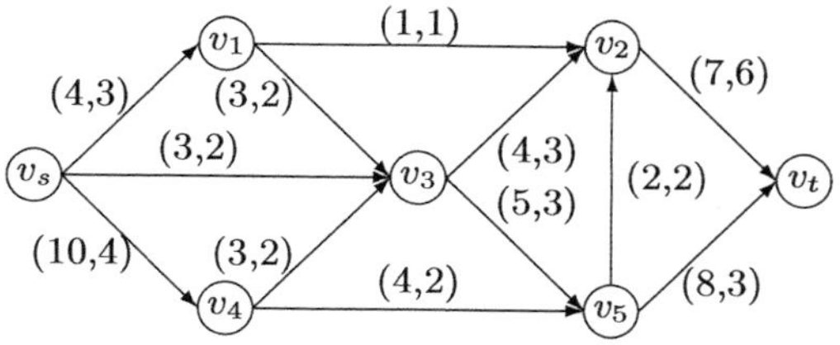


图 6.27 最大流问题

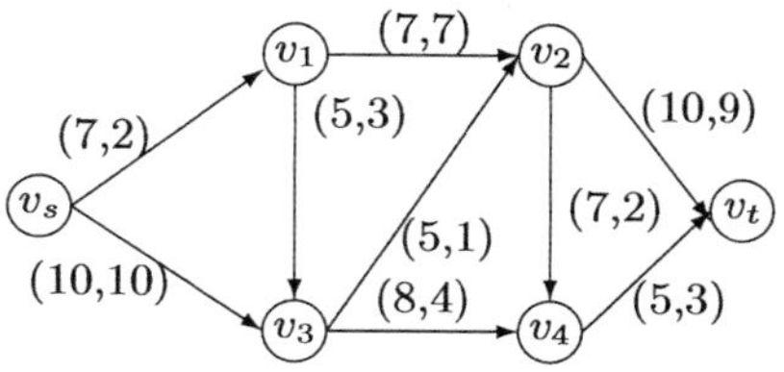


图 6.28 最小费用最大流问题

表 6.25 各区间距离所需时间 (单位: 分钟)

| 区号 | 1 | 2 | 3 | 4 | 5 | 6 | 7 | 8 | 人口/万人 |
|---|---|---|---|---|---|---|---|---|---|
| 1 | 0 | 2 | 4 | 6 | 8 | 9 | 8 | 10 | 40 |
| 2 | 2 | 0 | 5 | 4 | 8 | 6 | 12 | 9 | 30 |
| 3 | 4 | 5 | 0 | 2 | 2 | 3 | 5 | 9 | 35 |
| 4 | 6 | 4 | 2 | 0 | 3 | 2 | 5 | 4 | 20 |
| 5 | 8 | 8 | 2 | 3 | 0 | 2 | 2 | 4 | 15 |
| 6 | 9 | 6 | 3 | 2 | 2 | 0 | 3 | 2 | 50 |
| 7 | 8 | 12 | 5 | 5 | 2 | 3 | 0 | 2 | 45 |
| 8 | 10 | 9 | 7 | 4 | 4 | 2 | 2 | 0 | 60 |

表 6.26 运输问题 (一)

| | $B_1$ | $B_2$ | $B_3$ | $B_4$ | $B_5$ | $B_6$ | 产量 |
|---|---|---|---|---|---|---|---|
| $A_1$ | 20 | 10 | | | | | 30 |
| $A_2$ | | 30 | 20 | | | | 50 |
| $A_3$ | | | 10 | 10 | 50 | 5 | 75 |
| $A_4$ | | | | | | 20 | 20 |
| 销量 | 20 | 40 | 30 | 10 | 50 | 25 | |

表 6.27 运输问题 (二)

| | $B_1$ | $B_2$ | $B_3$ | $B_4$ | 产量 |
|---|---|---|---|---|---|
| $A_1$ | | | 6 | 5 | 11 |
| $A_2$ | 5 | 4 | | 2 | 11 |
| $A_3$ | | 5 | 3 | | 8 |
| 销量 | 5 | 9 | 9 | 7 | |

6.9 甲、乙、丙三座城市所需煤炭由 A, B 两个煤矿供应, 有关数据如表 6.28 所示, 其中单位运费为万元/万吨, 供应量与需求量的单位为万吨. 由于需大于供, 经研究决定, 甲城市需求量可减少 $0 \sim 30$ 吨, 乙城市需求量应全部满足, 丙城市需求量不少于 270 万吨, 试求将供应量全部分完又使总运费最低的初始调运方案.

6.10 运输问题的各供应地、需求地的供应量、需求量 (吨), 以及从每一供应地到每一需求地的运价 (元/吨) 如表 6.29 所示.

(1) 给出一个初始的基可行解.

(2) 从初始的基可行解出发, 求出这个运输问题的最优运输方案.

(3) 若总供应量和总需求量同时增加 1 吨 (变成 801 吨), 应该在哪一个供应

表 6.28 煤炭运输问题

| | 甲 | 乙 | 丙 | 产量 |
|---|---|---|---|---|
| $A$ | 15 | 18 | 22 | 400 |
| $B$ | 21 | 25 | 16 | 450 |
| 销量 | 320 | 250 | 350 | |

表 6.29 最优运输方案

| | $B_1$ | $B_2$ | $B_3$ | $B_4$ | 供应量 |
|---|---|---|---|---|---|
| $A_1$ | 35 | 27 | 39 | 18 | 270 |
| $A_2$ | 16 | 22 | 21 | 28 | 340 |
| $A_3$ | 25 | 19 | 31 | 17 | 190 |
| 需求量 | 140 | 260 | 180 | 220 | 800 |

地和哪一个需求地增加, 会使总费用增加最小? 求增加以后新的最优解.

6.11 已知运输问题产销平衡表与最优调运方案 (表 6.30), 以及单位运价表 (表 6.31). 求单位运价 $c_{14}$ 在什么范围内变化时最优调运方案不变.

表 6.30 产销平衡表与最优调运方案表

| | $B_1$ | $B_2$ | $B_3$ | $B_4$ | 产量 |
|---|---|---|---|---|---|
| $A_1$ | | | 5 | 2 | 7 |
| $A_2$ | 3 | | | 1 | 4 |
| $A_3$ | | 6 | | 3 | 9 |
| 销量 | 3 | 6 | 5 | 6 | |

表 6.31 单位运价表

| | $B_1$ | $B_2$ | $B_3$ | $B_4$ |
|---|---|---|---|---|
| $A_1$ | 3 | 11 | 3 | 10 |
| $A_2$ | 1 | 9 | 2 | 8 |
| $A_3$ | 7 | 4 | 10 | 7 |

6.12 某项工作有三个岗位, 现分配甲、乙、丙三个工人去操作. 由于每人专长不同, 各个工人在不同岗位上生产效率不一样, 具体数字见表 6.32 (单位: 件/分钟). 应如何分配每个工人的操作岗位, 使这项工作效率最高? 又若假设这三项工作是产品装配的三道工序, 则应如何建立数学模型?

6.13 一公司考虑在北京、上海、广州和武汉设立库房. 这些库房负责向华北、华中和华南地区发运货物, 每个库房每月可处理货物 1000 件. 在北京设库房每月的成本为 4.5 万元, 上海为 5 万元, 广州为 7 万元, 武汉为 4 万元. 每个地区的平均需求量为华北每月 600 件, 华中每月 700 件, 华南每月 800 件. 发运货物的费用 (单位: 元/件) 见表 6.33.

表 6.32 工人生产效率

| | I | II | III |
|---|---|---|---|
| 甲 | 2 | 3 | 5 |
| 乙 | 3 | 4 | 2 |
| 丙 | 2 | 5 | 3 |

表 6.33 货物运输费用

| | 华北 | 华中 | 华南 |
|---|---|---|---|
| 北京 | 200 | 400 | 500 |
| 上海 | 300 | 250 | 450 |
| 广州 | 600 | 400 | 250 |
| 武汉 | 300 | 150 | 350 |

公司希望在满足地区需求的前提下使平均月成本最小, 且还要满足以下条件:

(1) 若在上海设库房, 则必须也在武汉设库房.

(2) 最多设立两个库房.

(3) 武汉和广州不能同时设库房.

现要求:

(1) 建立一个满足上述要求的整数规划模型.

(2) 在取消第二个限制条件后, 模型有变化吗?

6.14 表 6.34 中第 1 ~ 4 列给出一个汽车库及引道的施工计划, 试求:

(1) 根据工序时间参数的计算来确定关键路线和该项工程从施工开始到全部结束的最短周期.

(2) 若引道混凝土施工工期拖延 10 天, 对整个工程进度有何影响?

(3) 若装天花板的施工时间从 12 天缩短到 8 天, 对整个工程进度有何影响?

(4) 为保证工期不拖延, 装门这项工序最晚应从哪一天开工?

(5) 若要求该项工程必须在 75 天内完工, 是否应采取应急措施; 如有必要, 则应采取什么应急措施?

(6) 建立求此问题关键路线的线性规划模型.

表 6.34 汽车库及引道施工问题

| 工序编号 | 工序内容 | 正常工序时间/天 | 紧前工序 | 加班时工序所需最短天数 | 每缩短一天的附加费用 |
|---|---|---|---|---|---|
| A | 清理场地, 准备施工 | 10 | 无 | 6 | 6 |
| B | 备料 | 8 | 无 | — | — |
| C | 车库地面施工 | 6 | A, B | 4 | 10 |
| D | 墙及房顶桁架预制 | 16 | B | 12 | 7 |
| E | 车库混凝土地面保养 | 24 | C | — | — |
| F | 竖立墙架 | 4 | D, E | 2 | 18 |
| G | 竖立房顶桁架 | 4 | F | 2 | 15 |
| H | 装窗及边墙 | 10 | F | 8 | 5 |
| I | 装门 | 4 | F | 3 | 5 |
| J | 装天花板 | 12 | G | 8 | 6 |
| K | 油漆 | 16 | H, I, J | 12 | 7 |
| L | 引道混凝土施工 | 8 | C | 6 | 10 |
| M | 引道混凝土保养 | 24 | L | — | — |
| N | 清理场地, 交工验收 | 4 | K, M | — | — |

现在, 假设又知道各项工序采取加班时需要的最短完成时间, 以及加班工序时每缩短一天所需附加费用, 见表 6.34 第 5, 6 列. 若要求该项工程在 70 天内完工, 试确定保证该项工程 70 天内完成而又使全部费用最低的施工方案.

6.15 考虑由 A, B, ⋯, I 九道工序组成的加工任务, 各工序的顺序和完成时间的估计值 —— 乐观时间 ($t_a$)、最可能时间 ($t_m$) 与悲观时间 ($t_b$) 见表 6.35.

表 6.35 PERT 网络

| 工序 | 紧前工序 | $t_a$ | $t_m$ | $t_b$ | 工序 | 紧前工序 | $t_a$ | $t_m$ | $t_b$ |
|---|---|---|---|---|---|---|---|---|---|
| A | — | 3 | 6 | 15 | F | D | 3 | 6 | 15 |
| B | — | 2 | 5 | 14 | G | B | 3 | 9 | 27 |
| C | A | 6 | 12 | 30 | H | E, F | 1 | 4 | 7 |
| D | A | 2 | 5 | 8 | I | G | 4 | 19 | 28 |
| E | C | 8 | 11 | 17 | | | | | |

(1) 画出计划网络图, 并求出关键路线、期望工期和方差.

(2) 求出总工期不迟于 40 天的概率.

(3) 若要求完工的概率至少为 0.95, 完成日期应定为多少天?

6.16 某一网络计划的有关数据如表 6.36 所示. 设资源强度固定, 试求:

表 6.36 资源优化网络图

| 工序代号 | 紧前工序 | 工序持续时间 | 每天需要人数 | 每天需要设备 | 工序代号 | 紧前工序 | 工序持续时间 | 每天需要人数 | 每天需要设备 |
|---|---|---|---|---|---|---|---|---|---|
| A | 无 | 2 | 3 | II | G | B | 8 | 4 | — |
| B | 无 | 2 | 6 | I | H | F | 4 | 2 | II |
| C | 无 | 1 | 4 | I | I | C | 3 | 5 | II |
| D | A | 4 | — | I | J | E, H | 3 | 4 | I |
| E | D | 1 | 4 | I | K | G, I | 5 | 2 | II |
| F | B | 5 | — | I | | | | | |

(1) 设备有限 (设备 I 只有一台) 时的工期最短方案.

(2)工期一定 (在上面计算的基础上) 时的劳动力使用尽可能均衡和人数最少的方案.

# 第 7 章

# 决策分析

决策分析研究的是决策者在面临较为复杂且不确定的决策环境时, 在保持自身判断及偏好一致的条件下, 应如何进行决策活动的理论和方法.

## 7.1 基本问题

一般地, 决策问题都有以下要素来构成决策模型:

(1) 决策者, 任务是进行决策.

(2) 可供选择的方案 (替代方案)、行动或策略, 包括了解研究对象的属性、目的和目标. 其中属性是指研究对象的特性, 由决策者主观选定. 目的表明了选择属性的方向, 反映了决策者的要求和愿望. 目标给出了参数值的目的.

(3) 准则, 是衡量选择方案, 包括目的、目标、属性的正确性标准. 在决策时有单一准则和多准则.

(4) 事件, 是指不为决策者所控制的客观存在的将要发生的状态.

(5) 每一事件的发生将会产生某种结果, 并获得收益或损失.

(6) 决策者的价值观, 如决策者对货币额或不同风险程度的主观价值观念.

决策分析将有助于对一般决策问题中可能出现的一些典型特征进行分析.

(1) 不确定性. 从范围来看, 包括决策方案结果的不确定性、约束条件的不确定性和技术参数的不确定性等. 从性质上看, 包括概率意义下的不确定性和区间意义下的不确定性. 概率意义下的不确定性又包括主观概率意义下的不确定性 (亦称为可能性) 和客观概率意义下的不确定性 (亦称为随机性), 区别在于前者是指对可能发生事件的概率分布的一个主观估计, 被估计的对象具有不能重复出现的偶然性; 后者是指利用已有的历史数据对未来可能发生事件概率分布的一个客观估计, 被估计的对象一般具有可重复出现的偶然性. 随机性和可能性在决策分析中统称为风险性. 区间意义下的不确定性一般是指不能给出可能发生事件的概率分布, 只能对有关量的取值区间给出一个估计.

(2) 动态性. 往往需要进行多次决策, 且后面的决策依赖于前面的决策.

(3) 多目标性. 对有多个具有不同度量单位的决策目标问题来说, 这些目标通常具有冲突性. 因此, 决策者必须考虑如何在这些目标间进行折中, 从而达到一个满意解 (注意不是最优解).

(4) 模糊性. 模糊性是指人们对客观事物概念描述上的不确定性, 这种不确定性一般是由事物无法 (或无必要) 进行精确定义和度量而造成的, 如社会效益、满意程度等概念在不同具体问题中均具有一定的模糊性.

(5) 群体性. 群体性包含两方面的含义: 首先, 一个决策方案的选择可能会对其他群体的决策行为产生影响. 其次, 决策是由一个集体共同制定的, 这一集体中的每一名成员都是一个决策者, 他们的利益、观点、偏好有所不同, 这就产生了如何建立有效的决策机制和实施方法的问题.

从不同角度出发可得不同的决策分类.

(1) 按性质的重要性分类: 分为战略决策、策略决策和执行决策, 或称为战略计划、管理控制和运行控制.

(2) 按决策的结构分类: 分为程序决策和非程序决策.

(3) 按定量和定性分类: 分为定量决策和定性决策, 总的趋势是尽可能地把决策问题量化.

(4) 按决策环境分类: 分为确定型决策、风险型决策和严格不确定型决策三种. 确定型决策是指决策问题不包含随机因素, 每个决策都会得到一个唯一的事先可知的结果. 风险型决策是指决策的环境不是完全确定的, 而其发生的概率是已知的. 严格不确定型决策是指决策者对将发生结果的概率一无所知, 只能凭决策者的主观倾向进行决策. 从决策论的观点来看, 前面讨论的规划论等都是确定型决策问题.

(5) 按决策过程的连续性分类: 可分为单项决策和序列决策. 单项决策是指整个决策过程只作一次决策就得到结果, 序列决策是指整个决策过程由一系列决策组成. 一般讲管理活动是由一系列决策组成的, 但在这一系列决策中往往有几个关键环节要作决策, 可以把这些关键的决策分别看作单项决策.

## 7.2 严格不确定型决策

**例 7.1 (投资问题)** 某投资者现有资金 10 000 元用来投资, 由于投资规模较小, 只考虑以储蓄、购买国债或购买证券等方式的其中一种方式进行投资. 考虑到投资的灵活性和收益因素, 现投资者初步选定向某行业的 $A_1$, $A_2$, $A_3$ 三种证券进行投资, 其基本估计为: 在未来的一段时间内, 行业经济形势可以分为行业经济形势好 $(S_1)$、行业经济形势一般 $(S_2)$ 与行业经济形势差 $(S_3)$ 三种, 在各种经济形势下的相应决策收益如表 7.1 第 1 列 ~ 第 4 列所示. 请问该投资者应该如何进行决策?

表 7.1 证券投资收益表 (单位: 元)

| 方案 \ 自然状态 | $S_1$ | $S_2$ | $S_3$ | 悲观准则 | 乐观准则 | 折中准则 | 等可能准则 |
|---|---|---|---|---|---|---|---|
| $A_1$ | 800 | 550 | 300 | 300 | 800 | 600 | 550 |
| $A_2$ | 650 | 600 | 500 | 500* | 650 | 590 | 583.33* |
| $A_3$ | 1000 | 400 | 250 | 250 | 1000* | 700* | 550 |

在表 7.1 中, $A_i$ $(i=1,2,3)$ 为所有可能选择的行动 (称为方案). $S_j$ $(j=1,2,3)$ 为决策者无法控制的所有因素, 这些因素能够引起决策问题的不确定性, 称为自然状态 (或者说事件). $a_{ij}=u(A_i,S_j)$ 为方案 $A_i$ 当状态 $S_j$ 出现时的损益值 (或效用值、支付), 这些不同的后果称为结果 (或结局). 表 7.1 就称为支付表.

显然, 这类不确定型决策的基本特征是无法确切知道哪种自然状态将出现, 而且对各种状态出现的概率 (主观的或客观的) 也不清楚, 决策主要取决于决策者的素质和要求. 下面介绍几种常用的处理不确定型决策问题的方法. 这些决策均从支付 (损益值、效用值) 方案、支付表出发进行分析.

1. 悲观准则

悲观准则 (maximin 准则) 的出发点是假定决策者从每个决策方案可能出现的最差结果出发, 且最佳选择是从最不利的结果中选择最有利的结果. 记方案 $A_i$ 下的收益值为

$$u(A_i)=\min_{1\leqslant j\leqslant n} a_{ij}\quad (i=1,2,\cdots,m),$$

则最优方案 $A_i^*$ 应满足

$$u(A_i^*)=\max_{1\leqslant i\leqslant m} u(A_i)=\max_{1\leqslant i\leqslant m}\min_{1\leqslant j\leqslant n} a_{ij}.$$

在例 7.1 中, $A_2$ 为最优方案, $u(A_i^*)=\max\limits_{1\leqslant i\leqslant 3} u(A_2)=500$, 见表 7.1 第 5 列.

2. 乐观准则

乐观准则 (maximax 准则) 的出发点是假定决策者对未来的结果持乐观的态度, 总是假设出现对自己最有利的状态. 记方案 $A_i$ 下的收益值为

$$u(A_i)=\max_{1\leqslant j\leqslant n} a_{ij}\quad (i=1,2,\cdots,m),$$

则最优方案 $A_i^*$ 应满足

$$u(A_i^*)=\max_{1\leqslant i\leqslant m} u(A_i)=\max_{1\leqslant i\leqslant m}\max_{1\leqslant j\leqslant n} a_{ij}.$$

仍以例 7.1 为例, 由 $u(A_3)=\max\limits_{1\leqslant i\leqslant 3}u(A_i)=1000$ 得到最优方案为 $A_3$, 见表 7.1 第 6 列.

3. 折中准则

折中准则 (Hurwicz 准则) 是介于悲观准则和乐观准则之间的一个准则, 其特点是对客观状态的估计既不完全乐观, 也不完全悲观, 而是采用一个乐观系数 $\alpha$ 来反映决策者对状态估计的乐观程度.

具体计算方法是: 取 $\alpha\in[0,1]$, 令方案 $A_i$ 下的收益值为

$$u(A_i)=\alpha\max_{1\leqslant j\leqslant n}a_{ij}+(1-\alpha)\min_{1\leqslant j\leqslant n}a_{ij}\quad(i=1,2,\cdots,m),$$

然后, 从 $u(A_i)$ 中选择最大者为最优方案, 即

$$u(A_i^*)=\max_{1\leqslant i\leqslant m}(\alpha\max_{1\leqslant j\leqslant n}a_{ij}+(1-\alpha)\min_{1\leqslant j\leqslant n}a_{ij}).$$

当 $\alpha=1$ 时, 为乐观准则的结果; 当 $\alpha=0$ 时,为悲观准则的结果.

因此, 当 $\alpha$ 取不同值时, 反映了决策者对客观状态估计的乐观程度不同, 决策的结果也就不同. 一般地, 当条件比较乐观时, $\alpha$ 取得大些; 反之, $\alpha$ 应取得小些. 在例 7.1 中, 当 $\alpha=0.6$ 时, 可知最优方案仍为 $A_3$, 见表 7.1 第 7 列.

4. 等可能准则

等可能准则 (Laplace 准则) 的思想在于将各种可能出现的 $n$ 个状态"一视同仁", 即认为它们出现的可能性都是相等的, 均为 $\frac{1}{n}$. 然后, 再按照期望收益最大的原则选择最优方案, 仍以例 7.1 来说明如下.

根据等可能准则, 有

$$u(A_1)=550,\quad u(A_2)=583.33,\quad u(A_3)=550,$$

因此, 最优方案为 $A_2$, 见表 7.1 第 8 列.

5. 遗憾准则

在决策过程中, 当某一种状态可能出现时, 决策者必然要选择使收益最大的方案. 但若决策者由于决策失误而没有选择使收益最大的方案, 则会感到遗憾或后悔. 遗憾 (minimax regret) 准则的基本思想就在于尽量减少决策后的遗憾, 使决策者不后悔或少后悔.

具体计算时, 首先要根据收益矩阵算出决策者的"后悔矩阵". 该矩阵的元素 (称为后悔值) $b_{ij}$ 的计算公式为

$$b_{ij}=\max_{1\leqslant i\leqslant m}a_{ij}-a_{ij}\quad(i=1,2,\cdots,m;j=1,2,\cdots,n),$$

然后, 记方案 $A_i$ 下的最大后悔值为 $r(A_i)=\max\limits_{1\leqslant j\leqslant n} b_{ij}\ (i=1,2,\cdots,m)$, 则所选的最优方案应使

$$r(A_i^*)=\min_{1\leqslant i\leqslant m} r(A_i)=\min_{1\leqslant i\leqslant m}\max_{1\leqslant j\leqslant n} b_{ij}.$$

例 7.1 的后悔矩阵见表 7.2, 由此采用悲观准则可得最优方案为 $A_1$.

综上所述, 根据不同决策准则得到的结果并不完全一致, 处理实际问题时可同时采用几个准则来进行分析和比较. 到底采用哪个方案, 需视具体情况和决策者对自然状态所持的态度而定. 表 7.3 给出了对例 7.1 利用不同准则进行决策分析的结果. 一般来说, 被选中多的方案应予以优先考虑.

表 7.2 遗憾准则的后悔矩阵

| 方案 \ 自然状态 | 支付矩阵 | | | 后悔矩阵 | | | $\max b_{ij}$ |
|---|---|---|---|---|---|---|---|
| | $S_1$ | $S_2$ | $S_3$ | $S_1$ | $S_2$ | $S_3$ | |
| $A_1$ | 800 | 550 | 300 | 200 | 50 | 200 | 200* |
| $A_2$ | 650 | 600 | 500 | 350 | 0 | 0 | 350 |
| $A_3$ | 1000 | 400 | 250 | 0 | 200 | 250 | 250 |

表 7.3 不同准则下的决策结果

| 方案 | 悲观准则 | 乐观准则 | 折中准则 | 等可能准则 | 遗憾准则 |
|---|---|---|---|---|---|
| $A_1$ | | | | | √ |
| $A_2$ | √ | | | √ | |
| $A_3$ | | √ | √ | | |

## 7.3 风险型决策

根据是否对已有信息进行追加证实, 风险型决策又分为先验决策和后验决策两大类.

### 7.3.1 先验决策

对于先验决策, 因为是根据先验概率进行决策的, 所以常用的方法是最大期望收益准则或概率最大原则.

1. 最大期望收益准则

最大期望收益准则 (也称为 Bayes 准则) 适用于一次决策多次重复进行生产的情况, 所以, 它是平均意义下的最大收益, 是风险型决策分析研究的一个基本假设. 即

$$u(A_k^*)=\max_i\sum_j p_j a_{ij}=\sum_j p_j a_{kj}\quad (i=1,2,\cdots,m).$$

在最大期望收益准则中, 也可以从最小机会损失决策的角度出发来进行决策, 这两者的决策结果是完全相同的. 其一般步骤为:

(1) 将收益矩阵变成损失 (或后悔) 矩阵;

(2) 依各自然状态发生的概率计算各方案的期望损失值;

(3) 从中选择最小者对应的方案为最优方案.

2. 概率最大准则

先验决策的另一种方法是概率最大准则. 由于概率最大的那一个状态在一次决策中最可能出现, 一般认为在一次决策中, 应该在状态 $S_j$ (其对应的发生概率 $p_j$ 是最大值) 下选择行动方案.

**例 7.2** 继续考虑例 7.1, 该投资者所获得的信息是: 按过去的经验, 该行业经济形势属于上面三种类型的可能性分别为 30%、50% 和 20%. 现在的问题是该投资者选择哪种方案, 可获取最大收益?

**解** 根据最大期望收益准则决策结果是选择方案 $A_2$, 可得收益 595 元; 而根据概率最大准则, 应该在状态 $S_2$ 前提下选择方案 $A_2$.

### 7.3.2 信息价值

完全信息是指决策者能完全肯定未来哪个自然状态会发生. 若能获得完全信息, 风险型决策便转化为确定型决策, 因此, 决策的准确性将会有较大幅度的提高. 在现实中, 要想获得必要的信息一般要支付一定的费用, 或者开展调研, 或者别处购买. 但在决定支付这些费用之前, 决策者应首先能估算出这些信息的价值. 完全信息价值, 等于因获得了这项信息而使决策者的期望收益增加的数值, 即

$$\mathrm{EVPI} = \mathrm{EPPL} - \mathrm{EMV},$$

其中, EVPI 为完全信息价值; EPPL 为获得完全信息的期望收益值; EMV 为最大期望收益值.

若完全信息价值小于所支付的费用, 则是得不偿失的. 因此, 完全信息价值给出了支持信息费用的上限. 在实际应用时, 需要考虑的费用构成很复杂, 这里的公式只是说明信息价值的概念及其意义.

**例 7.3** 继续考虑例 7.2. 假定该投资者花费 150 元可以买到有关行业经济形势好坏的完全信息, 现问该投资者是否需要购买此信息?

**解** 若完全信息认定行业经济形势好, 投资者将会选择证券 $A_3$, 得收益 1000 元; 若认为一般, 则选择 $A_2$, 得收益 600 元; 若认为差, 则选择 $A_2$, 得收益 500.

在决定是否购买此信息之前, 决策者并不知道信息内容, 也就无法计算出确切的收益. 因此, 只能根据各种自然状态出现的概率来计算获得完全信息的期望

收益值, 为

$$\mathrm{EPPL} = 1000 \times 0.3 + 600 \times 0.5 + 500 \times 0.2 = 700(\text{元}),$$

$$\mathrm{EMV} = 595(\text{元}),$$

$$\mathrm{EVPI} = \mathrm{EPPL} - \mathrm{EMV} = 105(\text{元}).$$

因此, 花费 150 元购买此项信息并不合算, 不应该购买.

### 7.3.3 后验决策

在风险决策中, 不确定性经常是由信息的不完备造成的. 决策的过程实际上是一个不断收集信息的过程, 当信息足够完备时, 决策者便不难做出最后决策. 因此, 当收集到一些有关决策的进一步的信息 $I$ 后, 对原有各种状态出现概率的估计可能会发生变化. 变化后的概率记为 $P(S_j|I)$, 这是一个条件概率, 表示在得到追加信息 $I$ 后对原概率 $P(S_j)$ 的修正, 故称为后验概率, 参见文献 [34]. 由先验概率得到后验概率的过程称为概率修正, 决策者事实上经常是根据后验概率进行决策的.

在例 7.3 的计算过程中, 追加信息只有完全信息一种情形, 此时决策问题变为确定型决策问题. 在一般情形下, 假设 $n$ 是自然状态可能出现的情形种类; $P(S=S_j)$ $(j=1,2,\cdots,n)$ 是状态 $S_j$ 的先验概率; $I$ 是一个随机变量, $I_i$ $(i=1,2,\cdots,m)$ 是追加信息后结果的一个可能值; $P(S=S_j|I=I_i)$ 是给定 $I=I_i$ 是真实状态时 $S_j$ 的后验概率. 则由概率论的标准形式, 有

$$P(I=I_i) = \sum_{j=1}^{n} P(S=S_j)P(I=I_i|S=S_j), \tag{7.1}$$

$$P(S=S_j|I=I_i) = \frac{P(S=S_j)P(I=I_i|S=S_j)}{P(I_i)} \quad (i=1,2,\cdots,m;\ j=1,2,\cdots,n), \tag{7.2}$$

$$E[\text{收益}|I=I_i] = \sum_{j=1}^{n} P(S=S_j|I=I_i)u(A^*,S_j), \tag{7.3}$$

$$\text{后验前提下的收益} = \sum_{I_i} P(I=I_i)E[\text{收益}|I=I_i], \tag{7.4}$$

$$\text{信息潜在价值} = \text{后验前提下的收益} - \text{先验前提下的收益}, \tag{7.5}$$

其中, $A^*$ 代表给定信息追加结果中统计状态 $I=I_i$ 的最优行动方案.

**例 7.4** 在例 7.2 的基础之上, 现假设无法获得有关行业经济形势的完全信息, 但可以通过某些行业经济指标预测未来的经济形势. 用于查阅经济指标的费

用为 50 元, 而根据经济指标进行的行业经济形势预测结果是: 行业经济形势好 ($I_1$)、行业经济形势一般 ($I_2$) 和行业经济形势差 ($I_3$). 根据过去的经验可知, 行业经济形势与行业经济形势预测结果的关系如表 7.4 所示, 其具体含义是: 在行业经济形势好的情况下, 行业经济形势预测结果为好的概率为 0.75; 在行业经济形势一般的情况下, 预测结果为好的概率为 0.2; 在行业经济形势差的情况下, 预测结果为好的概率为 0.05. 其余含义可以进行类似的说明. 现问

(1) 是否需要进行行业经济形势预测?

(2) 如何根据行业经济形势预测结果进行决策?

表 7.4 行业经济形势与预测结果

| $P(I_i\|S_j)$ | $S_1$ | $S_2$ | $S_3$ |
|---|---|---|---|
| $I_1$ | 0.75 | 0.20 | 0.05 |
| $I_2$ | 0.20 | 0.70 | 0.15 |
| $I_3$ | 0.05 | 0.10 | 0.80 |

**解** 先由 (7.1) 计算出各边际概率为 $P(I_1) = 0.335$, $P(I_2) = 0.44$, $P(I_3) = 0.225$.

然后由条件概率公式 (7.2) 计算出后验概率, 见表 7.5.

表 7.5 行业经济形势预测的后验概率表

| $P(S_j\|I_i)$ | $S_1$ | $S_2$ | $S_3$ |
|---|---|---|---|
| $I_1$ | 0.6716 | 0.2985 | 0.0299 |
| $I_2$ | 0.1364 | 0.7955 | 0.0628 |
| $I_3$ | 0.0667 | 0.2222 | 0.7111 |

在各预测结果已知的前提下, 可采用前面所陈述的各类决策方法进行决策, 这里仅考虑期望收益准则. 此时, 若预测结果为“行业经济形势好”, 由 (7.3) 分别计算三方案的收益后, 可知应选择 $A_3$, 收益值为 799 元. 类似地, 若预测结果为“行业经济形势一般”, 应选择 $A_2$, 收益值为 600 元; 若预测结果为“行业经济形势差”, 应选择 $A_2$, 收益值为 532 元.

因此, 在后验概率 (即根据行业经济形势预测的结果) 下进行决策的期望收益, 由 (7.4) 可知为 651 元, 再由 (7.5) 可知行业经济形势预测的信息价值为 $56 > 50$, 故原则上应该进行行业经济形势预测.

但在实际决策中, 若用一种效率值来表示追加信息 (抽样信息) 的价值, 假定完全信息的效率值为 100%, 则可以用抽样的潜在信息价值与完全信息价值的百分比来表示追加信息的有效程度. 在此例中, 追加信息的有效程度为 53.57%. 此时, 是否应该进行行业经济形势的预测还应考虑决策者对此的主观偏好.

## 7.4 效用函数

**例 7.5** 设有两个决策问题, 请问如何选择方案.

问题 (1) 方案 $A_1$: 稳获 100 元; 方案 $B_1$: 获得 250 元和 0 元的机会各为 50%.

问题 (2) 方案 $A_2$: 稳获 100 元; 方案 $B_2$: 掷一均匀硬币, 到出现正面为止, 记所掷次数为 $N$, 则当正面出现时, 可获取 $2^N$ 元.

从直观上看, 大多数人可能会选择方案 $A_1$ 和 $A_2$. 但可计算出以下结果:

$$E[B_1] > E[A_1], \quad E[B_2] > E[A_2].$$

由此说明: 在风险情况下, 只做一次决策时, 再用最大期望值收益准则, 就不那么合理. 同一笔货币量在不同场合下给决策者带来的主观上的满足程度不一样. 或者说, 决策者在更多的场合下是根据不同结果或方案对其需求个体的满足程度来进行决策的, 而不仅仅是依据期望收益最大进行决策.

效用正是衡量或比较不同的商品、劳务满足人的主观愿望的程度, 可用来衡量人们对某些事物的主观价值、态度、偏爱、倾向等. 用效用指标来量化决策者对风险的不同态度后, 就可以测定决策者对待风险态度的效用曲线 (函数). 效用值是一个相对的指标值, 是无量纲指标, 一般地, 对决策者最爱好、最倾向、最愿意的事物 (事件) 的效用值赋予 1. 通过效用指标将某些难于量化有质的差别的事物 (事件) 给予量化. 将要考虑的因素都折合为效用值, 得到各方案综合效用值, 然后选择效用值最大的方案, 这就是最大总效用值决策准则.

确定效用曲线的基本方法有直接提问法与对比提问法两种, 详细的提问例子参见文献 [35].

1. 直接提问法

直接提问法是向决策者提出一系列问题, 要求决策者进行主观衡量并做出回答. 例如, 向决策者提问: "今年你企业获利 100 万元, 你是满意的, 那么获利多少, 你会加倍满意?" 这样不断提问与回答, 可绘制出此决策者的获利效用曲线, 这种提问与回答十分含糊, 很难确切, 应用较少.

2. 对比提问法

设决策者面临两种备选方案 $A_1, A_2$. $A_1$ 表示他可无任何风险地得到一笔金额 $x_2$; $A_2$ 表示他可以以概率 $p$ 得到一笔金额 $x_1$, 或以概率 $(1-p)$ 得到金额 $x_3$; 且 $x_1 > x_2 > x_3$, 设 $U(x_1)$ 表示金额的效用值. 若在某个概率条件下, 决策者认为 $A_1$, $A_2$ 两方案等价, 可表示为

$$p \cdot U(x_1) + (1-p) \cdot U(x_3) = U(x_2). \tag{7.6}$$

确切地讲, 决策者认为 $x_2$ 的效用值等价于 $x_1$, $x_3$ 的效用期望值. 于是可用对比提问法来测定决策者的风险效用曲线. 由 (7.6) 可见, 其中有 $x_1, x_2, x_3, p$ 四个变量, 若其中任意三个为已知, 向决策者提问第四个变量应取何值. 并请决策者做出主观判断第四个变量应取的值是多少.

在确定效用曲线时, 一般采用改进的 V-M(von Neumann-Morgenstern) 法, 即每次取 $p = 0.5$, 固定 $x_1, x_3$. 利用

$$0.5U(x_1) + 0.5U(x_3) = U(x_2), \tag{7.7}$$

改变 $x_2$ 三次, 提问三次, 确定三点, 即可由 "五点法" 绘出此决策者的效用曲线, 下面用数字说明.

设 $x_1 = -50, x_3 = 200$, 取 $U(200) = 1, U(-50) = 0$, 应用 (7.7) 提第一问: "你认为 $x_2$ 取何值时, (7.7) 成立?" 若回答为 "在 $x_2 = 0$ 时", 那么 $U(0) = 0.5$, 即 $x_2$ 的效用值为 0.5, 在坐标系中给出第一个点, 见图 7.1.

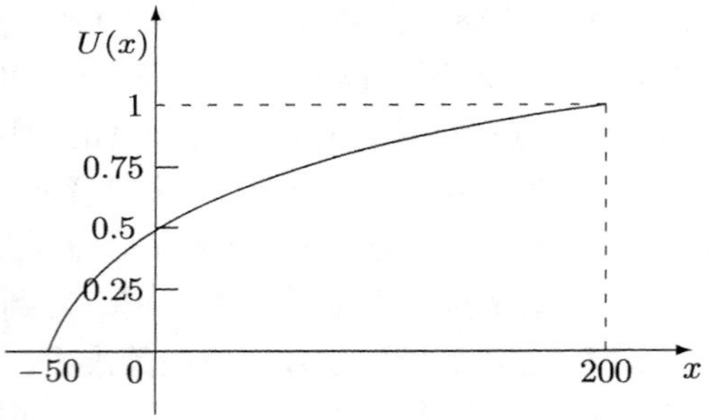


图 7.1 效用函数的确定

现在把刚才得到的 $x_2$ 作为 $x_3$, 利用 (7.7) 提第二问: "你认为 $x_2'$ 取何值时, (7.7) 成立?" 若回答为 "在 $x_2' = -30$ 时", 那么

$$U(-30) = 0.5 \times 0 + 0.5 \times 0.5 = 0.25.$$

即 $x_2'$ 的效用值为 0.25, 在坐标系中给出第二个点.

现在把刚才得到的 $x_2$ 作为 $x_1$, 利用 (7.7) 提第三问: "你认为 $x_2''$ 取何值时, (7.7) 成立? " 若回答为 "在 $x_2'' = 80$ 时", 那么

$$U(80) = 0.5 \times 0.5 + 0.5 \times 1 = 0.75.$$

即 $x_2''$ 的效用值为 0.75, 在坐标系中给出第三个点. 这样再加上原来的两个端点就可以绘制出此决策者对风险的效用曲线, 见图 7.1.

从以上向决策者提问及回答的情况来看，不同的决策者会选择不同的 $x_2$, $x_2'$, $x_2''$ 值，使 (7.7) 成立. 这就得到不同形状的效用曲线，并表示不同决策者对待风险的不同态度，一般可分为保守型、中间型、冒险型三种，见图 7.2. 具有中间型效用曲线的决策者认为他的收入金额的增长与效用值的增长呈等比关系；具有保守型效用曲线的决策者认为他对损失金额越多越敏感；相反地，具有冒险型效用曲线的决策者认为他对损失金额比较迟钝，对收入的增加比较敏感. 某一决策者可以兼有三种类型.

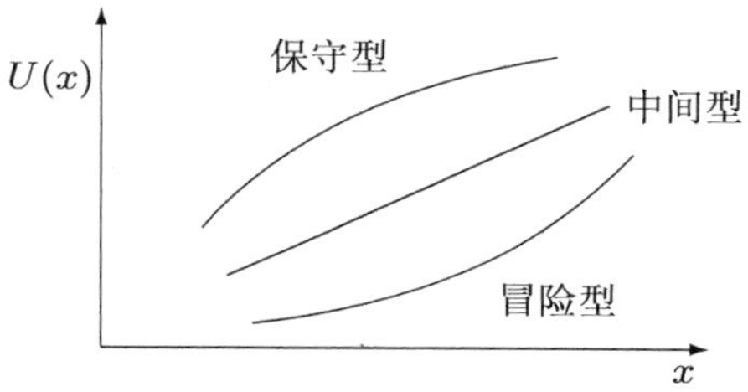


图 7.2 效用曲线的分类

当用计算机求解时，需用解析式来表示效用曲线，对决策者测得的数据进行拟合的常用关系式有以下几种:

(1) 线性函数 $U(x) = c_1 + a_1(x - c_2)$;

(2) 指数函数 $U(x) = c_1 + a_1(1 - \mathrm{e}^{a_2(x-c_2)})$;

(3) 双指数函数 $U(x) = c_1 + a_1(2 - \mathrm{e}^{a_2(x-c_2)} - \mathrm{e}^{a_3(x-c_2)})$;

(4) 指数加线性函数 $U(x) = c_1 + a_1(1 - \mathrm{e}^{a_2(x-c_2)}) + a_3(x - c_2)$;

(5) 幂函数 $U(x) = a_1 + a_2[c_1(x - a_3)]^{a_4}$;

(6) 对数函数 $U(x) = c_1 + a_1 \ln(c_3 x - c_2)$.

## 7.5 序列决策

有些决策问题，当进行决策后又产生一些新情况，并需要进行新的决策，接着又有一些新情况，又需要进行新的决策. 这样决策、情况、决策 …… 构成一个序列，这就是序列决策. 描述序列决策的有力工具是决策树. 决策树是由决策点、状态点及结果点构成的树形图.

(1) 决策点，一般用方形节点表示，从这类节点引出的弧表示不同决策方案.

(2) 状态点，一般用圆形节点表示，从这类节点引出的弧表示不同的状态,弧上的数字表示对应状态出现的概率.

(3) 结果点，一般用有圆心的节点表示，位于树的末梢处，并在这类节点旁注明各种结果的损益值.

利用决策树对多阶段风险型决策问题进行分析以期望值准则为决策准则. 具体做法是: 先从树的末梢开始, 计算每个状态点上的期望收益, 然后将其中最大值标在相应决策点旁. 决策时, 根据最大期望收益准则从后向前进行“剪枝”, 直到最开始的决策点, 从而得到一个多阶段决策构成的完整决策方案.

**例 7.6** 设有某石油钻探队, 在一片估计能出油的荒田钻探, 可以先做地震试验, 然后决定钻井与否; 也可以不做地震试验, 只凭经验决定钻井与否. 做地震试验的费用每次 3000 元, 钻井费用为 10 000 元. 若钻井后出油, 则钻井队就可收入 40 000 元; 若不出油就没有任何收入. 各种情况下出油的概率已估计出, 并标在图 7.3 上, 问钻井队决策者如何做出决策使收益期望值为最大.

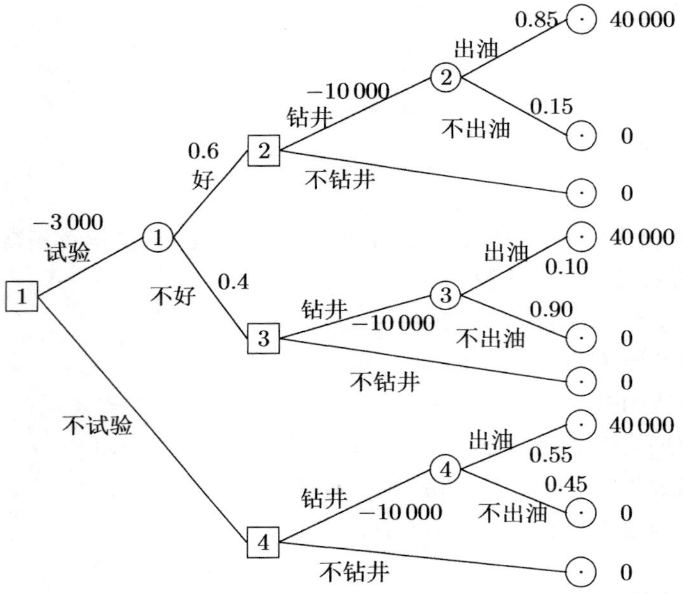


图 7.3 石油钻井的决策树

**解** 图 7.3 表明是两级随机决策问题, 采用逆决策顺序方法求解.

(1) 计算各状态点的收入期望值.

| 状态点 | 收入期望值 |
|---|---|
| ② | $40000 \times 0.85 + 0 \times 0.15 = 34\,000$, |
| ③ | $40\,000 \times 0.10 + 0 \times 0.90 = 4000$, |
| ④ | $40\,000 \times 0.55 + 0 \times 0.45 = 22\,000$. |

(2) 按最大期望收益值准则在图 7.3 上给出各决策点抉择.

在决策点 $\boxed{2}$, $\max[(34\,000-10\,000),0]=24\,000$ 对应策略为应选策略, 即钻井.

在决策点 $\boxed{3}$, $\max[(4000-10\,000),0]=0$ 对应策略为应选策略, 即不钻井.

在决策点 $\boxed{4}$, $\max[(22\,000-10\,000),0]=12\,000$ 对应策略为应选策略, 即钻井.

(3) 在决策树上保留各决策点的应选方案, 把淘汰策略去掉, 这时再计算状态点 ① 的收益期望值为 $24\,000\times0.60+0\times0.40=14\,400$, 将它标在 ① 旁.

(4) 决策点 $\boxed{1}$ 有两个方案: 做地震试验和不做地震试验, 各自的收益期望值为 $(14\,400-3000)$ 和 $12\,000$, 按 $\max[(14\,400-3000),12\,000]=12\,000$ 所对应的策略为应选策略, 即不做地震试验.

因此, 这个决策问题的决策序列为: 选择不做地震试验, 直接判断钻井, 收益期望值为 12 000 元.

上述决策问题也可用决策树来求解,并将有关数据标在图上, 见图 7.4.

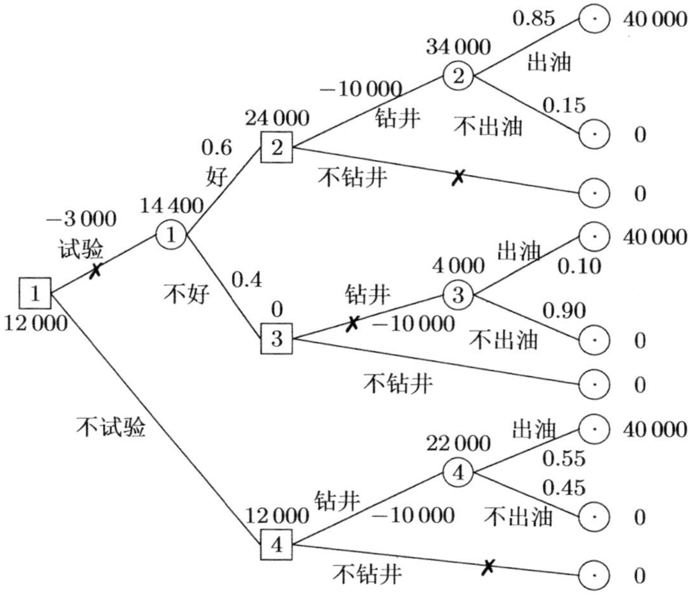


图 7.4 决策树的求解过程

## 7.6 多目标决策

本节介绍的多目标决策 (multiple objective decision making, MODM) 与

7.7 节介绍的多属性决策 (multiple attribute decision making, MADM) 是多准则决策 (multiple criteria decision making, MCDM) 的基本情形.

### 7.6.1 基本概念

在实际生活中, 常常会遇到需要考虑多种因素的优化问题, 这类具有多个目标函数的优化问题称为多目标决策或多目标规划, 又称为向量极值问题. 若目标函数和约束条件都是线性的, 就称为多目标线性规划.

多目标决策的一般形式为

$$\begin{aligned} \text{(VP)} \quad & \min\ (f_1(\boldsymbol{x}), f_2(\boldsymbol{x}), \cdots, f_p(\boldsymbol{x})) \\ & \text{s.t.}\ g_i(\boldsymbol{x}) \geqslant 0 \quad (i = 1, 2, \cdots, m), \end{aligned}$$

其中, $f_1(\boldsymbol{x}), f_2(\boldsymbol{x}), \cdots, f_p(\boldsymbol{x})$ 为目标函数; $g_i(\boldsymbol{x}) \geqslant 0\ (i = 1, 2, \cdots, m)$ 为约束条件; $\boldsymbol{x}$ 为决策变量, 是一个 $n$ 维向量. 记 $X = \{\boldsymbol{x} | g_i(\boldsymbol{x}) \geqslant 0, i = 1, 2, \cdots, m, \boldsymbol{x} \in \Re^n\}$, 称 $X$ 为问题 (VP) 的可行解集 (决策空间), $F(X) = \{f(\boldsymbol{x}) | \boldsymbol{x} \in X\}$, 为问题 (VP) 的像集 (目标空间).

**定义 7.1 (绝对最优解)** 设 $\overline{\boldsymbol{x}} \in X$. 若对 $\forall j = 1, 2, \cdots, p$ 及 $\boldsymbol{x} \in X$, 均有 $f_j(\boldsymbol{x}) \geqslant f_j(\overline{\boldsymbol{x}})$, 则称 $\overline{\boldsymbol{x}}$ 为问题 (VP) 的绝对最优解. 记 (VP) 的绝对最优解为 $R_{\text{ab}}^*$.

一般说来多目标规划问题 (VP) 的绝对最优解是不存在的, 当绝对最优解不存在时, 需要引入新的"解"的概念, 多目标规划中最常用的解是有效解 (Pareto 最优解).

**定义 7.2 (有效解)** 设 $\overline{\boldsymbol{x}} \in X$, 若不存在 $\boldsymbol{x} \in X$, 使得 $f_j(\boldsymbol{x}) \leqslant f_j(\overline{\boldsymbol{x}})$ $(j = 1, 2, \cdots, p)$, 但至少有一个 $f_j(\boldsymbol{x}) < f_j(\overline{\boldsymbol{x}})$, 则称 $\overline{\boldsymbol{x}}$ 为问题 (VP) 的有效解 (或 Pareto 最优解), $f(\overline{\boldsymbol{x}})$ 为有效点. 记 (VP) 的有效解集和有效点集为 $R_e^*$ 和 $F_e^*$.

为求多目标规划问题 (VP) 的有效解, 需要先求加权问题 $\mathrm{P}(\boldsymbol{\lambda})$.

$$\begin{aligned} \mathrm{P}(\boldsymbol{\lambda}) \quad & \min \sum_{j=1}^{p} \lambda_j f_j(\boldsymbol{x}) \\ & \text{s.t.}\ \boldsymbol{x} \in X, \end{aligned}$$

其中, $\boldsymbol{\lambda} \in \Lambda^+ = \left\{\boldsymbol{\lambda} \in \Re^p | \lambda_j \geqslant 0, \sum_{j=1}^{p} \lambda_j = 1\right\}$.

加权问题 $\mathrm{P}(\boldsymbol{\lambda})$ 的最优解和问题 (VP) 的有效解具有以下关系:

**定理 7.1** 设 $\overline{\boldsymbol{x}}$ 为问题 $\mathrm{P}(\boldsymbol{\lambda})$ 的最优解. 若下面两个条件之一成立, 则 $\overline{\boldsymbol{x}} \in R_e^*$.

(1) $\lambda_j > 0\ (j = 1, 2, \cdots, p)$.

(2) $\overline{\boldsymbol{x}}$ 是 $\mathrm{P}(\boldsymbol{\lambda})$ 的唯一解.

**定理 7.2** 设 $f_1(\boldsymbol{x}), f_2(\boldsymbol{x}), \cdots, f_p(\boldsymbol{x})$ 为凸函数, $g_1(\boldsymbol{x}), g_2(\boldsymbol{x}), \cdots, g_m(\boldsymbol{x})$ 凹函数. 若 $\overline{\boldsymbol{x}}$ 为 (VP) 的有效解, 则存在 $\boldsymbol{\lambda} \in \Lambda^+$ 使得 $\overline{\boldsymbol{x}}$ 是 $\mathrm{P}(\boldsymbol{\lambda})$ 的最优解.

上述两个定理的重要意义在于提供了一种用数值优化的方法求多目标规划有效解的方法, 更多讨论参见文献 [1, 36].

### 7.6.2 权重系数

在多目标规划中, 目标函数除一般是彼此冲突外, 还具有不可共度量性. 故通常在求解前必须对目标函数进行预处理, 即所谓的规范化, 从而便于进行目标函数之间的比较和正确地使用一些求解方法, 参见 7.7.2 节.

确定权重系数的最简单方法是利用 Likert 刻度给出权重. 另一类常用的方法是通过两两比较确定权数, 如确定目标间的相对重要性. 通常决策者直接设定第 $i$ 个目标前的具体数值 $\lambda_i$ 是困难的, 但让他估计第 $i$ 个目标是第 $j$ 个目标的多少倍 "重要" 有时却是较为容易的. 让决策者每次对两个目标进行重要性比较, 共需做 $\frac{1}{2}p(p-1)$ 次.

对此, 第 $i$ 个目标对第 $j$ 个目标的相对重要性估计值记为 $a_{ij}$. 估计值 $a_{ij} \approx \dfrac{\lambda_i}{\lambda_j}$ 实际上是第 $i$ 个目标的权数 $\lambda_i$ 与第 $j$ 个目标的权数 $\lambda_j$ 之比的近似值. 当 $f_i$ 比 $f_j$ 重要时, $a_{ij} > 1$; 当 $f_i$ 与 $f_j$ 同等重要时, $a_{ij} = 1$; 当 $f_i$ 没有 $f_j$ 重要时, $a_{ij} < 1$. 从而得到判断矩阵:

$$\boldsymbol{A} = [a_{ij}]_{p \times p},$$

其中, $a_{ji} = \dfrac{1}{a_{ij}}, \forall i, j$. 一般地, 判断矩阵 $\boldsymbol{A}$ 是不相容的, 即没有 $a_{ik}a_{kj} = a_{ij}$ $(\forall i, k, j)$.

对于判断矩阵中的各比较数值, Likert 刻度等标尺法有助于决策者更加轻松地进行目标的两两比较, 见表 7.6.

表 7.6 判断矩阵的标度

| 标度 | 含义 |
|---|---|
| 1 | 表示两个因素相比, 具有同样的重要性 |
| 3 | 表示两个因素相比, 一个因素比另一个因素稍微重要 |
| 5 | 表示两个因素相比, 一个因素比另一个因素明显重要 |
| 7 | 表示两个因素相比, 一个因素比另一个因素强烈重要 |
| 9 | 表示两个因素相比, 一个因素比另一个因素极端重要 |
| 2, 4, 6, 8 | 上述两相邻判断的中值 |
| 倒数 | 相应两因素交换次序的重要性比较 |

下面针对多目标规划问题中目标的权系数的确定方法进行简单介绍. 接下来

的前三种方法都是基于判断矩阵而进行的.

7.6.2.1 最小平方和法

通过求解问题

$$
\begin{aligned}
\text{(QP)} \quad & \min \sum_{i=1}^{p}\sum_{j=1}^{p}(a_{ij}\lambda_j-\lambda_i)^2 \\
& \text{s.t.} \quad \begin{cases} \sum\limits_{i=1}^{p}\lambda_i=1, \\ \lambda_i>0 \quad (i=1,2,\cdots,m), \end{cases}
\end{aligned}
$$

来获得权向量 $\boldsymbol{\lambda}=(\lambda_1,\lambda_2,\cdots,\lambda_p)^{\mathsf{T}}$. 这样选取的 $\boldsymbol{\lambda}$ 具有误差的平方和最小. 当矩阵 $\boldsymbol{A}$ 相容时, 问题 (QP) 的目标函数最小值为 0, 否则为正.

此外, 问题 (QP) 中的目标函数可由另外形式的误差 (平方) 和取代, 如

$$
\sum_{i=1}^{p}\sum_{j=1}^{p}|a_{ij}\lambda_j-\lambda_i|, \quad \text{或} \quad \sum_{i=1}^{p}\sum_{j=1}^{p}\left(a_{ij}-\frac{\lambda_i}{\lambda_j}\right)^2,
$$

这种方法也可作为一致性分析. 给定一个阈值 $\varepsilon>0$, 若问题 (QP) 的最优目标值 $\leqslant\varepsilon$, 则对应的解可被接受. 否则, 可认为决策者在判断时误差太大, 建议决策者重新做出估计 $a_{ij}$.

7.6.2.2 特征向量法

这是 Saaty 的层次分析法 (analytic hierarchy process, AHP) 中的一个重要组成部分. 权向量 $\boldsymbol{\lambda}$ 是求 $\boldsymbol{A}$ 的最大特征值 $\alpha_{\max}$ 对应的特征向量, 即 $\boldsymbol{\lambda}$ 为如下方程组的解:

$$
\begin{cases} (\boldsymbol{A}-\alpha_{\max}I)\boldsymbol{\lambda}=0, \\ \sum\limits_{i=1}^{p}\lambda_i=1, \end{cases}
$$

其中, $\boldsymbol{I}$ 为 $p$ 阶单位矩阵.

由于 $a_{ij}>0, \forall i,j$, 可证明: 最大特征值 $\alpha_{\max}\geqslant p$; 对应的特征向量 $\boldsymbol{\lambda}>0$; $\alpha_{\max}=p$ 当且仅当 $\boldsymbol{A}$ 是相容的, 此时 $a_{ij}=\dfrac{w_i}{w_j}, \forall i,j$. 因此, $\boldsymbol{\lambda}$ 可作权向量. 而且还有如下一致性准则: 给定阈值 $\varepsilon>0$, 若 $\dfrac{\alpha_{\max}-p}{p-1}\leqslant\varepsilon$, 则接受 $\boldsymbol{\lambda}$ 作为权向量, 否则建议决策者重新估计 $a_{ij}$. 利用一般线性代数的计算方法可计算出判断矩阵 $\boldsymbol{A}$ 的最大特征值和对应的特征向量. 在实际问题中, 一般采用方根法与和积法等两种实用计算方法.

1. 方根法

(1) 计算 $w_i = \sqrt[p]{\prod_{j=1}^{p} a_{ij}} \quad (i = 1, 2, \cdots, p)$.

(2) 将 $w_i$ 规范化, 得到 $\lambda_i = \dfrac{w_i}{\sum\limits_{k=1}^{p} w_k} \quad (i = 1, 2, \cdots, p)$.

(3) 计算 $\alpha_{\max} = \sum\limits_{k=1}^{p} \dfrac{(\boldsymbol{A\lambda})_k}{p\lambda_k}$, 其中, $(\boldsymbol{A\lambda})_k$ 为向量 $\boldsymbol{A\lambda}$ 的第 $k$ 个分量.

2. 和积法

(1) 按列规范化, 有 $b_{ij} = \dfrac{a_{ij}}{\sum\limits_{k=1}^{p} a_{kj}} \quad (i, j = 1, 2, \cdots, p)$.

(2) 计算按行相加和数 $w_i = \sum\limits_{k=1}^{p} b_{ik} \quad (i = 1, 2, \cdots, p)$.

(3) 计算 $\lambda_i = \dfrac{w_i}{\sum\limits_{k=1}^{p} w_k} \quad (i = 1, 2, \cdots, p)$.

(4) 计算 $\alpha_{\max} = \sum\limits_{k=1}^{p} \dfrac{(\boldsymbol{A\lambda})_k}{p\lambda_k}$.

7.6.2.3 Cogger-Yu 估计法

令 $\boldsymbol{T} = (t_{ij})$ 为一 $p$ 阶实矩阵. 定义为

$$t_{ij} = \begin{cases} a_{ij} & (j \geqslant i), \\ 0 & (j < i). \end{cases}$$

$\boldsymbol{D} = (d_{ij})$ 为一 $p$ 阶对角矩阵, 定义为

$$d_{ij} = \begin{cases} p - i + 1 & (i = j), \\ 0 & (\text{其他}). \end{cases}$$

易证矩阵 $(\boldsymbol{D}^{\mathsf{T}}\boldsymbol{T})$ 的最大特征值 $\alpha_{\max} = 1$. 计算如下方程组的解 $\boldsymbol{\lambda}$.

$$\begin{cases} (\boldsymbol{D}^{\mathsf{T}}\boldsymbol{T} - \boldsymbol{I})\boldsymbol{\lambda} = 0, \\ \sum\limits_{k=1}^{p} \lambda_k = 1. \end{cases} \tag{7.8}$$

注意判断矩阵 $\boldsymbol{A}$ 对应于比较目标的下标次序, 不同的下标次序对应的判断矩阵将得到不同的矩阵. T. Cogger 与 Yu 证明了此时将可能得不同的估计 $\boldsymbol{\lambda}$. 这种性质反映了决策者的判断常与目标的排列次序有关. 求出各种可能排列对应的估计 $\boldsymbol{\lambda}^k$, $k = 1, 2, \cdots, p!$ (其实并不需要计算 $p!$ 次估计, 因为许多排列对应着同一组方程组 (7.8)), 然后取重心 $\boldsymbol{\lambda} = \dfrac{1}{p!} \sum\limits_{k=1}^{p!} \boldsymbol{\lambda}^k$ 作为权向量.

7.6.2.4　$\alpha$-法

先求 $m$ 个单目标优化问题:

$$(\mathrm{P}_k)\quad \min\ f_k(\boldsymbol{x}) \quad \text{s.t. } \boldsymbol{x}\in X,$$

得最优解 $\boldsymbol{x}^k$ $(k=1,2,\cdots,p)$, 然后计算

$$f_{ij}=f_i(\boldsymbol{x}^j)\quad (i,j=1,2,\cdots,p),$$

再引进参数做 $\boldsymbol{\lambda}$ 和 $\alpha$ 的 $p+1$ 阶线性方程组:

$$\begin{cases}\sum\limits_{i=1}^{p} f_{ij}\lambda_i=\alpha \quad (j=1,2,\cdots,p),\\ \sum\limits_{i=1}^{p}\lambda_i=1,\end{cases}$$

得到解中的 $\boldsymbol{\lambda}$ 作为权向量.

7.6.2.5　均差排序法

此方法类似于 $\alpha$-法, 也是利用 $p$ 个目标的极小点 $\boldsymbol{x}^k$ 的信息来确定权向量, 但是为保证求得的权数 $\lambda_k$ 非负, 采用目标关于各极小点的某种平均偏差来描述.

计算 $\delta_i^j=f_i(\boldsymbol{x}^j)-f_j(\boldsymbol{x}^i)$, $i,j=1,2,\cdots,p$. 因 $\boldsymbol{x}^i$ $(i=1,2,\cdots,p)$ 为 $f_i$ 的最小点, 故

$$\delta_i^j\geqslant 0\quad (i,j=1,2,\cdots,p).$$

若 $\boldsymbol{x}^1=\boldsymbol{x}^2=\cdots=\boldsymbol{x}^p$, 则问题 (VP) 有一个绝对最优解, 自然其为决策者最偏好的, 问题解毕. 故不妨设至少有一个 $j_0\neq i$ 使得 $\delta_i^{j_0}>0$. 计算平均偏差:

$$\Delta_i=\frac{1}{p-1}\sum_{j=1}^{p}\delta_i^j\quad (i=1,2,\cdots,p), \tag{7.9}$$

于是 $\Delta_i>0$ $(i=1,2,\cdots,p)$. 让平均偏差比较大的目标对应较小的权系数, 而平均偏差较小的目标对应较大的权系数, 把按 (7.9) 确定的平均偏差依大小进行排序. 设有 $\Delta_{i_1}\geqslant\Delta_{i_2}\geqslant\cdots\geqslant\Delta_{i_p}$. 可取 $\lambda_{ik}=\dfrac{\Delta_{i_{p+1-k}}}{\sum\limits_{i=1}^{p}\Delta_i}$ $(k=1,2,\cdots,p)$ 作为目标 $f_{ik}$ 的权数. 当 $p=2$ 时, 均差排序法实际上就是 $\alpha$-法.

7.6.2.6　老手法

这种方法常用于决策者对问题缺乏深刻了解, 不能自信地进行判断等活动时.

首先选聘一批对问题有充分见解的专家 (俗称老手), 设人数共 $L$ 个. 请他们各自独立地对 $p$ 个目标确定权数, 设第 $i$ 个专家提供的估计为

$$(\lambda_{1i}, \lambda_{2i}, \cdots, \lambda_{pi}), \quad \sum_{j=1}^{p} \lambda_{ji} = 1 \qquad (\lambda_{ji} \geqslant 0, j = 1, 2, \cdots, p),$$

计算均值

$$\lambda_k = \frac{\sum\limits_{i=1}^{L} \lambda_{ki}}{L} \quad (k = 1, 2, \cdots, p),$$

和方差

$$D_i = \frac{\sum\limits_{k=1}^{p} (\lambda_{ki} - \lambda_k)^2}{L - 1} \quad (i = 1, 2, \cdots, L).$$

给定阈值 $\varepsilon > 0$, 若

$$\max_{1 \leqslant i \leqslant L} D_i \leqslant \varepsilon, \tag{7.10}$$

则说明各专家提供的估计没有显著的区别, 因而 $\boldsymbol{\lambda} = (\lambda_1, \lambda_2, \cdots, \lambda_p)^{\mathsf{T}}$ 可取作权向量; 否则和方差大的专家进行协商, 充分交换意见, 清除误解, 然后让他们重新估计. 重复上述过程, 直至得到一个满足 (7.10) 的权向量. 当然, (7.10) 可用其他条件取代, 如 $\max\limits_{1 \leqslant i \leqslant L} \sum\limits_{k=1}^{p} |w_k - w_j| \leqslant \varepsilon$.

在 7.7 节中, 可以看到以上确定权系数的方法也可用来处理多属性决策中有限个方案的排序问题.

### 7.6.3 目标规划

对于具有多个目标的极值问题, 除了基于有效解概念的求解方法外, 还可以从另一角度来构造模型并求解, 即目标规划 (goal programming) 方法, 参见文献 [37]. 目标规划是由线性规划发展演变而来的, 有关的概念和模型最早是 1961 年 A. B. Charnes 与 W. W. Cooper 在考虑不可行线性规划问题近似解时首先提出的. 目前已成为一种简单、实用的处理多目标问题的方法, 是多目标决策中应用最为广泛的一种方法.

#### 7.6.3.1 数学模型

在许多多目标决策问题中, 决策者经常通过给定各目标的目的值或理想值, 以及各目标的权系数或优先权来表示自己的偏好. 决策者在评价一个方案时, 经常选择与该方案目的点或理想点的 “偏差” 最小的方案. 反映一个方案与目的点

或理想点“偏差”, 一般是采用某种“距离”函数. 常用的目标规划的形式是

$$\begin{aligned}\min \quad & \sum_{j=1}^{p} w_j |f_j(\boldsymbol{x}) - \hat{f}_j| \\ \text{s.t.} \quad & \boldsymbol{x} \in X,\end{aligned} \tag{7.11}$$

其中, $\hat{f}_j$ 为第 $j$ 个目标的目的值; $w_j$ 为第 $j$ 个目标偏差的权重系数.

当 $X = \{\boldsymbol{x} \in \Re^n | \boldsymbol{A}\boldsymbol{x} \leqslant \boldsymbol{b}, \boldsymbol{x} \geqslant \boldsymbol{0}\}$ 时, 令 $d_j^+ = \frac{1}{2}(|f_j(\boldsymbol{x}) - \hat{f}_j| + (f_j(\boldsymbol{x}) - \hat{f}_j))$, $d_j^- = \frac{1}{2}(|f_j(\boldsymbol{x}) - \hat{f}_j| - (f_j(\boldsymbol{x}) - \hat{f}_j))$, 则

$$d_j^+ + d_j^- = |f_j(\boldsymbol{x}) - \hat{f}_j|, \quad d_j^+ - d_j^- = f_j(\boldsymbol{x}) - \hat{f}_j.$$

因此, 问题 (7.11) 成为一个线性目标规划 (linear goal programming, LGP) 问题:

$$\min \quad \sum_{j=1}^{p} w_j (d_j^+ + d_j^-) \tag{7.12}$$

$$\text{s.t.} \quad \begin{cases} f_j(\boldsymbol{x}) + d_j^- - d_j^+ = \hat{f}_j & (j = 1, 2, \cdots, p), \\ \boldsymbol{A}\boldsymbol{x} \leqslant \boldsymbol{b}, \\ \boldsymbol{x} \geqslant \boldsymbol{0}, d_j^- \geqslant 0, d_j^+ \geqslant 0 & (j = 1, 2, \cdots, p). \end{cases} \tag{7.13}$$

下面来分析一下 $d_j^-$ 和 $d_j^+$ 的含义. 若 $f_j(\boldsymbol{x}) \geqslant \hat{f}_j$, 则

$$d_j^+ = f_j(\boldsymbol{x}) - \hat{f}_j, \quad d_j^- = 0,$$

即 $d_j^+$ 为 $f_j(\boldsymbol{x})$ 超过 $\hat{f}_j$ 部分的数量, 故称 $d_j^+$ 为正偏差变量.

同理, 当 $f_j(\boldsymbol{x}) \leqslant \hat{f}_j$ 时, 有

$$d_j^- = \hat{f}_j - f_j(\boldsymbol{x}), \quad d_j^+ = 0,$$

即 $d_j^-$ 为 $f_j(\boldsymbol{x})$ 没达到 $\hat{f}_j$ 部分的数量, 故称 $d_j^-$ 为负偏差变量.

在实际问题中, 对目标 $f_j(\boldsymbol{x})$ 来说, 提出的目标可能的情况大致有如下几种:

(1) 希望 $f_j(\boldsymbol{x})$ 尽可能地接近 $\hat{f}_j$, 即希望 $|f_j(\boldsymbol{x}) - \hat{f}_j| \to \min$ 或 $d_j^+ + d_j^- \to \min$. 对这种情况处理的办法是在目标函数中加上 $d_j^+ + d_j^-$ 一项.

(2) 希望 $f_j(\boldsymbol{x})$ 尽量超过 $\hat{f}_j$, 即希望 $d_j^- \to \min$. 因此, 应在目标函数中加上 $d_j^-$ 一项.

(3) 希望 $f_j(\boldsymbol{x})$ 尽量不超过 $\hat{f}_j$, 即希望 $d_j^+ \to \min$. 因此, 应在目标函数中加上 $d_j^+$ 一项.

若考虑到各目标间的相对重要性, 还应加上权系数. 因此, 更一般的目标规划模型是

$$
\begin{aligned}
&\min \sum_{j=1}^{p}(w_j^+ d_j^+ + w_j^- d_j^-),\\
&\text{s.t.} \begin{cases} f_j(\boldsymbol{x}) + d_j^- - d_j^+ = \hat{f}_j \quad (j=1,2,\cdots,p) \\ \boldsymbol{Ax} \leqslant \boldsymbol{b}, \\ \boldsymbol{x} \geqslant \boldsymbol{0}, d_j^- \geqslant 0, d_j^+ \geqslant 0 \quad (j=1,2,\cdots,p). \end{cases}
\end{aligned} \tag{7.14}
$$

其中, $w_j^+$ 和 $w_j^-$ 为非负权系数.

上面的分析是把目标函数 $f_1, f_2, \cdots, f_p$ 放在同一个层次上看待的, 它们之间的相对重要性通过权系数来反映, 其权系数可由表 7.6 来确定. 但决策者的决策目标经常是具有层次的, 假定决策者的目标可分成 $L$ 个等级 (层次), 记为 $p_1$, $p_2, \cdots$, $p_L$, 在每一个等级 $p_l$ 上有 $J_l$ 个目标. 这里约定 $p_1$ 优先于 $p_2, p_2$ 优先于 $p_3$, 等等, 记为

$$p_1 \succcurlyeq p_2 \succcurlyeq \cdots \succcurlyeq p_{L-1} \succcurlyeq p_L.$$

即只有在尽量满足 $p_l$ 等级内目标的前提下, 才能考虑实现 $p_{l+1}$ 等级上的目标. 因此, 称 $p_l$ 为优先权因子, 它不是一个具体数, 只表示层次间的从属关系. 这样, 可给出更一般的线性目标规划模型:

$$
\begin{aligned}
&\min \sum_{l=1}^{L} p_l \left\{ \sum_{j \in J_l} (w_j^+ d_j^+ + w_j^- d_j^-) \right\}\\
&\text{s.t.} \begin{cases} f_j(\boldsymbol{x}) + d_j^- - d_j^+ = \hat{f}_j \quad (j=1,2,\cdots,p), \\ \boldsymbol{Ax} \leqslant \boldsymbol{b}, \\ \boldsymbol{x} \geqslant \boldsymbol{0}, d_j^- \geqslant 0, d_j^+ \geqslant 0 \quad (j=1,2,\cdots,p). \end{cases}
\end{aligned} \tag{7.15}
$$

**例 7.7** 已知三个工厂生产的产品供应四个用户需要, 各工厂生产量、用户需求量及从各工厂到用户的单位产品的运输费用 (单位: 元) 如表 7.7 所示. 用表上作业法求得最优调配方案如表 7.8 所示, 总运费为 2950 元.

表 7.7 单位产品的运输费用表

| | 用户 1 | 用户 2 | 用户 3 | 用户 4 | 生产量 |
|---|---|---|---|---|---|
| 工厂 1 | 5 | 2 | 6 | 7 | 300 |
| 工厂 2 | 3 | 5 | 4 | 6 | 200 |
| 工厂 3 | 4 | 5 | 2 | 3 | 400 |
| 需求量 | 200 | 100 | 450 | 250 | |

表 7.8 表上作业法求得的最优调配方案表

| | 用户 1 | 用户 2 | 用户 3 | 用户 4 | 生产量 |
|---|---|---|---|---|---|
| 工厂 1 | 200 | 100 | | | 300 |
| 工厂 2 | 0 | | 200 | | 300 |
| 工厂 3 | | | 250 | 150 | 400 |
| 虚设 | | | | 100 | 100 |
| 需求量 | 200 | 100 | 450 | 250 | |

但上述方案只考虑运费为最少, 没有考虑到很多具体情况和条件. 故上级部门研究后确定了制订调配方案时要考虑的 7 项目标, 并规定重要性次序如下.

第 1 目标: 用户 4 为重要部门, 需求量必须全部满足;

第 2 目标: 供应用户 1 的产品中, 工厂 3 的产品不少于 100 单位;

第 3 目标: 为兼顾一般, 每个用户满足率不低于 80%;

第 4 目标: 新方案总运费不超过原方案的 110%;

第 5 目标: 因道路限制, 从工厂 2 到用户 4 的路线应尽量避免分配运输任务;

第 6 目标: 用户 1 和用户 3 的满足率应尽量保持平衡;

第 7 目标: 力求减少总运费.

**解** 据上面分析, 建立目标规划的模型如下.

设 $x_{ij}$ 为工厂 $i$ 调配给用户 $j$ 的数量, 则有

(1) 生产量的约束

$$\begin{cases} x_{11}+x_{12}+x_{13}+x_{14} \leqslant 300, \\ x_{21}+x_{22}+x_{23}+x_{24} \leqslant 200, \\ x_{31}+x_{32}+x_{33}+x_{34} \leqslant 400. \end{cases}$$

需求量的约束

$$\begin{cases} x_{11}+x_{21}+x_{31}+d_1^- - d_1^+ = 200, \\ x_{12}+x_{22}+x_{32}+d_2^- - d_2^+ = 100, \\ x_{13}+x_{23}+x_{33}+d_3^- - d_3^+ = 450, \\ x_{14}+x_{24}+x_{34}+d_4^- - d_4^+ = 250. \end{cases}$$

(2) 用户 1 需求量中工厂 3 的产品不少于 100 单位

$$x_{31}+d_5^- - d_5^+ = 100.$$

(3) 各用户满足率不低于 80%

$$\begin{cases} x_{11}+x_{21}+x_{31}+d_6^- - d_6^+ = 160, \\ x_{12}+x_{22}+x_{32}+d_7^- - d_7^+ = 80, \\ x_{13}+x_{23}+x_{33}+d_8^- - d_8^+ = 360, \\ x_{14}+x_{24}+x_{34}+d_9^- - d_9^+ = 200. \end{cases}$$

(4) 运费上限限制

$$\sum_{i=1}^{3}\sum_{j=1}^{4} c_{ij}x_{ij} + d_{10}^- - d_{10}^+ = 3245.$$

(5) 道路通过的限制

$$x_{24} + d_{11}^- - d_{11}^+ = 0.$$

(6) 用户 1 和用户 3 的满足率保持平衡

$$x_{11}+x_{21}+x_{31} - \frac{200(x_{13}+x_{23}+x_{33})}{450} + d_{12}^- - d_{12}^+ = 0.$$

(7) 力求减少总的运费

$$\sum_{i=1}^{3}\sum_{j=1}^{4} c_{ij}x_{ij} + d_{13}^- - d_{13}^+ = 2950.$$

目标函数为

$$\begin{aligned} \min z = & P_1 d_4^- + P_2 d_5^- + P_3(d_6^- + d_7^- + d_8^- + d_9^-) + P_4 d_{10}^+ \\ & + P_5 d_{11}^+ + P_6(d_{12}^- + d_{12}^+) + P_7 d_{13}^+. \end{aligned}$$

用软件 MATLAB 的函数 “fgoalattain” 或 WinQSB 的目标规划软件可得计算结果为 $x_{12}=100$, $x_{14}=200$, $x_{21}=90$, $x_{23}=110$, $x_{31}=100$, $x_{33}=250$, $x_{34}=50$, 其他 $x_{ij}=0$; $d_1^-=10$, $d_3^-=90$, $d_6^+=30$, $d_7^+=20$, $d_9^+=50$, $d_{10}^+=115$, $d_{12}^+=30$, $d_{13}^+=410$, 其余 $d_j^+$ 或 $d_j^-$ 均为 0.

7.6.3.2 求解方法

若目标规划问题目标函数的优先关系没有层次差异, 则用平常的单纯形法即可. 若其分为不同的优先级, 需要对单纯形法做一些改进才行.

1. 流水线法

流水线法 (streamlined procedure) 是对单纯形法的细小改进, 类似于大 $M$ 法, 但由于目标规划中目标函数分不同的优先级, 应首先寻求使最高优先级的目标优化, 然后转向下一级, 当下一级目标优化后再转更低一级, 等等, 即把 $p_1, p_2, \cdots, p_{L-1}, 1$ 等化为 $M_1, M_2, \cdots, M_{L-1}, 1$, 并且 $M_1 \gg M_2 \gg \cdots \gg M_{L-1} \gg 1$.

在应用单纯形法求解时, 只需注意到在线性规划的单纯形表行 0 中每个系数就是这些参数的线性组合. 对目标函数的优化是按优先级顺序逐级进行的. 在行 0 中, 当包括 $M_1$ 的所有检验数均为非负时, 说明第一级目标已得到优化, 可转入下一级, 再考察包括 $M_2$ 的检验数是否存在负值, 依次类推. 并且注意到目标规划中目标函数的形式提示在求解的过程中应该使用对偶单纯形法.

2. 序列解法

序列解法 (sequential procedure) 是一种求解一系列的线性规划模型. 文献 [21] 就应用此方法建立了一个 LINGO 模型.

在此解法的第一阶段, 线性规划模型中仅有的目标为第一个层次的目标, 之后像平时一样应用单纯形法求解, 若结果 (最优) 是唯一的, 就无须更进一步地考虑其他目标. 但是, 若此时最优值相同的最优解有多个, 就从这些答案出发进入第二阶段, 这时将第二层次目标加到模型中来打破均衡.

在第二阶段的模型中, 若目标函数值的最优值 $z^* = 0$, 则所需考虑的解中所有代表第一层次目标的辅助变量一定等于 0, 即这些目标已成功达到. 这时, 所有这些辅助变量可以从第二阶段的模型中删掉. 对于这些第一层次的目标来说, 包含这些变量的等式约束均被数学表达式 (不等式/方程) 所替代.

另外, 若 $z^* > 0$, 则在第二阶段的模型中, 就是简单地把第二层次的目标加到第一阶段的模型中, 即把它们看成事实上的第一阶段的目标来处理. 但是在约束条件中同时要加一个限制条件, 即第一阶段的目标函数等于值 $z^*$, 这一步的作用可使从第二阶段的目标函数中删掉第一层次的目标变量. 然后用通常的单纯形法继续求解, 若还有多个解, 则进行类似迭代即可.

**例 7.8 (目标管理问题)** 假定 $x_1, x_2, x_3$ 代表某一公司产品 i, ii, iii 的生产水平, 其目标是: 长期利润目标不低于 1.25 亿元, 职员雇用目标保持为 4000 人, 投资目标不超过 5500 万元. 根据实际要求, 有

(1) 首先考虑这三个目标无相对的优先层次, 但权重不同的情形, 详细的数据见表 7.9. 试对其建立目标规划模型并求解.

(2) 若考虑有层次差异, 且权重不变的情形, 详见表 7.10. 则此时目标规划模型及其解又如何?

**解** 引进辅助决策变量, 各个目标函数的正负偏差变量为 $y_j^-$, $y_j^+$ $(j = 1, 2, 3)$.

表 7.9 无优先权时的目标规划问题

| 因素 | 产品的单位贡献 | | | 目标 | 惩罚权重 |
|---|---|---|---|---|---|
| | i | ii | iii | | |
| 长期利润/百万元 | 12 | 9 | 15 | $\geqslant 125$ | 5 |
| 雇用水平/百人 | 5 | 3 | 4 | $= 40$ | $2(+), 4(-)$ |
| 资本投资/百万元 | 5 | 7 | 8 | $\leqslant 55$ | 3 |

表 7.10 有层次差异时的目标规划问题

| 优先层 | 因素 | 目标 | 惩罚权重 |
|---|---|---|---|
| 第一层次 | 雇用水平/百人 | $\leqslant 40$ | 2 |
| | 资本投资/百万元 | $\leqslant 55$ | 3 |
| 第二层次 | 长期利润/百万元 | $\geqslant 125$ | 5 |
| | 雇用水平 百人 | $\geqslant 40$ | 4 |

在无层次差异的情形下, 由 (7.14) 有

$$\min z = 5y_1^- + 2y_2^+ + 4y_2^- + 3y_3^+$$
$$\text{s.t.} \begin{cases} 12x_1 + 9x_2 + 15x_3 - y_1^+ + y_1^- = 125, \\ 5x_1 + 3x_2 + 4x_3 - y_2^+ + y_2^- = 40, \\ 5x_1 + 7x_2 + 8x_3 - y_3^+ + y_3^- = 55, \\ x_j \geqslant 0 (j = 1,2,3), y_k^+ \geqslant 0, y_k^- \geqslant 0 (k = 1,2,3). \end{cases}$$

这是一个线性规划问题, 求解得 $x_1 = \dfrac{25}{3}$, $x_2 = 0$, $x_3 = \dfrac{5}{3}$, $y_1^+ = 0$, $y_1^- = 0$, $y_2^+ = \dfrac{25}{3}$, $y_2^- = 0$, $y_3^+ = 0$, $y_3^- = 0$, $z = \dfrac{50}{3}$.

在有层次差异的情形下, 由 (7.15) 有第一层次的 $y_2^+, y_3^+$; 第二层次的 $y_1^-, y_2^-$. 当应用序列解法时线性目标规划为第一阶段, 因为只有第一层次的目标被考虑, 所以有

$$\min z = 2y_2^+ + 3y_3^+$$
$$\text{s.t.} \begin{cases} 5x_1 + 3x_2 + 4x_3 - y_2^+ + y_2^- = 40, \\ 5x_1 + 7x_2 + 8x_3 - y_3^+ + y_3^- = 55, \\ x_j \geqslant 0, y_k^+ \geqslant 0, y_k^- \geqslant 0 \quad (j = 1,2,3; k = 1,2,3). \end{cases}$$

由单纯形法解得 $y_2^+ = 0, y_3^+ = 0, z = 0$, 于是 $z^* = 0$.

因为有解 $(x_1, x_2, x_3)$ 满足约束

$$5x_1 + 3x_2 + 4x_3 \leqslant 40,$$
$$5x_1 + 7x_2 + 8x_3 \leqslant 55,$$

和非负性约束, 所以这两个第一层次的目标应作为今后的限制条件. 使用它们作为限制时会使得 $y_2^+ = y_3^+ = 0$, 所以这两个变量就自动地从模型中消失.

在第二阶段的模型中去掉 $y_2^+$ 和 $y_3^+$ 并加上第二层次目标, 有

$$\min z = 5y_1^- + 4y_2^-$$

$$\text{s.t.} \begin{cases} 12x_1 + 9x_2 + 15x_3 - y_1^+ + y_1^- = 125, \\ 5x_1 + 3x_2 + 4x_3 + y_2^- = 40, \\ 5x_1 + 7x_2 + 8x_3 + y_3^- = 55, \\ x_j \geqslant 0, y_k^+ \geqslant 0, y_k^- \geqslant 0 \quad (j = 1,2,3; k = 1,2,3). \end{cases}$$

解得 $x_1 = 5$, $x_2 = 0$, $x_3 = \dfrac{15}{4}$, $y_1^+ = 0$, $y_1^- = \dfrac{35}{4}$, $y_2^- = 0$, $y_3^- = 0$, $z = \dfrac{175}{4}$.

因为这个解是唯一的, 或者因为现在这里没有更多层次水平的目标, 所以算法停止并得到如上的最优解.

当应用流水线法来求解时, 模型为

$$\min z = 5y_1^- + 2My_2^+ + 4y_2^- + 3My_3^+$$

$$\text{s.t.} \begin{cases} 12x_1 + 9x_2 + 15x_3 - y_1^+ + y_1^- = 125, \\ 5x_1 + 3x_2 + 4x_3 - y_2^+ + y_2^- = 40, \\ 5x_1 + 7x_2 + 8x_3 - y_3^+ + y_3^- = 55, \\ x_j \geqslant 0, y_k^+ \geqslant 0, y_k^- \geqslant 0 \quad (j = 1,2,3; k = 1,2,3). \end{cases}$$

此时, 用大 $M$ 法求解上述线性规划模型可得类似的结果. 方法为: 选择 $y_1^-$, $y_2^-$, $y_3^-$ 为初始基变量, 应用 Gauss 消元法进行初始化即可. 若右边常数为负值, 则选择相应的正偏差变量作为初始基变量即可.

## 7.7 多属性决策

多属性决策是一类特殊的多准则决策问题, 其特征就是具有有限个离散的方案. 多属性决策在决策论、经济学、统计学、心理学、管理学中有广泛的应用.

### 7.7.1 基本概念

为方便起见, 假定一个多属性决策问题由以下要素构成:

(1) 有 $n$ 个评价指标 $f_j$ $(1 \leqslant j \leqslant n)$.

(2) 有 $m$ 个决策方案 (又可称为备选方案, 简称为方案) $A_i$ $(1 \leqslant i \leqslant m)$, 记对应的方案集 $X = \{\boldsymbol{x}^1, \boldsymbol{x}^2, \cdots, \boldsymbol{x}^m\}$.

(3) 有一个决策矩阵 $\boldsymbol{D}=(x_{ij})_{m\times n}$, 为

$$\boldsymbol{D}=\begin{array}{c} \\ A_1 \\ A_2 \\ \vdots \\ A_m \end{array}\begin{array}{c} \begin{array}{cccc} f_1 & f_2 & \cdots & f_n \end{array} \\ \left[\begin{array}{cccc} x_{11} & x_{12} & \cdots & x_{1n} \\ x_{21} & x_{22} & \cdots & x_{2n} \\ \vdots & \vdots & & \vdots \\ x_{m1} & x_{m2} & \cdots & x_{mn} \end{array}\right] \end{array}, \tag{7.16}$$

其中, $x_{ij}$ 元素表示第 $i$ 个方案 $A_i$, 第 $j$ 个指标 $f_j$ 的取值, 记为 $f_j(\boldsymbol{x}^i)$.

容易看出, 对于多属性决策问题来说, 决策空间中只有 $m$ 个离散的点. 多属性决策的研究重点是决策矩阵 $\boldsymbol{D}$, 即一般来说, 是直接根据决策矩阵 $\boldsymbol{D}$ 进行判断, 在某种决策原则下选择满意方案.

下面给出各种方案的定义. 为方便起见, 总是假定多属性决策中各个评价指标都是求极大值.

**定义 7.3 (单指标排序下的最优值和最劣值)** 根据第 $j$ 个指标 $f_j$, 容易对 $m$ 个方案进行排序, 找出最优值和最劣值. 在求最大化的假定下, 有

$$\text{最优值为 } f_j^*=\max_{1\leqslant i\leqslant m}\{x_{ij}\} \quad (j=1,2,\cdots,n),$$

$$\text{最劣值为 } f_j^\wedge=\min_{1\leqslant i\leqslant m}\{x_{ij}\} \quad (j=1,2,\cdots,n).$$

**定义 7.4 (理想方案和最优方案)** 称方案 $\boldsymbol{f}^*=(f_1^*,f_2^*,\cdots,f_n^*)$ 为理想方案. 若 $m$ 个备选方案中存在一个方案 $\boldsymbol{x}^e=(x_{e1},x_{e2},\cdots,x_{en})$, 对于任意方案 $\boldsymbol{x}^i=(x_{i1},x_{i2},\cdots,x_{in})$, 都有 $x_{ej}\geqslant x_{ij}$ $(j=1,2,\cdots,n)$, 则 $\boldsymbol{x}^e$ 为最优方案.

若最优方案 $\boldsymbol{x}^e$ 的 $n$ 个指标值恰好等于 $f_j^*$ $(1\leqslant j\leqslant n)$, 则这个方案就是理想方案. 一般来说, 这样的理想方案是不存在的.

**定义 7.5 (优势原则和劣解)** 对备选方案 $\boldsymbol{x}^s$ 和 $\boldsymbol{x}^i$, 若有关系式 $x_{sj}\geqslant x_{ij}$ $(j=1,2,\cdots,n)$, 并且 $x_{sj}>x_{ij}$ $(j=1,2,\cdots,n)$ 至少对一个 $j$ 成立. 则称方案 $\boldsymbol{x}^s$ 优于 $\boldsymbol{x}^i$ (方案 $\boldsymbol{x}^i$ 被 $\boldsymbol{x}^s$ 所支配, 或 $\boldsymbol{x}^i$ 为受支配的), 记为 $\boldsymbol{x}^s\succ\boldsymbol{x}^i$.

此时方案 $\boldsymbol{x}^i$ 就是劣方案. 根据优势原则, 可以把方案 $\boldsymbol{x}^i$ 淘汰, 不予考虑.

**定义 7.6 (非劣方案)** 对于某一个方案 $\boldsymbol{x}^k$, 若不存在其他方案 $\boldsymbol{x}^i$ $(i=1,2,\cdots,m;\ i\neq k)$ 优于它, 就称 $\boldsymbol{x}^k$ 为非劣方案, 或称有效方案.

### 7.7.2 规范处理

在多属性决策中, 由于各个评价指标的单位不同、量纲不同、数量级不同, 这会影响决策的结果, 甚至造成决策失误. 为了统一标准, 必须进行预处理, 即对

所有评价指标进行标准化处理, 把决策矩阵 $\boldsymbol{D}$ 中的所有指标值转化为无量纲、无数量级差别的标准分值, 然后进行决策.

现在假定原决策矩阵 $\boldsymbol{D}=(x_{ij})_{m\times n}$, 经过标准化处理后得到矩阵 $\boldsymbol{R}=(r_{ij})_{m\times n}$. 则决策矩阵标准归一化的方法主要有以下几种.

1. 向量归一化

$$r_{ij}=\frac{x_{ij}}{\sqrt{\sum\limits_{k=1}^{m}x_{kj}^2}}.$$

其优点有: $0\leqslant r_{ij}\leqslant 1\ (1\leqslant i\leqslant m, 1\leqslant j\leqslant n)$; 对于每一个指标 $f_j$, 矩阵 $\boldsymbol{R}$ 中列向量的模为 1, 因为 $\sum\limits_{i=1}^{m}r_{ij}^2=1\ (j=1,2,\cdots,n)$.

2. 线性比例变换

对于效益指标 $f_j$, 取

$$x_j^*=\max_{1\leqslant i\leqslant m}\{x_{ij}\}\quad (j=1,2,\cdots,n),$$

则定义

$$r_{ij}=\frac{x_{ij}}{x_j^*}. \tag{7.17}$$

其优点有: $0\leqslant r_{ij}\leqslant 1\ (1\leqslant i\leqslant m, 1\leqslant j\leqslant n)$; 计算方便; 保留了相对排序关系.

对于损益指标 $f_j$, 取

$$r_{ij}=1-\frac{x_{ij}}{x_j^*}. \tag{7.18}$$

其优点同以上.

若决策矩阵 $\boldsymbol{D}$ 中同时有效益指标和损益指标, 那么不能同时应用变换方程 (7.17) 和 (7.18). 因为这时它们的基点是不同的, 对于效益来说, 基点是 0, 但对于损益来说, 基点却是 1. 此时可以对损益指标取其倒数作为效益指标. 变换方程 (7.17) 对于损益指标就变成

$$r_{ij}=\frac{x_j^{\wedge}}{x_{ij}},$$

其中, $x_j^{\wedge}=\min\limits_{1\leqslant i\leqslant m}\{x_{ij}\}\ (j=1,2,\cdots,n)$.

3. 极差变换

令

$$x_j^*=\max_{1\leqslant i\leqslant m}\{x_{ij}\},\quad x_j^{\wedge}=\min_{1\leqslant i\leqslant m}\{x_{ij}\}\qquad (j=1,2,\cdots,n),$$

则对于效益指标 $f_j$, 有

$$r_{ij}=\frac{x_{ij}-x_j^{\wedge}}{x_j^*-x_j^{\wedge}}\quad(1\leqslant i\leqslant m,1\leqslant j\leqslant n).$$

对于损益指标 $f_j$, 有

$$r_{ij}=\frac{x_j^*-x_{ij}}{x_j^*-x_j^{\wedge}}\quad(1\leqslant i\leqslant m,1\leqslant j\leqslant n).$$

其优点有两个: $0\leqslant r_{ij}\leqslant 1$ $(1\leqslant i\leqslant m,1\leqslant j\leqslant n)$; 对于每一个评价指标 $f_j$, 总是有最优值 $r_j^*=1$, 最劣值 $r_j^{\wedge}=0$.

在多属性决策中, 不少评价指标是不确定指标, 只能定性地描述, 对于这些不确定指标, 必须赋值, 使其定量化. 一般来说, 对于指标最优值可赋值为 10; 对于指标最劣值可赋值为 0. 即不确定效益指标的量化为: 很低、低、一般、高、很高, 分别对应于 1, 3, 5, 7, 9; 而不确定损益指标的量化为: 很低、低、一般、高、很高, 分别对应于 9, 7, 5, 3, 1. 而介于中间的判断值可以取为偶数.

### 7.7.3 决策方法

这里仅选择性地介绍一些常用方法和基本原则. 为了便于目标间的相互比较, 假设已对其进行规范化处理. 此外, 还假设决策者希望每个目标的值越小越好.

#### 7.7.3.1 粗筛选

当方案数量较大时, 在分析之初应当尽可能筛去一些属性较差的方案, 从而减轻后续求解的工作量. 这个步骤也通常在目标的规范化过程之前. 常用的粗筛选方法有三种.

1. 优选法

优选法就是从最初方案集 $X$ 中将所有受支配的方案筛去, 得一没有受支配方案的方案集 $X$.

2. 满意度法

对每个指标 $f_j$, 让决策者提出一个能接受的最高值 (通常称为切除值) $f_j^0$ $(j=1, 2,\cdots, n)$. 筛去一切不满足 $f_j(\boldsymbol{x}^i)\leqslant f_j^0$ $(j=1, 2,\cdots, n)$ 的方案 $\boldsymbol{x}^i$, 剩下的方案构成新的方案集 $X$.

3. 分离法

对每个指标 $f_j$, 让决策者提出一个接受值 $\alpha_j$ $(j=1,2,\cdots,n)$. 至少有一个 $j$ $(1\leqslant j\leqslant n)$ 使得 $\boldsymbol{x}^i$ 满足 $f_j(\boldsymbol{x}^i)\leqslant \alpha_k$, 则称方案 $\boldsymbol{x}^i$ 是粗选合格的, 否则称非粗选合格的. 从方案集中筛去所有非粗选合格的方案, 所得的集合作为新的方案集.

粗筛选过程结束后, 就需要对保留下来的方案进行选优, 让决策者得到其最合意的方案. 此时仍记决策矩阵 $\boldsymbol{D}$ 为 (7.16), 下面基于此介绍几种优选的方法.

7.7.3.2 字典序法

假设决策者认为 $n$ 个目标按重要程度可分为 $n$ 个不同等级, 不妨说, 第 1 个目标为第 1 级, $\cdots$, 第 $n$ 个目标为第 $n$ 级, 级别越大越不重要.

**算法 7.1** 算法步骤如下:

步 0: 令 $X^0 = X$, $j = 1$.

步 1: 计算 $f_j^* = \min\{f_j(\boldsymbol{x})|\boldsymbol{x} \in X^{j-1}\}$ 和求 $X^j = \{\boldsymbol{x} \in X^{j-1}|f_j(\boldsymbol{x}) = f_j^*\}$.

步 2: 若 $j = n$, 则取 $X^n$ 中的一个方案作为最优方案 (当 $X^n$ 不是单点集时, 可采用别的方法再次进行选优). 否则进入下一步.

步 3: 若 $X^j$ 为单点集, 则 $X^j$ 中方案为最优方案; 否则令 $j+1 \to j$ 转步 1.

7.7.3.3 线性加权法

确定 $n$ 个目标的权数 $\boldsymbol{\lambda}$, 得线性加权函数:

$$F(\cdot) = \sum_{j=1}^{n} \lambda_j f_j(\cdot).$$

然后用 $F(\cdot)$ 代替决策者的函数来评价 $m$ 个方案, 求 $X$ 中使得 $F(\cdot)$ 最小的一个方案. 基于此思想, 一个简单快捷的评价方法是文献 [35] 介绍的计分模型.

7.7.3.4 TOPSIS 法

TOPSIS (Technique for Order of Preference by Similarity to Ideal Solution) 法是借助于 “理想点” 和 “负理想点” 去构造一个评价函数, 用这个评价函数去评价各个方案从而选出最合情理的方案.

假定决策者除希望每个目标值尽可能小外, 没有 (或无暇) 进一步给出偏好信息. 定义负理想点 $\boldsymbol{f}^- = (f_1^-, f_2^-, \cdots, f_n^-)^{\mathsf{T}}$ 和正理想点 $\boldsymbol{f}^+ = (f_1^+, f_2^+, \cdots, f_n^+)^{\mathsf{T}}$ 为

$$\begin{aligned} f_j^- &= \min\{f_{ij}|i = 1, 2, \cdots, m\} \quad (j = 1, 2, \cdots, n), \\ f_j^+ &= \max\{f_{ij}|i = 1, 2, \cdots, m\} \quad (j = 1, 2, \cdots, n). \end{aligned}$$

通常, 没有 $\boldsymbol{x}^- \in X$ 使得 $f(\boldsymbol{x}^-) = \boldsymbol{f}^-$, 也没有 $\boldsymbol{x}^+ \in X$ 使得 $f(\boldsymbol{x}^+) = \boldsymbol{f}^+$. 对 $i = 1, 2, \cdots, m$, 令

$$s_i^- = \sqrt{\sum_{j=1}^{n} (f_{ij} - f_j^-)^2}, \quad s_i^+ = \sqrt{\sum_{j=1}^{n} (f_{ij} - f_j^+)^2}, \quad c_i = \frac{s_i^+}{s_i^- + s_i^+},$$

则 $c_i$ 反映了在目标空间中 $f(\boldsymbol{x}^i)$ 与 $\boldsymbol{f}^-$ 和 $\boldsymbol{f}^+$ 的一种距离关系. 显然, $0 \leqslant c_i \leqslant 1$ $(i = 1, 2, \cdots, m)$. 一般地, 方案 $\boldsymbol{x}^i$ 的目标值 $f(\boldsymbol{x}^i)$ 若离 $\boldsymbol{f}^-$ 比较近同时离 $\boldsymbol{f}^+$ 比较远, 则 $c_i$ 的值相对地来讲较大. 因此, 可根据 $c_i$ 的值对 $m$ 个方案进行排序. 另外, 这种方法进行修改后可有效地进行粗筛选.

#### 7.7.3.5 ELECTRE 法

一般地, 对方案集 $X$ 中的方案经过粗筛选后, 不存在可用 "$\leqslant$" 进行比较的支配关系. 对此, ELECTRE (ELimination and Choice Expressing REality) 法的基本思想是在 $X$ 上引进 "级别高于关系 $S$", 用关系 $S$ 对 $X$ 中的方案进行排序. 关系 $S$ 建立在决策者愿意承认 $x^i$ 比 $x^j$ 好所产生的一定风险的基础上. 若关系 $S$ 构造出来, 可在平面上的一个有向图上完成排序任务.

构造级别高于关系 $S$ 的一种方法基于 "和谐性" 与 "非和谐性" 两个概念以及对应的两个检验.

**算法 7.2 (和谐性检验)** 步骤如下:

步 1: 决策者给出 $n$ 个目标的权数 $\lambda_j \geqslant 0$ $(j = 1, 2, \cdots, n)$.

步 2: 对于 $X$ 中的每对方案 $\boldsymbol{x}^i$ 和 $\boldsymbol{x}^k$ 构造以下的指标集:

$$I^+(\boldsymbol{x}^i, \boldsymbol{x}^k) = \{j \in \{1, 2, \cdots, n\} | f_j(\boldsymbol{x}^i) > f_j(\boldsymbol{x}^k)\},$$
$$I^=(\boldsymbol{x}^i, \boldsymbol{x}^k) = \{j \in \{1, 2, \cdots, n\} | f_j(\boldsymbol{x}^i) = f_j(\boldsymbol{x}^k)\},$$
$$I^-(\boldsymbol{x}^i, \boldsymbol{x}^k) = \{j \in \{1, 2, \cdots, n\} | f_j(\boldsymbol{x}^i) < f_j(\boldsymbol{x}^k)\}.$$

步 3: 计算和谐性指数:

$$I_{ik} = \frac{\sum\limits_{j \in I^-(x^i, x^k)} \lambda_j + \sum\limits_{j \in I^=(x^i, x^k)} \lambda_j}{\sum\limits_{j=1}^{n} \lambda_j}, \qquad \widehat{I}_{ik} = \frac{\sum\limits_{j \in I^-(x^i, x^k)} \lambda_j}{\sum\limits_{j \in I^+(x^i, x^k)} \lambda_j}.$$

步 4: 让决策者选择 $\alpha$ 的一个值, 若

$$I_{ik} \geqslant \alpha, \quad \widehat{I}_{ik} \geqslant 1, \tag{7.19}$$

则称通过了和谐性检验. 否则称未通过和谐性检验.

和谐性检验有一个致命的弱点, 即隐含假定了目标间的补偿总是可接受的, 不管被补偿的值多大. 这一弱点由下面的非和谐性检验弥补.

**算法 7.3 (非和谐性检验)** 步骤如下:

步 1: 让决策者设定阈值 $d_j > 0$, 令

$$D_j = \{(f_j(\boldsymbol{x}^i), f_j(\boldsymbol{x}^k)) | f_j(\boldsymbol{x}^i) - f_j(\boldsymbol{x}^k) \geqslant d_j\} \quad (j = 1, 2, \cdots, n).$$

步 2: 若

$$(f_j(\boldsymbol{x}^i), f_j(\boldsymbol{x}^k)) \notin D_j, \forall j \in I^i(\boldsymbol{x}^k, \boldsymbol{x}^i), \tag{7.20}$$

则称通过了非和谐性检验. 否则称未通过非和谐性检验.

定义级别高于关系 $S$: $\boldsymbol{x}^i S \boldsymbol{x}^k$, 当且仅当 (7.19) 与 (7.20) 成立.

在非和谐性检验中, 对应于目标 $f_j$ 当一对方案的目标值之差 $f_j(\boldsymbol{x}^i) - f_j(\boldsymbol{x}^k)$ 大于等于阈值 $d_j$ 时, 就不能接受其他目标的补偿. 即此时不论其他目标的值如何, 都不认为 $\boldsymbol{x}^i S \boldsymbol{x}^k$.

**算法 7.4 (ELECTRE 法)** 算法步骤如下:

步 1: 构造级别高于关系 $S$, 并绘出 $X$ 上赋有 $S$ 的有向图.

步 2: 利用 $S$ 剔除级别低的方案 (相当于在图上运算), 得一最小优势集 $X_1$ (即在 $S$ 意义下为最好的一类方案).

步 3: 若 $X_1$ 为单点集或方案数目少到可让决策者直接使用判断去选择最终方案, 则过程终止. 否则修正 $\alpha$ 和 $d_j$ 的值, 转步 1.

7.7.3.6* 层次分析法

层次分析法也是一种基于线性加权的方法, 可求解复杂的多属性决策问题. 此法是 T. L. Saaty 于 20 世纪 70 年代初, 在为美国国防部研究 "根据各个工业部门对国家福利的贡献大小而进行电力分配" 课题时, 应用网络系统理论和多目标综合评价方法, 提出的一种层次权重决策分析方法. 这种方法适用于结构较为复杂、决策准则较多而且不易量化的决策问题. 因为其思路简单明了, 尤其是紧密地和决策者的主观判断及推理联系起来, 对决策者的推理进行量化的描述, 可以避免决策者在结构复杂和方案较多时在逻辑推理上出失误, 所以这种方法得到广泛的应用. 相应的软件实现可以选择 Expert Choice, 其使用举例可参见文献 [21, 35], 相关原理与方法可参见文献 [38].

层次分析法的基本内容如下.

(1) 根据问题的性质和要求, 得出一个总的目标. 并对因素进行分类: 一为目标类; 二为准则类, 这是衡量目标标准能否实现的判断标准; 三为措施类, 这是指实现目标的方案、方法、手段.

(2) 从目标到措施自上而下将各类因素之间的直接影响关系安排到不同层次, 构成一个层次结构图.

(3) 将问题按层次分解, 对同一层次内的诸因素通过两两比较的方法确定出相对于上一层目标的各自权系数. 这样层层分析下去, 直到最后一层, 可给出所有因素 (或方案) 相对于总目标而言的、按重要性 (或偏好) 程度的一个排序.

层次分析法的优缺点都十分突出.

(1) 优点: ① 系统性的分析方法. 层次分析法将研究对象作为一个系统, 按照分解、比较判断、综合的思维方式进行决策, 成为继机理分析、统计分析之后发展起来的系统分析的重要工具. 这种方法尤其可用于对无结构特性的系统评价以及多目标、多准则、多时期等的系统评价. ② 简洁实用的决策方法. 即使是具有中等文化程度的人也可了解层次分析的基本原理和掌握它的基本步骤, 计算也非常简便, 并且所得结果简单明确, 容易为决策者了解和掌握. ③ 所需定量数据信息较少. 层次分析法把判断各要素相对重要性的步骤留给了大脑, 只保留人脑对要素的印象, 化为简单的权重进行计算. 这种思想能处理许多用传统的最优化技术无法着手的实际问题。

(2) 缺点: ① 不能为决策提供新方案. 层次分析法的作用是从备选方案中选择较优者. ② 定量数据较少, 定性成分多, 不易令人信服. ③ 指标过多时数据统计量大, 且权重难以确定. 由于客观事物的复杂性或对事物认识的片面性, 通过所构造的判断矩阵求出的特征向量 (权值) 不一定是合理的. 不能通过一致性检验, 就需要调整判断矩阵. 在指标数量多的时候这是个很痛苦的过程, 因为根据人的思维定势, 你觉得这个指标应该是比那个重要, 所以就比较难调整过来. 同时, 也不容易发现指标的相对重要性的取值中到底是哪个有问题, 哪个没问题. 这就可能花了很多时间, 仍然是不能通过一致性检验, 而更糟糕的是根本不知道哪里出现了问题. 也就是说, 层次分析法里面没有办法指出判断矩阵里哪个元素出了问题. ④ 特征值和特征向量的精确求法比较复杂. 在求判断矩阵的特征值和特征向量时, 所用的方法和多元统计所用的方法是一样的. 在二阶、三阶的时候, 还比较容易处理, 但随着指标的增加, 阶数也会增加, 在计算上也变得更困难. 不过幸运的是这个缺点比较好解决, 有三种比较常用的近似计算方法 —— 和法、幂法、根法.

因此, 若所选的要素不合理, 其含义混淆不清, 或要素间的关系不正确, 都会降低层次分析法的结果质量, 甚至导致层次分析法决策失败. 为保证递阶层次结构的合理性, 需把握以下原则:

(1) 分解简化问题时把握主要因素, 不漏不多;

(2) 注意相比较元素之间的强度关系, 相差悬殊的要素不能在同一层次中进行比较.

#### 7.7.3.7* 数据包络分析

数据包络分析 (data envelopment analysis, DEA) 是 A. B. Charnes 和 W. W. Cooper 等在 "相对效率评价" 概念基础上发展起来的一种新的系统分析方法. 其基本功能是 "评价", 特别是进行多个同类样本间的 "相对优劣性" 的评价, 实际上是指通过 DEA 方法提供的评价功能而进行的系统分析工作. 就其目的性本身, 有可能就是评价, 也可能是其他系统分析内容, 如对系统进行预测、预警以及控制等.

设有 $n$ 个决策单元 $\text{DMU}_j$ $(j=1,2,\cdots,n)$ 的输入、输出向量分别为

$$\boldsymbol{x}_j=(x_{1j},x_{2j},\cdots,x_{mj})^{\mathsf{T}}>\boldsymbol{0},$$
$$\boldsymbol{y}_j=(y_{1j},y_{2j},\cdots,y_{sj})^{\mathsf{T}}>\boldsymbol{0}.$$

由于在生产过程中各种输入和输出的地位与作用不同, 要对决策单元 (decision making unit, DMU) 进行评价, 须对它的输入和输出进行 "综合", 即把它们看作只有一个总体输入和一个总体输出的生产过程, 这样就需要赋予每个输入、输出恰当的权重, 例如, $\boldsymbol{x}_j$ 的权重为 $v_j$, $\boldsymbol{y}_k$ 的权重为 $u_k(1\leqslant j,k\leqslant n)$. 问题是, 由于在一般情况下对输入、输出量之间的信息结构了解甚少或它们之间的相互替代性比较复杂, 也由于想尽量避免分析者主观意志的影响, 并不准备事先给定输入、输出权向量 $\boldsymbol{v}=(v_1,v_2,\cdots,v_m)^{\mathsf{T}}$, $\boldsymbol{u}=(u_1,u_2,\cdots,u_s)^{\mathsf{T}}$. 而是先把它们看作变向量, 然后在分析过程中再根据某种原则来确定它们. 下面是一个直观定义.

**定义 7.7** 称 $h_j\triangleq\dfrac{\boldsymbol{u}^{\mathsf{T}}\boldsymbol{y}_j}{\boldsymbol{v}^{\mathsf{T}}\boldsymbol{x}_j}=\dfrac{\sum\limits_{k=1}^{s}u_ky_{kj}}{\sum\limits_{i=1}^{m}v_ix_{ij}}$ $(j=1,2,\cdots,n)$ 为第 $j$ 个决策单元 $\text{DMU}_j$ 的效率评价指数.

在这个定义中, 总可以适当地选取 $\boldsymbol{u}$ 和 $\boldsymbol{v}$, 使 $h_j\leqslant 1$. 粗略地说, $h_{j_0}$ 越大, 表明 $\text{DMU}_{j_0}$ 越能够用相对较少的输入而得到相对较多的输出. 因此, 若想了解 $\text{DMU}_{j_0}$ 在这 $n$ 个 DMU 中相对来说是不是 "最优" 的, 可以考察当尽可能地变化 $\boldsymbol{u}$ 和 $\boldsymbol{v}$ 时, $h_{j_0}$ 的最大值究竟为多少? 这样, 若要对 $\text{DMU}_{j_0}$ 进行评价, 就可以构造下面的 $C^2R$ 模型 $(\overline{P})$:

$$\max V_{\overline{P}}=\frac{\sum\limits_{k=1}^{s}u_ky_{kj_0}}{\sum\limits_{i=1}^{m}v_ix_{ij_0}}$$
$$\text{s.t.}\quad\begin{cases}\dfrac{\sum\limits_{k=1}^{s}u_ky_{kj}}{\sum\limits_{i=1}^{m}v_ix_{ij}}\leqslant 1 & (j=1,2,\cdots,n),\\ u_k\geqslant 0 & (k=1,2,\cdots,s),\\ v_i\geqslant 0 & (i=1,2,\cdots,m).\end{cases}\tag{7.21}$$

这是一个分式规划问题, 可以转化为线性规划进行求解, 参见文献 [38–40]. LINGO 软件中就包括了具体实例, 其使用方法可参见文献 [35].

## 7.8* Markov 决策

下面简单地介绍一下 Markov 决策的内容, 参见文献 [41].

### 7.8.1 转移矩阵

一个过程 (或系统) 在未来时刻 $t+1$ 的状态只依赖于当前时刻 $t$ 的状态, 而与以往更前时刻的状态无关, 这一特性就称为无后效性 (无记忆性) 或 Markov 性. 换一个说法, 从过程演变或推移的角度上考虑, 若系统在时刻 $t+1$ 的状态概率, 仅依赖于当前时刻 $t$ 的状态概率, 而与如何到达这个状态的初始概率无关, 这一特性即 Markov 性.

设随机变量序列 $\{X_1, X_2, \cdots, X_m, \cdots\}$, 其状态集合为 $S=\{s_1, s_2, \cdots, s_n\}$. 若对任意的 $k$ 和任意正整数 $i_1, i_2, \cdots, i_k, i_{k+1}$, 有下式成立:

$$P\{X_{k+1}=s_{i_{k+1}}|X_1=s_{i_1}, X_2=s_{i_2}, \cdots, X_k=s_{i_k}\}$$
$$=P\{X_{k+1}=s_{i_{k+1}}|X_k=s_{i_k}\},$$

则称随机变量序列 $\{X_1, X_2, \cdots, X_m, \cdots\}$ 为一个 Markov 链 (Markov chain).

若系统从状态 $s_i$ 转移到状态 $s_j$, 将条件概率 $P(s_j|s_i)$ 称为状态转移概率, 记作 $P(s_j|s_i)=p_{ij}$. 也可简单地说, $p_{ij}$ 是从 $i$ 到 $j$ 的转移概率.

条件概率

$$p_{ij}^{(k)}=P(X_{k+i}=s_j|X_i=s_i) \quad (i,j=1,2,\cdots,n)$$

称为状态 $s_i$ 到状态 $s_j$ 的 $k$ 步转移概率. 当 $k=1$ 时, 称为从状态 $s_i$ 到状态 $s_j$ 的一步转移概率.

若一个经济现象有 $n$ 个状态 $s_1, s_2, \cdots, s_n$, 状态的转移是每隔单位时间才可能发生的, 而且这种转移满足 Markov 性的要求, 就可以把所研究的经济现象视为一个 Markov 链. 虽然经济现象是复杂的, 但只要具有 Markov 性, 便可以简单而方便地进行预测和决策. 需要指出, Markov 链适用于近期资料的预测和决策. 例如, 在对某公司的一种商品的市场占有率进行预测时, 就可以利用这种模型加以解决. 又如, 对一个工厂转产的前景进行预测时, 也同样可以利用这种方法来处理. 在预测的基础上, 再利用这种方法进行决策, 即 Markov 决策.

需要指出, 这里只研究一种特殊的 Markov 链, 即齐次 Markov 链. 齐次是指状态转移概率与状态所在时刻无关, 而且这里只考虑状态集有限的情形.

假设系统的状态为 $s_1, s_2, \cdots, s_n$ 共 $n$ 个状态, 而且任一时刻系统只能处于一种状态. 若当前它处于状态 $s_i$, 那么下一个单位时间, 它可能由 $s_i$ 转向 $s_1$,

$s_2, \cdots, s_i, \cdots, s_n$ 中任一状态; 相应的转移概率为 $p_{i1}, p_{i2}, \cdots, p_{ii}, \cdots, p_{in}$, 有

$$\begin{cases} 0 \leqslant p_{ij} \leqslant 1, \\ \sum\limits_{j=1}^{n} p_{ij} = 1 \quad (i = 1, 2, \cdots, n); \end{cases} \tag{7.22}$$

并称矩阵

$$\boldsymbol{P} = (p_{ij})_{n \times n} \tag{7.23}$$

为状态转移概率矩阵 (简称转移矩阵).

对于 $k$ 步转移矩阵

$$\boldsymbol{P}^{(k)} = (p_{ij}^{(k)})_{n \times n}, \tag{7.24}$$

其中, $p_{ij}^{(k)}$ 也满足 (7.22).

不难看出, 一般的矩阵并不一定满足 (7.22), 因此称 (7.23) (或 (7.24)) 的矩阵 $\boldsymbol{P}$ (或 $\boldsymbol{P}^{(k)}$) 为随机矩阵或概率矩阵. 不难证明, 若 $\boldsymbol{P}_1, \boldsymbol{P}_2$ 均为 $n \times n$ 的概率矩阵, 则 $\boldsymbol{P}_1 \cdot \boldsymbol{P}_2$ 及 $\boldsymbol{P}_1^n$ 也是概率矩阵. (7.22) 的第二式表示各行的概率和等于 1; 若进一步满足各列的概率和也等于 1, 这时的矩阵也称为双重概率矩阵.

若 $\boldsymbol{P}$ 为概率矩阵, 且存在 $m > 0$, 使 $\boldsymbol{P}^m$ 中诸元素皆大于 0, 则称 $\boldsymbol{P}$ 为标准 (正规) 概率矩阵. 设 $\boldsymbol{P}$ 是标准概率矩阵, 则必存在非零行向量 $\boldsymbol{\pi} = (\pi_1, \pi_2, \cdots, \pi_n)$ 使得

$$\boldsymbol{\pi P} = \boldsymbol{\pi}, \tag{7.25}$$

称 $\boldsymbol{\pi}$ 为 $\boldsymbol{P}$ 的平衡向量. 若进一步满足

$$\pi_1 + \pi_2 + \cdots + \pi_n = 1,$$

称此 $\pi_j$ 为状态 $s_j$ 的稳态 (平衡) 概率. $P$ 的这一特性在实用中有重要的价值. 通常在市场预测中, 所讨论的用户转移概率矩阵就属于标准概率矩阵, 它可以通过几步转移达到稳定 (平衡) 状态. 在这种情况下, 各厂家的用户占有率不再发生变化, 此时的 $\pi$ 称为最终用户占有率向量.

**例 7.9** 某商店对前一天来店购买 A, B, C 三种品牌服装的顾客各 100 名的购买情况做了统计 (每天都购买一件), 统计结果如表 7.11 所示. 假定一名服客在第一天购品牌 A 的服装, 试问第三天他购买品牌 B 的概率是多少?

**解** 这实际上要求的是二步转移概率

$$p_{12}^{(2)} = P\{X_3 = s_2 | X_1 = s_1\}.$$

不妨认为顾客在每次购买服装时, 只对他前次所买服装品牌有印象 (记忆), 因此商店可以用一个 Markov 链 $\{X_m | m = 1, 2, \cdots\}$ 来描述顾客对服装的需

表 7.11 顾客购买情况调查

| 顾客数目 | | 本次购买的品牌 | | |
|---|---|---|---|---|
| | | A | B | C |
| 前次购买的品牌 | A | 20 | 50 | 30 |
| | B | 20 | 70 | 10 |
| | C | 30 | 30 | 40 |

求情况. 这里, 随机变量 $X_m$ 表示顾客在第 $m$ 次购买服装的品牌, 令 $s_1 = \text{A}$, $s_2 = \text{B}$, $s_3 = \text{C}$. 故此 Markov 链的转移矩阵 (即一步转移矩阵 $\boldsymbol{P}^{(1)}$) 为

$$\boldsymbol{P} = \begin{bmatrix} 0.2 & 0.5 & 0.3 \\ 0.2 & 0.7 & 0.1 \\ 0.3 & 0.3 & 0.4 \end{bmatrix}, \tag{7.26}$$

则顾客在第二天购买品牌 A, B, C 的概率分别为

$$p_{11} = 0.2, \quad p_{12} = 0.5, \quad p_{13} = 0.3.$$

而在第二天购买的品牌分别为 A, B, C 时, 在第三天购买 B 品牌的概率分别为

$$p_{12} = 0.5, \quad p_{22} = 0.7, \quad p_{32} = 0.3.$$

故可得到下面的结果:

$$p_{12}^{(2)} = p_{11}p_{12} + p_{12}p_{22} + p_{13}p_{32} = 0.54.$$

一般地, Markov 链的二步转移矩阵 $\boldsymbol{P}^{(2)}$ 中任一元素 $p_{ij}^{(2)}$ 可应用以下公式来计算:

$$p_{ij}^{(2)} = \boldsymbol{P}_{i\cdot}\boldsymbol{P}_{\cdot j} \tag{7.27}$$

故由 (7.27), 便可求出例 7.9 中二步转移矩阵为

$$\begin{aligned} \boldsymbol{P}^{(2)} = \boldsymbol{P}^{(1)}\boldsymbol{P}^{(1)} &= \begin{bmatrix} 0.2 & 0.5 & 0.3 \\ 0.2 & 0.7 & 0.1 \\ 0.3 & 0.3 & 0.4 \end{bmatrix} \begin{bmatrix} 0.2 & 0.5 & 0.3 \\ 0.2 & 0.7 & 0.1 \\ 0.3 & 0.3 & 0.4 \end{bmatrix} \\ &= \begin{bmatrix} 0.23 & 0.54 & 0.23 \\ 0.21 & 0.62 & 0.17 \\ 0.24 & 0.48 & 0.28 \end{bmatrix}. \end{aligned}$$

不难知道, (7.26) 的转移矩阵 $\boldsymbol{P}$ 是一个标准概率矩阵. 由 (7.25) 得

$$\begin{cases}0.2\pi_1+0.2\pi_2+0.3\pi_3=\pi_1,\\0.5\pi_1+0.7\pi_2+0.3\pi_3=\pi_2,\\\pi_1+\pi_2+\pi_3=1,\end{cases}$$

其中, 方程组中的第三个方程是取代原来 $\boldsymbol{\pi P}=\boldsymbol{\pi}$ 中的第三个方程而得到的, 这是因为 $\boldsymbol{\pi P}=\boldsymbol{\pi}$ 中的三个方程不是相互独立的.

解上述方程组得到 $\boldsymbol{\pi}=(0.22,0.57,0.21)$, 这就是稳定概率行向量.

以上讨论可以推广到 $k$ 步转移概率及 $k$ 步转移矩阵的情形, 即

$$p_{ij}^{(k)}=\sum_{l=1}^{n}p_{il}^{(k-1)}p_{lj}^{(1)},\qquad \boldsymbol{P}^{(k)}=\boldsymbol{P}^{(k-1)}\boldsymbol{P}^{(1)}=\boldsymbol{P}^{k}.$$

### 7.8.2 决策方法

Markov 分析方法是用近期资料进行预测和决策的方法, 已广泛用于市场需求的预测和销售市场的决策. 其基本思想方法主要是利用转移矩阵和它的收益 (或利润) 矩阵进行决策.

设市场销售状态的转移矩阵为 $\boldsymbol{P}=(p_{ij})_{n\times n}$, 其中, $p_{ij}\ (i,j=1,\ 2,\cdots,\ n)$ 表示状态 $i$ 经过一个单位时间转移到状态 $j$ 的概率 (即一步转移概率). 又设 $r_{ij}$ 表示从销售状态 $i$ 转移到销售状态 $j$ 的盈利 (负值表示亏损), 即盈利矩阵为 $\boldsymbol{R}=(r_{ij})_{n\times n}$.

在现时销售状态为 $i$, 下一步的销售期望盈利为

$$q_i=p_{i1}r_{i1}+p_{i2}r_{i2}+\cdots+p_{in}r_{in}=\sum_{j=1}^{n}p_{ij}r_{ij}\quad(i=1,2,\cdots,n).$$

现设有 $k\ (k=1,2,\cdots,m)$ 个可能采取的措施 (即策略), 则在第 $k$ 个措施下的转移矩阵、盈利矩阵分别为 $\boldsymbol{P}_k=[p_{ij}(k)]_{n\times n}$, $\boldsymbol{R}_k=[r_{ij}(k)]_{n\times n}$. 用 $f_i(N)$ 表示现在状态, 经 $N$ 个时刻并选择最优策略的总期望盈利, 则有

$$f_i(N+1)=\max_{1\leqslant k\leqslant m}\left\{\sum_{j=1}^{n}p_{ij}(k)[r_{ij}(k)+f_j(N)]\right\}$$
$$(N=1,2,\cdots;i=1,2,\cdots,n).$$

此式是一个递推关系, 5.3 节的动态规划基本方程讨论了其含义.

当现时状态为 $i$, 采取第 $k$ 个策略时, 经一步转移后的期望盈利为

$$q_i(k)=\sum_{j=1}^{n}p_{ij}(k)r_{ij}(k).$$

**例 7.10** 某地区有甲、乙、丙三家公司, 过去的历史资料表明, 这三家公司某产品的市场占有率分别为 50%, 30% 和 20%. 不久前, 丙公司制订了一项把甲、乙两公司的顾客吸引到本公司来的销售与服务措施. 设三家公司的销售和服务是以季度为单位考虑的. 市场调查表明, 在丙公司新的经营方针的影响下, 顾客的转移矩阵为

$$\boldsymbol{P}=\begin{bmatrix}0.70 & 0.10 & 0.20\\0.10 & 0.80 & 0.10\\0.05 & 0.05 & 0.90\end{bmatrix}.$$

试用 Markov 分析方法研究此销售问题, 并分别求出三家公司在第一、第二季度各拥有的市场占有率和最终的市场占有率.

**解** 设随机变量 $X_t\ (t=1,2,\cdots)=1,2,3$ 分别表示顾客在 $t$ 季度购买甲、乙和丙公司的产品, 显然, $\{X_t\}$ 是一个有限状态的 Markov 链. 已知初始状态 $P(X_0=1)=0.5$, $P(X_0=2)=0.3$, $P(X_0=3)=0.2$, 又已知 Markov 链的一步转移矩阵, 于是第一季度的销售份额为

$$(0.50,0.30,0.20)\begin{bmatrix}0.70 & 0.10 & 0.20\\0.10 & 0.80 & 0.10\\0.05 & 0.05 & 0.90\end{bmatrix}=(0.39,0.30,0.31),$$

即第一季度甲、乙、丙三家公司占有市场的销售份额分别为 39%, 30% 和 31%.

再求第二季度的销售份额, 有

$$(0.39,0.30,0.31)\begin{bmatrix}0.70 & 0.10 & 0.20\\0.10 & 0.80 & 0.10\\0.05 & 0.05 & 0.90\end{bmatrix}=(0.319,0.294,0.387),$$

即第二季度三家公司占有市场的销售份额分别为 31.9%, 29.4% 和 38.7%.

设 $\pi_1,\pi_2,\pi_3$ 为 Markov 链处于状态 1, 2, 3 的稳态概率, 因为 $P$ 是一个标准概率矩阵, 所以有

$$\begin{cases}0.70\pi_1+0.10\pi_2+0.05\pi_3=\pi_1,\\0.10\pi_1+0.80\pi_2+0.05\pi_3=\pi_2,\\\pi_1+\pi_2+\pi_3=1,\end{cases}$$

解得 $\pi=(\pi_1,\pi_2,\pi_3)=(0.1765,0.2353,0.5882)=(0.18,0.23,0.59)$, 即甲、乙、丙三家公司最终将分别占有 18%, 23% 和 59% 的市场销售份额.

**例 7.11** 继续考虑例 7.10 的销售问题. 为了对付日益下降的销售趋势, 甲公司考虑两种对付的策略: 第一种策略是保留策略, 即力图保留原有顾客的较大

百分比, 并对连续两期购货的顾客给予优惠价格, 可使其保留率提高到 85%, 新的转移矩阵为

$$\boldsymbol{P}_1=\begin{bmatrix}0.85 & 0.10 & 0.05\\0.10 & 0.80 & 0.10\\0.05 & 0.05 & 0.90\end{bmatrix}.$$

第二种策略是争取策略, 即甲公司通过广告宣传或跟踪服务来争取另外两家公司的顾客, 新的转移矩阵为

$$\boldsymbol{P}_2=\begin{bmatrix}0.70 & 0.10 & 0.20\\0.15 & 0.75 & 0.10\\0.15 & 0.05 & 0.80\end{bmatrix}.$$

试问: (1) 分别求出在甲公司的保留策略和争取策略下, 三家公司最终分别占有的市场份额.

(2) 若实际这两种策略的代价相当, 甲公司应采取哪一种策略?

**解** (1) 在保留策略下, 有

$$\begin{cases}0.85\pi_1+0.10\pi_2+0.05\pi_3=\pi_1,\\0.10\pi_1+0.80\pi_2+0.05\pi_3=\pi_2,\\\pi_1+\pi_2+\pi_3=1,\end{cases}$$

解得 $\boldsymbol{\pi}=(\pi_1,\pi_2,\pi_3)=(0.316,0.263,0.421)$, 即在保留策略下, 三家公司最终将各占 31.6%, 26.3% 和 42.1% 的市场份额.

在争取策略下, 有

$$\begin{cases}0.70\pi_1+0.15\pi_2+0.15\pi_3=\pi_1,\\0.10\pi_1+0.75\pi_2+0.05\pi_3=\pi_2,\\\pi_1+\pi_2+\pi_3=1,\end{cases}$$

解得 $\pi=(\pi_1,\pi_2,\pi_3)=(0.333,0.222,0.445)$, 即在争取策略下, 三家公司将最终占有 33.3%, 22.2% 和 44.5% 的市场份额.

(2) 在保留策略下甲公司将占 31.6% 的市场份额, 而在争取策略下将占 33.3% 的市场份额. 故甲公司应采取争取策略.

## 思考题

7.1 根据以往的资料, 一家面包店每天所需面包数 (当天市场需求量, 单位: 个) 可能是 100, 150, 200, 250, 300 当中的某一个, 但其概率分布不知道. 若一个面包

当天没有卖掉, 则可在当天结束时以每个 0.15 元处理掉. 新鲜面包每个售价为 0.49 元, 成本为 0.25 元, 假设进货量限制在需求量中的某一个, 求:

(1) 做出面包进货问题的决策矩阵.

(2) 分别用处理不确定型决策问题的各种方法确定最优进货量.

7.2 某食品公司考虑是否参加为某运动会服务的投标, 以取得饮料或面包两者之一的供应特许权. 两者中任何一项投标被接受的概率为 40%. 公司的获利情况取决于天气. 若获得的是饮料供应特许权, 则当晴天时可获利 2000 元; 雨天时要损失 2000 元. 若获得的是面包供应特许权, 则不论天气如何, 都可获利 1000 元. 已知天气晴好的可能性为 70%. 问:

(1) 公司是否可参加投标? 若参加, 为哪一项投标?

(2) 若再假定当饮料投标为中标时, 公司可选择供应冷饮或咖啡. 若供应冷饮, 则晴天时可获利 2000 元, 雨天时损失 2000 元; 若供应咖啡, 则雨天可获利 2000 元, 晴天可获利 1000 元, 公司是否应参加投标? 若参加, 为哪一项投标?

7.3 一软件公司需要在自主开发一种会计软件和接受委托进行办公自动化软件开发两者之间进行抉择. 若选择自主开发, 根据过去的开发经验, 开发一个会计软件需要投资 20 万元. 若软件开发得很成功 (功能好于市场上已经存在的任何类似的产品, 概率为 20%), 则能以 100 万元的价格卖给一个大的软件公司; 若比较成功 (功能好于部分市场产品, 概率为 60%), 价格将降为 50 万元; 若不成功 (概率为 20%), 则无法卖出该产品. 公司若决策接受委托开发软件, 则可获得 20 万元的软件开发费. 该软件公司还可以出 2 万元聘请一个咨询公司就该产品的开发问题进行咨询, 根据以往的统计, 该咨询公司咨询准确性的概率如表 7.12 所示.

表 7.12 软件开发咨询准确性

| $p$ (咨询意见\|成功状态) | | 成功状态 | | |
|---|---|---|---|---|
| | | 很成功 | 比较成功 | 不成功 |
| 咨询意见 | 可以自主开发 | 0.9 | 0.5 | 0.1 |
| | 不可以自主开发 | 0.1 | 0.5 | 0.9 |

(1) 画出完整的决策树, 并根据最大期望收益准则找出最优决策路线.

(2) 是否请咨询公司进行咨询, 其咨询意见的样本信息期望值是多少?

(3) 本问题的完全信息期望值是多少?

(4) 总结和比较有咨询与无咨询时该公司的最优决策的风险特征.

7.4 某企业的设备和技术已经落后, 需要进行更新改造. 现有两种方案可以考虑:

方案一: 在对设备更新改造的同时, 扩大经营规模.

方案二: 先更新改造设备, 三年后根据市场变化的形势再考虑扩大经营规模的问题.

相关的决策分析资料如下:

(1) 现在更新改造设备, 需投资 200 万元, 三年后扩大经营规模另需投资 200 万元.

(2) 现在更新改造设备, 同时扩大经营规模, 总投资额是 300 万元.

(3) 现在只更新改造设备, 在销售情况良好时, 每年可获利 60 万元, 在销路不好时, 每年可获利 40 万元; 后五年中, 在销售情况好时, 每年可获利 100 万元; 在销售情况不好时, 每年可获利 80 万元.

(4) 现在更新改造与扩大经营规模同时进行, 若销售情况好, 前三年每年可获利 100 万元, 后五年每年可获利 120 万元; 若销路不好, 每年只能获利 30 万元.

(5) 每种自然状态的预测概率如表 7.13 与表 7.14 所示.

表 7.13 前三年

| 销售情况 | 概率 |
|---|---|
| 好 | 0.7 |
| 不好 | 0.3 |

表 7.14 后五年

| 销售情况 | 前三年好 | 前三年不好 |
|---|---|---|
| 好 | 0.85 | 0.1 |
| 不好 | 0.15 | 0.9 |

试用决策树法确定企业应选择哪个方案.

7.5 有一投资者, 面临一个带有风险的投资问题. 在可供选择的投资方案中, 可能出现的最大收益为 20 万元, 可能出现的最少收益为 $-10$ 万元. 为了确定该投资者在这次决策问题上的效用函数, 对投资者进行以下一系列询问:

(a) 投资者认为 “以 50% 的机会得 20 万元, 50% 的机会失去 10 万元” 和 “稳获 0 元” 两者对他来说没有差别;

(b) 投资者认为 “以 50% 的机会得 20 万元, 50% 的机会得 0 元” 和 “稳获 8 万元” 两者对他来说没有差别;

(c) 投资者认为 “以 50% 的机会得 0 元, 50% 的机会失去 10 万元” 和 “肯定失去 6 万元” 两者对他来说没有差别.

根据上述询问结果, 要求:

(1) 计算该投资者关于 20 万元、8 万元、0 元、$-6$ 万元、$-8$ 万元、$-10$ 万元的效用值.

(2) 由此确定该投资者的效用曲线及其类型.

7.6 某工厂生产 A, S 两种型号的微型计算机 (简称微机), 它们均需经过两道工序加工. 每台微机所需的加工时间、销售利润及该厂每周最大加工能力见表 7.15.

表 7.15 微机生产相关数据

| | A | S | 每周最大加工能力/小时 |
|---|---|---|---|
| 工序一/(小时/台) | 4 | 6 | 150 |
| 工序二/(小时/台) | 3 | 2 | 75 |
| 利润/(元/台) | 300 | 450 | |

工厂经营目标的各优先级为 $P_1$: 每周总利润不低于 10000 元; $P_2$: 合同要求 A 型微机每周至少生产 10 台, S 型微机每周至少生产 15 台; $P_3$: 工序一每周生产时间最好恰好为 150 小时, 工序二生产时间可适当超过其加工能力.

(1) 试建立此问题的数学模型.

(2) 若去掉 $P_1$ 优先级这一条件, 则应如何建立模型?

(3) 若无 $P_2$ 与 $P_3$ 优先级, 则应如何建立模型?

7.7 某电视机分厂装配 A 和 B 两种电视机, 每装配一台电视机需占用装配线 1 小时, 装配线每周计划开动 40 小时. 预计市场每周 B 类电视机的销量是 24 台, 每台获利 800 元; A 类电视机的销量是 30 台, 每台获利 400 元. 该厂确定的目标依次为:

(1) 充分利用装配线每周开动 40 小时.

(2) 允许装配线加班, 但加班时间每周尽量不超过 10 小时.

(3) 尽量满足市场需要. 因 B 类电视机利润高, 取其权系数为 2.

试建立此问题的数学模型.

7.8 某种品牌的酒由三种等级的酒兑制而成. 各种等级酒的每天供应量和单位成本为: 等级 I 供应量 1500 单位/天, 成本 6 元/单位; 等级 II 供应量 2000 单位/天, 成本 4.5 元/单位; 等级 III 供应量 1000 单位/天, 成本 3 元/单位. 该种品牌的酒有三种商标 (红、黄、蓝), 各种商标酒的配比及售价见表 7.16. 为保持声誉, 确定经营目标为 $P_1$: 兑制要求严格满足; $P_2$: 企业获取尽可能多的利润; $P_3$: 红色商标酒每天产量不低于 2000 单位. 试建立此问题的目标规划模型.

表 7.16 配比及售价

| 商标 | 兑制配比要求 | 售价/(元/单位) |
|---|---|---|
| 红 | 等级 III 少于 10%<br>等级 I 多于 50% | 5.5 |
| 黄 | 等级 III 少于 70%<br>等级 I 多于 20% | 5.0 |
| 蓝 | 等级 III 少于 50%<br>等级 I 多于 10% | 4.8 |

7.9 已知某实际问题线性规划模型:

$$\max z = 100x_1 + 50x_2$$
$$\text{s.t.} \begin{cases} 10x_1 + 16x_2 \leqslant 200 & (\text{资源 } 1), \\ 11x_1 + 3x_2 \geqslant 25 & (\text{资源 } 2), \\ x_1 \geqslant 0, x_2 \geqslant 0. \end{cases}$$

假定重新确定这个问题的目标为 $P_1$: $z$ 的值应不低于 1900; $P_2$: 资源 1 必须全部利用. 将此问题转换为目标规划问题, 列出数学模型.

7.10 用单纯形法求解目标规划问题:

$$\min z = P_1(d_2^- + d_2^+) + P_2 d_1^-$$
$$\text{s.t.} \begin{cases} x_1 + 2x_2 + d_1^- - d_1^+ = 10, \\ 10x_1 + 12x_2 + d_2^- - d_2^+ = 62.4, \\ 2x_1 + x_2 \leqslant 8, \\ x_1 \geqslant 0, x_2 \geqslant 0. \end{cases}$$

7.11 某一超级商店销售三种品牌的咖啡: A, B 及 C, 且已知各顾客在此三种品牌之间的转移关系为如下的转移矩阵:

$$\boldsymbol{P} = \begin{bmatrix} \frac{3}{4} & \frac{1}{4} & 0 \\ 0 & \frac{2}{3} & \frac{1}{3} \\ \frac{1}{4} & \frac{1}{4} & \frac{1}{2} \end{bmatrix},$$

其中, $p_{ij}$ 表示前一次购买 $i$ ($i = A$, B, C) 的顾客后一次购买品牌 $j$ ($j = A$, B, C) 的概率.

(1) 试求出今天购买 A 品牌的顾客, 在两周后会再购买 A 品牌的概率, 假定此顾客每周购买一次咖啡.

(2) 就长期而言, 采购各种品牌的顾客之比例为多少?

# 第 8 章

# 博弈论

博弈, 又称对策, 实际上是一类特殊的决策. 在第 7 章关于不确定型决策的分析中, 决策者的对手是 "大自然", 它对决策者的各种策略不产生反应. 但在博弈现象中, 任何一方做出决定时都必须充分考虑其他对手可能做出的反应. 本章介绍博弈论的一些基本概念, 然后给出一些经典的博弈实例, 以便对博弈论的内容和博弈模型有更为直观的概念与印象, 参见文献 [42, 43].

## 8.1 基本概念

近些年来, 博弈论一直是研究热门, 其广泛应用于经济学理论、军事、法律、国际关系及政治科学等. 但是, 博弈至今尚无一个确切的定义, 一般可认为是一些个人、队组或其他组织, 面对一定的环境条件, 在一定的规则下, 同时或先后, 一次或多次, 从各自允许选择的行为或策略中进行选择并加以实施, 并从中各自取得相应结果的过程.

博弈论研究的基本假设要求博弈的结果可以量化, 以及博弈方在选择策略时是理性的. 虽然博弈论历史可以追溯到 2000 多年前我国古代的齐威王田忌赛马, 但是现代博弈论的研究通常认为是源于美国数学家 von Neumann 和经济学家 Morgenstern 于 1944 年出版的《博弈论与经济行为》一书. 他们在著作中提出了博弈论的两个经典框架 —— 非合作博弈与合作博弈.

在非合作博弈中, 博弈的参与者根据他们可察觉的环境和自身利益进行决策. 参与者的效用不仅取决于自己的行为选择, 而且受到其他参与者行为的影响. 此时强调重点主要在个人行为: 理性参与者在竞争环境中可选择的行动是什么? 博弈可能出现的结果是什么? 理性参与者会做出什么样的决策?

在合作博弈中, 假定参与者有一个可实施的共同行为协议, 即合作是外生的. 此时强调的重点在于: 这些参与者会组成什么样的联盟? 在联盟中, 如何确定参与者之间权势的大小? 如何合理地分配联盟所得的合作收益 (或分摊成本)?

在非合作博弈中, 由各参与者之间的均衡而产生的结果是竞争的产物, 一般地, 并不令人满意. 因此, 他们可能表现出一种 "合作的意向", 这种合作意向是内生的, 但这种意向没有严格的执行协议. 在合作博弈中, 参与者之间有一个外生的合作协议, 这构成了两类博弈的根本区别, 以及两类博弈各自研究的重点.

博弈论研究理性参与者如何在竞争冲突环境下的决策行为. 不同的博弈模型所采用的数学模型是不一样的, 最为基本的有三种表示方法.

1. 规范式

**例 8.1 (囚徒困境)** A、B 一起携枪作案, 被警察发现抓了起来, 分别审讯. 若两人都不坦白, 则各判 1 年; 若 1 人坦白则免予起诉, 另 1 人重判 8 年; 若 2 人都坦白, 则各判 5 年. 现假设 A、B 都是理性的, 且具有完全信息. 问: A、B 坦白还是不坦白?

**解** 犯罪嫌疑人的行为与行为后结果, 可以用如图 8.1 所示的特殊矩阵形式表示.

| | | 嫌疑人 B | |
|---|---|---|---|
| | | 不坦白 $s_n$ | 坦白 $s_c$ |
| 嫌疑人 A | 不坦白 $s_n$ | $-1, -1$ | $-8, 0$ |
| | 坦白 $s_c$ | $0, -8$ | $-5, -5$ |

图 8.1 囚徒困境规范式表示

在这类博弈中, 有三个基本要素:

(1) 局中人集 $N$. 局中人即博弈的参与方, 也称博弈方, 其全体记为 $N$. 一般对 $|N| = n$, 即有 $n$ 个局中人的博弈称为 $n$ 人博弈. 例 8.1 中的局中人为 $N = \{A, B\}$.

(2) 局中人 $i$ 的策略集 $S_i$. 局中人 $i$ $(i \in N)$ 的策略集 $S_i$, 记为 $S_i = \{s_i\}$. $S_i$ 中所含的具体策略可以是有限个, 也可以是无限个. 当每个局中人 $i$ 的策略集 $S_i$ 是有限集时, 称博弈为有限博弈, 否则称为无限博弈. 在例 8.1 中, $S_A = \{s_c, s_n\}$, $S_B = \{s_c, s_n\}$. 若每个局中人 $i$ 都取定一个策略 $s_i$, 其中 $s_i \in S_i$, 则所有 $n$ 个局中人的策略全体 $\boldsymbol{s} = (s_1, s_2, \cdots, s_n)$ 称为一个策略组合.

(3) 局中人 $i$ 的支付函数 (或得益函数) $u_i$. 对任意一个策略组合, 带给局中人 $i$ 的损益称为局中人 $i$ 的支付函数 $u_i$. 支付函数可以是损益函数, 也可以是效用函数. 对例 8.1 有

$$u_A(s_n, s_n) = -1, \quad u_A(s_c, s_n) = 0, \quad u_A(s_n, s_c) = -8, \quad u_A(s_c, s_c) = -5,$$
$$u_B(s_n, s_n) = -1, \quad u_B(s_c, s_n) = -8, \quad u_B(s_n, s_c) = 0, \quad u_A(s_c, s_c) = -5.$$

具有上述三个基本要素并能明确地给定时，博弈称为规范式或策略式表示，并记为 $G=\{N;S_1,\cdots,S_n;u_1,\cdots,u_n\}$. 若局中人的策略允许使用混合策略 $X_i$，则混合策略集记为 $X_i=\{x_i\}$ (关于混合策略将在 8.2 节中介绍). 此时，博弈也称为规范式表示，并记为 $G=\{N;\ X_1,\cdots,\ X_n;\ u_1,\cdots,u_n\}$.

**例 8.2 (协调博弈)** A、B 参与一项投资，同意签订协议的需投资 10 元，否则支付 0 元. 若没有人同意签订协议，支付为 0 元；两人一起同意签订协议，则各有净投资回报 5 元；若只有一人同意签订协议，则投资全部损失. 求双方策略.

**解** 博弈结果见图 8.2.

| | | 投资人 B | |
|---|---|---|---|
| | | Y | N |
| 投资人 A | Y | 5, 5 | −10, 0 |
| | N | 0, −10 | 0, 0 |

图 8.2 投资博弈

**例 8.3 (齐威王田忌赛马)** 齐威王经常要大将田忌和他赛马. 每次双方各出三匹马，一对一比赛三场，每一场的输方要赔 100 千克铜给对方. 若齐威王和田忌双方都清楚各自马的实力；双方可以任意改变马的出场次序；出场前，双方不知道对方的策略. 问双方如何制订马的出场策略?

**解** 博弈结果见图 8.3. 齐威王取胜的机会多，田忌也有取胜可能.

| | | 田忌 | | | | | |
|---|---|---|---|---|---|---|---|
| | | 上中下 | 上下中 | 中上下 | 中下上 | 下上中 | 下中上 |
| | 上中下 | 3, −3 | 1, −1 | 1, −1 | 1, −1 | −1, 1 | 1, −1 |
| | 上下中 | 1, −1 | 3, −3 | 1, −1 | 1, −1 | 1, −1 | −1, 1 |
| 齐 | 中上下 | 1, −1 | −1, 1 | 3, −3 | 1, −1 | 1, −1 | 1, −1 |
| 威 | 中下上 | −1, 1 | 1, −1 | 1, −1 | 3, −3 | 1, −1 | 1, −1 |
| 王 | 下上中 | 1, −1 | 1, −1 | 1, −1 | −1, 1 | 3, −3 | 1, −1 |
| | 下中上 | 1, −1 | 1, −1 | −1, 1 | 1, −1 | 1, −1 | 3, −3 |

图 8.3 齐威王田忌赛马

**例 8.4 (Cournot 模型)** 市场上只有 A、B 两个厂商生产和销售相同的产品，他们的单位成本 $c_1=c_2=2$. 他们共同面临的市场的需求曲线是线性的，市场总产量函数，即价格函数 $P=P(Q)=8-Q$，其中 $Q=q_1+q_2$，$q_1$ 与 $q_2$ 为两厂商的产量决策. 试求两厂商的产量策略.

**解** 设两厂商的策略空间 (策略 $q_1$, $q_2$ 的集合) 都是 $[0,Q_{\max}]$ 中的所有实数，其中 $Q_{\max}$ 可以看作不至于使价格降到亏本的最大限度产量，或是该产量与厂商生产能力之间的最大值. A、B 两个厂商都是在已知对方产量的情况下, 各自确定能够给自己带来最大利润的产量, 即每一个厂商都是消极地以自己的产量去适应对方已确定的产量.

博弈方 A 的得益函数 (利润):

$$u_1 = q_1P(Q) - c_1q_1 = 6q_1 - q_1q_2 - q_1^2.$$

博弈方 B 的得益函数 (利润):

$$u_2 = q_2P(Q) - c_2q_2 = 6q_2 - q_2q_1 - q_2^2.$$

厂商 $i$ 的得益取决于单位成本 $c_i$ 和产量决策 $q_i$, 还通过价格取决于其他厂商的产量决策, 因此厂商 $i$ 在决策时必须考虑到其他厂商的决策方式和对自己决策的可能反应.

例 8.4 的 Cournot 模型又称 Cournot 双寡头模型, 是早期的寡头模型, 由法国经济学家 Cournot 于 1838 年提出. 例 8.4 与例 8.1 的差别在于: 例 8.4 中局中人的策略集一个是无限集, 而例 8.1 的是有限集.

2. 扩展式

**例 8.5 (开金矿)** 甲去开采一价值 4 万元的金矿, 缺 1 万元, 乙恰好有 1 万元可以投资. 甲向乙借 1 万元开金矿, 并"许诺"成功后与其对半分成. 问乙是否该借钱给甲呢? 如果乙借钱给甲, 甲是否该分钱给乙呢? 若乙采取法律手段, 即打官司保护自己的利益, 则新的博弈又如何?

**解** 开金矿博弈见图 8.4. 图中 (a) 为开金矿博弈基本模型, (b) 为有法律保障的开金矿博弈 —— 分钱与打官司都可信, (c) 为法律保障不足的开金矿博弈 —— 分钱与打官司都不可信.

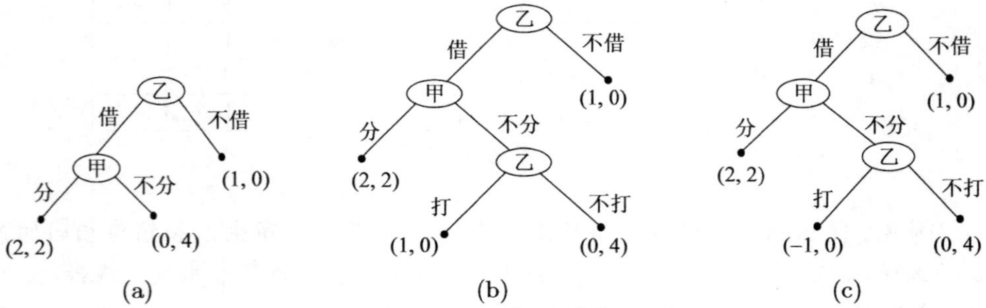


图 8.4 开金矿博弈

这个例子的三个简单博弈都是局中人行动有先后顺序, 并且行动顺序是预先给定的, 可以用一个扩展式予以表示.

(1) 局中人集 $N$. 局中人包括博弈的参与者, 一般不包括虚拟参与者 "自然", 对 "自然" 记为局中人 0, 表示一种虚拟局中人. 这里 $N=\{$甲, 乙$\}$.

(2) 局中人的行动顺序. 局中人的行动顺序, 也称博弈顺序. 在扩展式表示的博弈中, 树形图中节点向下扩展的过程表示了博弈中的行动顺序. 这里的行动顺序可以简单地分别记为: 乙 $\rightarrow$ 甲, 乙 $\rightarrow$ 甲 $\rightarrow$ 乙, 乙 $\rightarrow$ 甲 $\rightarrow$ 乙.

(3) 参与者的策略空间 (策略集). 参与者的策略空间是指, 轮到局中人行动时, 其能选择的策略集合. 例如, 局中人乙第一次行动时, 策略集为 $\{$借, 不借$\}$. 要注意的是, 参与者的策略集不等于参与者的策略, 策略是指局中人整个博弈全过程策略计划的描述. 在扩展式表示的博弈中, 每个节点下面的边就代表着策略. 该节点策略的局中人有多少种可行策略, 该节点下面就有多少条边. 所以对无限博弈, 不能用扩展式来表示.

(4) 局中人的信息集. 局中人的信息集表示在每次行动时, 局中人知道什么. 由于扩展式表示主要针对有行动顺序先后的博弈. 当轮到局中人行动时, 他知道什么呢? 他是否明确他所在的节点? 这时, 用信息集来表示当局中人行动时, 其对自己应该所在的节点位置不清楚, 则将这些节点集归为一个信息集. 若局中人在自己行动中, 明确知道自己的位置, 这时的信息集由一个单节点组成, 称为单节点信息集. 在扩展式表示的博弈中, 信息集由一个虚线框围住所含同一信息的节点来表示, 单节点信息集则省略了这个虚线框. 这里的局中人乙的第二步行动就是一个单节点信息集.

(5) 局中人的损益函数. 在一个扩展式表示的博弈中, 从顶端的节点 (即树的根) 到最后一层节点 (即树的叶子), 构成一条博弈的行动路径. 这种行动路径与信息集无关. 每一条行动路径表示局中人的一种策略组合. 在这种组合下, 即行动结束后, 每个局中人所得的多少是局中人的支付函数. 明显地, 扩展式博弈的支付函数比规范式博弈下的支付函数要简洁. 在一般情况下, 也称损益函数为支付函数. 在扩展式表示的博弈中, 局中人的损益函数表示在每个叶子的下面, 若有 $n$ 个人参加 (不含"自然"), 则每个叶子下面用一个 $n$ 维向量表示.

(6) "自然" 的概率分布. "自然" 是扩展式表示中引入的一个虚拟局中人, 这里没有涉及. "自然" 可能表现出不同的状态, 这些状态出现的可能情况即 "自然" 选择策略的概率分布. 在扩展式表示的博弈中, "自然" 可能出现的不同状态, 由代表 "自然" 策略的节点下不同的边来表示, 概率分布标记在这些边的旁边.

对局中人行为有先后顺序的博弈, 一般称为动态博弈. 在动态博弈中, 若局中人每次行动中可能策略集是有限的以及 "自然" 可能出现的不同状态数量是有限的, 则可用扩展式来表示该博弈. 若局中人的策略集是无限的或状态数量是无限的, 则属于半扩展式, 这里不再详细介绍.

3. 联盟式 (特征函数式)

**例 8.6 (投票博弈)** 有 5 个局中人, 局中人 A 拥有 3 张投票权, 其余的局中人 B, C, D, E 各有 1 张投票权, 自由结成联盟后, 总票数过半即可获胜.

例 8.6 与前面的例子不同, 是一个合作博弈. 对合作博弈, 一般用联盟式或特征函数式表示. 联盟式表示的博弈中有两个要素 —— 局中人集与特征函数, 详细讨论见 8.3 节.

最后需要说明的是: 规范式和扩展式是针对非合作博弈研究而设计的, 规范式更多地用于静态博弈, 扩展式更多地用于动态博弈, 但两种表示在一定条件下可以相互转换. 联盟式是针对合作博弈而设计的. 对于规范式表示的博弈和联盟式表示的博弈, 它们分别代表了不同的博弈方式和目的, 一般不能相互转换. 但在特定的情况下, 可以将规范式转换成联盟式, 但联盟式不能转换成规范式.

## 8.2 非合作博弈

在非合作博弈中, 博弈过程中博弈方选择、行为的次序, 以及是否多次重复选择、行为, 对博弈结果有重要影响. 根据博弈的过程, 博弈可分为静态博弈、动态博弈、重复博弈. 若所有博弈方同时或可看作同时选择策略, 则称为静态博弈; 若博弈方先后、依次进行选择、行动, 而且后选择、行动的博弈方在选择行动之前一般能看到此前其他博弈方的选择、行动, 则称为动态博弈. 同一个博弈反复进行所构成的博弈过程称为重复博弈, 这提供了实现更有效率博弈结果的新可能, 如长期客户、长期合同、信誉问题等. 重复博弈又可以分为有限次重复博弈、无限次重复博弈.

在博弈进程中, 博弈的信息结构如下:

(1) 完全信息博弈: 指各博弈方都完全了解所有博弈方各种情况下的得益的博弈.

(2) 不完全信息博弈: 指至少部分博弈方不完全了解其他博弈方得益的情况的博弈, 也称为不对称信息博弈.

(3) 完美信息博弈: 指每个轮到行为的博弈方对博弈的进程完全了解的博弈.

(4) 不完美信息博弈: 指至少某些博弈方在轮到行动时不完全了解此前全部博弈的进程的博弈.

由此, 非合作博弈分为完全信息静态博弈、完全且完美信息动态博弈、重复博弈、完全但不完美动态博弈、不完全信息静态博弈、不完全信息动态博弈.

非合作博弈中的 Nash 均衡概念是核心内容. 本节首先讨论由 J. Nash 提出的 Nash 均衡概念, 再针对不同环境下对非合作博弈模型要求的不同, 引入对 Nash 均衡的扩展与精炼.

### 8.2.1 完全信息静态博弈

完全信息静态博弈是博弈论研究的基础. 本节讨论 $n$ 人非合作博弈中的完全信息静态博弈, 并用规范式进行表示和描述.

#### 8.2.1.1 Nash 均衡

在任何一个博弈中, 一个理性的局中人首先考虑的是对自己策略的比较, 选择一个在任何情况下都好的策略. 在例 8.1 中, 无论嫌疑人 B 选择什么, 嫌疑人 A 考虑到 $-1<0$ 与 $-8<-5$ 会选择坦白为最优策略. 类似地, 嫌疑人 B 也会选择坦白策略. 针对博弈中的此类现象, 有如下定义:

**定义 8.1 (Nash 均衡)** 在博弈 $G=\{S_1,\cdots,S_n;u_1,\cdots,u_n\}$ 中, 如果策略组合 $(s_1^*,\cdots,s_n^*)$ 中任一博弈方 $i$ 的策略 $s_i^*$ 都是对其余博弈方的策略组合 $(s_1^*,\cdots,s_{i-1}^*,s_{i+1}^*,\cdots,s_n^*)$ 的最优反应, 即

$$u_i(s_1^*,\cdots,s_{i-1}^*,s_i^*,s_{i+1}^*,\cdots,s_n^*)\geqslant u_i(s_1^*,\cdots,s_{i-1}^*,s_{ij},s_{i+1}^*,\cdots,s_n^*),$$

对任意 $s_{ij}\in S$ 都成立, 则称 $(s_1^*,\cdots,s_n^*)$ 为 $G$ 的一个 Nash 均衡.

**定义 8.2 (严格下策)** 在博弈 $G=\{S_1,\cdots,S_n;u_1,\cdots,u_n\}$ 中, 对于某一策略组合 $(s_1,\cdots,s_i,\cdots,s_n)$, 若

$$u_i(s_1,\cdots,s_{i-1},s_i,s_{i+1},\cdots,s_n)<u_i(s_1,\cdots,s_{i-1},s_i^*,s_{i+1},\cdots,s_n),$$

则称策略组合 $(s_1,\cdots,s_{i-1},s_i,s_{i+1},\cdots,s_n)$ 为 $(s_1,\cdots,s_{i-1},s_i^*,s_{i+1},\cdots,s_n)$ 的严格下策.

**性质 8.1** 在 $n$ 个博弈方的博弈 $G=\{S_1,\cdots,S_n;u_1,\cdots,u_n\}$ 中, 若严格下策反复消去法排除了 $(s_1^*,\cdots,s_n^*)$ 以外的所有策略组合, 则 $(s_1^*,\cdots,s_n^*)$ 一定是 $G$ 的唯一的 Nash 均衡.

**性质 8.2** 在 $n$ 个博弈方的博弈 $G=\{S_1,\cdots,S_n;u_1,\cdots,u_n\}$ 中, 若 $(s_1^*,\cdots,s_n^*)$ 是 $G$ 的一个 Nash 均衡, 则严格下策反复消去法一定不会将它消去.

利用严格下策反复消去法求解例 8.1 与例 8.2, 方法有划线法 (图 8.5) 与箭头法 (图 8.6).

囚徒困境

| | |
|---|---|
| $\underline{-5}$, $\underline{-5}$ | $\underline{0}$, $-8$ |
| $-8$, $\underline{0}$ | $-1$, $-1$ |

协调博弈

| | |
|---|---|
| $\underline{5}$, $\underline{5}$ | $-10$, $0$ |
| $0$, $-10$ | $\underline{0}$, $\underline{0}$ |

图 8.5 划线法

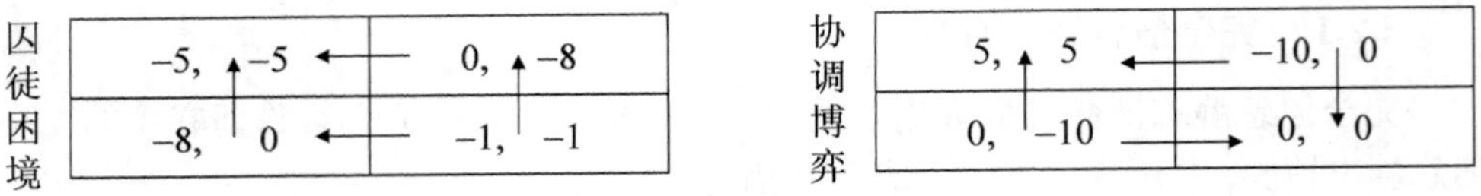


图 8.6 箭头法

显然, Nash 均衡点是一种局部均衡点, 可以有一个或者很多个, 也可以不存在. 例 8.1 有一个均衡点, 例 8.2 有两个均衡点, 例 8.3 就没有均衡点.

对于任一策略 $(s_1,\cdots,s_n)$, 其总得益为各博弈方得益之和 $u(s_1,\cdots,s_n)=\sum u_i(s_1,\cdots,s_n)$. 那么对于具有多个 Nash 均衡点的博弈, 则对应有最优 Nash 均衡的概念, 而对应于最优 Nash 均衡的点为全局最优点. 此处最优的含义为稳定性而不是得益之和最大.

8.2.1.2 反应函数

当博弈方存在无限多种的可选策略时, 这样的博弈为无限策略博弈. 对于无限策略博弈, 虽不能用划线法和箭头法来找这种博弈的 Nash 均衡, 但是 Nash 均衡的有效性不会因为策略数量的增加而受到影响.

例 8.4 的 Cournot 模型通常被作为寡头理论分析的出发点, 是 Nash 均衡应用的最早版本. $(q_1^*,q_2^*)$ 的 Nash 均衡充分必要条件是 $q_1^*$ 和 $q_2^*$ 的最大值问题:

$$\begin{cases}\max\limits_{q_1}\,(6q_1-q_1q_2^*-q_1^2),\\ \max\limits_{q_2}\,(6q_2-q_1^*q_2-q_2^2).\end{cases}$$

社会收益最大化 (Nash 均衡) $q_1^*=q_2^*=2$, $u=8$.

假设总产量为 $Q$, 总收益为

$$U=Q\times P(Q)-CQ=Q\times(8-Q)-2Q=6Q-Q^2.$$

最大值为 $Q^*=3$, $U=9$, 该结果与 Nash 均衡有较大的差异. Nash 均衡是源于各厂商追求自身利益最大化的结果, 这是合作难以维持的主要原因: 产量组合 $(1.5,1.5)$ 不是该博弈的 Nash 均衡策略组合, 两个厂家都会单方面改变自己的产量, 直到达到 $(2,2)$ 才会稳定, 因为此时, 单方面改变策略会不利于自己, 所以是囚徒困境, 见图 8.7.

Cournot 通过模型研究得出: 两寡头市场产量比垄断市场高、价格比垄断市场低、利润比垄断市场低. 这是典型的囚徒困境问题, 会导致个人理性和集体理性的冲突.

| | | 厂商 B 合作 | 厂商 B 不合作 |
|---|---|---|---|
| 厂商 A | 合作 | 4.5, 4.5 | 3.75, 5 |
| | 不合作 | 5, 3.75 | 4 , 4 |

图 8.7 Cournot 模型的囚徒困境

对于无限策略博弈, 其 Nash 均衡的求解主要是通过反应函数, 而反应函数则由各个参与人的得益函数优化求得. $R_i(s_i)$ 来自于

$$\max_{s_i\in S_i} u_i(s_1,\cdots,s_{i-1},s_i,s_{i+1},\cdots,s_n)\quad (i\in N),$$

即每个博弈方针对其他博弈方所有策略的最优反应构成的函数. 而各个博弈方反应函数的交点 (如果有) 就是 Nash 均衡.

Cournot 模型中厂商 A 和厂商 B 的反应函数 (图 8.8) 分别为

$$q_1=R_1(q_2)=\frac{1}{2}(6-q_2),\quad q_2=R_2(q_1)=\frac{1}{2}(6-q_1). \tag{8.1}$$

当一方选择为 0 时, 另一方的最佳反应为 3, 这正是前面所说过的实现总体最大利益的产量, 因为一家产量为 0, 意味着另一家垄断市场. 当一方产量达到 6 时, 另一方则被迫选择 0, 因为实际上坚持生产已无利可图.

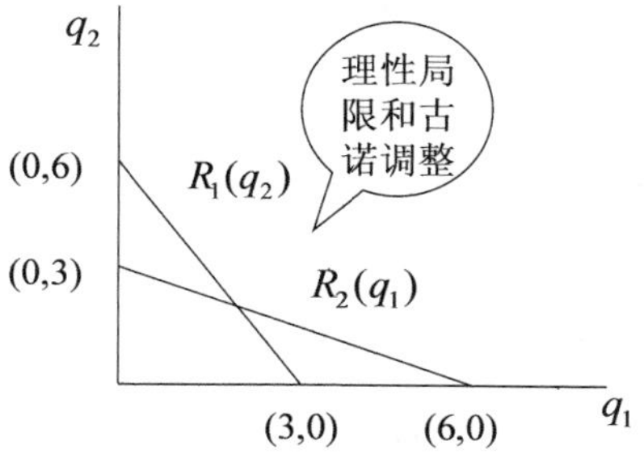


图 8.8 Cournot 模型的反应函数图示

不过, 反应函数也存在问题和局限性. 在许多博弈中, 博弈方的策略是有限且非连续时, 其得益函数不是连续可导函数, 无法求得反应函数, 从而不能通过解方程组的方法求得 Nash 均衡. 即使得益函数可以求导, 也可能各博弈方的得益函数比较复杂, 因此各自的反应函数也比较复杂, 并不总能保证各博弈方的反应函数有交点, 特别不能保证有唯一的交点.

8.2.1.3 混合策略

例 8.3 的齐威王田忌赛马和例 8.2 的协调博弈等博弈问题不存在 Nash 均衡或者 Nash 均衡不唯一, 且这类问题十分常见.

**例 8.7 (混合策略)** 在博弈 $G=\{S_1,\cdots,S_n;u_1,\cdots,u_n\}$ 中, 博弈方 $i$ 的策略空间为 $S_i=\{S_{i1},\cdots,S_{ik}\}$, 则博弈方 $i$ 以概率分布 $\boldsymbol{p}_i=(p_{i1},\cdots,p_{ik})$ 随机选择其 $k$ 个可选策略称为一个“混合策略”, 其中 $0\leqslant p_{ij}\leqslant 1$ 对 $j=1,2,\cdots,k$ 都成立, 且 $p_{i1}+p_{i2}+\cdots+p_{ik}=1$.

相对于这种以一定概率分布在一些策略中随机选择的混合策略, 确定型的具体策略称为“纯策略”. 博弈方在混合策略的策略空间 (概率分布空间) 的选择看作一个博弈, 就是原博弈的“混合策略扩展博弈”. 混合策略的应用原则是自己的策略选择不能被另一方预知或猜到, 即在决策时利用随机性. 选择每种策略的概率一定要恰好使对方无机可乘, 即让对方无法通过有针对性的倾向某一策略而占上风.

**例 8.8 (混合策略的应用)** 博弈方甲选 A、B 的概率: $p_A$, $p_B$; 博弈方乙选 C、D 的概率: $p_C$, $p_D$, 见图 8.9. 试求两个博弈方的混合策略.

| 甲 \ 乙 | C | D |
|---|---|---|
| A | 2, 3 | 5, 2 |
| B | 3, 1 | 1, 5 |

图 8.9 混合策略的应用

**解** 混合博弈的应用原则: 博弈方甲选 A 和 B 的概率 $p_A$ 和 $p_B$ 一定要使博弈方乙选 C 的期望得益和选 D 的期望得益相等. 即

$$p_A\times 3+p_B\times 1=p_A\times 2+p_B\times 5,\quad p_A+p_B=1.$$

博弈方甲的混合策略: $p_A=0.8$, $p_B=0.2$;
博弈方乙的混合策略: $p_C=0.8$, $p_D=0.2$.
Nash 均衡: 甲, $(0.8,0.2)$; 乙, $(0.8,0.2)$.
期望得益:

$$\begin{aligned}u_1^e=&\,p_A\cdot p_C\cdot u_1(A,C)+p_A\cdot p_D\cdot u_1(A,D)\\&+p_B\cdot p_C\cdot u_1(B,C)+p_B\cdot p_D\cdot u_1(B,D)=2.6.\end{aligned}$$

单独一次博弈的结果可能是四种状态的任何一种, 然而多次独立重复博弈得到如上的结果是可能的.

混合策略的方法不仅可以解决不存在纯策略 Nash 均衡的博弈问题, 同样可应用于存在多个纯策略 Nash 均衡的博弈问题.

**例 8.9** 求例 8.2 中协调博弈问题的混合策略.

**解** 令 $p_{Ay}, p_{An}$ 分别表示投资人 A 签订投资协议或者不签订投资协议的概率; $p_{By}, p_{Bn}$ 为投资人 B 签订投资协议或者不签订投资协议的概率. 可得 $p_{Ay}=\dfrac{2}{3}$, $p_{An}=\dfrac{1}{3}$; $p_{By}=\dfrac{2}{3}$, $p_{Bn}=\dfrac{1}{3}$. 双方的期望得益分别为 $u_A^e=u_B^e=0$.

按照 Nash 均衡的条件, 一个策略组合如果是一个 Nash 均衡, 那么其中的每一个策略都是参与人针对其他参与人策略组合的最优反应. 在纯策略 Nash 均衡中, 这个 "最优反应" 可能是一个具体的纯策略 (如囚徒困境中) , 也可能是一个反应函数 (如 Cournot 模型中). 在一个混合策略 Nash 均衡中, 这个 "最优反应" 将是一个概率或很多个概率 —— 称为 "反应对应".

允许采取混合策略的情况下, 是否每个博弈都有 Nash 均衡? 回答是肯定的, 这就是著名的 Nash 定理.

**定理 8.1 (Nash 定理)** 在一个有 $n$ 个博弈方的博弈 $G=\{S_1,\cdots,S_n;u_1,\cdots,u_n\}$ 中, 如果 $n$ 是有限的, 且 $S_i$ 都是有限集 (对 $i=1,2,\cdots,n$), 则该博弈至少存在一个 Nash 均衡, 但可能包含混合策略.

证明 Nash 均衡的存在, 必须用到 Brouwer 的不动点定理, 详细证明过程参见文献[1]. Nash 均衡的普遍存在性正是 Nash 均衡成为非合作博弈分析核心概念的根本原因之一.

在现实的经济生活和社会活动中, 这种简单的完全信息静态博弈非常少. 首先, 在博弈中, 局中人对其他局中人的了解和认识就不可能是完全清楚的; 其次, 在博弈过程中, 局中人采取行动也不一定是同时的. 基于此, 8.2.2 ~ 8.2.6 节对完全信息下的静态博弈做进一步的扩展研究. 相应地, 对 Nash 均衡的概念也要进行扩展和精炼.

### 8.2.2 完全且完美信息动态博弈

本节讨论所有博弈方都对博弈过程和得益完全了解的完全且完美信息动态博弈. 这类博弈也是现实中常见的基本博弈类型.

#### 8.2.2.1 可信性问题

在完全且完美信息下, 动态博弈的中心问题是可信性. 先行为的博弈方是否应该相信后行为博弈方会采取某种策略或行为? 例如, 后行为博弈方的许诺是否可信? 后行为博弈方的威胁是否可信?

在例 8.5 的开金矿博弈模型中: ① 第一种情形, 根据自身利益最大化原则, 甲会选择不分, 乙清楚甲的行为准则, 选择不借. 对乙来讲, 甲有一个不可信的许诺. 怎样使甲的许诺变为可信, 既让乙能保住本钱, 又能有更多的收益呢? 关键在于增加一些对甲行为的约束. 若乙采取法律手段, 即打官司保护自己的利益, 则产生了一个新的博弈过程. ② 第二种情形, 乙选择打官司, 乙打官司的威胁是可信的, 甲会选择分. 乙的策略: 第一阶段借, 若甲在第二阶段选择不分, 则第三阶段选择打. 甲的策略: 若乙第一阶段借, 则他在第二阶段就选择分. 在双方这样的策略组合下, 本博弈的路径是 (借, 分), 双方得益为 $(2,2)$, 实现有效率的理想结果. 此时隐含的策略为 (借, 分, 打), 没有打时, 威胁不可信. ③ 第三种情形, (不借 - 不打, 不分) 和 (借 - 打, 分) 都是 Nash 均衡. 但后者不可信, 不可能实现或稳定.

因此, Nash 均衡在动态博弈中可能缺乏稳定性, 也就是说, 在完全信息静态博弈中稳定的 Nash 均衡, 在动态博弈中可能是不稳定的, 不能作为预测的基础. 其根源在于 Nash 均衡本身不能排除博弈方策略中包含的不可信的行为设定, 不能解决动态博弈的相机选择引起的可信性问题.

8.2.2.2 子博弈

**定义 8.3 (子博弈)** *能够自成博弈的某动态博弈的某一点起的全部后续阶段称为子博弈, 它必须有一个初始节点 (子博弈开始的明确的起点), 且具备进行博弈所必须的各种信息.*

子博弈的含义可以理解如下:

(1) 因为原博弈本身不会成为原博弈的后续阶段, 所以子博弈不能从原博弈的第一个节点开始, 即原博弈不是自己的一个子博弈.

(2) 包含所有跟在该子博弈初始节点之后的所有选择节点和终点, 但不包含不跟在此初始节点之后的节点.

(3) 不分割任何信息集. 即如果某选择节点 $n$ 是包含在子博弈中的, 则包含 $n$ 的信息集中的所有节点都必须包含在该子博弈中. 这实际上主要是针对 8.2.4 节中有多节点信息集的完全但不完美信息动态博弈而言的.

在例 8.5 中, 如图 8.10 所示的子博弈具备进行博弈所需的各种信息. 从动态博弈的最后一个阶段或最后一个子博弈开始, 可以利用逆推归纳法逐步向前倒推求解动态博弈, 见图 8.11.

按照静态博弈的分析方法, (借, 分, 打) 的策略组合为一个 Nash 均衡, 因为任何一方都不会单独改变策略而降低自己的得益. 这与逆推归纳法得到的结论相矛盾, 原因在于路径 (借, 分) 的 Nash 均衡策略组合包含了一个不可信的威胁, 即乙在第三阶段会选择打官司的行为是不可信的.

由此需要对静态博弈中的 Nash 均衡的概念进行调整，即应满足: 是 Nash 均衡, 从而具有策略稳定性; 不能包含任何不可信的许诺或威胁, 这样的动态博弈组

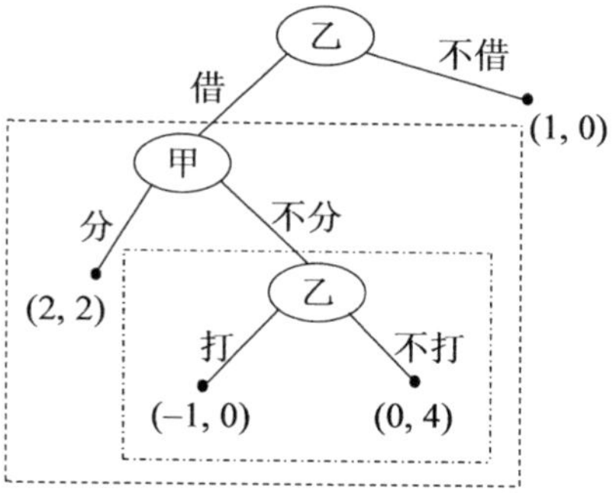


图 8.10 分钱与打官司都不可信的子博弈

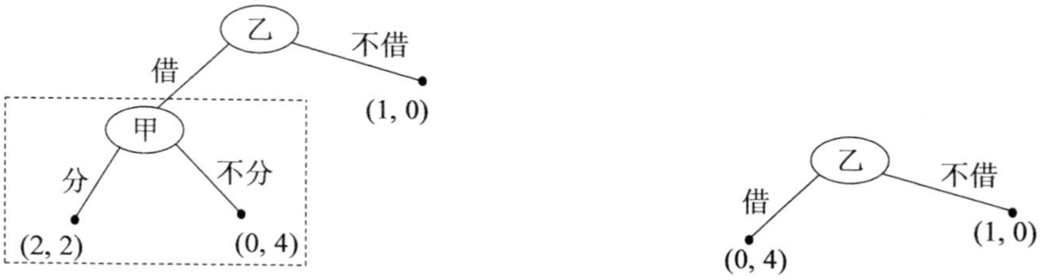


(a) 逆推第一步 (b) 逆推第二步

图 8.11 用逆推归纳法求解开金矿博弈

合策略称为子博弈 Nash 均衡 (由 R. Selten 提出).

**定义 8.4 (子博弈完美 Nash 均衡)** 动态博弈中各博弈方的策略在动态博弈本身和所有子博弈中都构成一个 Nash 均衡.

可以看到, 子博弈完美 Nash 均衡能够排除均衡策略中不可信的威胁和承诺, 因此是真正稳定的. 用逆推归纳法所得到的解应为子博弈完美 Nash 均衡.

从而逆推归纳法是求完美信息动态博弈子博弈完美 Nash 均衡的基本方法. 动态博弈应注意两点: 要求各博弈方的策略对每阶段每种可能情况都设定一个行为方案; 假定所有博弈方都是理性的且不会犯错误. 但是这与实际情况有差异: 后续可能性太多而无法分析, 于是仅考虑知道有限后续阶段的情况. 允许有限非理性, 如何考虑? 如假设非理性的次数小于等于 $k$? 另外, 博弈构成的 "长短" 与稳定性具有不可预测性; 有时理性阻碍自身发展.

**例 8.10 (Stackelberg 模型)** 市场上只有 A、B 两个厂商生产和销售相同的产品, 厂商 A 先进入市场, 厂商 B 后进入市场, 他们的生产成本与市场需求情况相同. 厂商 A 先确定它的产量. 厂商 B 看到厂商 A 的决策之后, 再决策自己的产量. 问: 厂商 A、B 该如何决策自己的产量使得自己利润最大化?

例 8.10 的 Stackelberg 模型是例 8.4 Cournot 模型在动态博弈中的体现.

Stackelberg 模型与Cournot 模型相比, 唯一不同的是前者有一个选择的次序问题, 其他如博弈方、策略空间和得益函数等都是完全相同的. 下面用逆推归纳法寻找其子博弈完美 Nash 均衡.

第二阶段 (厂商 B): 此时厂商 A 的选择 $q_1$ 已经确定, 厂商 B 在 $q_1$ 给定的情况下求使 $u_2$ 最大的 $q_2$. 令

$$\frac{\mathrm{d}u_2}{\mathrm{d}q_2} = 6 - 2q_2 - q_1 = 0,$$

得 $q_2 = \frac{1}{2}(6 - q_1) = 3 - \frac{q_1}{2}$.

第一阶段 (厂商 A): 厂商 A 知道厂商 B 的决策思路, 求在此情况下使 $u_1$ 最大的 $q_1$, 有

$$u_1(q_1, q_2^*) = 6q_1 - q_1 q_2^* - q_1^2 = 3q_1 - \frac{1}{2}q_1^2 = u_1(q).$$

令 $\frac{\mathrm{d}u_1}{\mathrm{d}q_1} = 3 - q_1 = 0$, 得 $q_1^* = 3$, $q_2^* = 3 - 1.5 = 1.5$. 此时市场价格为 3.5, 收益 $(4.5, 2.25)$.

对比静态 Cournot 模型的产量 $(2, 2)$, 收益 $(4, 4, )$ 可以得到 Stackelberg 模型的启示: 在信息不对称的博弈中, 信息较多的博弈方不一定能得到较多的得益. 根本原因在于, 先行为方或信息较少者认为后行为方或信息较多者作为理性的博弈方, 不可能为了公平或赌气而采取任何对双方不利的行为, 从而先发制人, 选择比静态决策时更大的产量以获得利益.

### 8.2.3 重复博弈

重复博弈是由简单的静态博弈 (或动态博弈) 的有限次 (或无限次) 重复进行构成的, 每一阶段博弈方、策略集合、规则和得益都相同, 包括: 有限次重复博弈和无限次重复博弈. 如多场决胜负的体育比赛 (有限次), 两寡头市场上两个厂商之间的竞争 (无限次).

限于篇幅, 这里对有多个 Nash 均衡的重复博弈不予讨论.

#### 8.2.3.1 有限次重复博弈

**定义 8.5 (有限次重复博弈)** 给定一个博弈 $G$, 重复进行 $T$ 次 $G$, 并且在每次重复之前各博弈方都能观察到以前博弈的结果, 称为 $G$ 的一个 "$T$ 次重复博弈", 记为 $G(T)$, 其中 $G$ 称为 $G(T)$ 的原博弈. 每次重复称为 $G(T)$ 的一个阶段.

在有限次重复博弈中, 有: ① 子博弈是从某一阶段 (不包括第一阶段) 开始的, 包含以后所有阶段的原重复博弈的部分. ② 策略是博弈方在每个阶段针对每种情况如何行动的计划 (在每个阶段之前, 博弈方可以观察到以前博弈的结果).

③ 路径是由每个阶段博弈方的行为 (原博弈的一个策略组合) 连接而成的. 对于具有 $n$ 个策略组合的原博弈, 重复 $T$ 次的路径数为 $n^T$, 重复博弈的求解即找出具有稳定性的均衡路径. ④ 得益是重复博弈的得益, 为各个阶段得益的加总. 考虑到时间的价值, 需要引进贴现系数将未来的得益折算成当期得益的价值.

**例 8.11** 将例 8.1 中博弈重复进行 2 次, 每次双方会采取什么策略呢? 各自采取的策略和仅进行 1 次该博弈时采取的策略一样吗?

**解** 求解思路: 对于有限次重复囚徒困境博弈, 根据动态博弈的逆推归纳法求解.

(1) 第二阶段: 子博弈即为原博弈, 唯一的均衡为 $(-5,-5)$.

(2) 第一阶段: 将最后阶段的收益 $(-5,-5)$ 分别添加到第一阶段的矩阵中, 即图 8.12. 博弈的 Nash 均衡仍是 (坦白, 坦白).

| | | 嫌疑人 B | |
|---|---|---|---|
| | | 坦白 | 不坦白 |
| 嫌疑人 A | 坦白 | $\underline{-10}, \underline{-10}$ | $\underline{-5}, -13$ |
| | 不坦白 | $-13, \underline{-5}$ | $-6, -6$ |

图 8.12 有限次重复囚徒困境博弈求解

一般地, 在有限次重复博弈 $G(T)$ 中, 如果原博弈 $G$ 存在唯一的纯策略 Nash 均衡组合, 则重复博弈的唯一的子博弈完美 Nash 均衡解为各博弈方在每阶段都采取的原博弈 Nash 均衡策略. 有限次重复的囚徒困境博弈的含义为: 在原博弈具有唯一均衡的有限次重复博弈中, 由于完全理性的博弈方具有 "共同知识" 的分析推理能力, 在从最后阶段开始的逆推过程中, 仍然无法摆脱囚徒困境.

**定理 8.2** 设原博弈 $G$ 有唯一的纯策略 Nash 均衡, 则对任意正整数 $T$, 重复博弈 $G(T)$ 有唯一的子博弈完美 Nash 均衡解, 即各博弈方每个阶段都采用 $G$ 的 Nash 均衡策略. 各博弈方在 $G(T)$ 中的总得益为在 $G$ 中得益的 $T$ 倍, 平均每阶段得益等于原博弈 $G$ 中的得益.

#### 8.2.3.2 无限次重复博弈

在无限次重复博弈中, 无法运用逆推归纳法, 因此对于原博弈具有唯一 Nash 均衡 (如囚徒困境博弈) 的无限次重复博弈, 考虑到时间的价值后, 也可以设计出具有可信威胁的触发策略, 摆脱囚徒困境, 达到 Pareto 最优的博弈结局.

无限次重复博弈求解存在的问题是由于不存在最后一个阶段, 无法运用逆推归纳法求解. 若不考虑时间的价值, 在无限次重复加总过程中, 几乎所有子博弈路径的总得益都为无穷大, 因此无法比较不同路径的优劣. 一个解决方法是: 考虑到时间价值, 人们更为注重近期的得益, 引入贴现系数 $\delta$ ($\delta=\dfrac{1}{1+\gamma}$, 其中, $\gamma$ 为以一阶段为期限的市场利率), 将未来阶段的收益折算到当期阶段. 这样在无限次重复博弈中, 总收益值将是一个有限数, 可以加以比较.

给定贴现系数 $\delta$, 若无限次重复博弈某一路径的某博弈方各阶段的收益为 $\pi_1$, $\pi_2, \pi_3, \cdots$, 则该博弈方在无限次重复博弈中总收益为各阶段博弈中得益的现值.

$$\pi = \pi_1 + \delta\pi_2 + \delta^2\pi_3 + \cdots = \sum_{t=1}^{\infty} \delta^{t-1}\pi_t.$$

**定义 8.6 (无限次重复博弈)** 给定博弈 $G$, 无限次重复进行 $G$ 博弈的过程称为 $G$ 的无限次重复博弈, 记为 $G(\infty, \delta)$, 其中 $\delta$ 是各博弈方得益的贴现系数. 并且, 对任意 $t$, 在进行第 $t$ 阶段 (第 $t$ 次重复) 博弈之前, 所有博弈方都能看到前 $(t-1)$ 阶段博弈的结果. 各博弈方在 $G(\infty, \delta)$ 中得益等于各阶段得益的现值.

**例 8.12** 在例 8.11 的有限次重复囚徒困境博弈中, 双方采取坦白策略 $(s_c, s_c)$ 将是唯一的子博弈完美 Nash 均衡路径在无限次重复该博弈, 为局中人双方设计一个触发策略: 双方在第一阶段采取不坦白的策略 $s_n$, 若前 $(t-1)$ 时期都是不坦白, 则继续不坦白; 若对方在 $t$ 时期坦白, 则在后续阶段一直采取坦白策略 $s_c$ 作为惩罚. 那么触发策略是否会带来更好的结局呢?

**解** 下面以局中人 A 为例分析其是否愿意单独地违背自己的策略. 若 A 在第 $t$ 时期坦白, 则在 $(t+1)$ 时期时, 根据触发策略, 局中人 B 也一定改变策略, 选择坦白. 局中人 A 也能分析出局中人 B 的行为选择, 因此在 $(t+1)$ 期时, 局中人 A 也会选择坦白策略. 这样, 局中人 A 总收益为

$$\begin{aligned}\pi &= (-1) + (-1)\delta + \cdots + (-1)\delta^{t-1} + 0\delta^t + (-5)\delta^t + (-5)\delta^{t+1} + \cdots \\ &= \frac{-1 + \delta^{t-1} - 5\delta^t}{1-\delta}.\end{aligned}$$

若局中人 A 一直采取不坦白策略, 则其总收益为

$$\pi' = (-1) + (-1)\delta + (-1)\delta^2 + \cdots = \frac{-1}{1-\delta}.$$

当满足条件 $\pi' \geqslant \pi$ 时, 博弈方采取合作策略将获得更大的总收益, 求解得 $\delta \geqslant \frac{1}{5}$. 因此有结论: 在原博弈具有唯一 Nash 均衡的无限次重复博弈中, 在满足一定条件下 $\left(\delta \geqslant \frac{1}{5}\right)$, 采取触发策略可以摆脱囚徒困境. 这个条件表明贴现系数较大, 博弈方比较看重未来阶段的收益.

在该策略组合中第二阶段, 两个局中人均采用了 Nash 均衡的行为, 第一阶段又都不愿意违背该策略组合. 因此, 该策略组合是子博弈完美 Nash 均衡. 并且, 他们的收益明显比每个阶段采用 Nash 均衡所得的结果要好. 这种不是由全

部 Nash 均衡组合构成的子博弈完美 Nash 均衡同样具有两个特征: ① 这是一个 "胡萝卜加大棒" 的策略组合, 遵守了有胡萝卜吃, 违背了将受到大棒的惩罚; ② 这是可信的威胁 (由贴现系数的大小决定), 以至于没有局中人愿意单独地违背这种策略组合, 这就遵循了 Nash 均衡的原则.

无限次重复囚徒困境博弈的启示: 直观上看, 当博弈方注重长期利益时, 通过采取触发策略可以实现长期合作的圆满结局. 美国密歇根大学 R. Axelrod 教授组织的计算机竞赛印证了此结果 (胡萝卜加大棒策略). 因此, 道德是最经济的: 一个以一己私利为出发点的企业, 可能会迅速崛起, 但绝对不会成百年老店.

### 8.2.4* 完全但不完美信息动态博弈

在动态博弈中, 只要有一个博弈方看不到自己选择前其他某一博弈方的行为就能构成一个不完美信息的动态博弈.

8.2.4.1 多节点信息集

**例 8.13 (二手车交易)** 先考虑原车主 (即卖方) 选择如何使用车子. 为简单计, 第一阶段, 假设有好、差两种方式, 分别对应二手车市场上内在质量好、差两种情况的二手车; 第二阶段, 原车主作为卖方决定是否要卖, 卖价可以只有一种、有高低两种或更多, 价格个数越多当然问题就越复杂; 最后买方决定是否买下, 但不能讨价还价.

具体地, 可以假设使用好时对买方而言该车值 $v$ 万元, 使用差时值 $w$ 万元, 卖方要价 $p$ 万元 (可理解为买方想买的档次). 再假设使用差时卖方需要花费 $c$ 万元才能将车子伪装成使用良好. 那么, 若用净收益 (收益减成本) 作为卖方的得益, 用消费者剩余 (价值减价格) 作为买方的得益, 则该博弈的双方得益如图 8.13 所示. 其中, 各个得益数组的第一个数字为卖方, 即博弈方 1 的得益.

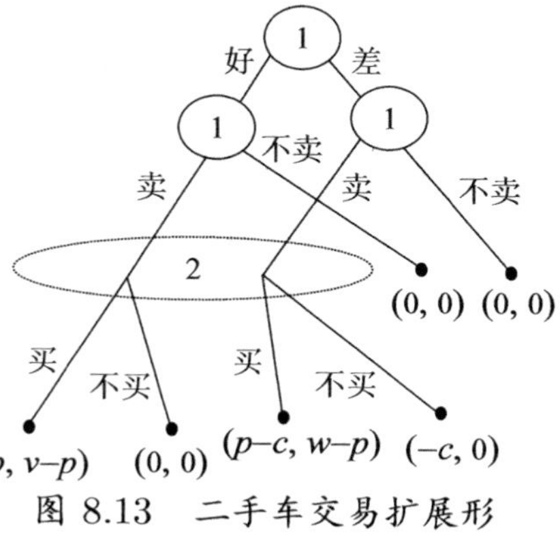


图 8.13 二手车交易扩展形

例 8.13 的二手车交易模型很有代表性, 且有丰富的变形, 由交易方式、规则的不同构成不同的博弈模型. 例如, 价格允许有选择性, 买方允许讨价还价, 在买方买后发觉受骗时可以向卖方追究责任、索取赔偿等. 这会使模型有很大的差异, 从而使决策和结果也有很大的不同. 这里讨论单一价格二手车交易博弈模型, 前提条件是 $p>c, v>p>w$.

在这个动态博弈中, 买方作为一个博弈方对第一阶段卖方的行为不了解, 即买方具有不完美信息, 这是一个不完美信息的动态博弈. 值得注意的是本博弈中第一阶段卖方对车子的选择, 严格来讲是在这个二手车交易发生之前早就存在的, 因此在买卖双方考虑这个交易之前就已经确定了, 只是买方不清楚而已. 将这种早已存在、确定或者非主动性的选择引进动态博弈作为一个阶段, 并用对该阶段情况了解程度的差异反映博弈中不完美信息的方法是一种常用的处理方法.

图 8.13 中最上面一个节点表示第一阶段卖方 (记博弈方 1) 对如何使用小车的选择, 共有好和差两种可能的选择. 卖方对自己的这个选择当然是清楚的, 因此第二阶段他选择卖还是不卖, 是根据两种不同情况的针对性选择. 若选择的是不卖, 则博弈结束; 若选择的是卖, 则博弈进行到第三阶段, 轮到买方进行选择. 现在假设买方是无法知道第一阶段卖方的选择的, 因此在第二阶段卖方选择卖的情况下, 买方无法知道卖方前两阶段的路径究竟是“好 – 卖”还是“差 – 卖”, 因此他无法分别做针对性的选择. 对此, 将两个代表前面阶段博弈 (就是卖方的选择) 不同路径的节点放在一个信息集中, 表示买方在该决策阶段的信息不完美性.

根据动态博弈的子博弈定义, 子博弈必须从一个单节点信息集开始, 因此第三阶段买方的博弈不算子博弈. 但是, 它所代表买方的选择却有意义且非常重要, 这在不完美信息动态博弈分析和均衡概念中都有非常重要的地位.

#### 8.2.4.2 完美 Bayes 均衡

在不完美信息动态博弈中 Nash 均衡和子博弈完美 Nash 均衡都不能解决问题, 需要引进新的均衡概念. Nash 均衡和子博弈完美 Nash 均衡分析方法, 以及反应函数和逆推归纳法等同样要改进、变化.

**定义 8.7 (完美 Bayes 均衡)** 一个策略组合和相应的判断满足下列要求:

要求 1: 在各个信息集, 轮到选择的博弈方必须具有一个关于博弈达到该信息集中每个节点可能性的“判断”. 对非单节点信息集, 一个“判断”就是博弈达到该信息集中各个节点可能性的概率分布; 对单节点信息集, 则可理解为“判断达到该节点的概率为 1”.

要求 2: 给定各博弈方的“判断”, 他们的策略必须是“序列理性”的. 即在各个信息集, 给定轮到选择博弈方的判断和其他博弈方的“后续策略”, 该博弈方的行为及以后阶段的“后续策略”, 必须使自己的得益或期望得益最大. 此处“后续策略" 即相应的博弈方在所讨论信息集以后的阶段中, 针对所有可能情况如何行动的完整计划.

要求 3: 在均衡路径上的信息集 (若博弈按照均衡策略进行, 则该信息集会以正的概率达到) 处, "判断" 由 Bayes 法则和各博弈方的均衡策略决定.

要求 4: 在不处于均衡路径上的信息集 (博弈按均衡策略进行时绝对不可能达到, 或者达到的概率为 0) 处, "判断" 由 Bayes 法则和各博弈方在此处可能有的均衡策略决定.

根据上述定义可以看出, 子博弈完美 Nash 均衡是完美 Nash 均衡在完全且完美信息动态博弈中的特使. 实际上, 序列理性在子博弈中就是子博弈完美性, 在整个博弈中就是 Nash 均衡, 而在完全且完美信息动态博弈中, 所有轮到选择博弈方的信息集都是单节点的, 他们对博弈达到该节点的判断都是概率等于 1, 这些判断当然都是满足 Bayes 法则且以其他博弈方的后续策略为基础的. 更进一步, 完美 Bayes 均衡在静态博弈中就是 Nash 均衡.

完全但不完美信息动态博弈的均衡概念为什么要求这么多条件? 下面对此逐一做一些分析.

要求 1 实际上就是前面已提到的解决完全但不完美信息动态博弈的基本前提, 在多节点信息集处轮到选择的博弈方, 至少必须对其中每个节点达到的可能性大小有一个基本判断, 否则其决策就会失去根据, 从而也不可能存在策略的稳定性, 更谈不上均衡.

要求 2 的序列理性相当于子博弈完美 Nash 均衡中的子博弈完美性要求, 实际上在子博弈中 (不完美信息动态博弈中也可能有子博弈) 就是子博弈完美性, 而在多节点信息集开始的不构成子博弈的部分中, 序列理性要求各博弈方遵守最大得益原则而排除博弈方策略中不可信的威胁或承诺. 当然序列理性首先要求策略组合在给定的各方判断下是 Nash 均衡. 从上述内容可以看出, 序列理性要求对保证完美 Bayes 均衡的真正稳定性是很重要的.

对于判断形成的要求 3 与要求 4, 下面以例 8.13 为例进行说明: 买方在卖方决定卖的情况下需要做出判断, 是好还是差, 概率各多少? 也就是说, 令 $p(g|s)$ 与 $p(b|s)$ 分别表示卖方选择卖时好车、坏车的概率, 则 $p(g|s)$ 与 $p(b|s)$ 分别为多少?

一般地, $p(g|s)+p(b|s)=1$. 用 $p(g)$ 与 $p(b)$ 来表示好、坏的概率, 通常可以由以前的信息决定, 则由条件概率和 Bayes 法则有

$$p(g|s)=\frac{p(g)p(s|g)}{p(s)}=\frac{p(g)p(s|g)}{p(g)p(s|g)+p(b)p(s|b)},$$

再由 $p(b|s)=1-p(g|s)$ 求 $p(b|s)$.

二手车交易有许多可能的结果, 什么情况是好, 什么情况是差呢? 如下给出几种不同的市场均衡.

一般地, 根据市场效率将市场分为四种: 市场完全失败 —— 好的产品 (存在潜在利益) 也不敢投入市场 (相当于无市场); 市场完全成功 —— 只有好的产品投入市场, 而买方买下所有产品实现利益; 市场部分成功 —— 好、坏皆投入市场, 买方好坏都买 (有损失和得利); 市场接近失败 —— 所有好的和部分坏的投入市场, 而买方以一定概率买入. 问题: 讨论不同市场中 $v$, $w$, $p$, $c$ 的组合.

上述几种市场均衡类型中, 还可以进一步按博弈方的行为进行分类: 合并均衡 —— 不同情况的完美信息的博弈方完全采取相同行为的市场均衡, 如市场完全失败 (所有卖方都选择不卖), 市场部分成功 (所有卖方都选择卖); 分开均衡 —— 不同情况的完美信息的博弈方采取完全不同行为的市场均衡, 如市场完全成功 (好商品卖, 坏商品不卖). 注意, 市场接近失败类型不属于合并均衡也不属于分开均衡, 可以称为混成均衡. 因为在这种均衡中, 卖方的行为给买方提供了一定的信息, 但这些信息又不足以让买方做出明确肯定的判断, 因此结果仍然有一定的随机性. 在合并均衡中, 好、坏商品采取相同的行为, 从而不会透露给不完美信息的博弈方任何信息. 在此情况下, 具有不完美信息的博弈方的判断不应该取决于具有完美信息的博弈方的行为. 在分开均衡中则给具有不完美信息的博弈方的判断提供了充分的信息和依据.

基于理性选择与最优性原理, 有了完美 Bayes 均衡的概念, 就可以讨论如何通过逆推归纳法来求解.

1. 模型的纯策略完美 Bayes 均衡

(1) 市场部分成功的合并均衡. 假设差车出现的概率 $p_b$ 很小, 此时好车多 ($v > p > w$), 差车伪装费 $c$ 相对于 $p$ 很小 (好坏车差距不大). 用逆推归纳法可证明如下策略为一个完美 Bayes 均衡: 卖方选卖, 不管车子好坏; 买方选买, 只要卖方卖; 买方的判断为 $p(g|s) = p_g$, $p(b|s) = p_b$. 注意, 买方的期望得益为 $p_g(v-p) + p_b(w-p) > 0$. 而此时卖出, 对卖方而言收益也最大. 两个主要约束:

$$\begin{aligned} p > c \Rightarrow &\ \text{卖方决定卖 (不管好坏)}, \\ p_g(v-p) + p_b(w-p) > 0 \Rightarrow &\ \text{买方决定买 (不管好坏)}. \end{aligned}$$

(2) 市场完全成功的分开均衡. $p < c$, 则卖方在车好时选卖, 车差时选不卖; 买方选买, 只要卖方卖. 买方的判断 $p(g|s) = 1$, $p(b|s) = 0$. 买方期望得益为 $1(v-p) + 0(w-p) = v - p > 0$. 卖方会好车选卖, 差车不卖, 此为完美 Bayes 均衡.

(3) 市场完全失败. $p(g|s) = 0$, $p(b|s) = 1$, 则卖方总选不卖 (卖则损失 $c$);

买方总选不买. 此为完美 Bayes 均衡, 但是市场完全失败, 并且是合并均衡.

2. 模型的混合策略完美 Bayes 均衡

对于市场接近失败情形, 此类型市场的前提条件是 $p > c$ (卖差车才有可能); $p_g(v-p)+p_b(w-p)<0$ (即买方买下卖方出售的车子, 其期望收益小于 0, 损失风险大于得益的机会). 在此情况下, 若双方都采取纯策略, 则买方只能选择不买, 从而卖方也只好选择不卖, 市场完全失败. 为了实现贸易的利益和效率, 可以促使卖方以一定的概率选择卖或不卖, 而买方对好、差两种情况也选择 (概率) 买或不买. 若该选择达到均衡, 则恰为市场接近失败类型的均衡.

例如, 设 $v=3$, $w=0$, $p=2$, $c=1$, $p_g=p_b=0.5$. 由于 $p=2>c=1$ 且 $p_g(v-p)+p_b(w-p)=-0.05<0$. 该博弈符合前述两个条件. 若限于纯策略, 必然结果是市场完全失败. 采用混合策略后, 卖方好车选卖, 差车以 0.5 的概率选卖; 买方以 0.5 的概率买进卖方出售的车子.

买方的判断为 $p(g|s)=\dfrac{2}{3}$, $p(b|s)=\dfrac{1}{3}$, 而买方选买的期望得益为

$$p(g|s)(v-p)+p(b|s)(w-p)=0,$$

与选不买的得益相同，符合序列理性条件的检验.

卖方好车选卖的得益 1, 差车选卖的得益 0, 总期望得益 $>0$.

### 8.2.5* 不完全信息静态博弈

本节讨论至少有一个博弈方不完全清楚其他某些博弈方的得益的不完全信息静态博弈, 也称静态 Bayes 博弈. 得益信息不充分和博弈进程信息不充分是有差异的, 因此不完全信息博弈与不完美信息博弈有不同的表示和分析方法. 但不完全信息与不完美信息也有很强的内在联系, 可通过一定的方式统一起来, 因此不完全信息博弈和不完美信息博弈也可以用相同的方法进行研究.

#### 8.2.5.1 Harsanyi 转换

完全信息博弈的一般表达式是 $G=\{S_1,\cdots,S_n;u_1,\cdots,u_n\}$, 其中, $S_i$ 是博弈方 $i$ 的策略空间, 即全体可选策略集合, 而 $u_i$ 为博弈方 $i$ 的得益函数, $u_i=u_i(s_1,\cdots,s_n)$. 但是, 在这里所研究的静态 Bayes 博弈中, 关于得益的信息却不是全部公开的, 至少有一部分博弈方的得益是他们自己的私人信息. 为了准确表示静态 Bayes 博弈, 应对上述完全信息静态博弈的表达式做进一步的发展. 关键的问题是反映这种博弈中各博弈方虽然完全清楚自己的得益函数, 但却无法确定其他博弈方得益函数的特征. 解决这个问题的前提和基本思路是: 将博弈中某些博弈方对其他博弈方得益的不了解转化对这些博弈方类型的不了解, 这是一种追根溯源的方法. 这里的类型是相应的博弈方自己清楚而他人无法肯定的私人内部信息、有关情况或数据等.

若用 $t_i$ 表示博弈方 $i$ 的类型, 并用 $T_i$ 表示博弈方 $i$ 的类型空间, 即全部可能类型的集合, $t_i \in T_i$, 则可以用 $u_i(s_1, \cdots, s_n, t_i)$ 表示博弈方 $i$ 在策略组合 $(s_1, \cdots, s_n, t_i)$ 下的得益. 这个得益函数中含有一个反映博弈方类型的变量 $t_i$, 其取值是博弈方 $i$ 自己知道而其他博弈方并不清楚, 正好可以反映静态 Bayes 博弈中信息不完全的特征. 因此, 静态 Bayes 博弈的一般表达式为

$$G = \{S_1, \cdots, S_n; T_1, \cdots, T_n; u_1, \cdots, u_n\}.$$

用 $p_i = p_i\{t_{-i}|t_i\}$ 表示博弈方 $i$ 在自己的实际类型为 $t_i$ 的前提下, 对其他博弈方类型 $t_{-i}$ 的判断, 则静态 Bayes 博弈也可表示为

$$G = \{S_1, \cdots, S_n; T_1, \cdots, T_n; p_1, \cdots, p_n; u_1, \cdots, u_n\}.$$

对于静态 Bayes 博弈分析, Harsanyi 于 1967 年提出了一种在将对得益的不了解转化为对类型不了解思路的基础上, 进一步将不完全信息静态博弈转化为完全但不完美信息动态博弈进行分析的思路, 称为 Harsanyi 转换. 具体思路如下:

(1) 引进一个虚拟的“自然”博弈方, 也可称为博弈方 0, 其作用是先为其他每个博弈方抽取他们的类型, 抽取的这些类型构成类型向量 $t = (t_1, \cdots, t_n)$, 其中, $t_i \in T_i$ $(i = 1, 2, \cdots, n)$.

(2) “自然”让每个博弈方知道自己的类型, 但却不让其他博弈方知道.

(3) 除“自然”以外的其他博弈方同时从自己的行为空间中选择行动方案 $(s_1, \cdots, s_n)$.

(4) 除博弈方 0, 即“自然”以外, 其余博弈方各自取得收益 $u_i = u_i(s_1, \cdots, s_n, t_i)$, $i = 1, 2, \cdots, n$.

这个博弈就是一个完全但不完美的动态博弈, 不过它是带有同时选择的. 其表达的博弈问题与一般不完全信息静态博弈 $G = \{S_1, \cdots, S_n; T_1, \cdots, T_n; u_1, \cdots, u_n\}$ 所表达的博弈问题是完全一样的.

8.2.5.2 Bayes-Nash 均衡

在静态 Bayes 博弈 $G = \{S_1, \cdots, S_n; T_1, \cdots, T_n; p_1, \cdots, p_n; u_1, \cdots, u_n\}$ 中, 博弈方 $i$ 的一个策略是该博弈方自己的类型 $t_i$ 的函数 $s_i(t_i)$, 其中, $s_i(t_i)$ 为类型为 $t_i$ 的局中人 $i$ 的一个策略, $t_i \in T_i$.

**定义 8.8** 在静态 Bayes 博弈 $G = \{S_1, \cdots, S_n; T_1, \cdots, T_n; p_1, \cdots, p_n; u_1, \cdots, u_n\}$ 中, 若对任意博弈方 $i$ 和他的每一种可能的类型 $t_i \in T_i$, $s_i(t_i)$ 所选择的策略都能满足

$$\max_{s_i(t_i) \in S_i(t_i)} \sum_{t_{-i}} [u_i(s_1^*(t_1), \cdots, s_{i-1}^*(t_{i-1}), s_i(t_i), s_{i+1}^*(t_{i+1}), \cdots, s_n^*(t_n)) \cdot p(t_{-i}|t_i)],$$

则 $\boldsymbol{s}^* = (s_1^*, \cdots, s_n^*)$ 就称为一个 (纯策略) Bayes-Nash 均衡, 即博弈中的任何一方都不会单独改变自己策略中的哪怕只是一种类型下的一个策略.

完全信息静态博弈中的混合策略解决的是不存在纯策略 Nash 均衡, 或存在多个相互没有绝对优劣之分的纯策略 Nash 均衡的博弈问题. Harsanyi 认为: 完全信息静态博弈中的一个混合策略博弈, 几乎总是可以解释为一个有少量不完全信息的近似博弈的一个纯策略 Bayes-Nash 均衡. 可理解为, 混合策略的根本特征不是博弈方以随机方式选择策略, 而是博弈方对其他博弈方的得益不完全确定.

**例 8.14** 对例 8.2, 假设投资博弈双方虽然已经共同投资了很长时间, 但他们相互对对方的关于净投资回报程度并没有彻底的了解, 即相互对各种选择的收益不完全知道. 此时的均衡状态是什么样的呢?

**解** 设不完全信息 "近似博弈" 的具体情况如图 8.14 所示, 其中 $t_{\mathrm{A}}, t_{\mathrm{B}}$ 分别相当于投资人 A 与 B 的类型且只有本人知道.

| | | 投资人 B | |
|---|---|---|---|
| | | Y | N |
| 投资人 A | Y | $5+t_{\mathrm{A}}, 5+t_{\mathrm{B}}$ | $-10, 0$ |
| | N | $0, -10$ | $0, 0$ |

图 8.14 投资博弈

在此静态 Bayes 博弈中, 博弈双方的策略空间为 $A_{\mathrm{A}} = A_{\mathrm{B}} = \{$同意, 不同意$\}$; 双方的类型空间为 $T_{\mathrm{A}} = T_{\mathrm{B}} = [0, x]$; 双方的策略为, 对 A, 当 $t_{\mathrm{A}} > a$ 时, 选择同意签订协议, 否则选择不同意, 对 B, 当 $t_{\mathrm{B}} > b$ 时, 选择同意签订协议, 否则选择不同意. 由此, 投资人 A 与 B 选择同意或者不同意概率分别为 $\dfrac{x-a}{x}$, $\dfrac{a}{x}$ 以及 $\dfrac{x-b}{x}$, $\dfrac{b}{x}$.

对投资人 A, 在临界值时同意策略的得益为

$$\frac{x-b}{x}(5+a) + \frac{b}{x}(-10),$$

不同意策略的得益为 0.

对投资人 B, 在临界值时同意策略的得益为

$$\frac{x-a}{x}(5+b) + \frac{a}{x}(-10),$$

不同意策略的得益为 0.

在均衡状态下, 可解得

$$a = \frac{x - 15 + \sqrt{x^2 - 10x + 225}}{2}, \quad b = \frac{x - 15 + \sqrt{x^2 - 10x + 225}}{2},$$

投资人 A 与 B 选择同意的概率均为 $1-\dfrac{x-15+\sqrt{x^2-10x+225}}{2x}$. 当 $x$ 趋向于 0 时, 上述两概率分布均趋向于 $\dfrac{2}{3}$. 这与例 8.9 中混合策略 Nash 均衡的概率分布相同.

### 8.2.6* 不完全信息动态博弈

不完全信息博弈既包括静态博弈, 也包括动态博弈. 本节讨论不完全信息动态博弈, 也称动态 Bayes 博弈. 因为不完全信息这个根本特征是一致的, 动态 Bayes 博弈与静态 Bayes 博弈在许多方面是相似的, 如都可以将信息不完全理解成对类型的不完全了解, 并通过 Harsanyi 转换转化成完全但不完美信息动态博弈. 两者的差别是动态 Bayes 博弈转化成的不是两阶段有同时选择的特殊不完美信息动态博弈, 而是更一般的不完美信息动态博弈, 因此直接利用不完美信息动态博弈的均衡概念进行分析即可, 不需要引进专门的均衡概念和分析方法.

例 8.13 中二手车市场交易博弈就可以理解成一个不完全信息动态博弈.

本节简单地讨论更一般的具有信息传递机制作用的博弈模型 —— 信号博弈. 信号博弈是一类在两博弈方之间的不完全信息动态博弈的总称. 博弈中的两个博弈方各自都只有一次行为, 后行为方具有不完全信息, 但是他可以从先行为方的行动中获得部分信息. 因此, 先行为方的行为对后行为方来讲, 是一种反映其得益函数的信号, 这种博弈称为信号博弈. 信号博弈的基本特征是博弈方分为信号发出方和信号接收方两类, 先行为的信号发出方的行为对后行为的信号接收方来说, 具有传递信息的作用.

很显然, 声明博弈可以看作信号博弈的特例, 声明博弈中的声明方相当于信号发出方, 行为方相当于信号接收方. 只不过声明博弈中信号发出方的行为既没有直接成本, 也不会直接影响各方利益的空口声明, 而信号博弈模型中信号发出方的行为通常本身就是有意义的经济行为, 既有成本代价, 对各方的利益也有直接的影响.

**定义 8.9 (信号博弈)** 若用 $S$ 表示信号发出方, 用 $R$ 表示信号接收方, 用 $T=\{t_1,\cdots,t_I\}$ 表示 $S$ 的类型空间, 用 $M=\{m_1,\cdots,m_J\}$ 表示 $S$ 的行为空间, 或者称信号空间, 用 $A=\{a_1,\cdots,a_K\}$ 表示 $R$ 的行为空间, 用 $u_S$ 与 $u_R$ 分别表示 $S$ 与 $R$ 的利益, 并且设博弈方 0 为 $S$ 选择类型的概率分布为 $\{p(t_1),\cdots,p(t_I)\}$, 则一个信号博弈可以表示为:

(1) 博弈方 0 以概率 $p(t_i)$ 为 $S$ 选择类型 $t_i$, 并让 $S$ 知道;

(2) $S$ 选择行为 $m_j$;

(3) $R$ 看到 $m_j$ 后选择行为 $a_k$;

(4) $S$ 和 $R$ 的得益 $u_S$ 与 $u_R$ 都取决于 $t_i$, $m_j$ 和 $a_k$.

在定义 8.9 中, 注意: (1) 博弈方 0 选择各类型的概率都大于 0, 且总和等于 1; (2) $R$ 虽然不知道 $S$ 的类型就是 $t_i$, 但却知道 $p(t_i)$; (3) $S$ 所选择的 $m_j$ 是 $t_i$ 的函数, 当然也是利益与 $a_k$ 的函数; (4) $T$, $M$ 与 $A$ 既可以是离散空间, 也可以是连续空间.

**定义 8.10 (信号博弈完美 Bayes 均衡)** 完美 Bayes 均衡需要满足如下几个条件:

(1) 信号接收方 $R$ 在观察到信号发出方 $S$ 的信号 $m_j$ 之后, 必须有关于 $S$ 的类型的判断, 即 $S$ 选择 $m_j$ 时, $S$ 是每种类型 $t_i$ 的概率分布.

(2) 给定 $R$ 的判断 $p(t_i|m_j)$ 和 $S$ 的信号 $m_j$, $R$ 的策略 $a^*(m_j)$ 必须使 $R$ 的期望得益最大, 即

$$a^*(m_j) = \max_{a_k} \sum_{t_i} p(t_i|m_j) u_R(t_i, m_j, a_k).$$

(3) 给定 $R$ 的策略 $a^*(m_j)$ 时, $S$ 的选择 $m^*(t_i)$ 必须使得 $S$ 的得益最大, 即

$$m^*(t_i) = \max_{m_j} u_S[t_i, m_j, a^*(m_j)].$$

(4) 对每个 $m_j \in M$, 若存在 $t_i \in T$, 使得 $m^*(t_i) = m_j$, 则 $R$ 在对应于 $m_j$ 的信息集处的判断必须符合 $S$ 的均衡策略和 Bayes 法则. 即使不存在 $t_i \in T$ 使得 $m^*(t_i) = m_j$, $R$ 在 $m_j$ 对应的信息对策判断仍要符合 $S$ 的均衡策略和 Bayes 法则.

在定义 8.10 中, (1) 即有不完美信息的接收方要有一个判断, 即定义 8.7 完美 Bayes 均衡的要求 1; (2)、(3)则相当于完美 Bayes 均衡的要求 2, 即序列理性要求; (4) 即完美 Bayes 均衡的要求 3、4. 因此, 满足这几点要求的双方策略和接收方判断构成信号博弈的完美 Bayes 均衡. 上述双方策略都是纯策略, 因此是纯策略完美 Bayes 均衡.

另外, 若在一个信号博弈的纯策略完美 Bayes 均衡中, 不同类型的 $S$ 发出的信号 $m$ 相同, 则称为合并均衡; 若发出信号不同, 就是分开均衡.

**例 8.15 (股权换债权)** 企业上新项目, 需要一笔外部投资, 现在企业无法估计自身上新项目以后的盈利能力, 而潜在的投资者也不能看到该企业真实的盈利能力. 假设该企业向潜在的投资者给予一定的股份换取投资. 那么, 在什么样的情况下提议会被接受? 同时, 企业给多少股份较合适?

可以将此问题转化为一个简单的信号博弈问题. 设现有企业利润有高低两种可能, $\pi = H$ 或 $\pi = L$, $H > L > 0$. 设新项目所需投资为 $I$, 其收益为 $R$. 那么这个项目要具有吸引力, 它的收益必须大于将 $I$ 投资到其他处的利益. 设其他处

的收益率为 $r$，则 $R > I(1+r)$ 是基本前提条件. 将该博弈改写成如下信号博弈模型:

(1) 自然随机决定该企业的原有利润 $\pi$ 是高还是低, 已知

$$p(\pi = H) = p, \quad p(\pi = L) = 1 - p.$$

(2) 企业自己了解 $\pi$, 愿出 $S$ 比例股权换回投资 $I$.

(3) 投资人看到 $S$, 但看不到 $\pi$, 只知道 $\pi$ 是高或低的概率, 然后选择接受还是拒绝企业提议.

(4) 若投资人拒绝, 则投资人得益 $I(1+r)$, 企业得益 $\pi$; 若投资人接受, 则投资人得益 $S(\pi+R)$, 企业得益 $(1-S)(\pi+R)$.

这个信号博弈中信号发出方的类型只有两种, 信号接收方的行为也只有两种, 都是比较简单的, 而信号发出方的信号空间则是一个连续区间 $0 < S < 1$. 然而, 在实际问题中, 考虑到企业是否算及没有被投资者接受的可能性, $S$ 的实际范围要小得多. 例如, 投资人在看到 $S$ 以后判断 $\pi = H$ 的概率为 $q$, 即 $p(H|S) = q$, 则他只有在 $S[qH + (1-q)L + R] \geqslant I(1+r)$ 时, 即

$$S \geqslant \frac{I(1+r)}{qH + (1-q)L + R},$$

才会接受 $S$. 而对企业来说, 只有当

$$(1-S)(\pi+R) \geqslant \pi,$$

即 $S \leqslant \dfrac{R}{\pi+R}$ 时, 才会愿意出价 $S$.

现在先看一下信号博弈中存在合并完美 Bayes 均衡的条件, 即"企业不管实际的 $\pi$ 是 $H$ 还是 $L$, 都出 $S$, 而投资方接受", 在什么情形下是一个合并完美 Bayes 均衡.

首先, 对企业来说, $S$ 是其均衡策略必须满足 $S \leqslant \dfrac{R}{\pi+R}$. 因为 $\dfrac{R}{H+R} \leqslant \dfrac{R}{L+R}$, 所以若 $S \leqslant \dfrac{R}{\pi+R}$, 就一定满足 $S \leqslant \dfrac{R}{L+R}$.

其次, 只有当 $S \leqslant \dfrac{I(1+r)}{qH+(1-q)L+R}$ 时, 接受才是投资方的均衡策略. 因此, "企业出 $S$, 投资方接受"及相应判断成为合并 Bayes 均衡的前提条件是

$$\frac{I(1+r)}{qH + (1-q)L + R} \leqslant \frac{R}{H+R}.$$

在这个条件成立的情况下, 取大于左边小于右边的 $S$ 数值, 就能以这个 $S$ 为基础构成合并完美 Bayes 均衡.

然而, 在 $R \geqslant I(1+r)$ 的情形下, 分开均衡总是存在的. 其中低利润类型的企业出价 $S=\dfrac{I(1+r)}{L+R}$, 因为 $L+R \leqslant qH+(1-q)L+R$, 所以投资方会接受; 而高利润类型企业的出价 $S=\dfrac{I(1+r)}{H+R}$, 因为 $H+R \leqslant qH+(1-q)L+R$, 所以投资方不会接受.

### 8.2.7* 有限理性和进化博弈

完全理性包括 (追求最大利益的) 理性意识、分析推理能力、识别判断能力、记忆能力与准确行为能力等多方面的完美性要求, 其中任何一方面不完美就属于有限理性. 因此, 虽然不能言完全理性是唯一的, 但有限理性却有多种情况与层次. 如果具体博弈的博弈方不满足完全理性假设, 称为有限理性博弈方, 存在有限理性博弈方的博弈则可称为有限理性博弈, 博弈方都有完全理性的博弈则称为完全理性博弈. 前面分析的大多是完全理性博弈.

有限理性下挫意味着博弈方不会一开始就找到最优策略, 会在博弈过程中学习博弈, 必须通过试错来寻找较好的策略; 有限理性也意味着至少有部分博弈方不会采用完全理性博弈的均衡策略, 均衡是不断调整和改进而不是一次性选择的结果, 而且即使达到均衡也有可能再次偏离. 在有限理性博弈中具有真正稳定性和较强预测能力的均衡, 必须是能通过博弈方模仿、学习的调整过程达到, 能经受错误偏离的干扰, 在受到少量干扰后仍能"恢复"的稳健的均衡.

有限理性博弈的有效分析框架是由有限理性博弈方构成的、一定规模的特定群体内成员的某种反复博弈. 有限理性博弈分析的关键是确定博弈方学习长处策略调整的模式, 或者说机制. 有限理性博弈方有很多理性层次, 学习和策略调整的方式与速度有很大不同, 因此必须用不同的机制来模拟博弈方的策略调整过程. 这里讨论两种比较基本典型的情况: 一种情况是有快速学习能力的小群体成员的反复博弈, 相应的动态机制称为最优反应动态; 另一种情况是学习速度很慢的成员组成的大群体随机配对的反复博弈, 策略调整用生物进化的复制动态机制模拟.

#### 8.2.7.1 最优反应动态

最优反应动态在博弈方数量不是很多的多种有限理性博弈分析中都是适用的, 博弈的策略可以是离散或者无限多种连续分布策略的情况. Cournot 调整过程就是最优反应动态的一个典型例子, 其假设寡头通过外推和学习不断调整自己的产量, 每方所选择的产量都是对对手上一期产量的最佳反应.

在例 8.4 中, 两个厂商的反应函数是 (8.1); 存在 Nash 均衡, 即各生产 2 个单位. 现假设两博弈方都知道自己的反应函数, 只是不知道对方的利润和反应函数, 也没有预见能力. 在这种假设下, 两个厂商在第一次博弈时各自的产量就难以确定. 在这种假设下, 两个厂商在第一个时期, 也就是第一次博弈时选择的产量就很难确定. 但在第一个时期的结果出来以后, 也就是相互知道对方产量以后, 两个厂商就会根据各自的反应函数做相应的调整.

例如, 不妨假设厂商 A 生产 2.5 单位, 厂商 B 生产 3 单位. 第一个时期结束后将这两个产量分别代入厂商 A、B 的反应函数, 得到第二个时期的产量 1.5 单位和 1.75 单位; 迭代多次, 动态调整过程将趋向于两寡头各生产 2 单位. 这个稳定状态具有对微小扰动的稳健性, 是一个进化稳定策略.

对于上述 Cournot 调整过程, 需要注意收敛性其实是有条件的. 不管两个厂商是否同时反应, 上述动态调整过程收敛的充分条件为: 两寡头的反应满足

$$\left|\frac{\mathrm{d}r_1}{\mathrm{d}q_2}\right|\left|\frac{\mathrm{d}r_2}{\mathrm{d}q_1}\right| < 1,$$

其中, 两导数为厂商 $i$ 的反应函数的斜率.

需要注意的另一个问题是, Cournot 调整过程的逻辑基础是两个厂商始终假设对方的产量不变, 但这个逻辑基础值得推敲, 因为任何人在连续几次发觉对方并不保持产量不变的情况下, 还会继续假设下一时期对方产量保持不变是很难令人信服的. 因此, 如果假设各博弈方对对手过去各期的平均产量做出反应, 可能要更加合理一些, 这就构成了另一种不同的动态机制.

8.2.7.2　复制动态和进化稳定性

根据例 8.2 协调博弈的利益情况不难看出, 它有两个纯策略 Nash 均衡 (不同意, 不同意) 和 (同意, 同意), 其中后一个 Nash 均衡 Pareto 优于前一个 Nash 均衡. 因此, 若是在两个满足完全理性假设的博弈方之间进行该博弈, 则可以预期结果是双方都 “同意” 签订协议. 但在博弈方理性层次很低的情况下结果就不同了.

下面在由理性层次较低的有限理性博弈方组成的大群体成员随机配对反复博弈的分析框架内分析该博弈.

**例 8.16**　考虑一个类似于例 8.2 的一般两人对称博弈复制动态和进化稳定策略, 其含义是两个博弈位置是无差异的. 一般模型见图 8.15.

| | | 博弈方 B Y | 博弈方 B N |
|---|---|---|---|
| 博弈方 A | Y | $a, a$ | $b, c$ |
| | N | $c, b$ | $d, d$ |

图 8.15　对称博弈

**解**　若群体中成员的理性层次确实很低, 则就不会是所有博弈方一开始就找到最佳策略, 不可能所有博弈结果都是 (同意, 同意), 通常应该是既有博弈方 “同意”,

也有博弈方“不同意”. 可以将采用不同策略的博弈方看作不同类型的博弈方, 但这种类型不是给定的, 而是随着博弈方的策略而改变. 一般地, 可以假设整个群体中“同意”类型的博弈方比例是 $x$, 则“不同意”类型博弈方的比例必然是 $1-x$.

在上述假设下, 一个博弈方的利益一方面取决于自己的类型, 另一方面则取决于随机配对遇到的对手类型. 遇到“同意”类型对手的概率是 $x$, 遇到“不同意”类型对手的概率是 $1-x$, 则两种类型博弈方各自的期望收益分别为

$$u_y = xa + (1-x)b, \qquad u_n = xc + (1-x)d,$$

因此, 群体成员的平均得益为 $\overline{u} = xu_y + (1-x)u_n$.

以采用“同意”策略类型博弈方的比例为例, 其动态变化速度可以用以下动态微分方程表示:

$$\frac{\mathrm{d}x}{\mathrm{d}t} = x(u_y - \overline{u}), \tag{8.2}$$

其中, $x$ 即“同意”类型博弈方的比例; $u_y$ 即采用“同意”策略的期望收益; $\overline{u}$ 即所有博弈方的平均策略; $\frac{\mathrm{d}x}{\mathrm{d}t}$ 即“同意”类型博弈方比例随时间的变化率.

(8.2) 的意义是, “同意”类型博弈方比例的变化率与该类型博弈方的比例成正比, 与该类型博弈的期望收益大于所有博弈方平均得益的幅度也成正比. 由于上述动态微分方程与生物进化中描述特定性状个体频数变化自然选择过程的复制动态方程是一致的, 也称为复制动态或复制动态方程. 将采用“同意”策略博弈方的期望得益和群体所有博弈方的平均得益代入 (8.2), 可以得到

$$\frac{\mathrm{d}x}{\mathrm{d}t} = x(1-x)[x(a-c) + (1-x)(b-d)] = F(x).$$

复制动态相位图见图 8.16.

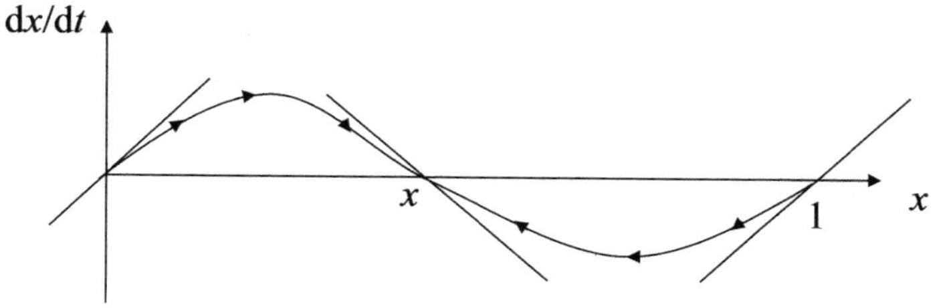


图 8.16 复制动态相位图

对于例 8.2 来说, 复制动态方程为

$$\frac{\mathrm{d}x}{\mathrm{d}t} = F(x) = x(1-x)(15x-10).$$

令 $F(x)=0$, 解出三个稳定状态, $x^*=0$, $x^*=\dfrac{2}{3}$, $x^*=1$. 根据微分方程稳定性定理, 可知 $x^*=0$ 与 $x^*=1$ 是该博弈的进化稳定策略, 而 $x^*=\dfrac{2}{3}$ 则不是.

当 $x\in\left(0,\dfrac{2}{3}\right)$ 时, 稳定状态为 $x^*=0$, 所有博弈方都采用 "不同意" 策略. 当 $x\in\left(\dfrac{2}{3},1\right)$ 时, 稳定状态为 $x^*=1$, 所有博弈方都采用 "同意" 策略.

博弈方都采用 "同意" 策略的均衡是两个均衡效率较高的, 若 $x$ 落在 $0\sim1$ 概率相同, 复制动态实现高效率均衡的机会较小, 有 $\dfrac{1}{3}$. 可以看到, 有限理性博弈方通过复制动态的学习和策略调整, 也并不一定能实现最理想的结果, 并不一定能实现最优化, 往往只能实现次佳的结果; 复制动态进化博弈的结果常常取决于带有很大偶然性的初始状态.

## 8.3 合作博弈

在例 8.1 的囚徒困境中, 还有另外一个策略组合 "(不坦白, 不坦白)", 该组合为参与人带来的支付是 $(-1,-1)$. 由 $(-5,-5)$ 到 $(-1,-1)$, 每个参与人的支付都增加了, 即得到一个 Pareto 改进. "(不坦白, 不坦白)" 构不成一个均衡是基于参与人的个人理性. 在参与人选择不坦白的情况下, 每个参与人都有动机偏离这个组合, 通过投机行为谋取超额收益 1. 如果两个参与人在博弈之前, 签署了一个协议: 两个人都承诺选择不坦白, 为保证承诺的实现, 参与人双方向第三方支付价值大于 1 的保证金; 如果谁违背了这个协议, 则放弃保证金. 有了这样一个协议, "(不坦白, 不坦白)" 就成为一个均衡, 每个人的收益都得到改善.

上述分析表明, 通过一个有约束力的协议, 原来不能实现的合作方案现在可以实现. 这就是合作博弈与非合作博弈的区别. 两者的主要区别在于人们的行为相互作用时, 当事人是否达成一个具有约束力的协议. 如果有, 就是合作博弈; 反之, 则是非合作博弈.

合作博弈采取的是一种合作的方式, 合作之所以能够增进双方的利益, 就是因为合作博弈能够产生一种合作剩余. 至于合作剩余在博弈各方之间如何分配, 取决于博弈各方的力量对比和制度设计. 因此, 合作剩余的分配既是合作的结果, 又是达成合作的条件. 合作博弈的核心问题是参与人如何结盟以及如何重新分配结盟的支付.

### 8.3.1 联盟

在合作对策问题中, 参与对策的各方当事人均为局中人, 全体局中人的集合记为 $N$, 其中 $|N|=n$; 后果 (也称为收入) 记作 $\boldsymbol{x}=(x_1,x_2,\cdots,x_n)$; $N$ 的非空子集 $S$ $(S\subset N)$ 称为联盟, $N$ 为总体联盟, 空集记作 $\varnothing$.

用以描述每一种可能的联盟 $S$ 的收入称为特征函数.

**定义 8.11 (特征函数)** 特征函数 (characteristic function) 指对任一个联盟 $S$ 对应一个实数 $v(S)$, 并要求:

$$v(\varnothing)=0, \quad \sum_{i=1}^{n} v(\{i\}) \leqslant v(N).$$

特征函数 $v(S)$ 的含义是联盟 $S$ 的全体成员所能创造的最大价值. 上面第一个条件指, 若联盟 $S$ 是空集, 则不能创造任何价值. 第二个条件指, 总体联盟所创造的价值不能低于每个局中人单干创造价值之和. 这保证了这种合作是有基础的.

对于合作对策, 还应该有

$$v(S) \geqslant \sum_{i \in S} v(\{i\}).$$

这是联盟 $S$ 得以存在的条件.

若 $R, S \subset N$, 且 $R \cap S=\varnothing$, 则

$$v(R \cup S) \geqslant v(R)+v(S),$$

称为超可加性, 是由联盟 $R$, $S$ 合并组成新的联盟的必要条件.

根据超可加性, 特征函数 $v$ 分成两种类型:

(1) 类型 1. $v$ 满足 $v(N)=\sum\limits_{i \in S} v(\{i\})$, 即总体联盟的效用是每个局中人的效用之和, 这种联盟不可能维持. 这种对策称为非实质性博弈, 没有研究价值.

(2) 类型 2. $v$ 满足 $v(N)>\sum\limits_{i \in S} v(\{i\})$, 即总体联盟的效用大于每个局中人的效用之和, 这种联盟能否维持, 取决于如何分配合作剩余, 使每个局中人的支付都有改善. 这种对策称为实质性博弈, 有研究价值.

**例 8.17** 试分析例 8.6 投票博弈的特征函数.

**解** 设局中人集合为 $N$, 获胜与否分别用支付 1 与 0 来表示, 第 $i$ 个局中人所拥有的票数为 $q_i$, 则特征函数为

$$v(S)=\begin{cases}0, & \sum\limits_{i \in S} q_i<4, \\ 1, & \sum\limits_{i \in S} q_i \geqslant 4.\end{cases}$$

不同的联盟 $S$ 具有不同的特征函数值. 这里有

$$\begin{aligned} v(\varnothing)&=0, & \\ v(\{A, S\})&=1 & (S \subseteq N, S \neq \varnothing), \\ v(\{S\})&=1 & (S=N \backslash A),\end{aligned}$$

对其他联盟 $S$, 都有 $v(S)=0$.

一个 $n$ 人参加的合作博弈在分析并给出特征函数 $v(S)$ 后, 记该合作博弈为 $G=\{N,v\}$. 在上面对联盟式表示的合作博弈 $G=\{N,v\}$ 的规定中, 隐含了这样一个假定: 联盟 $S$ 的所得 $v(S)$ 可以用任意方式分配给 $S$ 中的成员.

### 8.3.2 分配

在合作博弈中, 外生的合作机构已经形成, 研究的问题是对合作后总收益如何进行分配, 或分析每个局中人在合作机构中的权势, 当然这两个问题是等价的.

**定义 8.12** 在合作对策中, 称满足以下两个条件的后果 $\boldsymbol{x}$ 为一个分配.

(1) 个体合理性

$$x_i \geqslant v(\{i\}) \quad (\forall i \in N).$$

(2) 总体合理性

$$\sum_{i=1}^{n} x_i = v(N).$$

对于非实质性博弈, 分配集只有一个元素, 即 $x_i \equiv v(\{i\}),\ i=1,2,\cdots,n$. 对于实质性博弈, 其分配总是有无限个, 使其难以得到执行. 例如, 对于实质性博弈 $G=\{N,v\}$, 由于

$$\Delta u = v(N) - \sum_{i=1}^{n} v(\{i\}) > 0,$$

存在无限个正向量 $\boldsymbol{u}=(u_1,u_2,\cdots,u_n)$, 满足 $\Delta u = u_1+u_2+\cdots+u_n$. 显然如下的 $\boldsymbol{x}=(x_1,x_2,\cdots,x_n)$ 都是分配, 其中 $x_i = v(\{i\})+u_i,\ 1\leqslant i\leqslant n$.

用 $E(v)$ 表示一个博弈 $G=\{N,v\}$ 的所有分配方案组成的集合.

#### 8.3.2.1 核心

尽管可行分配集合 $E(v)$ 中有无限个分配. 但实际上, 有许多分配是不会被执行的, 或者不可能被局中人所接受的. 很显然, 联盟的每一个成员都不偏好于劣分配方案, 因此真实可行的分配方案应该剔除劣分配方案.

**定义 8.13 (核心)** 在一个 $n$ 人合作博弈 $G=\{N,v\}$ 中, 若存在一个分配 $\boldsymbol{x}=(x_1,x_2,\cdots,x_n)\in E(v)$, 使得对所有 $S\subseteq N$, 满足

$$v(S) \leqslant \sum_{i\in S} x_i,$$

则称这种分配 $\boldsymbol{x}$ 组成的集合为博弈 $G$ 的核心, 记为 $C(v)$.

显然有 $C(v) \subseteq E(v)$, 核心 $C(v)$ 是 $E(v)$ 中的一个闭凸集. 若 $C(v) \neq \varnothing$, 则将 $C(v)$ 中的向量 $\boldsymbol{x}$ 作为分配, $\boldsymbol{x}$ 既满足个人理性, 又满足集体理性. 用核心作为博弈的解, 其最大缺陷是 $C(v)$ 可能是空集.

**定理 8.3** 分配方案 $\boldsymbol{x} = (x_1, x_2, \cdots, x_n)$ 在核心 $C(v)$ 中的充要条件是:

(1) $\sum\limits_{i \in S} x_i \geqslant v(S)$;

(2) $\sum\limits_{i=1}^{n} x_i = v(N)$.

在合作博弈中, 用核心代替分配具有明显的优点, 即 $C(v)$ 的稳定性. 对于 $C(v)$ 中的每一个分配, 每个联盟都没有反对意见, 都没有更好的分配, 每个分配都可以得到执行. 当然, 用 $C(v)$ 代替 $E(v)$ 也有致命的缺陷, 即 $C(v)$ 可能是空集, 而 $E(v) \neq \varnothing$.

**定理 8.4** 对于 $n$ 人的联盟博弈, 核心 $C(v)$ 非空的充分必要条件是线性规划 (P) 有解.

$$
\begin{aligned}
(\mathrm{P}) \quad & \min\ z = \sum_{i=1}^{n} x_i \\
& \text{s.t.} \begin{cases} \sum\limits_{i \in S} x_i \geqslant v(S) & (\forall S \subset N), \\ \sum\limits_{i=1}^{n} x_i = v(N). \end{cases}
\end{aligned}
$$

定理 8.4 的直观意义很明显, 线性规划 (P) 若有解, 则最优解一定属于 $C(v)$; 若 $C(v) \neq \varnothing$, 则 $C(v)$ 中的每个向量都是可行解, 自然线性规划 (P) 有最优解.

以上条件组可以记为 $C(v)$, 满足以上条件的解不唯一, 还需要有进一步的分配方法, 例如用 Nash-Harsanyi 谈判模型进行求解, 参见文献 [44]. 即求解模型:

$$
\begin{aligned}
& \max z = (x_1 - c_1)(x_2 - c_2) \cdots (x_n - c_n) \\
& \text{s.t.} \begin{cases} x(S) \geqslant v(S) & (\forall S \subset N, S \neq \varnothing), \\ \sum\limits_{i=1}^{n} x_i = v(N), \end{cases}
\end{aligned} \tag{8.3}
$$

其中, 可选择 $c_i = v(\{i\})$, $i = 1, 2, \cdots, n$; 或者选择其他现况点.

**例 8.18 (合作对策)** 有 A, B, C 三家公司面临合并还是继续独立营运的问题. 调研所得的结盟与独立营运的收入情况如表 8.1 所示. 问: 三家能否合并?

表 8.1 结盟与独立营运的收入

| 结盟 | 各自独立 | | | 两家合并、另一家独立 | | | | | | 三家合并 |
|---|---|---|---|---|---|---|---|---|---|---|
| 方式 | A | B | C | AB | C | AC | B | BC | A | ABC |
| 收入 | 32 | 23 | 6 | 59 | 5 | 45 | 22 | 39 | 30 | 77 |

**解** 显然, 三家公司能否合并成功取决于合并后收入的分配是否合理. 设 $x$, $y$, $z$ 分别表示 A, B, C 三家公司在合并后分得的收入. 则合并成功需要满足条件:

$$x \geqslant 30, \qquad y \geqslant 22, \qquad z \geqslant 5,$$
$$x+y \geqslant 59, \qquad x+z \geqslant 45, \qquad y+z \geqslant 39,$$
$$x+y+z=77.$$

求解时需要确定现况点 $c=(c_1,c_2,c_3)$ 的值, 有如下两种选择:

(1) 以各自独立时的收入 $(32,23,6)$ 作为现况点代入 (8.3) 求得 $(x,y,z)=(37.33,28.33,11.33)$.

(2) 以两家合作另一家独立运营时的收入 $(30,22,5)$ 为现况点代入 (8.3) 求得 $(x,y,z)=(36.66,28.66,11.66)$.

求解结果表明三家可以合并, 并且从上述讨论可以得到相应的分配值.

对于以上合作对策问题的求解来说, 文献 [44] 还介绍了其他分析方法; 同时, 对于合作对策在无核心情形下的问题处理也进行了介绍.

#### 8.3.2.2 Shapley 值

由前面的分析可知, 合作博弈的核心可能是空集, 而且即使不是空集, 核分配也很可能不唯一. 随着合作博弈论的发展, 现在已经有很多具有唯一解的概念, 称为博弈的值, 其中最重要的是 Shapley 值.

Shapley 从另一角度给出了 $v(N)$ 分配给 $n$ 个局中人的方案, 提出三条公理, 并找到满足这三条公理的一组分配值, 参见文献 [1, 45].

**定理 8.5** *设 $G=\{N,v\}$ 是 $n$ 人合作对策, 则存在唯一的一组 Shapley 值*

$$\psi_i(v)=\sum_{i\in S}\frac{(n-|S|)!(|S|-1)!}{n!}[v(S)-v(S\backslash\{i\})] \quad (i=1,2,\cdots,n). \tag{8.4}$$

**例 8.19** *试分析例 8.6 投票博弈问题的 Shapley 值.*

**解** 由 (8.4) 可知, $v$ 的 Shapley 值是

$$\psi(v)=\left(\frac{6}{10},\frac{1}{10},\frac{1}{10},\frac{1}{10},\frac{1}{10}\right).$$

显然, Shapley 值的实际含义是根据结盟的次序计算各成员的收益.

例如, 在例 8.18 中, A 独立运营时得 32, B 与 A 结盟收益为 59, 增加的 27 是 B 加盟的结果, 故 B 得 27; C 加入 AB 联盟后, 总收益为 77, 增加的 18 是 C 加盟的结果, 全归 C. 再根据结盟次序的全排列, 计算各种结盟情况的收益之和的平均值.

这种计算过程与 (8.4) 计算结果相同, 得 $(x,y,z)=(35.83,28.33,12.83)$.

## 思考题

8.1 “二指莫拉问题”. 甲、乙二人游戏, 每人出一个或两个手指, 同时又把猜测对方所出的指数叫出来. 若只有一个人猜测正确, 则他的赢得分数为二人所出指数之和, 否则重新开始. 试写出该对策中各局中人的策略集及甲的赢得矩阵, 并说明是否存在某一种策略比其他策略更有利.

8.2 A 与 B 玩一种游戏: 从标记为 1, 2, 3 的三张牌中各抽一张, 并彼此互相保密. 每人抓到 1, 2, 3 中任一张可均选择不叫 (pass, 简写为 p) 或打赌 (bet, 简写为 b). 游戏规则如表 8.2 所示. 问 A 与 B 各有多少种纯策略, 列出用优势原则简化后的对策矩阵, 并确定各自的最优策略.

8.3 甲、乙两个企业生产同一种电子产品, 两个企业都想通过改革管理措施争取更多的市场份额.

甲企业的措施有: ① 降低产品价格; ② 提高产品质量, 延长保修期; ③ 推出新产品.

乙企业的措施有: ① 增加广告费用; ② 增设维修网点, 扩大维修服务; ③ 改进产品性能.

假定市场份额一定, 由于各自采取的措施不同, 通过预测可知, 今后两个企业的市场占有份额变动情况如表 8.3 所示 (正值为增加的份额, 负值为减少的份额). 试通过对策分析, 确定两个企业各自的最优策略.

表 8.2 游戏规则

| 第 1 轮 | | 第 2 轮 | 胜负 |
|---|---|---|---|
| A | B | A | |
| p | p | — | 牌大者赢 1 元 |
| p | b | p | A 付给 B 1 元 |
| p | b | b | 牌大者赢 2 元 |
| b | p | — | B 付给 A 1 元 |
| b | b | — | 牌大者赢 2 元 |

表 8.3 市场份额变动

| | | 乙企业 | | |
|---|---|---|---|---|
| | | 1 | 2 | 3 |
| 甲 | 1 | 10 | −1 | 3 |
| 企 | 2 | 12 | 10 | −5 |
| 业 | 3 | 6 | 8 | 5 |

8.4 甲、乙两方交战. 乙方用三个师守城, 有两条公路通入该城; 甲方用两个师攻城, 可能两个师各走一条公路, 也可能从一条公路进攻. 乙方可用三个师防守某一条公路, 也可用两个师防守一条公路, 用第三个师防守另一条公路. 哪方军队在一条公路上数量多, 哪方军队就控制住这条公路. 若双方在同一条公路上的数量相同, 则乙方控制住公路和甲方攻入城的机会各半, 试把这个问题构成一条对策模型. 并求甲、乙双方的最优策略以及甲方攻入城的可能性.

8.5 某城分东、南、西三个城区, 分别居住着 40%, 30%, 30% 的居民, 有两个公司甲和乙都计划在城内修建溜冰场, 公司甲计划修两个, 公司乙计划修一个, 每个公司都知道, 若在某个城区内设有两个溜冰场, 那么这两个溜冰场将平分该城区的业务; 若在某个城区只有一个溜冰场, 则该溜冰场将独揽这个城区的业务; 若在一个城区没有溜冰场, 则该城区的业务平分给三个溜冰场. 每个公司都想使自己的营业额尽可能地多. 试把这个问题表示成一个矩阵对策, 写出公司甲的赢得矩阵, 并求两个公司的最优策略以及各占有的市场份额.

8.6 一个患者的症状说明他可能患 a, b, c 三种病中的一种, 有两种药 A 与 B 可用. A 的治愈率为 0.5, 0.4,0.6; B 的治愈率为 0.7, 0.1, 0.8. 问医生应开哪一种药才能最稳妥?

8.7 假设有一博弈 $G=\{N,S,P\}$, 其中 $N=\{1,2\}$, $S_1=[10,20]$, $S_2=[0,15]$, $P_1(s)=40s_1-2s_1^2+5s_1s_2$, $P_2(s)=50s_2-s_2^2-3s_1s_2$. 试求出最优反应函数, 并求出均衡点.

# 第 9 章

# 库存论

库存论 (也称为存储论或存贮论) 研究的数学模型一般分为两大类: 一类是不包含随机因素的确定型模型; 另一类是带有随机因素的随机型模型. LIGNO 与 WinQSB 都能实现这些基本内容, 参见文献 [21, 35]. 本章仅介绍确定型模型, 随机型模型等其他内容可参见文献 [1, 46].

## 9.1 问题描述

**例 9.1** 某电器公司的生产流水线每月可生产电视机 8000 台, 而需求量与电视机产量一一对应的某零件的生产方式是短时间内批量生产. 因此, 该零件生产后只能先存储起来. 为此, 该公司考虑到了如下的费用结构:

(1) 批量生产的生产准备费用 12 000 元/次.

(2) 单位成本费用 10 元/件, 与批量生产的规模无关.

(3) 存储费为 0.3 元/(件·月), 包括资金积压费用、存储空间费、保险费等.

(4) 零件的缺货费为 1.1 元/(件·月).

从例 9.1可知, 库存问题通常包含如下基本要素.

1. 需求

库存的目的是满足需求, 可通过调查、统计、预测等方法来了解和掌握需求规律. 需求可以是常量, 如自动生产线上对某种零件的需求; 可以是非平稳的, 如城市生活用电的需求量受季节性影响; 也可以是随机变量, 如在市场中每天对某种商品的需求量.

2. 补充

通过对货物的补充弥补因需求而减少的存储, 它可以通过外部定货或内部生产两种方式获得. 影响库存系统运行的一个因素是定货与到货之间的滞后时间. 滞后时间又可分为以下两部分.

(1) 开始定货到开始补充 (开始生产或货物到达) 的时间, 称为拖后时间或提前时间.

(2) 开始补充到补充完毕的入库时间或生产时间. 通常滞后时间可以考虑成常数或非负随机变量, 滞后现象使库存问题变得更加复杂. 理想化的情形可认为是瞬时供货, 它是供货或生产能力非常大的一种近似.

3. 缺货处理

需求或供货滞后时间可能具有随机性, 因此缺货是可能发生的. 对未能完全满足的需求, 通常采取如下两种方式处理: 在定货到达后其不足部分立即补上; 或者, 在定货到达后其不足部分不再补充供应.

4. 盘点方式

用 $I(t)$ 记时刻 $t$ ($\geqslant 0$) 时的库存水平. 为了了解库存量, 就要对库存进行检查. 检查的办法一般有两种: 一种是连续性盘点, 即在任一时刻 $t$ 检查库存量 $I(t)$; 另一种是周期性盘点, 即在时刻 $kT$ ($k=0,1,2,\cdots$) 检查库存量 $I(kT)$, 其中, $T$ 是一个常量, 称为检查周期. 不同的盘点方式自然会影响库存决策.

5. 存储策略

库存论要研究的基本问题是物品何时补充及补充多少数量. 任何一个满足上述要求的方案称为一个存储策略. 显然, 存储策略依赖于当时的库存量. 下面是一些比较常见的存储策略.

(1) $t-$ 循环策略: 每隔 $t$ 时段补充一次, 补充量为 $Q$.

(2) $(s,Q)$ 策略: 连续盘点, 一旦库存水平小于 $s$, 立即发出定单, 其定货量为常数 $Q$; 若库存水平大于等于 $s$, 则不定货. $s$ 称为定货点库存水平.

(3) $(s,S)$ 策略: 连续盘点, 一旦库存水平小于 $s$, 立即发出定单, 其定货量为 $S-s$, 即使得定货时刻的库存水平达到 $S$; 否则, 就不予定货.

(4) $(T,s,Q)$ 策略: 以周期 $T$ 进行盘点, 其余行为同 $(s,Q)$ 策略.

(5) $(T,s,S)$ 策略: 以周期 $T$ 进行盘点, 盘点时的库存水平执行 $(s,S)$ 策略.

在以上策略中, 策略 (1) 与策略 (2) 是策略 (3) 的特例.

6. 费用

库存系统中的费用通常包括定货费 (或生产费)、存储费、缺货费及另外一些相关的费用.

(1) 定货费. 它包含两部分: 一是定购一次货物所需的定购费 $K$ (如手续费、差旅费、最低起运费、生产准备费等, 它是仅与定货次数有关的一种固定费用); 二是货物的成本费 $cz$, 其中, $c$ 为货物的单价, $z$ 为定货数量 (成本费是与定货数

量有关的可变费用). 通常把定货总费用表示为

$$c_1(z)=\begin{cases}K+cz & (z>0),\\ 0 & (z=0).\end{cases} \tag{9.1}$$

(2) 存储费. 它可能包括仓库使用费、货物维修费、保险费、积压资金所造成的损失 (利息、占用资金费等), 以及存货陈旧、变质、损耗、降价等所造成的损失等. 记 $h$ 为单位时间内单位货物的保管费用.

(3) 缺货费. 缺货费指存储不能满足需求而造成的损失费, 记 $p$ 为单位时间内缺少单位货物造成的缺货费用. 如停工待料造成的生产损失、货物脱销而造成的机会损失、延期付货所支付的罚金以及商誉降低所造成的无形损失等. 在有些情况下是不允许缺货的, 这时的缺货费可视为无穷大.

注意, 若商品的价格及需求量完全由市场决定, 在确定最优策略时可以忽略不计销售收入. 当商品的库存量不能满足需求时, 由此导致损失 (或延付) 的销售收入应考虑包含在缺货费中; 当商品的库存量超过需求量时, 剩余商品通过廉价出售 (或退货) 的方式得到的收入应考虑包含在存储费中, 一般取为负数. 最后还可能会考虑货币的时间价值等费用.

7. 目标函数

目标函数是选择最优策略的准则. 常见的目标函数有平均费用 (或利润) 及折扣费用 (或利润). 最优策略的选择应使平均费用最小或平均利润最大, 使平均费用最小的策略等价于使平均利润最大的策略.

因此, 一个库存系统的完整描述需要知道需求、供货滞后时间、缺货处理方式、费用结构、目标函数以及所采用的存储策略. 决策者通过何时定货、定多少货来对系统实施控制. 当采用周期性盘点时, 周期长度也是一个决策变量.

## 9.2 基本模型

基本模型考虑确定性的库存问题, 对模型作了如下假设, 参见文献 [46].

(1) 单品种货物库存, 连续盘点.

(2) 需求是连续均匀的, 即需求率 $D$ 是常数.

(3) 瞬时供货.

(4) 不允许缺货.

(5) 采用 $(s,S)$ 策略.

(6) 费用包括定货费及存储费. 定货费 $c_1(z)$ 由 (9.1) 给出. 存储费与一个运行周期 (相邻两次定货之间的间隔) 中的平均库存量成正比. 目标函数为长期运行下单位时间中的平均费用.

问题为确定 $s, S$, 使目标函数达到最小.

记 $I(t)$ 表示一个运行周期开始后经过时间 $t$ 后的库存量, $T$ 为一个运行周期, $Q = S - s$ 表示定货量. 由以上条件可知, $I(t) = S - Dt, t \in [0, T]$. 于是, 可画出该系统的存储状态图, 如图 9.1 所示.

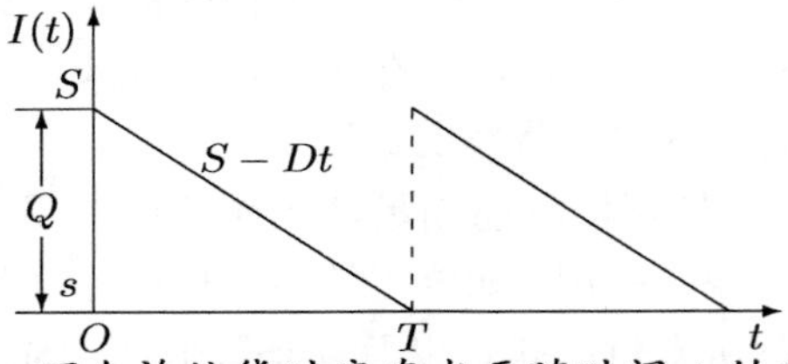

图 9.1 不允许缺货时库存水平随时间 $t$ 的变化图

一个运行周期内生产或定货费 $c_1(Q) = K + cQ$.

在一个周期 $T$ 内单位时间的平均库存量为

$$\frac{1}{T}\int_0^T I(t)\,\mathrm{d}t = \frac{1}{T}\int_0^T (S - Dt)\,\mathrm{d}t = S - \frac{1}{2}DT = s + \frac{1}{2}Q.$$

因一个周期长度为 $T = \frac{Q}{D}$, 故一个运行周期内的库存费为 $h\left(s + \frac{Q}{2}\right)\frac{Q}{D}$. 于是, 一个运行周期 $T$ 内的平均费用为

$$F(s, Q) = \frac{K + cQ + h\left(s + \frac{Q}{2}\right)\frac{Q}{D}}{\frac{Q}{D}} = \frac{DK}{Q} + cD + hs + \frac{hQ}{2}, \tag{9.2}$$

其中, $s \geqslant 0$; $Q > 0$.

要使得平均费用函数 $F(s, Q)$ 达到最小值, 一定有 $s^* = 0$, 即

最优定货量为

$$Q^* = \sqrt{\frac{2DK}{h}}. \tag{9.3}$$

最优存储周期为

$$T^* = \frac{Q^*}{D} = \sqrt{\frac{2K}{hD}}. \tag{9.4}$$

最小平均费用为

$$F(s^*, Q^*) = cD + \sqrt{2hDK}.$$

(9.3) 称为经济定货量 (economic ordering quantity, EOQ) 公式, 也称为经济批量 (economic lot size) 公式.

(9.2) 中的 $cD$ 及 $hs$ 与定货量 $Q$ 无关, 因此只需考虑如下费用:

$$C(Q)=\frac{hQ}{2}+\frac{DK}{Q}, \tag{9.5}$$

其最小解仍由 (9.3) 给出, 而平均总费用为

$$C(Q^*)=\sqrt{2hDK}. \tag{9.6}$$

分析 (9.3) 与 (9.4), 会发现 $Q^*$ 及 $T^*$ 会随着 $K,h,D$ 的变化而发生相应变化, 且与直观理解相吻合. 当定购费 $K$ 增加时, 相应地有 $Q^*$ 及 $T^*$ 都增加 (意味着减少定货或生产次数); 当存储费 $h$ 增加时, 有 $Q^*$ 及 $T^*$ 都减少 (即尽量减少库存量, 换之以多增加定货或生产次数); 当需求率 $D$ 增加时, 有 $Q^*$ 增加 (即每次的定购批量增加), 而 $T^*$ 减少 (即增加定货或生产次数). 另外, 由于 $Q^*$ 与 $K$, $h$, $D$ 是平方根的关系, 所以 $Q^*$ 对参数的变化不甚敏感, $Q^*$ 的稳定性较好.

此处的 $(s,S)$ 策略实际上是当库存量 $s$ 降至 0 时或在一个运行周期 $T$ 结束时, 生产或定购 $Q^*$ 件产品且每次生产或进货量 $Q^*$ 都相同. 这里的 $(s,S)$ 策略实际上相当于 $t-$ 循环策略, 每隔固定的时间补充一次, 每次补充量均为 $Q^*$.

若把基本模型中的假设 (3) 改为存在供货滞后时间常数 $l$, 则定货点应为 $s^*=lD$, 最优定货量 $Q^*$ 公式仍保持不变. 但若供货不是那么可靠, 送货的延迟将导致实际的库存短缺经常出现. 在此情形下, 若多少提高一点再订购点以在送货延迟时有些回旋余地 (现在的再订购点为 216). 这种额外的防止送货延迟的库存称为安全库存. 安全库存的数量 (现在的安全库存为 0) 就是再订购点和计划提前期中的预计需求之差. 当考虑到一个时间段到下一个时间段之间需求有相当的不确定时, 维持一定数量的安全库存是合适的, 详细讨论参见文献 [1, 35].

**例 9.2** 继续考虑例 9.1, 设某电器公司采取自行批量生产的方式生产某零件, 每月需求量 8000 件.

(1) 试求今年该公司对零件的最佳生产存储策略及费用.

(2) 若明年拟将电视机产量提高一倍, 则需零件的生产批量应比今年增加多少? 生产次数又为多少?

(3) 若存在生产滞后时间 $l=3$ 天, 问应如何组织生产?

**解** (1) 根据题意, 取一年为单位时间, 由设知, $K=12\,000$ 元/次, $h=3.6$ 元/(件·年), $D=96\,000$ 件/年, $c=10$ 元/件, 代入相关的公式, 有

$$Q^*=\sqrt{\frac{2DK}{h}}=\sqrt{\frac{2\times 96\,000\times 12\,000}{3.6}}=25\,298\ (\text{件}),$$

$$T^*=\frac{Q^*}{D}=\frac{25\,298}{96\,000}\approx 0.2635\ (\text{年}),$$

$$C^*=\sqrt{2hDK}=\sqrt{2\times 3.6\times 96\,000\times 12\,000}\approx 91\,074\ (\text{元/年}),$$

全年生产次数为 $n^*=\dfrac{1}{T^*}\approx 3.79$ (次). 由于 $n^*$ 必须为正整数, 故还应比较 $n=3$ 与 $n=4$ 时的全年费用.

若 $n=3$, 则 $T=\dfrac{1}{n}=\dfrac{1}{3}$, $Q=\dfrac{96\,000}{3}=32\,000$ (件), 代入相关公式, 可得

$$C(Q)=\frac{hQ}{2}+\frac{DK}{Q}=\frac{1}{2}\times 3.6\times 32\,000+3\times 12\,000=93\,600\ (\text{元/年}).$$

类似可求得, 当 $n=4$ 时全年费用为

$$C(Q)=\frac{1}{2}\times 3.6\times 24\,000+4\times 12\,000=91\,200\ (\text{元/年}).$$

因后者的费用要少一些, 故应取 $n=4$, 即每三个月组织一次生产, 每次生产批量为 24 000 件, 全年的费用为 91 200 元, 比最优值 $C^*$ 多出 126 元.

(2) 提高电视机的产量, 说明需要的元件也增加一倍. 根据 (9.3) 知道, 明年的生产批量应为今年的 $\sqrt{2}$ 倍, 生产次数也为今年的 $\sqrt{2}$ 倍, 从而有

$$Q^*=\sqrt{2}\times 25\,298\approx 35\,777\ (\text{件}),\quad n^*=\sqrt{2}\times 3.79\approx 5.36\ (\text{次}).$$

为了实用, 需要比较 $n=5$ 与 $n=6$ 时的费用, 结果应为 $n=5$, $Q=38\,400$ (件).

(3) 由于生产滞后的影响, 应该在库存量降为 0 之前就组织生产, 定货点 $s^*=3\times\dfrac{96\,000}{12\times 30}=800$ (件), 即一旦库存量降到 800 件时, 立即组织生产.

## 9.3 缺货模型

在实际问题中, 允许少量缺货会使单个周期时间延长, 减少定货或生产的次数, 节约了定购费, 但是却增加了缺货费, 所以需要进行详细分析. 在接下来的模型中, 一个运行周期内的平均费用要考虑定货费、存储费及缺货费.

在基本模型中, 保持其余假设不变, 仅把假设 (4) 改为:

(4)′ 允许缺货, 且缺货在以后补足.

仍记 $T$ 为一个运行周期, $t=0$ 时刻初始库存量为 $S$, 到一个周期结束时达到最大缺货量 $s$. 其库存量变化见图 9.2, 从图中可知, 最大缺货量为 $s=Q-S$, 新补充的 $Q$ 单位物品在补足缺货量后使得库存量又达到最大库存水平 $S$.

一个运行周期中生产或定货费 $c_1(Q)=K+cQ$.

在 $[0,t_1]$ 这段时间内平均库存量为 $\dfrac{S+0}{2}$. 于是, 单位时间内存储费为 $\dfrac{hS}{2}$, 由于在一个周期内保持库存量为正的时间长度 $t_1=\dfrac{S}{D}$, 一个运行周期内的库存费为 $\dfrac{hS}{2}\cdot\dfrac{S}{D}=\dfrac{hS^2}{2D}$.

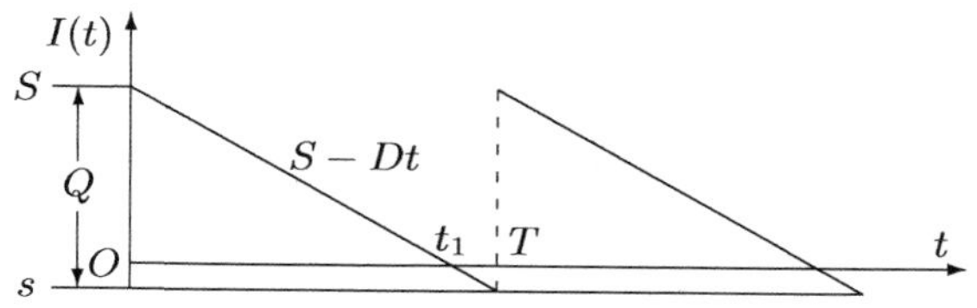


图 9.2 缺货事后补足模型中库存水平随时间变化图

类似地, 在 $[t_1,T]$ 时间内平均缺货量为 $\dfrac{0+Q-S}{2}$, 即单位时间内的缺货费为 $\dfrac{p(Q-S)}{2}$. 因为一个周期内出现短缺的时间为 $T-t_1=\dfrac{Q-S}{D}$, 所以在一个运行周期内的缺货费为 $\dfrac{p(Q-S)}{2}\cdot\dfrac{Q-S}{D}=\dfrac{p(Q-S)^2}{2D}$. 因此, 一个运行周期内全部费用为 $K+cQ+\dfrac{hS^2}{2D}+\dfrac{p(Q-S)^2}{2D}$, 即一个运行周期内的平均费用为

$$
\begin{aligned}
F(Q,S) &= \frac{K+cQ+\dfrac{hS^2}{2D}+\dfrac{p(Q-S)^2}{2D}}{\dfrac{Q}{D}} \\
&= \frac{DK}{Q}+cD+\frac{hS^2}{2Q}+\frac{p(Q-S)^2}{2Q}. \qquad (9.7)
\end{aligned}
$$

$F(Q,S)$ 的 Hesse 矩阵为正定矩阵. 因此, $F(Q,S)$ 是严格凸函数 $(S,Q>0)$, 有唯一的最小值. 此最小值可由 $\dfrac{\partial F}{\partial Q}=0$ 及 $\dfrac{\partial F}{\partial S}=0$ 解出, 即联立求解:

$$
\frac{1}{Q^2}[2DK+(h+p)S^2]=p, \quad \frac{1}{Q}(h+p)S=p, \qquad (9.8)
$$

可得

$$
Q^* = \sqrt{\frac{2DK}{h}}\sqrt{1+\frac{h}{p}}, \qquad (9.9a)
$$

$$
S^* = \sqrt{\frac{2DK}{h}}\sqrt{\frac{p}{h+p}}, \qquad (9.9b)
$$

$$
s^* = Q^*-S^* = \sqrt{\frac{2hDK}{p(h+p)}}, \qquad (9.9c)
$$

$$
T^* = \frac{Q^*}{D} = \sqrt{\frac{2K}{Dh}}\sqrt{1+\frac{h}{p}}. \qquad (9.9d)
$$

由于平均总费用函数 $F(Q,S)$ 中, 库存物品总价 $cD$ 与存储策略无关, 将这一项费用略去后的费用函数记为 $C(Q,S)$, 有

$$C(Q,S)=\frac{DK}{Q}+\frac{hS^2}{2Q}+\frac{p(Q-S)^2}{2Q}. \tag{9.10}$$

将以上结论代入费用函数 $C(Q,S)$, 则最小平均总费用为

$$C^*=\sqrt{2DKh}\sqrt{\frac{p}{p+h}}=\frac{2K}{T^*}. \tag{9.11}$$

另外, 从 (9.8) 中可知, $\frac{S}{Q}=\frac{p}{p+h}$, 代入费用函数 (9.10), 可得

$$C(Q)=\frac{DK}{Q}+\frac{hQ}{2}\Big(\frac{p}{p+h}\Big)^2+\frac{pQ}{2}\Big(\frac{h}{p+h}\Big)^2=\frac{DK}{Q}+\frac{hQ}{2}\frac{p}{p+h}. \tag{9.12}$$

当 $h$ 为常数而 $p\to\infty$ 时, 有 $Q^*-S^*\to 0$, 即在此模型中尽管允许缺货但缺货量将趋于 0, $Q^*$ 及 $T^*$ 都将趋于基本模型中的相应值; 另外, 当 $p$ 为常数而 $h\to\infty$ 时, 有 $S^*\to 0$. 因此, 当存储费为正且 $h\to\infty$ 时, 会导致库存量为 0.

在实际的库存问题中, 由于缺货损失费很难估计, 可从另一角度来考虑. 假定决策者要求库存不能满足需求的时间比例要小于 $\alpha(0<\alpha<1)$. 由于本模型中缺货的时间比例为 $\alpha=1-\frac{S^*}{D}\frac{D}{Q^*}$, $\alpha=1-\frac{S^*}{Q^*}=\frac{h}{p+h}$, 由此可反解出 $p=h\Big(\frac{1}{\alpha}-1\Big)$, 这对应用是方便的. 另外, 从图 9.2 中还可知, $\frac{S^*}{D}\frac{D}{Q^*}=\frac{p}{p+h}$ 是独立于定购费 $K$ 的.

**例 9.3** 继续考虑例 9.1. 现假设允许缺货, 且缺货费为 $p=13.2$ 元/(件·年), 试求最优存储策略、最大缺货量及最小费用.

**解** 利用 (9.9) 及 (9.11), 有

$$S^*=\sqrt{\frac{2\times 96\,000\times 12\,000}{3.6}}\sqrt{\frac{1.1}{1.1+0.3}}=22\,424\ (件),$$

$$Q^*=\sqrt{\frac{2\times 96\,000\times 12\,000}{3.6}}\sqrt{\frac{1.1+0.3}{1.1}}=28\,540\ (件),$$

$$T^*=\frac{28\,540}{96\,000}\approx 0.297\ (年)\approx 3.6\ (月),$$

$$C^*=\sqrt{\frac{2\times 96\,000\times 12\,000\times 3.6\times 13.2}{13.2+3.6}}=80\,728.11\ (元/年).$$

则全年定购次数 $n^*=\frac{1}{T^*}\approx 3.367$ (次). 由于 $n^*$ 不是整数, 所以进行如下讨论:

若 $n=3$, 则 $Q=\frac{D}{n}=32\,000$ (件), 代入 (9.12), 得

$$C(Q)=\frac{96\,000\times 12\,000}{32\,000}+\frac{3.6\times 32\,000}{2}\times\frac{13.2}{13.2+3.6}=81\,257.14\ (\text{元/年}).$$

若 $n=4$, 则 $Q=\frac{D}{n}=24\,000$ (件), 代入 (9.12), 得

$$C(Q)=\frac{96\,000\times 12\,000}{24\,000}+\frac{3.6\times 24\,000}{2}\times\frac{13.2}{13.2+3.6}=81\,942.86\ (\text{元/年}).$$

故取 $n=3$, 即全年定货 3 次, 每四个月定货一次, 每次定购量为 32 000 件.

最高存储水平为

$$S=Dt_1=\frac{Dp}{p+h}T=\frac{96\,000\times 13.2}{13.2+3.6}\times\frac{1}{3}\approx 25\,143\ (\text{件}).$$

最大缺货量为

$$s=Q-S=32\,000-25\,143=6857\ (\text{件}).$$

全年的运行总费用为 81 257.14 元.

也可采用每 3.6 个月安排一次生产的策略, 即采取每隔 3.6 个月批量生产该零件 28 540 件, 最大缺货量为 6116 件. 此处 $Q^*,T^*$ 不同于例 9.2 中 $Q^*$ 及 $T^*$.

**例 9.4** 某公司一贯采用不允许缺货的经济批量公式确定定货批量. 但激烈竞争使得要考虑采用允许缺货的策略. 已知对该公司所销产品的需求为 $D=800$ 件/年, 定货费用为 $K=150$ 元/次, 存储费为 $h=3$ 元/(件·年), 发生短缺时的损失为 $p=20$ 元/(件·年), 试分析:

(1) 计算采用允许缺货策略较原先不允许缺货策略带来的费用上的节约.

(2) 若该公司为保持一定的信誉, 自己规定缺货随后补上的数量不超过总量的 15%, 任何一名顾客因供应不及时需等下批货到达补上的时间不得超过 3 周. 问这种情况下, 允许缺货的策略能否被采用?

**解** (1) 当采取不允许缺货的策略时, 利用 (9.3) 与 (9.6) 可得最优定货量为

$$Q^*=\sqrt{\frac{2DK}{h}}=\sqrt{\frac{2\times 800\times 150}{3}}=283\ (\text{件}),$$

平均总费用为 $C(Q^*)=\sqrt{2hDK}=\sqrt{2\times 3\times 800\times 150}=848.53$ (元/年).

当采取允许缺货的策略时, 利用 (9.9a) 与 (9.11) 有

$$Q^*=\sqrt{\frac{2DK}{h}}\sqrt{1+\frac{h}{p}}=\sqrt{\frac{2\times 800\times 150}{3}}\sqrt{1+\frac{3}{20}}=303\ (\text{件}),$$

平均总费用为

$$C(Q^*) = \frac{2K}{T^*} = \frac{2K}{\sqrt{\frac{2K}{Dh}}\sqrt{1+\frac{h}{p}}} = \sqrt{\frac{2\times150\times800\times3\times20}{23}} = 791.26\ (\text{元/年}).$$

于是, 可带来费用上的节约为 $848.53 - 791.26 = 57.27$ (元).

(2) 当采取缺货策略时, 最大缺货量为

$$s^* = Q^* - S^* = \sqrt{\frac{2hDK}{p(h+p)}} = \sqrt{\frac{2\times3\times800\times150}{20\times(3+20)}} = 40\ (\text{件}),$$

故缺货比例为 $\frac{40}{303} = 13.2\%$, 因为缺货而等待的最大时间为 $\frac{40}{800}\times365 = 18.25$ (天). 显然, 以上的结果 18.25 天小于 3 周, 故可以接受允许缺货的策略.

## 9.4 供货有限模型

本模型中把基本模型的假定 (3) 及 (4) 分别改为如下假设, 可参见文献 [46].

(3)′ 单位时间供货能力 (供货率) 为 $R, R > D$.

(4)′ 允许缺货, 缺货在以后补足.

在一个运行周期 $(0, T)$ 中, 初始时刻库存水平 $S$, 在 $(0, t_1)$ 中以需求率 $D$ 的速率减少, 到 $A$ 点库存量降为 0, 到 $C$ 点达到最大缺货量; 在 $(t_1, T)$ 中进货 (或生产) 与需求同时存在, 库存量以速率 $R-D$ 增加, 到 $B$ 点补上短缺量, 最后到 $F$ 点又使库存量达到初始库存水平 $S$, 一个运行周期结束. 一个运行周期中的库存量的变化情况如图 9.3 所示.

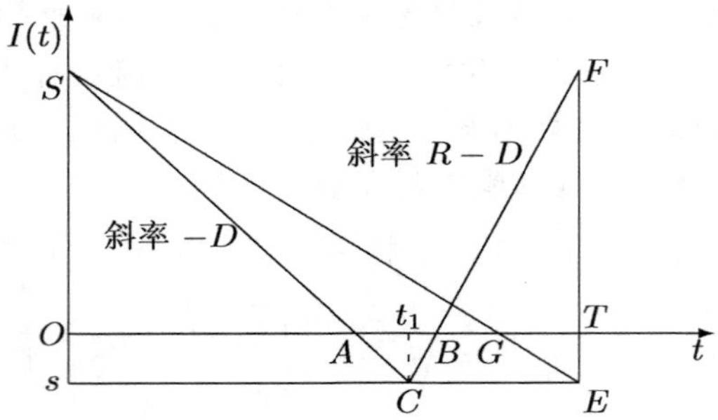


图 9.3 允许缺货且供货能力有限模型中库存水平随时间变化图

下面, 对允许缺货且供货能力有限的模型采用简单的几何知识将其转化为 9.3 节讨论过的缺货事后补足模型.

在一个运行周期中, 存储费与 $\triangle AOS$, $\triangle BTF$ 的面积之和成正比, 缺货费与 $\triangle ABC$ 的面积成正比. 连 $SE$ 交 $OT$ 于 $G$. 由相似三角形对应边成比例, 得

$$\frac{AG}{CE}=\frac{SA}{SC}=\frac{OS}{sS}=\frac{TF}{EF}=\frac{BT}{CE},$$

因此, $AG=BT$. 于是, 有如下面积关系:

$$S_{\triangle ABC}=S_{\triangle GTE},\quad S_{\triangle AOS}+S_{\triangle BFT}=S_{\triangle GOS}.$$

因而图 9.3 中的一个周期对应于 9.3 节中的一个周期, 相应的需求率 $D_1$ 是 $SE$ 的斜率的绝对值. 仍记 $Q=S+s$ (注意, 与基本模型中不同, $Q$ 不再表示一个运行周期的定货量), 则有 $D_1=\dfrac{Q}{T}$. 而 $SC, CF$ 的斜率的绝对值分别为 $D=\dfrac{Q}{t_1}$, $R-D=\dfrac{Q}{T-t_1}$. 因此, 可得 $T=\dfrac{Q}{D}+\dfrac{Q}{R-D}$, 即 $D_1=\dfrac{D(R-D)}{R}$, 则将 (9.7) 中的 $D$ 换成 $D_1$, 有一个运行周期内的平均费用为

$$F(Q,S)=\frac{D_1K}{Q}+cD_1+\frac{hS^2}{2Q}+\frac{p(Q-S)^2}{2Q}. \tag{9.13}$$

(9.13) 与 (9.7) 的形式完全一样, 因此可以将 (9.8) 及 (9.9a) 中的 $D$ 直接换成 $D_1$, 即有

$$Q^*=\sqrt{1-\frac{D}{R}}\sqrt{\frac{2DK}{h}}\sqrt{1+\frac{h}{p}}=a\sqrt{\frac{2DK}{h}}\sqrt{1+\frac{h}{p}}, \tag{9.14}$$

其中, $a=\sqrt{1-\dfrac{D}{R}}$.

进一步, 可得允许缺货且供货能力有限模型中的最佳方案

$$S^* \;=a\sqrt{\frac{2DK}{h}}\sqrt{\frac{p}{h+p}}, \tag{9.15a}$$

$$s^* \;=Q^*-S^*=a\sqrt{\frac{2hDK}{p(h+p)}}, \tag{9.15b}$$

$$T^* \;=\frac{Q^*}{D_1}=\sqrt{\frac{2KR}{hD(R-D)}}\sqrt{1+\frac{h}{p}}, \tag{9.15c}$$

$$t_1^* \;=\frac{Q^*}{D}=a\sqrt{\frac{2K}{hD}}\sqrt{1+\frac{h}{p}}. \tag{9.15d}$$

最优定货量为

$$R(T^*-t_1^*)=DT^*=Dt_1^*+D(T^*-t_1^*)=\sqrt{\frac{2DKR}{h(R-D)}}\sqrt{1+\frac{h}{p}}.$$

最小平均总费用为

$$C^* = \sqrt{2D_1Kh}\sqrt{\frac{p}{p+h}} = \sqrt{2DKh}\sqrt{\frac{p}{p+h}}\sqrt{1-\frac{D}{R}} = \frac{2K}{T^*}.$$

根据 (9.12), 并经过数学推导, 可得此模型的费用函数为

$$C(Q) = \frac{DK}{Q} + \frac{hQ}{2}\frac{p}{p+h}\left(1-\frac{D}{R}\right).$$

**例 9.5** 企业生产某种产品, 正常生产条件下每天可生产 10 件. 根据供货合同, 需按每天 7 件供货. 存储费每件每天 0.13 元, 缺货费每件每天 0.5 元, 每次生产准备费用 (装配费) 为 80 元, 求最优存储策略.

**解** 根据题意, 有 $R = 10$ 件/天, $D = 7$ 件/天, $h = 0.13$ 元/(件·天), $p = 0.5$ 元/(件·天), $K = 80$ 元/次. 利用 (9.15) 可得

$$T^* = \sqrt{\frac{2\times 80\times 10}{0.13\times 7\times(10-7)}}\sqrt{1+\frac{0.13}{0.5}} = 27.2\ (\text{天}),$$

$$S^* = \sqrt{1-\frac{7}{10}}\sqrt{\frac{2\times 7\times 80}{0.13}}\sqrt{\frac{0.5}{0.13+0.5}} = 45.29\ (\text{件}),$$

$$s^* = \sqrt{1-\frac{7}{10}}\sqrt{\frac{2\times 0.13\times 7\times 80}{0.5\times(0.13+0.5)}} = 11.78\ (\text{件}),$$

$$t_1^* = \sqrt{1-\frac{7}{10}}\sqrt{\frac{2\times 80}{0.13\times 7}}\sqrt{1+\frac{0.13}{0.5}} = 8.2\ (\text{天}),$$

$$T^* - t_1^* = 27.2 - 8.2 = 19\ (\text{天}),$$

且一个周期的定货量为

$$R(T^* - t_1^*) = Q^* + D(T^* - t_1^*) = DT^* = 7\times 27.2 = 190.4\ (\text{件/次}).$$

在以上允许缺货且供货能力有限模型中, 若 $p = \infty$, 表明不允许缺货, 此时得到不允许缺货且供货能力有限的模型, 其存储状态图见图 9.4. 由允许缺货且供货能力有限模型的结论可直接导出该模型的最优存储策略.

当 $p = \infty$ 时, 由 (9.14) 可知, $Q^* = \sqrt{1-\frac{D}{R}}\sqrt{\frac{2DK}{h}}$. 于是, 有

$$S^* = \sqrt{1-\frac{D}{R}}\sqrt{\frac{2DK}{h}}, \quad T^* = \sqrt{\frac{2KR}{hD(R-D)}}, \quad t_1^* = \sqrt{1-\frac{D}{R}}\sqrt{\frac{2K}{hD}}.$$

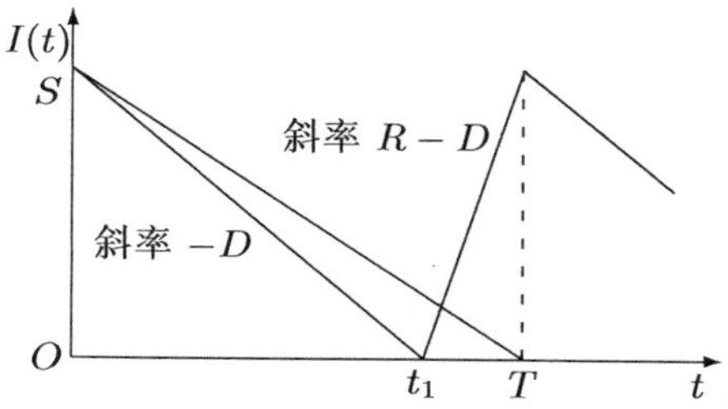


图 9.4 不允许缺货且供货能力有限模型中库存水平随时间变化图

最优定货量为

$$R(T^* - t_1^*) = Q^* + D(T^* - t_1^*) = DT^* = \sqrt{\frac{2KRD}{h(R-D)}}. \tag{9.16}$$

最小平均总费用为 $C^* = \dfrac{2K}{T^*}$.

注意, 此处的 $Q^*$ 同允许缺货且供货能力有限模型中的 $Q^*$ 一样不是一个运行周期的最优定货量, 此处有 $Q^* = D_1T^*$, 其中, $D_1$ 是直线 $ST$ 的斜率, $D_1 = \dfrac{D(R-D)}{R}$, 而真正的最优定货量为 $DT^*$.

下面, 推出平均总费用函数 $C$. 由于在一个运行周期内库存费为 $hT\cdot\dfrac{Dt_1}{2}$, 由于有 $Dt_1 = (R-D)(T-t_1)$ 成立, 可以解得 $t_1 = (1-\dfrac{D}{R})T$. 代入一个运行周期内库存费用中, 可得

$$hT\cdot\frac{Dt_1}{2} = hT\frac{DT}{2}\Big(1-\frac{D}{R}\Big) = hT\frac{Q}{2}\Big(1-\frac{D}{R}\Big).$$

平均总费用函数为

$$C = \frac{1}{T}\Big[K + hT\frac{Q}{2}\Big(1-\frac{D}{R}\Big)\Big] = \frac{DK}{Q} + \frac{1}{2}hQ\Big(1-\frac{D}{R}\Big). \tag{9.17}$$

另外, 若 $R = \infty$, 表明瞬时供货, 且允许缺货, 此时回到允许缺货模型.

**例 9.6** 某生产线单独生产一种产品时的能力为 8000 件/年, 但对该产品的需求仅为 2000 件/年, 故在生产线上组织多品种轮番生产. 已知该产品的存储费为 1.60 元/(件·年), 更换生产品种时, 需准备结束费 300 元. 目前该生产线上每季度安排生产该产品 500 件, 问这样安排是否经济合理?

**解** 本例属于不允许缺货, 生产需要一定时间的确定性模型. 已知 $R = 8000$ 件/年, $D = 2000$ 件/年, $h = 1.60$ 元/(件·年), $K = 300$ 元/次, 按照 (9.16) 计算

经济生产批量为

$$R(T^*-t_1^*)=\sqrt{\frac{2KRD}{h(R-D)}}=\sqrt{\frac{2\times300\times8000\times2000}{1.60\times(8000-2000)}}=1000\ (件).$$

最优生产周期为 $T^*=\dfrac{Q^*}{D_1}=\dfrac{1000}{2000}=\dfrac{1}{2}$ (年).

最小平均总费用为 $C^*=\dfrac{2K}{T^*}=\dfrac{2\times300}{\frac{1}{2}}=1200$ (元/年).

若按原来每季度生产 $Q=500$ 件, 代入 (9.17) 中有总费用为

$$C=\frac{DK}{Q}+\frac{hQ}{2}\left(1-\frac{D}{R}\right)=\frac{2000\times300}{500}+\frac{1.60\times500}{2}\left(1-\frac{2000}{8000}\right)=1500\ (元/年).$$

故按每半年组织生产一批, 每批生产 1000 件, 全年可节约费用 300 元.

## 9.5* 批量折扣模型

在前面介绍的各种模型中, 货物单价均与定购数量无关. 而实际的情况是供货方采取的是鼓励用户多定货的优惠政策, 即定货量越大, 货物单价就越低. 除这样的价格激励机制以外, 其他假设条件和基本模型相同. 本节讨论大量采购时单价有批量折扣的库存模型, 参见文献 [46].

设定货批量为 $Q$, 对应的货物单价为 $c(Q)$. 当 $Q_{i-1}\leqslant Q<Q_i$ 时, $c(Q_i)=c_i\ (i=1,2,\cdots,n)$, 其中, $Q_i$ 为价格折扣的分界点, 且 $0\leqslant Q_0<Q_1<\cdots<Q_n$; $c_1>c_2>\cdots>c_n$. 在一个库存周期内, 批量折扣模型的平均总费用为

$$C(Q)=c_iD+\frac{hQ}{2}+\frac{KD}{Q}\quad(Q_{i-1}\leqslant Q<Q_i;i=1,2,\cdots,n).$$

以 $n=3$ 为例, 画出它的图像, 见图 9.5. $C(Q)$ 由以 $Q_1,Q_2,Q_3$ 为分界点的几条不连续的线段 (实线) 所组成, 因而是一个分段函数.

从图 9.5 中可以看出, 若不考虑货物总价 $cD$, 则最小费用点为

$$\widetilde{Q}=\sqrt{\frac{2DK}{h}}.$$

若 $\widetilde{Q}\in[Q_1,Q_2)$, 则有

$$C(\widetilde{Q})=\sqrt{2DKh}+c_2D.$$

对于一切 $Q\in(0,Q_2)$, 都有 $C(\widetilde{Q})\leqslant C(Q)$, 即 $\widetilde{Q}$ 为 $C(Q)$ 在 $(0,Q_2)$ 上的极小点. 但当 $Q=Q_2$ 时, 因为购价由 $c_2$ 降为 $c_3$, 所以可能有 $C(Q_2)<C(\widetilde{Q})$.

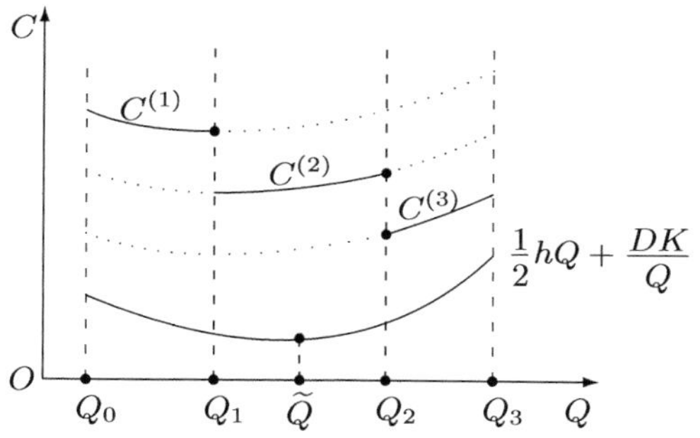


图 9.5 批量折扣存储模型的平均总费用函数

类似地, 对 $\widetilde{Q}$ 右侧的每一分界点 $Q_i(>\widetilde{Q})$, 都可能有 $C(Q_i)<C(\widetilde{Q})$. 所以应该依次计算 $\widetilde{Q}$ 右侧各分界点 $Q_i$ 的目标函数值:

$$C(Q_i)=c_iD+\frac{1}{2}hQ_i+\frac{DK}{Q_i}\quad(Q_i>\widetilde{Q}),$$

并与 $C(\widetilde{Q})$ 一起加以比较, 从中选出最小值:

$$C(Q^*)=\min\{C(\widetilde{Q}),C(Q_i)|Q_i>\widetilde{Q}\quad(i=j,j+1,\cdots,n)\},$$

而它所对应的 $Q^*$ 即最优定货量. 相应地, 最优定购周期为 $T^*=\dfrac{Q^*}{D}$.

此模型的最小平均总费用定购批量可按如下步骤来确定:

(1) 计算 $\widetilde{Q}=\sqrt{\dfrac{2DK}{h}}$. 若 $Q_{j-1}\leqslant\widetilde{Q}<Q_j$, 则平均总费用为

$$\widetilde{C}=\sqrt{2hDK}+c_jD.$$

(2) 计算

$$C^{(i)}=c_iD+\frac{1}{2}hQ_i+\frac{DK}{Q_i}\quad(i=j,j+1,\cdots,n).$$

(3) 若

$$\min\{\widetilde{C},C^{(j)},C^{(j+1)},\cdots,C^{(n)}\}=C^*,$$

则 $C^*$ 对应的批量为最小费用定购批量 $Q^*$, 定购周期为 $T^*=\dfrac{Q^*}{D}$.

**例 9.7** 工厂每周需零配件 32 箱, 库存费每箱每周 1 元, 每次定购费 25 元, 不允许缺货. 当定货量 $1\sim9$ 箱时, 每箱 12 元; 定货量 $10\sim49$ 箱时, 每箱 10 元; 定货量 $50\sim99$ 箱时, 每箱 9.5 元; 定货量 99 箱 以上时, 每箱 9 元. 求最优存储策略.

**解** 由于

$$\widetilde{Q}=\sqrt{\frac{2KD}{h}}=\sqrt{\frac{2\times 25\times 32}{1}}=40\ (\text{箱}),$$

即 $\widetilde{Q}=40$ 在 10~49, 故每箱价格为 $c_2=10$ 元, 平均总费用为

$$\widetilde{C}=\sqrt{2hDK}+c_2D=\sqrt{2\times 1\times 25\times 32}+32\times 10=360\ (\text{元/周}).$$

又因为

$$C^{(3)}=\frac{1}{2}\times 1\times 50+\frac{25\times 32}{50}+32\times 9.5=345\ (\text{元/周}),$$

$$C^{(4)}=\frac{1}{2}\times 1\times 100+\frac{25\times 32}{100}+32\times 9=346\ (\text{元/周}),$$

$$\min\{360,345,346\}=345=C^{(3)},$$

故最优定货量 $Q^*=50$ 箱, 最小费用 $C^*=345$ 元/周, 最优定购周期为

$$T^*=\frac{Q^*}{D}=\frac{50}{32}\approx 1.56\ (\text{周})\ \approx\ 11\ (\text{天}).$$

## 9.6* 约束条件模型

假定存储模型中包含多种物品, 且定货批量受到仓库容积和资金等方面限制, 则考虑最优定货批量时需要考虑必要的约束条件. 设 $Q_i$ 为第 $i$ ($i=1,2,\cdots,n$) 种物品的定货批量. 每件第 $i$ 种物品占用库存空间为 $w_i$, 仓库的最大库存容量为 $W$, 则考虑各种物品定货批量时, 应加上约束条件:

$$\sum_{i=1}^{n}Q_iw_i\leqslant W. \tag{9.18}$$

设第 $i$ 种物品的定货提前期为 0, 单位时间的需求率为 $D_i$, 每批固定的定购费及单位时间的存储费用分别为 $K_i$ 和 $h_i$, 由此, 上述带约束条件的库存问题中, 为使总的费用最小可归为求解下述数学模型:

$$\min C(Q_1,Q_2,\cdots,Q_n)=\sum_{i=1}^{n}\left(\frac{K_iD_i}{Q_i}+\frac{1}{2}h_iQ_i\right)$$

$$\text{s.t.}\ \begin{cases}\sum\limits_{i=1}^{n}Q_iw_i\leqslant W,\\ Q_i\geqslant 0\quad (i=1,2,\cdots,n).\end{cases}$$

当不考虑约束条件时, 由 EOQ 公式知, 每种物品的最优定货批量为

$$Q_i^*=\sqrt{\frac{2K_iD_i}{h_i}}\quad (i=1,2,\cdots,n). \tag{9.19}$$

此时, 若约束条件 $\sum\limits_{i=1}^{n} Q_i w_i \leqslant W$ 满足, 则每种物品的最优定货批量为 $Q_i^*$; 否则, 由如下的 Lagrange 乘子法求解, 令

$$L(Q_1, Q_2, \cdots, Q_n, \lambda) = \sum_{i=1}^{n} \left( \frac{K_i D_i}{Q_i} + \frac{1}{2} h_i Q_i \right) - \lambda \left( \sum_{i=1}^{n} Q_i w_i - W \right), \quad (9.20)$$

其中, $\lambda < 0$. 称函数 $L(Q_1, Q_2, \cdots, Q_n, \lambda)$ 为 Lagrange 函数. 将 (9.20) 分别对 $Q_i$ $(i = 1, 2, \cdots, n)$ 和 $\lambda$ 求偏导数, 并令其为 0, 有

$$\frac{\partial L}{\partial Q_i} = -\frac{K_i Q_i}{Q_i^2} + \frac{1}{2} h_i - \lambda w_i = 0 \quad (i = 1, 2, \cdots, n), \quad (9.21)$$

$$\frac{\partial L}{\partial \lambda} = -\sum_{i=1}^{n} Q_i w_i + W = 0. \quad (9.22)$$

(9.22) 说明 $Q_i$ 的值必须满足库存面积的约束. 由 (9.21) 得

$$Q_i^* = \sqrt{\frac{2 K_i D_i}{h_i - 2\lambda w_i}} \quad (i = 1, 2, \cdots, n). \quad (9.23)$$

(9.23) 中的 $\lambda$ 值可以通过将 (9.23) 和 (9.22) 联立求解得到. 但通常做法是先令 $\lambda = 0$, 由 (9.23) 求出 $Q_i$ 的值, 将其代入 (9.18) 看是否满足. 若不满足, 通过试算, 逐步减小 $\lambda$ 值, 到求出的 $Q_i$ 值代入 (9.18) 满足为止.

**例 9.8** 考虑一个具有三种物品的库存问题, 有关数据见表 9.1. 已知总的库存容量为 $W = 30$ 立方米, 试求每种物品的最优定货批量.

**解** 当 $\lambda = 0$ 时, 由 (9.23) 解得

$$Q_1 = \sqrt{\frac{2 \times 10 \times 2}{0.3}} = 11.5, \quad Q_2 = \sqrt{\frac{2 \times 5 \times 4}{0.1}} = 20,$$

$$Q_3 = \sqrt{\frac{2 \times 15 \times 4}{0.2}} = 24.5.$$

因为 $\sum\limits_{i=1}^{3} Q_i w_i = 56 > 30$, 所以通过逐步减小 $\lambda$ 值进行计算, 试算过程见表 9.2. 由表 9.2 知, 可取 $Q_1^* = 7, Q_2^* = 9, Q_3^* = 14$.

## 9.7* 动态需求模型

这类模型的特点是对某物品的需求量可划分为若干个时期, 在同一时期内需求是常数, 但在不同的时期间, 需求是变化的, 即需求已知但非平稳且在有限阶段中运行的确定型库存模型, 参见文献 [46].

表 9.1 三种物品的有关数据

| 物品 | $K_i$ | $D_i$ | $h_i$ | $w_i$/立方米 |
|---|---|---|---|---|
| 1 | 10 | 2 | 0.3 | 1 |
| 2 | 5 | 4 | 0.1 | 1 |
| 3 | 15 | 4 | 0.2 | 1 |

表 9.2 带约束条件库存问题的计算

| $\lambda$ | $Q_1$ | $Q_2$ | $Q_3$ | $\sum_{i=1}^{3} Q_i w_i$ |
|---|---|---|---|---|
| −0.05 | 10 | 14.1 | 20 | 44.1 |
| −0.20 | 7.6 | 9 | 14 | 30.6 |
| −0.225 | 7 | 9 | 14 | 30 |

动态需求库存模型的假定如下:

(1) 单品种货物, 周期盘点, 初始库存量为 0.

(2) 库存系统在 $T$ 个有限时段 (周期) 中运行.

(3) 需求 $d(t)$ $(t=1,2,\cdots,T)$ 已知.

(4) 不允许缺货.

(5) 瞬时供货. 在每个周期开始的时刻定货并立即得到补充. 在第 $t$ 个周期开始时刻的补充量为 $q(t)\geqslant 0$ $(t=1,2,\cdots,T)$.

(6) 费用包括定货费及存储费. 第 $t$ 个周期中的定货费为 $c_1(z)$, 这里 $c_1(z)$ 由 (9.1) 定义. 若记 $I(t)$ 为第 $t$ 个周期结束时的库存量, 则在周期 $t$ 中的存储费定义为 $c_2(t)=hI(t)$ $(t=1,2,\cdots,T)$.

问题为确定非负定货量 $q(t)$ $(t=1,2,\cdots,T)$, 使在有限时段 $T$ 中总费用最小, 称此定货量序列为一个最优方案. 显然, 在该库存模型中库存量满足

$$I(0)=0,\quad I(t)=I(t-1)+q(t)-d(t)\quad (t=1,2,\cdots,T). \tag{9.24}$$

库存量的变化由图 9.6 形象地表现出来.

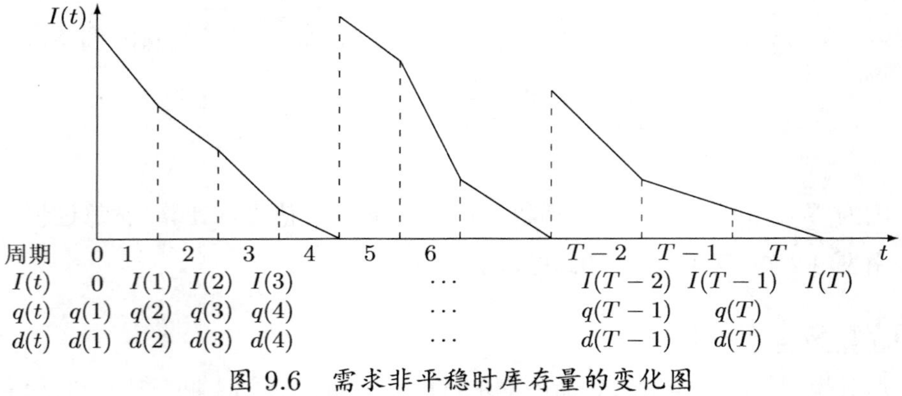


图 9.6 需求非平稳时库存量的变化图

对该库存问题, 由 1.5.2 节的多周期模型思想可建立相应的数学规划模型, 为

$$\min z = \sum_{t=1}^{T} c_t(q(t)) + hI(t)$$
$$\text{s.t.} \begin{cases} I(0) = 0, \\ I(t) = I(t-1) + q(t) - d(t) \quad (t = 1, 2, \cdots, T). \end{cases} \tag{9.25}$$

### 9.7.1 动态规划法

在 WinQSB 软件的存储模块的 "lot sizing method" 中, "least total cost" 就是使用此法来求解的.

**例 9.9** 某电器公司的电视机市场调查结果表明, 市场对电视机的四个季度需求量分别为 3 万台、2 万台、3 万台与 2 万台. 为此, 需要在每个季度到来之前准备好生产所需的某零件, 现问如何生产才能使四个季度用于生产该零件的总费用最小?

**解** 显然, 方案 A 及方案 B 都是可行的, 方案 A 违反最优方案的特征. 由图 9.7 可看出, 在第四季度开始时补充量 $q(4) = 10\,000 > 0$, 而在第三季度结束时库存水平 $I(3) > 0$. 现对方案 A 进行修改后得到的新方案 B, 在第二季度开始时少生产 10 000 件产品, 而在第四季度开始时多生产 10 000 件产品, 即可得满足以上特征的方案 B. 比较以上方案易知, 方案 B 在第二、第三季度的存储费小于方案 A 的存储费, 而除此之外的各季度的费用完全相同, 于是方案 B 更优.

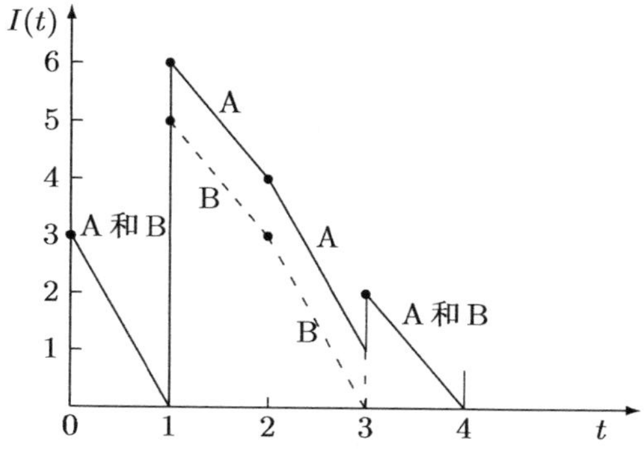


图 9.7 A, B 两种存储策略的比较

对有限阶段 $T$, 设 $\{q(t)\}$ 是一个最优方案. 由于假设不允许缺货且瞬时补充, 对任一最优方案 $\{q(t)\}$ $(t = 1, 2, \cdots, T)$, 只有当库存水平降为 0 时才会考虑定货或生产, 即 $I(t-1)q(t) = 0$ $(t = 1, 2, \cdots, T)$. 假定最后一次定货发生在第 $x$ $(1 \leqslant x \leqslant T)$ 周期开始的时刻, $q(x) > 0$, 则有 $I(x-1) = 0$. 再由 (9.24) 知 $q(x) = \sum\limits_{t=x}^{T} d(t)$, 则在周期 $x, x+1, \cdots, T$ 上的总费用为 $K + cq(x) + \sum\limits_{t=x}^{T} hI(t)$.

若记到 $T$ 阶段结束时的最小总费用为 $f(T)$ $(T=1,2,\cdots)$, 则有

$$\begin{cases} f(T)=\min\limits_{1\leqslant x\leqslant T}\left\{K+cq(x)+\sum\limits_{t=x}^{T}hI(t)+f(x-1)\right\}, \\ f(0)=0. \end{cases} \tag{9.26}$$

**例 9.10** 已知四个时期内对某种产品的需求量分别为 $\{5,3,4,2\}$, 各时期的定货费用、存储费用及产品的单价分别为 $K=5$ 元, $h=0.9$ 元/(件·年), $c=3$ 元/件, 要求确定各个时期最优定货批量, 使得四个时期各项费用和为最小.

**解** 按 (9.26), 先求 $f(1)$, 有

$$\begin{aligned} f(1)&=\min_{x=1}\{K+cq(1)+hI(1)+f(0)\}\\ &=5+3\times5+0.9\times0+0=20. \end{aligned}$$

对 $T=2$, 有

$$\begin{aligned} f(2)&=\min_{x=1,2}\left\{K+cq(x)+\sum_{t=x}^{2}hI(t)+f(x-1)\right\}\\ &=\min\left\{\begin{array}{ll} K+cq(1)+\sum\limits_{t=1}^{2}hI(t)+f(0) & (x=1),\\ K+cq(2)+hI(2)+f(1) & (x=2) \end{array}\right\}\\ &=\min\left\{\begin{array}{ll} 5+3\times(5+3)+0.9\times(3+0)+0 & (x=1),\\ 5+3\times3+0.9\times0+20 & (x=2) \end{array}\right\}\\ &=\min\{31.7,34\}=31.7. \end{aligned}$$

相对于 2 阶段的最优方案为 $q(1)=8,q(2)=0$.

对 $T=3$, 相仿可求得

$$\begin{aligned} f(3)&=\min_{x=1,2,3}\left\{K+cq(x)+\sum_{t=x}^{3}hI(t)+f(x-1)\right\}\\ &=\min\left\{\begin{array}{ll} 5+3\times(5+3+4)+0.9\times(7+4+0)+0 & (x=1),\\ 5+3\times(3+4)+0.9\times(4+0)+20 & (x=2),\\ 5+3\times4+0.9\times0+31.7 & (x=3) \end{array}\right\}\\ &=\min\{50.9,49.6,48.7\}=48.7. \end{aligned}$$

相对于 3 阶段的最优方案为 $\{8,0,4\}$.

对 $T=4$, 有

$$
\begin{aligned}
f(4) &= \min_{x=1,2,3,4}\left\{K+cq(x)+\sum_{t=x}^{4}hI(t)+f(x-1)\right\}\\
&= \min\left\{\begin{array}{ll}
5+3\times(5+3+4+2)+0.9\times(9+6+2+0)+0 & (x=1),\\
5+3\times(3+4+2)+0.9\times(6+2+0)+20 & (x=2),\\
5+3\times(4+2)+0.9\times(2+0)+31.7 & (x=3),\\
5+3\times 2+0.9\times 0+48.7 & (x=4)
\end{array}\right\}\\
&= \min\{62.3, 59.2, 56.5, 59.7\} = 56.5.
\end{aligned}
$$

于是, 相应的最优定货方案为 $\{8,0,6,0\}$, 最小总费用为 56.5 元.

### 9.7.2 启发式算法

SM 启发式近似算法是由 Silver 和 Meal 提出的, 可参见文献 [46]. 这个方法也用于 WinQSB 软件的存储模块的 “lot sizing method” 中. 其基本思想如下: 从第一个周期开始, 若一次的定货量可以满足 $x$ 个周期的需求量, 则可以算出 $x$ 周期中只包括固定的定货费及存储费在内的平均费用:

$$T(x)=\frac{1}{x}\Big[K+h\sum_{t=1}^{x}(t-1)d(t)\Big].$$

记 $t_0=\min\{x|T(x+1)\geqslant T(x)\}$, 即 $t_0$ 为首次满足 $T(x+1)\geqslant T(x)$ 的正整数, 也就是 $t_0+1$ 为使平均费用首次增加的周期序号数. 则第一次定货量取为

$$Q=\sum_{i=1}^{t_0}d(i).$$

其后的步骤是把第 $t_0+1$ 个周期当作初始周期, 重新开始上述过程, 最终可得一个采购方案.

**例 9.11** 继续考虑例 9.10, 用启发式算法求解.

**解** 由启发式算法知:

$$T(1)=5,\quad T(2)=\frac{1}{2}(5+3\times 0.3\times 3)=3.85,$$

$$T(3)=\frac{1}{3}[5+3\times 0.3\times(3+2\times 4)]=4.97>3.85,$$

故第一次定货量 $Q=\sum\limits_{i=1}^{2}d(i)=8$. 下面再从第 3 个周期开始计算:

$$T(1)=5,\quad T(2)=\frac{1}{2}(5+3\times 0.3\times 2)=3.4,$$

因此, 第二次定货量为 $Q = 4 + 2 = 6$, 可得定货量序列为 $\{8, 0, 6, 0\}$.

与例 9.10 的结论相比, 它恰好为最优方案. 这当然只是一种巧合. 启发式算法算出的定货方案的相应的总费用由表 9.3 求得.

表 9.3 启发式算法例题的计算结果

| 周期 | 初始定货量 | 定货量 | 需求量 | 期末库存量 |
| --- | --- | --- | --- | --- |
| 1 | 0 | 8 | 5 | 3 |
| 2 | 3 | 0 | 3 | 0 |
| 3 | 0 | 6 | 4 | 2 |
| 4 | 2 | 0 | 2 | 0 |
| 总计 | — | 14 | 14 | 5 |

注意, 表 9.3 中第 1 个周期末的库存量为第 2 个周期开始时的初始库存量. 由表 9.3, 其总费用为 $2 \times 5 + 3 \times 14 + 3 \times 0.3 \times 5 = 56.5$ (元). 其中第一项表示方案中 2 次定货的固定费用, 第二项表示货物的总价格, 第三项表示方案中共有 5 件货物存储一个周期所需的存储费.

在许多实际问题中, 需求量虽然是非平稳的, 但是起伏不大. 此时可以采用近似方法, 即对平均需求率 $\overline{D} = \frac{1}{T}\sum_{i=1}^{T} d(i)$, 利用 EOQ 公式来求出定货量, 然后根据问题中的数据定出每个周期开始时的定货量. 为此, 需要一个标准, 来判断什么时候可以用平均需求率 $\overline{D}$ 的 EOQ 公式, 而不致偏离最优方案太远. 令

$$V = \sqrt{\frac{1}{T}\sum_{i=1}^{T}[d(i) - \overline{D}]^2}, \quad \mathrm{VC} = \frac{V}{\overline{D}},$$

其中, VC 的定义同离散随机变量的变异系数相同, 反映需求的变化程度.

根据经验, 若 $\mathrm{VC} < 0.45$, 则可用平均需求率 $\overline{D}$ 的 EOQ 公式处理; 否则表明需求率变化较大, 则可用启发式算法.

**例 9.12** 继续考虑例 9.10, 数据同上.

**解** 此时, 可计算得 $\overline{D} = 3.5$, $\mathrm{VC} = 0.3$. 因此可用 $\overline{D}$ 的 EOQ 公式处理,

$$Q = \sqrt{\frac{2\overline{D}K}{h}} = 6.2.$$

若取 $Q$ 为 6, 因第一个周期中的需求量是 5, 第 1,2 两个周期中的总需求量为 8, 与 5, 8 相比, 6 更接近于 5, 故取 $p(1) = 5$. 而第 2,3 周期中的总需求量为 7, 故取 $p(2) = 7$. 最后剩下周期 4, 只有 $p(4) = 2$. 得到定货序列为 $\{5, 7, 0, 2\}$. 与例 9.11 相仿, 可求得此方案总费用为 60.6 元, 比最优方案多支出 4.1 元.

若取 $Q$ 为 7, 通过与上述相仿的分析, 可得定货序列为 $\{8,0,6,0\}$, 此时恰为一个最优方案.

## 思考题

9.1 判断下列说法是否正确:

(1) 定货费为每定一次货发生的费用, 它同每次定货的数量无关.

(2) 在同一存储模型中, 可能既发生存储费用, 又发生短缺费用.

(3) 在允许发生短缺的存储模型中, 定货批量的确定应使由存储量减少带来的节约能抵消缺货时所造成的损失.

(4) 在定货数量超过一定值允许价格打折扣的情况下, 打折扣条件下的定货批量总是要大于不打折扣时的定货批量.

(5) 在其他费用不变的条件下, 随着单位存储费用的增加, 最优定货批量也相应增大.

(6) 在其他费用不变的条件下, 随着单位缺货费用的增加, 最优定货批量将相应减小.

9.2 若某产品中有一外购件, 年需求量为 10 000 件, 单价为 100 元/件. 由于该外购件可在市场采购, 故定货提前期为 0, 并设不允许缺货. 已知每组织一次采购需 2000 元, 每件每年的存储费为该件单价的 20%, 试求经济定货批量及每年的存储加上采购的总费用.

9.3 某单位每年需零件 A 5000 件, 这种零件可以从市场购买到, 故定货提前期为 0. 设该零件的单价为 5 元/件, 年存储费为单价的 20%, 不允许缺货. 若每组织采购一次的费用为 49 元, 又一次购买 $1000 \sim 2499$ 件时, 给予 3% 的折扣, 购买 2500 件以上时, 给予 5% 的折扣. 试确定一个使采购加存储费用之和为最小的采购批量.

9.4 一条生产线若全部用于某种型号产品生产, 其年生产能力为 600 000 台. 据预测对该型号产品的年需求量为 260 000 台, 并在全年内需求量基本保持平衡, 因此该生产线将用于多品种的轮番生产. 已知在生产线上更换一种产品时, 需准备结束费 1350 元, 该产品每台成本为 45 元, 年存储费用为产品成本的 24%, 不允许发生供货短缺, 求使费用最小的该产品的生产批量.

9.5 在不允许缺货、生产时间很短的确定型模型中, 计算得到最优定货批量为 $Q^*$, 若在实际执行时按 $0.8Q^*$ 的批量定货, 则相应的定货费与存储费是最优定货批量时费用 $C^*$ 的多少倍.

9.6 某大型机械含三种外购件, 其有关数据见表 9.4. 若存储费占单件价格的 25%, 不允许缺货, 定货提前期为 0. 又限定外购件库存总费用不超过 240 000 元, 仓库面积为 250 平方米, 试确定每种外购件的最优定货批量.

表 9.4 三种外购件的有关数据表

| 外购件 | 年需求量/件 | 定货费/元 | 单件价格/元 | 占用仓库面积/平方米 |
|---|---|---|---|---|
| 1 | 1000 | 1000 | 3000 | 0.5 |
| 2 | 3000 | 1000 | 1000 | 1 |
| 3 | 2000 | 1000 | 2500 | 0.8 |

9.7 某多时期的存储问题有关数据如表 9.5 所示. 各时期内每件生产成本不变, 均为 4 元, 即 $C_i(q_i) = 4q_i$. 该产品期初库存 $x_1 = 3$ 件, 要求期末库存 $x_4 = 10$ 件. 试确定各时期的最佳定货批量 $q_i^*$, 使在三个时期内各项费用之和为最小.

表 9.5 某存储问题的有关数据

| 时间 $i$ | 需求 $D_i$ | 定购费 $K_i$ | 存储费 $h_i$ |
|---|---|---|---|
| 1 | 56 | 98 | 1 |
| 2 | 80 | 185 | 1 |
| 3 | 47 | 70 | 1 |

9.8 试根据下述条件推导并建立一个经济定货批量的公式:

(1) 定货必须在每个月月初的第一天提出.

(2) 定货提前期为 0.

(3) 每月需求量为 $D$, 均在各月中的 15 日一天内发生.

(4) 不允许发生供货短缺.

(5) 存储费为每件每月 $h$ 元.

(6) 每次定货的费用为 $K$ 元.

# 第 10 章

# 排队论

排队论 (queueing theory) 是通过研究各种服务系统在排队等待现象中的概率特性, 从而解决服务系统最优设计与最优控制的一门学科. 已广泛应用在计算机网络、陆空交通、机场管理、通信及其他公用事业等领域. 本章仅介绍一些基本理论与方法, 更深入的讨论可参见文献 [1].

## 10.1 基本概念

排队现象由两方构成, 一方要求得到服务, 另一方设法给予服务. 将要求得到服务的人或物 (设备) 统称为顾客, 给予服务的服务人员或服务机构统称为服务员或服务台. 顾客或服务台就构成一个排队系统, 或称为随机服务系统. 显然缺少顾客或服务台时, 任何一方都不会形成排队系统.

### 10.1.1 系统描述

任何一个顾客通过排队服务系统总要经过如下过程: 顾客到达、排队等待、接受服务、离去 (图 10.1). 于是, 任何排队服务系统可以描述为三个方面: ① 顾客到达规律; ② 顾客排队与接受服务的规则; ③ 服务机构的结构形式、服务台的个数与服务速率.

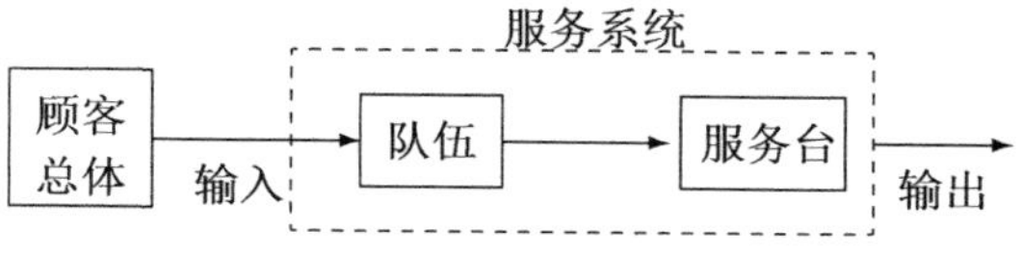


图 10.1 服务系统描述

10.1.1.1 输入过程

输入过程描述要求服务的顾客按怎样的规律到达系统, 可以从如下三个方面来刻画一个输入过程.

(1) 顾客总体 (或顾客源) 数可以是有限的或无限的.

(2) 顾客到达方式可以是单个到达或是成批到达.

(3) 顾客相继到达时间的间隔. 令 $T_n$ 为第 $n$ 个顾客到达的时刻 ($n = 1, 2, \cdots$), 则有 $0 = T_0 \leqslant T_1 \leqslant \cdots \leqslant T_n \leqslant \cdots$. 记 $X_n = T_n - T_{n-1}$, 则 $X_n$ 是第 $n$ 个顾客与第 $(n-1)$ 个顾客到达的时间间隔. 通常假定 $\{X_n\}$ 是独立同分布的. 关于 $\{X_n\}$ 的分布, 排队论中常用的有以下几种:

① 定长输入 (D): 顾客相继到达时间的间隔为一确定的常数.

② 最简单流输入 (M) (或称 Poisson 流、 Poisson 过程): 顾客相继到达时间的间隔 $\{X_n\}$ 独立同负指数分布.

③ Erlang 输入 ($\mathrm{E}_k$): 顾客相继到达时间的间隔 $\{X_n\}$ 相互独立, 并具有相同的 Erlang 分布.

④ 一般独立输入 (GI): 顾客相继到达时间的间隔相互独立且同分布.

上面所有输入都是一般独立输入的特例.

10.1.1.2 排队规则

排队规则主要描述服务机构是否允许顾客排队, 顾客对排队长度、时间的容忍程度, 以及在排队队列中等待服务的顺序. 常见的排队规则有如下几种情形:

1. 损失制排队系统

这种排队系统的排队空间为 0, 即不允许排队. 当顾客到达系统时, 若所有服务台均被占用, 则自动离去, 并假定不再回来.

2. 等待制排队系统

当顾客到达时, 若所有服务台都被占用且又允许排队, 则该顾客将进入队列等待. 服务台对顾客进行服务所遵循的规则通常有:

(1) 先来先服务 (first come first server, FCFS): 按顾客到达的先后对顾客进行服务.

(2) 后来先服务 (last come first server, LCFS).

(3) 带优先服务权 (priority server, PS): 服务设施优先对重要性级别高的顾客服务, 在级别相同的顾客中按到达先后次序排队.

(4) 随机服务 (random server): 到达服务系统的顾客不形成队伍, 当服务设施有空时, 随机选取一名顾客服务, 每一名等待顾客被选取的概率相等.

3. 混合制排队系统

该系统是等待制和损失制系统的结合, 一般是指允许排队, 但又不允许队列无限长下去. 具体说来, 大致有三种:

(1) 队长有限, 即系统的等待空间是有限的. 例如, 最多只能容纳 $K$ 个顾客在系统中, 当新顾客到达时, 若系统中的顾客数 (又称为队长) 小于 $K$, 则可进入系统排队或接受服务; 否则, 便离开系统并不再回来.

(2) 等待时间有限, 即顾客在系统中的等待时间不超过某一给定的长度 $T$, 当等待时间超过 $T$ 时, 顾客将自动离去并不再回来.

(3) 逗留时间 (等待时间与服务时间之和) 有限.

损失制和等待制可看成混合制的特殊情形, 如记 $s$ 为系统中服务台的个数, 则当 $K=s$ 时, 混合制即成为损失制; 当 $K=\infty$ 时, 即成为等待制.

10.1.1.3 服务机构

服务机构主要包括服务设施的数量、连接形式、服务方式及服务时间分布等. 服务设施的数量有一个或多个之分, 分别称为单服务台排队系统与多服务台排队系统; 多服务台排队系统的连接形式有串联、并联、混联和网络等; 服务方式分为单个或成批服务. 在这些因素中, 服务时间的分布更为重要一些, 记某服务台的服务时间为 $V$, 其分布函数为 $B(t)$, 密度函数为 $b(t)$, 则常见分布有:

(1) 定长分布 (D): 每个顾客接受服务的时间是一个确定的常数.

(2) 负指数分布 (M): 每个顾客接受服务的时间相互独立, 具有相同的负指数分布.

(3) $k$ 阶 Erlang 分布 ($\mathrm{E}_k$): 每个顾客接受服务的时间服从 $k$ 阶 Erlang 分布.

(4) 一般服务分布 (G): 所有顾客的服务时间相互独立且有相同的一般分布函数 $B(t)$. 前面介绍的各种分布是一般分布的特例.

### 10.1.2 模型表示

排队模型的记号是 20 世纪 50 年代初由 D. G. Kendall 引入的, 即

$$\mathrm{A}/\mathrm{B}/C/K,$$

其中, A 记输入过程; B 记服务时间; $C$ 记服务台数目; $K$ 记系统空间数.

若 $K=\infty$, 即等待制时, 省去 $K$ 而只用 $\mathrm{A}/\mathrm{B}/C$ 记一个排队系统. 若无进一步的说明, 约定顾客源无限, 服务是按到达先后次序进行, 服务过程与输入过程独立. 例如, $\mathrm{M}/\mathrm{M}/s/K$ 代表顾客输入为 Poisson 流, 服务时间为负指数分布, 有 $s$ 个并联服务站, 系统空间为 $K$ 个的排队服务系统; D/G/1 代表定长输入,

一般服务时间分布, 单个服务站的排队服务系统; GI/$E_k$/1 代表一般独立输入, Erlang 服务时间分布, 单个服务台的排队服务系统, 等等.

M/M/$s$ 系统根据顾客排队方式的不同, 可以分为以下两种.

(1) 单路排队多通道服务, 指排成一个队列等待数条通道服务的情形. 哪条通道有空, 排队中头一个顾客就去那里接受服务, 是一般意义下的 M/M/$s$ 系统.

(2) 多路排队多通道服务, 指每个通道各排成一个队列, 每个通道只为其相应的一队顾客服务, 顾客不能随意换队. 此种情形相当于 $s$ 个 M/M/1 系统组成的系统.

### 10.1.3 数量指标

下面, 给出上述一些主要数量指标的常用记号:

$N(t)$: $t$ 时刻系统中的顾客数 (又称为系统的状态), 即队长;

$N_q(t)$: $t$ 时刻系统中排队的顾客数, 即排队长;

$w(t)$: $t$ 时刻到达系统的顾客在系统中的逗留时间;

$w_q(t)$: $t$ 时刻到达系统的顾客在系统中的等待时间.

这些数量指标一般都和系统运行时间有关, 其瞬时分布的求解一般很困难. 在许多情形下, 系统运行足够长的时间后将趋于统计平衡. 在统计平衡状态下, 队长的分布、等待时间的分布等都和系统所处的时刻无关, 而且系统的初始状态的影响也会消失. 因此, 将主要讨论统计平衡性质.

记 $P_n(t)$ 为时刻 $t$ 时系统处于状态 $n$ 的概率, 即系统的瞬时分布. 记 $P_n$ 为系统达到统计平衡时处于状态 $n$ 的概率. 又记

$N$: 系统处于平稳状态时的队长, 记均值 $L = E[N]$, 称为平均队长;

$N_q$: 系统处于平稳状态时的排队长, 记均值 $L_q = E[N_q]$, 称为平均排队长;

$w$: 系统处于平稳状态时顾客的逗留时间, 记均值 $W = E[w]$, 称为平均逗留时间;

$w_q$: 系统处于平稳状态时顾客的等待时间, 记均值 $W_q = E[w_q]$, 称为平均等待时间;

$\lambda_n$: 当系统处于状态 $n$ 时新来顾客的到达率 (即单位时间内来到系统的平均顾客数);

$\mu_n$: 当系统处于状态 $n$ 时整个系统的服务率 (即单位时间内可以服务完的平均顾客数);

当系统中顾客的到达率 $\lambda_n$ 为常数时, 记 $\lambda_n = \lambda$, 若系统中每个服务台的服务率为常数 $\mu$, 则当 $n \geqslant s$ 时, 有 $\mu_n = s\mu$. 因此, 顾客相继到达的平均时间间隔为 $\dfrac{1}{\lambda}$, 平均服务时间为 $\dfrac{1}{\mu}$. 令 $\rho = \dfrac{\lambda}{s\mu}$, 则 $\rho$ 为系统的服务强度 (其中, $s$ 为系统中并行的服务台数).

衡量一个排队系统工作状况的主要指标有:

(1) 系统中平均队长 ($L$) 或平均排队长 ($L_q$). 这是顾客和服务机构都关心的指标, 在设计排队服务系统时也很重要, 因为它涉及系统需要的空间大小.

(2) 顾客从进入到服务完毕离去的平均逗留时间 $W$ (或顾客排队等待服务的平均等待时间 $W_q$). 每个顾客都希望这段时间越短越好.

(3) 忙期和闲期. 忙期定义为从顾客到达空闲服务机构开始到服务机构再一次变成空闲状态的时间. 它是衡量服务机构工作强度和利用效率的指标. 与忙期相对的是闲期, 闲期为服务机构空闲的时间长度. 在服务过程中, 忙期和闲期是相互交替出现的.

上述指标实际上反映了排队服务系统工作状态的几个侧面, 是互相联系、互相转换的. 设以 $\lambda$ 表示单位时间内顾客的平均到达数, $\mu$ 表示单位时间内被服务完毕离去的平均顾客数, 则 $\dfrac{1}{\lambda}$ 表示相邻两个顾客到达的平均间隔时间, $\dfrac{1}{\mu}$ 表示对每个顾客的平均服务时间, 则有

$$L = \lambda W, \quad L_q = \lambda W_q, \quad W = W_q + \frac{1}{\mu}. \tag{10.1}$$

进一步地, 将前两式代入最后一式有

$$L = L_q + \frac{\lambda}{\mu}. \tag{10.2}$$

称 (10.1) 与 (10.2) 为 Little 公式, 是排队论中的一个非常重要的公式.

又因

$$L = \sum_{n=0}^{\infty} nP_n, \quad L_q = \sum_{n=s+1}^{\infty} (n-s)P_n,$$

故只要求得 $P_n$ 的值即可得 $L, L_q, W$ 和 $W_q$. 当 $n = 0$ 时, $P_n$ 值即 $P_0$, 当 $s = 1$ 时, $(1 - P_0)$ 即服务系统的忙期.

## 10.2 分布函数

排队论中有三种典型分布来描述顾客到达时间的间隔分布和服务时间的分布.

### 10.2.1 Poisson 过程

Poisson 过程 (又称为 Poisson 流、最简单流) 是排队论中一种常用来描述顾客到达规律的特殊的随机过程, 需同时满足如下四个条件:

(1) 平稳性: 指在一定时间区间内, 来到服务系统有 $k$ 个顾客的概率 $P_k(t)$ 仅与这段时间区间的长短有关, 而与这段时间的起始时刻无关. 即在时间区间 $[0, t]$ 或 $[a, a+t]$ 内, $P_k(t)$ 的值是一样的.

(2) 无后效性: 指在不相交的时间区间内顾客到达数是相互独立的, 即在时间区间 $[a, a+t]$ 内到达 $k$ 个顾客的概率与时刻 $a$ 之前到达多少个顾客无关.

(3) 普通性: 指在足够小的时间区间内只能有一个顾客到达, 不可能有两个及两个以上顾客同时到达. 如用 $\phi(t)$ 表示在 $[0,t]$ 内有两个或两个以上顾客到达的概率, 则有 $\phi(t) = o(t)\ (t \to 0)$.

(4) 有限性: 指任意有限时间内到达有限个顾客的概率为 1.

只要一个顾客流具有上述四个性质, 由文献 [23, 46] 等可知, 则在时间区间 $[0,t)$ 内 $N(t) = k$ 个顾客来到服务系统的概率 $P_k(N(t))$ 服从 Poisson 分布, 即

$$P_k(N(t)) = \frac{(\lambda t)^k}{k!}\mathrm{e}^{-\lambda t} \quad (k = 0, 1, 2, \cdots), \tag{10.3}$$

其数学期望 $E[N(t)] = \lambda t$, 方差 $\mathrm{Var}(N(t)) = \lambda t$. 特别地, 当 $t = 1$ 时有 $E[N(1)] = \lambda$, 因此, $\lambda$ 可看成单位时间内到达顾客的平均数, 也称为到达率.

在很多实际问题中, 顾客到达系统的情况与 Poisson 过程是近似的, 因而排队论中大量研究的是 Poisson 输入的情况.

### 10.2.2 负指数分布

负指数分布常用于描述元件的使用寿命、随机服务系统的服务时间等, 若其参数为 $\lambda$, 则概率密度函数和分布函数分别为

$$f(t) = \begin{cases} \lambda \mathrm{e}^{-\lambda t} & (t \geqslant 0), \\ 0 & (t < 0); \end{cases}$$

$$F(t) = \begin{cases} 1 - \mathrm{e}^{-\lambda t} & (t \geqslant 0), \\ 0 & (t < 0). \end{cases}$$

负指数分布有如下性质:

(1) 当顾客的到达过程为参数 $\lambda$ 的 Poisson 过程时, 顾客相继到达的时间间隔 $T$ 必服从负指数分布.

(2) 假设服务设施对每个顾客的服务时间服从负指数分布, 密度函数为 $f(t) = \mu \mathrm{e}^{-\mu t}(t \geqslant 0)$, 则它对每个顾客的平均服务时间 $E[t] = \dfrac{1}{\mu}$, 方差 $\mathrm{Var}(t) = \dfrac{1}{\mu^2}$. 称 $\mu$ 为每个忙碌的服务台的服务率, 是单位时间内获得服务离开系统的顾客数的均值.

(3) 当服务设施对顾客的服务时间 $t$ 为参数 $\mu$ 的负指数分布时, 有:

① 在 $[t, t+\Delta t]$ 内没有顾客离去的概率为 $1 - \mu\Delta t$;

② 在 $[t, t+\Delta t]$ 内恰好有一个顾客离去的概率为 $\mu\Delta t$;

③ 若 $\Delta t$ 足够小, 在 $[t, t+\Delta t]$ 内有多于两个以上顾客离去的概率为 $\phi(\Delta t) \to o(\Delta t)$.

(4) 负指数分布具有 "无记忆性", 或者说 Markov 性, 即对任何 $t>0, \Delta t>0$ 有 $P(T>t+\Delta t | T>\Delta t)=P(T>t)$. 在连续型分布函数中, "无记忆性" 是负指数分布独有的特性.

(5) 设随机变量 $T_1, T_2, \cdots, T_n$ 相互独立且服从参数分别为 $\mu_1, \mu_2, \cdots, \mu_n$ 的负指数分布, 令 $U=\min\{T_1, T_2, \cdots, T_n\}$, 则随机变量 $U$ 也服从负指数分布. 这个性质说明: 若来到服务系统的有 $n$ 类不同类型的顾客, 每类顾客来到服务台的间隔时间服从参数为 $\mu_i$ 的负指数分布, 则作为总体来讲, 到达服务系统的顾客的间隔时间服从参数为 $\sum\limits_{i=1}^{n} \mu_i$ 的负指数分布; 若一个服务系统中有 $s$ 个并联的服务台, 且各服务台对顾客的服务时间服从参数为 $\mu$ 的负指数分布, 则整个服务系统的输出就是一个具有参数为 $s\mu$ 的负指数分布.

### 10.2.3 Erlang 分布

随机变量 $\xi$ 服从 $k$ 阶 Erlang 分布的概率密度函数与分布函数为

$$f(t)=\frac{\lambda(\lambda t)^{k-1}}{(k-1)!}\mathrm{e}^{-\lambda t} \quad (t \geqslant 0), \tag{10.4}$$

$$F(t)=\begin{cases} 1-\sum\limits_{i=0}^{k-1}\dfrac{(\lambda t)^i}{i!}\mathrm{e}^{-\lambda t} & (t \geqslant 0), \\ 0 & (t<0), \end{cases} \tag{10.5}$$

其中, $\lambda>0$ 为常数.

其数学期望和方差分别为 $E[\xi]=\dfrac{k}{\lambda}, \operatorname{Var}(\xi)=\dfrac{k}{\lambda^2}$.

在 $k$ 阶 Erlang 分布中, 若令 $E[\xi]=\dfrac{1}{\mu}$, 则 $\lambda=k\mu$. 此时 $k$ 阶 Erlang 分布的密度函数为

$$f(t)=\frac{k\mu(k\mu t)^{k-1}}{(k-1)!}\mathrm{e}^{-k\mu t} \quad (t \geqslant 0), \tag{10.6}$$

均值和方差分别为 $E[\xi]=\dfrac{1}{\mu}, \operatorname{Var}(\xi)=\dfrac{1}{k\mu^2}$.

**定理 10.1** 设 $t_1, t_2, \cdots, t_k$ 是相互独立且服从参数为 $\lambda$ 的负指数分布的随机变量, 则 $\xi=t_1+t_2+\cdots+t_k$ 服从 $k$ 阶 Erlang 分布, 其概率密度函数见 (10.4).

定理 10.1 的详细证明可参见文献 [47]. 由定理 10.1 可知, 对 $k$ 个串联的服务台, 其服务时间 $t_1, t_2, \cdots, t_k$ 相互独立且都服从参数为 $k\mu$ 的负指数分布, 则总服务时间 $T=t_1+t_2+\cdots+t_k$ 服从 $k$ 阶 Erlang 分布. 即一个顾客走完这 $k$ 个串联的服务台 (台与台之间没有排队现象) 所需要时间服从 $k$ 阶 Erlang 分布.

Erlang 分布比负指数分布具有更多的适应性. 当 $k=1$ 时, Erlang 分布为负指数分布; 当 $k$ 增加时, Erlang 分布逐渐变对称. 事实上, 当 $k \geqslant 30$ 以后, Erlang 分布近似于正态分布. 当 $k \to \infty$ 时, 方差 $\frac{1}{k\mu^2}$ 趋于 0, 即为完全非随机的. 所以 $k$ 阶 Erlang 分布可看成完全随机 $(k=1)$ 与完全非随机 $(k \to \infty)$ 之间的分布, 能更广泛地适应于现实世界. 图 10.2 显示了一些 $k$ 值对应的分布形状.

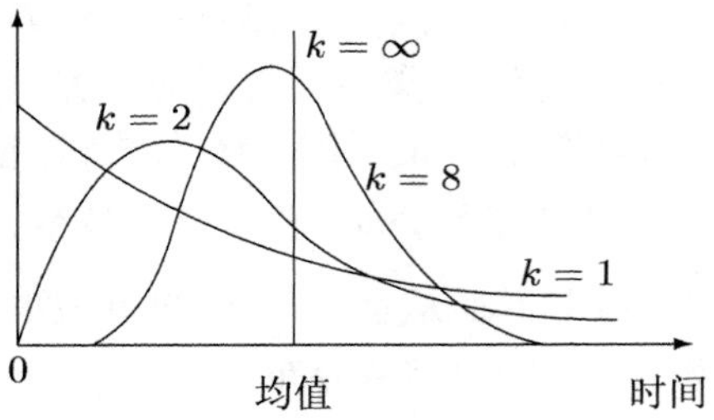


图 10.2 均值相同、形状参数 $k$ 不同的 Erlang 分布

在实际中, 可采用统计学中的 $\chi^2$ 假设检验方法检验实际排队模型中顾客的到达或离去是否服从某一概率分布, 参见文献 [34].

## 10.3 生灭系统

基于生灭过程的排队系统都假设有 Poisson 输入流和负指数服务时间.

### 10.3.1 生灭过程

在排队论中, 若 $N(t)$ 表示时刻 $t$ 系统中的顾客数, 则 $\{N(t), t \geqslant 0\}$ 就构成一个随机过程. 若用 “生” 表示顾客的到达, “灭” 表示顾客的离去, 则对许多排队过程来说, $\{N(t), t \geqslant 0\}$ 也是一类特殊的随机过程 —— 生灭过程.

**定义 10.1** 设 $\{N(t), t \geqslant 0\}$ 为一随机过程, 若其概率分布有如下性质:

(1) 给定 $N(t)=n$, 到下一个生 (顾客到达) 的间隔时间服从参数为 $\lambda_n$ $(n=0, 1, 2, \cdots)$ 的负指数分布.

(2) 给定 $N(t)=n$, 到下一个灭 (顾客离去) 的间隔时间是服从参数为 $\mu_n$ $(n=1, 2, \cdots)$ 的负指数分布.

(3) 在同一时刻只可能发生一个生或一个灭, 即同时只能有一个顾客到达或离去.

则称 $\{N(t), t \geqslant 0\}$ 为生灭过程.

由以上定义知, 生灭过程实际上是一特殊的连续时间 Markov 链, 即 Markov 过程. 根据上述 Poisson 分布同负指数分布的关系, $\lambda_n$ 就是系统处于 $N(t)$ 时单位时间内顾客的到达率, $\mu_n$ 则是单位时间内顾客的离去率. 将上面几个假定合在一起, 则可用生灭过程的发生率来表示 (图 10.3). 图 10.3 中箭头指明各种系统状态发生转换的可能性. 在每个箭头边上注出了当系统处于箭头起点状态时转换的平均率.

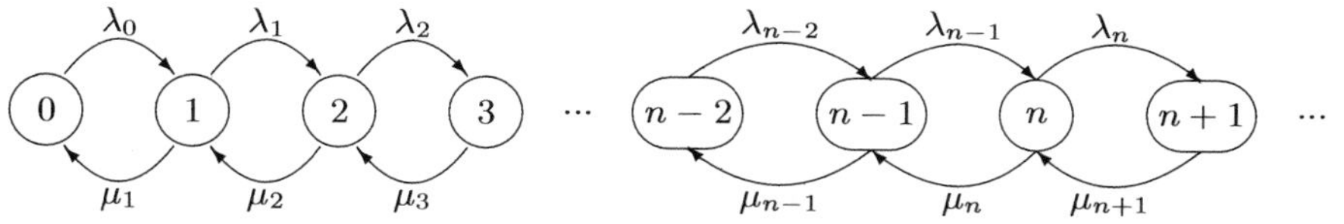


图 10.3 生灭过程的发生率图

除少数特别情况以外, 要求出系统的瞬时状态 $N(t)$ 的概率分布是很困难的, 故下面只考虑系统处于稳定状态的情形. 先考虑系统处于某一特定状态 $N(t)=n$ $(n=0,1,2,\cdots)$. 从时刻 0 开始, 分别计算该过程进入这个状态和离开这个状态的次数. 为此, 记 $E_n(t)$ 表示到时刻 $t$ 之前进入状态 $n$ 的次数, $L_n(t)$ 表示到时刻 $t$ 之前离开状态 $n$ 的次数.

因为这两个事件 (进入或离开) 是交替进行的, 所以进入和离开的次数或者相等, 或者相差一次, 即

$$|E_n(t)-L_n(t)|\leqslant 1.$$

两边同时除以 $t$, 并令 $t\to\infty$, 则有

$$\left|\frac{E_n(t)}{t}-\frac{L_n(t)}{t}\right|\leqslant\frac{1}{t}.$$

故

$$\lim_{t\to\infty}\left|\frac{E_n(t)}{t}-\frac{L_n(t)}{t}\right|=0,$$

其中, $\dfrac{E_n(t)}{t},\dfrac{L_n(t)}{t}$ 分别表示单位时间内进入或离开的次数.

令 $t\to\infty$, 则可得单位时间内进入或离开的平均次数为

$$\lim_{t\to\infty}\frac{E_n(t)}{t}=\text{进入状态 } n \text{ 的平均率},$$

$$\lim_{t\to\infty}\frac{L_n(t)}{t}=\text{离开状态 } n \text{ 的平均率}.$$

由此可知, 对系统的任何状态 $N(t)=n$ $(n=0,1,2,\cdots)$, 进入事件平均率 (单位时间平均顾客到达数) 等于离去事件平均率 (单位时间平均顾客离开数), 即输入率等于输出率原则, 表示此原则的方程称为系统的状态平衡方程.

先考虑 $n=0$ 的状态. 状态 0 的输入仅仅来自状态 1. 处于状态 1 时系统的稳态概率为 $P_1$, 而从状态 1 进入状态 0 的平均转换率为 $\mu_1$. 因此从状态 1 进入状态 0 的输入率为 $\mu_1 P_1$, 又从其他状态直接进入状态 0 的概率为 0, 所以状态 0 的总输入率为 $\mu_1 P_1 + 0(1-P_1) = \mu_1 P_1$. 根据类似上面的理由, 状态 0 的总输出率为 $\lambda_0 P_0$. 于是有状态 0 的状态平衡方程:

$$\mu_1 P_1 = \lambda_0 P_0.$$

对其他每一个状态, 都可以建立类似的状态平衡方程, 但要注意其他状态的输入输出均有两个可能性. 表 10.1 中列出了对各个状态建立的平衡方程.

表 10.1　生灭过程的状态平衡方程

| 状态 | 输入率 = 输出率 |
|---|---|
| 0 | $\mu_1 P_1 = \lambda_0 P_0$ |
| 1 | $\lambda_0 P_0 + \mu_2 P_2 = (\lambda_1 + \mu_1) P_1$ |
| 2 | $\lambda_1 P_1 + \mu_3 P_3 = (\lambda_2 + \mu_2) P_2$ |
| $\vdots$ | $\vdots$ |
| $n-1$ | $\lambda_{n-2} P_{n-2} + \mu_n P_n = (\lambda_{n-1} + \mu_{n-1}) P_{n-1}$ |
| $n$ | $\lambda_{n-1} P_{n-1} + \mu_{n+1} P_{n+1} = (\lambda_n + \mu_n) P_n$ |
| $\vdots$ | $\vdots$ |

由表 10.1, 有

$$\begin{aligned}
P_1 &= \frac{\lambda_0}{\mu_1} P_0, \\
P_2 &= \frac{\lambda_1}{\mu_2} P_1 + \frac{1}{\mu_2}(\mu_1 P_1 - \lambda_0 P_0) = \frac{\lambda_1}{\mu_2} P_1 = \frac{\lambda_1 \lambda_0}{\mu_2 \mu_1} P_0, \\
P_3 &= \frac{\lambda_2}{\mu_3} P_2 + \frac{1}{\mu_3}(\mu_2 P_2 - \lambda_1 P_1) = \frac{\lambda_2}{\mu_3} P_2 = \frac{\lambda_2 \lambda_1 \lambda_0}{\mu_3 \mu_2 \mu_1} P_0, \\
&\vdots \\
P_n &= \frac{\lambda_{n-1}}{\mu_n} P_{n-1} + \frac{1}{\mu_n}(\mu_{n-1} P_{n-1} - \lambda_{n-2} P_{n-2}) \\
&= \frac{\lambda_{n-1}}{\mu_n} P_{n-1} = \frac{\lambda_{n-1} \lambda_{n-2} \cdots \lambda_0}{\mu_n \mu_{n-1} \cdots \mu_1} P_0, \\
&\vdots
\end{aligned}$$

若令

$$C_n = \frac{\lambda_{n-1}\lambda_{n-2}\cdots\lambda_0}{\mu_n\mu_{n-1}\cdots\mu_1} \quad (n=1,2,\cdots), \tag{10.7}$$

且定义 $C_0=1$, 则各稳态概率公式可以写为

$$P_n = C_nP_0 \quad (n=0,1,2,\cdots).$$

因为 $\sum\limits_{n=0}^{\infty} P_n = \sum\limits_{n=0}^{\infty} C_nP_0 = 1$, 所以有

$$P_0 = \left[\sum_{n=0}^{\infty} C_n\right]^{-1}.$$

求得 $P_0$ 后可以推出 $P_n$, 再根据 10.1 节公式求出排队系统的各项指标, 即 $L$, $L_q$, $W$, $W_q$.

$$L = \sum_{n=0}^{\infty} nP_n, \quad L_q = \sum_{n=s+1}^{\infty} (n-s)P_n, \quad W = \frac{L}{\lambda_e}, \quad W_q = \frac{L_q}{\lambda_e},$$

其中, $\lambda_e$ 是整体到达率. 因为 $\lambda_n$ 是系统处于状态 $n$ $(n=0,1,2,\cdots)$ 时的到达率, 且 $P_n$ 为相应系统处于状态 $n$ 的概率, 于是有

$$\lambda_e = \sum_{n=0}^{\infty} \lambda_nP_n.$$

以上结论是在参数 $\lambda_n, \mu_n$ 给定, 且该过程可以达到稳态的条件下推出的. 当 $\sum\limits_{n=0}^{\infty} C_n = \infty$ 时不再成立.

### 10.3.2 M/M/$s$/$\infty$ 模型

M/M/$s$/$\infty$ 排队模型假设:

(1) 顾客到达系统的相继到达时间间隔独立, 且服从参数为 $\lambda$ 的负指数分布 (即输入过程为 Poisson 过程).

(2) 服务台的服务时间也独立同分布, 且服从参数为 $\mu$ 的负指数分布.

(3) 系统空间无限, 允许永远排队.

这是一类最简单的排队系统, 是生灭过程的特例, 其概率发生率图见图 10.4 与图 10.5, 其中该排队系统的到达率和工作状态的服务台的服务率分别为与状态无关的常数 $\lambda, \mu$.

当只有一个服务台, 即 $s=1$ 时, 有 $\lambda_n=\lambda$ $(n=0,1,2,\cdots)$, $\mu_n=\mu$ $(n=1,2,\cdots)$; 当有多个服务台, 即 $s>1$ 时, 有

$$\mu_n = \begin{cases} n\mu & (n<s), \\ s\mu & (n\geqslant s). \end{cases}$$

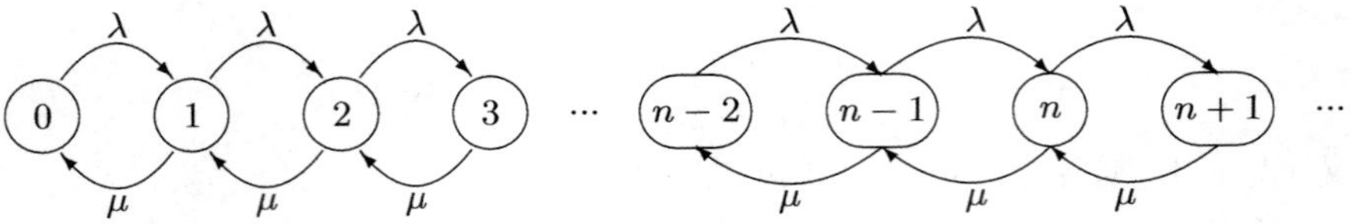


图 10.4 M/M/1/∞ 模型发生率图

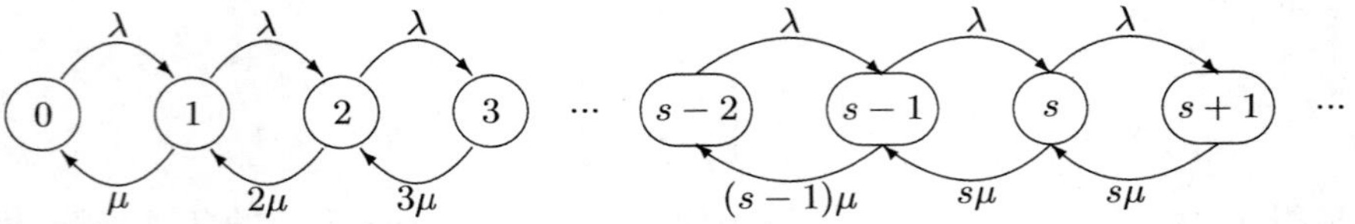


图 10.5 M/M/s/∞ 模型发生率图

设 $\rho=\dfrac{\lambda}{s\mu}<1$, 排队系统最终能达到稳定状态, 于是可应用生灭过程的结论.

10.3.2.1 单服务台 (M/M/1 排队模型)

对于单服务台 $s=1$ 的情形, 由 (10.7), 有

$$C_n=\left(\frac{\lambda}{\mu}\right)^n=\rho^n \quad (n=0,1,2,\cdots).$$

故

$$P_n=\rho^n P_0 \quad (n=0,1,2,\cdots).$$

因为

$$P_0=\left(\sum_{n=0}^{\infty} C_n\right)^{-1}=\left(\sum_{n=0}^{\infty}\rho^n\right)^{-1}=\left(\frac{1}{1-\rho}\right)^{-1}=1-\rho, \tag{10.8}$$

所以, 有

$$P_n=(1-\rho)\rho^n \quad (n=0,1,2,\cdots). \tag{10.9}$$

在单服务台系统中, $\rho=\dfrac{\lambda}{\mu}$, 它是单位时间顾客到达率与服务率的比值, 反映了服务机构的忙碌或利用的程度. 另外, 由于服务机构的忙期为 $(1-P_0)=1-(1-\rho)=\rho$, 这与直观理解是完全一致的.

进一步, 可求出其他数量指标:

$$L=\sum_{n=0}^{\infty} nP_n=\sum_{n=0}^{\infty} n(1-\rho)\rho^n=(1-\rho)\rho\frac{\mathrm{d}}{\mathrm{d}\rho}\left(\sum_{n=0}^{\infty}\rho^n\right)$$

$$= (1-\rho)\rho\frac{\mathrm{d}}{\mathrm{d}\rho}\Big(\frac{1}{1-\rho}\Big) = \frac{\rho}{1-\rho} = \frac{\lambda}{\mu-\lambda}, \tag{10.10}$$

$$L_q = \sum_{n=1}^{\infty}(n-1)P_n = L - 1(1-P_0) = \frac{\lambda^2}{\mu(\mu-\lambda)}, \tag{10.11}$$

$$W = \frac{L}{\lambda} = \frac{1}{\mu-\lambda}, \quad W_q = \frac{L_q}{\lambda} = \frac{\lambda}{\mu(\mu-\lambda)}. \tag{10.12}$$

若 $\lambda \geqslant \mu$, 则有 $\rho \geqslant 1$, 即到达率超过服务率, 上述结果不再适用. 在这种情况下, 排队长会增加至无限.

假定 $\lambda < \mu$, 下面说明顾客在系统中的逗留时间 $w$ 服从参数为 $\mu(1-\rho)$ 的负指数分布.

设一顾客到达时, 系统中已有 $n$ 个顾客, 按先来先服务的规则, 这个顾客的逗留时间 $S_{n+1}$ 是原有各顾客的服务时间 $T_i$ 和这个顾客的服务时间 $T_{n+1}$ 之和.

$$S_{n+1} = T_1' + T_2 + \cdots + T_n + T_{n+1} \quad (n = 0, 1, 2, \cdots),$$

其中, $T_1'$ 表示这个顾客到达系统时正在接受服务的顾客仍需接受服务的时间.

若 $T_i$ $(i = 1, 2, \cdots, n+1)$ 均服从参数为 $\mu$ 的负指数分布, 根据负指数分布的无记忆性, $T_1'$ 也服从参数为 $\mu$ 的负指数分布, 因此 $S_{n+1}$ 服从 Erlang 分布, 有

$$f(S_{n+1}) = \frac{\mu(\mu t)^n}{n!}\mathrm{e}^{-\mu t}, \quad P(S_{n+1} \leqslant t) = \int_0^t \frac{\mu(\mu t)^n}{n!}\mathrm{e}^{-\mu t}\,\mathrm{d}t.$$

顾客在系统中逗留时间小于 $t$ 的概率为

$$\begin{aligned} P(w \leqslant t) &= \sum_{n=0}^{\infty} P_n P(S_{n+1} \leqslant t) \\ &= \sum_{n=0}^{\infty}(1-\rho)\rho^n \int_0^t \frac{\mu}{n!}(\mu t)^n \mathrm{e}^{-\mu t}\,\mathrm{d}t = 1 - \mathrm{e}^{-\mu(1-\rho)t}, \end{aligned}$$

即顾客在系统中逗留时间大于 $t$ 的概率为 $P(w > t) = \mathrm{e}^{-\mu(1-\rho)t}$.

下面讨论顾客在系统中等待时间 $w_q$ 的概率情况. 顾客到来时, 系统中没有顾客, 立即接受服务, 于是 $P(w_q = 0) = P_0 = 1-\rho$; 若顾客到来时系统中已有 $n(\geqslant 1)$ 个顾客在等待, 则该顾客需要等待, 设等待时间为 $S_n$, 有

$$\begin{aligned} P(w_q > t) &= \sum_{n=1}^{\infty} P_n P(S_n > t) = \sum_{n=1}^{\infty}(1-\rho)\rho^n P(S_n > t) \\ &= \rho\sum_{n=0}^{\infty} P_n P(S_{n+1} > t) = \rho P(w > t) = \rho \mathrm{e}^{-\mu(1-\rho)t}. \end{aligned}$$

于是, 由以上可知 $w_q$ 不再服从负指数分布.

根据 (10.12) 可知, $W_q=E[w_q]=\dfrac{\lambda}{\mu(\mu-\lambda)t}$.

在 $w_q>0$ 条件下, $w_q$ 的条件分布服从参数为 $\mu(1-\rho)$ 的负指数分布, 有

$$P(w_q>t|w_q>0)=\frac{P(w_q>t)}{P(w_q>0)}=\mathrm{e}^{-\mu(1-\rho)t}\quad(t\geqslant 0).$$

因为

$$E[w_q|w_q>0]=\frac{W_q}{1-P_0}=\frac{\lambda}{\mu(\mu-\lambda)}\cdot\frac{\mu}{\lambda}=\frac{1}{\mu-\lambda},$$

所以在已经有人等待的情况下还要等待的平均时间为 $\dfrac{1}{\mu-\lambda}$.

**例 10.1** 某修理店只有一个修理工, 来修理的顾客到达过程为 Poisson 流, 平均 4 人/小时; 修理时间服从负指数分布, 平均需要 6 分钟. 试求: (1) 修理店空闲的概率; (2) 店内恰好有 3 个顾客的概率; (3) 在店内的平均顾客数; (4) 每位顾客在店内的平均逗留时间; (5) 等待服务的平均顾客数; (6) 每位顾客平均等待服务时间; (7) 顾客在店内逗留时间超过 10 分钟的概率.

**解** 本例是一个 $M/M/1/\infty$ 排队问题, 其中, $\lambda=4$, $\mu=\dfrac{1}{0.1}=10$, $\rho=\dfrac{\lambda}{\mu}=\dfrac{2}{5}$.

(1) 修理店空闲的概率 $P_0=1-\rho=1-\dfrac{2}{5}=0.6$.

(2) 店内恰好有 3 个顾客的概率 $P_3=\rho^3(1-\rho)=\left(\frac{2}{5}\right)^3\times\left(1-\frac{2}{5}\right)=0.038$.

(3) 在店内的平均顾客数 $L=\dfrac{\lambda}{\mu-\lambda}=\dfrac{4}{10-4}=0.67$ (人).

(4) 每位顾客在店内的平均逗留时间 $W=\dfrac{L}{\lambda}=\dfrac{0.67}{4}\times 60=10$ (分钟).

(5) 等待服务的平均顾客数 $L_q=\dfrac{\lambda^2}{\mu(\mu-\lambda)}=\dfrac{4^2}{10\times(10-4)}=0.267$ (人).

(6) 每位顾客平均等待服务时间 $W_q=\dfrac{L_q}{\lambda}=\dfrac{0.267}{4}\times 60=4$ (分钟).

(7) 顾客逗留时间超过 10 分钟的概率 $P(T>10)=\mathrm{e}^{-10(\frac{1}{6}-\frac{1}{15})}=0.3679$.

10.3.2.2 多服务台 ($M/M/s$ 排队模型)

对有 $s$ 个服务台的服务系统, 由假设有 $\lambda_n=\lambda$ 及

$$\mu_n=\begin{cases}n\mu & (n=1,2,\cdots,s),\\ s\mu & (n=s,s+1,\cdots),\end{cases}$$

因此

$$C_n=\begin{cases}\dfrac{\left(\frac{\lambda}{\mu}\right)^n}{n!} & (n=1,2,\cdots,s),\\[2ex] \dfrac{\left(\frac{\lambda}{\mu}\right)^s}{s!}\left(\dfrac{\lambda}{s\mu}\right)^{n-s}=\dfrac{\left(\frac{\lambda}{\mu}\right)^n}{s!s^{n-s}} & (n=s,s+1,\cdots).\end{cases}$$

由此, 利用 (10.8) 可知

$$
\begin{aligned}
P_0 &= \left[1+\sum_{n=1}^{s-1}\frac{\left(\frac{\lambda}{\mu}\right)^n}{n!}+\frac{\left(\frac{\lambda}{\mu}\right)^s}{s!}\sum_{n=s}^{\infty}\left(\frac{\lambda}{s\mu}\right)^{n-s}\right]^{-1}\\
&= \left[\sum_{n=0}^{s-1}\frac{\left(\frac{\lambda}{\mu}\right)^n}{n!}+\frac{\left(\frac{\lambda}{\mu}\right)^s}{s!}\frac{1}{1-\rho}\right]^{-1},
\end{aligned}
\tag{10.13}
$$

其中, $\rho=\dfrac{\lambda}{s\mu}$.

而且

$$
P_n=\begin{cases}\dfrac{\left(\frac{\lambda}{\mu}\right)^n}{n!}P_0 & (n=0,1,2,\cdots,s),\\[2ex] \dfrac{\left(\frac{\lambda}{\mu}\right)^n}{s!s^{n-s}}P_0 & (n=s,s+1,\cdots).\end{cases}
\tag{10.14}
$$

当 $n\geqslant s$ 时, 即系统中顾客数不少于服务台个数时, 再来的顾客必须等待, 且必须等待的概率为

$$
\sum_{n=s}^{\infty}P_n=\sum_{n=s}^{\infty}\frac{\left(\frac{\lambda}{\mu}\right)^n}{s!s^{n-s}}P_0=\frac{1}{s!}\left(\frac{\lambda}{\mu}\right)^s\sum_{k=0}^{\infty}\left(\frac{\lambda}{s\mu}\right)^kP_0=\frac{\left(\frac{\lambda}{\mu}\right)^s}{s!(1-\rho)}P_0.
\tag{10.15}
$$

此式称为 Erlang 等待公式, 即 LINGO 中的顾客等待概率公式 `@peb(load, S)`. 文献 [21] 讨论了在 LINGO 中, 如何基于此公式计算等待制排队系统的各种数量指标.

进一步, 可求出其他的数量指标:

$$
\begin{aligned}
L_q &= \sum_{n=s}^{\infty}(n-s)P_n=\sum_{j=0}^{\infty}jP_{s+j}=\sum_{j=0}^{\infty}j\frac{\left(\frac{\lambda}{\mu}\right)^s}{s!}\rho^jP_0\\
&= P_0\frac{\left(\frac{\lambda}{\mu}\right)^s}{s!}\rho\sum_{j=0}^{\infty}\frac{\mathrm{d}}{\mathrm{d}\rho}(\rho^j)=P_0\frac{\left(\frac{\lambda}{\mu}\right)^s}{s!}\rho\frac{\mathrm{d}}{\mathrm{d}\rho}\left(\frac{1}{1-\rho}\right)=\frac{P_0\left(\frac{\lambda}{\mu}\right)^s\rho}{s!(1-\rho)^2}.
\end{aligned}
\tag{10.16}
$$

记系统中正在接受服务的顾客的平均数为 $\overline{s}$, 显然, $\overline{s}$ 也是正在忙的服务台的平均数, 故

$$
\overline{s}=\sum_{n=0}^{s-1}nP_n+s\sum_{n=s}^{\infty}P_n=\sum_{n=0}^{s-1}\frac{n\left(\frac{\lambda}{\mu}\right)^n}{n!}P_0+s\frac{\left(\frac{\lambda}{\mu}\right)^s}{s!(1-\rho)}P_0
$$

$$= \frac{\lambda}{\mu} P_0 \left[ \sum_{n=1}^{s-1} \frac{\left(\frac{\lambda}{\mu}\right)^{n-1}}{(n-1)!} + \frac{\left(\frac{\lambda}{\mu}\right)^{s-1}}{(s-1)!(1-\rho)} \right] = \frac{\lambda}{\mu}. \qquad (10.17)$$

(10.17) 说明, 平均在忙的服务台个数不依赖于服务台个数 $s$, 这是一个有趣的结果. 由此, 可得到平均队长 $L$, 即

$$L = \text{平均排队长} + \text{正在接受服务的顾客平均数} = L_q + \frac{\lambda}{\mu}. \qquad (10.18)$$

对多服务台系统, Little 公式仍然成立, 于是有

$$W_q = \frac{L_q}{\lambda}, \quad W = W_q + \frac{1}{\mu}.$$

对单服务台而言, 顾客在排队系统中等待时间的概率分布也可扩展到多服务台的情形, 可参见文献 [2]. 假设 $\lambda < s\mu$, 即 $\rho < 1$, 对任意 $t \geqslant 0$, 有

$$P(w > t) = \mathrm{e}^{-\mu t} \left[ 1 + \frac{P_0\left(\frac{\lambda}{\mu}\right)^s}{s!(1-\rho)} \left( \frac{1 - \mathrm{e}^{-\mu t\left(s-1-\frac{\lambda}{\mu}\right)}}{s - 1 - \frac{\lambda}{\mu}} \right) \right], \qquad (10.19)$$

且

$$P(w_q > t) = [1 - P(w_q = 0)]\mathrm{e}^{-s\mu(1-\rho)t},$$

其中, $P(w_q = 0) = \sum\limits_{n=0}^{s-1} P_n$.

当 $s - 1 - \dfrac{\lambda}{\mu} = 0$ 时, (10.19) 中的 $\dfrac{1 - \mathrm{e}^{-\mu t\left(s-1-\frac{\lambda}{\mu}\right)}}{s - 1 - \frac{\lambda}{\mu}}$ 替换成为 $\mu t$.

当 $\lambda \geqslant s\mu$ 时, 排队系统的队长将趋于无穷, 以上结论不再适用.

**例 10.2** 一个大型露天矿山, 正考虑修建矿石卸位的个数. 估计运矿石的车将按 Poisson 流到达, 平均每小时到 15 辆; 卸矿石时间服从负指数分布, 平均每 3 分钟卸一辆. 又知每辆运送矿石的卡车售价是 8 万元, 修建一个卸位的投资是 14 万元. 问题是建一个矿石卸位还是两个?

**解** 本例可用 M/M/$s/\infty$ 排队模型分析, 其中, $\lambda = 15$, $\mu = 20$, $\dfrac{\lambda}{\mu} = 0.75$.

(1) 若只建一个卸位, 取 $s = 1$, $\rho = \dfrac{\lambda}{\mu} = 0.75$, 由单服务台系统的 (10.10) 及 (10.12) 可得

$$L = \frac{\lambda}{\mu - \lambda} = \frac{15}{20 - 15} = 3\ (\text{辆}), \quad W = \frac{L}{\lambda} = \frac{3}{15} = 0.2\ (\text{小时}) = 12\ (\text{分钟}).$$

(2) 若建两个卸位, 取 $s=2, \rho=\dfrac{\lambda}{s\mu}=\dfrac{0.75}{2}=0.375$, 由多服务台系统的 (10.13) 与 (10.16) 可得

$$
\begin{aligned}
P_0 &= \left[1+0.75+\frac{(0.75)^2}{2!\times(1-0.375)}\right]^{-1}=0.45,\\
L &= L_q+\frac{\lambda}{\mu}=\frac{0.45\times(0.75)^2\times 0.375}{2!\times(1-0.375)^2}+0.75=0.87\ (\text{辆}),\\
W &= \frac{L}{\lambda}=\frac{0.87}{15}=0.058\ (\text{小时})\approx 3.5\ (\text{分钟}).
\end{aligned}
$$

因此, 修建两个卸位可使在卸位处的卡车的平均数减少 $3-0.87=2.13$ (辆), 即可增加 2.13 辆卡车执行运输任务, 相当于用一个卸位的投资 14 万元, 换来了 $2.13\times 8=17.04$ (万元) 的运输设备. 因此, 建造两个卸位是合算的.

**例 10.3** 某一保险公司在其一分支机构内设有 3 名理赔仲裁者. 设顾客向该公司要求赔偿的到达件数服从 Poisson 分布, 其到达率为每 8 小时一天为 20 件. 每位仲裁者对每件申请案件所花费的时间呈负指数分布, 其平均服务时间为 40 分钟. 同时设申请案件是按顺序依次处理的.

(1) 每周 (以 5 天计算) 每位仲裁者平均花费多少小时用于申请案件?

(2) 平均而言, 一个申请案件在机构花费多少时间?

**解** (1) 根据题意, 有 $s=3, \lambda=\dfrac{5}{2}, \mu=\dfrac{3}{2}, \rho=\dfrac{\lambda}{s\mu}=\dfrac{5}{9}$. 于是, 有

$$
P_0=\left[1+\frac{5}{3}+\frac{1}{2}\times\left(\frac{5}{3}\right)^2+\frac{1}{6}\times\left(\frac{5}{3}\right)^3\times\frac{9}{4}\right]^{-1}=\frac{24}{139}.
$$

在任意时刻, 空闲的仲裁者的期望值数为

$$
3P_0+2P_1+1P_2=3\times\frac{24}{139}+2\times\frac{40}{139}+1\times\frac{100}{3\times 139}=\frac{4}{3}\ (\text{人}).
$$

于是, 任何一个仲裁者在某一特定时刻上为空闲的概率为 $\dfrac{4}{3}\times\dfrac{1}{3}=\dfrac{4}{9}$; 而每周每位仲裁者花费于申请案件的平均时间为 $\dfrac{5}{9}\times 40=22.2$ (小时).

(2) 到达的案件在此系统内的平均时间, 可利用下面的方程式求得

$$
\begin{aligned}
W &= \frac{1}{\lambda}\frac{P_0\left(\frac{\lambda}{\mu}\right)^s\rho}{s!(1-\rho)^2}+\frac{1}{\mu}=\frac{2}{5}\times\frac{\frac{24}{139}\times\left(\frac{5}{3}\right)^3\times\frac{5}{9}}{6\times\left(1-\frac{5}{9}\right)^2}+\frac{2}{3}\\
&\approx 0.817\ (\text{小时})\approx 49.0\ (\text{分钟}).
\end{aligned}
$$

### 10.3.3 M/M/$s$/$K$ 模型

区别于 M/M/$s$ 等待制排队模型, M/M/$s$ 混合制排队模型用 M/M/$s$/$K$ 来表示.

假设在一个服务系统中可以容纳 $K$ ($K \geqslant s$) 个顾客 (包括被服务与等待的总数, 等待位置只有 $(K-s)$ 个). 假设顾客的到达率为常数 $\lambda$. 在排队系统中已有 $K$ 个顾客的情况下, 新到的顾客将自动离去. 于是, 有

$$\lambda_n = \begin{cases} \lambda & (n = 0, 1, 2, \cdots, K-1), \\ 0 & (n \geqslant K). \end{cases}$$

M/M/$s$/$K$ 模型的发生率图除了在状态 $K$ 时停止, 其余与 M/M/$s$ 等待制排队系统的发生率图 (图 10.4 和图 10.5) 相同.

10.3.3.1 单服务台 (M/M/1/$K$ 排队模型)

先考虑只有一个服务台的情况. 由于 $\mu_n = \mu$ $(n = 1, 2, \cdots, K)$, 有

$$C_n = \begin{cases} \left(\dfrac{\lambda}{\mu}\right)^n = \rho^n & (n = 0, 1, 2, \cdots, K-1), \\ 0 & (n \geqslant K). \end{cases}$$

当 $\rho = \dfrac{\lambda}{\mu} < 1$ 时, 有

$$P_0 = \left[\sum_{n=0}^{K} \left(\frac{\lambda}{\mu}\right)^n\right]^{-1} = \left[\frac{1 - \left(\dfrac{\lambda}{\mu}\right)^{K+1}}{1 - \dfrac{\lambda}{\mu}}\right]^{-1} = \frac{1-\rho}{1-\rho^{K+1}},$$

$$P_n = \frac{1-\rho}{1-\rho^{K+1}}\rho^n \quad (n = 0, 1, 2, \cdots, K).$$

由此可得, 平均队长 $L$ 及平均排队长 $L_q$ 为

$$\begin{aligned} L &= \sum_{n=0}^{K} nP_n = \frac{1-\rho}{1-\rho^{K+1}}\rho \sum_{n=0}^{K} \frac{\mathrm{d}}{\mathrm{d}\rho}(\rho^n) \\ &= \frac{1-\rho}{1-\rho^{K+1}}\rho \frac{\mathrm{d}}{\mathrm{d}\rho}\left(\frac{1-\rho^{K+1}}{1-\rho}\right) = \frac{\rho}{1-\rho} - \frac{(K+1)\rho^{K+1}}{1-\rho^{K+1}}, \end{aligned} \tag{10.20}$$

$$L_q = \sum_{n=1}^{K} (n-1)P_n = L - (1 - P_0). \tag{10.21}$$

在 $\rho < 1$ 条件下, 当 $K \to \infty$ 时, (10.20) 的后一项值将趋于 0. 故与 (10.10) 相同, 即 M/M/1/$\infty$ 排队模型实际上是 M/M/1/$K$ 混合制排队模型的特例.

由于排队系统的容量有限, 只有 $(K-1)$ 个排队位置. 设顾客的到达率为 $\lambda$. 当系统处于状态 $K$ 时, 新来的顾客将不能再进入系统, 即顾客可进入系统概率是 $(1-P_K)$. 因此, 单位时间内实际进入系统的顾客平均数为

$$\lambda_e=\sum_{n=0}^{\infty}\lambda_n P_n=\sum_{n=0}^{K-1}\lambda P_n=\lambda(1-P_K)=\mu(1-P_0),$$

称为有效到达率; $P_K$ 称为顾客损失率, 它反映了在所有来到系统的顾客数中不能进入系统的顾客比例. 对此, 文献 [21] 介绍了在 LINGO 中如何利用 $\lambda_e$ 与 $P_K$ 来计算 M/M/$s$/$K$ 模型的有关数量指标.

在有限排队的情况下, Little 公式仍然成立. 但需要注意的是, 必须将 $\lambda$ 换成有效到达率 $\lambda_e$. 于是, 可求出平均逗留时间及平均等待时间为

$$W=\frac{L}{\lambda_e}=\frac{L}{\lambda(1-P_K)},\quad W_q=\frac{L_q}{\lambda_e}=\frac{L_q}{\lambda(1-P_K)},$$

且 $W=W_q+\dfrac{1}{\mu}$ 仍然是成立的. 需要注意的是, 以上的平均逗留时间和平均等待时间都是针对能够进入系统的顾客而言的.

对队长受限制的排队模型, 当系统中有 $K$ 个顾客时, 新到的顾客会自动离去, 为使系统达到稳态不一定要求有 $\rho<1$ 成立. 因为当 $\rho=1$ 时, 有 $P_n=\rho^n P_0=P_0(n=1,2,\cdots,K)$, 于是, 有

$$P_0=P_1=\cdots=P_K=\frac{1}{K+1},$$

$$L=\sum_{n=0}^{\infty}nP_n=\frac{1}{K+1}\sum_{n=0}^{\infty}n=\frac{K}{2}.$$

**例 10.4** 某美容屋为私人开办并自理业务, 由于屋内面积有限, 只能安置 3 个座位供顾客等候, 一旦满座后则后来者不再进屋等候. 已知顾客到达间隔与美容时间均为负指数分布, 平均到达间隔 80 分钟, 平均美容时间为 50 分钟. 试求任一顾客期望等待时间及该美容屋潜在顾客的损失率.

**解** 这是一个 M/M/1/4 系统. 由题意知, $\dfrac{1}{\lambda}=80$ 分钟/人, $\dfrac{1}{\mu}=50$ 分钟/人, 故服务强度 $\rho=\dfrac{\lambda}{\mu}=\dfrac{5}{8}=0.625$. 于是, 可求得

$$P_0=\frac{1-\rho}{1-\rho^{K+1}}=\frac{1-0.625}{1-0.625^5}\approx 0.4145,$$

$$L=\frac{\rho}{1-\rho}-\frac{(K+1)\rho^{K+1}}{1-\rho^{K+1}}=\frac{0.625}{1-0.625}-\frac{5\times 0.625^5}{1-0.625^5}\approx 1.1396\ (\text{人}),$$

$$L_q = L-(1-P_0) = 1.1396-(1-0.4145)\approx 0.5541\ (\text{人}),$$

$$\lambda_e = \mu(1-P_0) = \frac{1}{50}\times(1-0.4145) = 0.011\,71.$$

故任一顾客期望等待时间为

$$W_q = \frac{L_q}{\lambda_e} = \frac{0.5541}{0.011\,71}\approx 47\ (\text{分钟}).$$

美容屋潜在顾客的损失率, 即系统满员的概率为

$$P_4 = \rho^4 P_0 = 0.625^4\times 0.4145\approx 0.06 = 6\%.$$

或者也可以有

$$P_4 = 1-\frac{\lambda_e}{\lambda} = 1-80\times 0.011\,71\approx 0.06 = 6\%.$$

10.3.3.2 多服务台 (M/M/$s$/$K$ 排队模型)

多服务台的 M/M/$s$/$K$ 混合制排队模型要求系统的空间 $K\geqslant s$. 因为

$$\mu_n = \begin{cases} n\mu & (n=0,1,2,\cdots,s),\\ s\mu & (n=s,s+1,\cdots,K),\end{cases}$$

所以, 有

$$C_n = \begin{cases} \dfrac{\left(\frac{\lambda}{\mu}\right)^n}{n!} & (n=0,1,2,\cdots,s),\\ \dfrac{\left(\frac{\lambda}{\mu}\right)^s}{s!}\left(\dfrac{\lambda}{s\mu}\right)^{n-s} = \dfrac{\left(\frac{\lambda}{\mu}\right)^n}{s!s^{n-s}} & (n=s,s+1,\cdots,K),\\ 0 & (n>K).\end{cases}$$

可求得

$$P_n = \begin{cases} \dfrac{\left(\frac{\lambda}{\mu}\right)^n}{n!}P_0 & (n=0,1,2,\cdots,s),\\ \dfrac{\left(\frac{\lambda}{\mu}\right)^n}{s!s^{n-s}}P_0 & (n=s,s+1,\cdots,K),\\ 0 & (n>K),\end{cases} \tag{10.22}$$

其中

$$P_0 = \begin{cases} \left[\sum\limits_{n=0}^{s}\dfrac{\left(\frac{\lambda}{\mu}\right)^n}{n!}+\dfrac{\left(\frac{\lambda}{\mu}\right)^s}{s!}\sum\limits_{n=s+1}^{K}\left(\dfrac{\lambda}{s\mu}\right)^{n-s}\right]^{-1} & (\rho\neq 1);\\ \left[\sum\limits_{n=0}^{s}\dfrac{\left(\frac{\lambda}{\mu}\right)^n}{n!}+\dfrac{\left(\frac{\lambda}{\mu}\right)^s}{s!}(K-s)\right]^{-1} & (\rho=1).\end{cases} \tag{10.23}$$

由平稳分布 $P_n(n=0,1,2,\cdots,K)$, 可得平均排队长 $L_q$ 为

$$L_q=\sum_{n=s}^{K}(n-s)P_n$$
$$=\begin{cases}\dfrac{P_0\left(\dfrac{\lambda}{\mu}\right)^s\rho}{s!(1-\rho)^2}\left[1-\rho^{K-s}-(K-s)\rho^{K-s}(1-\rho)\right] & (\rho\neq 1),\\ \dfrac{P_0\left(\dfrac{\lambda}{\mu}\right)^s(K-s)(K-s+1)}{2s!} & (\rho=1),\end{cases}$$

其中, $\rho=\dfrac{\lambda}{s\mu}$.

为求平均队长, 由

$$L_q=\sum_{n=s}^{K}(n-s)P_n=\sum_{n=s}^{K}nP_n-s\sum_{n=s}^{K}P_n$$
$$=\sum_{n=0}^{K}nP_n-\sum_{n=0}^{s-1}nP_n-s\left(1-\sum_{n=0}^{s-1}P_n\right)=L-\sum_{n=0}^{s-1}(n-s)P_n-s,$$

可得

$$L=L_q+s+\sum_{n=0}^{s-1}(n-s)P_n=L_q+s+P_0\sum_{n=0}^{s-1}\frac{(n-s)\left(\dfrac{\lambda}{\mu}\right)^n}{n!}.$$

同多服务台 M/M/$s$ 等待制排队模型一样, 在利用 Little 公式时, 需要将 $\lambda$ 换成有效到达率 $\lambda_e$, 可求得

$$W=\frac{L}{\lambda_e},\quad W_q=\frac{L_q}{\lambda_e}=W-\frac{1}{\mu}.$$

下面, 从另一个角度来推出平均队长 $L$. 因为平均被占用的服务台数, 即正在接受服务的顾客数为

$$\overline{s}=\sum_{n=0}^{s}nP_n+\sum_{n=s+1}^{K}sP_n=P_0\left[\sum_{n=0}^{s}\frac{n\left(\dfrac{\lambda}{\mu}\right)^n}{n!}+s\sum_{n=s+1}^{K}\frac{\left(\dfrac{\lambda}{\mu}\right)^n}{s!s^{n-s}}\right]=\frac{\lambda}{\mu}(1-P_K),$$

所以有 $L=L_q+\overline{s}=L_q+\dfrac{\lambda}{\mu}(1-P_K)$.

显然, 当 $K\to\infty$ 时, 以上各结果同队长不受限制时结果一样, 即 M/M/$s/\infty$ 模型是 M/M/$s/K$ 模型的特例.

当 $K=s$ 时, M/M/$s$/$K$ 混合制排队模型就是损失制的服务系统. 只要在 (10.22) 和 (10.23) 中令 $K=s$, 就可得到损失制排队服务系统的基本公式.

$$P_0=\left[\sum_{n=0}^{s}\frac{\left(\frac{\lambda}{\mu}\right)^n}{n!}\right]^{-1}, \tag{10.24}$$

$$P_n=\frac{\left(\frac{\lambda}{\mu}\right)^n}{n!}P_0=\frac{\frac{\left(\frac{\lambda}{\mu}\right)^n}{n!}}{\sum\limits_{n=0}^{s}\frac{\left(\frac{\lambda}{\mu}\right)^n}{n!}}\quad (n=0,1,\cdots,s), \tag{10.25}$$

$$L_q=0,\quad W_q=0,\quad W=\frac{1}{\mu}, \tag{10.26}$$

$$L=\sum_{n=0}^{s}nP_n=\frac{\sum\limits_{n=0}^{s}\frac{n\left(\frac{\lambda}{\mu}\right)^n}{n!}}{\sum\limits_{n=0}^{s}\frac{\left(\frac{\lambda}{\mu}\right)^n}{n!}}=\frac{\lambda}{\mu}(1-P_K). \tag{10.27}$$

**例 10.5** 某汽车加油站设有两个加油设备, 汽车按 Poisson 流到达, 平均每分钟到达 2 辆; 汽车加油时间服从负指数分布, 平均加油时间为 2 分钟. 又知加油站上最多只能停放 3 辆等待加油的汽车, 汽车到达时, 若已满员, 则必须开到别的加油站去, 试对该系统进行分析.

**解** 可看作一个 M/M/2/5 排队系统, 其中, $\lambda=2$, $\mu=0.5$, $\frac{\lambda}{\mu}=4$, $s=2$, $K=5$.

(1) 系统空闲的概率为

$$P_0=\left[1+4+\frac{4^2\times\left[1-\left(\frac{4}{2}\right)^{5-2+1}\right]}{2!\times\left(1-\frac{4}{2}\right)}\right]^{-1}=0.008.$$

(2) 顾客损失率为

$$P_5=\frac{4^5\times 0.008}{2!\times 2^{5-2}}=0.512.$$

(3) 加油站内等待的平均汽车数为

$$L_q=\frac{0.008\times 4^2\times\frac{4}{2}}{2!\times\left(1-\frac{4}{2}\right)^2}\times\left[1-\left(\frac{4}{2}\right)^{5-2}-(5-2)\left(\frac{4}{2}\right)^{5-2}\left(1-\frac{4}{2}\right)\right]=2.18\ (\text{辆}).$$

加油站内汽车的平均数为

$$L = L_q + \frac{\lambda}{\mu}(1 - P_5) = 2.18 + \frac{2}{0.5} \times (1 - 0.512) = 4.13\ (\text{辆}).$$

(4) 汽车在加油站内平均逗留时间为

$$W = \frac{L}{\lambda(1 - P_5)} = \frac{4.13}{2 \times (1 - 0.512)} = 4.23\ (\text{分钟}).$$

汽车在加油站内平均等待时间为

$$W_q = W - \frac{1}{\mu} = 4.23 - 2 = 2.23\ (\text{分钟}).$$

(5) 被占用的加油设备的平均数为

$$\overline{s} = L - L_q = 4.13 - 2.18 = 1.95\ (\text{辆}).$$

**例 10.6** 某单位电话交换台有一台 200 门内线的总机. 已知在上班的 8 小时内, 有 20% 的内线分机平均每 40 分钟要一次外线电话, 80% 的分机平均隔 2 个小时要一次外线电话, 从外单位打来的电话呼唤率平均每分钟一次, 设外线通话时间平均为 3 分钟, 以上两个时间均属负指数分布. 若要求电话接通率为 95%, 问该交换台应设置多少外线?

**解** (1) 对电话交换台的呼唤分类: 一是各分机往外打的电话; 二是从外单位打进来的电话. 前者 $\lambda_1 = \left(\frac{60}{40}\times 0.2 + \frac{1}{2}\times 0.8\right)\times 200 = 140$, 后者 $\lambda_2 = 60$, 由 Poisson 分布性质知来到交换台的总呼唤流为 Poisson 分布, 参数为 $\lambda = \lambda_1 + \lambda_2 = 200$.

(2) 这是一个具有多个服务台带损失制的服务系统, 根据 (10.25), 要使电话接通率为 95%, 就是要使损失率低于 5%, 即

$$P_n = \frac{\left(\frac{\lambda}{\mu}\right)^n}{n!} P_0 = \frac{\frac{\left(\frac{\lambda}{\mu}\right)^n}{n!}}{\sum\limits_{n=0}^{s} \frac{\left(\frac{\lambda}{\mu}\right)^n}{n!}} \leqslant 0.05.$$

本例中 $\mu = 20, \frac{\lambda}{\mu} = 10$, 可以用表 10.2 进行计算来求 $s$.

根据计算可以看出, 为了使外线接通率达到 95%, 外线应不少于 15 条. 注意, 在计算中没有考虑外单位打来的电话时内线是否占用, 也没有考虑分机打外线时对方是否占用; 当电话一次打不通时, 就要打两次、三次 ······. 因此, 实际上呼唤次数要远远高于计算次数, 实际接通率也比 95% 低得多.

表 10.2 某多服务台带损失制电话服务系统的计算过程

| $s$ | $\frac{(\frac{\lambda}{\mu})^s}{s!}$ | $\sum_{n=0}^{s}\frac{(\frac{\lambda}{\mu})^n}{n!}$ | $P_s$ | $s$ | $\frac{(\frac{\lambda}{\mu})^s}{s!}$ | $\sum_{n=0}^{s}\frac{(\frac{\lambda}{\mu})^n}{n!}$ | $P_s$ |
|---|---|---|---|---|---|---|---|
| 0 | 1.0 | 1.0 | 1.0 | 8 | 2 480.2 | 7 330.9 | 0.338 |
| 1 | 10.0 | 11.0 | 0.909 | 9 | 2 755.7 | 10 086.6 | 0.273 |
| 2 | 50.0 | 61.0 | 0.820 | 10 | 2 755.7 | 12 842.3 | 0.215 |
| 3 | 166.7 | 227.2 | 0.732 | 11 | 2 505.2 | 15 347.5 | 0.163 |
| 4 | 416.7 | 644.4 | 0.647 | 12 | 2 087.7 | 17 435.2 | 0.120 |
| 5 | 833.3 | 1 477.7 | 0.564 | 13 | 1 605.9 | 19 041.1 | 0.084 |
| 6 | 1 388.9 | 2 866.6 | 0.485 | 14 | 1 147.1 | 20 188.2 | 0.056 |
| 7 | 1 984.1 | 4 850.7 | 0.409 | 15 | 764.7 | 20 952.9 | 0.036 |

### 10.3.4* 有限源模型

对于 M/M/$s$/$K$ 混合制排队模型, 现假定顾客源有限, 不妨设只有 $N$ 个顾客. 每个顾客来到系统中接受服务后回到原来的总体, 还有可能再来. 当排队系统中有 $n$ $(n=0,1,\cdots,N)$ 个顾客时, 则只剩下 $(N-n)$ 个潜在的顾客在排队系统外. 这类有限源排队系统 (图 10.6) 的典型例子有: $s$ 个工人共同负责 $N$ 台机器的维修; $N$ 个打字员共用一台打字机等.

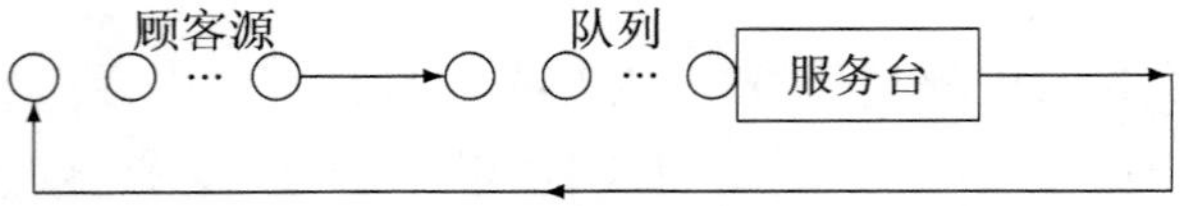


图 10.6 有限源排队系统

下面, 以机器维修问题为例进行说明. 每一台机器交替出现在排队系统中和排队系统外. 类似于 M/M/$s$ 模型, 假定每一个顾客 (机器) 的相继到达间隔时间 (即从离开系统到再次进入排队系统的时间) 服从参数为 $\lambda$ 的负指数分布, 当前系统中有 $n$ 个顾客, 即有 $(N-n)$ 个在系统外. 再次有顾客进入排队系统的相继到达时间间隔服从参数为 $\lambda_n=(N-n)\lambda$ 的负指数分布 (由负指数分布的性质可知). 于是模型仍为生灭过程的一种特殊形式. 且当 $\lambda_n=0, n=N$ 时, 模型最终会达到平稳状态. 单服务台有限源排队模型及多服务台有限源排队模型发生率图如图 10.7 和图 10.8 所示.

对有限源模型的数量指标计算来说, 一个重要的指标是队长 $L$, 此指标为 LINGO 中的 `@pfs` 函数. 对此, 文献 [21] 介绍了在 LINGO 中如何利用 $L$ 来计算 M/M/$s$/$K$/$N$ 模型的有关数量指标.

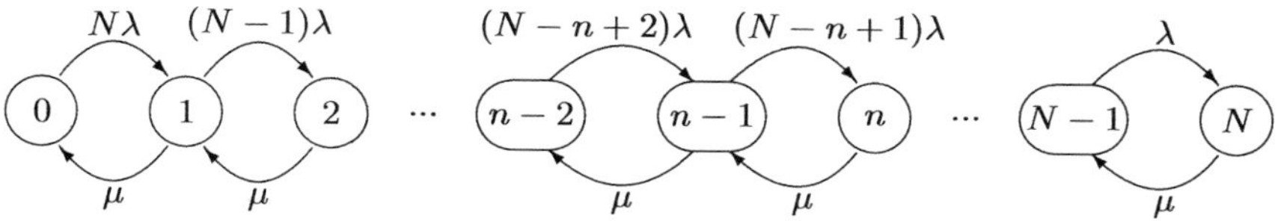


图 10.7 单服务台有限源排队模型发生率图

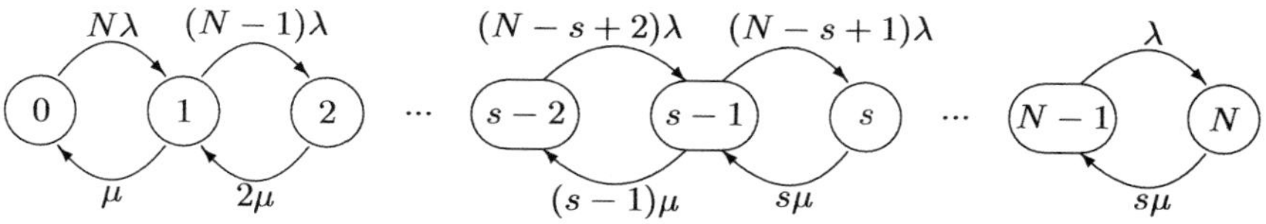


图 10.8 多服务台有限源排队模型发生率图

10.3.4.1 单服务台模型

当 $s=1$ 时, 基于生灭过程的 $C_n$ 为

$$C_n=\begin{cases} N(N-1)\cdots(N-n+1)(\dfrac{\lambda}{\mu})^n=\dfrac{N!}{(N-n)!}(\dfrac{\lambda}{\mu})^n & (n\leqslant N),\\ 0 & (n>N).\end{cases}$$

于是, 有

$$P_0=\sum_{n=0}^{N}\left[\frac{N!}{(N-n)!}\Big(\frac{\lambda}{\mu}\Big)^n\right]^{-1},$$

$$P_n=\frac{N!}{(N-n)!}\Big(\frac{\lambda}{\mu}\Big)^n P_0 \quad (n=1,2,\cdots,N),$$

$$L_q=\sum_{n=1}^{N}(n-1)P_n=N-\frac{\lambda+\mu}{\lambda}(1-P_0),$$

$$L=\sum_{n=0}^{N}nP_n=L_q+1-P_0=N-\frac{\mu}{\lambda}(1-P_0).$$

顾客输入率 $\lambda_n$ 随系统状态而变化, 因此, 有效到达率为

$$\lambda_e=\sum_{n=0}^{N}\lambda_n P_n=\sum_{n=0}^{N}(N-n)\lambda P_n=\lambda(N-L).$$

再利用 Little 公式, 有 $W=\dfrac{L}{\lambda_e},W_q=\dfrac{L_q}{\lambda_e}$.

10.3.4.2 多服务台模型

设 $N \geqslant s > 1$, 有

$$C_n = \begin{cases} \dfrac{N!}{(N-n)!n!}\left(\dfrac{\lambda}{\mu}\right)^n & (0 \leqslant n \leqslant s), \\ \dfrac{N!}{(N-n)!s!s^{n-s}}\left(\dfrac{\lambda}{\mu}\right)^n & (n = s, s+1, \cdots, N), \\ 0 & (n > N), \end{cases}$$

于是, 有

$$P_n = \begin{cases} \dfrac{N!}{(N-n)!n!}\left(\dfrac{\lambda}{\mu}\right)^n P_0 & (0 \leqslant n \leqslant s), \\ \dfrac{N!}{(N-n)!s!s^{n-s}}\left(\dfrac{\lambda}{\mu}\right)^n P_0 & (n = s, s+1, \cdots, N), \\ 0 & (n > N), \end{cases}$$

其中,

$$P_0 = \left[\sum_{n=0}^{s-1} \frac{N!}{(N-n)!n!}\left(\frac{\lambda}{\mu}\right)^n + \sum_{n=s}^{N} \frac{N!}{(N-n)!s!s^{n-s}}\left(\frac{\lambda}{\mu}\right)^n\right]^{-1}.$$

进一步, 可求得其他各指标:

$$L_q = \sum_{n=s}^{N}(n-s)P_n,$$

$$\begin{aligned} L &= \sum_{n=0}^{N} nP_n = \sum_{n=0}^{s} nP_n + s\sum_{n=s+1}^{N} P_n + \sum_{n=s+1}^{N}(n-s)P_n \\ &= \sum_{n=0}^{s-1} nP_n + L_q + s\left(1 - \sum_{n=0}^{s-1} P_n\right); \end{aligned}$$

或

$$L = L_q + \frac{\lambda_e}{\mu} = L_q + \frac{\lambda}{\mu}(N-L), \quad W = \frac{L}{\lambda_e}, \quad W_q = \frac{L_q}{\lambda_e}.$$

**例 10.7** 某工人看管 5 台机器. 假定每台机器正常运转的时间服从负指数分布, 平均为 15 分钟. 当发生故障以后, 每次修理时间服从负指数分布, 平均为 12 分钟, 试求该系统的有关运行指标.

**解** 考虑有限源排队模型. 已知 $\lambda = \frac{1}{15}, \mu = \frac{1}{12}, \rho = \frac{\lambda}{\mu} = 0.8, N = 5$, 有

(1) 修理工人空闲的概率

$$P_0 = \left[\frac{5!}{5!} \times (0.8)^0 + \frac{5!}{4!} \times (0.8)^1 + \frac{5!}{3!} \times (0.8)^2\right.$$

$$+\frac{5!}{2!}\times(0.8)^3+\frac{5!}{1!}\times(0.8)^4+\frac{5!}{0!}\times(0.8)^5\Big]^{-1}=0.0073.$$

(2) 5 台机器都出故障的概率 $P_5=\frac{5!}{0!}\times(0.8)^5P_0=0.287$.

(3) 出故障机器的平均数 $L=5-\frac{1}{0.8}\times(1-0.0073)=3.76$ (台).

(4) 等待修理机器的平均数 $L_q=3.76-(1-0.0073)=2.77$ (台).

(5) 每台机器平均停工时间 $W=\dfrac{5}{1\times\dfrac{(1-0.0073)}{12}}-15=45.44$ (分钟).

(6) 每台机器平均待修时间 $W_q=45.44-12=33.44$ (分钟).

(7) 工人的维修能力 $A=\frac{1}{12}\times(1-0.0073)\times 60=4.96$ (台), 即该工人每小时可修理机器的平均台数为 4.96 台.

上述结果表明, 机器停工时间过长, 看管工人几乎没有空闲时间, 应采取措施提高服务率或增加工人.

### 10.3.5* 依赖状态模型

在实际的排队问题中, 服务率或到达率可能是随系统状态的变化而变化的. 例如, 当系统中顾客数已经比较多时, 后来的顾客可能不愿意再进入该系统; 而此时服务员的服务率也可能会提高.

对单服务台系统, 可分别假设实际的服务率和到达率 (它们均依赖于系统所处的状态 $n$) 为

$$\mu_n=n^a\mu_1\quad(n=1,2,\cdots),\qquad \lambda_n=(n+1)^{-b}\lambda_0\quad(n=0,1,2,\cdots),$$

其中, $\lambda_n,\mu_n$ 表示系统中处于状态 $n$ 的到达率和服务率; $a,b$ 可称为压力系数, 且为给定正数.

下面以 $\mu_n=n^a\mu_1$ 为例来说明正数 $a$ 的含义. 若取 $a=1$, 则表示假设服务率与 $n$ 成正比; 若取 $a=\frac{1}{2}$, 则假设服务率与 $\sqrt{n}$ 成正比. 在前面的各模型中, 均假设压力系数 $a=0$. 类似可解释正数 $b$. 上述假设表明, 到达率 $\lambda_n$ 同系统中已有顾客数 $n$ 呈反比关系; 服务率 $\mu_n$ 同系统状态 $n$ 呈正比关系.

对多服务台系统, 可假设实际的服务率和到达率为

$$\mu_n=\begin{cases}n\mu_1 & (n\leqslant s),\\ (\frac{n}{s})^a s\mu_1 & (n\geqslant s);\end{cases}$$

$$\lambda_n=\begin{cases}\lambda_0 & (n\leqslant s-1),\\ \left(\frac{s}{n+1}\right)^b\lambda_0 & (n\geqslant s-1).\end{cases}$$

于是, 对多服务台系统, 有

$$C_n=\begin{cases}\dfrac{\left(\dfrac{\lambda_0}{\mu_1}\right)^n}{n!} & (n=0,1,2,\cdots,s),\\ \dfrac{\left(\dfrac{\lambda_0}{\mu_1}\right)^n}{s!\left(\dfrac{n!}{s!}\right)^c s(1-c)(n-s)} & (n=s,s+1,\cdots),\end{cases}$$

其中, $c=a+b$.

考虑一个顾客到达率依赖状态的单服务台等待制系统 M/M/1/∞, 参数为

$$\lambda_n=\frac{\lambda}{n+1}\quad(n=0,1,2,\cdots),$$

$$\mu_n=\mu\qquad(n=1,2,\cdots),$$

于是有

$$C_n=\frac{\lambda\cdot\left(\frac{\lambda}{2}\right)\cdot\left(\frac{\lambda}{3}\right)\cdots\left(\frac{\lambda}{n}\right)}{\mu^n}=\frac{\lambda^n}{n!\mu^n}.$$

设 $\dfrac{\lambda}{\mu}<1$, 有

$$P_0=\left[\sum_{n=0}^{\infty}\frac{1}{n!}\left(\frac{\lambda}{\mu}\right)^n\right]^{-1}=\mathrm{e}^{-\frac{\lambda}{\mu}},$$

$$P_n=\frac{\lambda^n}{n!\mu^n}P_0\quad(n=1,2,\cdots),$$

$$L=\sum_{n=0}^{\infty}nP_n=\sum_{n=0}^{\infty}\frac{n\left(\dfrac{\lambda}{\mu}\right)^n}{n!}P_0=\frac{\lambda}{\mu},$$

$$L_q=\sum_{n=0}^{\infty}(n-1)P_n=L-(1-P_0)=\frac{\lambda}{\mu}+\mathrm{e}^{-\frac{\lambda}{\mu}}-1,$$

$$\lambda_e=\sum_{n=0}^{\infty}\frac{\lambda}{n+1}P_n=\mu(1-\mathrm{e}^{-\frac{\lambda}{\mu}}),$$

$$W=\frac{L}{\lambda_e}=\frac{\dfrac{\lambda}{\mu}}{\mu(1-\mathrm{e}^{-\frac{\lambda}{\mu}})},\quad W_q=\frac{L_q}{\lambda_e}=W-\frac{1}{\mu}.$$

## 10.4* 非生灭系统

非生灭过程排队模型分析是非常困难的, 只就几种特殊情形给出一些结果,

详细讨论可参见文献 [1].

### 10.4.1 M/G/1 模型

M/G/1 排队模型是指顾客的到达为 Poisson 流 (或相继到达间隔时间服从负指数分布), 服务时间服从一般独立分布的单服务台排队模型.

设顾客的到达率为 $\lambda$, 服务时间的均值 $\frac{1}{\mu} < \infty$, 方差 $\sigma^2 < \infty$. 可以证明, 只要 $\rho = \frac{\lambda}{\mu} < 1$, 系统就可以达到平稳状态, 并有稳态概率 $P_0 = 1 - \rho$. 且根据 Pollaczek-Khintchine (P-K) 公式, 有

$$L_q = \frac{\lambda^2\sigma^2 + \rho^2}{2(1-\rho)}, \tag{10.28}$$

再由 Little 公式有

$$L = \rho + L_q, \quad W_q = \frac{L_q}{\lambda}, \quad W = W_q + \frac{1}{\mu}. \tag{10.29}$$

由 (10.28) 与 (10.29) 可以看出, $L_q, L, W, W_q$ 都仅仅依赖于 $\rho$ 和服务时间的方差 $\sigma^2$, 而与分布的类型没有关系. 这是排队论中一个非常重要且令人惊奇的结果. 而且, 还不难发现, 当服务率 $\mu$ 给定, 方差 $\sigma^2$ 减少时, 平均队长和等待时间等都将减少. 于是, 可通过改变服务时间的方差来缩短平均队长. 当 $\sigma^2 = 0$ 时, 即服务时间为定长时, 平均队长及等待时间都将减到最少水平.

**例 10.8** 某储蓄所有一个服务窗口, 顾客按 Poisson 流平均每小时到达 10 人. 设为任一顾客办理存款、取款等业务的时间为 $V$, 根据过去的经验有 $V \sim N(0.05, 0.01^2)$. 试求该储蓄所空闲的概率及其主要工作指标.

**解** 由题意, $\lambda = 10, \frac{1}{\mu} = 0.05, \sigma^2 = 0.01^2, \rho = \frac{\lambda}{\mu} = 10 \times 0.05 = 0.5$, 于是

$$\begin{aligned}
P_0 &= 1 - \rho = 1 - 0.5 = 0.5,\\
L_q &= \frac{0.5^2 + 10^2 \times (0.01)^2}{2 \times (1 - 0.5)} = 0.26\ (\text{人}),\\
L &= L_q + \rho = 0.26 + 0.5 = 0.76\ (\text{人}),\\
W &= \frac{L}{\lambda} = \frac{0.76}{10} = 0.076\ (\text{小时}) \approx 5\ (\text{分钟}),\\
W_q &= \frac{L_q}{\lambda} = \frac{0.26}{10} = 0.026\ (\text{小时}) \approx 2\ (\text{分钟}).
\end{aligned}$$

### 10.4.2 M/D/1 模型

对定长服务时间的 M/D/1/∞ 模型, 有 $E[V]=\dfrac{1}{\mu},\sigma^2=0$, 即 P-K 公式为

$$L_q=\frac{\rho^2}{2(1-\rho)}=\frac{\lambda^2}{2\mu(\mu-\lambda)},$$

再由 Little 公式有

$$L=L_q+\rho=\frac{\lambda(2\mu-\lambda)}{2\mu(\mu-\lambda)},\quad W_q=\frac{\rho^2}{2\lambda(1-\rho)}=\frac{\lambda}{2\mu(\mu-\lambda)},\quad W=W_q+\frac{1}{\mu}.$$

不难发现, 在服务时间服从负指数分布的条件下的等待时间 $W_q$ 正好是定长服务时间条件下等待时间的 2 倍.

### 10.4.3 M/E$_k$/1 模型

设系统对任一顾客的服务时间 $V$ 服从 $k$ 阶 Erlang 分布, 其密度函数为

$$f(t)=\frac{k\mu(k\mu t)^{k-1}}{(k-1)!}\mathrm{e}^{-k\mu t}\quad(t\geqslant 0).$$

已知 $E[V]=\dfrac{1}{\mu},\sigma^2=\dfrac{1}{k\mu^2}$, 且 M/E$_k$/1 模型可作为 M/G/1 模型的一个特例, 于是, P-K 公式为

$$L_q=\frac{\dfrac{\lambda^2}{k\mu^2}+\rho^2}{2(1-\rho)}=\frac{1+k}{2k}\cdot\frac{\lambda^2}{\mu(\mu-\lambda)},\tag{10.30}$$

再由 Little 公式有

$$W_q=\frac{1+k}{2k}\cdot\frac{\lambda}{\mu(\mu-\lambda)},\quad W=W_q+\frac{1}{\mu},\quad L=\lambda W.\tag{10.31}$$

**例 10.9** 一个质量检查员平均每小时收到两件送来检查的样品, 每件样品要依次完成 5 项检验才能判定是否合格. 据统计, 每项检验所需时间的期望值都是 4 分钟, 每项检验的时间和送检产品的到达间隔都为负指数分布. 问一件样品从送到至检查完毕预期需要多少时间?

**解** 分析题意可知, 该系统为 M/E$_k$/1 模型, 且有 $\lambda=2$ 件/小时, $k=5$. 设 $V_i$ $(i=1,2,\cdots,5)$ 为任一样品第 $i$ 项检验的时间, 由 Erlang 分布的性质可知

$$E[V_i]=\frac{1}{k\mu}=\frac{1}{5\mu}=\frac{1}{15}\ (\text{件/小时})\quad(i=1,2,\cdots,5).$$

于是对每件样品来说, 由 $\frac{1}{\mu}=\frac{1}{3}$ 小时/件, 有 $\mu=3$ 件/小时, 即 $\rho=\frac{\lambda}{\mu}=\frac{2}{3}$. 将 $\rho$ 及 $k$ 代入 (10.30) 与 (10.31) 中, 可得

$$L_q=\frac{(5+1)\times\frac{2}{3}}{2\times5\times\left(\frac{3}{2}-1\right)}=\frac{4}{5}\ (\text{件}),$$

$$W_q=\frac{L_q}{\lambda}=\frac{4}{2\times5}=\frac{2}{5}\ (\text{小时}),$$

$$W=W_q+\frac{1}{\mu}=\frac{2}{5}+\frac{1}{3}=\frac{11}{15}\ (\text{小时})=44\ (\text{分钟}),$$

即每一件样品从送到至检查完毕预期需要 44 分钟.

## 10.5* 特殊系统

在前面介绍的排队系统中, 若对输入过程、排队规则与服务规则进行扩展, 则可得到其他特殊的排队系统, 如成批服务的系统、有优先权的系统、成批到达的系统、随机服务的系统、后到先服务的系统、到达时刻依赖于队长的系统、输入不独立的系统, 以及休假服务系统与随机环境中的系统等, 参见文献 [1, 23, 46]. 限于篇幅, 下面仅介绍顾客具有优先服务权的排队系统.

在优先服务权排队模型中, 顾客不再按照先来先服务的原则进行服务. 级别较高的顾客比级别较低的顾客享有优先服务权, 在同一级别的顾客中则按照先来先服务的原则进行服务, 如到医院治病有急诊与普通门诊等.

假定在一个排队系统中, 顾客划分为 $N$ 个等级, 第一级享有最高级别优先权, 第 $N$ 级享有最低级别优先权. 第 $i$ 级优先权顾客的到达服从参数为 $\lambda_i$ $(i=1,2,\cdots,N)$ 的 Poisson 分布, 同时, 系统对任何级别顾客的服务时间均服从参数为 $\mu$ 的负指数分布, 即服务台对任何级别顾客的平均服务时间为 $\frac{1}{\mu}$. 当一个具有较高级别优先权的顾客到来时, 若正被服务的顾客是一个具有较低级别优先权的顾客, 则该顾客将被中断服务, 回到排队系统中等待重新得到服务.

根据以上假定, 当具有最高级别优先权的顾客来到排队系统时, 只有当具有同样最高级别的顾客正得到服务时需要等待外, 其余情况下均可以立即得到服务. 因此, 具有第一级别优先权的顾客在排队系统中得到服务的情况就如同没有其他级别的顾客时一样. 即 (10.12) 对最高级别优先权的顾客完全适用.

现同时考虑享有第一及第二优先级的顾客. 由于他们的服务不受其他级别顾客的影响, 设 $\overline{W}_{12}$ 表示第一、第二两级综合在一起的每个顾客在系统中的平均逗留时间, 则有

$$(\lambda_1+\lambda_2)\overline{W}_{12}=\lambda_1W_1+\lambda_2W_2,$$

其中, $W_1, W_2$ 分别表示享有第一级和第二级优先服务权的顾客在系统中的平均逗留时间. 根据负指数分布的性质, 对于因高一级顾客到达而中断服务, 重新回到队伍中的较低级别顾客的服务时间的概率分布, 不因前一段已得到服务及服务了多长时间而有所改变, 因此对 $\overline{W}_{12}$ 只需将具有第一、第二级优先级的顾客的输入率加在一起, 即 $\lambda_1+\lambda_2$, 于是按 10.3.2 节中 (10.12) 可以进行计算. 由此, 又可求出 $W_2$, 有

$$W_2=\frac{\lambda_1+\lambda_2}{\lambda_2}\overline{W}_{12}-\frac{\lambda_1}{\lambda_2}W_1.$$

同理, 有

$$(\lambda_1+\lambda_2+\lambda_3)\overline{W}_{123}=\lambda_1 W_1+\lambda_2 W_2+\lambda_3 W_3.$$

所以

$$W_3=\frac{\lambda_1+\lambda_2+\lambda_3}{\lambda_3}\overline{W}_{123}-\frac{\lambda_1}{\lambda_3}W_1-\frac{\lambda_2}{\lambda_3}W_2.$$

依次类推, 可以求得

$$W_N=\frac{\sum\limits_{i=1}^{N}\lambda_i}{\lambda_N}\overline{W}_{12\cdots N}-\frac{\sum\limits_{i=1}^{N}\lambda_i W_i}{\lambda_N},$$

其中, $\sum\limits_{i=1}^{N}\lambda_i<s\mu$.

显然, 上述计算过程在 LINGO 中能很容易地实现, 参见文献 [21].

**例 10.10** 来到某医院门诊部就诊的患者按照 $\lambda=2$ 人/小时的 Poisson 分布到达, 医生对每个患者的服务时间服从负指数分布, $\frac{1}{\mu}=20$ 分钟. 假如患者中 60% 属一般患者, 30% 属重病急病患者, 10% 是需要抢救的患者. 该门诊部的服务规则是先治疗抢救患者, 然后重病或急病患者, 最后一般患者. 属同一级别的患者, 按到达先后次序进行治疗. 当该门诊部分别有一名医生和两名医生就诊时, 试分别计算各类患者等待治疗的平均等待时间.

**解** 假设需要抢救的患者属于第一类, 重病急病患者属于第二类, 一般患者属于第三类, 根据条件, $\mu=3, \lambda=2$ 人/小时, 于是有 $\lambda_1=0.2, \lambda_2=0.6, \lambda_3=1.2$.

(1) 当有一名医生就诊时, 有

$$W_1=\frac{1}{\mu-\lambda_1}=\frac{1}{3-0.2}=0.357\ (\text{小时}),$$

$$\overline{W}_{12}=\frac{1}{\mu-(\lambda_1+\lambda_2)}=\frac{1}{3-0.8}=0.455\ (\text{小时}),$$

$$\overline{W}_{123}=\frac{1}{\mu-(\lambda_1+\lambda_2+\lambda_3)}=\frac{1}{3-2}=1\ (\text{小时}).$$

由此, 可得

$$W_2=\frac{0.6+0.2}{0.6}\times 0.455-\frac{0.2}{0.6}\times 0.357=0.488\ (\text{小时}),$$
$$W_3=\frac{1.2+0.6+0.2}{1.2}\times 1-\frac{0.2}{1.2}\times 0.357-\frac{0.6}{1.2}\times 0.455=1.380\ (\text{小时}).$$

所以

$$W_{q1}=0.357-0.333=0.024\ (\text{小时}),$$
$$W_{q2}=0.488-0.333=0.155\ (\text{小时}),$$
$$W_{q3}=1.380-0.333=1.047\ (\text{小时}).$$

(2) 当有两名医生就诊时, 有

$$W=\frac{\dfrac{\left(\dfrac{\lambda}{\mu}\right)^2\left(\dfrac{\lambda}{2\mu}\right)}{2\lambda\left(1-\dfrac{\lambda}{2\mu}\right)^2}}{1+\left(\dfrac{\lambda}{\mu}\right)+\dfrac{1}{2}\left(\dfrac{\lambda}{\mu}\right)^2\dfrac{1}{\left(1-\dfrac{\lambda}{2\mu}\right)}}+\frac{1}{\mu}=\frac{\dfrac{\lambda^2}{\mu(2\mu-\lambda)^2}}{1+\dfrac{\lambda}{\mu}+\dfrac{\lambda^2}{\mu(2\mu-\lambda)}}+\frac{1}{\mu},$$

$$W_1=\frac{\dfrac{(0.2)^2}{3\times(6-0.2)^2}}{1+\dfrac{0.2}{3}+\dfrac{(0.2)^2}{3\times(6-0.2)}}+\frac{1}{3}=0.3337\ (\text{小时}),$$

$$\overline{W}_{12}=\frac{\dfrac{(0.8)^2}{3\times(6-0.8)^2}}{1+\dfrac{0.8}{3}+\dfrac{(0.8)^2}{3\times(6-0.8)}}+\frac{1}{3}=0.3394\ (\text{小时}),$$

$$\overline{W}_{123}=\frac{\dfrac{2^2}{3\times(6-2)^2}}{1+\dfrac{2}{3}+\dfrac{2^2}{3\times(6-2)}}+\frac{1}{3}=0.375\ (\text{小时}).$$

故

$$W_2=\frac{0.6+0.2}{0.6}\times 0.3394-\frac{0.2}{0.6}\times 0.3337=0.341\ (\text{小时}),$$
$$W_3=\frac{1.2+0.6+0.2}{1.2}\times 0.375-\frac{0.2}{1.2}\times 0.3337-\frac{0.6}{1.2}\times 0.3394=0.3997\ (\text{小时}).$$

因此, $W_{q1}=0.000\,37$ (小时), $W_{q2}=0.0077$ (小时), $W_{q3}=0.0666$ (小时).

## 10.6 优化设计

排队系统最优化问题是指通过系统设计和控制的最优化，达到服务机构成本与顾客等待费用之和最小的办法，分为两类：

(1) 系统设计的最优化，称为静态问题，从排队论产生起就成为人们研究的内容，目的是在一定的质量指标下要求机构最经济.

(2) 系统控制最优化，称为动态问题，是指一个给定的排队系统，如何运营可使某个目标函数最优，这是 20 多年来排队论的研究点之一.

最优化的一般目的是使服务机构成本与顾客等待费用之和最小，并确定达到最优目标值的最优服务水平. 这类优化模型称为费用模型，见图 10.9.

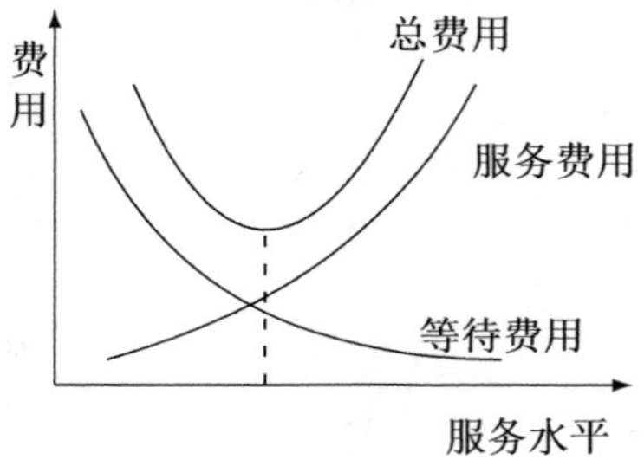


图 10.9 服务系统描述

服务水平可以由不同形式来表示，常用的优化决策变量有服务率 $\mu$、服务台的个数 $s$、系统容量 $K$. 评价指标有服务强度、队长、排队长、服务时间、逗留时间、忙期以及投资、成本费用、损失率等. 根据系统设计或运行的不同要求，采用不同的指标和算法. 由于决策变量类型复杂，加上利益指标函数的形式也很复杂，这类优化稳态的求解很复杂. 通常采用数值法并需要在计算机上实现. 对于少数能够采用解析法求解的，如对离散变量常用边际分析法，对连续变量常用经典的微分法，有时需要采用非线性规划或动态规划等方法. 这些计算在 LINGO 中都能很容易地实现，参见文献 [21].

### 10.6.1 M/M/1 模型

在是否有顾客最大数限制的不同情形下，M/M/1 模型的计算方式不同.

#### 10.6.1.1 标准模型

先考虑 M/M/1/∞ 排队模型，取目标函数 $z$ 为单位时间服务成本与顾客在系统中逗留费用之和的期望值，即

$$z = c_s\mu + c_wL, \tag{10.32}$$

其中, $c_s$ 为当 $\mu=1$ 时服务机构单位时间的平均费用; $c_w$ 为每个顾客在系统中逗留单位时间的费用.

将 M/M/1/$\infty$ 模型中 $L=\dfrac{\lambda}{\mu-\lambda}$ 代入 (10.32), 可得

$$z=c_s\mu+c_w\cdot\frac{\lambda}{\mu-\lambda}.$$

为了求极小, 先求 $\dfrac{\mathrm{d}z}{\mathrm{d}\mu}$, 然后令它为 0, 即

$$\frac{\mathrm{d}z}{\mathrm{d}\mu}=c_s-c_w\lambda\cdot\frac{1}{(\mu-\lambda)^2}=0.$$

解出最优服务率为

$$\mu^*=\lambda+\sqrt{\frac{c_w}{c_s}\lambda}. \tag{10.33}$$

根号前取 + 号是为了保证 $\rho<1,\mu>\lambda$, 因为只有这样系统才会达到稳态.

于是, 最小平均总费用为

$$z^*=c_s\lambda+2\sqrt{c_sc_w\lambda}.$$

另外, 若设 $c_w$ 为平均每个顾客在队列中等待单位时间的损失, 则需用 $L_q=\dfrac{\lambda^2}{\mu(\mu-\lambda)}$ 取代 (10.32) 中的 $L$, 这时类似可得一阶条件

$$c_s\mu^4-2c_s\lambda\mu^3+c_s\lambda^2\mu^2-2c_w\lambda^2\mu+c_w\lambda^3=0.$$

这是一个关于 $\mu$ 的四次方程, 尽管有求根公式, 但过于复杂, 通常都采用数值法 (如 Newton 法) 确定其根 $\mu^*$.

**例 10.11** 设有一电话亭, 其到达率为每小时 12 位顾客. 假定每一位接受服务的顾客的等待费用为每小时 5 元. 服务成本为每位顾客 2 元. 欲使总平均总费用最小化的服务率应为多少?

**解** 设以一小时为时间单位, 可得出 $\lambda=12$ 人/小时, $c_w=5$ 元, $c_s=2$ 元. 要求最小成本的服务率 $\mu^*$, 可由 (10.33) 求得, 于是有

$$\mu^*=\lambda+\sqrt{\frac{c_w}{c_s}\lambda}=12+\sqrt{\frac{5}{2}\times 12}=17.5\ (\text{人/小时}),$$

且最小的系统总费用为

$$z^*=c_s\lambda+2\sqrt{c_sc_w\lambda}=2\times 12+2\sqrt{2\times 5\times 12}\approx 46\ (\text{元}).$$

10.6.1.2 顾客最大数限制

针对 M/M/1/$K$ 模型, 从使服务机构利润最大化的角度来考虑: 如果系统中已有 $K$ 个顾客, 则后来的顾客不能再进入该系统, 即 $P_K$ 为被拒绝的概率, $(1-P_K)$ 为能接受服务的概率. 在平稳状态下, 单位时间内到达并能够进入排队系统的平均顾客数为 $\lambda(1-P_K)$, 也等于单位时间内实际服务完的平均顾客数.

设每服务一名顾客服务机构能收入 $r$ 元. 于是, 单位时间收入的期望值为 $\lambda(1-P_K)r$ 元, 纯利润 $z$ 为

$$z=\lambda(1-P_K)r-c_s\mu=\lambda r\frac{1-\rho^K}{1-\rho^{K+1}}-c_s\mu=\lambda\mu r\frac{\mu^K-\lambda^K}{\mu^{K+1}-\lambda^{K+1}}-c_s\mu.$$

求 $\dfrac{\mathrm{d}z}{\mathrm{d}\mu}$ 并令 $\dfrac{\mathrm{d}z}{\mathrm{d}\mu}=0$, 可得如下方程:

$$\rho^{K+1}\frac{K-(K+1)\rho+\rho^{K+1}}{(1-\rho^{K+1})^2}=\frac{c_s}{r}. \tag{10.34}$$

最优解 $\mu^*$ 应满足 (10.34). (10.34) 中 $c_s, r, \lambda, K$ 都是给定的, 但要由此解出 $\mu^*$ 是很困难的. 通常是通过数值计算来求 $\mu^*$ 的, 或将 (10.34) 左方 (对一定的 $K$) 作为 $\rho$ 的函数作出图形, 对于给定的 $\frac{c_s}{r}$, 根据图形可求出 $\frac{\mu^*}{\lambda}$.

**例 10.12** 对某服务台进行实测, 得到数据如表 10.3 所示. 平均服务时间为 10 分钟, 服务一个顾客的收益为 2 元, 服务机构运行单位时间成本为 1 元, 问服务率为多少时可使单位时间平均总收益最大?

**解** 首先通过实测数据估计顾客的到达率 $\lambda$. 因该系统为 M/M/1/3 系统, 故有 $\dfrac{P_n}{P_{n-1}}=\rho$. 因此, 可用下式来估计 $\rho$, 即

表 10.3 某服务系统中实测的顾客数据

| 系统中的顾客数 ($n$) | 0 | 1 | 2 | 3 |
|---|---|---|---|---|
| 记录到的次数 ($m_n$) | 161 | 97 | 53 | 34 |

$$\hat{\rho}=\frac{1}{3}\sum_{n=1}^{3}\frac{m_n}{m_{n-1}}=\frac{1}{3}(0.60+0.55+0.64)=0.60.$$

由 $\mu=6$ 人/小时, 可得 $\lambda$ 的估计值为 $\hat{\lambda}=\hat{\rho}\mu=0.6\times 6=3.6$ 人/小时. 为求最优服务率, 根据 (10.34), 取 $K=3, \frac{c_s}{r}=\frac{1}{2}=0.5$, 可求得 $\rho^*=1.21$. 故

$$\mu^*=\frac{\hat{\lambda}}{\rho^*}=\frac{3.6}{1.21}=3\ (\text{人/小时}).$$

下面进行收益分析. 当 $\mu=6$ 人/小时时, 总收益为

$$z=2\times 3.6\times\frac{1-0.6^3}{1-0.6^4}-1\times 6=0.485\ (\text{元/小时}).$$

当 $\mu=3$ 人/小时时, 总收益为

$$z=2\times 3.6\times\frac{1-1.21^3}{1-1.21^4}-1\times 6=1.858\ (\text{元/小时}).$$

单位时间内平均收益可增加 1.858 − 0.485=1.373 (元/小时).

**例 10.13** 考虑一个 M/M/1/$K$ 系统, 具有 $\lambda=10$ 人/小时, $\mu=30$ 人/小时, $K=2$. 管理者想改进服务机构, 方案有两个: 方案 A 是增加一个等待空间, 即使 $K=3$; 方案 B 是提高服务率到 $\mu=40$ 人/小时. 设每服务一个顾客的平均收入不变, 问哪个方案将获得更大的收入? 当 $\lambda$ 增加到 30人/小时时, 又将得到什么结果?

**解** 对方案 A, 单位时间内实际进入系统的顾客的平均数为

$$\lambda_A=\lambda(1-P_3)=\lambda\left(\frac{1-\rho^3}{1-\rho^4}\right)=10\times\frac{1-\left(\frac{1}{3}\right)^3}{1-\left(\frac{1}{3}\right)^4}=9.75\ (\text{人/小时}).$$

对方案 B, 当 $\mu=40$ 人/小时的时候, 单位时间内实际进入该系统的顾客平均数为

$$\lambda_B=\lambda(1-P_2)=\lambda\left(\frac{1-\rho^2}{1-\rho^3}\right)=10\times\frac{1-\left(\frac{1}{4}\right)^2}{1-\left(\frac{1}{4}\right)^3}=9.52\ (\text{人/小时}).$$

因此, 采取扩大等待空间将获得更多的利润.

当 $\lambda$ 增加到 30 人/小时时, 从有关公式中关于 $\rho=1$ 的结果, 有

$$\lambda_A=30\times\frac{3}{3+1}=22.5\ (\text{人/小时}),$$

$$\lambda_B=30\times\frac{1-\left(\frac{3}{4}\right)^2}{1-\left(\frac{3}{4}\right)^3}=22.7\ (\text{人/小时}).$$

此时, 采取提高服务率到 $\mu=40$ 人/小时将会得到更多的收益.

### 10.6.2 M/M/$s$ 模型

下面仅讨论 M/M/$s$/$\infty$ 模型, 已知在平稳状态下单位时间内总费用 (服务费用与等待费用之和) 的期望值为

$$z=c_s'\cdot s+c_w\cdot L, \tag{10.35}$$

其中, $s$ 是服务台数; $c'_s$ 是每个服务台单位时间内的总费用; $c_w$ 为每个顾客在系统停留单位时间的费用; $L$ 是系统中的顾客平均数 (也可将 $L$ 换成系统中等待的顾客平均数 $L_q$).

显然, 它们都随 $s$ 值的不同而不同. 因为 $c'_s$ 和 $c_w$ 都是给定的, 唯一可能变动的是服务台数 $s$, 所以 $z$ 是 $s$ 的函数 $z(s)$, 现在是求最优解 $s^*$ 使 $z(s^*)$ 为最小.

因为 $s$ 只能取整数值, 所以 $z(s)$ 不是连续变量的函数. 采用边际分析法, 根据 $z(s^*)$ 是最小的特点, 有

$$z(s^*) \leqslant z(s^*-1), \quad z(s^*) \leqslant z(s^*+1).$$

将 (10.35) 中 $z$ 代入, 得

$$\begin{cases} c'_s s^* + c_w L(s^*) \leqslant c'_s(s^*-1) + c_w L(s^*-1), \\ c'_s s^* + c_w L(s^*) \leqslant c'_s(s^*+1) + c_w L(s^*+1). \end{cases} \tag{10.36}$$

化简后, 得

$$L(s^*) - L(s^*+1) \leqslant \frac{c'_s}{c_w} \leqslant L(s^*-1) - L(s^*).$$

依次求 $s = 1, 2, 3, \cdots$ 时 $L$ 的值, 并做两相邻的 $L$ 值之差, 因 $\frac{c'_s}{c_w}$ 是已知数, 根据这个数落在哪个不等式的区间里就可定出 $s^*$.

**例 10.14** 某检验中心为各工厂服务, 要求做检验的工厂 (顾客) 的到来服从 Poisson 流, 到达率 $\lambda$ 为每天 48 次, 每次来检验由于停工等因素损失为 6 元. 服务 (做检验) 时间服从负指数分布, 服务率 $\mu$ 为每天 25 次, 每设置 1 个检验员服务成本 (工资及设备损耗) 为每天 4 元. 其他条件适合标准 M/M/$s$ 的模型, 问应设几个检验员 (及设备) 才能使总费用的期望值为最小?

**解** 因为, $c'_s = 4$ 元/每检验员, $c_w = 6$ 元/次, $\lambda = 48, \mu = 25, \frac{\lambda}{\mu} = 1.92$. 设检验员数为 $s$, 令 $s$ 依次为 1, 2, 3, 4, 5, 根据表 10.4 求出 $L$, 并代入 (10.36) 得表 10.5.

因为 $\frac{c'_s}{c_w} = 0.67$ 落在区间 $0.612 \sim 18.930$ 内, 所以 $s^* = 3$, 即以设 3 个检验员使总费用为最小, 直接代入也可验证 $z(s^*) = z(3) = 28.09$ 元为最小.

从上面的费用模型可以看出, 正确地估算费用的参数往往很困难, 但往往可以利用系统的进行特征确定某个参数的最优值, 这就是愿望模型.

**例 10.15 (愿望模型)** 某医院为了解决看病难问题, 想增添 B 超设备, 现已统计出平均每 6 分钟就有 1 人做 B 超检查, 每人平均做 20 分钟. 若假定患者到达的时间间隔和检查时间均服从负指数分布, 管理人员要求合理确定 B 超台数, 使得系统满足两个目标:

表 10.4 某检验中心期望总费用最少计算过程 1

| $s$ | 1 | 2 | 3 | 4 | 5 |
|---|---|---|---|---|---|
| $\dfrac{\lambda}{s\mu}$ | 1.92 | 0.96 | 0.64 | 0.48 | 0.38 |
| 查表 $w_q \cdot \mu$ | — | 10.2550 | 0.3961 | 0.0772 | 0.0170 |
| $L = \dfrac{\lambda}{\mu}(w_q \cdot \mu + 1)$ | — | 21.610 | 2.681 | 2.068 | 1.932 |

表 10.5 某检验中心期望总费用最少计算过程 2

| 检验员数 $s$ | 来检验顾客数 $L(s)$ | $L(s)-L(s+1) \sim L(s-1)-L(s)$ | 总费用 (每天) $z(s)$ |
|---|---|---|---|
| 1 | $\infty$ | | $\infty$ |
| 2 | 21.610 | $18.930 \sim \infty$ | 137.66 |
| 3 | 2.681 | $0.612 \sim 18.930$ | 28.09* |
| 4 | 2.068 | $0.136 \sim 0.612$ | 28.41 |
| 5 | 1.932 | | 31.59 |

(1) 每台设备空闲率不大于 40%.

(2) 每位患者平均等待检查的时间不超过 5 分钟.

试确定最佳 B 超设备台数 $s$.

**解** 依题意, 有 $\lambda = \dfrac{60}{6} = 10$ (人/小时), $\mu = \dfrac{60}{20} = 3$ (人/小时), $\rho = \dfrac{10}{3s}$.

满足第一个目标的条件是: $1 - \dfrac{10}{3s} \leqslant 0.4$, $\dfrac{10}{3s} < 1$. 可解出 $4 \leqslant s \leqslant 5$.

满足第二个目标的条件是: $W_q \leqslant \dfrac{5}{60} = 0.0833$ (小时). 当 $s = 4$ 时, 求出 $W_q = 0.3288$ (小时); 当 $s = 5$ 时, 求出 $W_q = 0.06533$ (小时).

所以, 同时满足两个目标的条件是 $s = 5$.

当然, 若不存在能同时满足两个目标的 $s$ 值, 则需要修正其中某个目标.

## 思考题

10.1 判断下列说法是否正确:

(1) 若到达排队系统的顾客为 Poisson 流, 则依次到达的两名顾客之间的间隔时间服从负指数分布.

(2) 假如到达排队系统的顾客来自两部分, 分别服从 Poisson 分布, 则这两部分顾客合起来的顾客流仍为 Poisson 分布.

(3) 若两顾客依次到达的间隔时间服从负指数分布, 又将顾客按到达的先后排序, 则第 $1, 3, 5, 7, \cdots$ 名顾客到达的间隔时间也服从负指数分布.

(4) 对 M/M/1 或 M/M/$s$ 的排队系统, 服务完毕离开系统的顾客流为 Poisson 流.

(5) 在排队系统中, 一般假定对顾客服务时间的分布为负指数分布, 这是因为通过对大量实际系统的统计研究, 这样的假定比较合理.

(6) 一个排队系统中, 不管顾客到达和服务时间的情况如何, 只要运行足够长的时间后, 系统将进入稳定状态.

(7) 排队系统中, 顾客等待时间的分布不受排队服务规则的影响.

(8) 在顾客到达及机构服务时间的分布相同的情况下, 对容量有限的排队系统, 顾客的平均等待时间将少于允许队长无限的系统.

(9) 在顾客到达分布相同的情况下, 顾客平均等待时间同服务时间分布的方差大小有关, 当服务时间分布的方差越大时, 顾客的平均等待时间将越长.

(10) 在机器发生故障的概率及工人修复一台机器的时间分布不变的条件下, 由 1 名工人看管 5 台机器, 或由 3 名工人联合看管 15 台机器时, 机器因故障等待工人维修的平均时间不变.

10.2 来到一个加油站加油的汽车服从 Poisson 分布, 平均每 5 分钟到达 1 辆, 设加油站对每辆汽车的加油时间为 10 分钟, 问在这段时间内发生以下情况的概率: (1) 没有一辆汽车到达. (2) 有两辆汽车到达. (3) 不少于 5 辆汽车到达.

10.3 某服务系统, 假设相继顾客到达间隔时间服从均值为 1 的负指数分布. 现在有一名顾客正好中午 12:00 到达. 试求下一顾客在下午 1:00 以前到达的概率; 在下午 1:00 到 2:00 到达的概率; 在下午 2:00 以后到达的概率.

10.4 某混凝土搅拌站只有一台混凝土搅拌机, 购买混凝土料车的到来服从 Poisson 分布, 平均每小时到达 5 辆. 搅拌时间服从负指数分布, 平均每 6 分钟搅拌一车. 假设停车场地不受限制. 求:

(1) 前来购买混凝土的车辆需要等待的概率是多少.

(2) 场地上购买混凝土的车辆平均数是多少.

(3) 场地上等待装车的车数超过 2 辆的概率是多少.

(4) 在这个系统中购买一车混凝土所需的平均逗留时间是多少.

10.5 某加油站只有一台加油设备, 其汽车的到达率为 60 台/小时, 由于加油站面积小且较拥挤, 到达的汽车中平均每 4 台中有 1 台不能进入站内而离去. 这种情况下排队等待加油的汽车队列 (不计正在加油的) 为 3.5 台, 求进入该加油站汽车等待加油的平均时间.

10.6 一个有 2 名服务员的排队系统, 该系统最多容纳 4 名顾客. 当顾客处于稳定状态时, 系统中恰好有 $n$ 名顾客的概率为 $P_0=\dfrac{1}{16}$, $P_1=\dfrac{4}{16}$, $P_2=\dfrac{6}{16}$, $P_3=\dfrac{4}{16}$, $P_4=\dfrac{1}{16}$. 试求:

(1) 系统中的平均顾客数 $L$.

(2) 系统中平均排队的顾客数 $L_q$.

(3) 某一时刻正在被服务的顾客的平均数.

(4) 若顾客的平均到达率为 2 人/小时, 求顾客在系统中的平均逗留时间 $W$.

(5) 若 2 名服务员具有相同的服务效率, 利用 (4) 的结果求服务员为 1 名顾客服务的平均时间 $(\frac{1}{\mu})$.

10.7 某加油站有一台油泵. 来加油的汽车按 Poisson 分布到达, 平均每小时 20 辆, 但当加油站已有 $n$ 辆汽车时, 新来的汽车中将有部分不愿意等待而离去, 离去的概率为 $\frac{n}{4}$ $(n = 0, 1, 2, 3, 4)$, 油泵给一辆汽车加油所需要的时间为均值为 3 分钟的负指数分布.

(1) 画出此排队系统的速率图.

(2) 导出其平衡方程式.

(3) 求出加油站中汽车数的稳态概率分布.

(4) 求出那些在加油站的汽车的平均逗留时间.

10.8 某排队系统, 顾客按参数为 $\lambda$ 的 Poisson 分布到达. 当系统中只有一名顾客时, 由一名服务员为其服务, 服务率为 $\mu$; 当系统中有两名以上的顾客时, 增加一名助手, 并由服务员和助手一起共同对每名顾客依次服务, 其服务率为 $m$ $(m > \mu)$. 上述情况下, 服务时间均服从负指数分布. 该系统中顾客源无限, 等待空间无限, 服务规则为 FCFS, 试求:

(1) 系统中无顾客的概率.

(2) 服务员及助手的平均忙期.

(3) 当 $\lambda = 15, \mu = 20$ 和 $m = 30$ 时, 求 (1) 和 (2) 的数值解.

10.9 某街道口有一电话亭, 在步行距离为 4 分钟的拐弯处有另一电话亭. 已知每次电话的平均通话时间为 $\frac{1}{\mu} = 3$ 分钟的负指数分布, 又已知到达这两个电话亭的顾客均为 $\lambda = 10$ 人/小时的 Poisson 分布. 假如有名顾客去其中一个电话亭打电话, 到达时正有人通话, 并且还有一人在等待, 问该顾客应在原地等待, 还是转去另一电话亭打电话.

10.10 两个各有一名理发员的理发店, 且每个店内都只能容纳 4 名顾客. 两个理发店具有相同顾客到达率, $\lambda = 10$ 人/小时, 服从 Poisson 分布. 当店内顾客满员时, 新来的顾客自动离去. 已知第一个理发店内, 对顾客服务时间平均每人 15 分钟, 收费 11 元, 第二个理发店内, 对顾客服务时间平均每人 10 分钟, 收费 7.5 元, 以上时间服从负指数分布. 若两个理发店每天均营业 12 小时, 问哪个理发店内的理发员收入更高一些?

10.11 一个车间内有 10 台相同的机器, 每台机器运行时能创造 4 元/小时, 且平均损坏 1 次/小时. 而一个修理工修复一台机器平均需 4 小时. 以上时间均服从负指数分布. 设一名修理工工资为 6 元/小时, 试求:

(1) 该车间应设多少名修理工, 可使总费用为最小?

(2) 若要求不能运转的机器的期望数小于 4 台, 则应设多少名修理工?

(3) 若要求损坏机器等待修理的时间少于 4 小时, 又应设多少名修理工?

10.12 汽车按 Poisson 分布到达一个汽车服务部门, 平均为 5 辆/小时. 洗车部门只有一套洗车设备, 试分别计算在下列服务时间分布的情况下系统的 $L$, $L_q$, $W$, $W_q$ 的值.

(1) 洗车时间为常数, 每辆需 10 分钟.

(2) 负指数分布, $\frac{1}{\mu}=10$ 分钟.

(3) $t$ 为 $5\sim 15$ 分钟的均匀分布.

(4) 正态分布, $\mu=9$ 分钟, $\mathrm{Var}(t)=4^2$.

(5) 离散的概率分布 $P(t-5)=\frac{1}{4}, P(t=10)=\frac{1}{2}, P(t=15)=\frac{1}{4}$.

10.13 到达某门诊部的患者按 $\lambda=3$ 人/小时的 Poisson 分布到达, 医生诊治的时间服从 $\mu=4$ 人/小时的指数分布. 在这些患者中, $\frac{1}{3}$ 的患者属急诊患者, $\frac{2}{3}$ 的患者属一般患者. 同诊别的患者按到达的先后顺序诊治, 急诊的患者相对于一般患者要优先得到治疗. 当该门诊部分别有一名医生及两名医生出诊时, 试分别计算两类患者的平均逗留时间.

10.14 某仓库存储的一种商品, 每天到货量与出货量分别服从 Poisson 分布, 其平均值为 $\lambda$ 和 $\mu$, 因此该系统可近似看成 M/M/1/$\infty$ 排队系统. 若该仓库存储费为每天每件 $h$ 元, 一旦发生缺货时, 其损失为每天每件 $p$ 元, 已知 $p>h$, 要求:

(1) 推导每天总费用的公式.

(2) 使总期望费用为最小的 $\rho=\frac{\lambda}{\mu}$ 值.

10.15 某公司打字室平均每天接到 22 份要求打字文件, 服从 Poisson 分布, 一个打字员完成一个打字文件平均需时 20 分钟, 服从负指数分布. 为减轻打字员负担, 有两个方案: 一是增加一名打字员, 每天费用为 40 元, 其工作效率同原打字员; 二是购一台自动打字机, 以提高打字效率, 已知有三种类型打字机, 其费用及提高打字的效率见表 10.6. 据公司估测, 每个文件若晚发出 1 小时将损失 0.80 元. 设打字员每天工作 8 小时, 试确定该公司应采用的方案.

表 10.6 三种打字机费用及提高打字效率表

| 型号 | 每天费用/元 | 打字员效率提高程度/% |
|---|---|---|
| 1 | 37 | 50 |
| 2 | 39 | 75 |
| 3 | 43 | 150 |

# 第 11 章

# 模拟

模拟通过反映系统本质的数学模型, 运用数字计算机对过程或系统的运行进行模仿, 从而定量地获得系统的性状指标, 为决策服务. 广义地讲, 模拟也可以通过其他手段如物理模型、模拟计算机等实现. 本章仅介绍基本的随机模拟, 其他如模糊模拟与粗糙模拟, 以及模拟结果的统计分析等内容可参见文献 [1, 48].

## 11.1 模拟概述

首先给出模拟的分类, 模拟的分类取决于分类的标准.

按模拟模型中变量的形式来分类, 可分为确定型模拟和随机型模拟. 在进行随机型模拟时需要模拟一个随机过程 (stochastic process).

按实际系统行为的动态形式来分类, 可分为连续型模拟和离散型模拟. 连续系统和离散系统并不是绝对的. 如工厂生产系统是离散系统, 但当产品数量很多时, 可以作为连续系统来处理; 而对连续系统的研究, 又往往采用离散的方法, 即只在一些离散的采样点上进行研究.

离散系统的模拟又可分为离散时间系统 (discrete-time system) 模拟和离散事件系统 (discrete-event system) 模拟. 前者是每隔一定时间区间取一个分析系统的数据点; 后者是将发生事件的瞬间作为分析事件的数据点. 经济管理中的库存管理、机器维修、生产线、交通运输等都属随机型的离散事件系统.

此外, 按模拟实施手段来分类, 模拟可分为人工模拟和计算机模拟.

用计算机模拟对问题求解的工作步骤可以用图 11.1 来表示, 参见文献 [46].

(1) 对问题的内容、结构和范围表达清楚, 明确模拟的目标和要求, 确定模拟系统的环境, 说明各种有关的影响因素, 以及现有的数据情况. 这里需要决策者和模拟分析者反复地相互讨论和商量确定.

(2) 对系统进行层次结构分析, 确定具体的系统边界、实体、发生、活动或过程、子系统, 以及它们之间的相互关系. 设计出目标函数、可控变量、模拟参

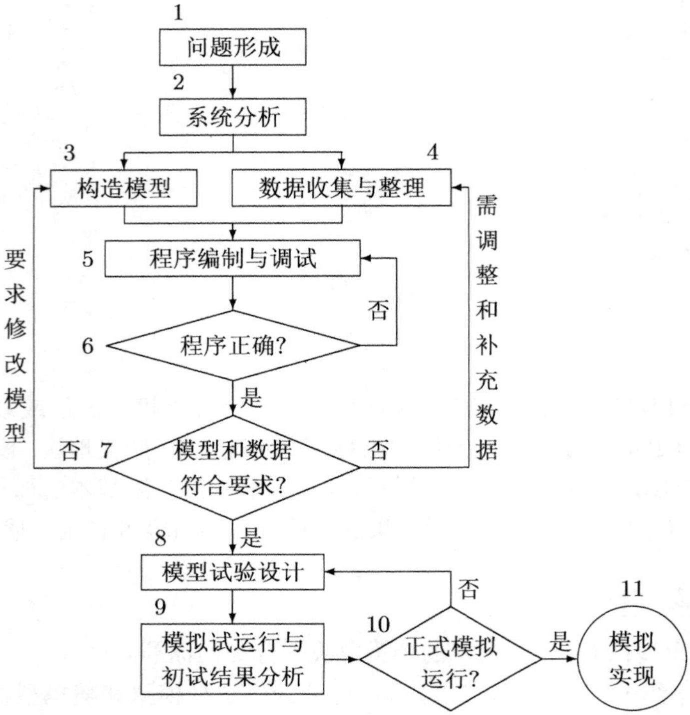


图 11.1 计算机模拟的工作步骤

数和输入/输出格式等.

(3) 根据分析结果设计系统的因果关系循环图. 选择合适的建模方法. 最后确定算法和模型的逻辑框图.

(4) 在建模型的同时, 根据模型的要求, 对现有的数据进行加工处理和数据结构的设计. 确定统计分布和参数, 进行有关的统计检验, 选择合适的抽样方法等.

(5) 根据模型的逻辑框图和有关算法, 编制模拟程序, 除了通用的算法语言可以使用, 如 MATLAB/Simulink 等, 也有若干专用的计算机模拟语言, 如 FlexSim、ProModel 等.

(6) 对程序进行反复的调试工作, 排除其中的语法和逻辑错误. 检查程序是否全面和确切地描述了模型的逻辑关系与动态进程的要求, 这里主要是靠经验、常识和合作来完成.

(7) 按照流程图的逻辑关系和数据结构的设计, 再参考和对照程序调试的结果, 检查模型是否正确, 数据是否合乎要求, 若有问题, 则分别进行修改.

在实际问题中, 步骤 (3) ~ (7) 是一个反复和大量的修改调试过程.

(8) 确定不同的模拟试验方案, 主要是对输入变量和模拟参数进行变化. 如改变决策变量或参数、策略变量、初始条件、运行次数、活动规则和控制变量等, 使得不同的模拟试验方案可以进行比较和评价.

(9) 为了检验模拟设计方案的正确性, 往往使用少量的已知数据进行初步的试运行模拟. 通过试运行的输出结果分析, 判断模拟试验设计的正确性, 以及采用的模拟技巧是否合适.

(10) 依据步骤 (9) 的结果, 确定是否可以用正式数据进行模拟, 若可以, 转入图 11.1 中第 11 步的模拟实现.

基于上面的方法, 就可以很好地理解 11.4.2 节中排队系统的随机模拟. 尽管在那里未涉及这些细节, 但是仍可想像计算机对排队系统是如何进行模拟的. 而对于例 11.2 来说, WinQSB 已能较好地进行模拟.

## 11.2 模拟方法

在计算机模拟技术中, 产生于 20 世纪 40 年代的蒙特卡洛法 (Monte Carlo method) 是一种应用广泛的系统模拟技术, 也称为统计模拟法 (statistical simulation method) 或随机采样技术 (stochastic sampling techniques) 等.

Monte Carlo 模拟的最大优点是收敛速度和问题维数无关, 适应性强. 不仅适用于处理随机性问题, 如存储问题、排队问题、质量检验问题、市场营销问题、社会救急系统问题、生态竞争问题和传染病扩散问题等; 也可处理确定性问题, 如解整数规划 (特别是非线性整数规划) 等.

Monte Carlo 模拟的原理与程序结构比较简单, 其基本原理是: 利用各种不同分布随机变量的抽样序列模拟实际系统的概率统计模拟模型, 给出问题数值解的渐近统计估计值.

Monte Carlo 模拟的基本要点如下:

(1) 对问题建立简单而又便于实现的概率统计模型, 使要求的解恰好是所建模型的概率分布或其数学期望.

(2) 根据概率统计模型的特点和实际计算的需要, 改进模型, 以便减小模拟结果的方差, 降低费用, 提高效率.

(3) 建立随机变量的抽样方法, 其中包括产生伪随机数及各种分布随机变量抽样序列的方法.

(4) 给出问题的解的统计估计值及其方差或标准差.

下面仅介绍模拟方法中的随机数生成和随机事件的模拟, 相应的模拟实例可参见文献 [35].

### 11.2.1 随机数生成方法

一组来自 $[0,1]$ 上均匀分布的独立样本 $x_1, x_2, \cdots$ 称作随机数. 它们是构造服从其他分布的随机数的基础. 随机数可以由计算机附加的硬件来生成, 但是它不具有再现性. 现在通用的方法是由计算机按一定的算法生成从统计上看满足独立性及均匀性的一串数字, 这样的数称作伪随机数, 或简称为随机数. 用算法生成一串随机数, 至少应满足: 算法容易执行, 生成速度快; 产生的数字序列能通过独立性及均匀性统计检验. 目前常用的方法是线性同余法. 由于绝大多数计算机语言中都有产生随机数的程序, 并且通常都已经过大量的统计检验, 可以用它们来构造服从其他分布的随机数.

许多系统中的输入变量是随机的, 如排队系统中常假定顾客的到达是独立同分布的随机变量. 因此, 在系统模型中需要产生大量服从某个分布的随机数. 在下面的叙述中, 为了方便起见, 把 $(0,1)$ 上均匀随机数简称为随机数.

1. 反变换法

基于如下定理, 由随机数可以容易地获得服从某个分布的随机数.

**定理 11.1** 设 $u$ 是 $(0,1)$ 上均匀随机数, $F$ 是任意的连续分布函数. 令

$$F^{-1}(u)=\inf\{x|F(x)>u\} \quad (0<u<1),$$

则随机数 $x$ 有分布函数 $F$.

由此, 要产生服从分布 $F(x)$ 的随机数就只需要产生随机数 $u$, 然后由 $F^{-1}(u)$ 求得. 从原则上讲, 反变换法可以求得服从任何连续分布的随机数. 然而有些情况下反函数无显式, 或者计算很复杂, 此时需要采用其他方法.

2. 舍选法

设 $f, g$ 是两个密度函数, 且满足对 $\forall x$, 有

$$f(x) \leqslant cg(x), \tag{11.1}$$

其中, $c>1$ 是常数, 选取时应尽量小.

若能生成服从 $g(x)$ 的随机数, 则如下步骤可以产生服从 $f(x)$ 的随机数.

(1) 独立地产生一个均匀随机数 $u$ 和服从 $g(x)$ 的随机数 $y$;

(2) 若 $u \leqslant \dfrac{f(y)}{cg(y)}$, 则置 $x=y$; 否则, 转步骤 (1). 此时 $x$ 即为所需随机数.

### 11.2.2 随机数生成实例

对于大多数常用分布, 采用直接产生法更为方便. 这里对此给出一些常用概率分布的随机数产生方法 (图 11.2), 参见文献 [1].

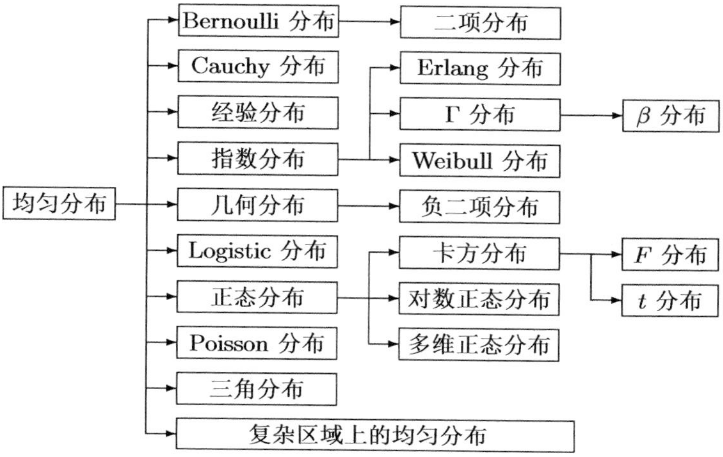


图 11.2 随机数生成树

1. 均匀分布 $\mathcal{U}(a,b)$

设随机变量 $x$ 服从 $[0,1]$ 上的均匀分布, 其概率密度函数为

$$f(x)=\begin{cases}\dfrac{1}{b-a} & (a\leqslant x\leqslant b),\\ 0 & (\text{其他}),\end{cases}$$

其中, $a$ 和 $b$ 是给定实数, 且 $a<b$.

均匀分布的随机数是产生其他分布的随机数的基础. 实际上, 均匀分布是通过一串称为随机数的确定序列产生的. 这个确定序列被看作随机数序列的原因在于经此序列所产生的数具有独立性和均匀性.

下面介绍一种常见的产生随机数的方法, 称为同余法. 令

$$x_{i+1}=ax_i+c(\bmod m)\quad(i=1,2,\cdots,n-1), \tag{11.2}$$

其中, $a$ 为正整数, 称为乘子; $c$ 为非负整数, 称为增量; $x_1$ 称为种子, $0\leqslant x_1<m$; $m$ 称为模数, 同时也是伪随机数序列的长度.

这样, 对任何一个初始值 $x_1$, 可由 (11.2) 产生一个序列 $\{x_1,\ x_2,\cdots,\ x_n\}$. 则通过

$$u_i=\frac{x_i}{m-1}\quad(i=1,2,\cdots,n),$$

就可产生区间 $[0,1]$ 上的均匀分布的随机数. 等价地, $[a,b]$ 上的均匀分布的随机

数可以由下式产生:

$$u_i = a + \frac{x_i}{m-1}(b-a) \quad (i = 1, 2, \cdots, n).$$

可以看出, 通过同余法产生的伪随机数序列完全由参数 $x_1$, $a$, $c$ 和 $m$ 确定. 为了得到较满意的统计结果, 应谨慎选取这些参数, 建议取 $a = 2^7 + 1$, $c = 1$, $m = 2^{35}$.

**算法 11.1 (均匀分布)**

步 1: $u =$ Math.random( ).

步 2: 返回 $a + u(b-a)$.

2. Bernoulli 分布 $\mathcal{BE}(p)$

设随机变量 $x$ 服从参数为 $p$ $(0 < p < 1)$ 的 Bernoulli 分布, 其概率密度函数为

$$f(x) = \begin{cases} p & (x = 1), \\ 1-p & (x = 0). \end{cases}$$

**算法 11.2 (Bernoulli 分布)**

步 1: 产生服从 $\mathcal{U}(0,1)$ 的随机数 $u$.

步 2: 若 $\mu \leqslant p$, 则 $x = 1$; 否则 $x = 0$.

步 3: 返回 $x$.

3. 二项分布 $\mathcal{BN}(n, p)$

一个随机变量 $x$ 服从二项分布, 则其概率密度函数为

$$f(x) = \frac{n!}{(n-x)!x!} p^x (1-p)^{n-x} \quad (x = 0, 1, 2, \cdots, n),$$

其中, $n$ 为正整数; $p$ 为 0 和 1 之间的数. 二项分布描述了在 $n$ 次独立试验中事件成功的次数, 其中每次试验成功的概率为 $p$.

**算法 11.3 (二项分布)**

步 1: 产生服从 $\mathcal{BE}(p)$ 的随机数 $y_1, y_2, \cdots, y_n$.

步 2: 返回 $y_1 + y_2 + \cdots + y_n$.

4. Cauchy 分布 $\mathcal{C}(\alpha, \beta)$

设随机变量 $x$ 服从 Cauchy 分布, 其概率密度函数为

$$f(x) = \frac{\beta}{\pi[\beta^2 + (x-\alpha)^2]} \quad (-\infty < x < \infty),$$

其中, $\alpha$ 为任意实值; $\beta > 0$.

**算法 11.4 (Cauchy 分布)**

步 1: 产生服从 $\mathcal{U}(0,1)$ 的随机数 $u$.

步 2: 返回 $\alpha-\dfrac{\beta}{\tan(\pi u)}$.

5. 经验分布

设 $a_1,a_2,\cdots,a_n$ 是 $n$ 个观测样本, 且 $a_1\leqslant a_2\leqslant\cdots\leqslant a_n$, 则经验分布函数可表示为

$$F(x)=\begin{cases}0 & (x<a_1),\\ \dfrac{i-1}{n-1}+\dfrac{x-a_i}{(n-1)(a_{i+1}-a_i)} & (a_i\leqslant x\leqslant a_{i+1},1\leqslant i\leqslant n-1),\\ 1 & (a_n\leqslant x).\end{cases}$$

**算法 11.5 (经验分布)**

步 1: 产生服从 $\mathcal{U}(0,1)$ 的随机数 $u$.

步 2: 取 $m$ 为 $(n-1)u+1$ 的整数部分.

步 3: 返回 $a_m+[(n-1)u-m+1](a_{m+1}-a_m)$.

6. 指数分布 $\mathcal{EXP}(\beta)$

设随机变量 $x$ 服从参数 $\beta(\beta>0)$ 的指数分布, 其概率密度函数为

$$f(x)=\begin{cases}\dfrac{1}{\beta}\mathrm{e}^{-\frac{x}{\beta}} & (0\leqslant x<\infty),\\ 0 & (\text{其他}).\end{cases}$$

**算法 11.6 (指数分布)**

步 1: 产生服从 $\mathcal{U}(0,1)$ 的随机数 $u$.

步 2: 返回 $-\beta\ln(u)$.

7. Erlang 分布 $\mathcal{ER}(k,\beta)$

若随机变量 $x$ 是 $k$ 个服从参数为 $\beta/k$ 的指数分布的随机变量之和, 则随机变量 $x$ 为服从自由度是 $k$、均值是 $\beta$ 的 Erlang 分布.

**算法 11.7 (Erlang 分布)**

步 1: 产生服从 $\mathcal{EXP}(\beta/k)$ 的随机数 $y_1,y_2,\cdots,y_k$.

步 2: 返回 $y_1+y_2+\cdots+y_k$.

8. $\Gamma$ 分布 $\mathcal{G}(\alpha,\beta)$

设随机变量 $x$ 服从 $\Gamma$ 分布, 其概率密度函数为

$$f(x)=\begin{cases}\dfrac{x^{\alpha-1}\mathrm{e}^{-\frac{x}{\beta}}}{\beta^{\alpha}\Gamma(\alpha)} & (0\leqslant x<\infty,\alpha>0,\beta>0),\\ 0 & (\text{其他}),\end{cases}$$

其中, $\alpha, \beta > 0$. 均值、方差分别为 $\alpha\beta$ 和 $\alpha\beta^2$. 注意到 $\mathcal{G}(\alpha, \beta)$ 分布与 $\mathcal{EXP}(\beta)$ 分布是等价的. 当 $\alpha$ 是整数时, 可按下列方法来产生随机数.

**算法 11.8 ($\boldsymbol{\Gamma}$ 分布)**

步 1: $x = 0$.

步 2: 产生服从 $\mathcal{EXP}(1)$ 的随机数 $v$.

步 3: $x \leftarrow x + v$.

步 4: $\alpha \leftarrow \alpha - 1$.

步 5: 重复步 2 至步 4, 直到 $\alpha = 1$.

步 6: 返回 $\beta x$.

9. $\beta$ 分布 $\mathcal{B}(\alpha, \beta)$

设随机变量 $x$ 服从 $\beta$ 分布, 其概率密度函数为

$$f(x) = \frac{\Gamma(\alpha+\beta)}{\Gamma(\alpha)\Gamma(\beta)} x^{\alpha-1}(1-x)^{\beta-1} \quad (0 \leqslant x \leqslant 1),$$

其中, $\alpha, \beta > 0$. 当 $\alpha$ 和 $\beta$ 是整数时, 按以下的方法产生随机数.

**算法 11.9 ($\boldsymbol{\beta}$ 分布)**

步 1: 产生服从 $\mathcal{G}(\alpha, 1)$ 的随机数 $y_1$.

步 2: 产生服从 $\mathcal{G}(\beta, 1)$ 的随机数 $y_2$.

步 3: 返回 $\dfrac{y_1}{y_1 + y_2}$.

10. Weibull 分布 $\mathcal{W}(\alpha, \beta)$

假设随机变量 $x$ 服从 Weibull 分布 (其比指数分布更具有一般性, 且经常被应用到统计可靠性理论中), 其概率密度函数为

$$f(x) = \begin{cases} \dfrac{\alpha}{\beta^\alpha} x^{\alpha-1} \mathrm{e}^{-(\frac{x}{\beta})^\alpha} & (0 \leqslant x < \infty), \\ 0 & (\text{其他}), \end{cases}$$

其中, $\alpha, \beta > 0$.

**算法 11.10 (Weibull 分布)**

步 1: 产生服从 $\mathcal{EXP}(1)$ 的随机数 $v$.

步 2: 返回 $\beta v^{\frac{1}{\alpha}}$.

11. 几何分布 $\mathcal{GE}(p)$

设随机变量 $x$ 服从参数为 $p$ 的几何分布 $(0 < p < 1)$, 其概率密度函数为

$$f(x) = \begin{cases} p(1-p)^x & (x = 0, 1, 2, \cdots), \\ 0 & (\text{其他}). \end{cases}$$

**算法 11.11 (几何分布)**

步 1: 产生服从 $\mathcal{U}(0,1)$ 的随机数 $r$.

步 2: 返回 $\dfrac{\ln r}{\ln(1-p)}$ 的整数部分.

12. 负二项分布 $\mathcal{NB}(k,p)$

若随机变量 $x$ 是 $r$ 个独立的服从参数为 $p$ 几何分布的随机变量之和, 则随机变量 $x$ 服从参数为 $r$ 和 $p$ 的负二项分布 $(r=1, 2, \cdots; 0<p<1)$.

**算法 11.12 (负二项分布)**

步 1: 产生服从 $\mathcal{GE}(p)$ 的随机数 $y_i$, $i=1,2,\cdots,k$.

步 2: 返回 $y_1+y_2+\cdots+y_k$.

13. Logistic 分布 $\mathcal{L}(a,b)$

设随机变量 $x$ 服从 Logistic 分布, 其概率密度函数为

$$f(x)=\frac{\exp\left[-\dfrac{(x-a)}{b}\right]}{b\left\{1+\exp\left[-\dfrac{(x-a)}{b}\right]\right\}^2},$$

其均值、方差和众数分别为 $a$, $\dfrac{(b\pi)^2}{3}$ 和 $a$.

**算法 11.13 (Logistic 分布)**

步 1: 产生服从 $\mathcal{U}(0,1)$ 的随机数 $u$.

步 2: 返回 $a-b\ln\left(\dfrac{1}{u}-1\right)$.

14. 正态分布 $\mathcal{N}(\mu,\sigma^2)$

设随机变量 $x$ 服从正态分布, 其概率密度函数为

$$f(x)=\frac{1}{\sigma\sqrt{2\pi}}\exp\left[-\frac{(x-\mu)^2}{2\sigma^2}\right] \qquad (-\infty<x<\infty),$$

其中, $\mu$ 为均值; $\sigma^2$ 为方差.

**算法 11.14 (正态分布)**

步 1: 产生服从 $\mathcal{U}(0,1)$ 的随机数 $\mu_1$ 和 $\mu_2$.

步 2: $y=[-2\ln(\mu_1)]^{\frac{1}{2}}\sin(2\pi\mu_2)$.

步 3: 返回 $\mu+\sigma y$.

15. 卡方分布 $\mathcal{X}^2(k)$

设随机变量 $z_1,z_2,\cdots,z_k$ 服从标准正态分布 $\mathcal{N}(0,1)$, 称随机变量 $y=\sum\limits_{i=1}^{k}z_i^2$

服从自由度为 $k$ 的卡方分布, 其概率密度函数为

$$f(x)=\frac{x^{\frac{k}{2}-1}\exp\left(-\frac{x}{2}\right)}{\Gamma\left(\frac{k}{2}\right)2^{\frac{k}{2}}} \qquad (x \geqslant 0),$$

其均值与方差为 $k$ 和 $2k$.

**算法 11.15 (卡方分布)**

步 1: 产生服从 $\mathcal{N}(0,1)$ 的随机数 $z_i$, $i=1,2,\cdots,k$.

步 2: 返回 $z_1^2+z_2^2+\cdots+z_k^2$.

16. $F$ 分布 $\mathcal{F}(k_1,k_2)$

设随机变量 $y_1$ 服从卡方分布 $\mathcal{X}^2(k_1)$, $y_2$ 服从卡方分布 $\mathcal{X}^2(k_2)$, 则称随机变量 $x=\dfrac{y_1/k_1}{y_2/k_2}$ 服从 $F$ 分布, $k_1$ 和 $k_2$ 为自由度.

**算法 11.16 ($\boldsymbol{F}$ 分布)**

步 1: 产生服从 $\mathcal{X}^2(k_1)$ 的随机数 $y_1$.

步 2: 产生服从 $\mathcal{X}^2(k_1)$ 的随机数 $y_2$.

步 3: 返回 $\dfrac{y_1/k_1}{y_2/k_2}$.

17. $t$ 分布 $\mathcal{S}(k)$

设随机变量 $z$ 服从标准正态分布 $\mathcal{N}(0,1)$, $y$ 服从卡方分布 $\mathcal{X}^2(k)$, 则称随机变量 $x=\dfrac{z}{\sqrt{y/k}}$ 为服从自由度为 $k$ 的 $t$ 分布.

**算法 11.17 ($\boldsymbol{t}$ 分布)**

步 1: 产生服从 $\mathcal{N}(0,1)$ 的随机数 $z$.

步 2: 产生服从 $\mathcal{X}^2(k)$ 的随机数 $y$.

步 3: 返回 $\dfrac{z}{\sqrt{y/k}}$.

18. 对数正态分布 $\mathcal{LOGN}(\mu,\sigma^2)$

设随机变量 $x$ 服从正态分布 $\mathcal{N}(\mu,\sigma^2)$, 则称 $y=\mathrm{e}^x$ 服从对数正态分布, 其概率密度函数为

$$f(y)=\begin{cases}\dfrac{1}{\sqrt{2\pi}\sigma y}\exp\left[-\dfrac{(\ln y-\mu)^2}{2\sigma^2}\right] & (0\leqslant y<\infty),\\ 0 & (\text{其他}),\end{cases}$$

其均值和方差分别为 $\exp\left(\mu+\frac{\sigma^2}{2}\right)$ 和 $[\exp(\sigma^2)-1]\exp\left(2\mu+\sigma^2\right)$.

**算法 11.18 (对数正态分布)**

步 1: 产生服从 $\mathcal{N}(\mu,\sigma^2)$ 的随机数 $x$.

步 2: 返回 $\exp[x]$.

19. 多维正态分布 $\mathcal{N}(\boldsymbol{\mu}, \boldsymbol{\sigma})$

设 $n$ 维随机变量 $\boldsymbol{x}$ 服从多维正态分布, 其概率密度函数为

$$f(\boldsymbol{x}) = \frac{1}{(2\pi)^{\frac{n}{2}}|\sum|^{\frac{1}{2}}} \exp\left[-\frac{1}{2}(\boldsymbol{x}-\boldsymbol{\mu})'\sum^{-1}(\boldsymbol{x}-\boldsymbol{\mu})\right],$$

其中, $\sum$ 表示一个正定对称的实矩阵, 且其逆存在, 是正定的.

**算法 11.19 (多维正态分布)**

步 1: 生成上三角矩阵 $\boldsymbol{U}$, 使得 $\sum = \boldsymbol{U}\boldsymbol{U}^{\mathrm{T}}$.

步 2: 产生服从 $\mathcal{N}(0,1)$ 的随机数 $\mu_1, \mu_2, \cdots, \mu_n$.

步 3: $x_k = \mu_k + \sum\limits_{i=1}^{k} c_{ki}\mu_i$, 其中, $k = 1, 2, \cdots, n$.

步 4: 返回 $(x_1, x_2, \cdots, x_n)$.

20. 三角分布 $\mathcal{T}(a, b, m)$

设随机变量 $x$ 服从三角分布, 其概率密度函数为

$$f(x) = \begin{cases} \dfrac{2(x-a)}{(b-a)(m-a)} & (a < x \leqslant m), \\ \dfrac{2(b-x)}{(b-a)(b-m)} & (m < x \leqslant b), \\ 0 & (\text{其他}), \end{cases}$$

其中, $a < m < b$.

**算法 11.20 (三角分布)**

步 1: $c = \dfrac{m-a}{b-a}$.

步 2: 产生服从 $\mathcal{U}(0,1)$ 的随机数 $u$.

步 3: 返回 $a + (b-a)y$.

21. Poisson 分布 $\mathcal{P}(\lambda)$

设随机变量 $x$ 服从均值为 $\lambda(\lambda > 0)$ 的 Poisson 分布, 其概率密度函数为

$$f(x) = \begin{cases} \dfrac{\lambda^x \mathrm{e}^{-\lambda}}{x!} & (x = 0, 1, 2, \cdots), \\ 0 & (\text{其他}), \end{cases}$$

其均值和方差均为 $\lambda$.

**算法 11.21 (Poisson 分布)**

步 1: $x = 0$.

步 2: $b = 1$.

步 3: 产生服从 $\mathcal{U}(0,1)$ 的随机数 $u$.

步 4: $b \leftarrow bu$.

步 5: $x \leftarrow x+1$.

步 6: 重复步 3 至步 5, 直到 $b < \mathrm{e}^{-\lambda}$.

步 7: 返回 $x-1$.

22. 复杂区域上的均匀分布

下面给出在空间 $\Re^n$ 的一个复杂区域 $S$ 中产生服从均匀分布的随机数 (实际上是随机数构成的向量) 的方法. 首先, 确定一个包含 $S$ 的简单区域 $X$, 如 $n$ 维超几何体:

$$X=\{(x_1,x_2,\cdots,x_n)\in\Re^n|a_i\leqslant x_i\leqslant b_i,i=1,2,\cdots,n\}.$$

在超几何体中, 随机数比较容易产生. 事实上, 只要 $x_i$ 是服从 $[a_i,b_i]$ ($i=1$, $2,\cdots,n$) 上的均匀分布的随机数, $(x_1,x_2,\cdots,x_n)$ 就是服从超几何体 $X$ 上的均匀分布的随机数. 所生成的随机数向量接受与否依赖于其是否在区域 $S$ 内.

**算法 11.22 (多维均匀分布)**

步 1: 给定一包含 $S$ 的超几何体 $X$.

步 2: 分别产生服从 $\mathcal{U}(a_i,b_i)$ 的随机数 $x_i$, $i=1,2,\cdots,n$.

步 3: 置 $\boldsymbol{x}=(x_1,x_2,\cdots,x_n)$.

步 4: 重复步 2 和 步 3, 直到 $\boldsymbol{x}\in S$.

步 5: 返回 $\boldsymbol{x}$.

### 11.2.3 随机事件的模拟

设 $\boldsymbol{\xi}$ 为定义在概率空间 $(\Omega,\mathcal{A},\Pr)$ 上的 $n$ 维随机向量, $f:\Re^n\to\Re$ 为一可测函数, 则 $f(\boldsymbol{\xi})$ 为随机变量. 下面分别模拟计算随机事件的期望值、概率值和临界值, 相应的函数为

$$U_1:\boldsymbol{x}\to E[f(\boldsymbol{x},\boldsymbol{\xi})],$$

$$U_2:\boldsymbol{x}\to \Pr\{f(\boldsymbol{\xi})\leqslant 0\},$$

$$U_3:\boldsymbol{x}\to \max\{\overline{f}|\Pr\{f(\boldsymbol{x},\boldsymbol{\xi})\geqslant\overline{f}\}\geqslant\alpha\}.$$

为计算期望值函数 $U_1(\boldsymbol{x})$, 首先根据概率测度 Pr, 从样本空间 $\Omega$ 中产生样本 $\omega_k$, 记 $\xi_k=\boldsymbol{\xi}(\omega_k)$, $k=1,2,\cdots,N$. 这等价于根据概率分布 $\Phi$ 产生随机向量的观测值 $\xi_k$, $k=1,2,\cdots,N$.

由大数定律, 当 $N\to\infty$ 时, 有

$$\frac{1}{N}\sum_{k=1}^{N}f(\xi_k)\to U_1(\boldsymbol{x}),\quad \text{a.s.},$$

因此, 只要 $N$ 充分大, 可用下面的算法来估计 $E[f(\boldsymbol{\xi})]$.

**算法 11.23 (期望值随机模拟)**

步 1: 置 $L=0$.

步 2: 根据概率测度 Pr, 从 $\Omega$ 中产生样本 $\omega$.

步 3: $L \leftarrow L+f(\boldsymbol{\xi}(\omega))$.

步 4: 重复步 2 和 步 3 共 $N$ 次.

步 5: $U_1(\boldsymbol{x})=\dfrac{L}{N}$.

为计算概率函数 $U_2(\boldsymbol{x})$, 令 $N'$ 表示满足 $f(\boldsymbol{\xi})\leqslant 0$ 的实验次数, $k=1,2,\cdots,N$. 定义

$$h(\xi_k)=\begin{cases}1 & (f(\boldsymbol{\xi})\leqslant 0),\\ 0 & (\text{其他}),\end{cases}$$

由强大数定律, 当 $N\to\infty$ 时, 有

$$\frac{N'}{N}=\frac{1}{N}\sum_{k=1}^{N}h(\xi_k),$$

几乎处处收敛 (a.s.) 到 $L$. 因此, 当 $N$ 充分大时, 可用下面的算法估计概率值 $L$.

**算法 11.24 (概率值随机模拟)**

步 1: 置 $N'=0$.

步 2: 根据概率测度 Pr, 从 $\Omega$ 中产生样本 $\omega$.

步 3: 若 $f(\boldsymbol{\xi})\leqslant 0$, 则 $N'$++.

步 4: 重复步 2 和 步 3 共 $N$ 次.

步 5: $U_2(\boldsymbol{x})=\dfrac{N'}{N}$.

为计算临界值函数 $U_3(\boldsymbol{x})$, 定义

$$h(\xi_k)=\begin{cases}1 & (f(\boldsymbol{\xi})\leqslant \overline{f}),\\ 0 & (\text{其他})\end{cases}\qquad (k=1,2,\cdots,N).$$

根据强大数定律, 当 $N\to\infty$ 时, 有

$$\frac{1}{N}\sum_{k=1}^{N}h(\xi_k)\to\alpha=E[h(\xi_k)],\quad \text{a.s.}$$

注意到有限和 $\sum\limits_{k=1}^{N}h(\xi_k)$ 正是使得 $f(\boldsymbol{\xi})\geqslant\overline{f}$ 成立的 $\xi_k$ 的个数. 因此, $\overline{f}$ 应该处于序列 $\{f(\xi_1), f(\xi_2),\cdots, f(\xi_N)\}$ 中的第 $N'$ 个最大的元素位置, 其中 $N'=\lfloor\alpha N\rfloor$.

**算法 11.25 (乐观值随机模拟)**

步 1: 置 $N' = \lfloor \alpha N \rfloor$.

步 2: 根据概率测度 Pr, 从 $\Omega$ 中产生样本 $\omega_1, \omega_2, \cdots, \omega_N$.

步 3: 返回 $\{f(\xi(\omega_1)), f(\xi(\omega_2)), \cdots, f(\xi(\omega_N))\}$ 中的第 $N'$ 个最大的元素.

## 11.3 数据处理

计算机模拟输出结果的正确性, 直接关系到决策的好坏. 因此, 对输出结果进行统计分析是计算机模拟的一个重要内容. 详细的讨论参见文献 [1, 46], 这里仅给出一些对模拟结果进行统计分析时的注意要点.

1. 独立性

对于模型模拟结果 (或称响应值) 的抽样, 当观测值为独立同分布时, 其估值问题比较简单, 可以应用中心极限定理估计其置信区间. 在实际问题中, 响应变量的观测值并非总是相互独立的. 在单一响应变量的抽样中, 观测值之间可能存在着自相关, 例如, 在排队问题中, 第 $n$ 个顾客的等候时间依赖于他前面排队的人数和对他们的服务时间. 此时, 应当设法消除这种自相关现象. 一般采取如下办法:

(1) 简单地重复运行. 对相同的模拟重复地运行 $n$ 次, 但是每一次使用的随机数列不一样. 这样, 可以保证各次运行之间是相互独立的. 响应变量的估值是 $n$ 次重复运行均值的总平均值, 总方差是 $n$ 次运行方差的均值.

(2) 对输出结果进行分批. 对于单一的长时间的模拟运行, 分成若干个段. 每一段中可包括同样数目的观测值. 再用其总平均值作为响应变量的估值. 但是各段之间仍可能存在着自相关, 当模拟运行足够长时, 可以在两段之间舍弃一些数据, 即在两段之间有一个空白间隔期, 这样可以减小其自相关性.

(3) 再生法. 对于某些模拟, 可以使用再生法. 即在模拟运行过程中, 将条件相同的系统状态作为一个再生点. 例如, 在排队问题中, 出现无人排队状态就可以作为一个再生点, 这种再生点在模拟运行过程中会不断地重复出现, 两个相邻再生点之间的间隔时间为一个间隔期, 各个间隔期之间认为是相互独立的, 不同间隔期中的观测值也认为是相互独立的. 此时, 可以应用中心极限定理来确定置信区间.

2. 稳定状态

对响应变量的采样, 希望是在系统模拟进入稳定状态中进行. 稳定状态是指当时的模拟状态或系统行为独立于初始条件, 并且其中所包含的随机因素已由一个确定的概率函数所正常支配. 达到稳定状态的办法有如下几种:

(1) 采用试运行期. 由于初始状态会使模拟出现非稳定状态, 达到稳定状态的一种办法是在模拟运行中增加一个试运行期. 在试运行期中, 系统的状态认为是不稳定的, 对其输出结果不使用. 当试运行期结束时, 即认为系统处于稳态状态时, 再对响应变量进行数据的收集.

(2) 设计一个合理的或典型的初始状态. 若系统存在一种简单的系统状态, 可以用此作为初始状态. 例如, 市内公共汽车运营系统, 可以用早晨刚开始发车时的系统状态作为初始状态, 此时, 车站无乘客, 汽车都处于待发车状态. 还有一种办法是使用以前试运行期结束时系统状态变量的观测值, 加以修正, 以此作为初始状态, 但是这要求以过去的类似模型或简化模型为依据.

3. 试验设计

输入变量对响应变量的影响是在不同的水平上实现的. 输入变量, 如决策变量、系统构成和统计分布参数等, 被视为因子, 因子的每一个可能值称为因子的一个水平. 所有因子在给定水平上的一个组合, 称为一个水平组合. 模拟试验设计与一般统计学中的试验设计不同, 它对于系统本身的性能可以做到安全控制, 即对于试验的过程本身可以构造一个模型. 不可预测性只是来自随机抽样方面, 在此意义下, 模拟试验设计比统计学中的试验设计困难要小一些.

因子分为定性和定量两种, 如排队系统中的服务规则是定性因子. 定量因子可以用数值表示, 如服务台数等. 有的因子可以控制, 如决策变量和策略变量等 (决定服务台个数); 有的因子无法控制, 如顾客到达率等. 然而在模拟试验中与一般统计学中的试验设计不同, 对不可控因素可以在模拟试验中加以控制. 假若模拟的目的是要了解策略变量与非策略变量之间的相互影响, 如想知道在不同的订货限额水平 (策略变量) 上, 需求速率 (非策略变量) 的变化对于总费用 (响应变量) 的影响效果, 就可以通过选择不同的订货限额值, 以及使用不同的需求分布参数值来控制. 若只考虑一个因子对响应变量的影响, 称为单因子随机试验设计, 这是最简单也是最常用的情况. 当考虑两个以上因素对响应变量的影响时, 称为多因子因素设计, 对此, 为了在设计开始时排除一些不必要的因子, 发展了部分析因设计方法, 它可以使模拟运行次数大大减少.

## 11.4 系统模拟

系统模拟 (system simulation) 指以某种工具和手段 (主要是电子计算机及其软件) 模仿系统的工作过程和运行状态, 也称为系统仿真. 基本方法是运用统计试验, 研究系统的假想模型, 以获得系统有关的动态特性. 它既是分析问题、求解复杂问题的方法, 也是一种试验手段.

许多实际系统的结构和性能是很复杂的, 以至这些系统的数学模型不总是可以用数学解析方法求解的. 此时, 系统模拟是唯一可行的方法. 通过模拟研究改进设计方案, 可获得系统设计的最佳结果. 系统模拟不但用于解决任何不能用数学解析方法解决的复杂系统的设计和计算问题，还可用于理论研究工作，如对理论研究结果的验证等. 系统模拟也是改进正在运行的系统的好方法. 改变模拟数据和分析模拟的结果，有助于了解系统中各变量的作用和相互影响的程度，从而找出改进系统的方法和依据.

限于篇幅，这里仅介绍最为简单的库存系统模拟与排队系统模拟.

### 11.4.1 库存系统模拟

库存系统模拟主要是在需求量和订货提前期随机变化的情况下，模拟出不同的库存管理策略 (再订货点不同和订货批量不同) 下全年总利润比较和全年不同订货策略下的服务水平比较，并给出最优的库存策略与库存服务水平.

**例 11.1** 某企业为降低库存成本，拟建立主要原材料的经济批量和安全库存制度. 根据过去材料消耗情况，可以得知主要原材料在 100 周内每周的需用量 (表 11.1) 及到货时间统计表 (表 11.2).

表 11.1 主要原材料每周需用量统计表

| 需用量 | 0 | 1 | 2 | 3 | 4 | 5 | 6 |
|---|---|---|---|---|---|---|---|
| 次数 | 2 | 8 | 22 | 34 | 18 | 9 | 7 |
| 累积概率/% | 2 | 10 | 32 | 66 | 84 | 93 | 100 |
| 随机数 | 00 ~ 01 | 02 ~ 09 | 10 ~ 31 | 32 ~ 65 | 66 ~ 83 | 84 ~ 92 | 93 ~ 99 |

表 11.2 主要原材料到货时间统计表

| 到货时间 | 1 | 2 | 3 | 4 | 5 |
|---|---|---|---|---|---|
| 次数 | 23 | 45 | 17 | 9 | 6 |
| 累积概率/% | 23 | 68 | 85 | 94 | 100 |
| 随机数 | 00 ~ 22 | 23 ~ 67 | 68 ~ 84 | 35 ~ 93 | 94 ~ 99 |

**解** 随机模拟法首先要求能按经验的概率分布规律出现. 为此，可利用随机数表. 表 11.3 就是一个 2 位数的随机数表的一部分. 随机数表中随机数的分布具有较好的随机性和均匀性，在取用随机数时要按照随机化原则确定随机数的起点. 随机数的起点确定后，可以从左到右或由上到下连续使用，或按一定间隔使用.

成本部门核算该种原材料每周占用成本为 10 元/件，每批订购置费 25 元，缺货损失为 100 元/件. 初步确定存储量不足 13 件时就要订货，订货批量每次 16 件. 用随机数模拟 14 周的使用、到货、存储量及成本 (表 11.4)，其中随机数表由表 11.3 左对齐横向选用.

表 11.4 是按时间顺序进行模拟的，首先从初期存货 20 件开始. 查随机数表得知: 第一周需用 3 件 (表 11.4 查到随机数 33 相当于需用 3 件)，到第一周末存

表 11.3 2 位数随机数表

| 序号 | 周次 | | | | | | | | | | | | | | | |
|---|---|---|---|---|---|---|---|---|---|---|---|---|---|---|---|---|
| | 1 | 2 | 3 | 4 | 5 | 6 | 7 | 8 | 9 | 10 | 11 | 12 | 13 | 14 | 15 | 16 |
| 1 | 33 | 50 | 13 | 82 | 59 | 30 | 24 | 02 | 15 | 38 | 12 | 85 | 92 | 79 | 59 | 11 |
| 2 | 52 | 85 | 79 | 86 | 72 | 20 | 12 | 21 | 99 | 58 | 04 | 36 | 01 | 40 | 11 | 82 |
| 3 | 87 | 56 | 96 | 44 | 29 | 80 | 56 | 96 | 86 | 80 | 33 | 43 | 88 | 92 | 96 | 05 |
| 4 | 13 | 18 | 61 | 47 | 60 | 29 | 03 | 23 | 67 | 61 | 62 | 13 | 68 | 59 | 77 | 73 |

表 11.4 使用、到货、存储量及成本表

| 周 | 需要数量/件 | | 到货情况/周 | | 存货数量/件 | | 占用成本/元 | 定购成本/元 | 缺货损失/元 | 总计成本/元 |
|---|---|---|---|---|---|---|---|---|---|---|
| | 随机数 | 需要量 | 随机数 | 到货时间 | 到货量 | 余额 | | | | |
| 0 | | | | | | 20 | | | | |
| 1 | 33 | 3 | | | | 17 | 170 | | | 170 |
| 2 | 50 | 3 | | | | 14 | 140 | | | 140 |
| 3 | 13 | 2 | | | | 12 | 120 | | | |
| | | | 82 | 3 | | | | 25 | | 145 |
| 4 | 59 | 3 | | | | 9 | 90 | | | 90 |
| 5 | 30 | 2 | | | | 7 | 70 | | | 70 |
| 6 | 24 | 2 | | | 16 | 21 | 210 | | | 210 |
| 7 | 02 | 1 | | | | 20 | 200 | | | 200 |
| 8 | 15 | 2 | | | | 18 | 180 | | | 180 |
| 9 | 38 | 3 | | | | 15 | 150 | | | 150 |
| 10 | 12 | 2 | | | | 13 | 130 | | | |
| | | | 85 | 4 | | | | 25 | | 155 |
| 11 | 92 | 5 | | | | 8 | 80 | | | 80 |
| 12 | 79 | 4 | | | | 4 | 40 | | | 60 |
| 13 | 59 | 3 | | | | 1 | 10 | | | 10 |
| 14 | 11 | 2 | | | 16 | 15 | 150 | | | 150 |

储数量减至 17 件, 占用成本 $17 \times 10 = 170$ (元). 第二周也需用 3 件 (随机数 50 表示需用 3 件), 第三周随机数为 13, 需用量为 2 件, 第三周末存量减到 12 件. 原设定 13 件为再订货点, 现已低于 13 件故应订货补充. 依次类推可得表 11.4.

由表 11.4 可以看出, 需求量是随机变化的, 需求量大时, 存储量在单位时间内下降得较快; 需求量较小时, 存储量在单位时间内下降得较慢. 总共进行了两次进货, 第一周期的订货 3 周内到达, 存储量未降到零时, 订货到达, 不发生缺货; 第二周期 4 周后到达, 也是存储量未降到零时, 订货到达, 但面临缺货的危险.

表 11.4 是再订货点为 13 件, 批量为 16 件, 初始存货点为 20 件的情况, 最后得出的平均成本为 $(170+140+145+\cdots+150)/14=130$. 若取不同的再订货点、订货量以及初始库存, 可以得到另外的表格, 由此可取其中总成本最低作为控制的依据. 但真正要计算出库存成本最低时的再订货点、订货批量及初始库存, 至少需要进行几百次甚至上千次的模拟, LINGO 等软件可以在很短的时间内完成.

### 11.4.2 排队系统模拟

当排队系统的到达间隔时间和服务时间的概率分布很复杂时, 或不能用公式给出时, 那么就不能用解析法求解, 这就需要用随机模拟法求解.

**例 11.2** 设某仓库前有一卸货场, 货车一般是夜间到达, 白天卸货, 每天只能卸货 3 车, 若一天内到达数超过 3 车, 那么就推迟到次日卸货, 根据表 11.5 所示的经验, 货车到达数的概率分布 (相对频率) 平均为 2.4 车/天, 求每天推迟卸货的平均车数.

表 11.5 货车到达的相对频率表

| 到达车数 | 0 | 1 | 2 | 3 | 4 | 5 | $\geqslant 6$ |
|---|---|---|---|---|---|---|---|
| 概率 | 0.05 | 0.30 | 0.30 | 0.10 | 0.05 | 0.20 | 0.00 |

**解** 这是单服务台的排队系统, 可验证到达车数不服从 Poisson 分布, 服务时间也不服从负指数分布 (这是定长服务时间), 不能用以前的方法求解.

随机模拟法首先要求能按经验的概率分布规律出现. 为此, 可利用随机数表. 表 11.6 就是一个 2 位数的随机数表的一部分.

表 11.6 2 位数的部分随机数表

| 到达车数 | 概率 | 累积概率 | 对应随机数 | 到达车数 | 概率 | 累积概率 | 对应随机数 |
|---|---|---|---|---|---|---|---|
| 0 | 0.05 | 0.05 | 00 ~ 04 | 3 | 0.10 | 0.75 | 65 ~ 74 |
| 1 | 0.30 | 0.35 | 05 ~ 34 | 4 | 0.05 | 0.80 | 75 ~ 79 |
| 2 | 0.30 | 0.65 | 35 ~ 64 | 5 | 0.20 | 1.00 | 80 ~ 99 |

在进行模拟求解时, 先按到达车数的概率分别来分配随机数, 见表 11.6, 然后开始模拟, 结果见表 11.7. 前 3 天作为模拟预备期, 日期记为 $x$. 然后依次是第 1 天, 第 2 天, $\cdots$, 第 30 天. 如第 1 天的随机数是 66, 由表 11.6 可知, 到达的车数应为 3; 第 2 天得到的随机数是 96, 到达的车数应为 5; 等等. 如此, 直到第 30 天. 将每天的随机数和应到达的车数记入表 11.7 的第 2 列和第 3 列, 然后

计算出第 4 ~ 第 6 列的值. 计算公式如下:

当天到达的车数(3) + 前一天推迟卸货车数 (6) = 当天需要卸货车数 (5);

$$卸货车数\ (5) = \begin{cases} 需要卸货数\ (4) & (需要卸货车数 \leqslant 3), \\ 3 & (需要卸货车数 > 3). \end{cases}$$

分析结果时, 不考虑前 3 天的预备阶段的数据, 是为了使模拟从一个稳定过程中任意点开始, 否则, 如果认为开始时没有积压就失去随机性. 表 11.7 中给出 30 天的模拟情况, 在 21 天里没有发生由推迟卸货而造成的积压, 平均到达车数为 2.27, 比期望值略低, 平均每天有 0.67 车推迟卸货. 当然, 模拟时间越长, 结果会越准确. 这种方法适用于对不同方案可能产生的结果进行比较, 并可以利用计算机进行模拟, 模拟方法只能得到数字结果, 不能得出解的解析表达式.

表 11.7 排队过程的模拟

| 日期 | 随机数 | 到达车数 | 需要卸货车数 | 卸货车数 | 迟卸车数 | 日期 | 随机数 | 到达车数 | 需要卸货车数 | 卸货车数 | 迟卸车数 |
|---|---|---|---|---|---|---|---|---|---|---|---|
| $x$ | 97 | 5 | 5 | 3 | 2 | 15 | 44 | 2 | 2 | 2 | 0 |
| $x$ | 02 | 0 | 2 | 2 | 0 | 16 | 93 | 5 | 5 | 3 | 2 |
| $x$ | 80 | 5 | 5 | 3 | 2 | 17 | 20 | 1 | 3 | 3 | 0 |
| 1 | 66 | 3 | 5 | 3 | 2 | 18 | 86 | 5 | 5 | 3 | 2 |
| 2 | 96 | 5 | 7 | 3 | 4 | 19 | 12 | 1 | 3 | 3 | 0 |
| 3 | 55 | 2 | 6 | 3 | 3 | 20 | 42 | 2 | 2 | 2 | 0 |
| 4 | 50 | 2 | 5 | 3 | 2 | 21 | 29 | 1 | 1 | 1 | 0 |
| 5 | 29 | 1 | 3 | 3 | 0 | 22 | 36 | 2 | 2 | 2 | 0 |
| 6 | 58 | 2 | 2 | 2 | 0 | 23 | 01 | 0 | 0 | 0 | 0 |
| 7 | 51 | 2 | 2 | 2 | 0 | 24 | 41 | 2 | 2 | 2 | 0 |
| 8 | 04 | 0 | 0 | 0 | 0 | 25 | 54 | 2 | 2 | 2 | 0 |
| 9 | 86 | 5 | 5 | 3 | 2 | 26 | 68 | 3 | 3 | 3 | 0 |
| 10 | 24 | 1 | 3 | 3 | 0 | 27 | 21 | 1 | 1 | 1 | 0 |
| 11 | 39 | 2 | 2 | 2 | 0 | 28 | 53 | 2 | 2 | 2 | 0 |
| 12 | 47 | 2 | 2 | 2 | 0 | 29 | 91 | 5 | 5 | 3 | 2 |
| 13 | 60 | 2 | 2 | 2 | 0 | 30 | 48 | 2 | 4 | 3 | 1 |
| 14 | 65 | 3 | 3 | 3 | 0 | | | | | | |

最后需要说明, 有关排队论模型的软件实现, 特别是 M/M/$s$ 类的排队模型, 可在 LINGO 或 WinQSB 软件中找到相应的工具.

## 思考题

11.1 某水果商店一天接待的顾客数、每个顾客购买的水果数均不确定, 并且由于季节和新鲜程度及品种等差别, 每千克水果的单价也不确定, 具体数字如表 11.8 所示. 试用模拟的方法确定该商店平均每天的营业额.

表 11.8 某水果商店销售情况

| 每天接待的顾客数 | 比例 | 每个顾客的购买数/千克 | 比例 | 每千克水果的单价/元 | 比例 |
|---|---|---|---|---|---|
| 40 | 0.18 | 1.00 | 0.16 | 1.20 | 0.14 |
| 50 | 0.10 | 1.25 | 0.23 | 1.50 | 0.17 |
| 60 | 0.29 | 1.50 | 0.35 | 0.80 | 0.38 |
| 70 | 0.22 | 1.75 | 0.10 | 0.60 | 0.09 |
| 80 | 0.16 | 2.00 | 0.09 | 0.70 | 0.22 |
| 90 | 0.05 | 2.50 | 0.07 | | |

11.2 某仓库的最大库存量为 11 个单位, 订货周期为 5 天, 每天需求的单位数是一个随机变量, 见表 11.9. 另外, 仓库的订货一般很难随叫随到, 通常必须有提前时间 (即从订货到货物到达), 这个提前时间也是一个随机变量, 见表 11.10.

表 11.9 每天需求单位数

| 需求 | 概率 | 累积概率 | 随机数区间 |
|---|---|---|---|
| 0 | 0.10 | 0.10 | 01 ~ 10 |
| 1 | 0.25 | 0.35 | 11 ~ 35 |
| 2 | 0.35 | 0.70 | 36 ~ 70 |
| 3 | 0.21 | 0.91 | 71 ~ 91 |
| 4 | 0.09 | 1.00 | 92 ~ 00 |

表 11.10 提前时间

| 提前时间 | 概率 | 累积概率 | 随机数区间 |
|---|---|---|---|
| 1 | 0.6 | 0.6 | 1 ~ 6 |
| 2 | 0.3 | 0.9 | 7 ~ 9 |
| 3 | 0.1 | 1.0 | 0 |

设开始时库存量为 3 个单位, 并订货 8 个单位, 安排在 2 天内到达. 每个周期的第 5 天订一次货使得库存量达到 11 个单位. 问题: 在此情形下, 每天剩余库存量的平均水平约为多少? 会不会出现缺货现象?

11.3 到达某售票所买票的客流情况如表 11.11 所示. 该售票所有三个售票口, 已知每个售票口服务速度不一样, 具体数字见表 11.12. 买票顾客到达时排成一行, 哪一个售票口空闲就上那个售票口买票, 同时空闲时去编号小的窗口. 试用模拟方法确定每个顾客在售票所平均停留时间、每个顾客平均排队等待时间及售票所各窗口空闲时间占的比例.

表 11.11 售票窗口客流情况

| 到达间隔时间/分钟 | 占的百分比/% | 到达间隔时间/分钟 | 占的百分比/% |
|---|---|---|---|
| 0.4 | 8 | 0.7 | 20 |
| 0.5 | 10 | 0.8 | 10 |
| 0.6 | 52 | | |

表 11.12 各个窗口服务速度

| 售票口 I | | 售票口 II | | 售票口 III | |
|---|---|---|---|---|---|
| 售票时间/分钟 | 占的百分比/% | 售票时间/分钟 | 占的百分比/% | 售票时间/分钟 | 占的百分比/% |
| 0.8 | 18 | 1.0 | 18 | 1.2 | 15 |
| 0.9 | 22 | 1.1 | 19 | 1.3 | 22 |
| 1.0 | 33 | 1.2 | 35 | 1.4 | 36 |
| 1.1 | 27 | 1.3 | 28 | 1.5 | 27 |

# 附录 A

# 软件实现

现在已有大量软件可实现本书中的运筹学问题, 常见的有 LINDO, LINGO, SAS, CPLEX, MATLAB 与 WinQSB 等. 在学习过程中, 建议以 LINDO, LINGO, SAS, CPLEX 与 MATLAB 来实现规划论类型的运筹学问题, 以 WinQSB 来实现其他运筹学问题; 而在实际问题解决过程中, 建议以 SAS, LINGO 与 CPLEX 来实现问题的建模求解, 参见文献 [21, 35].

## A.1 LINDO

LINDO 可以用来求解线性规划问题, 以例 1.1 来加以说明.

1. 标准形式输入与求解

LINDO 软件的数据输入要求变量的线性组合形式全在不等式约束左边, 而常数在右边, 每一行只能输入一种命令或一个函数说明. 例 1.1 的输入为

```
TITLE Production mixed problem
!model title
MAX 3x1+5x2
! Max profit
ST
! Here is the constraint on time availability
x1<4
2x2<12
3x1+2x2<18
END
```

在输入中, < 等价于 $\leqslant$, st 可以是全名 subject to, 大小写均可.

若按下 Report|, 则可得此时线性规划模型的表格形式, 其为

```
THE TABLEAU
```

```
ROW (BASIS)      X1       X2   SLK 2  SLK 3  SLK 4
 1   ART      -3.000   -5.000  0.000  0.000  0.000   0.000
 2   SLK 2     1.000    0.000  1.000  0.000  0.000   4.000
 3   SLK 3     0.000    2.000  0.000  1.000  0.000  12.000
 4   SLK 4     3.000    2.000  0.000  0.000  1.000  18.000
```

可以看到这和表 1.6 中的第一个单纯形表是完全类似的.

求解时, 只需按一下快捷命令面板中第二行形如打靶形状的快捷键, 这时就会弹出一个对话窗口 —— DO RERANGE (SENSITIVITY) ANALYSIS. 若先选择 NO, 则马上可以在一个新开窗口 Reports Windows 中得到结果, 为

```
LP OPTIMUM FOUND AT STEP       2
        OBJECTIVE FUNCTION VALUE
        1)        36.00000
  VARIABLE         VALUE          REDUCED COST
        X1          2.000000          0.000000
        X2          6.000000          0.000000
       ROW   SLACK OR SURPLUS      DUAL PRICES
        2)          2.000000          0.000000
        3)          0.000000          1.500000
        4)          0.000000          1.000000
 NO. ITERATIONS=        2
```

结果表明问题迭代两次, 最优目标值为 36. 注意, 此软件方程行序号从 1 开始, 所以最优值所在行为行 1, 而不是本书所讲的行 0. 同样, 可以看到原始决策变量与松弛变量值, 以及对偶变量值完全和表 2.3 中结果相一致.

重复以上操作, 在下拉式菜单的 Report|Solution 命令中, 若对对话窗口 DO RERANGE (SENSITIVITY) ANALYSIS 的问题选择 YES, 则有

```
 VARIABLE        VALUE           REDUCED COST
       X1          2.000000        0.000000
       X2          6.000000        0.000000
      ROW   SLACK OR SURPLUS     DUAL PRICES
       2)          2.000000        0.000000
       3)          0.000000        1.500000
       4)          0.000000        1.000000
 NO. ITERATIONS=     2
 RANGES IN WHICH THE BASIS IS UNCHANGED:
                OBJ COEFFICIENT RANGES
VARIABLE    CURRENT      ALLOWABLE       ALLOWABLE
               COEF       INCREASE        DECREASE
```

```
X1    3.000000      4.500000      3.000000
X2    5.000000      INFINITY      3.000000
      RIGHTHAND SIDE RANGES
ROW     CURRENT      ALLOWABLE     ALLOWABLE
            RHS       INCREASE      DECREASE
  2    4.000000      INFINITY      2.000000
  3   12.000000      6.000000      6.000000
  4   18.000000      6.000000      6.000000
```

这时, 除能够得到同上面一样的变量结果以外, 还可以得到在最优基不变时的目标函数中的系数和右边项系数变化的范围. 这些结果与 2.5.1 节中例 2.7 和 2.5.2 节中例 2.8 最优基不变情形下所分析得到的结果一样.

当需要分析约束条件右边某一资源连续变化的影响, 即参数规划时, 只需选择 Report|Parametric, 就会弹出参数规划的对话框. 例如, 在例 1.1 选择生产线二的资源变化分析, 让其新的右边数值为 24, 按下确定后的结果为

```
RIGHTHANDSIDE PARAMETRICS REPORT FOR ROW: 3
  VAR      VAR    PIVOT    RHS        DUAL PRICE      OBJ
  OUT      IN      ROW     VAL       BEFORE PIVOT     VAL
                         12.0000        1.50000     36.0000
  X1      SLK 3     4    18.0000        1.50000     45.0000
                         24.0000     0.000000E+00   45.0000
```

由线性规划的对偶性质可知, 当需要分析目标函数中系数的参数规划时, 只需先把此问题写成对偶问题后类似分析即可.

再一次地, 若选择下拉式菜单中的 Report|Tableau, 则可得到类似于前面所陈述的单纯形法的表格形式.

```
 THE TABLEAU
  ROW   (BASIS)      X1       X2   SLK 2    SLK 3    SLK 4
  1      ART       0.000   0.000   0.000    1.500    1.000   36.0
  2      SLK 2     0.000   0.000   1.000    0.333   -0.333    2.0
  3      X2        0.000   1.000   0.000    0.500    0.000    6.0
  4      X1        1.000   0.000   0.000   -0.333    0.333    2.0
```

可以看到这和表 1.6 中最后一个单纯形表的分析是一致的.

2. 其他形式输入

LINDO 默认变量约束是非负的, 其他非标准变量在模型 end 后面要加上变量说明, 常用的有如下几种:

(1) free 变量名. 表示变量可以自由取任何数值.

(2) gin 变量名. 表示一个非负的整数值.

(3) int 变量名. 表示 0-1 变量数值.

(4) slb 变量名 数值. 表示变量的一个下界.

(5) sub 变量名 数值. 表示变量的一个上界.

## A.2 LINGO

类似 A.1 节, LINGO 中模型的输入也有以下形式:

```
MODEL:
  !Total profit for the week;
     MAX = 3 * x1 + 5 * x2;
  !The total number of productions produced is limited by the supply of times;
      x1 <= 4;
      2*x2 <=12;
      3*x1+ 2*x2 <= 18;
END
```

从上面模型可以看出, 逐个约束条件、逐个变量地建立一个大型线性规划模型容易出错. 实际的模型几乎总具有某种非常确定的结构, 从而使很多约束条件和变量都有类似式样. 这对命名模型结构重复部分自动化以及对集中从事结构研究都有好处. 矩阵生成程序就是为实现这个目的而设计的计算机程序. 用这种程序辅助建立模型的优点如下:

(1) 能够用更真实的、便于实用的形式对矩阵生成程序输入数据.

(2) 能自动列出公式的重复部分.

(3) 很少可能发生列公式的错误.

(4) 用新数据修改模型比较简便.

矩阵生成程序有时是为特定结构中使用的特种模型而设计的. 这样做是有充分理由的, 因为这种程序能够满足应用和结构两方面的要求. LINGO 就是具有此特点的软件, 下面以例 1.1 进行说明.

例 1.1 的 LINGO 模型包括目标函数、限制条件、定义集合与数据输入四部分. 其中数据是直接输入的, 数据之间的间隔是空格或 “,”. 注意: 也可以单独以文本格式输入数据, 或是 Excel 中的数据, 还可以是 ODBC 等常用数据库中的数据, 从而将数据与优化程序分离.

```
MODEL: !A 3 Product Lines 2 Product Product Mix Problem;
SETS:
   Product_lines/ PL1 PL2 PL3/: B;
   Product/ P1 P2/: X,C;
```

```
   LINKS(Product_lines, Product): A;
ENDSETS
!The objective;
MAX = @SUM(Product(J): C(J)*X(J));
!The constraints;
@FOR(Product_lines(I): @SUM(Product(J): A(I, J)*X(J))<=B(I));
!Here is the data;
DATA:
   B = 4,12,18;
   C = 3,5;
   A = 1,0,0,2,3,2;
ENDDATA
END
```

另外, LINGO 也可实现非线性规划问题. 例如:

```
MIN=x1^2+2*x2^2-2*x1*x2-2*x2;
END
```

下面的模型输入说明了如何解决有约束的非线性规划问题.

```
MIN=-2*x1-6*x2+x1^2-2*x1*x2+2*x2^2;
x1+x2<=2;
-x1+2*x2<=2;
x1>=0;
x2>=0;
END
```

实际上, LINGO 可用来解决更复杂的、规模更大的问题. 同时, 也可用来解决许多其他的模型, 如排队论与库存论等很多问题, 已有现成编制好的程序, 进一步的讨论可参见 LINGO 软件的帮助文件.

## A.3 MATLAB

软件 MATLAB 可以解大量的优化问题, 包括线性的、非线性的、无约束的和有约束的等, 进一步的讨论可参见 MATLAB 软件的帮助文件. 一般线性规划模型实现方式为

$$
\begin{aligned}
&\min_{\boldsymbol{x}} \ \boldsymbol{f}^{\mathrm{T}}\boldsymbol{x} \\
&\text{s.t.} \ \begin{cases} \boldsymbol{A}\cdot\boldsymbol{x}\leqslant\boldsymbol{b}, \\ \boldsymbol{A}_{\mathrm{eq}}\cdot\boldsymbol{x}=\boldsymbol{b}_{\mathrm{eq}}, \\ \boldsymbol{l}_{\mathrm{b}}\leqslant\boldsymbol{x}\leqslant\boldsymbol{u}_{\mathrm{b}}. \end{cases}
\end{aligned}
$$

**例 A.1** 求优化问题:

$$
\begin{aligned}
&\min\ -5x_1+4x_2+2x_3\\
&\text{s.t.}\ \begin{cases}6x_1-x_2+x_3\leqslant 8,\\ x_1+2x_2+4x_3\leqslant 10,\\ -1\leqslant x_1\leqslant 3, 0\leqslant x_2\leqslant 2, x_3\geqslant 0.\end{cases}
\end{aligned}
$$

打开 MATLAB 程序, 就直接进入主窗口中的 Command Window. 对于上面的简单问题, 可以直接在主窗口中输入求解. 一个更好的办法是在 MATLAB 中新建一个 .m 文件, 然后在主窗口中运行这个文件. 即运行 File|New|M-file 后, 新建一个文件 prodmix.m, 其内容为

```
function [x,fval]=prodmix(c,A,b,Aeq,beq);
% Function definition line
% prodmix help line 1
c=[-5,4,2];A=[6,-1,1;1,2,4];b=[8,10];
vlb=[-1,0,0];vub=[3,2];
Aeq=[ ];beq=[ ];[x,fval]=linprog(c,A,b,Aeq,beq,vlb,vub)
title('Product Mix Problem');
```

现回到主窗口, 并把 Current Directory 里面的文件夹路径改为文件 prodmix.m 所在的文件夹. 然后在主窗口中的 Command Window 中键入 [x, fval]=prodmix, 再按一下回车键就可得到求解结果为

```
Optimization terminated successfully.
x =
    1.3333
    0.0000
    0.0000
fval =
   -6.6667
```

用于求解无约束非线性规划的函数有 fminsearch 和 fminunc, 它们的用法相似. 调用 fminsearch 函数的语句为

```
x=fminsearch(fun,x0);
[x,fval]=fminsearch( )
```

调用 fminunc 函数的语句为

```
x=fminunc(fun,x0);
[x,fval,exitflag,output,grad,hessian]=fminunc( )
```

其中, fun 表示目标函数; options 表示设置优化选项参数: fval 表示返回目标函数在最优解 x 点的函数值; exitflag 表示返回算法的终止标志; output 表示返回优化算法信息的一个数据结构; grad 表示返回目标函数在最优解 x 点处的梯度; hessian 表示返回目标函数在最优解 x 点的 Hesse 矩阵值.

fminsearch 函数用于求解如下类型的问题: 已知函数 $f(\boldsymbol{x})$, 求 $\min\limits_{\boldsymbol{x}} f(\boldsymbol{x})$, 其中, $\boldsymbol{x}=(x_1,x_2,\cdots,x_n)^{\mathrm{T}}$, $f$ 返回一标量值.

**例 A.2** 求函数 $f(x)=\sin(x)+3$ 取最小值时的 $x$ 值.

求解函数 $f(x)$ 的输入的源程序为

```
function  f=myfun(x);
f=sin(x)+3; x0=2; [x,fval]=fminsearch(@myfun,x0);
```

fminunc 函数与 fminsearch 函数在求解无约束条件下多变量函数的最小值时的意义是相同的.

在 MATLAB 的优化工具箱中, 用于求解约束最优化问题的函数有 fminbnd, fmincon, quadprog, fsemcnf, fminmax. 其中, fminbnd 函数用于解决如下问题: 已知函数 $f(x)$, 求其在区间 $x_1 \leqslant x \leqslant x_2$ 内的最小值, 即 $\min\limits_{x} f(x)$, 其中, $x_1, x_2$ 均是标量, $f(x)$ 返回一个标量值.

**例 A.3** 求函数 $f(x)=(x-3)^2-1$ 在区间 (0,5) 内的最小值.

求解的 MATLAB 代码为

```
function  f=myfun(x);
f=(x-3)^2-1; [x,fval]=fminbnd(@myfun,0.5)
```

## A.4 SAS

SAS 软件属于模块化集成软件系统, 包括数据的统计分析、运筹学问题的科学计算等大量模块. 它除了大家所熟知的具有完备的数据存储、管理、分析和图形绘制功能, 还能处理大型线性、非线性规划问题, 具有很强的数据和科学计算能力. SAS 软件的核心是基于 SAS 软件和 SAS 系统内核, 其中 SAS/OR 组件包含线性规划和非线性规划的许多常用优化方法, 这些方法通过 SAS/OR 组件中的 OPTMODEL 等过程加以实现.

应用 SAS 求解优化问题的三个步骤如下:

(1) 利用 DATA 数据步建立数据集, 以便输入优化问题的目标函数和约束条件数据;

(2) 编写优化求解程序, 使用 OPTMODEL 过程;

(3) 分析 OPTMODEL 过程执行后输出的结果.

SAS 可以逐项列举出模型, 但不推荐. 类似于 LINGO, 下面给出例 1.1 的一个结构化的代码, 以便于大规模优化问题的简便实现.

```
PROC OPTMODEL;
  /* specify parameters */
  SET Product_line={1..3};
  SET Product={1..2};
  NUMBER A{Product_line,Product}=[1 0 0 2 3 2];
  NUMBER b{Product_line}=[4 12 18];
  NUMBER c{Product}=[3 5];
  /* model description */
  VAR x{Product} >= 0;
  MAX total_return = SUM{j in Product}c[j]*x[j];
  CONSTRAINT Resource{i in Product_line}:
                SUM{j in Product}A[i,j]*x[j]<=b[i];
  /* display the resulting model with all data populated */
  EXPAND;
  /* solve and output */
  SOLVE;
  PRINT x;
QUIT;
```

在上述代码中, OPTMODEL 是调用的优化程序; SET 是变量集合; NUMBER 是参数; VAR 是变量; CONSTRAINT 是约束条件; EXPAND 可选项的作用是程序调试, 以确保所产生的模型是准确的.

提交程序运行后的优化结果与 LINGO 相同. 需要特别提请注意的是, 相对于 LINGO 等优化程序, SAS 要强大得多. 基本上可以这么说, 很多优化软件都是它的一个子集, 因此值得特别推荐. 下面是一些值得推荐的使用感想:

(1) SAS 可以利用数据步将数据与优化程序分离, 从而可以将参数分类保存在不同的 Excel 中或者从其他数据文件中调用. 特别地, 可以从其他统计分析结果调用所需参数, 从而实现统计分析与优化分析的有机整合.

(2) 可以使用 SAS 的宏和其他过程, 从而使得建模功能无比强大.

(3) 由于集成调用 SAS 的优化内核, 优化能力相比其他软件要强大得多.

(4) 结果输出界面要友好很多 (特别是矩阵形式的变量). 特别地, 可以将结果在模型中直接进行编辑并可以将其输出到另外的程序中.

(5) 一个优化程序文件中可以多个优化模型并存, 也可以和其他类型的模型并存, 这一点在实现子模型迭代优化时非常有用.

除优化过程以外, SAS 还有实现其他运筹学问题的过程, 如约束规划的 CLP

过程. 例 3.7 的 SAS 实现如下:

```
PROC CLP DOM=[0,9]                  /* Define the default domain */
        OUT=out;                    /* Name the output data set  */
  VAR S E N D M O R E M O N E Y;  /* Declare the variables     */
  LINCON                            /* Linear constraints        */
                                    /* SEND + MORE = MONEY       */
    1000*S + 100*E + 10*N + D + 1000*M + 100*O + 10*R + E
    =
    10000*M + 1000*O + 100*N + 10*E + Y,
    S<>0,                           /* No leading zeros          */
    M<>0;
  ALLDIFF();     /* All variables have pairwise distinct values */
RUN;

PROC PRINT DATA=out;
RUN;
```

求解得 $S=9$, $E=5$, $N=6$, $D=7$, $M=1$, $O=0$, $R=8$, $Y=2$.

更为详细的介绍可以参见 SAS 相关用户文档.

# 附录 B 案例分析

关于运筹学问题的案例分析, 前面各章节已举了很多比较简单的例子. 这方面的更多应用可以参见文献 [49, 50], 在此书中有大量从实际管理中引申出来的案例. 这里只给出少量从实际中简化而来的案例, 参见文献 [3]. 这些案例比前面各章节中的例子要复杂得多, 详细求解需要熟练掌握和综合运用各种运筹学技术. 而这些技术在运筹学的分支理论中基本上已成为较经典的问题, 其模型化和软件化已体现在现行的 SAS, CPLEX, LINDO, LINGO, MATLAB 或 WinQSB 软件中, 可以参见软件相应的帮助系统以得到更多问题的模型实现方式. 这样, 结合软件中的各种模型, 不难综合出更为复杂的优化模型来. 特别需要指出的是, 这些经典案例已经全部收录在 SAS 文档 "SAS OR User's Guide: Mathematical Programming Examples" 之中.

**案例 B.1 (食油生产问题)** 食油厂通过精炼硬质原料油和软质原料油, 得到一种食油, 以下简称产品油. 硬质原料油来自两个产地: 产地 1 和产地 2, 而软质原料油来自另外三个产地: 产地 3, 产地 4 和产地 5. 据预测, 这 5 种原料油的价格从一至六月分别如表 B.1 所示, 产品油售价 200 元/吨.

表 B.1 原料油的价格 (单位: 元/吨)

| 月份 | 硬质 1 | 硬质 2 | 软质 3 | 软质 4 | 软质 5 |
|---|---|---|---|---|---|
| 一月 | 110 | 120 | 130 | 110 | 115 |
| 二月 | 130 | 130 | 110 | 90 | 115 |
| 三月 | 110 | 140 | 130 | 100 | 95 |
| 四月 | 120 | 110 | 120 | 120 | 125 |
| 五月 | 100 | 120 | 150 | 110 | 105 |
| 六月 | 90 | 110 | 140 | 80 | 135 |

硬质油和软质油需要由不同生产线来精炼. 硬质油生产线每月最大处理能力为 200 吨/月, 软质油生产线每月最大处理能力为 250 吨/月. 五种原料油都备有

贮罐, 每个贮罐容量均为 1000 吨, 每吨原料每月存储费用为 5 元. 而各种精制油以及产品无油罐可存储. 精炼的加工费用可略去不计, 产品销售没有任何问题.

产品油的硬度有一定的技术要求, 它取决于各种原料油的硬度以及混合比例. 产品油的硬度与各种成分的硬度以及所占比例呈线性关系. 根据技术要求, 产品油的硬度必须不小于 3.0 而不大于 6.0. 硬质 1、硬质 2、软质 3、软质 4、软质 5 等各种原料油的硬度为 8.8, 6.1, 2.0, 4.2, 5.0, 其中硬度单位是无量纲的, 并且这里假定精制过程不会影响硬度.

假设在一月初, 每种原料油有 500 吨存储而要求在六月底仍保持同样贮备.

(1) 根据表 B.1 预测的原料油价格, 编制逐月各种原料油采购量、耗用量及库存量计划, 使本年内的利润最大.

(2) 考虑原料油价格上涨对利润的影响. 据市场预测分析, 若二月硬质原料油价格比表 B.1 中的数字上涨 $\delta\%$, 则软质油在二月的价格将比表 B.1 中的数字上涨 $2\delta\%$. 相应地, 三月, 硬质原料油将上涨 $2\delta\%$, 软质原料油将上涨 $4\delta\%$, 依次类推至六月. 试分析 $\delta$ 从 1 到 20 的各情况下, 利润将如何变化?

(3) 附加以下 3 个条件后, 再求解上面的问题:

① 每一个月所用的原料油不多于三种.

② 若在某一个月用一种原料油, 那么这种油不能少于 20 吨.

③ 若在一个月中用硬质油 1 或硬质油 2, 则这个月就必须用软质油 5.

**案例 B.2 (机械产品生产计划问题)** 机械加工厂生产 7 种产品 (产品 1 到产品 7). 该厂有以下设备: 四台磨床、两台立式钻床、三台水平钻床、一台镗床和一台刨床. 每种产品的利润 (单位: 元/件, 在这里, 利润定义为销售价格与原料成本之差) 以及生产单位产品需要的各种设备的工时 (单位: 小时/件) 如表 B.2 所示, 其中短划线表示这种产品不需要相应的设备加工.

表 B.2 产品的利润和需要的设备工时

| 利润/设备 | 1 | 2 | 3 | 4 | 5 | 6 | 7 |
|---|---|---|---|---|---|---|---|
| 单位产品利润 | 10.00 | 6.00 | 3.00 | 4.00 | 1.00 | 9.00 | 3.00 |
| 磨床 | 0.50 | 0.70 | — | — | 0.30 | 0.20 | 0.50 |
| 立式钻床 | 0.10 | 2.00 | — | 0.30 | — | 0.60 | — |
| 水平钻床 | 0.20 | 6.00 | 0.80 | — | — | — | 0.60 |
| 镗床 | 0.05 | 0.03 | — | 0.07 | 0.10 | — | 0.08 |
| 刨床 | — | — | 0.01 | — | 0.05 | — | 0.05 |

从一月至六月, 每个月中需要检修设备见表 B.3 (在检修月份, 被检修设备全月不能用于生产). 每个月各种产品的市场销售量上限如表 B.4 所示.

每种产品的最大库存量为 100 件, 库存费用为每件每月 0.5 元, 在一月初, 所

表 B.3 设备检修计划

| 月份 | 计划检修设备及台数 | 月份 | 计划检修设备及台数 |
|---|---|---|---|
| 一月 | 一台磨床 | 四月 | 一台立式钻床 |
| 二月 | 二台立式钻床 | 五月 | 一台磨床和一台立式钻床 |
| 三月 | 一台镗床 | 六月 | 一台刨床和一台水平钻床 |

表 B.4 产品的市场销售量上限 (单位: 件/月)

| 月份 | 1 | 2 | 3 | 4 | 5 | 6 | 7 |
|---|---|---|---|---|---|---|---|
| 一月 | 500 | 1000 | 300 | 300 | 800 | 200 | 100 |
| 二月 | 600 | 500 | 200 | 0 | 400 | 300 | 150 |
| 三月 | 300 | 600 | 0 | 0 | 500 | 400 | 100 |
| 四月 | 200 | 300 | 400 | 500 | 200 | 0 | 100 |
| 五月 | 0 | 100 | 500 | 100 | 1000 | 300 | 0 |
| 六月 | 500 | 500 | 100 | 300 | 1100 | 500 | 60 |

有产品都没有库存; 而要求在六月底, 每种产品都有 50 件库存. 工厂每天开两班, 每班 8 小时, 为简单起见, 假定每月都工作 24 天.

生产过程中, 各种工序没有先后次序的要求.

(1) 制订六个月的生产、库存、销售计划, 使六个月的总利润最大.

(2) 在不改变以上计划的前提下, 哪几个月中哪些产品的售价可以提高以达到增加利润的目的. 价格提高的幅度是多大?

(3) 哪些设备的能力应该增加? 请列出购置新设备的优先顺序.

(4) 是否可以通过调整现有的设备检修计划来提高利润? 提出一个新的设备检修计划, 使原来计划检修的设备在这半年中都得到检修而使利润尽可能地增加.

(5) 最优设备检修计划问题: 构造一个最优设备检修计划模型, 使在这半年中各设备的检修台数满足案例中的要求而使利润为最大.

**案例 B.3 (人力资源计划问题)** 某公司需要三类人员: 不熟练工人、半熟练工人和熟练工人. 据估计, 当前以及以后三年需要的各类人员的人数见表 B.5.

表 B.5 各类人员的需求 (单位: 人)

| 时间 | 不熟练 | 半熟练 | 熟练 | 时间 | 不熟练 | 半熟练 | 熟练 |
|---|---|---|---|---|---|---|---|
| 当前拥有 | 2000 | 1500 | 1000 | 第二年 | 500 | 2000 | 1500 |
| 第一年 | 1000 | 1400 | 1000 | 第三年 | 0 | 2500 | 2000 |

为满足以上人力需要, 该公司考虑以下四种途径: ① 招聘工人 (正常招工、额外招工); ② 培训工人; ③ 辞退多余人员; ④ 用短工.

每年都有自然离职的人员. 在招聘的工人中, 第一年离职的人数特别多, 工作一年以上再离职的人数就很少了. 离职人数的比例见表 B.6.

表 B.6 离职的人数比例

| 工作时间 | 不熟练 | 半熟练 | 熟练 |
|---|---|---|---|
| 不到一年 | 25% | 20% | 10% |
| 一年以上 | 10% | 5% | 5% |

当前没有招工, 现有的工人都已工作一年以上.

(1) 正常招工. 假定每年可以招聘的工人数量有一定的限制. 不熟练、半熟练、熟练的每年招工人数限制 (单位: 人) 为 500, 800, 500.

(2) 培训工人. 每年最多可以将 200 名不熟练工人培训成半熟练工人, 每人每年的培训费是 400 元. 每年将半熟练工人培训成熟练工人的人数不能超过该年初熟练工人的 $\frac{1}{4}$, 培训半熟练工人成为熟练工人的费用是每人每年 500 元.

公司可以把工人降等使用 (即让熟练工人去做半熟练工人或不熟练工人的工作等), 虽然这样公司不需要支付额外的费用, 但被降等使用的工人中有 50% 会放弃工作而离去 (以上所说的自然离职不包括这种情况).

(3) 辞退多余人员. 辞退一个多余的不熟练工人要付给他 200 元, 而辞退一个半熟练工人或熟练工人要付给他 500 元.

(4) 额外招工. 该公司总共可以额外招聘 150 人, 对于每个额外招聘的人员, 公司要付给他额外的费用 (单位: 元/(人·年)), 不熟练工人、半熟练工人、熟练工人分别为 1500, 2000, 3000.

(5) 用短工. 对每类人员, 最多可招收 50 名短工, 每个不熟练、半熟练与熟练工人的费用 (单位: 元/(人·年)) 为 500, 400, 400. 而每个短工的工作量相当于正常工人的 $\frac{1}{2}$.

问题:

(1) 若公司目标是尽量减少辞退人员. 试提出相应的招工和培训计划.

(2) 若公司政策是尽量减少费用, 这样额外的费用与上面的政策相比, 可以减少多少? 而辞退的人员将会增加多少?

**案例 B.4 (炼油厂的生产优化问题)** 炼油厂购买两种原油 (原油 1 和原油 2), 这些原油经过四道工序处理: 分馏、重整、裂化和调和, 最后得到油和煤油用于销售.

1. 分馏

分馏将每一种原油根据沸点不同分解为轻石脑油、中石脑油、重石脑油、轻油、重油和残油. 轻、中、重石脑油的辛烷值分别是 90、80 和 70, 每桶原油可以产生的各种油分如表 B.7 所示, 在分馏过程中有少量损耗.

表 B.7 原油分馏得到的油分 (单位: 桶/桶)

| 类型 | 轻石脑油 | 中石脑油 | 重石脑油 | 轻油 | 重油 | 残油 |
|---|---|---|---|---|---|---|
| 原油 1 | 0.10 | 0.20 | 0.20 | 0.12 | 0.20 | 0.13 |
| 原油 2 | 0.15 | 0.25 | 0.18 | 0.08 | 0.19 | 0.12 |

2. 重整

石脑油可以直接用来调合成不同等级的汽油, 也可以进入重整过程. 重整过程产生辛烷值为 115 的重整汽油, 1 桶轻石脑油、中石脑油、重石脑油经过重整可以得到的重整汽油为 0.6 桶、0.52 桶、0.45 桶.

3. 裂化

轻油和重油可以直接经过调合产生航空煤油, 也可以经过催化裂化过程而产生裂化油和裂化汽油, 裂化汽油的辛烷值为 105, 轻油和重油裂化产生的产品如表 B.8 所示.

表 B.8 轻油重油裂化产品 (单位: 桶/桶)

| 类型 | 裂化油 | 裂化汽油 |
|---|---|---|
| 轻油 | 0.68 | 0.28 |
| 重油 | 0.75 | 0.20 |

裂化油可以用于调合成煤油和航空煤油, 裂化汽油可用于调合成汽油. 残油可以用来生产润滑油或者用于调合成航空煤油或煤油, 一桶残油可以产生 0.5 桶润滑油.

4. 调合

(1) 汽油 (发动机燃料). 有两种类型的汽油: 普通汽油和优质汽油, 这两种汽油都可以用石脑油、重整汽油和裂化汽油调合得到. 普通汽油的辛烷值必须不低于 84, 而优质汽油的辛烷值必须不低于 94. 这里假定, 调合成的汽油的辛烷值与各成分的辛烷值及含量呈线性关系.

(2) 航空煤油. 航空煤油可以用汽油、重油、裂化油和残油调合而成. 航空煤油的蒸汽压必须不超过每平方厘米 1 千克, 而轻油、重油、裂化油和残油的蒸汽压 (单位: 千克/厘米$^2$)分别为 1.0, 0.6, 1.5, 0.0.

可以认为, 航空煤油的蒸汽压与各成分的蒸汽压及含量呈线性关系.

(3) 煤油. 煤油由轻油、裂化油、重油和残油按比例 10 : 4 : 3 : 1 调合而成.

各种油品的数量及处理能力如下:

(1) 每天原油 1 的可供应量为 20000 桶.

(2) 每天原油 2 的可供应量为 30 000 桶.

(3) 每天最多可分馏 45 000 桶原油.

(4) 每天最多可重整 10 000 桶石脑油.

(5) 每天最多可裂化处理 8000 桶.

(6) 每天生产的润滑油必须在 $500 \sim 1000$ 桶.

(7) 优质汽油的产量必须是普通汽油产量的 40%.

优质汽油、普通汽油、航空煤油、煤油、润滑油等各种产品的利润 (单位: 元/桶) 为 0.7, 0.6, 0.4, 0.35, 0.15.

图 B.1 表示炼油厂的整个炼油过程的工艺过程.

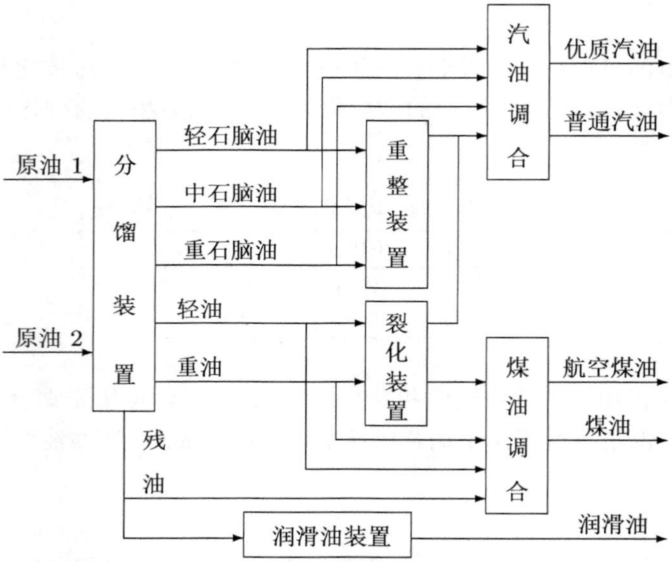


图 B.1 炼油厂的生产流程

现在的问题是应如何制订炼油厂的生产计划, 以得到最大利润.

**案例 B.5 (采矿规划)** 某采矿公司计划今后 5 年内在某地区连续进行开采. 该地区共有 4 个矿, 但每年最多只允许开采其中 3 个. 若某矿在其中某一年不开采, 但若今后仍准备开采, 该年内需付一定的维护费, 否则就永远关闭, 不准再开采. 已知各矿不开采年的维护费及每年最大允许开采量如表 B.9 所示.

各矿矿石质量不一致, 用某种标度衡量, 1 矿为 1.0, 2 矿为 0.7, 3 矿为 1.5, 4 矿为 0.5. 而每年开采出来的矿石混在一起对外销售, 混合后矿石的标度按不同矿石所占比例线性加权计算. 对今后 5 年内外销的矿石要求恰好达到以下标度:

表 B.9 采矿规划

| 矿产 | 不开采年的维护费/$10^6$ 元 | 最大允许开采量/$10^6$ 吨 | 矿产 | 不开采年的维护费/$10^6$ 元 | 最大允许开采量/$10^6$ 吨 |
|---|---|---|---|---|---|
| 1 矿 | 50 | 2 | 3 矿 | 40 | 1.3 |
| 2 矿 | 40 | 2.5 | 4 矿 | 50 | 3 |

第 1 年 0.9, 第 2 年 0.8, 第 3 年 1.2, 第 4 年 0.6, 第 5 年 1.0. 若混合后矿石不管标度为多少, 每年售价均为 100 元/吨不变. 若该公司的收入或支出在随后年份里均应扣除 10% 的各种税收. 试确定该公司今后 5 年的开采方案.

**案例 B.6 (农场规划)** 一个小农场计划今后 5 年的种植和饲养计划. 该农场有 200 公顷土地. 现有 120 头牛, 其中, 20 头小母牛, 100 头奶牛. 喂养小母牛每头占地 $\frac{2}{3}$ 公顷, 每头奶牛占地 1 公顷.

每头奶牛平均每年生养 1.1 头小牛, 其中 $\frac{1}{2}$ 为小公牛, 生下后立即出售, 每头 300 元; 其余 $\frac{1}{2}$ 为小母牛, 如立即出售每头 400 元, 留下饲养用 2 年时间养成奶牛.

若规定从刚出生到满 1 年的牛龄为 1, 满 1 年到第 2 年末的牛龄为 2, 则牛龄到达 12 的奶牛一律出售, 每头为 1200 元. 小母牛的年死亡率为 5%, 奶牛的年死亡率为年 2%.

1 头奶牛 1 年的产奶收入为 3700 元, 该农场最多饲养奶牛和小母牛数不超过 130 头, 当超过这个数时, 每头每年需额外支出 2000 元.

每头奶牛每年需 0.6 吨粮食和 0.7 吨甜菜. 若在农场的土地上种植, 每公顷可产甜菜 1.5 吨/年. 农场土地中约有 80 公顷用于种植粮食, 这些土地可分成 4 部分:

第 1 部分有 20 公顷, 年产粮 1.1 吨/公顷; 第 2 部分有 30 公顷, 年产粮 0.9 吨/公顷; 第 3 部分有 20 公顷, 年产粮 0.8 吨/公顷; 第 4 部分有 10 公顷, 年产粮 0.65 吨/公顷.

当每年粮食或甜菜不足或多余时, 可以买进或卖出. 粮食买进价为 900 元/吨, 卖出价为 750 元/吨; 甜菜买进价为 700 元/吨, 卖出价为 580 元/吨.

对劳动力的需求为: 每头小母牛为 10 小时/年, 每头奶牛为 42 小时/年, 种植 1 公顷粮食为 4 小时/年, 1 公顷甜菜为 14 小时/年.

其他费用支出为: 小母牛是 500 元/年, 奶牛是 1000 元/年, 每公顷粮食是 150 元/年, 每公顷甜菜是 100 元/年. 劳动力费用为 40 000 元, 可提供 5500 小时/年, 超过这个时间为 12 元/小时.

各项投资费用将由 10 年为期、年息为 15% 的借款中得到. 利息和资本将一年一次等量归还, 10 年还清. 若该农场负责人希望任何一年利润值为正, 又要求第 5 年末奶牛数不少于 50 头, 不多于 175 头. 问应如何安排今后 5 年种植和饲养计划, 可使总盈利为最大.

**案例 B.7 (经济规划)** 某经济机构由煤、钢、运输三种工业组成. 其中每种工业生产 (把一单位看作价值为 1 元的产值) 不但需要其他工业提供原材料, 而且需要该工业本身提供原材料. 由表 B.10 给出需要的原材料和劳力 (也以元计). 在该机构内有时间延迟, 因此, 第 $t+1$ 年的产出要在第 $t$ 年就投入.

一种工业的产出既可是其自身的生产能力又可是其他工业未来年份的生产能力. 在表 B.11 中给出生产能力增长 (1 元额外产值的生产能力) 所需要的投入. 一种工业第 $t$ 年的投入会带来第 $t+2$ 年生产能力的 (持续) 增长.

表 B.10 生产能力增长所需要的投入 (一)

| 投入 (第 $t$ 年) | 第 $t+1$ 年产出 | | |
|---|---|---|---|
| | 煤 | 钢 | 运输 |
| 煤 | 0.1 | 0.5 | 0.4 |
| 钢 | 0.1 | 0.1 | 0.2 |
| 运输 | 0.2 | 0.1 | 0.2 |
| 劳力 | 0.6 | 0.3 | 0.2 |

表 B.11 生产能力增长所需要的投入 (二)

| 投入 (第 $t$ 年) | 第 $t+2$ 年生产能力 | | |
|---|---|---|---|
| | 煤 | 钢 | 运输 |
| 煤 | 0.1 | 0.75 | 0.9 |
| 钢 | 0.1 | 0.1 | 0.2 |
| 运输 | 0.2 | 0.1 | 0.2 |
| 劳力 | 0.4 | 0.2 | 0.1 |

货物库存量各年保持不变. 当年 (0 年) 的库存量和生产能力 (以年计) 由表 B.12 给出 (以 $10^6$ 元计). 每年劳力定额限定为 $470 \times 10^6$ 元.

表 B.12 当年库存量与生产能力

| 工业类型 | 当年 | |
|---|---|---|
| | 库存量 | 生产定额 |
| 煤 | 150 | 300 |
| 钢 | 80 | 350 |
| 运输 | 100 | 280 |

现希望对这个经济机构今后五年各种可能的增长模式进行分析. 尤其希望知道由实行下述目标而引起的增长模式:

(1) 在满足每年外来消耗煤 $60 \times 10^6$ 元、钢 $60 \times 10^6$ 元和运输 $30 \times 10^6$ 元的前提下仍能使五年结束时总生产能力为最大.

(2) 使第 4 年和第 5 年的总生产额 (不是生产能力) 最大, 但不计每年外来的需要量.

(3) 在满足每年外来需要量 (1) 的同时, 仍应使所需总劳力最大 (不计劳力的限制).

**案例 B.8 (分散)** 某厂计划将它的一部分在市区的生产车间搬至该市的卫星城镇, 好处是土地、房租费及排污处理费用等都较便宜, 但这样做会增加车间之间的交通运输费用.

设该厂原在市区车间有 A, B, C, D, E 5 个, 计划搬迁去的卫星城镇有甲、乙两处. 规定无论留在市区还是甲、乙两卫星城镇均不多于 3 个车间.

从市区搬至卫星城带来的年费用节约见表 B.13.

表 B.13 搬迁后的年费用节约 (单位: 万元/年)

| 搬迁 | A | B | C | D | E |
|---|---|---|---|---|---|
| 搬至甲 | 100 | 150 | 100 | 200 | 50 |
| 搬至乙 | 100 | 200 | 150 | 150 | 150 |

但搬迁后带来运输费用增加由 $c_{ik}$ 和 $d_{jl}$ 值决定, $c_{ik}$ 为 $i$ 和 $k$ 车间之间的年运量, $d_{jl}$ 为市区同卫星城镇间单位运量的运费, 具体数据见表 B.14 和表 B.15.

表 B.14 $c_{ik}$ (单位: 吨/年)

| 车间 | B | C | D | E |
|---|---|---|---|---|
| A | 0 | 1000 | 1500 | 0 |
| B | | 1400 | 1200 | 0 |
| C | | | 0 | 2000 |
| D | | | | 700 |

表 B.15 $d_{jl}$ (单位: 元/吨)

| 地区 | 甲 | 乙 | 市区 |
|---|---|---|---|
| 甲 | 50 | 140 | 130 |
| 乙 | | 50 | 90 |
| 市区 | | | 100 |

试为该厂确定一个最优的车间搬迁方案.

**案例 B.9 (市场分配)** 某大型公司有 $D_1$ 和 $D_2$ 两个分公司. 该公司向零售商供应油和酒.

公司打算将每位零售商分配给分公司 $D_1$ 或分公司 $D_2$; 由分公司向零售商供应货物. 这种分配应尽可能使分公司 $D_1$ 控制 40% 销售量, $D_2$ 控制其余的 60% 销售量. 这些零售商的编号见下面给出 $M_1 \sim M_{23}$. 每位零售商有个预计的油和酒的销售量. 编号 $M_1 \sim M_8$ 的零售商在 I 区, 编号 $M_9 \sim M_{18}$ 的零售商在 II 区, 编号 $M_{19} \sim M_{23}$ 的零售商在 III 区. 被认为有发展前途的一些零售商分在 A 组, 其余分在 B 组. 每位零售商有表 B.16 给出的一些供应点. 希望将如下各项按 40 : 60 之比分给 $D_1$ 和 $D_2$:

(1) 油销售量的控制. (2) 零售商总数. (3) 供应点总数.
(4) 酒销售量的控制. (5) I 区油销售量的控制. (6) II 区油销售量的控制.
(7) III 区油销售量的控制. (8) A 组零售商总数. (9) B 组零售商总数.

这里有某些灵活性, 任何分配可以变化 ±5% (包括零售商人数). 就是说, 每种分配可在 35 : 65 ～ 45 : 55 变动. 而目标是保持百分偏差之和为最小.

试建立模型, 并确定此问题有无可行解, 如有则求出其最优解, 各区销售数据见表 B.16 (销售单位为 $10^6$ 升).

表 B.16 销售情况

| 区位 | 零售商 | 油销量 | 供应点 | 酒销量 | 类型 | 区位 | 零售商 | 油销量 | 供应点 | 酒销量 | 类型 |
|---|---|---|---|---|---|---|---|---|---|---|---|
| I 区 | $M_1$ | 9 | 11 | 34 | A | I 区 | $M_5$ | 18 | 10 | 5 | A |
| | $M_2$ | 13 | 47 | 411 | A | | $M_6$ | 19 | 26 | 183 | A |
| | $M_3$ | 14 | 44 | 82 | A | | $M_7$ | 23 | 26 | 14 | B |
| | $M_4$ | 17 | 25 | 157 | B | | $M_8$ | 21 | 54 | 215 | B |
| II 区 | $M_9$ | 9 | 18 | 102 | B | II 区 | $M_{14}$ | 17 | 16 | 96 | B |
| | $M_{10}$ | 11 | 51 | 21 | A | | $M_{15}$ | 22 | 34 | 118 | A |
| | $M_{11}$ | 17 | 20 | 54 | B | | $M_{16}$ | 24 | 100 | 112 | B |
| | $M_{12}$ | 18 | 105 | 0 | B | | $M_{17}$ | 36 | 50 | 535 | B |
| | $M_{13}$ | 18 | 7 | 6 | B | | $M_{18}$ | 43 | 21 | 8 | B |
| III 区 | $M_{19}$ | 6 | 11 | 53 | B | III 区 | $M_{22}$ | 25 | 10 | 65 | B |
| | $M_{20}$ | 15 | 19 | 28 | A | | $M_{23}$ | 39 | 11 | 27 | B |
| | $M_{21}$ | 15 | 14 | 69 | B | | | | | | |

**案例 B.10 (收费比率)** 责成若干发电站全天满足下面的电力负荷要求: 午夜 12 点至上午 6 点 15000 兆瓦, 上午 6 点至上午 9 点 30000 兆瓦, 上午 9 点至下午 3 点 25000 兆瓦, 下午 3 点至下午 6 点 40000 兆瓦, 下午 6 点至午夜 12 点 27000 兆瓦.

有三类发电设备可供使用: 1 类 12 台、2 类 10 台、3 类 5 台. 每台发电机必须在最低功率级和最高功率级之间运行, 运行在最低功率级的每台发电机每小时有一项费用. 此外, 若一台发电机工作超过此项最低功率级, 每兆瓦/小时要附加一项额外费用. 启动发电机也需要费用. 所有数据如表 B.17 所示.

表 B.17 收费比率数据

| 类型 | 最低功率级/兆瓦 | 最高功率级/兆瓦 | 最低功率级的每小时费用/元 | 超过最低功率级的每兆瓦小时费用/元 | 启动费用/元 |
|---|---|---|---|---|---|
| 类型 1 | 850 | 2000 | 1000 | 2 | 2000 |
| 类型 2 | 1250 | 1750 | 2600 | 1.30 | 1000 |
| 类型 3 | 1500 | 4000 | 3000 | 3 | 500 |

另外, 为了满足预测的负载需要量, 在任何时间必须有足够发电机在工作, 才有可能满足负载增长 15% 的需要. 这种增长必须通过调节在其容许范围内运转

的一些发电机的输出来实现. 现问:

(1) 全天各周期应有多少台发电机工作, 才能使总费用最低?

(2) 全天各周期电力生产的边际成本是多少? 就是说, 各周期应收多少费用?

(3) 降低 15% 后备输出能保证节约多少金额? 即这种供电的保障措施要花费多少钱?

**案例 B.11 (分布)** 某公司有两个生产厂 $A_1$, $A_2$, 四个中转仓库 $B_1$, $B_2$, $B_3$ 和 $B_4$, 供应六家用户 $C_1$, $C_2$, $C_3$, $C_4$, $C_5$ 和 $C_6$. 各用户可从生产厂家直接进货, 也可从中转仓库进货, 其所需的调运费用见表 B.18.

表 B.18 调运费用 (单位: 元/吨)

| 调运 | $B_1$ | $B_2$ | $B_3$ | $B_4$ | $C_1$ | $C_2$ | $C_3$ | $C_4$ | $C_5$ | $C_6$ |
|---|---|---|---|---|---|---|---|---|---|---|
| $A_1$ | 50 | 50 | 100 | 20 | 100 | — | 150 | 200 | — | 100 |
| $A_2$ | — | 30 | 50 | 20 | 20 | — | — | — | — | — |
| $B_1$ | | | | | — | 150 | 50 | 150 | — | 100 |
| $B_2$ | | | | | 100 | 50 | 50 | 100 | 50 | — |
| $B_3$ | | | | | — | 150 | 200 | — | 50 | 150 |
| $B_4$ | | | | | — | — | 20 | 150 | 50 | 150 |

注: 表中 "—" 为不允许调运

部分用户希望优先从某厂或某中转仓库得到供货: $C_1-A_1$, $C_2-B_1$, $C_5-B_2$, $C_6-B_3$ 或 $B_4$.

已知各生产厂月最大供货量为: $A_1$, 150 000 吨; $A_2$, 200 000 吨. 各中转仓库月最大周转量为: $B_1$, 70 000 吨; $B_2$, 50 000 吨; $B_3$, 100 000 吨; $B_4$, 40 000 吨. 用户每月的最低需求为: $C_1$, 50 000 吨; $C_2$, 10 000 吨; $C_3$, 40 000 吨; $C_4$, 35 000 吨; $C_5$, 60 000 吨; $C_6$, 20 000 吨.

现问:

(1) 该公司采用什么供货方案, 可使总调运费用最小?

(2) 增加生产厂或某个中转仓库的能力, 对调运费用会产生什么影响?

(3) 在调运费用、生产厂或中转仓库能力以及需求量方面, 分别在什么范围内变化, 将不影响调运费用的变化?

(4) 能否满足所有用户优先供货的要求, 若都满足需增加多少额外的费用?

在此分布问题中, 有人建议开设两个新的中转仓库 $B_5$ 和 $B_6$, 并扩大 $B_2$ 的中转能力. 假如最多允许新开设 4 个仓库, 因此可以关闭原仓库 $B_1$ 或 $B_4$, 或两个都关闭.

新建仓库和扩建 $B_2$ 的月费用及中转能力为: 建 $B_5$ 需投资 120 000 万, 中转能力为每月 30 000 吨, 建 $B_6$ 需投资 40 000 元, 月中转能力为 25 000 吨; 扩建

$B_2$ 需投资 30 000 元, 月中转能力比原来增加 20 000 吨. 关闭原仓库可带来的节约为: 关闭 $B_1$ 可月节省 100 000 元; 关闭 $B_4$ 可月节省 50 000 元.

新建仓库 $B_5$, $B_6$ 同生产厂及各用户间单位物资的调运费用 (单位: 元/吨) 如表 B.19 所示.

表 B.19　新建仓库的调运费用

| 调运 | $B_5$ | $B_6$ | $C_1$ | $C_2$ | $C_3$ | $C_4$ | $C_5$ | $C_6$ |
|---|---|---|---|---|---|---|---|---|
| $A_1$ | 60 | 40 | | | | | | |
| $A_2$ | 40 | 30 | | | | | | |
| $B_5$ | | | 120 | 60 | 40 | — | 30 | 80 |
| $B_6$ | | | — | 40 | — | 50 | 60 | 90 |

要求确定:

(1) 各应新建哪几座仓库, $B_2$ 是否需扩建, $B_1$ 和 $B_4$ 要否关闭.

(2) 重新确立使总调运费用为最小的供货关系.

**案例 B.12 (农产品定价)**　一个地区的政府部门需要为其制酪业生产的牛奶、奶油和乳酪规定价格. 所有这些产品都要直接或间接地从该地区的生牛奶生产中得到. 这类生牛奶通常可分成脂肪和固体物质两部分. 扣除一定数量以制造出口产品或农场本身所消耗的脂肪 600 000 吨和固体物质 750 000 吨后, 其他脂肪和固体物质就是该地区内消费的牛奶、奶油和两种乳酪所可能获得的总量.

表 B.20 列出这些产品的百分比组成. 表 B.21 列出上一年这些产品的该地区消费量及其价格.

表 B.20　产品组成 (单位: %)

| 产品 | 脂肪 | 固体物质 | 水 |
|---|---|---|---|
| 牛奶 | 4 | 9 | 87 |
| 奶油 | 80 | 2 | 18 |
| 乳酪 1 | 30 | 40 | 30 |
| 乳酪 2 | 25 | 40 | 35 |

表 B.21　消费量及价格

| 产品 | 本区消费量/$10^3$ 吨 | 价格/(元/吨) |
|---|---|---|
| 牛奶 | 4820 | 297 |
| 奶油 | 320 | 720 |
| 乳酪 1 | 210 | 1050 |
| 乳酪 2 | 70 | 815 |

在以往统计的基础上计算出需要量的价格弹性, 从而建立消费者需要量与每种产品价格的关系. 产品价格弹性系数定义为

$$E = \frac{\text{需要量的降低百分数}}{\text{价格的增长百分数}}.$$

对于这两种乳酪, 消费者需要量 (取决于相对价格) 有某种程度的替换性. 这由需要量对价格的交叉弹性系数来度量. 由产品 A 至产品 B 的交叉弹性系

数 $E_{\mathrm{AB}}$ 定义为

$$E_{\mathrm{AB}}=\frac{\text{产品 A 需要量的增长百分数}}{\text{产品 B 价格的增长百分数}}.$$

牛奶、奶油、乳酪 1 与乳酪 2 的价格弹性系数为 0.4, 2.7, 1.1, 0.4; 从乳酪 1 到乳酪 2、从乳酪 2 到乳酪 1的交叉弹性系数为 0.1, 0.4.

问: 价格定为多少以及有多少最终需要量才能使其总收入最多? 但是, 使某一种产品的价格指数上涨, 这在政策上是不能采纳的. 由于这种计算指数的情况, 这种限制只要求不增加上一年消费的总费用. 特别重要的一条附加要求是, 要定量地确定这种受政策限制的经济成本.

**案例 B.13 (模型参数优选)** 模型参数优选面临两个问题: ① 如何选取一个适用于所选问题的模型; ② 如何优选一组模型参数使得拟合误差尽可能小.

已知量 $y$ 随另一量 $x$ 变化. 表 B.22 列出一组 $x$ 和 $y$ 的对应值.

表 B.22 $x$ 和 $y$ 的对应值

| | | | | | | | | | | |
|---|---|---|---|---|---|---|---|---|---|---|
| $x$ | 0.0 | 0.5 | 1.0 | 1.5 | 2.0 | 2.5 | 3.0 | 3.5 | 4.0 | 4.5 |
| $y$ | 1.0 | 0.9 | 0.7 | 1.5 | 2.0 | 2.4 | 3.2 | 2.0 | 2.7 | 3.5 |
| $x$ | 5.0 | 5.5 | 6.0 | 6.5 | 7.0 | 7.5 | 8.5 | 9.0 | 10.0 | |
| $y$ | 1.0 | 4.0 | 3.6 | 2.7 | 5.7 | 4.6 | 6.0 | 6.8 | 7.3 | |

(1) 拟合一条对这组数据点 "最好的" 直线 $y = bx + a$. 目标是使线性关系式的推算值与每个观测值 $y$ 间所构成的绝对偏差之和为最小.

(2) 拟合一条 "最好的" 直线, 目标是使线性关系式推算值与 $y$ 的所有预测值间的最大偏差为最小.

(3) 为这组数据点拟合一条 "最好的" 二次曲线 $y = cx^2 + bx + a$, 其目标与 (1) 和 (2) 相同.

# 参考文献


[1] 徐玖平, 胡知能. 中级运筹学. 北京: 科学出版社, 2008
[2] Hillier F S, Lieberman G J. Introduction to Operations Research. 6th ed. Beijing: China Machine Press/ McGraw - Hill, 1999
[3] Williams H P. Model Building in Mathematical Programming. Chichester: John Wiley & Sons, 1999
[4] 张建中, 许绍吉. 线性规划. 北京: 科学出版社, 1990
[5] 方述诚, 普森普拉 S. 线性优化及扩展 —— 理论与算法. 北京: 科学出版社, 1993
[6] Boyd S, Vandenberghe L. Convex Optimization. Cambridge: Cambridge University Press, 2009
[7] Wagner H M. Global sensitivity analysis. Operations Research, 1995, 43(6): 948 - 969
[8] 管梅谷, 郑汉鼎. 线性规划. 济南: 山东科学技术出版社, 1987
[9] 官世燊. 运筹学习题集. 上海: 同济大学出版社, 1984
[10] 胡运权. 运筹学基础及应用. 哈尔滨: 哈尔滨工业大学出版社, 1998
[11] 钱颂迪, 等. 运筹学. 北京: 清华大学出版社, 1990
[12] 蓝伯雄, 程佳惠, 陈秉正. 管理数学 (下) —— 运筹学. 北京: 清华大学出版社, 1997
[13] 韩大卫. 管理运筹学. 大连: 大连理工大学出版社, 2001
[14] 王日爽, 徐兵, 魏权龄. 应用动态规划. 北京: 国防工业出版社, 1987
[15] 张有为. 动态规划. 长沙: 湖南科学技术出版社, 1991
[16] Larson R E, Casti J L. 动态规划原理. 陈伟基等, 译. 北京: 清华大学出版社, 1984
[17] 刘光中. 动态规划 —— 理论及其应用. 成都: 成都科技大学出版社, 1990
[18] 卢开澄. 单目标、多目标与整数规划. 北京: 清华大学出版社, 1999
[19] 陈荣秋. 排序的理论与方法. 武汉: 华中理工大学出版社, 1987
[20] 谢政, 李建平. 网络算法与复杂性理论. 长沙: 国防科技大学出版社, 1995
[21] 徐玖平, 胡知能, 李军. 运筹学 (II 类). 北京: 科学出版社, 2008
[22] 杜端甫. 运筹图论. 北京: 北京航空航天大学出版社, 1990
[23] 徐光辉. 随机服务系统理论. 2 版. 北京: 科学出版社, 1988
[24] Ignizio J P. 单目标和多目标系统线性规划. 闵仲求等, 译. 上海: 同济大学出版社, 1986
[25] 卢开澄, 卢华明. 图论及其应用. 北京: 清华大学出版社, 1995

[26] Wiest J D, Levy F K. 统筹方法管理指南. 葛震明等, 译. 北京: 机械工业出版社, 1983
[27] 江景波, 等. 网络计划技术. 北京: 冶金工业出版社, 1983
[28] 冯允成. 活动网络分析. 北京: 北京航空航天大学出版社, 1991
[29] Anderson D R, Sweeney D J, Williams T A. 数据、模型与决策. 北京: 机械工业出版社, 2003
[30] Hillier F S, Hillier M S, Lieberman G J. 数据、模型与决策. 北京: 中国财政经济出版社, 2001
[31] Elmaghraby S E. 网络计划模型与控制. 袁子仁, 译. 北京: 机械工业出版社, 1987
[32] 沈荣芳. 管理数学 —— 线性代数与运筹学. 北京: 机械工业出版社, 1988
[33] 王众讬, 张军. 网络计划技术. 沈阳: 辽宁人民出版社, 1984
[34] 马振华, 等. 现代应用数学手册 —— 概率统计与随机过程卷. 北京: 清华大学出版社, 2000
[35] 徐玖平, 胡知能. 运筹学 —— 数据 • 模型 • 决策. 北京: 科学出版社, 2006
[36] 徐玖平, 李军. 多目标决策的理论与方法. 北京: 清华大学出版社, 2005
[37] Lgnizio J P. 目标规划及其扩展. 宣家骥等, 译. 北京: 机械工业出版社, 1988
[38] 徐玖平, 吴巍. 多属性决策的理论与方法. 北京: 清华大学出版社, 2006
[39] 魏权龄. 评价相对有效性的 DEA 方法. 北京: 中国人民大学出版社, 1988
[40] 盛昭瀚, 朱乔, 吴广谋. DEA 理论、方法与应用. 北京: 科学出版社, 1996
[41] 牛映武. 运筹学. 西安: 西安交通大学出版社, 1993
[42] 谢识予. 经济博弈论. 3 版. 上海: 复旦大学出版社, 2002
[43] 汪贤裕, 肖玉明. 博弈论及其应用. 2 版. 北京: 科学出版社, 2016
[44] 岳超源. 决策理论与方法. 北京: 科学出版社, 2003
[45] Dresher M, Shapley L S, Tucker A W. Advances in Game Theory. New Jersey: Annals of Mathematics Study 52, Princeton University Press, 1964
[46] 徐光辉, 刘彦佩, 程侃. 运筹学基础手册. 北京: 科学出版社, 1999
[47] 官建成. 随机服务过程及其在管理中的应用. 北京: 北京航空航天大学出版社, 1994
[48] 刘宝碇, 赵瑞清, 王纲. 不确定规划及应用. 北京: 清华大学出版社, 2003
[49] Stevenson W J. 生产与运作管理. 张群等, 译. 北京: 机械工业出版社, 2000
[50] Bhat L, LeBlanc U N, Cooper L J. 运筹学模型概念. 魏国华等, 译. 上海: 上海科学技术出版社, 1987

# 索引

# 基于信息技术平台的

# 运筹学立体化教材系列

## 目录简介

- 《运筹学》(第四版) (已出版)
- 《运筹学 (I 类)》(第三版) (已出版)
- 《运筹学 (II 类)》(第二版) (已出版)
- 《运筹学 —— 数据・模型・决策》(第二版) (已出版)
- 《中级运筹学》 (已出版)
- 《高级运筹学》 (未出版)

## 支持系统

☞ 教学课件　☞ 案例分析
☞ 补充例题　☞ 课堂练习
☞ 习题答案　☞ 补充习题
☞ 测评试题　☞ 试题答案
☞ 教学光盘　☞ 教学软件

**注:** 在线支持: https://pan.baidu.com/s/1x1q67uDsNiuuYQ02OT3ZhQ